真 空 熔 结
——表面工程实用技术

吴仲行　著

北　京

冶 金 工 业 出 版 社

2016

内 容 提 要

本书共分 2 篇。第 1 篇全面介绍真空熔结技术，从表面冶金原理、各种金属与非金属的涂层原材料、真空熔结功能与熔结工艺方法，一直到真空熔结的实用装备；第 2 篇介绍对工件表面损坏状况的分析，讨论相关的侵蚀与磨损机理，也就是如何做好表面工程疑难杂症的诊断工作，并相应介绍了大量真空熔结创新产品的制作技巧与贵重零部件的再制造工程。

本书是在作者数十年从事真空熔结科研、制造与产业化工作的实践基础上写成的。可供从事或关注表面冶金技术及表面工程应用的广大读者阅读参考。

图书在版编目（CIP）数据

真空熔结：表面工程实用技术/吴仲行著. —北京：冶金工业
出版社，2016.6
ISBN 978-7-5024-7240-5

Ⅰ.①真… Ⅱ.①吴… Ⅲ.①金属表面处理 Ⅳ.①TG17

中国版本图书馆 CIP 数据核字（2016）第 135985 号

出 版 人　谭学余
地　　址　北京市东城区嵩祝院北巷 39 号　邮编　100009　电话　（010）64027926
网　　址　www.cnmip.com.cn　电子信箱　yjcbs@cnmip.com.cn
责任编辑　夏小雪　美术编辑　彭子赫　版式设计　彭子赫
责任校对　卿文春　责任印制　牛晓波
ISBN 978-7-5024-7240-5
冶金工业出版社出版发行；各地新华书店经销；三河市双峰印刷装订有限公司印刷
2016 年 6 月第 1 版，2016 年 6 月第 1 次印刷
169mm×239mm；27.25 印张；533 千字；422 页
75.00 元

冶金工业出版社　投稿电话　（010）64027932　投稿信箱　tougao@cnmip.com.cn
冶金工业出版社营销中心　电话　（010）64044283　传真　（010）64027893
冶金书店　地址　北京市东四西大街46号（100010）　电话　（010）65289081（兼传真）
冶金工业出版社天猫旗舰店　yjgycbs.tmall.com
（本书如有印装质量问题，本社营销中心负责退换）

前　　言

我国于 1959 年由原冶金部钢铁研究总院开始研究真空熔结技术，最早的研发目标是喷气发动机涡轮叶片和卫星蒙皮的抗高温氧化与抗冲刷磨损保护涂层，以及火箭发射架的绝热防护涂层等。第一台真空熔结炉是一套用石英玻璃管抽真空的高频感应实验室装置。第一片达到了预定研究指标的试片是熔结有"$MoSi_2$+高温玻璃"涂层的钼合金试片。而后试制成一台石英玻璃罩式实验室真空熔结炉，进一步开展了 NiMoSi、NiCrBSi 和 CoNiCrW 等真空熔结合金涂层的研究工作。逐步在高温抗氧化、抗冷热疲劳和耐冲刷磨损方面完成了与航空、火箭相关的一些科研课题，同时也开发出一些重大的民用项目。1962~1963年期间，中科院上海硅酸盐研究所也开展过 WMoBSi 系列合金涂层的真空熔结研究，但持续一年多后工作未能继续。至 20 世纪 70 年代末期，经过了二十多年的研究发展，真空熔结技术完成了实验室研究阶段，开始迈向工业化，并面向全社会。至 80 年代初，钢铁研究总院试制出既适用于实验室也可应用于小规模工业生产的水冷钢罩式小型真空熔结炉，清华大学和装甲兵军事工程学院亦参照并采用这种类型的真空炉建立起各自的实验室，并先后开展了真空熔结的教学与科研工作。1980 年，本书作者作为项目负责人，经与科研团队共同努力攻关，以"用于内燃机排气阀的 FNA 涂层新技术"项目成果，荣获了国家科委颁发的科技发明奖。另一项把真空熔结技术应用于生产无缝钢管的民用科研成果"涂层组合材料穿管机顶头"，于 1988 年荣获北京国际发明展览会银奖。这两项民用创新产品均及时设厂投产。

改革开放后，本书作者与钢铁研究总院第七研究室的相关科研人员到北京市新技术产业开发试验区，创办了科、工、贸"一体化"的高新技术企业"北京市紫金耐磨技术研究所"。从表面冶金理论、表面硬化合金材料、真空熔结工艺、真空熔结装备，到一系列耐磨、耐腐蚀、耐高温、抗氧化的真空熔结产品,展开了全面而又专业化的深入研究与开发创新工作。迅速实施了真空熔结技术的工业化进程,先后开发出阀门、叶片、喷嘴、螺杆、模具、辊子、刀具、泵件、缸套与柱塞、冶金工具、粉碎机配件和离心机配件等十几大类数百个品种的真空熔结创新产品。并在广大的表面工程领域不断地扩展真空熔结产品的应用范围,从原来的军工、冶金与发动机等部门很快扩展到石油、化工、电力、机械、建材、制药、模具、刀具、饲料加工与轻工等十分广阔的制造工业部门。许多真空熔结产品,如压辊、锤片与切刀等均先后获准发明专利,其中的"紫金"锤片还成功出口到东南亚。一些重要的真空熔结工模具完全取代了进口的原件产品,如M-8型超细粉碎机用的真空熔结冲击柱,其性价比要比进口件整整高出25倍。

高科技产业化是我国经济发展的必由之路,每一位科技工作者都必须亲力亲为,热衷于此。为了适合于对一般工厂推广应用真空熔结技术,在产业化进程中逐步摒弃了实验室阶段的高真空,而设计制造出大型的低真空高温熔结炉。到20世纪末,又进一步实现了真空熔结专业生产线的批量化与智能化。并先后在江苏、广东、安徽与河北等地为用户建设起多条真空熔结创新产品的专业生产线。

各种机械零部件的损坏状况绝大多数属表面损坏。因此对表面损坏机理的分析研究,运用现代表面技术对工件表面的材质与结构进行全新的科学设计与重新制作,以至于对已损坏工件的修复与再制造等,这些都是现代表面工程学的基本任务,也是贯穿本书的基本内容。

真空熔结技术先后经中国科学技术情报研究所和机械工业信息研究院进行联机检索与科技查新,结果表明我们的低真空熔结技术及其专用高温熔结炉在国内外公开发表的专利与非专利文献中均未见有相同报道。在各式各样的表面技术中,我国的低真空熔结技术具有自主知识产权,至2004年真空熔结作为一种表面冶金新技术,其专用的高温熔结炉获准发明专利。

本书在第1篇中全面介绍了真空熔结技术,作者所参与的主要是炉熔方法,为求全貌,涉及采用如电弧、火炬、等离子与激光等其他能源的熔凝技术,引述了相关的参考资料。第2篇是工件表面的损坏分析和对侵蚀与磨损机理的探讨,以及真空熔结产品的制作技巧与贵重零部件的再制造工程，这些内容基本上是作者所参与的实践总结，同时也参阅了一些资料，在此谨向相关参考资料的作者表示诚挚的尊敬与感谢。在从事真空熔结科研、制造与产业化工作的数十年间，自始至终有许多战友并肩工作，对战友们的辛勤劳动与付出，由衷感激，缅怀敬意。鉴于作者的专业水平与写作水平有限，书中难免会有偏差与不当之处，敬请业内学者及涉猎本书的广大读者批评指正。

著　者
2016 年 2 月

目　　录

第1篇　技　术　篇

第2篇　应　用　篇

第1篇 技 术 篇

1 真空熔结的表面冶金原理

1.1 熔 结 现 象

熔结现象是物体的状态随温度自高向低变化时由熔融的液体状态凝结成固体状态的熔融凝结过程。熔结现象是普遍存在的，如自然界的结冰现象、生活中常用焊锡对许多家用电器中电接头的焊接过程，以及在工业生产中常见的注塑、搪烧、玻璃成型、金属浇铸以及堆焊、喷焊等诸多工艺中均须掌控好物料的熔融凝结过程。

按熔融物材质的不同，可把熔结区分为金属熔结和非金属熔结两类。按熔结所需氛围可分为大气环境和非氧化环境两种。一般非金属熔融物如搪瓷、玻璃和珐琅等均可在大气环境下进行熔结，而在高温下容易氧化的熔融物如各种金属在焊接时的熔结过程，往往需要在焊剂、还原气氛或惰性气体的保护之下才能进行。无论是氧化或非氧化气氛，若在具有一定气压的氛围中熔结时，熔融体中夹杂的气泡不易排出，造成冷却之后的凝结体不致密，具有一定的气孔率。为避免这一问题，可在负压或真空环境中进行熔结，这样既不会氧化也有效降低了气孔率，这就是真空熔结。

按熔结成品来考虑，熔结又可区分为单体熔结和复合熔结两种。在砂模中浇铸成型的铸铁制品、在压注模中压注成型的塑料制品和在玻璃模中吹制成型的玻璃制品等，都是典型的单体熔结制品。像各种金属焊接制品、搪瓷制品、用离心铸造或负压铸渗方法成型的复合铸钢制品和各种金属堆焊及喷焊制品等，都是复合熔结制品。单体熔结基本上是熔融物自身凝结成一种单相制成品。而复合熔结是熔融物冷凝后作为一种黏结金属或黏结玻璃，把两个或几个构件牢固地结合成一个多相复合的制成品，或是熔融物冷凝后均匀地覆盖在一个器皿或一个工件的表面，成为一种涂层，其中器皿或工件是毛坯或者称为基体，涂层与基体牢固地熔结复合成一个全新的涂层制品。熔融凝结过程应用于焊接、铸造、玻璃、搪瓷等工业生产已是非常成熟的传统工艺方法。但应用于表面工程，制备各种耐磨、耐腐蚀的合金涂层还是近几十年发展起来的新兴工艺。

1.2 合金涂层的熔结过程

为了得到免遭氧化又比较致密的合金涂层，最好在真空环境下进行熔结。熔融物是各种涂层合金，熔化温度相对较低。基体材料通常用各种钢材，有时也用难熔金属、石墨或 WC-Co 硬质合金等熔点相对较高的材料。在熔结温度下，只是涂层合金的一部分或全部处于熔融的液体状态，而基体材料不熔，仍处于固体状态。

合金涂层的真空熔结过程是把足够而集中的热能作用于基体部件的待涂表面，在瞬时或很短时间内，使预先涂覆在基体表面上的涂层合金物料熔融并浸润固态基体表面，开始了涂层与基体之间的原子互扩散和双方组分的互溶过程及其他的界面反应，瞬即形成一层狭窄而含有双方部分组元的互溶区。冷凝时，液态的合金涂层与互溶区熔融体一起重结晶，并与基体牢固地冶金结合在一起。从熔融、浸润、扩散、互溶、界面反应以至于重结晶的整个过程就是合金涂层的熔结过程。在此过程中发生了一系列非常复杂的冶金反应，由于这些反应都是在基体表面上发生的，所以合金涂层的熔结过程实际上是一种表面冶金过程。

熔融的液态涂层合金能否在固态基体的表面上顺利地浸润铺展开来，这是完成后续一系列表面冶金反应的第一步。浸润规律对熔结工艺的重要性也曾受到某些学者的重视，1973 年，I. Amato 等人评价了几种 Ni 基涂层合金对 AISI321 不锈钢基体的浸润性[1]。他们把基体表面上熔融涂层合金液滴冷凝后直径的大小作为浸润性好坏的判据，并提出了涂层与基体能否结合在一起，将取决于它们的浸润性与扩散性的论点。

1.3 浸润性是形成冶金结合的前提

1.3.1 浸润试验

1982 年，我们深入研究了涂层合金对基体钢材的浸润性。试验采用 Ni-81 号与 Co-8 号两种自熔合金，其化学组成见表 1-1。基体材料则选用两种钢材，其化学组成见表 1-2。试样尺寸为 20mm×20mm×3mm，表面粗糙度为 $R_a = 1.6 \sim$ 3.2μm，把涂层合金预先制成 φ4mm×3mm 的圆柱形小颗粒（重约 0.1g），放在清洗洁净的钢质试片中央，再置于真空熔结炉中，在 10^{-2} mmHg❶ 级真空度下，按一定规程进行熔结。待随炉冷却凝固之后，从炉中取出试样，沿液滴浸润面积的中心线切开，用投影仪在试样断面处测量出熔融涂层合金对基体钢材的冷凝接触角 θ 值并拍摄出断面照片如图 1-1 所示。

表 1-1　涂层合金化学组成　　　　　　　　　（%）

涂层合金	C	Cr	B	Si	Fe	W	Ni	Co
Ni-81	0.75	25.35	2.2	3.25	1.98	—	余	—
Co-8	0.75	22.76	1.21	3.72	2.49	8.73	11.0	余

表 1-2　基体钢材化学组成　　　　　　　　　（%）

钢号	C	Mn	Al	Cr	Ni	Si	P	Ti	Nb	Fe
10Mn2	0.13	1.41	<0.05	<0.05	0.05	0.30	0.013	0.13	<0.20	97.67
GCr15	1.00	0.30	—	1.48	—	0.25	—	—	—	96.97

 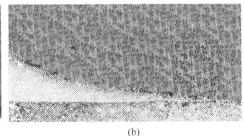

(a)　　　　　　　　　　　　　　　　　　　(b)

图 1-1　浸润试验照片（×80）

　　当液滴与固体表面接触时，其间存在着三个作用力，即气液固三态物质相互之间的三个表面张力，如图 1-2 所示。σ_1 与 σ_3 之间的夹角是液固气三相之间的平衡接触角 θ。接触角与表面张力之间存在如下关系式：

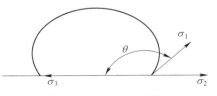

图 1-2　接触角示意图

$$\cos\theta = \frac{\sigma_2 - \sigma_3}{\sigma_1}$$

❶ 1mmHg = 133.322Pa。

当 $\sigma_2 < \sigma_3$ 时，$\theta > 90°$，液滴不浸润固体表面；

当 $\sigma_2 > \sigma_3$ 时，$\theta < 90°$，液滴能浸润固体表面。

σ_3 是液体与固体间界面上的表面张力，其大小随液体与固体之间界面上彼此原子间键合作用的大小而改变。若这种键合力大，σ_3 就小，θ 值也就小，此时液滴在固体表面上铺开，浸润性较好；反之，若键合力小，则浸润性就差。这一概念并不抽象，可以从图 1-1 的照片中清楚地感知得到。图 1-1（a）用的是 Co-8 号涂层合金，基体是经过了预氧化处理的 10Mn2 合金结构钢试片，由于熔融的涂层合金与覆盖在试片表面的致密氧化膜之间没有多少界面反应，界面原子的键合力很小，σ_3 较大，测定出接触角 $\theta = 130°$，所以浸润性很差。图 1-1（b）是熔融的 Ni-81 号涂层合金对 GCr15 轴承钢洁净基体表面的浸润试验，由于液态金属与固态钢试片表面之间的界面反应强烈，界面原子间的键合作用很大，σ_3 较小，测定出接触角 $\theta = 6.6°$，所以浸润性很好。

要想了解一种涂层合金在某种钢材基体表面上能否顺利实施熔结涂层，只需在这种钢材的试片表面做如上的浸润试验即可判定。若熔结结果像图 1-1（a）那样，熔融的涂层合金冷凝成一粒球珠，则不能浸润基体钢材，甚至会从基体上滚落下来，根本无法实施熔结涂层；若是像图 1-1（b）那样，熔融的涂层合金在钢基体表面上充分地浸润铺展开，冷凝后与基体牢固地结合在一起，则能够顺利实施熔结涂层。

1.3.2　界面反应

在图 1-1（b）中合金涂层与基体钢材已牢固结合成一个整体，这说明在涂层与基体的界面上，也就是在基体钢材的表面上一定发生了某些表面冶金反应。

1.3.2.1　界面元素互扩散与互溶区的形成

在熔融的涂层合金浸润了固态钢材基体的表面之后，或者是在浸润的同时，就发生了界面元素的互扩散反应。用电子探针测定了图 1-1（b）试样中的元素分布曲线与断面照片，如图 1-3 所示。图中右侧的虚线是扫描位置线，也是标尺线，每一线段为 $10\mu m$。显然在 Ni-81 号合金涂层与 GCr-15 钢基体之间出现了一层其组织构造与涂层及基体都不相同的"互溶区"，细

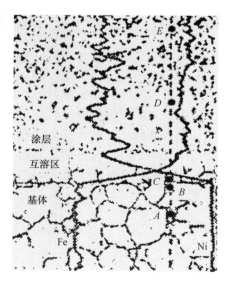

图 1-3　元素分布曲线与断面照片

看 Fe 与 Ni 两条元素分布曲线从基体通过互溶区至涂层自始至终都是连续变化的，这说明界面两侧的元素的确发生了互扩散。在扫描位置线的 *A*、*B*、*C*、*D*、*E* 各处还分别对 Fe、Ni、Cr、Si 等元素的相对含量做了微区域面扫描分析，分析结果列于表 1-3。这些数据清楚地表明了 Ni、Cr、Si 诸元素是从涂层通过互溶区向基体中扩散，而元素 Fe 则是从基体通过互溶区向涂层中扩散，而且 Fe 元素的扩散量远远大于其他几种元素的扩散量（B 与 C 等几种轻元素也有一定扩散，但用探针不易测定），正是由于 Fe 元素的大量扩散，使得在涂层一侧形成了互溶区。所有元素在互溶区内的分布不是由高到低，就是由低到高的过渡性分布。涂层与基体的原始界面是在 *B* 点与 *C* 点之间，从图 1-3 可以明显看出基体的晶格构造越过界面向互溶区中延伸了一定距离之后才逐渐消失。所以互溶区无论在元素分布上，还是在组织构造上都是渐变的过渡地带。

表 1-3　微区域面扫描分析各部位的元素相对含量　　　　　　（％）

部位 元素	*A*	*B*	*C*	*D*	*E*
Fe	98.027	96.975	60.572	13.123	5.992
Ni	0.109	0.462	34.205	67.008	62.265
Cr	1.373	1.775	3.036	14.828	23.202
Si	0.325	0.625	2.096	4.068	5.682
Mo	0.103	0.053	0.05	0.734	2.794
Mn	0.06	0.108	0.039	0.235	0.059

由浸润开始，伴随界面元素互扩散，形成互溶区，使得涂层合金的化学组成与组织构造均通过互溶区连续渐变地过渡到基体钢材，并牢固地结合成一个全新的复合金属体。元素互扩散是微观过程，而浸润性是界面元素互扩散的宏观反映。在实际工作中，有无互溶区是判断涂层与基体间是否冶金结合的判据。

1.3.2.2　置换反应

对图 1-1（b）的试样进行 X-光衍射分析，Ni-81 号涂层合金的合金母体是 Ni-Cr 固溶体，当基体钢材表面的 Fe 原子扩散到界面附近的涂层中时，Fe 原子会置换 Ni-Cr 固溶体中的部分 Cr 原子，而生成新的 Ni-（Cr、Fe）固溶体。这样，钢基体中的 Fe 元素扩散后就与涂层合金中的主要元素键合，在界面上产生强有力的金属键，使涂层与基体牢固地结合成一个整体，两个金属体之间以金属键的形式牢固地结合在一起，这就是冶金结合。

只有在熔融涂层合金能很好地浸润基体钢材表面的情况下，才能通过元素互扩散，引发各种界面反应，最终形成牢固的冶金结合，所以浸润性是形成冶金结合的前提，也是熔结成功与否的前提。深入探讨对浸润性的各种影响因素是十分必要的。

1.4　浸润性的主要影响因素

1.4.1　扩散元素的界面浓度差与接触角的定性关系

既然浸润性是界面元素互扩散的宏观反映，那么接触角与界面元素浓度差、温度及材料的化学组成等扩散诸因素之间就有可能存在着一定的内在规律。

根据菲克第一定律：

$$J = -D\left(\frac{\partial C}{\partial X}\right)$$

当温度一定时，单位时间内通过单位面积的扩散原子数 J 与扩散元素的浓度梯度 $\left(\frac{\partial C}{\partial X}\right)$ 成正比。取八种不同化学组成（见表 1-4）的钢材及纯铁为基体材料，与涂层合金 Ni-81 在同一真空炉做浸润试验，分别测量其冷凝接触角。从扩散量来看，在界面元素互扩散中起主要作用的是 Fe 元素，因此 Fe 元素的界面浓度差 $\frac{\partial C_{Fe}}{\partial X_{B-C}}$ 必定对浸润性有着决定性的影响。任取界面处一微小区域，在图 1-3 上就是从 B 到 C，其间 Fe 元素的浓度梯度就是基体中 Fe 含量与涂层中 Fe 含量之差，这就是 Fe 元素的界面浓度差，以此值与所测定的冷凝接触角 θ 值相对照列入表 1-5，并以 $\theta = f\left(\frac{\partial C_{Fe}}{\partial X_{B-C}}\right)$ 的相对关系作图，得到图 1-4。

表 1-4　八种基体钢材的化学组成　　　　　　　　　　（%）

钢种	钢号	C	Mn	Al	Cr	Ni	Si	P	S	N	Ti	Nb	Fe
普碳	Q235	0.18	0.52	—	—	—	0.21	≤0.045	≤0.055	—	—	—	98.99
合金结构	10Mn2	0.13	1.41	<0.05	<0.05	0.05	0.30	0.013			0.13	<0.20	97.67
轴承	GCr15	1.00	0.30	—	1.48	—	0.25						96.97
不锈耐酸	18-8	≤0.14	≤0.20	—	18.00	9.50	≤0.80	≤0.035	≤0.03				71.29
耐热	21-4N	0.50	9.00	—	21.00	4.00	0.20			0.40			64.90
	18SR	0.05	0.50	2.00	18.00	0.50	—	≤0.02	≤0.01		0.40		78.52
铬铝不锈	N15	0.08	0.38	7.09	5.60	—	0.14						86.71
	N21	0.75	14.65	5.10	8.03	—	—						71.47

当合金元素含量较少，钢材的化学组成接近纯 Fe 时，$\dfrac{\partial C_{Fe}}{\partial X_{B-C}} \geqslant 95$，此时的 θ 值均 <8，接近绝对浸润状态。当基体钢材中的合金元素含量逐渐增多时，θ 值也逐渐增大，所以整个 $\theta = f\left(\dfrac{\partial C_{Fe}}{\partial X_{B-C}}\right)$ 曲线实际上反映了以 Fe 为主的全部互扩散元素对 θ 值影响的综合效果。

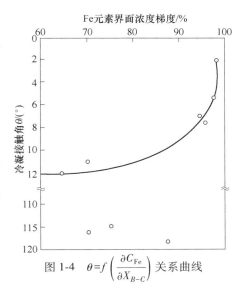

图 1-4　　$\theta = f\left(\dfrac{\partial C_{Fe}}{\partial X_{B-C}}\right)$ 关系曲线

根据表 1-5 与图 1-4 可得到实验公式：

$$\frac{\partial C_{Fe}}{\partial X_{B-C}} = 97.69 + 0.15\theta - 1.6 \times 10^{-4}\theta^5$$

其相关系数：$R = 0.995$。

若把 θ 值作为横坐标，则实验式为：

$$\theta = -564.3 - 2.06\left(\frac{\partial C_{Fe}}{\partial X_{B-C}}\right) + 308\left(\frac{\partial C_{Fe}}{\partial X_{B-C}}\right)^{1/5}$$

其相关系数：$R = 0.90$。

表 1-5　Fe 元素的界面浓度差与冷凝接触角对照表

基体材料	纯 Fe	Q235	10Mn2	GCr15	18-8	21-4N	18SR	N15	N21
Fe 含量/%	100	98.99	97.67	96.95	71.42	64.90	78.52	86.71	71.47
θ/(°)	2.0	5.5	7.8	6.6	11.2	11.9	114.5	118.8	115.5
$\dfrac{\partial C_{Fe}}{\partial X_{B-C}}$	98	96.99	95.67	94.95	69.42	62.90	76.52	84.71	69.47

实验式说明 Fe 元素的界面浓度差与冷凝接触角之间成五次方的指数关系。用 Fe 元素的界面浓度差按上述实验方程式计算出 θ 值，据此可以作出涂层合金对基体钢材之浸润性好坏的预判。

图 1-4 中，Ni-81 号合金涂层对 18SR、N21 及 N15 三种基体钢材的 θ 值分别为 114.5°、115.5° 和 118.8°，远远超出了实验曲线的范围。原因是这三种钢材均含有 Al 和 Ti 这样的氧化活性金属元素，10^{-2} mmHg 级真空度不足以给予保护，当做完熔融浸润试验出炉时，试片均已发生明显氧化，表面上生成了一层薄薄的灰蓝色氧化膜。由于熔融金属与氧化膜之间不可能发生界面元素互扩散，因而也不可能在界面上产生以金属键相键合的包含有涂层与基体双方元素在内的固溶体，所以这几种钢材不符合实验公式的反应规律。

1.4.2　熔结温度对浸润性的影响

根据扩散激活能方程：$D=D_0e^{-\Delta u/(KT)}$。当扩散元素一定时，D_0 及 Δu 均为常数。试验用的基体金属是钢材，主要扩散元素是 Fe，所以 D_0 和 Δu 都可看成是常数，那么 $D\propto e^{-1/T}$。如果固定使用某一种钢材与涂层合金，二者的 Fe 元素含量都是一个定值，Fe 元素的界面浓度梯度也成为常数，则 $J\propto D$，将两者结合起来，得到 $J\propto e^{-1/T}$，即原子扩散数与绝对温度倒数的负指数成正比。

为了验证这一规律，以 10Mn2 钢为基材，与 Ni-81 涂层合金分别于 1090℃、1100℃、1110℃ 与 1120℃ 下进行真空熔结浸润试验，测得其冷凝接触角 θ 值，列于表 1-6，并作出浸润性受熔结温度影响的关系曲线，如图 1-5 所示。该曲线的形状确实与 $y=e^{-1/T}$ 形式的指数曲线十分相似，这就证明了在界面反应主要是扩散反应的情况下，熔融涂层合金对基体钢材之浸润性随熔结温度的变化规律，正如扩散激活能方程所表示的那样是一种指数关系。

表 1-6　不同熔结温度下的冷凝接触角

熔结温度/℃	1090	1100	1110	1120
冷凝接触角 $\theta/(°)$	49.00	12.80	8.55	6.05

1.4.3　涂层与基体的化学组成对浸润性的影响

在温度与介质等外部条件一致的情况下，涂层合金或基体钢材的化学组成不同时，浸润性也就不同，如图 1-6 所示。化学组成的影响是多方面的，其基本点是组元不同则扩散系数不同，扩散元素的界面浓度差不同，宏观反映出的浸润性也就不同。

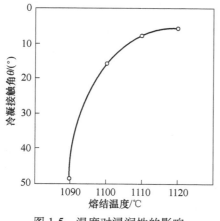

图 1-5　温度对浸润性的影响

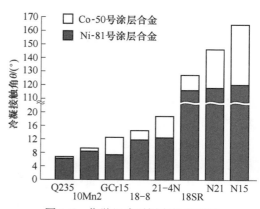

图 1-6　化学组成对浸润性的影响

1.4.4　基体表面氧化膜对浸润性的影响

基体表面氧化膜分预生氧化膜与现生氧化膜两种情况。预生氧化膜是指熔结之前在基体表面上已经覆盖有氧化膜。而现生氧化膜是指在真空熔结升温过程中，先于涂层合金熔融之前开始在基体表面上生成的氧化膜。

以 10Mn2 合金结构钢基体来探讨有无预生氧化膜对浸润性的影响。在 800℃的大气环境下对 10Mn2 钢试片进行 0.5h 预氧化处理，使在表面上预先生成一层氧化膜，然后对有无氧化膜的 10Mn2 试样在 10^{-2}mmHg 级真空度下同炉进行浸润对比试验，结果列于表 1-7，数据说明预氧化膜的存在大大降低了浸润性。而且进一步试验得知预氧化的时间越长，预氧化膜越完善，则浸润性越差。图 1-7 所示曲线是对 18-8 不锈钢基体的浸润性随预氧化时间的变化关系。当预氧化处理时间较短时，氧化膜尚不完善，不足以对界面元素互扩散起到阻隔作用，此时浸润性尚可；而随着预氧化时间的延长，表面氧化膜逐渐完善，由薄到厚，阻隔作用越来越明显，使得浸润性越来越差。预生氧化膜不一定在高温，常温下也经常发生，在实际表面工程中，进行涂层之前对钢铁工件表面的除锈工作就是清除预生氧化膜。

表 1-7　对有无预氧化膜基体的浸润性对比　　　　　　　　　　　　（°）

涂层合金	无预氧化膜	有预氧化膜
Ni-81	7.85	88.35
Co-8	8.50	129.25

现生氧化膜的情况与基体材质、熔结环境及真空度的高低都有关系。在大气环境下表面清洁的一般钢铁基体，在熔结升温过程中都会现生氧化膜，此时只可以熔结玻璃陶瓷涂层，而不宜熔结合金涂层。在 10^{-2}mmHg 低真空条件下，绝大多数钢铁基体均可得到有效保护不被氧化，可以顺利熔结合金涂层；只有少数含有氧化活性元素如 Al 或 Ti 的钢材，在此条件下仍会现生氧化膜，从而破坏了熔融涂层合金的浸润性，这一点在图 1-4 中已予证实。分别对 10Mn2 与 18SR 钢表面氧化膜的氧化物组成进行 X-光衍射分析，见表 1-8。

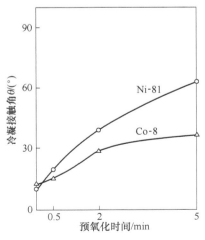

图 1-7　θ 值与预氧化时间的关系

表 1-8　10Mn2 与 18SR 钢试样表面氧化膜的氧化物组成

钢材试样	表面氧化膜的化学组成
10Mn2	$\alpha\text{-}Fe_2O_3$、Fe_3O_4、Mn_3O_4
18SR	Al_2O_3、TiO_2

氧化物是由离子键结合起来的化合物，当熔融的某种涂层合金（设其主要金属组元为 M）与 Al_2O_3 膜或 TiO_2 膜相接触时，不可能依靠界面元素互扩散来形成金属键，而只能靠置换反应来形成示意式为 M—O—Al 或 M—O—Ti 的键合作用。也就是说，M 必须能够置换 Al_2O_3 中的 Al 原子或 TiO_2 中的 Ti 原子，才有可能在界面上产生强有力的 M—O 型离子键。显然，只有当 M—O 的键合作用大于 Al—O 或 Ti—O 的键合作用时，在界面上的置换反应才有可能发生，从而使液-固之间的表面张力 σ_3 下降，浸润性提高。要判断哪一个金属组元对氧原子的键合作用较大，这必须参考该金属氧化物的生成自由能，相关参考数据列于表 1-9。生成自由能数据越小的化合物应该越稳定。由此判断，无论 Ni-81 还是 Co-50 涂层合金都不可能浸润以 Al_2O_3 和 TiO_2 为表面氧化膜的 18SR 耐热钢基体。同样也很难浸润 10Mn2 合金结构钢基体，除非其表面氧化膜是以 Fe_3O_4 为主时，熔融涂层合金中的 Ni 原子或 Co 原子才有可能与之发生置换反应，但在实际操作中还要看温度、压力等参数是否具备使置换反应开始发生的条件而定。解决不含氧化活性元素的钢基体表面的预生氧化膜问题，只需把表面氧化膜清除干净即可。而要解决含有氧化活性元素的钢基体表面的现生氧化膜问题，不仅在进行涂层之前需要把表面清洗干净，还要在熔结时把真空度从 10^{-2} mmHg 级提高到 10^{-6} mmHg 级或是在高纯度惰性气氛保护之下才能解决好浸润问题。若不想提高真空度时，在工艺上还有一个办法，即在涂敷涂层合金物料之前先在洁净基体的表面镀上一层 Ni 或是 Fe 的镀层作为打底层，镀层厚度为 $5 \sim 10 \mu m$ 即可，在熔结升温过程中也可避免现生氧化膜的发生，但最终镀层将溶于熔融的涂层合金，并多少要改变一点涂层合金的化学组成。

表 1-9　相关氧化物的生成自由能

氧化物	Al_2O_3	TiO_2	Cr_2O_3	NiO	CoO	MnO	Fe_2O_3	Fe_3O_4
$\Delta G/kJ \cdot mol^{-1}$	-1577.16	-853.12	-1047.34	-216.42	-213.49	-363.34	-759.76	-101.18

1.5　合金涂层的稀释问题

在合金涂层的熔结过程中，由于界面元素互扩散而产生互溶区，是涂层与基体之间形成牢固冶金结合的保证。但从掌控涂层质量的角度来看，界面元素互扩散必须适度，尤其是基体钢材的 Fe 元素不能向涂层中扩散过多，否则必将改变涂层合金的组成与结构，从而降低了涂层原有的耐磨、耐腐蚀与抗氧化等优良特性，这就是所要讨论的稀释问题。

1.5.1 熔结温度与稀释程度的关系

Ni-81 号涂层合金的熔结温度范围很宽，从 1080～1130℃以内的任一温度之下均能得到外观完好的熔结涂层，但是在涂层与基体内界面的互溶情况却很不一样。图 1-8 中列出了以相同熔结制度（自室温升至熔结温度共计 13～15min，不保温并快速降温），在五个不同温度下分别进行熔结，所得熔结涂层的断面金相照片。图中上半部是 Ni-81 号合金涂层，下半部是 4Cr10Si2Mo 耐热钢基体，中间的白亮带是互溶区。从金相照片上便可直观看出熔结温度越高则互溶区越宽。与各熔结温度相对应的互溶区宽度列于表 1-10。据测定，Ni-81 合金涂层的基本相组成是以 Ni-Cr 固溶体为主的合金母体和以 CrB 为主的硬质化合物两相组成。当熔结温度越高时，互溶区越宽，则基体中的 Fe 元素向涂层中也扩散得越多，从1080℃升至1120℃互溶区虽不断加宽，但合金涂层中的相组成尚能保持不变；而当温度升高到 1130℃时，涂层中原有的硬质相 CrB 已有一部分转化成了（Cr、Fe)B。为了进一步对比分析在不同温度下合金涂层之组织构造与物化性能的变化，可参考图 1-9。在 1090℃下熔结时，基体的 Fe 向涂层中扩散尚少，互溶区及其附近涂层中的合金母体均为含 Fe 不多的 Ni 基的 Ni-(Cr、Fe）固溶体，分散在涂层合金母体中的块状相就是 CrB，含 Fe 很少，硬度很高，整个涂层的耐磨耐腐蚀性能很好。在 1130℃下熔结时，基体的 Fe 大量向涂层中扩散，互溶区及其附近涂层中的合金母体均转化成 Fe 基的 Fe-(Cr、Ni）固溶体，而且相当多的块状 CrB 已转化成硬度很低的（Cr、Fe)B 棒状组织，使整个涂层遭受到基体中 Fe 元

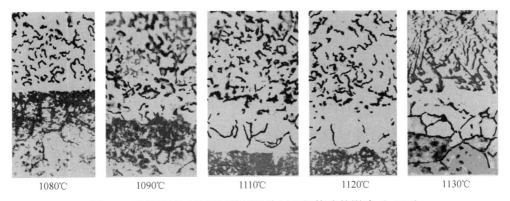

| 1080℃ | 1090℃ | 1110℃ | 1120℃ | 1130℃ |

图 1-8 熔结温度对涂层互溶区及涂层组织构造的影响（×200）

表 1-10　在不同熔结温度下的互溶区宽度

熔结温度/℃	1080	1090	1110	1120	1130
互溶区宽度/μm	10	27.5	49	57.5	70

素的严重稀释，失去了优良的耐磨耐腐蚀性能，这就是稀释问题的本质。表 1-11 列出了图 1-9 中各部位的含 Fe 量及其相应的显微硬度数据，具体量化了上述稀释情况。

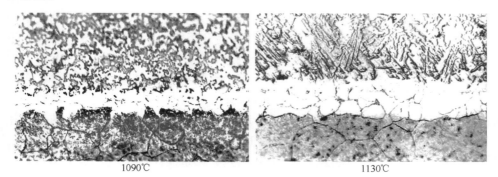

1090℃　　　　　　　　　　　　　　1130℃
图 1-9　不同熔结温度下涂层的组织构造（×200）

表 1-11　不同熔结温度下涂层的稀释程度

熔结温度与测定项目		基体	互溶区	紧接互溶区的涂层		
				合金母体	块状相	棒状相
1090℃	含 Fe 量/%	>85	>85~12.7	12.7	3.7	—
	硬度（HM）/kg·mm^{-2}	1065	531	564	2727	—
1130℃	含 Fe 量/%	>85	>85~60	60	10.7~22.9	39
	硬度（HM）/kg·mm^{-2}	1135	374	579	1745	529

综上所述，为保证涂层质量，必须限制 Fe 元素的过分扩散，要尽量避免或减轻稀释现象。在能够达到冶金结合的前提下，熔结温度越低越好，互溶区越窄越好，更不允许有棒状相出现。参考图 1-8 可以确定，Ni-81 号合金涂层的最佳熔结温度应以 1090±5℃为宜，参考表 1-10 可测算出在此熔结温度下涂层互溶区的宽度为 19~33μm，这样既保证了冶金结合又基本上没有稀释。

1.5.2　时间因素与稀释程度的关系

时间因素对稀释程度的影响不如温度的影响剧烈。选择以真空熔结的合金涂层内燃机排气阀来做测试，涂层是 Ni-81 涂层合金，基体是 4Cr10Si2Mo 耐热钢，涂层厚度为 1.0mm，内燃机排气阀的工作温度是 600~800℃。在熔结温度下稀释程度的轻重只是几分钟或几十分钟的事，为了能明显区分时间因素对稀释程度的影响，必须降低测试温度，因而选定在柴油机的工作温度 600℃ 下进行测试。

随着涂层排气阀使用时间的延长，首先用电子探针来测定互溶区的成分变化，图 1-10 中测定了三个互溶区，第一个是使用前新气阀的互溶区，真空熔结工艺参数是 1090℃，13min，互溶区宽度为 30μm，互溶区成分与 Ni-81 涂层合金的原始成分相比除了原有的 Ni、Cr、Si 之外，明显增加了 Fe，至于原有的 C、B 二元素因电子探针的灵敏度不够，未能显现出来，待后文详细分析。在互溶区的任一断面上 Ni、Fe 二元素均呈现出对称分布，Ni 高处 Fe 低，Fe 增则 Ni 降，这说明在短短 13min 的熔结过程中，基体中的 Fe 已经扩散进互溶区，并有少量（约 12.7%）已越过互溶区进入了正常涂层组织。Ni、Fe 二元素的分布曲线在距界面约 5μm 处相交，自交点向基体一侧的 5μm 范围内含 Fe 百分比已超过了 Ni，这 5μm 厚的涂层已从原来的 Ni 基合金转化成了 Fe 基合金。气阀在 600℃ 的使用温度下，涂层与基体双方虽然都处于固体状态，但是双方元素的互扩散，特别是基体中 Fe 对涂层的稀释进程将永远不会停止，只不过这种固-固形态下的原子扩散速度比较缓慢，时程较长，第二和第三个互溶区分别是使用了 2080h 和 6029h 后的检测结果。

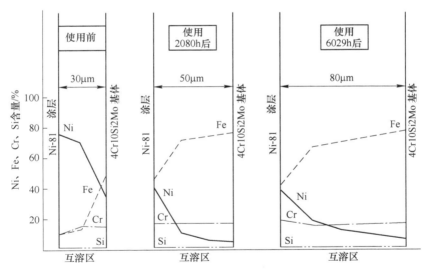

图 1-10 互溶区成分分布曲线随使用时间的变化

第二和第三个互溶区的宽度分别是 50μm 和 80μm，在整个互溶区中含 Fe 百分比已完全超过了 Ni，并且 Fe 还以相当高的百分比进入到互溶区左侧的涂层之中。为了搞清楚大量 Fe 元素进入涂层后对涂层成分与组织的稀释作用，对使用前后的涂层分别在合金母体、小块状相、大块状相和棒状相（参见图 1-9）中测定 Fe 元素百分含量的变化，列于表 1-12 中。从表中数据看出两点：其一是基体中的 Fe 进入涂层后首先增加了合金母体相的 Fe 含量；其二是增加了 Fe 含量的合金母体相迫使本来不含 Fe 的小块状相开始含 Fe 并逐渐提高，待提高到一定程度后小块状相就长大成大块状相，再继续提高到接近 30% 时块状相发生结构性变化而成为棒状相。棒状相硬度低，耐蚀性差。棒状相的出现是 Ni-81 合金涂层失效的标志。在 1130℃/15min 下熔结的新涂层和在 1090℃/13min 下熔结后经600℃/6029h 使用后的旧涂层中均有棒状相出现，二者历程不同，但都是由于基体中 Fe 对涂层的稀释作用所致。

表 1-12　使用前后在涂层各相中 Fe 含量的变化　　　　　　　　　（%）

使用前的新气阀		使用 6029h 后的旧气阀			
小块状相	合金母体相	小块状相	大块状相	棒状相	合金母体相
0.00	10	11	22	28	40~45

　　Cr、Si 二元素在互溶区中基本上呈均匀分布，变化不大。Ni 与 Fe 相加的总量在互溶区中也是均匀分布，这说明在互溶区中只有单一的 Ni-（Cr、Fe）或 Fe-（Cr、Ni）固溶体相存在，而 Si 则是溶解于固溶体中。

　　Cr 的去向除了存在于作为合金母体的固溶体中之外，主要是与 B 结合成块状的 CrB 相，均匀分布于合金母体之中。由于受到 Fe 的稀释作用在涂层各相中 Cr 的含量也有变化，测定结果列于表 1-13 中。数据表明 Fe 进入块状相 CrB 使之转化成棒状相（Cr、Fe）B 之后，所置换出的 Cr 提高了棒状相周围合金母体中的 Cr 含量。棒状相中的含 Cr 量比块状相中少得多，这就是棒状相硬度较低又不耐腐蚀的原因所在。

表 1-13　在涂层各相中 Cr 含量的变化　　　　　　　　　（%）

块状相	块状相周围的合金母体	棒状相	棒状相周围的合金母体
83	17	71	20

　　用电子探针对涂层新气阀中 B、Fe 分布的扫描曲线，示于图 1-11。在互溶区与基体中的 B 含量几乎为零，这与互溶区及基体中都没有硼化物块状相是一致的。为了进一步验证 B 的去向，需采用灵敏度很高的硼同位素自射线照相法，把做探针试验的同一试样放在反应堆的中子流中照射，促使 B_5^{10} 转变成同位素 B_5^{11}，随后再衰变成 Li_3^7，并释放出质子流即 α 粒子 He_2^4，其反应方程式是：

$$B_5^{10} + n_0^1 = B_5^{11} \rightarrow Li_3^7 + He_2^4$$

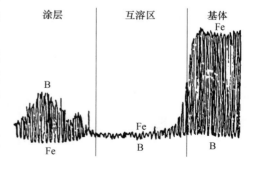

图 1-11　B 与 Fe 的分布曲线

衰变时放出的射线能使照相底片感光，得到 B 元素分布的金相暗场照片，如图 1-12 所示。图中黑色部位无 B，白色部位有 B，图上方灰色块含 B 更高，因为当 B 含量很高时，大计量的 α 粒子流会使受照射部位感光底片上的乳胶脱落，形成与块状相 CrB 外形及部位相对应的凹坑，在暗场照片中显示成灰色块。基体表层的白色带是富 B 区，这在探针分析时因灵敏度太低而未能检出，富 B 区上方一条无 B 的黑色窄带是互溶区，再往上的灰色块是涂层中高 B 的 CrB 块状相。熔结时涂层中的 B 不能像 Si 那样溶解于互溶区的固溶体中，B 的扩散方向只能是向无 B 的基体中扩散，又因熔结时间很短而冷却极快，致使扩散不远而聚集在基体表层成为富 B 区。若加长扩散时间，B 又去向何方，可由图 1-13 找到答案。此图是涂层气阀在 600℃ 使用了 2080h 后 B 同位素的金相暗场照片。富 B 区已不复存在，B 已向基体纵深沿晶扩散，在晶界上以游离状态存在而没有形成任何块状或条状的硼化物，对基体强度有些许增强而无半点损害，这在该涂层气阀的试车考核中得到证明。

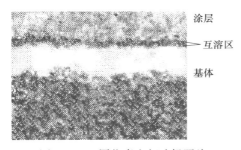

图 1-12　B 同位素金相暗场照片

图 1-13　B 长时间扩散照片

1.5.3　工艺方法不同则稀释程度不同

除了熔结温度与扩散时间之外，在各种具有熔融凝结过程的表面冶金工艺中，涂层与基体双方所处的物态对稀释程度的影响也很大。在真空熔结工艺中熔结温度相对较低而且可控，只让合金涂层处于熔融的液体状态，而基体钢材仍是固态，此时界面元素互扩散在液-固之间进行，扩散速度较慢，如前所述只要调整好熔结时间与熔结温度这两个工艺参数，就很容易做到既保证冶金结合又不让涂层稀释。而各种堆焊工艺则不同，因为堆焊时熔融温度相对较高，整个涂层合金与基体钢材的表层都处于熔融的液体状态，由于液态金属中原子比固态金属中原子具有较高的扩散激活能，而且液-液之间的原子扩散方式是三维方向扩散，甚至还会有搅动和掺混，所以堆焊工艺中的界面元素互扩散难以控制，稀释在瞬间发生，造成堆焊涂层的稀释程度相当之高。图 1-14 是真空熔结涂层与等离子喷焊涂层受基体钢材中 Fe 元素稀释程度的对比曲线。图中两种工艺都采用化学组成相当的 Ni 基涂层合金和 21-4N 气阀钢基体，制成相同型号的涂层气阀，经磨削加工后涂层厚度均掌握在 1.0mm 左右，并在同一台 6-100 汽油发动机台架上作强化试车考核对比，喷焊涂层气阀仅试车 200h 就出现许多侵蚀麻坑而损坏报废；真空熔结涂层气阀连续试车至 548h 仍无麻坑出现。试车结果说明了虽然是同样的涂层合金与同一种基体钢材，但由于采用的工艺方法不同则基体中 Fe 元素对涂层的稀释程度不同。图 1-14 的曲线表明，基体中 Fe 向真空熔结涂层中的扩散深度为 25μm 左右，而向等离子喷焊涂层中的扩散深度竟达到约 576μm 之多。稀释程度越高涂层质量越差，使用寿命也就越短。

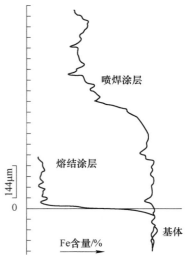

图 1-14　不同工艺下稀释程度对比

1.5.4　按稀释程度的不同对几种工艺方法的分类比较

基体是钢铁材料时，稀释程度可用合金涂层各部位中以 Fe 为主的稀释元素的百分含量即稀释率来表示。表 1-14[2] 是激光功率 $P = 1200W$、光斑直径 $d = 4mm$ 时，以不同的扫描速度，在 45 号钢基体上进行激光熔焊 Ni-60 合金（0.8C，16Cr，3.5B，4.5Si，≤15Fe，余 Ni）涂层，当扫描速度越小时稀释率会越高，这时涂层表面的硬度就越低。由此可见，涂层硬度可以直接反映稀释程度，沿涂层深度方向的硬度分布曲线可以既简单又直观地描述出基体对涂层的稀释程度。这在表面工程中是比较常见的一种测定方法，是认定涂层有效硬度和有效厚度的重要依据。反映几种表面冶金工艺方法之稀释程度的硬度分布曲线举例分述于下。

表 1-14　在激光熔焊涂层中稀释率对涂层硬度的影响

扫描速度/mm·s⁻¹	7	6	5	4	3	2
基体表层熔化深度/mm	0	0.07	0.09	0.10	0.15	0.23
稀释率/%	0	23	27	29	41	53
涂层表面硬度（HV）	1128①	1170	1162	894	572	420

①这一数据偏低是由于扫描速度过快，造成涂层熔焊不透不够致密所致。

（1）一种电弧堆焊涂层的硬度分布曲线示于图 1-15[3]。焊条用 CrSiMnMoV 合金焊条，基体是一般灰铸铁。堆焊工艺是：焊接电流 150A，电弧电压 20V，焊接速度 100mm/min，层间温度控制在≤100℃。堆焊涂层的总厚度约为7.0mm，从硬度分布曲线上可以看出，接近有效硬度（HV）600kg/mm^{2}的涂层有效厚度只有 3mm 左右，而稀释深度却达到约 4mm，超过了总厚度的一半还多。稀释如此严重的原因是在诸多的表面冶金能源中电弧的能量相对不易集中，弧斑较大，焊接移动速度较慢，从表 1-14 可知加热源的

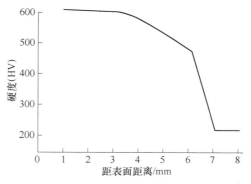

图 1-15　电弧堆焊涂层的硬度分布曲线

扫描速度越慢则基体表层的熔化深度越深，基体对涂层的稀释也就越严重。

（2）一种等离子喷焊涂层的硬度分布曲线示于图 1-16[4]。涂层合金的成分是（4.5C，35Cr，1.0Nb，0.8~1.0Al，5.0W，余 Fe），基体钢材是 20CrMnTi 低碳低合金钢。涂层的总厚度达到 1.68mm，由表及里，其中接近于有效硬度为 HV850 的涂层之有效厚度约为 1.0mm，余下的 0.68mm 就是稀释深度，至于稀释程度在曲线上一目了然，硬度（HV）最低处只有 200kg/mm^{2}左右。由于等离子气炬是通过压缩电弧而得到的一种能源，与上述一般电弧堆焊相比，能量相对集中，能量密度高，基体表层的熔化深度浅，所以稀释深度比一般电弧堆焊的涂层相对要小得多。

（3）一种电火花放电熔焊涂层的硬度分布曲线示于图 1-17[5]。涂层金属是 Mo、W、Cr 等强化金属，基体是工业纯铁。脉冲电火花放电熔焊涂层工艺是：放电电压 70V，电容 2020μF，熔焊时效 50~100s/cm^2。涂层厚度约为 0.06mm，涂层由表及里几乎整个厚度都是稀释深度，涂层很薄且在外表不存在稳定的高硬度层。图 1-15 与图 1-16 的曲线是局部（涂层厚度）稀释曲线，而图 1-17 的曲线是全部（涂层厚度）稀释曲线，曲线的线型视涂层工艺方法和施涂的遍数而定。

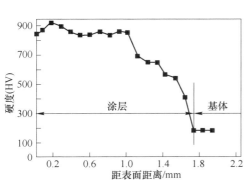

图 1-16　等离子喷焊涂层硬度曲线

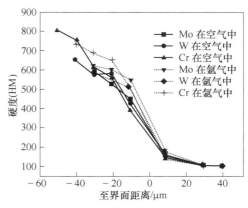

图 1-17　电火花放电熔焊涂层硬度曲线

（4）一种高频感应熔焊涂层的硬度分布曲线示于图 1-18。涂层材料是 Ni-WC25合金，基体是 45 号钢。感应熔焊涂层工艺是：振荡频率 200～250kHz，输出加热功率 85kW，感应圈距工件间隙 2.5～3.5mm。熔焊涂层厚度为 0.6mm[6]，与电火花放电熔焊涂层相似，涂层由表及里几乎整个厚度都是稀释深度，涂层虽然不是很薄但其外表也不存在稳定的高硬度层，曲线是全部（涂层厚度）稀释曲线。其实，感应熔焊涂层的硬度分布曲线不一定是全部稀释曲线，曲线的线型和感应圈与工件之间的相对移动速度关系很大，移动速度慢时基体表层的熔化深度较大，稀释深度也大；若移动速度快时基体表层的熔化深度较小，稀释深度也小。只要把移动速度掌控好了，可以得到质量较好的只是局部稀释的感应熔焊涂层。但问题在于熔焊时对感应功率的影响因素很多，除了输出功率大小的波动之外，工件本身的材质、形状以及与感应圈的间隙大小等都有影响。为了保证冶金结合，基体表层必须熔化，正是由于感应功率难于掌控，基体表层的熔化深度往往偏大，稀释度偏高，成品率偏低。

（5）一种激光表面合金化涂层的硬度分布曲线示于图 1-19[7]，涂层合金是（2.5C+B，14Cr，4Mo，13Ni，60Co，35WC），基体是 45 号钢。所用激光功率 2kW，扫描速度 7～9mm/s。涂层厚度约为 0.7mm。图中这条激光表面合金化涂层硬度分布曲线的线型与图 1-14 中真空熔结涂层稀释曲线的线型很相像，线型是连续过渡的，这说明涂层与基体之间是冶金结合，而斜率又很陡这说明基体对涂层的稀释作用很小。激光扫描过程在惰性气体环境中进行，避免了表面氧化与脱碳的可能。为保证涂层与基体之间牢固的冶金结合，熔融时基体表层必须熔化，由于激光束的功率密度比上述四种能源的功率密度要高得多，激光束的功率密度达到 $10^{12}W/cm^2$ 左右，而相比之下等离子气炬的功率密度只有 $10^5W/cm^2$ 左右，所以激光表面合金化工艺的加热与冷却速度极快，使得基体表面的熔化层极薄，一般可掌控在 2～8μm，与涂层之间彼此互扩散而形成冶金结合带的厚度一般是在 5～8μm 的范围之内。

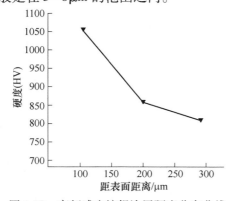

图 1-18　高频感应熔焊涂层硬度分布曲线

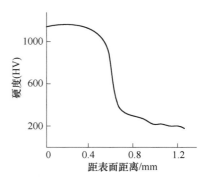

图 1-19　激光表面合金化涂层硬度分布曲线

使涂层与基体之间形成冶金结合的结合带的叫法很多，如扩散带、过渡带、溶合区、焊合线等，在真空熔结工艺中叫互溶区，叫法不同，但起到冶金结合的作用都是一样的。但是它们之间的宽窄有很大区别，这种差别与各种工艺方法的稀释深度是一致的，前述电弧堆焊、等离子喷焊、电火花放电熔焊和高频感应熔焊等工艺方法的稀释深度都比较严重，不好控制。而激光表面合金化与真空熔结这两种工艺的稀释深度都有办法控制，从表 1-11 和表 1-14 可以看出，激光表面合金化只要掌握好激光的输出功率和扫描速度，真空熔结只要掌握好熔结时间与熔结温度就都能够避免稀释，这时的结合带或互溶区宽度就相当于稀释深度，而且很窄，激光表面合金化是 $5 \sim 8 \mu m$，真空熔结是 $25 \mu m$ 左右，因为紧接结合带或互溶区的涂层硬度已经是涂层合金的原始硬度。

关于各种表面冶金工艺方法的名称问题，凡是必须将基体表层熔化后才能使涂层与基体之间达成冶金结合的工艺方法都要带一个"焊"字，如堆焊、喷焊或熔焊等，在这些方法中进行界面元素互扩散的方式都是"液-液"之间的扩散，甚至是搅动或掺混，所以极易发生稀释，但激光表面合金化是个例外。

（6）冷喷焊[8]。一种冷喷焊工艺是采用火焰喷涂自发热粉末，如（80Ni，20Al）或（90Ni，10Al）等 Ni 包 Al 粉。喷涂时 Ni 包 Al 粉被火焰加热到 660℃ 左右就会发生剧烈的放热反应而使粉末自身熔化，待与基体相接触时，熔融粉末加热基体钢材表面，接触点局部区域的瞬时温度可高达 900℃ 以上并同时发生液-固之间的瞬时界面元素互扩散，形成涂层与基体之间的显微冶金结合，而不会发生任何稀释。

（7）爆炸喷涂[9]。一种爆炸喷涂也称作火焰镀，是把 O/C 原子比为 1.2 并含有 60%（体积分数）氮的可燃气体引入枪膛，由火花塞点燃使混合气体爆炸，产生极为猛烈的高温高速气流和冲击波，将喷出枪膛的涂料粉末熔成液滴，并以 762m/s 左右的高速度打到基体表面上，此时又由于动能转化成热能而使液滴被进一步加热至 4000℃ 左右，以致在界面上的显微范围内涂层与基体发生液-固之间的瞬时元素互扩散反应，从而形成牢固的显微冶金结合，或叫做显微焊接。由于基体的冷却比受热还要迅速，在喷涂过程中基体温度不会超过 200℃，所以涂层没有稀释而基体也没受到任何热影响。

（8）离子注入[10]。一种离子注渗涂层的硬度分布曲线示于图 1-20。离子注渗或称离子注入方法的基本工作原理与前述各种方法完全不同。把涂层合金作为蒸发源，使受电子束加热而蒸发，蒸发出的合金原子通过辉光放电区，此时部分原子被离子化，这些带有正电荷的离子在电场的加速作用下高速飞向作为负极的基体，一接触基体表面即被中和并以极高的动能注入基体内部。由于离子是呈溅射方式飞向基体，所以对整个基体表面是均匀注入，离子在基体表层相当富集，由表及里浓度递减。图中基体是碳钢、高速钢或模具钢。涂层是 WC 高硬度金属

间化合物。WC 注渗涂层的总
厚度达到 1.2mm，在基体表
面的 WC 富集层约为 0.35mm。
离子注渗在高真空条件下进
行，WC 离子比纳米还小，注
入基体后呈高度弥散分布，待
电荷中和之后，WC 与钢材基
体形成一种伪扩散 Pseudodif-
fusion 的冶金结合。注渗涂层
在基体表面之内形成，没有熔
融凝结过程，不存在界面元素

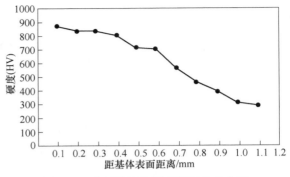

图 1-20　离子注渗涂层的硬度分布曲线

互扩散，既没有稀释也没有热影响问题。伪扩散过程不服从菲克定律，也不用考
虑浸润性的影响。

　　把 WC 注渗进基体后，不仅提高了基体表层的硬度和耐磨性，而且起到使基
体表层晶粒细化、弥散强化以及消除表面疲劳裂纹源等作用，从而大大提高了基
体强度。所以离子注渗工艺根本不存在基体对涂层的稀释问题，反而有独特的涂
层对基体的增密强化作用。

　　在涂层与基体之间能够形成牢固冶金结合的前提下，按照基体钢材对合金涂层
稀释程度的高低，把具有熔融凝结过程的几种表面冶金工艺方法分类并与离子注渗
工艺做一比较，列于表 1-15。稀释程度怎样算严重怎样算不严重，尚未讨论统一的
区分标准，表中所列只是把稀释深度 ≥0.5mm 或是稀释深度数值几乎等于涂层总厚
度时称为重度稀释，稀释深度 ≤0.05mm 时称为轻度稀释，稀释深度等于 0.05~
0.5mm 时称为中度稀释，稀释深度 ≤0.005mm 时称为基本上没有稀释。

表 1-15　在几种表面冶金工艺中基体对涂层的稀释状况

序号	稀释状况分类	工艺名称	涂层与基体结合类型	涂层厚度/mm①	稀释深度 /mm
1	Ⅰ重度稀释	电弧堆焊	冶金结合	7.0	4.0
2		等离子喷焊		1.68	0.68
3		电火花放电熔焊		0.06	约 0.06
4		高频感应熔焊		0.6	约 0.6
5	Ⅱ轻度稀释	真空熔结		1.0	约 0.025
6		激光表面合金化		0.7	0.002~0.008
7	Ⅲ基本无稀释	冷喷涂	显微冶金结合	0.5	无
8		爆炸喷涂		0.3	
9	涂层增强基体	离子注渗	伪扩散冶金结合	-0.35	—

　　①涂层厚度的正值表示从基体的原表面向外计算，而负值表示从基体的原表面向内计算。

　　表中所列这九种工艺方法都能使合金涂层与钢材基体之间达成牢固的冶金结合，但由于每一种方法达成冶金结合的机理有所不同，结果导致钢材基体对合金涂层的稀释程度大不相同。其中凡是以"液-液"方式进行界面元素互扩散的电弧堆焊、等离子喷焊、电火花放电熔焊与高频感应熔焊这几种方法的稀释程度都比较严重。而以"液-固"方式进行界面元素互扩散的真空熔结、冷喷焊与爆炸喷涂这几种方法的稀释程度都比较轻。激光表面合金化方法虽然也是以"液-液"方式进行界面元素互扩散，但由于它的能量密度极高而冷却速度极快，扩散时间极短，因而稀释程度也比较轻。至于离子注渗方法根本不存在界面元素互扩散问题，谈不上基体对涂层的半点稀释，而实质上是涂层对基体起到了增密强化作用。

2　熔结涂层原材料

　　熔结涂层所采用的原材料属于材料的边缘学科，涉及非常广泛。最初以元素粉末作为原材料，包括金属元素与非金属元素。在探索涂层配方时，以元素粉末配料并印证相图非常方便，也便于更换配比。待配方确定之后，应预炼成合金以作生产涂层制品的原材料之用，这样既能确保生产稳定又能节约成本。

　　除元素粉末之外，经常采用的原材料还有各种特色合金、自熔合金、表面硬化合金、硬质合金、有色金属、贵金属、金属间化合物以及玻璃和陶瓷，等等。所用原材料的形态除粉末之外，也可以应用薄箔、带材、板材、丝材以及细粒和碎块。由于原材料过于庞杂，只能以耐磨、耐腐蚀与高温抗氧化这几方面的表面工程为限，并以应用效果较佳者为主线来展开对原材料与涂层配方的讨论。

2.1　以元素粉末为原料及相关涂层配方

　　以元素粉末为原料时要求粉末纯度 ≥99.0%，粉末粒度最好是 ≤5μm，一般要通过 325 目（0.044mm）。粉末颗粒形状不限，但要求比表面越大，表面活性越高越好。

　　有的金属元素粉末有时也可以用该金属的氢化物 MH 粉末来代替。当元素粉末涂层的配方确定后其合适的熔结制度须按所要求的熔结程度来定，若须达到初步熔结（或充分烧结）的程度时可按照二元或多元相图上某个较低的低温共晶相的熔化温度或稍高于此的温度进行熔结，此时只有一小部分涂层熔融成液态金属，液相所占全部涂层的质量百分比一般 ≤30%，涂层不会流动，为使界面元素互扩散及其他表面冶金反应得以充分进行，熔结时间根据需要可以稍长一些。若须达到充分熔结时一般可按照比初步熔结温度高出 50~200℃ 的温度进行熔结，此时涂层中的液相含量 ≥30%，涂层的流动性很强，表面冶金反应也比较充分，熔结时间不宜过长。下面介绍几种所研究过的典型涂层配方，这些配方的原材料均以元素粉末为主，但也辅以合金和玻璃陶瓷等其他粉末，实施这些配方的主体工艺是熔结，但也有喷涂、电镀，粉末填充渗和搪瓷等工艺与之相配合。

2.1.1　保护 Ni 基高温合金高温抗氧化的元素粉末熔结涂层

　　用真空熔结的 NiCoCrSi 涂层打底，然后再粉末填充渗 Al，所得到的铝化物涂层可以很好地保护 Ni 基高温合金抗高温氧化。涂层用金属粉末配料，具体配方是（15Co，15Cr，1Si，余 Ni）。在 1120℃ 和 $1×10^{-4}$ mmHg❶ 真空条件下初步熔结 2h，熔结合金涂层的厚度约为 0.13mm。然后在 1090℃ 下进行粉末填充渗 Al，最后得到 Ni、Co、Cr、Si 诸元素的复合铝化物涂层，涂层总厚度约为 0.15mm。

把涂层试样放在马弗炉中作静态高温抗氧化试验，1100℃、≥500h，在 950℃ 下超过了 3000h。用 0.7kg 重的钢球从 1.0m 的高度落下对涂层试样作落球撞击试验，试样出现裂纹但涂层没有剥落。

2.1.2 保护 Mo 合金高温抗氧化的元素粉末熔结涂层

当结构部件的工作温度超过 1100℃ 时常需考虑采用难熔金属，应用难熔金属的最大障碍是高温抗氧化问题，欲通过合金化的道路既解决强度问题又解决高温抗氧化是行不通的。实际可行的办法是通过合金化解决强度问题，再以表面涂层解决高温抗氧化。至今认可的保护难熔金属高温抗氧化的最佳涂层是硅化物，特别是二硅化物（MSi_2）涂层。用粉末填充渗方法很容易制得单一的硅化物涂层，这种涂层抗氧化可以，但比较脆、在某一低温阶段常易发生"粉化"、在低压下又容易变异而形不成有效的氧化保护膜、而且线膨胀系数与基体也不匹配、涂层容易开裂，为克服这些缺陷必需引入其他元素用以制成改性硅化物涂层。用粉末填充渗方法来完成硅与改性元素的按比例共渗涂层是很不理想的，粉末填充渗方法的另一不足是适应不了大型与结构复杂的工件。采用真空熔结技术可以有效克服这些困难，一种是把按比例混合好的改性金属元素粉末与适量的有机黏结剂制备成涂膏，均匀涂于工件表面，烘干后在真空下初步熔结成有一定孔隙度并具有改性作用的合金涂层，然后再进行粉末填充渗硅化处理，最终得到改性硅化物涂层。另一种是把改性金属元素粉末与硅粉按比例混合直接制备成涂膏，涂烘后在真空下进行充分熔结，一步制成改性硅化物涂层。

（1）NiMoSi 系。这是保护 Mo 合金的一步法真空熔结的改性硅化物涂层，以元素粉末配料，具体配方是（61Ni，25Mo，14Si）。在 1250℃，$1×10^{-2}$ mmHg 真空下充分熔结 1min，涂层为银白色，光滑致密，涂层厚度约为 0.25mm。把 ϕ5mm×120mm 的涂层 Mo 合金试棒直接通电加热，在一个大气压的空气中作静态高温抗氧化试验，达到 1100℃，100h 以上。

（2）MoCrSi 系。这也是以元素粉末配料，粉末粒度 ≤20μm，具体配方是（37Mo，20Cr，43Si）。在 1510℃，$1×10^{-4}$ mmHg 真空下充分熔结 1.5min，形成了 $MoSi_2$ 和 $CrSi_2$ 的复合硅化物涂层，涂层厚度约为 0.2mm。在高温氧化时，表面生成的 Cr_2O_3 与 SiO_2 复合成氧化物保护膜，而生成的 MoO_3 会全部挥发，使得保

---

❶ 1mmHg = 133.322Pa。

护膜虽然连续但不致密。这种氧化物保护膜不算最好但仍有不错的抗氧化保护能力，静态高温抗氧化达到 1200℃、100h，抗急冷急热 100℃—1200℃—100℃ 达到 100 次左右。

（3）MoSiB 系。这也是以元素粉末配料，粉末粒度 ≤20μm，具体配方是（36Mo，60Si，4B）。在 1390℃，$1×10^{-2}$ mmHg 真空下充分熔结 1.5min，形成了以 B 改性的 $MoSi_2$ 保护涂层，涂层厚度约为 0.2mm。在高温氧化时，所生成的 MoO_3 仍然挥发，但在硅化物涂层表面明显形成了一层明亮的硼硅酸盐玻璃保护膜，保护膜连续致密而且富有自愈能力，即在硅化物涂层因故产生裂纹之后，在高温之下熔融并带有一定黏度的硼硅酸盐玻璃会及时封堵裂纹而使涂层愈合。MoSiB 涂层的性能指标比 MoCrSi 系要高，静态高温抗氧化寿命达到 1200℃、300h，抗急冷急热 100℃—1200℃—100℃ 达到 200 次以上。

2.1.3　保护 Nb 合金高温抗氧化的元素粉末熔结涂层

最初 Nb 合金高温抗氧化保护涂层的研究工作着重于粉末填充渗的硅化物涂层，特别是 CrTiSi 系涂层，这种涂层在大气压环境下有相当好的高温抗氧化保护能力，但在低压高温环境下就表现较差，再由于粉末填充渗方法固有的许多缺点：主要是由于大型粉末包装的热传递性较差，从而造成了涂层的组成与厚度都不均匀，使得填充渗法不能制作大型部件。再就是不能渗涂结构较为复杂的部件，特别是很难适合缝隙和具有精细结构的表面。有鉴于此，后来就集中于应用真空熔结技术，以合金改性的硅化物涂层为研究方向。

2.1.3.1　CrFeSi 系涂层 I

以元素粉末配料，具体配方是（20Cr，20Fe，60Si）[11]。Cr-Si 的二元低共熔温度为 1333℃ 左右，Fe-Si 的二元低共熔温度是 1200℃ 左右，熔结制度定为在 1370℃，$1×10^{-3}$ mmHg 真空下初步熔结 1h。温度稍高于低温共熔点，涂层中出现的液相不是很多，属初步熔结，但熔结时间较长，这是为了有充分时间进行界面元素互扩散反应，最终形成以各种改性硅化铌为主要组成的高温抗氧化涂层。涂层厚度约为 0.09mm。熔点高于 2000℃ 的硅化铌主要有三种，如图 2-1 所示。用电子探针分析仪（EMP）测定出涂层的多层结构，如图 2-2 所示。并对各层元素作出定量分析，结果列入表 2-1。涂层基本上比较清晰地分成 A、B、C、D 四层，E 是 Nb 合金基体。对涂层结构进行逐层分析，先对涂层表面进行 X-光衍射分析，然后用连续研磨的办法把涂层的次表面一一暴露出来，再逐层进行分析。A 层的结构是 $NbSi_2$ 只含有微量的其他元素；B、C 和 D 层是有可观含量 Cr 与 Fe 的硅化物，B、C 两层的结构像 M_5Si_3（六方晶系），其晶格参数与 Nb_5Si_3（六方晶系）相吻合，而 D 层的结构像 M_5Si_3（四方晶系），其晶格参数与 Nb_5Si_3（四方晶系）相吻合。另外，确定了 B、C 两层不单是 Nb_5Si_3，还含有微量的 $NbSi_2$。

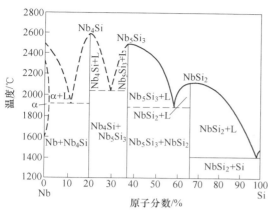

图 2-1 Nb-Si 系统图

图 2-2 CrFeSi 涂层结构

表 2-1 CrFeSi 涂层的逐层定量分析

层 次	元素浓度/%				
	W	Fe	Cr	Nb	Si
A	1.0	0.2	0.8	30.3	67.7
B	0.9	13.4	19.4	20.6	45.7
C	0.6	18.3	9.8	27.4	43.9
D	1.9	8.0	4.1	45.3	40.7
E	4.6	0.2	0.0	95.2	0.0

MSi_2 型硅化物涂层在高温下具有优异的抗氧化特性并不是由于它们的化学惰性，而是由于在大气氧化开始时首先在涂层外表面生成了一层以 SiO_2 为主的连续、致密而稳定的玻璃态氧化保护膜，当此膜增厚、致密到一定程度时就把涂层与大气完全隔离，使氧化反应停止。在硅化物涂层表面自动生成玻璃态 SiO_2 保护膜必须具备以下条件，其内在条件是硅对氧的亲和力要大于涂层中其他元素对氧的亲和力，同时在涂层表面硅元素浓度应足够地高，而且能从涂层内部得到源源不断的扩散补充。其外部条件是大气环境必须处于足够高的温度与气压，因为 SiO_2 保护膜只有在高温下才是稳定的玻璃态，低温时形不成玻璃态而是石英晶体，石英在 573℃ 左右会发生快速晶型转化使保护膜破裂，另外在 900℃ 以下的中低温度下还须防止硅化物涂层不时发生的"粉化"效应，所以硅化物涂层的低温抗氧化寿命往往反而不如高温。当气压较低时也很成问题，这时因氧分压不足不仅生成不了 SiO_2，即使已经生成的也会发生分解而成为挥发性的气态 SiO：

$$2SiO_2 \longrightarrow 2SiO \uparrow + O_2 \uparrow$$

所以 SiO_2 保护膜的稳定性还要受到环境温度与氧分压的控制，在检测硅化物涂层的抗氧化寿命时必须考虑到这些因素。

真空熔结 （20Cr，20Fe，60Si） 涂层的炉内静态等温抗氧化寿命为 870℃，
≥1300h。涂层的快速循环抗氧化试验是把试样送入炉内高温氧化 1h 再取出炉外
室温冷却 5min，试验结果列入表 2-2。快速循环抗氧化试验不足以暴露硅化物涂
层在中低温度下的许多弊病，于是还须设计慢循环抗氧化试验。

表 2-2　　（20Cr，20Fe，60Si） 涂层的快速循环抗氧化寿命

试验温度/℃	1093	1371	1427	1482	1538
抗氧化寿命/h	>560	97	>33	19	约 15

慢循环抗氧化试验是在大气压的高温炉中进行，试样按照控制好的速度进出
炉子，试验的 $t = f(\tau)$ 曲线主要模拟宇宙飞行器返回大气层的工况条件，如图2-3
所示。（20Cr，20Fe，60Si） 涂层的慢循环抗氧化寿命为 60h 左右。飞行器的工
况除温度变化之外气压变化范围也很大，所以涂层还必须在各种气压条件下进行
抗氧化试验。

低气压环境高温抗氧化试验在 1370℃ 下进行，如图 2-4 所示。在大气压下氧
化增重曲线的上升段符合抛物线规律，数十小时之后曲线趋于平缓，涂层不再增
重，表现出极佳的抗氧化性能。而在 5mmHg 低气压下，在头几个小时氧化曲线
也有所增重，表现出涂层有一定的抗氧化性能，但在大约过了 10h 之后曲线表现
出失重下降的趋势，随着时间的延长涂层失重越多，最终将完全失去抗氧化保护
能力。气压越低时，头几个小时的增重越小，而曲线开始失重下降的时间也越
短，涂层失重并失去保护能力的速度也越快，这显然与 SiO 的挥发是有关系的。

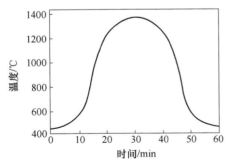

图 2-3　慢循环抗氧化试验曲线

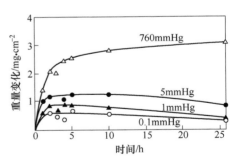

图 2-4　涂层的氧化增重曲线

有了以上温度或气压单项变化条件下的抗氧化寿命数据，尚不足以确保涂层
就可以在飞行器上放心使用。飞行器返回大气层时会遇到温度与气压同时的连续
变化，所以还必须做模拟返回大气层抗氧化试验。图 2-5 所示是返回大气层 1h
循环模拟试验曲线，0.76mm 厚的 （20Cr，20Fe，60Si） 涂层能够经受 5~8 次这

样的循环模拟抗氧化试验。试验后在涂层表面可以明显看到有一层玻璃态氧化保护膜，此膜在静态环境中的保护作用是肯定的，但是 SiO_2 玻璃膜的软化点才 900℃左右，在飞行器返回大气层所受高温高速气流冲刷的动态环境中是否还有保护作用必须得到证实。动态高温抗氧化试验是用氧-乙炔气炬火焰冲刷试样表面，（20Cr，20Fe，60Si）涂层在 1650℃氧-乙炔气炬火焰冲刷下只有半小时或半小时以上的动态抗氧化寿命。

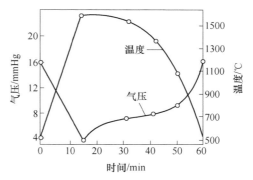

图 2-5 再入模拟试验曲线

对涂层试样作了各种抗氧化试验之后，基体材质是否污染受损可以分别测定基体与涂层之金相断面的显微硬度来加以判断，见表 2-3[12]。表中数据表明在氧化试验之后，若涂层外观未见破损时则基体亦安然无恙。

表 2-3 抗氧化前后涂层与基体的显微硬度（KHN，200g 负荷）

试　　样	（10W，2.5Zr，87.5Nb）基体	（20Cr，20Fe，60Si）涂层
涂层试样	203	1000~1300
试样经慢循环氧化试验之后	200	1100~1300
试样经火焰冲刷氧化试验之后	198	1100~1200

2.1.3.2 CrFeSi 系涂层 Ⅱ

以元素粉末配料，粉末粒度全部 ≤325 目（0.044mm），具体配方是（40Cr，20Fe，40Si）[12]，在 1416℃，$1×10^{-4}$mmHg 真空下充分熔结 5min，单位面积涂层重量达到 20~25mg/cm²。研究这项涂层是为了保护 Nb 合金（0.05C，0.05N，22W，4Hf，余 Nb）基体在 1100℃以上用于飞机发动机的涡轮叶片，涂层的炉内静态等温抗氧化寿命为 1400℃，≥5h 和 1200℃，>400h。

除了高温抗氧化之外，Nb 合金涡轮叶片的翼面涂层还必须考虑在工作温度下可能遭受外来物的撞击问题。撞击试验是在 1200℃下，用 ϕ4.5mm、重 0.75g 的钢弹，以 38m/s 的速度撞击涂层试样，然后把试样放在 1200℃高温炉中，静态抗氧化 10h，出炉后外观检查试样是否遭到氧化破坏，如果外观遭破坏，则要切开试样对金相断面作显微硬度检查，以判断 Nb 合金基体是否遭到氧化污染。（40Cr，20Fe，40Si）熔结涂层顺利通过球击试验，Nb 合金基体未遭氧化污染。涂层叶片受撞击后仍应保持有 10h 的抗氧化寿命是考虑到飞机有可能安全返航。硅化物涂层是脆性的，涂层要足够的薄才能有一定的抗撞击能力，有时在硅化物涂层上再火焰喷涂一层 FeCrAl 或熔结一层玻璃质表层会更保险。当然，玻璃涂层的软化点必须低于涡轮叶片工作温度时才会体现出愈合能力，但是必须具有足够的黏度，否则涡轮叶片巨大的离心力会把液态的玻璃涂层甩掉。

对叶片榫部涂层的塑性要求比翼面涂层更高，因为安装叶片时榫头与榫槽之间有不可避免的摩擦、磕碰甚至敲击定位，发动机运转时榫头还要承受很高的震动负荷。所以在榫部硅化物涂层外表必须熔结一层软金属表层，除了球击试验之外，还要增加一项弯曲试验考核。弯曲试验是对 1.0mm 厚、6~7mm 宽的 Nb 合金长条试片进行涂层，把涂层试片绕着 ϕ50mm 的轴弯曲，使表面涂层的伸长率达到 1.0% 左右，然后把弯曲过的试样在 650℃—980℃—650℃ 下以 1h 周期进行慢循环抗氧化试验，至少要达到 400 次以上。

榫部表层软金属涂层的配方之一是（80Sn，20Al），在 1038℃，$1×10^{-4}$ mmHg 真空下熔结 60min，单位面积涂层重量达到 15~27mg/cm²。经球击试验后作慢循环抗氧化试验达到了 500 次以上。相同试样经弯曲试验后再作慢循环抗氧化试验也达到 500 次以上。

榫部表层软金属涂层的另一配方是（93Ni-Cr，7Si），其中 Ni-Cr 预合金粉的配比是（80Ni，20Cr）。在 1150℃，$1×10^{-4}$ mmHg 真空下充分熔结 10min，单位面积涂层重量达到 29~60mg/cm²。球击试验后慢循环抗氧化试验只达到 91~164 次，而弯曲试验后再作慢循环抗氧化考核却能达到 500 次以上。

2.1.3.3　AgSiAl 系

该系涂层是在（15W，5Mo，1Zr，余 Nb）的 Nb 合金基体上先电镀一层 0.025mm 厚的 Ag，第二层涂（89Al，11Si）合金粉，第三层涂 Al 粉，粉末粒度均≤325 目（0.044mm），三层一起先在氩气保护下于 1038℃ 熔结 0.5h，接着抽真空至 $1×10^{-3}$ mmHg 再熔结 0.5h[13]。在这总共 1h 的熔结过程中，先是三层涂料统统熔化成液体，由于氩气中微量残余氧气的氧化，会产生少量 Al_2O_3 粉末分散于涂料熔体之中，提高了液体的黏度，再由于液层自有的表面张力作用，这样就避免了液层滴落，在熔结温度下液层中各涂料元素之间以及涂料与 Nb 合金基体之间起着非常复杂的表面冶金反应，逐步形成各种 Nb-Al 化合物并最终固化成铝化物涂层。

铌的铝化物主要有 Nb_3Al、Nb_2Al 和 $NbAl_3$ 三种，这些铝化铌的抗氧化性能都很好，但致命的缺点是都很脆，尤其 $NbAl_3$ 的抗氧化性能最好，但是脆性也最大。如果不镀 Ag 而在 Nb 合金基体上直接熔结铝合金粉料时，涂层将以 Nb_3Al 和 Nb_2Al 为主，正是由于镀银层对 Nb 原子向外扩散的阻滞作用，才使得熔结涂层以 $NbAl_3$ 为主体。又由于镀银层能在涂层与基体的界面以及涂层的晶界上形成富银层，这就大大地改善了涂层的脆性，即使涂层出现了裂纹也不易越过界面而延伸到基体中去。在熔结之初当固化涂层尚未形成之时，镀银层还有一个作用，即是有效阻挡了氩气中残余氧气对 Nb 合金基体的氧化，使熔结之后的 Nb 合金基体丝毫没有变脆。

用 X-光检查熔结铝化物涂层的组织，在整个 $NbAl_3$ 涂层中均匀散布着细小的 Al_2O_3 和 Ag 与 Si，后两种元素大致上以置换固溶体的方式取代了 $NbAl_3$ 晶体中部分 Al 原子的位子。在涂层与基体界面区域的涂层晶界上是富银层，用高倍电子显微镜观察涂层与基体的界面区域还可以看到 Ag 与 Si 的低温共晶组织。把涂层试样在 1260℃下预氧化处理 2h 后，在外表面形成了一层 Al_2O_3 表层，中间是 $NbAl_3$，而内层已转化成韧性更好的 Nb_2Al。

在马弗炉的静态空气中作高温抗氧化试验，保护 Nb 合金基体的熔结铝化物涂层的最佳抗氧化寿命为 1370℃，≥10h。10h 后试样未见棱角破坏，并仍保持着室温下的弯曲韧性。

2.1.4 保护 Ta 合金高温抗氧化的元素粉末熔结涂层

为了提高涡轮喷气发动机的推力水平，必须进一步克服高温高强度的材料障碍。涡轮喷气发动机的推力系统包括涡轮叶片、导向叶片、燃烧室内衬和尾喷管等必须在 1260~1650℃甚至更高的进口温度下操作，当涡轮操作温度每提高 55℃时涡轮发动机性能就能相应提高约 12%。Ta 合金和 Nb 合金等难熔金属都是很有希望应用的材料，保护 Ta 合金最有希望的高温抗氧化涂层也是真空熔结的改性硅化物涂层。

2.1.4.1 MoTi 系

以单一硅化物涂层保护 Ta 合金基体高温抗氧化是不够理想的，在 1260℃下抗氧化不到 30h 就破坏了。用真空熔结的 MoTi 合金涂层打底，然后再粉末填充渗 Si，所得复合硅化物涂层保护 Ta 合金基体（0.01C，9.6W，2.4Hf，余 Ta）在 870℃和 1315℃下静态高温抗氧化均大于 600h。涂层以元素粉末配料，具体配方是（95.3Mo，4.7Ti）[14]，在 $1×10^{-5}$ mmHg 真空条件下于 1335℃初步熔结 15h 能得到多孔性的合金层，或在 1515℃充分熔结 0.5h 可到得比较致密的合金层。然后在 ≤200 目（0.075mm）的纯硅粉中，于 1175~1230℃下填充渗 Si 7~8h，最后得到以 MoTi 改性的复合硅化物涂层，单位面积涂层重量达到 20~48mg/cm^2。Mo 硅化后成为 $MoSi_2$，是最抗氧化的高硅化物。Ti 在硅化没有到达的部位，如对涂层与基体之间的界面部位能够多少提高 Ta 的抗氧化能力。

高温抗氧化 600 多小时之后对涂层试样作 90°弯曲试验表明基体仍保持着良好的弯曲韧性，测定各部位的显微硬度见表 2-4，基体的低硬度也能说明这点。

表 2-4 1315℃抗氧化 612h 后涂层与基体的显微硬度（KHN，50g 负荷）

涂层外层	涂层内层	基 体
1315~1725	1735	323

2.1.4.2　WMoVTi 系

用真空熔结的 WMoVTi 涂层打底，然后再粉末填充渗 Si，所得到的硅化物涂层可以很好地保护 Ta 合金抗高温氧化。这也是以元素粉末配料，涂层具体配方是（50W，20Mo，15V，15Ti）[15]，基体用 Ta-10W 合金，在 1527℃ 和 1×10^{-5} mmHg 真空条件下初步熔结 15h，然后再把熔结涂层样品填充在纯硅粉中，在 800mmHg 压力的充氩气氛中，于 1177℃ 下渗 Si 15h，最后得到 W、Mo、V、Ti 诸元素改性的复合硅化物涂层，涂层总厚度为 0.2~0.3mm。

涂层可描述成一种二层构造，由致密的内层与疏松的外层组成。用电子探针对涂层进行逐层分析，在疏松外层的亮区中含有混合的二硅化物，主要是 $MoSi_2$，靠里一点是 WSi_2。再往里到了比较致密的内层，主要是 $(Ta，W)Si_2$。在外层中还点状分布着一些氧化物，有的是 SiO_2，有的是 SiO_2+TiO_2，究其原因可能是由于氧作为原料粉末的杂质被引入涂层的结果。作为硅化物涂层的固有特性是微裂纹，由电镜观察到的微裂纹从涂层的内层一直延伸到涂层的外层，这是由于硅化物涂层与钽合金基体的线膨胀系数不匹配造成的。有意思的是只发现有少量的 Si（约 0.08%）扩散到基体中去，这样就不必担心硅化对基体强度与韧性的影响。逐层分析的定量结果列于表 2-5，分析部位以相距涂层与基体间界面的距离在表中标出，以正值标出涂层的分析部位，负值是基体的分析部位。

表 2-5　对涂层试样各部位的电子探针与 X-光衍射分析结果

距界面 /mm	化学组成/%						识　别
	Si	Ta	W	Mo	Ti	V	
0.235	40.6	<0.1	0.1	44.5	8.8	6.0	$MoSi_2$
0.155	43.3	<0.1	4.0	35.4	7.4	10.4	
0.085	40.4	<0.1	2.2	37.3	9.5	0.5	
0.050	30.7	<0.1	55.0	4.3	4.2	5.7	WSi_2
0.025	25.3	48.1	19.8	1.8	2.8	1.8	$(Ta，W)Si_2$
0.010	22.3	58.1	16.4	0.3	2.2	0.9	
0	10.1	81.5	8.0	<0.3	0.09	<0.1	界面
-0.010	0.08	89.5	10.5	<0.3	<0.01	<0.01	合金基体
-0.020	<0.05	89.5	10.5	<0.3	<0.01	<0.01	
-0.030	<0.05	89.5	10.5	<0.3	<0.01	<0.01	

以 WMoVTi 改性的硅化物涂层在 760~870℃ 温度范围内，对于硅化物涂层在中低温度下经常遭遇的粉化（pest）问题也是敏感的。已有的理念认为在此温度范围内在硅化物表面所生成的低温氧化物尚不具备足够的抗氧化保护能力，此时发生了一种晶间氧化，使每一颗硅化物晶粒都被氧化产物包裹起来，最终造成了硅

化物涂层的粉化崩溃。这种现象不仅是硅化物，其他金属间化合物和金属铅也时有发生。晶间氧化从硅化物涂层表面开始，必须通过相当长一段时间才有可能发展到涂层内部以至于全部，因此在升温过程中只要控制好加热速率就有可能安全地通过粉化温度区。从室温到1500℃的氧化升温过程中按1℃/min、6℃/min、10℃/min与25℃/min的不同加热速率来试验升温，结果只是在最慢的1℃/min的升温过程中才发生了涂层的粉化破坏。经实验已知硅化物涂层在426~704℃温度范围内的氧化增重曲线的斜率最高，因为此时生成的低温氧化物毫无保护作用。而必须在900℃，最好是1150℃以上才能生成具有抗氧化保护能力的高温氧化物。把硅化物涂层试样一下子放进1150℃的高温炉中进行5h预氧化处理，然后再放在粉化温度范围内进行长时间氧化考核，结果涂层的抗氧化寿命竟能达到200h以上。这充分说明预氧化处理方法完全可以克服硅化物涂层在中低温度下的粉化弊端。

WMoVTi改性硅化物涂层虽然有微裂纹，但是其高温抗氧化性能是十分可靠的，从982~1482℃的高温抗氧化寿命均能达到200h以上，如图2-6所示。在982℃氧化进程头几个小时的氧化曲线呈抛物线形，其后随着时间延长重量不再增加，这种情况表明涂层自一开始氧化就生成了致密、完整而且稳定的保护膜，并一直保持到200h之后。经电镜和X-光衍射分析表明在涂层表

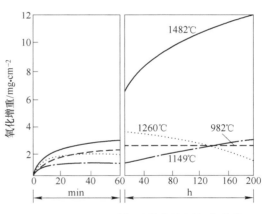

图2-6 WMoVTi改性硅化物涂层氧化曲线

面生成了以SiO_2为主并掺有少量TiO_2的保护膜，而且发现在涂层原有的微裂纹中也填补了新生的SiO_2，这正是硅化物涂层的自愈特性。

1149℃下的氧化曲线自始至终符合抛物线规律，给予Ta-10W基体很好保护。由于观察到在一开始时候的氧化速率小于982℃下开始时的氧化速率，认为在这个温度下可能发生了氧化产物的某种挥发。另外，也发现首次产生了类似于玻璃质的表层，探针分析其化学组成为含有（<0.1Ta，7.4W，<0.1Mo，1.6Ti和1.9V）的SiO_2以及少量的TiO_2分离相，有文献报道$MoSi_2$涂层出现玻璃质表层应从1316℃开始，而纯SiO_2晶体的熔化温度更高达1716℃，这里出现玻璃质表层只能解释为Ta、W、Mo、V、Ti等元素的多元氧化物与SiO_2相复合而降低了熔化温度的缘故。降低玻璃质的熔化温度对于涂层的自愈性是有好处的。

氧化曲线在1260℃下氧化了头几个小时之后斜率由零变负，随着时间的延长

重量反而减少，这表明涂层的挥发超过了氧化增重，从氧化炉中抽出气体通过一个净化器后进行成分分析发现含有大量的 Si，少量的 W、Mo、V 和痕迹量的 Ti。由于 Si 的大量缺失使得涂层的内层开始质变，由原来的 MSi_2 高硅化物转变成了 M_5Si_3 和 M_2Si 等低硅化物，降低了涂层的抗氧化能力。虽然如此涂层仍能安全保护基体 200h 左右。

在 1482℃ 下经过第一小时之后氧化速率就急剧增加，显示出涂层的保护作用已趋极限，但仍安全保护了基体 200 多个小时，此时除了抵消掉涂层的挥发减重之外还有高达 $12mg/cm^2$ 的氧化净增重。分析出玻璃质表层的化学组成仍和 1149℃ 下一样，由含有 Ta、W、Mo、V、Ti 的 SiO_2 和分离的 TiO_2 组成，不过 TiO_2 的相对含量比在 1149℃ 下要高了许多。和 1260℃ 相比则不仅在涂层内层，即使在涂层的外层也出现了低硅化物。

以硅化物涂层保护合金基体高温抗氧化的实质，乃是牺牲涂层而使基体的机械强度及韧性不受损害。不受损应有二重概念，其一是涂层可以不断地变质耗损，但必须在目标时间内有效地挡住大气对基体的高温氧化；其二是涂层所含大量的 Si 元素只需保障表层的氧化消耗，千万不能向基体扩散而使基体变脆。WMoVTi 改性硅化物涂层保护 Ta-10W 合金基体高温抗氧化 200h 后对涂层与基体的分析测定列于表 2-6，从表中所列结果看出温度越高则涂层的变质损耗越快。从 982~1149℃ 涂层内外层都是高硅化物，表层氧化膜均以 SiO_2 为主，说明涂层有足够的硅供应外表面的氧化需求，此时的涂层寿命远不止 200h。在 1260℃ 下虽然表层氧化膜仍以 SiO_2 为主，但在涂层内层已出现低硅化物，涂层的抗氧化能力开始减退。到 1482℃ 时涂层内外层都有低硅化物，外表氧化膜以 TiO_2 为主，次表氧化膜才是 SiO_2，说明涂层中的 Si 元素很快耗竭，涂层抗氧化寿命即将终结。填充硅化时基体含 Si 量达到 0.08%，基体强度未曾受损，在高温抗氧化过程中基体含 Si 量不增反减，对基体强度无须担忧，这也是 WMoVTi 改性硅化物涂层的又一可取之处。

表 2-6　在高温抗氧化前后对 WMoVTi 改性硅化物涂层与 Ta-10W 合金基体的测定

分析部位		氧化前	高温抗氧化 200h 后			
			982℃	1149℃	1260℃	1482℃
涂层	表层	—	SiO_2,TiO_2	SiO_2	SiO_2,TiO_2	TiO_2,SiO_2
	外层	$MoSi_2$	$MoSi_2$	$(W,Mo,V,Ti)Si_2$	$(W,Mo,V,Ti)Si_2$	$(W,Mo)Si_2$,$(W,Ta,V)_5Si_3$
	内层	$(Ta,W)Si_2$	$(Ta,W)Si_2$	$(Ta,W)Si_2$	$(Ta,W)_5Si_3$,$(Ta,W)_2Si$	$(Ta,W)_5Si_3$,$(Ta,W)_2Si$
基体含 Si/%		0.08	<0.05	<0.05	<0.05	0.06

2.1.4.3 (FeMoWTiV+FeSi) 系

这是二步真空熔结涂层，第一步是初步熔结 FeMoWTiV 改性合金层，第二步充分熔结 FeSi 合金层使改性合金硅化，最终得到优良的改性复合硅化物涂层。第二步以充分熔结取代惯常填充渗法的好处是避免了填充渗法对大型复杂部件及工件精细表面的不适应性。涂层以元素粉末配料，粉末粒度为 4.5~5μm，具体配方是 [(54Fe, 30Mo, 10W, 3Ti, 3V) + (20Fe, 80Si)][16]，基体是 Ta-10W 合金。在 $1×10^{-5}$ mmHg 真空条件下熔结，初步熔结温度为 1370℃，充分熔结温度为 1538℃，单位面积涂层重量≤35 mg/cm²。

在 10mmHg 低压下对涂层进行低压慢循环氧化试验考核，这里低压慢循环氧化试验的温度-时间曲线示于图 2-7，曲线顶部有 1427℃ 与 1538℃ 两种试验温度，在每一次循环出炉降温时观察基体是否出现氧化产物，开始出现氧化产物的循环次数就是涂层的抗氧化寿命。（FeMoWTiV + FeSi）真空熔结涂层在 1427℃ 下的低压慢循环抗氧化寿命达到 100 次，在 1538℃ 下已超过 50 次。

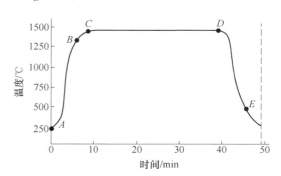

图 2-7 低压慢循环氧化试验曲线
A—周期开始；B—试样进炉子；C—试样达到最高温度；
D—试样开始离炉子；E—试样出炉子

经过低压慢循环氧化试验后，对基体室温强度的影响列于表 2-7，从表中所列数据可知，经 1427℃ 循环氧化 100 次后基体强度没有多少损失，经 1538℃ 循环氧化 34 次后基体强度明显下降了。

表 2-7 (FeMoWTiV+FeSi) 熔结涂层经低压慢循环氧化试验后对基体室温强度的影响

试 样	试验温度 /℃	试验周期 /次	屈服强度 /kPa	极限强度 /kPa	伸长率 /%
无涂层	未循环氧化		1190	1410	24
有涂层	1427	100	1290	1400	10
	1538	34	—	1120	<1

对低压慢循环氧化试验前后的试样测定基体材料的弯曲韧性脆性转变温度，列于表 2-8，结果表明氧化前后对基体弯曲韧性脆性转变温度有一点影响，但影响不大。弯曲试验是以 4T 半径（T 是试样厚度）先在室温下弯曲 10°，然后依次在 -6.7℃ 下弯曲 20°，在 -38℃ 下弯曲 30°，在 -154℃ 下弯曲 105°，在哪一个温度下弯曲时发生脆裂则韧性脆性转变温度就是略高于或等于这个温度。

表 2-8　（FeMoWTiV+FeSi）熔结涂层经低压慢循环
氧化后对基体韧性脆性转变温度的影响

试　样	试验温度/℃	试验周期/次	韧性脆性转变温度/℃
无涂层	未循环氧化		<-154
有涂层	1427	100	<-38
	1538	28	<-38

经过 1538℃低压慢循环氧化试验 63 个周期后，在涂层外表面明显生成了玻璃保护膜。用电子显微探针与 X-光衍射分析方法对涂层由表及里的分析结果列于表 2-9，结果表明玻璃表层的存在是涂层自愈性的保证，涂层的内层与底层虽然已转化成为抗氧化性能较差的低硅化物，但涂层的外层仍保持着复合的高硅化物，说明涂层的抗氧化能力尚未耗尽。

表 2-9　对（FeMoWTiV+FeSi）熔结涂层各部位的电子探针与 X-光衍射分析结果

分析部位	化学组成/%								识　别
	Fe	Mo	O[①]	Si	Ta	Ti	V	W	
表层	7.3	<0.1	81	0.4	11.3	<0.1	<0.1	<0.1	Ta_2O_5，Fe_2O_3
次表层	0.5	<0.1	67	32	<0.1	<0.1	<0.1	<0.1	SiO_2，Fe_2O_3，Fe_3O_4
外层	3	17	—	68	7.4	<0.1	<0.1	4.4	$(Ta，W，Mo)Si_2$
内层	30	0.8	—	40	26	<0.1	<0.1	3	$(Ta，W，Fe)_5Si_3$
底层	0.6	<0.1	—	44	50	<0.1	<0.1	5.1	$(Ta，W)_5Si_3$

①化学组成中的氧含量是由差额决定的。

2.1.4.4　WMoVTiCrSi 系

涂层也是以元素粉末配料，配方是（4W，4Mo，2V，10Ti，20Cr，60Si）[16]，基体是 Ta-10W 合金，在 $1×10^{-5}$ mmHg 真空条件下于 1370～1538℃温度范围内熔结，单位面积涂层重量达到 20～35mg/cm² 。对于熔结温度、熔结时间的具体确定与单位面积涂层重量之间有一定关系，当熔结温度偏低时所出现的熔融液相偏少，浸润性与流动性较差。为保证涂层与基体之间牢固的冶金结合必须采取较长的熔结时间，可以得到比较厚的涂层；但空隙度高不够致密，对基体精细表面特别是尖角部位的包覆保护也差。若采用较高的熔结温度时则结果相反。

涂层按照图 2-7 的曲线进行低压慢循环抗氧化试验，1427℃的循环抗氧化寿命达到 100 次，在 1538℃下已达到 63 次。经过低压慢循环氧化试验后，对基体室温强度的影响列于表 2-10，表中所列数据说明氧化暴露对基体室温强度的影响甚微。对低压慢循环氧化试验前后的试样测定基体材料的弯曲韧性脆性转变温度，列于表 2-11，结果表明氧化后基体的弯曲韧性脆性转变温度略有提高。

表 2-10　WMoVTiCrSi 熔结涂层经低压慢循环氧化试验后对基体室温强度的影响

试　样	试验温度/℃	试验周期/次	屈服强度/kPa	极限强度/kPa	伸长率/%
无涂层	未循环氧化		1190	1410	24
有涂层	1538	63	1270	1360	7

表 2-11　WMoVTiCrSi 熔结涂层经低压慢循环氧化试验后对基体韧性脆性转变温度的影响

试样	试验温度/℃	试验周期/次	韧性脆性转变温度/℃
无涂层	未循环氧化		<-154
有涂层	1427	86	<-38
	1538	63	<-38

　　为检查故意缺陷对厚度为 3.3mm 的 Ta-10W 合金基体氧化损害的影响，将试样表面剥去 φ3.3mm 涂层，结果发现在头 3 个 1427℃氧化循环中氧化产物堵塞了缺陷，使基体免遭氧化，但将试样表面剥去 φ13mm 涂层时只经过一个氧化循环就使基体发生了氧化。再将试样连涂层带基体按 φ13mm 直径穿孔，结果经 1427℃二次循环氧化后孔径扩大到了 φ32mm，在 1538℃只经过一次循环氧化后就扩大到了 φ89mm。表 2-12 列出了对穿孔附近基体的显微硬度测定值，据此可以了解对涂层覆盖下基体氧化污染的深度。

表 2-12　低压慢循环氧化后 φ13mm 直径穿孔试样基体的显微硬度（KHN，100g 负荷）

距穿孔边缘距离/mm	0.13	0.25	0.38	0.51	0.64	0.76	1.14	1.27
1427℃二次循环氧化	504	—	491	—	412	—	349	—
1538℃一次循环氧化	—	686	—	533	—	441	—	341

　　经 1427℃低压慢循环氧化试验 100 个周期后，涂层外表面明显生成了玻璃保护膜。用电子探针与 X-光衍射方法对涂层由表及里的分析结果列于表 2-13，结果表明在玻璃表层下面还有高硅化物存在，说明涂层的抗氧化能力尚未耗尽。

表 2-13　对 WMoVTiCrSi 熔结涂层各部位的电子探针与 X-光衍射分析结果

分析部位	化学组成/%								识　别
	Cr	Mo	O[①]	Si	Ta	Ti	V	W	
表层	5.3	<0.1	81	0.5	8.0	4.9	<0.1	<0.1	Ta_2O_5，Cr_2O_3，TiO_2，SiO_2
次表层	<0.1	<0.1	75	24	0.4	0.1	<0.1	<0.1	SiO_2，Ta_2O_5
外层	<0.1	2.0	—	74	19.7	0.1	<0.1	4.0	（Ta，W，Mo）Si_2
内层	0.5	<0.1	—	47	47.8	0.2	<0.1	4.4	（Ta，W）$_5Si_3$
底层	<0.1	<0.1	—	46	48.3	<0.1	<0.1	5.3	

① 化学组成中的氧含量是由差额决定的。

2.1.4.5　TiMoSi 系

这也是以 Ti、Mo 改性的硅化物涂层，与 2.1.4.1 节中所述 MoTi 系有所不同，不是先熔结 MoTi 合金层然后再填充渗 Si，而是 TiMoSi 三元经一次熔结而成。涂层配方也不同，不是 Mo 高于 Ti 而是 Ti 高于 Mo，具体配方是（20Ti，10Mo，70Si）[17]，基体是 0.25~0.3mm 厚的 Ta-10W 合金。涂层在马弗炉中的静态高温抗氧化数据列于表 2-14，氧化后试样完好但某些局部与氧化铝支架开始有反应。

表 2-14　（20Ti，10Mo，70Si）涂层的静态高温循环抗氧化寿命

试验温度/℃	氧化时间/min	炉温回复时间/min	循环次数/次
1538	15	15	10
1649	5	20	7~8

为检验涂层在高温低压条件下的相对挥发性，需要做减压循环氧化试验，图 2-8 所示是在 1649℃下历时 5min 的循环氧化试验曲线。在 1mmHg 低压环境下，至少在头几个循环中，曲线缓缓增重，尚未见到涂层挥发减重的趋势，涂层表现出一定的抗氧化能力。在一大气压环境下，曲线呈现出通常的抛物线规律，表现出硅化物涂层优良的抗氧化特性。

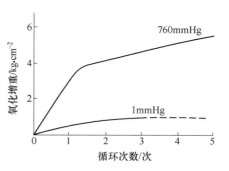

图 2-8　1649℃下 5min 循环氧化试验

为检验涂层对基体强度的影响，在涂层前后对 Ta-10W 基体作了拉伸、弯曲和蠕变对比试验。表 2-15 列出的拉伸试验数据说明涂层后拉伸强度有轻微损失。

表 2-15　TiMoSi 熔结涂层对 Ta-10W 基体拉伸强度的影响

试　样	试验温度/℃	极限强度/kPa	屈服强度/kPa	伸长率/%
无涂层	20	1340	1180	24.0
	982	680	440	26.0
有涂层	20	1230~1260	1100~1140	22.0~27.0
	982	560	—	18

表 2-16 是弯曲试验数据，弯曲到这样严重程度时涂层已裂但基体尚未开裂。加以 6570N/cm² 同样的载荷，在 1649℃ 同样的温度下，对有涂层的试样在 1mmHg 环境中，对未加涂层的试样在 5×10⁻⁵mmHg 环境中，进行高温蠕变对比

试验。试验结果示于图 2-9，图中的蠕变曲线表明，未加涂层试样的蠕变速率相当缓慢，历时 1h 蠕变的永久变形率才达到 2.1% 左右，而有涂层试样的蠕变速率明显增加了，只 20min 蠕变的永久变形率就达到了 4.7%。研究发现，为了得到更准确的蠕变试验结果，必须考虑在熔结过程中由于涂层元素扩散进入基体从而减少了基体有效截面积的修正量，实验得知对 Ta-10W 合金基体的单边修正量为 0.025mm 左右。

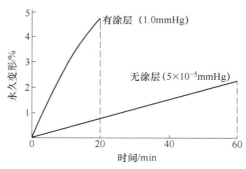

图 2-9　高温蠕变试验曲线

表 2-16　TiMoSi 熔结涂层对 Ta-10W 基体（厚度 $T=1.14$mm）**弯曲试验的影响**

试样	试验温度/℃	弯曲半径	弯曲角度/（°）
无涂层	20	$1T$	89~96
	−160	$1T$	95~98
有涂层	20	$2T$	93~94
	−160	$1T$	94

为考核在高温、高速、氧化性气流冲刷下涂层是否有软化、熔化、被冲刷磨损，甚至被剥落的危险，需要用"氧炔焰"对涂层进行火焰冲刷试验。试验在火焰防护罩中进行，把直径 $\phi30$mm 的涂层试样放置在氧化锆衬垫上，与焰流方向成 45°角，距直径 $\phi25$mm 的火焰喷嘴约 100mm 距离。按不同温度、不同周期，以不同的热通量对涂层进行循环火焰冲刷试验，结果列入表 2-17，涂层经受了 10 个周期累计 200min 的火焰冲刷考验，至第 11 个周期进行到 3.5min 时涂层明显破坏。数据表明涂层在 1600℃ 高温档次能经受住 3 个多小时火焰冲刷，如果热载荷不稳定时 TiMoSi 涂层能有多少过荷能力？这需要做一定的过荷试验，试验结果列入表 2-18，在 1600℃ 的氧化火焰冲刷寿命尚未用尽的情况下突然加大载荷，提高温度、增加热通量时涂层表现出具有数十分钟的过荷能力，过荷温度提高到 1800℃ 档次，热通量增加了 18% 左右。

表 2-17　循环火焰冲刷试验

循环次序（第…次）	火焰温度/℃	焰流热通量/W·m⁻²	冲刷时间	累计冲刷时间	试验结果
			min		
1	1482	83317.3	20	20	
2~10	1482	83317.3	2	200	涂层完好
	1621	131046.8	18		
11	1482	83317.3	2	202	
	1621	131046.8	1.5	203.5	涂层破坏

表 2-18　火焰冲刷过荷试验

循环次序 （第…次）	火焰温度 /℃	焰流热通量 /W·m⁻²	冲刷时间	累计冲刷时间	试验结果
			min		
1	1471	86666.7	4.3	4.3	涂层完好
2	1599	131046.8	8.4	12.7	
3	1671	144025.9	14.9	27.6	
4	1799	154074.2	30.1	57.7	涂层开始破坏

2.1.4.6　MoAlSn 系

涂层以元素粉末配料，配方是（5.5Mo，27Al，67.5Sn）[17]，基体也是 Ta-10W 合金。这是在基本组成 27Al-Sn 的基础上加入 Mo，加 Mo 的必要性是在真空熔结时防止 Al-Sn 结瘤，以保持涂层均匀平整。涂层虽然 Sn 高，但仍应认定是一种铝化物涂层，因为高温抗氧化时在涂层表面所生成的氧化物保护膜是以 Al_2O_3 为主。涂层在大气压马弗炉中的静态高温抗氧化数据列于表 2-19，可靠的工作温度能达到 1316℃，超过此温度时只有 60% 的试样能够通过 10 次循环氧化。

表 2-19　（5.5Mo，27Al，67.5Sn）熔结涂层的静态高温循环抗氧化寿命

试验温度/℃	氧化时间/min	炉温回复时间/min	循环次数/次	试样通过百分数/%
871	30	5	10	100
1093	30	7	10	100
1316	30	10	10	100
1538	15	15	10	60
1649	5	20	10	60

在低压高温条件下涂层中的 Sn 急剧挥发。在 1427℃，1.0mmHg 压力下仅氧化暴露 3min，炉壁即出现烟黑色沉积物，涂层已部分挥发。氧化暴露至 5min 后，涂层趋于消失。在 1649℃，10mmHg 压力下氧化暴露仅 1min，涂层即已破坏，基体开始氧化。查阅锡的物理特性可知，在 $1×10^{-2}$ mmHg 下锡的沸点是 1204℃，在 1.0mmHg 下锡的沸点约为 1538℃，在 10mmHg 时锡的沸点稍低于 1704℃。

对（5.5Mo，27Al，67.5Sn）涂层进行火焰冲刷循环氧化试验，以 1538℃、15min 加 1649℃、5min 为一次循环，总共能顺利通过 5 次火焰冲刷循环氧化。

2.1.5　保护 Al 合金抗磨料磨损的元素粉末熔结涂层

2001 年董世运等人发表的 Cu 基合金涂层（16Ni，6.1Fe，8.1Co，7Mo，4.4Cr，3Si，0.4B，余 Cu）[18]，也是以元素粉末配料，粉末粒度 150~320 目（0.045~0.1mm）。基体是 ZL104 铝合金，硬度低，耐磨性差。铜基合金导热性

好，摩擦系数相对要小，减摩耐磨性能较好，借助熔结工艺，作为铝合金的保护涂层，可以有效提高耐磨性能。图 2-10 是激光熔结 Cu 基合金涂层的显微组织。因为铝合金的熔点比铜基合金要低，不适合在真空炉中辐射熔结，而以快速熔凝的激光熔结为好。涂层在胞状合金母体中分散着较大的球状颗粒，在合金母体的晶粒内部和晶界上弥散分布着大量的细小颗粒。用 X-光衍射分析合金母体的相组成示于图 2-11，最主要的衍射峰是（Cu, Ni）固溶体相，其次是（Fe，Ni）固溶体相。这表明涂层的合金母体主要是由（Cu, Ni）固溶体和少量（Fe, Ni）固溶体组成。

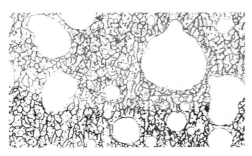

图 2-10　Cu 基涂层显微组织

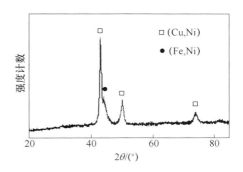

图 2-11　涂层母体 X-光衍射图谱

　　对涂层的合金母体包括弥散其中的细小颗粒和分散于母体中较大的球状颗粒分别进行能谱成分分析，分析结果示于图 2-12，从涂层母体图谱上可以看出富 Cu 而贫 Mo、Co、Cr、Si 等合金元素。球状颗粒的图谱与此相反，富有 Mo、Ni、Co、Cr、Si 等合金元素而缺少 Cu。为具体分析各元素组成的百分含量（质量分数/%），对合金涂层进行电子探针成分分析，结果列入表 2-20，由于电子探针尚欠灵敏，B 的计数未能在表中列出。在 Cu 与 Co、Cr、Fe、Mo 等合金元素的二元和三元有色冶金体系中，由于 Cu 与诸合金元素的相互溶解度很小，在冷却凝固过程中很容易发生液相分离。在激光熔结的快速凝固过程中，Cu 合金熔融体会分离成富 Cu 和贫 Cu 的两个液相凝固下来，又因为快速凝固过程中存在较大的温度梯度和熔体过冷度，这又进一步强化了熔融体分离。涂层如图 2-10 所示的显微组织正是由于在激光熔结过程中发生了富 Cu 的胞状合金母体相与贫 Cu 的球状颗粒分散相的熔体分离现象所造成的。由于激光熔结的快速凝固，溶解在富 Cu 熔体中的 Co、Cr、Fe、Mo 等元素来不及全部析出，导致形成过饱和的（Cu, Ni）固溶体合金母体，而部分能够析出的固溶元素则以金属也可能以 B 或 Si 的金属间化合物的细小颗粒弥散分布于晶粒内部和晶界上，起到了弥散强化的作用。球状颗粒中含有丰富的 Co、Ni、Cr、Fe、Mo 与 Si、B 等合金元素，除了二元和三元合金之外理应含有更多的硅化物和硼化物增强相，有待进一步分析证实。

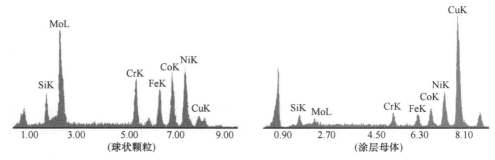

图 2-12　涂层的能谱成分分析图谱

表 2-20　涂层的电子探针成分分析

元素组成		Cu	Ni	Co	Fe	Cr	Mo	Si
含量(质量分数)/%	涂层母体	62.87	14.72	7.27	5.46	3.48	3.62	2.58
	球状颗粒	6.99	23.66	9.85	6.21	4.35	44.22	4.72

　　测定涂层各相的显微硬度与组成分析是一致的。合金母体的显微硬度 $HV_{0.1}$ 为 320~360，比一般的铜合金高，这明显是合金元素固溶强化与弥散强化的结果。球状颗粒的显微硬度 $HV_{0.1}$ 为 780~1000，这不是一般合金的硬度而应是以金属间化合物为主体材料的显微硬度，使球状颗粒成为整个涂层的增强体。

　　以硬度为 HRC 60 的 GCr15 轴承钢为摩擦副的配偶件，测定出 ZL104 铝合金的平均摩擦系数为 0.7，而铜基合金涂层的平均摩擦系数为 0.53。因为涂层硬度较高，Cu 与摩擦配偶主要元素 Fe 的相容性又较差，所以与摩擦配偶件的黏着作用较小，摩擦系数也就较小。以相同的摩擦行程，不同的摩擦载荷，对铝合金基体和铜合金涂层作摩擦磨损对比试验，结果示于图 2-13。涂层的耐磨性明显比

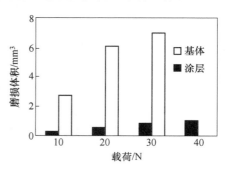

图 2-13　涂层与基体耐磨性对比

基体高出许多，而且摩擦载荷越大时涂层的耐磨优势越大。用扫描电镜研判磨损形貌示于图 2-14，基体磨损条痕清晰、粗大、长直、整齐，说明铝合金基体是一种硬度较低的均质材料，遭受到摩擦配偶件硬度较高的表面微凸体及磨粒，相当严重的硬磨料磨损和黏着磨损，磨损较重。涂层明显是多相非均质材料，图中舌状磨痕是高硬度球状颗粒分散相的位置，是摩擦负荷的主要承载体。球状颗粒的硬度较高，而其周围涂层母体的硬度较低，在摩擦过程中二者的界面处容易碎裂，碎裂物被摩擦配偶件黏着或因疲劳而脱落，从而使球状颗粒凸显出来。球状

颗粒的硬度 HM 与摩擦配偶件即磨料的硬度 HA 大小相当，按《耐磨材料应用手册》中关于磨料磨损分类方法依照磨料软硬程度来判别的公式计算，HM/HA>0.5~0.8，所以球状颗粒遭受的是软磨料磨损，整个涂层的磨痕细小肤浅，磨损较轻。

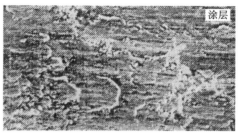

图 2-14　基体与涂层的磨损形貌

2.1.6　保护钢铁基体耐高温磨损的元素粉末熔结涂层

在高温氧化与磨料磨损工况下，对钢铁零部件的表面保护一般须采用价格昂贵的 Ni 基或 Co 基涂层合金。有一种 Fe 基 FeCrNiWNb[19]涂层合金，可用来代替昂贵的 Co 基合金在高温下使用，为了探索 Cr、Ni、W、Nb 等高温强化元素的合适配比，涂层主要以元素粉末配料，粉末纯度是 $w(Cr>)99.5\%$、$w(Ni)>98.5\%$、$w(W)>98\%$、$w(Nb)>98\%$，Fe、C 等元素可以高碳铬铁粉引入，经过试验比较得到涂层的最佳配方是（1.98C，15~20Cr，10Ni，3.5~4.5W，2.0~2.6Nb，<0.03S，<0.03P，余 Fe）。用临时黏结剂把配好的粉末拌匀成涂料，涂在基体表面上，待烘干后用等离子弧、激光或置于真空炉中均可熔结成合金涂层。

在 GW/ML—MS 销盘式高温磨损试验机上，以 Stellite No.12 CoCrW 合金涂层为对比试样，对 Fe 基的 FeCrNiWNb 涂层进行配比与耐磨性试验研究。涂层的相组成借助于 X-光衍射分析来测定。高温磨损试验在 760℃下磨损 1h，Stellite No.12 CoCrW 合金涂层在此温度下的高温硬度是 HV272.6，1h 的磨损量为 6.8mg，FeCrNiWNb 涂层的相对耐磨性为：

ε＝CoCrW 涂层的磨损量/FeCrNiWNb 涂层的磨损量

首先，探究 Cr 含量对 FeCrNiWNb 涂层高温硬度与耐磨性的影响。如图 2-15 所示，在 20%之前，随着 Cr 含量的增加涂层的硬度与耐磨性也随之增加，但增加到 20%之后反而减小。Cr 的一部分以固溶形式存在于涂层合金的母体 γ 相中，另一部分以 Cr_7C_3 和 $Cr_{23}C_6$ 等硬质碳化物的形式分布于涂层合金之中，起到了提高硬度与增加耐磨性的作用。Cr 含量增加时，γ 相中 Cr 的浓度及整个涂层中碳化铬的含量均随之增加，硬度与耐磨性也增加；但 Cr 含量增加过多时，会缩小 γ

相区并产生脆性的 σ 相，反而不利。所以，实验确定 Cr 含量的最佳范围是15%～20%。含 Cr15%时，FeCrNiWNb 涂层的耐磨性即已相当于 CoCrW 合金涂层。

W 含量对硬度与耐磨性的影响示于图 2-16，W 元素的特点是质量较大，对 C 元素的亲和力较高，在涂层中除了起到固溶强化的作用之外，能够生成 WC 与 WC_2 等非常稳定的碳化物硬质相，但试验发现 W 含量增加稍多时涂层的抗裂性就会变差。所以 W 是一种敏感元素，其含量控制在 3.5%～4.5%之间比较恰当，在此范围内 FeCrNiWNb 涂层的耐磨性比 CoCrW 合金涂层大约要高出 1.2 倍。

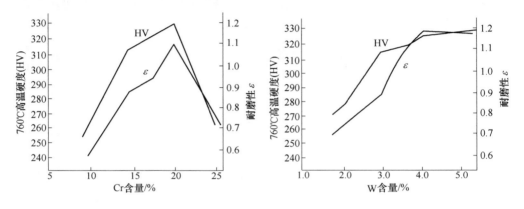

图 2-15　Cr 含量对涂层硬度与耐磨性的影响　　图 2-16　W 含量对涂层硬度与耐磨性的影响

Nb 含量对硬度与耐磨性的影响示于图 2-17，少加一点 Nb 生成 NbC 硬质化合物也能提高涂层的耐磨性，但是超过 2.6%之后，Nb 就会与周围环境中残余的氧生成许多 Nb_2O 而降低耐磨性，所以一般 Nb 含量控制在 2.0%～2.6%之间，这样也能使 FeCrNiWNb 涂层的耐磨性比 CoCrW 合金涂层高出 1.2 倍左右。

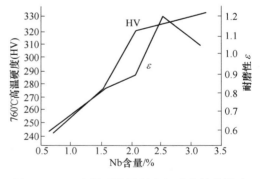

图 2-17　Nb 含量对涂层硬度与耐磨性的影响

当温度升高至 760℃ 时，Cr_7C_3、$Cr_{23}C_6$、WC、WC_2 和 NbC 等诸多碳化物都是稳定的，使得 FeCrNiWNb 涂层的红硬性接近或超过了 CoCrW 合金涂层，其磨损量只有 6.5mg，也小于 CoCrW 合金涂层的磨损量。按照 FeCrNiWNb 涂层的最佳配比预制成比较廉价的 Fe 基合金粉末，完全可以替代昂贵的 Co 基合金粉在高温下用作耐磨防护涂层。

2.2　具有一定特色的几种合金涂层原材料及相关配方

在具有熔融凝结过程的各种表面冶金工程中，可应用的合金原材料种类繁多，非常广泛。许多合金已成系列，有待后面作专项讨论。本节只是介绍几种具有一定特色的合金涂层原材料，这些合金均不适合于作为结构材料，而作为表面合金使用时各有特色。有的合金具有准晶结构而带来高硬度与较低的摩擦系数。有的合金在熔融时能发生剧烈的放热反应而促使在涂层与基体之间形成牢固的冶金结合。有的合金抗 S、O 腐蚀的稳定性温度很高。有的合金不仅耐热、耐磨而且抗机械冲击与抗热冲击性能都很好。有的合金加工硬化特征明显，可适用于抗接触疲劳。有的合金涂层能大幅度提高 Al 合金的表面硬度与耐磨性。与传统的热作模具钢相比，有一种合金涂层可以既不失优良的耐热耐磨性能，又具有优良的抗冷热疲劳性能。于高温氧化环境下在有的合金涂层外表面能生成以 SiO_2 为主的致密氧化膜，有效提高了涂层的高温抗氧化寿命。Ni、Co 基合金价格比较昂贵，而有些高耐磨的 Fe 基合金涂层价格低廉适于在矿山和农耕中使用。

合金涂层原材料大多以粉末状态使用，也可以合金棒、合金片或制成焊条来使用。

2.2.1　AlCuFe 准晶合金熔结涂层

先用等离子喷涂 AlCuFe 准晶合金粉，然后以激光扫描把喷涂层熔融凝结在低碳钢基体表面，形成了既牢固冶金结合又十分致密的准晶合金涂层。准晶是一种具有非晶体学旋转对称性，及长程准周期性平移序的新型材料[20]。其力学性能与金属间化合物相似，具有较高的硬度与较低的摩擦系数，适于作为保护涂层使用。准晶合金粉的原始配方为（62.5Al，22.5Cu，15Fe）。为要同时保证得到涂层足够致密又有足够的准晶含量并与基体结合牢固，必须掌控好激光功率与扫描速度，以 300W 与 6.0～7.5mm/s 为宜。

2.2.2　CuNiFeSiB 合金涂层

基体是 Al 合金，作为结构件 Al 合金的表面硬度最高也不过 HV200～300。应用较多的 Al-Si 合金，铸造性能很好，但表面硬度更低只有 HV100 左右。用各种金属、合金、金属间化合物甚至陶瓷材料，以激光表面合金化等许多表面冶金方法来强化 Al 合金表面已经做了很多工作，但涂层的偏析或开裂时常发生，不易成功。一般认为在激光表面合金化时，把高硬度的金属间化合物分散在韧性的共晶 Al 合金熔体中再一起凝固成坚硬的涂层是有希望的。一个很好的例子是把

(69.3Cu, 18.5Ni, 8.0Fe, 3.0Si, 1.3B)[21]合金材料以激光熔覆于内燃机用的 Al 合金阀板表面,所得到的涂层结构是硬质的 Fe_2B 和 Ni_5Si_2 等金属间化合物分散在韧性的 Cu-Ni 固溶体中,在与基体的界面上会有 Al、Si 等元素扩散进入固溶体而形成牢固的冶金结合,这种涂层的硬度能够达到 HV700 以上。

2.2.3 NiAl 合金涂层

NiAl 合金涂层在喷涂工艺中被单独划出一类叫做自结合涂层,是唯——种能与金属基体形成显微冶金结合的喷涂合金涂层。众所周知,在喷涂涂层与基体之间都是由分子间引力所形成的机械结合,唯独自结合涂层能借其特有的放热反应与基体发生界面元素互扩散而形成冶金结合。NiAl 合金涂层所用的原材料是 Ni 包 Al 复合粉,在喷涂过程中当粉料被加热到大约 660℃ 时 Al 开始熔化并迅速与 Ni 发生多种放热反应,其反应产物与反应生成热如下[22]:

$$3Ni+Al \longrightarrow Ni_3Al \qquad 157kJ/mol$$
$$Ni+Al \longrightarrow NiAl \qquad 119kJ/mol$$
$$2Ni+3Al \longrightarrow Ni_2Al_3 \qquad 384kJ/mol$$
$$Ni+3Al \longrightarrow NiAl_3 \qquad 153kJ/mol$$

以上反应在不足 1s 的时间内完成,放热极其猛烈,喷涂的液滴因自身发热而瞬时升温,最高温度可达 1700℃ 左右,这么高的热能足以保证冶金结合的形成,其结合强度比喷涂一般的合金涂层要高出 1 倍还多。NiAl 合金涂层的物相与镍铝之间的比例有关,主要组成是 Ni_3Al 和 NiAl 等铝化镍,也可能有极少量未反应的 Ni,以及 Al_2O_3 和镍铝尖晶石等氧化夹杂物。镍铝之间的比例一般为 9:1 或 8:1,后者比前者的氧化夹杂物会多一些,使得涂层的自身强度和结合强度也都要小一些。NiAl 合金涂层的强度和高温氧化稳定性较好,硬度中等为 HRC 40~43,作为碳钢部件的耐磨涂层或修复涂层尚可,但满足不了工作涂层的更高要求。利用 NiAl 合金涂层与基体结合强度较高的特点,把它用作许多工作涂层的中间层或打底层是非常合适的。

2.2.4 NiCoCrAlY 合金涂层

钛合金密度小而强度高,是重要的航空航天材料,但硬度低、摩擦系数大,因而不耐磨是它的主要不足。以 NiCoCrAlY 合金粉加有机黏结剂预涂在 Ti-6Al-4V 钛合金基体表面,烘干后以激光扫描料层使之熔融凝结成厚约 0.8mm 的合金涂层,原料合金粉的化学组成是(14~16Cr, 5~6Co, 4~6Al, 1~2Y$_2$O$_3$, 4~5 其他,余 Ni)[23],而合金涂层的化学组成是(66.04Ni, 15.37Cr, 2.26Co, 1.09Al, 0.65V, 14.58Ti),很明显在激光熔结过程中有相当数量的 Ti 元素从基体扩散入涂层中,这正是熔结涂层与基体之间能形成牢固冶金结合的保证。

NiCoCrAlY合金涂层的微观组织如图 2-18 所示，这是一种均匀致密无气孔无夹杂而且是细晶粒的胞状组织，由于激光的加热与冷却速度极快，使许多元素来不及从固溶体中析出，所以这种组织应该是固溶了 Cr、Ti 等多种元素的 Ni 基过饱和固溶体。经固溶强化与细晶强化了的 NiCoCrAlY 合金涂层具有较高结构强度与硬度，基体钛合金的硬度是 HV 410，而 NiCoCrAlY 合金涂层的硬度范围达到HV900~1000。测定出自涂层外表面至基体深处横截面的硬度分布曲线示于图 2-19，由图可知涂层全厚度的硬度数据都很高而且波动不大，有效提供了对钛合金基体的耐磨保护。从曲线由高到低的过渡还可以说明在激光熔结过程中发生了界面元素互扩散，形成了涂层与基体之间的互溶区也就是过渡区，有互溶区证明是冶金结合，互溶区的宽度比较窄为 0.15mm 左右，这又说明基体对涂层的稀释不大，保证了涂层由表及里都能保持较高硬度与耐磨性。

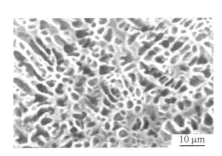

图 2-18　NiCoCrAlY 涂层微观组织

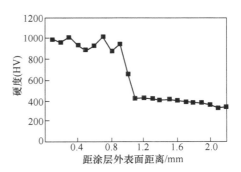

图 2-19　NiCoCrAlY 涂层硬度曲线

2.2.5　NiCrWMoNb 合金涂层

热锻模具是在巨大撞击力和很高的冷热疲劳工况下工作，应力复杂，磨损严重。用 $3Cr_2W_8$ 和 $5CrMnMo$ 等模具钢来制造时，耐磨尚可而耐疲劳不足。用另一类冲击韧性较好的 H-11 或 H-13 钢来制造时，耐疲劳有很大改进而耐磨又显不足。可见在选材时耐磨和耐疲劳不可兼得，也就是说高硬度与高冲击韧性很难统一在同一种结构材料上。在表面工程上有一种 NiCrWMoNb[24] 堆焊合金，硬度较高 HRC≥50，耐磨性与 $3Cr_2W_8$ 相当，而耐疲劳性能要比 $3Cr_2W_8$ 高出 2 倍还多，很适合于在热锻模的制造与修复中应用。

以室温至 600℃的冷热幅度，加热 30s，冷却 50s，为冷热疲劳试验参数，来试验比较几种材料的耐冷热疲劳性能，示于表 2-21，表中的起裂次数是指开始产生裂纹的最低冷热循环次数。由表可知，NiCrWMoNb 堆焊合金的冷热疲劳抗力是 $3Cr_2W_8$ 模具钢的 3 倍左右。

对于这几种材料的磨粒磨损和黏着磨损试验结果列于表 2-22，NiCrWMoNb 堆焊合金耐常温磨粒磨损性能与 $3Cr_2W_8$ 大致相当，耐常温黏着磨损性能不如

$3Cr_2W_8$，而耐高温黏着磨损性能要比 $3Cr_2W_8$ 优越许多，这对长时在高温下工作的热锻模是非常合适的。

表 2-21　几种材料的耐冷热疲劳性能对比

合金材料	NiCrWMoNb 焊材	$3Cr_2W_8$ 焊材	$3Cr_2W_8$ 锻材
起裂次数/次	600	210	200

表 2-22　几种材料的磨损失重对比　　　　　　　　　　　（g）

磨损类型		NiCrWMoNb 焊材	$3Cr_2W_8$ 焊材	$3Cr_2W_8$ 锻材
黏着磨损	常温	0.0337	0.0280	0.0150
	600℃	0.0064	0.0189	0.0085
常温磨粒磨损		0.2732	0.2511	—

2.2.6　CoCrW 合金涂层

这是从 Co 基高温合金发展过来的一种表面合金，具有优异的高温硬度、高温耐磨、耐腐蚀与抗高温氧化等高温综合特性，而且具有良好的抗机械疲劳与冷热疲劳性能，经常在复杂而严酷的高温磨损与腐蚀工况中应用。例如，把 Stellite No.1 CoCrW 合金堆焊在星形轧辊的工作表面，如图

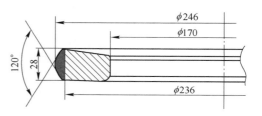

图 2-20　堆焊星形轧辊

2-20 所示，用以轧制烧结钨棒，效果很好[25]。辊坯用 45 号钢。Stellite No.1 CoCrW 合金的化学组成是（30Cr，12W，2.5C，余 Co），熔化温度范围是 1255~1290℃。梯形堆焊涂层的底宽是 28mm，涂层厚度为 5.0mm，每 3 个轧辊呈 120°星形配制，构成 1 道轧孔，孔径由粗到细总共 9 道，把烧结钨棒的棒坯加热到 1600℃，以 3.0 m/s 的速度，从 $\phi16mm$ 连续轧制成 $\phi6mm$ 的钨棒成品。高温、高速、高轧制压力，还要加上明水冷却和高温氧化，轧制工况十分严酷。涂层表面必须承受黏着磨损、磨粒磨损与疲劳磨损的联合破坏作用。首先，要求涂层要有足够的高温硬度，Stellite No.1 CoCrW 合金堆焊涂层的常温硬度与高温硬度数据列于表 2-23。以硬度 HRC 63 的 SAE4620 铸钢为摩擦副，对涂层试样进行黏着磨损试验，每个试样的摩擦滑移量为 $2.2×10^5 mm$，堆焊涂层的黏着磨损量不大，在不同摩擦压力下的磨损体积数据列于表 2-24。以橡胶轮与 $\phi0.2~0.3mm$ 的石英砂对 Stellite No.1、Stellite No.6 和 Stellite No.12 三种 CoCrW 合金氧-乙炔堆焊涂层试样进行磨粒磨损试验，摩擦压力 130N，相对滑移速度 143m/min，在相同

磨损时间下以 Stellite No. 1 合金涂层的磨损量为最小，比较结果列于表 2-25。在 Stellite 合金中 No. 1 的耐磨性最好，用它堆焊在 45 号钢辊坯上，制成复合轧辊，从 20 世纪 90 年代开始在星形轧机上生产应用，每副轧辊可生产 1t 钨材，并且均可用足 9 个道次，当孔径最小的第 1 道用过之后，对涂层表面进行重新修磨，即可作为第 2 道轧辊使用，依次顺延直到最后 1 道也就是孔径最大的第 9 道用完之后，涂层表面仍无凹陷与裂纹，涂层表面硬度仍保持在 HRC 38.1 左右。

表 2-23　Stellite No. 1 CoCrW 合金堆焊涂层的硬度 （HV）

堆焊方法	测定温度/℃				
	室温	427	538	649	760
氧-乙炔	620	475	440	380	260
钨极氩弧	620	510	465	390	230

表 2-24　Stellite No. 1 CoCrW 合金堆焊涂层的黏着磨损

压力载荷/N	409	682	955	1363
黏着磨损体积/mm^3	0.61	0.61	0.66	0.82

表 2-25　CoCrW 合金氧-乙炔堆焊涂层的磨粒磨损

合金牌号	Stellite No. 1	Stellite No. 6	Stellite No. 12
磨粒磨损体积/mm^3	8	29	12.1

2.2.7　以 TiCrSi 合金原材料配制改性硅化物涂层

卫星姿控发动机采用一种涂层的 Ta-10W 合金制作推力燃烧室，全系统的工作寿命取决于保护涂层的可靠性，原用涂层保护 Ta-10W 合金基体在 1800℃下抗氧化只有 30min，室温至 1800℃耐热震只能 15 次，远远满足不了使用要求。有一种 TiCrW 改性的硅化物涂层可以大大提高保护可靠性，这种涂层以 320 目（0.045mm）的 TiCrSi 合金粉与 W 粉按比例配合在一起[26]，与有机黏结剂打成料浆后涂在基体表面，厚度 250～280μm，干燥后置于（1×10^{-6}）～（1×10^{-7}）mmHg 高真空熔结炉中，熔结成厚约 100μm 的 TiCrW 改性硅化物涂层。在高温氧化气氛中涂层结构共分四层，外层是以 SiO_2 为主的玻璃态氧化保护膜，作为主体的中间层是（Ti，Cr，W，Ta）Si_2，并混合有少量的（Ti，Cr，W，Ta）$_5Si_3$ 低硅化物，内层是（Ti，Cr，W，Ta）$_5Si_3$，紧靠基体的底层是薄薄的 Ta_5Si_3。新涂层的抗氧化与抗热震寿命列于表 2-26，比原用涂层提高了 5 倍多。本来没有外层氧化保护膜，此膜是在抗氧化过程中自动形成的，高温环境中的氧不断夺取涂层表面 MSi_2 中的 Si 和其他金属元素，形成以 SiO_2 为主的氧化膜，并迅速增厚致密化而最终成为有效的保护膜，阻止氧的继续渗透，停止了氧对涂层表面 MSi_2 的继续氧化。但是保护膜不可能一劳永逸，在 1800℃ 的高温高速氧化与腐蚀气流冲刷下，以 SiO_2 为主的玻璃态氧化保护膜是外边不断消耗而里边不断补充，也就是说主体涂层中 MSi_2 的 Si 不是以直接氧化的方式快速消耗，而是换了一种以向外层氧化膜补充 Si 元素的比较缓慢的方式来消耗，这一机制为涂层的抗氧化寿命争取了更长的时间，归根结底，改性硅化物涂层中始终保持了足够的含硅量，这才是延长抗氧化寿命的根本原因。通过在抗氧化试验前后对涂层中平均含硅量的测定证实了这一点，见表 2-27。改性硅化物涂层并不十分致密而存在着一定的孔隙，宏观上降低了涂层的杨氏模量，有利于涂层内的应力释放。又由于存有相当厚度的低硅化物内层，与二硅化物相比低硅化物具有较高的断裂韧性，使得涂层在抗热震过程中，可以大量释放界面应力，从而有效提高了涂层的抗热震性能。

表 2-26　TiCrW 改性硅化物涂层的抗氧化与抗热震性能

1800℃ 抗氧化寿命/min	室温至 1800℃ 抗热震次数/次
140~180	78~81

表 2-27　抗氧化试验前后对涂层主体中平均含硅量的测定（质量分数）（%）

抗氧化前	抗氧化后
35，38~35，46	23，26~24，46

2.2.8　FeCrAl 合金涂层

燃气涡轮喷气发动机的涡轮叶片与导向叶片等高温部件除了要遭受氧化、冲刷与热震之外，还要遭受严重的 S、O 联合腐蚀，即所谓的热腐蚀。金属高温硫化的速度要比氧化速度快得多，而硫化物的熔点却比氧化物的熔点要低得多，这就造成在 800℃ 尤其是在 850℃ 以上很难找到抗热腐蚀能够满意的高温合金材料。但是提高涡轮进口温度是提高发动机推力的关键所在，就合金强度而言，发展含 Cr<10% 又含其他难熔金属 10%~20% 的高强度 Ni 基合金在更高的温度下使用是完全可能的，遗憾的是抗热腐蚀均过不了关。研究得知抗热腐蚀唯一有效的合金元素是 Cr 而且含量必须足够，其次是某些稀土元素。合金中含 Cr 过高必定会失去强度，至今冶金工作者尚无法研制出既有高温强度又能抗热腐蚀的理想合金材料。

为解决问题必须借助于表面工程，FeCrAl 合金就是抗氧化与抗热腐蚀都很好的一种涂层材料，Fe-22Cr-10Al 合金在 900℃ 含硫气体中的耐蚀性超过不锈钢、高铬钢和 Inconel 合金，Fe-21Cr-4Al 合金在大气中抗氧化的最高稳定温度高达 1300℃ 左右，远远高于一般的 Ni-Cr 合金。

用一种真空熔结的 FeCrAl 合金涂层保护 Ni 基或 Co 基高温合金涡轮叶片效

果很好。涂层的具体配方是（10Al，33Cr，余 Fe）[27]。原料采用 20%（50Fe，50Al）加 80%（7C，41Cr，1Si，0.8B，余 Fe）两种预合金粉配制而成。混合粉末粒度为 $10\mu m$ 与 $40\mu m$ 各占一半。粉料加有机黏结剂打成料浆后涂于叶片表面，然后烘干、熔结。为保证涂层的连续密闭性，需涂、烘并熔结两次。因为涂层中含有氧化活性很高的 Al 元素，熔结须在很高的真空环境中进行，具体熔结制度是 1×10^{-8} mmHg，1200℃，熔结 4h，涂层总厚度达到 0.08~0.1mm。这种涂层在高于 1060℃ 的工作温度下能保护涡轮叶片长达 500h 左右。

2.2.9 FeCrC 合金涂层

这是一种比较廉价的耐磨 Fe 基合金堆焊涂层，在矿山与油气田机械的零部件上用得较多。合金高 C 高 Cr，含 C 量可高达 3% 以上，含 Cr 量可高达 25% 以上，保持 C/Cr 的合适比例，使合金中生成可观的 M_7C_3 型碳化物硬质相，可让合金堆焊涂层的硬度达到 HRC 52 左右。为进一步提高合金的硬度，提高耐磨性，在 C、Cr 含量基本不变的基础上，只要加入少量的 B 或 Si 等合金化元素即可有效增加硬质相数量，并达到进一步提高合金涂层硬度与耐磨性之目的。

FeCrC 合金堆焊涂层的原始组成及引入 B 元素改进后的组成列于表 2-28[28]。涂层组织基本上由硬度较低的合金母体及分散于其中而硬度较高的硬质相组成。在合金含 B 量≤0.96%（质量分数）时，涂层组织中的硬质相密度，也就是硬质相的体积分数随着 B 含量的增加而增加，如图 2-21 所示。B 含量对涂层组织中硬质相分布密度的影响是很大的，只需加入大约 1%B（质量分数），即可使 FeCrC 合金堆焊涂层组织中硬质相的体积分数从原来的 6%~8% 提高到25%~29%，具体的测定结果列于表 2-29。由表中数据可知，当增加 B 含量超过 0.9%（质量分数）之后，硬质相的体积分数几乎不再随之增加。硬质相百分含量的增加势必会提高合金堆焊涂层的表面硬度与耐磨性，用显微硬度计测定 FeCrC 堆焊涂层中合金母体的显微硬度是 HV 650.3，硬质相的显微硬度是 HV 1732.6。加 B 之后，合金母体的显微硬度略为提高到 HV 710 以上，而硬质相的显微硬度基本保持不变。但加 B 量超过 0.96%（质量分数）之后，合金母体与硬质相二者的显微硬度均有所回落。涂层表面总体硬度随着硬质相密度增加而增加的趋势是明显的，而且线型基本一致，如图 2-22 所示。

表 2-28 加 B 前后 FeCrC 合金堆焊涂层的化学组成

合金编号		堆焊涂层的化学组成（质量分数）/%			
		C	Cr	B	Fe
原始组成		3.51	26.31	—	70.18
加入 B	1	3.01	24.85	0.13	72.01
	2	3.37	25.66	0.52	70.45
	3	3.40	24.76	0.96	70.88
	4	2.89	25.01	1.30	70.80

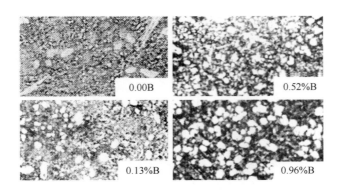

图 2-21 B 含量对涂层组织的影响

表 2-29 硬质相体积分数与 B 含量的关系

B 含量（质量分数）/%	0.00	0.13	0.52	0.96	1.30
硬质相体积分数/%	6~8	12~18	15~19	25~29	25~31

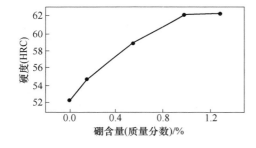
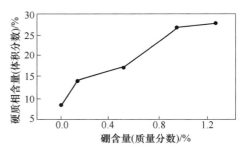

图 2-22 涂层硬度及硬质相的体积分数与 B 含量的关系

由图 2-22 可知，只需加入大约 1%B（质量分数），涂层表面硬度即可从原来的 HRC 52 提高到 HRC 62，以引入少量 B 来提高 FeCrC 合金堆焊涂层的表面硬度是十分有效的，但在 B 含量超过 0.96%（质量分数）之后作用不再明显。

引入 Si 也能明显改变 FeCrC 合金堆焊涂层中硬质相的密度与涂层的耐磨性，表 2-30 中列出了几种以 Si 改性的 FeCrC 合金涂层的化学组成、熔化温度、硬质相含量与磨损测试数据[29]。以橡胶轮与石英砂进行磨损试验，在低碳钢上堆焊出磨损试样，磨损量是 65mm×65mm×35mm 试样面积上的磨损失重。从表 2-30 中的数据不难看出，适当提高 Si 含量可以提高合金涂层的耐磨性，但提高太多反而不好，在 FeCrC 合金中加入 5% 左右的 Si 是适宜的。

表 2-30 以 Si 改性的 FeCrC 合金涂层的化学组成及相关特性测试结果

| 合金编号 | FeCrC 合金化学组成（质量分数）/% | | | | | 熔化温度/℃ | | 硬质相含量（质量分数）/% | 磨损量/g |
	C	Cr	Si	Mn	Fe	固态	液态		
2	3.08	18.92	3.29	1.06	余	1150	1207	34	0.52
3	2.68	22.73	4.97	1.11	余	1046	1137	36	0.20
7	5.03	24.6	7.19	1.07	余	1065	1108	59	0.54

2.2.10 FeMoC 合金涂层

这种合金的特色是发挥我国资源优势，以 Mo 代 Cr 制备硬质表面合金。合金以含 4%~4.5%C 的铸造生铁加以含 Mo 约 23% 的钼铁为配料，经高频感应炉冶炼，并采用氮气雾化水冷方式制成球形的高钼铸铁型合金粉末，粉末粒度小于 60 目（0.25mm）的约占 85%。分析合金粉末的化学成分是（3.8~4.2C，10Mo，1.0B，余 Fe）[30]，加一点 B 是为了提高粉末球化率以改善其工艺流动性。测定合金粉末的金相组织为亚共晶组织，在以马氏体与残余奥氏体组成的合金母体上均匀分布着网状碳化物硬质相，经 X-光衍射分析这种网状碳化物为 Fe_2MoC，是一种合金渗碳体。测定其显微硬度是 1205kg/mm^2，比纯碳化钼的显微硬度 1800kg/mm^2 要低了许多。

用等离子堆焊技术把 FeMoC 合金堆焊在犁铧的刃口部位可以有效提高犁铧的使用寿命。一般堆焊涂层硬度为 HRC 63~69，与常规犁铧的刃口材料 65Mn 在实验室磨损试验机上相比较，堆焊涂层的耐磨寿命是 65 Mn 的 2.03 倍，而在实际犁地时堆焊犁铧的使用寿命是 65 Mn 犁铧的 1.5 倍。

2.2.11 FeCrWVBC 合金涂层

这是一种能够耐高温磨损的 Fe 基堆焊合金，一定程度上可以取代价格昂贵的 Ni 基和 Co 基合金在高温下使用。堆焊合金以纯度为 68% 的高铬铸铁、20% 的硼铁、97% 的钨和 44% 的钒铁等金属与合金粉末为配料，经机械混合后成为化学组成为（1.92~1.97C，17.2~17.9Cr，2.70~2.78W，1.60~1.69V，2.0~2.8B，0.9~1.5Si，余 Fe）[31] 的堆焊合金粉料，用等离子堆焊方法把预涂在试片上的混合粉料堆焊成合金涂层。以这种 Fe 基合金涂层与 Stellite Co 基合金涂层作常温和高温下的磨损对比试验，结果列于表 2-31。表中数据表明，FeCrWVBC 合金涂层的硬度高于 Stellite No.12 合金涂层的硬度，FeCrWVBC 合金涂层的常温耐磨性优于 Stellite No.12 合金涂层，而高温耐磨性相差无几，在一定程度上可以考虑作为代用品。

表 2-31　FeCrWVBC 与 Stellite No. 12 合金涂层的硬度与耐磨性测试结果

堆焊合金涂层	常温试验		760℃高温试验	
	硬度（HRC）	磨损失重/mg	硬度（HV）	磨损失重/mg
Stellite No. 12	34	6.0	272.6	6.8
FeCrWVBC	66	4.2	399	8.9

经 X-光衍射分析，这种 Fe 基堆焊合金涂层的组织构造是在奥氏体合金母体上均匀分布着多种碳化物与硼化物硬质相。其中最主要的硬质相是密排六方点阵结构的（Cr，Fe）$_7$C$_3$，其硬度高达 HV1200～1800，其他硬质相还有 Cr$_2$B、V$_4$C$_3$ 和 WC 等金属间化合物，诸多硬质相的存在导致了涂层的高硬度与高耐磨性。当温度升高时（Cr，Fe）$_7$C$_3$ 等硬质化合物会有所溶解，涂层的硬度与耐磨性随之会有所下降，但在原有硬质化合物稍稍溶解的同时，又会有新相 Cr$_{23}$C$_6$ 从合金母体中析出，这就使得 FeCrWVBC 合金涂层在高温下的硬度与耐磨性仍能保持有相当高的水平。

2.2.12　FeCrNiMnN 合金涂层

钢铁厂的连铸辊长期在高温、腐蚀、疲劳与磨损工况下工作，极易因疲劳开裂和磨损超差而过早损坏。常把含 C 较高的 Cr 系 2Cr13 或 3Cr13 等马氏体不锈钢堆焊在辊子表面以延长其使用寿命，这能有一定效果但美中不足的是这类不锈钢的焊接开裂倾向较高，所含碳化物硬质相在高温下又容易分解以致耐磨性能下降。研究发现在堆焊涂层中引入 N 而降低 C 是有效的改进途径。

FeCrNiMnN 是一种较好的替代合金，以 43%～47% 铬铁，3%～7% 钛铁，3%～7% 铌铁，5%～10% 氮合金，1%～4% 铝镁合金，≥20% 铁粉和 15%～18% 金红石，6%～9% 氟化物，3%～6% 钾长石为配料制成药芯焊丝，用明弧焊方法堆焊在辊子表面，测定出堆焊涂层的化学成分为（0.06C，0.12N，0.25Si，1.35Mn，13.5Cr，0.17Nb，0.35Ti，0.18V，0.57Mo，1.38Ni，余 Fe）[32]，其中 C 与 N 的总含量没有超过 0.13%。测定出堆焊涂层的硬度与回火处理温度有关，见表 2-32。无论是焊态或回火状态下，涂层硬度均能满足 HRC 40～48 的连铸辊工程要求。回火温度对涂层硬度的影响分三个阶段，在 480℃之前随着回火温度的升高涂层硬度也增高，480～600℃之间涂层硬度稳定在最高值，到 600℃之后涂层硬度有所下降。经微观检查，无论是焊态或回火状态的涂层组织都是由板条状马氏体与分布于其中的硬质相所组成，硬质相是氮碳化合物如 Cr$_7$（N，C）$_3$、Ti（N，C）、V（N，C）和 Nb（N，C）等，硬质相尺寸比较细小均小于 2μm，且分布均匀，这使得堆焊涂层既硬又韧，能同时具有比较满意的耐磨与耐疲劳性能。在 480℃之前回火时部分氮碳原子从间隙固溶体中脱溶，并析出新的氮碳化合物，使涂层硬度增高，在 480～600℃时脱溶与析出达到最佳配合，涂层硬度达到最高值，当温度继续升高时不再有新的脱溶与析出发生，涂层硬度不升反降。

表 2-32 FeCrNiMnN 堆焊涂层硬度与回火温度的关系

回火温度/℃	焊态	450	480	520	600	650
涂层硬度（HRC）	43.0	43.6	47.2	47.3	47.2	45.4

在连铸辊的实际应用中 FeCrNiMnN 堆焊涂层的使用寿命比 2Cr13 或 3Cr13 堆焊涂层的使用寿命要高出 1 倍以上。

2.2.13 FeMnNiC 合金涂层

扭力轴是坦克上极易磨损的重要零部件之一，排列两边，每边自 1~5 有 5 个。扭力轴用 45CrNiMoVA 钢制成，经热处理后轴身硬度为 HRC 41.5~46.5，轴头硬度达到 HRC≥50。扭力轴最严重的磨损部位在轴头，轴头紧密接触 15 个小滚柱与支座相配合，扭力轴轴头在滚动与滑动的接触过程中承受着巨大的（1200~2000MPa）交变接触压应力和剪切应力的联合破坏作用，当这些应力反复作用达到一定周次之后就会在轴头的表面或亚表面产生局部的塑性变形，久之则萌生疲劳裂纹，在压应力与切应力的持续作用下裂纹将沿着与表面成 10°~30° 的角度延伸，最终造成大小不一的表面剥落麻坑，呈现出接触疲劳磨损的特征。另外，在轴头与小滚柱之间所用的润滑黄油中混有不少泥沙，使轴头又遭受到严重的磨料磨损。在一排 5 个扭力轴中，载荷有轻有重，磨损也各不相同，其中的 1 号与 5 号磨损最为严重，坦克运行的一个大修期是 9000~12000km，1 号与 5 号仅服役 4000km 即磨损报废。为使造价不菲的扭力轴在磨损超差后能恢复使用，常以堆焊 127 焊条的方法来修复扭力轴轴头，但修复件的使用寿命只及新品的 78% 左右。

由于接触疲劳所产生的正交剪切应力并不是在工件的接触表面而是在深层的亚表面上达到最大值，所以疲劳裂纹常常从亚表面开始萌生，疲劳磨损也表现为深层剥落。这一磨损机理使得一般的热处理和化学热处理等表面强化手段在轴头上无能为力，因为热处理只能强化表面，使表面硬度提高，若使亚表面达到足够强化时，则表面硬度必然过剩而造成疲劳脆裂。

理想的办法是研发一种具有加工硬化特性的合金材料，当接触疲劳发生时正交剪切应力使材料亚表层产生一定程度的塑性变形，这时因材料的特性使然诱发变形强化，强化的效果足以扼制塑性变形的继续发展，从而避免了疲劳裂纹的萌生。FeMnNiC 合金正是具有这一特性的堆焊涂层材料，合金的化学组成为（0.43~0.71C，2.48~10.9Mn，0.8Ni，余 Fe）[33]，这是一种以应变诱发奥氏体向马氏体转变作为主要强化机制的双相自强化合金，对这种合金的堆焊涂层进行接触疲劳试验，对比亚表层硬度 HV 与正交剪切应力 τ_{yz} 随涂层深度的分布曲线，示于图 2-23，两曲线的走向趋势基本相同，各自达到最大值的位置也十分接近，由疲劳载荷施加的正交剪切应力在涂层表面以下 0.2~0.4mm 处达到最大值，亚表层变形强化也就是加工硬化的最大值在涂层表面以下 0.35~0.45mm 处达到，二者位置基本重合。这表明受力最大处加工硬化程度最高，这是一种十分理想的抗疲劳机制，可以有效扼制亚表层塑性变形的继续发展与疲劳裂纹的萌生。用 FeMnNiC 合金焊条堆焊修复扭力轴轴头，使用效果明显好于渗碳件和中频淬火件，装在坦克上经过 12430km 使用考核，再生轴头的使用

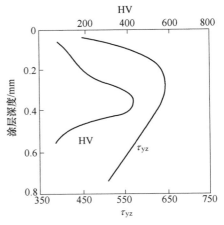

图 2-23　接触疲劳试验曲线

寿命是新品轴头的 1.95~7.42 倍，可以保证使用一个大修期而无需更换。

2.2.14　FeCrWNbAlC 合金涂层

螺旋滚筒式采煤机上的镐形截齿在破碎煤岩时承受着巨大的挤压、弯折和冲击力的破坏作用，常常发生齿顶硬质合金头的破损、脱落和齿头过快磨损与齿颈断裂等现象，致使截齿的使用寿命大大缩短。在齿头芯部钎焊柱状硬质合金头的过程中，齿头因加热而退火软化，掘煤时软化的齿头表面被迅速磨损后退，裸露出硬度质合金头在冲击载荷作用下破损脱落，造成截齿过早报废。

在齿头易磨损部位等离子喷焊厚约 2mm 的 FeCrWNbAlC 合金涂层，可以减缓磨损，护持住硬质合金头，有效提高使用寿命。图 2-24 中齿头上在硬质合金顶尖后面的白色部位即是合金涂层，涂层以含 70.05%Cr 的铬铁粉、含 66.5%Nb 的铌铁

图 2-24　涂层截齿

粉、铁粉、铝粉、钨粉和石墨粉为配料，以 20CrMnTi 低碳低合金马氏体钢为基体，合金涂层的化学组成为（4.5C，35Cr，5.0W，1.0Nb，0.8~1.0Al，余 Fe）[34]，为消除掘煤过载时的断裂隐患，涂层部位与其他部位的过渡区要连续平滑，表面应避免缺口、划痕与突尖等缺陷，以免应力集中引发疲劳断裂。等离子喷焊过程是把合金粉末喂料与基体表面薄层熔融凝结在一起，熔结时发生了涂层与基体之间的界面原子互扩散，产生出含有双方元素的互溶区，形成了牢固的冶金结合。微观分析合金涂层的组织构造是在 γ-Fe（Cr，W，Nb，Al）的合金母体中均匀分布着（Fe，Cr，W，Nb）$_7C_3$ 的硬质化合物相，沿着涂层深度方向测定合

金涂层的显微硬度，得到如图 1-16 所示的硬度分布曲线，与各种熔结合金涂层的硬度分布特征相一致，涂层的外表层是高硬度区，越往涂层深处因受到基体元素的稀释作用越重而硬度越低，FeCrWNbAlC 合金涂层的外表面硬度可高达 HV 870，涂层的最高硬度在距外表面 0.2 mm 深处，其 HV>900，整个高硬度区的层厚有 1.0 mm 左右，硬度都在 HV 800 以上。用 FeCrWNbAlC 合金涂层保护截齿在实际生产中的使用寿命比未涂层截齿提高了 2 倍以上，而制造成本却降低了 20%。

2.3　自熔合金涂层原材料、相关配方与基本特性

自熔合金是一种具有自熔剂特性的耐磨、耐腐蚀与抗氧化的表面合金，是常用的热喷涂材料，也是在喷焊、堆焊、高频熔焊、激光熔覆与真空熔结等具有熔融凝结过程的诸多表面冶金工艺中广泛应用的涂层原材料。自熔合金常常以雾化方法制成球形粉末来使用，粉末粒度一般为 −140 ~ +300 目（−0.105 ~ +0.05mm），具体应用时视不同工艺方法的功率大小而定，如等离子喷焊可使用 −60 ~ +200 目（−0.25 ~ +0.075mm）较粗的合金粉末，而等离子喷涂时采用 −140 ~ +320 目（−0.105 ~ +0.045mm）较细的粒度为宜。真空熔结工艺对粉末大小没有特殊要求，只是为了减小涂层气孔率，最好不用单一粒度的合金粉末，希望要粗细搭配使粉料的松装比越大越好。自熔合金粉末的密度与化学组成有关，为 7.4 ~ 8.4g/cm³，松装比还与粉末粒度有关，波动在 3.5 ~ 4.2g/cm³ 之间。球形粉的圆度越好则粉末的流动性越好，流动性的好坏影响到施涂时喂料过程的顺畅与精确，尤其要避免冲嘴或卡壳，流动性以每流动 50g 粉末所需的时间来计量，自熔合金粉末的流动性为 20 ~ 24s/50g。

自熔合金的自熔剂特性源于合金中含有适量的强脱氧元素 B 与 Si。无定形 B 在空气中从 300℃ 开始剧烈氧化，700℃ 开始着火，氧化硼种类很多，计有 B_6O、B_4O_3、BO、B_4O_5 和 B_2O_3，其中硼酐 B_2O_3 对于制备合金是最重要的，B_2O_3 在通常情况下是非晶态的类玻璃体物质，其熔点不好测定，升温至 578℃ 左右即开始熔化，B_2O_3 的密度较小，在室温下约为 1.8g/cm³，升温至 1000℃ 时降到 1.5g/cm³ 左右，在高温的自熔合金熔融体中液态 B_2O_3 应该很容易浮出表面，但由于熔融硼酐的黏度较大而使上浮困难，800℃ 时 B_2O_3 的黏度是 260 泊（26Pa·s），1100℃ 时仍有 40 泊（4Pa·s）之多。Si 在空气中 150℃ 即开始氧化，1000℃ 时剧烈氧化而成硅酐 SiO_2，硅酐以晶体与非晶体两种状态存在，晶体 SiO_2 的熔点是 1710℃，密度为 2.4 g/cm³ 左右，高温下当 B_2O_3 与 SiO_2 在一起时能生成一种低熔点、低密度而且低黏度的硼硅酸盐玻璃熔融体，如含 27% B_2O_3 与 73% SiO_2 的硼硅酸盐玻璃的熔化温度只有 722℃ 左右，在自熔合金熔融体中这种硼硅

酸盐玻璃是十分理想的熔渣，表面张力较小，上浮并完整地覆盖住合金熔体的表面，起到了和焊剂一样的保护作用。B、Si 二元素还有很强的还原作用，能够还原合金熔体中的氧化夹杂物以及基体金属表面上的氧化皮，使合金熔体能充分浸润基体，顺利进行在涂层与基体之间的界面元素互扩散，冷凝后涂层比较致密并在涂层与基体之间形成了牢固的冶金结合。表 2-33 列出了 B_2O_3、SiO_2 与四种自熔合金及基体钢材最基本组元之金属氧化物的生成自由能数据，由表可知 B、Si 二元素可以顺利还原 Fe、Ni、Co、Cu 等金属氧化物，下列方程为其氧化还原反应方程式之一：

$$5\ Ni(Fe,Co,Cu)O + 2B + Si \longrightarrow 5\ Ni(Fe,Co,Cu) + B_2O_3 + SiO_2$$

至于还原未尽的氧化夹杂物以及氧化皮也都能溶解于硼硅酸盐玻璃熔融体中，并与之一起上浮至自熔合金熔融体的表面。以上所述就是自熔合金的自熔剂特性，在各种堆焊、喷焊、高频熔焊或激光熔覆等工艺中应用自熔合金时，无需再外加任何焊剂或焊药，也无需采用任何保护气体，这不仅简化了涂覆工艺，而且提高了涂层质量。真空熔结工艺也广泛应用自熔合金，不过并不是在于它的自熔剂特性，而是在于它的其他工艺特性和应用特性。

表 2-33　自熔合金基本组元之金属氧化物的生成自由能

氧化物	B_2O_3	SiO_2	Fe_2O_3	NiO	CoO	Cu_2O
$\Delta G/\text{kJ} \cdot \text{mol}^{-1}$	−1460.9	−870.69	−759.68	−216.42	−213.49	−180.1

自熔合金的自熔剂特性与合金中各其他组元之金属氧化物的生成自由能也密切相关，金属的氧化反应式是：

$$M + O \longrightarrow MO + \Delta G$$

不能只考虑室温下的自由能数据，更应注意在高温下的氧化物生成自由能，因为反应式中的生成自由能 ΔG 是随着温度的变化而变化的，对于具有熔融凝结过程的各种熔结工艺而言，900~1350℃ 的温度区间至关重要。意大利 G. Bianchi 教授于 1984 年发表的 $\Delta G\text{-}T$ 平衡图示于图 2-25，大多数金属在氧化时都会伴随着自由能的降低，自由能降低绝对值（$-\Delta G$）越大则自发氧化的倾向越大，（$-\Delta G$）绝对值大的金属必将还原（$-\Delta G$）绝对值小的金属之氧化物。由图 2-25 和表 2-33 可知，B 与 Si 不仅能在常温下还原 Fe、Ni、Co、Cu 等金属的氧化物，而且在 900~1350℃ 的高温下也同样能还原这些金属的氧化物。研究平衡图还可以明确另一条重要指南，即在自熔合金或基体钢材中含有 Ti、Al 或 Mg 等另外的强脱氧元素时，B、Si 的自熔剂作用将要受到很大限制甚至难以发挥。除了强脱氧元素之外，为保证自熔合金的自熔剂特性，还必须控制合金的含氧量，含氧量越高时合金中的氧化夹杂物越多，自熔剂特性就越差，用雾化方法制备自熔合金时含氧量需控制在 0.1% 以下，一般 ≤0.06%，最好 ≤0.03%。

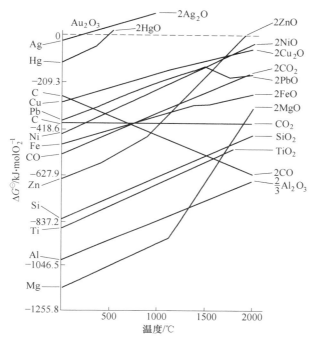

图 2-25　ΔG-T 平衡图

　　B 与 Si 在自熔合金中除了自熔剂作用之外，还起到降低熔点和提高硬度的重要作用。在各种熔结工艺中希望涂层合金的熔化温度要比基体金属的熔点低得越多越好，这样可以把工艺过程对基体强度的影响减到最小，由于 B、Si（主要是 B）对合金的低温共晶作用，使自熔合金的熔化温度可以掌控在 900~1350℃ 之间，而且由于一种共晶的亚稳定凝固与另一种共晶的稳定熔融同时存在，使得自熔合金的熔化温度范围很宽，也就是固相线与液相线之间的温度区间较长，即自熔合金的熔程较长，一般可以达到 50~200℃，是一种长性合金，这些都十分符合表面工程的工艺要求。自熔合金不是结构材料而是表面合金，希望具有较高的硬度与耐磨性，B、Si 等元素对合金有强化作用，可使自熔合金的硬度高达 HRC 66以上，而且红硬性也很好，超过了许多耐磨钢材。在自熔合金中比钢材含有较多的 B、Si 元素也会有一定的负面作用，这会使自熔合金的线膨胀系数比钢材略高，达到（14~16）×10⁻⁶/℃，也会使自熔合金的韧性比一般钢材要差，这些却都是对表面工程不利的一面。无论在室温或高温下，在氧化气氛或腐蚀介质中，大多数自熔合金特别是含 Cr、Ni、Co 诸合金元素较高的自熔合金，都能在外表面生成一层十分稳定而且具有自愈能力的氧化保护膜，此膜赋予自熔合金极好的抗高温氧化与抗腐蚀性能。

2.3.1 自熔合金的化学组成

在自熔合金的化学组成中应包含有以下几类元素。首先是构成合金母体的元素，如 Ni、Co、Fe、Cu 等，这些元素都是韧性固溶体的主体元素。其次是 B、Si 这两个强脱氧元素，这是自熔合金具有低熔点、长熔程和自熔剂特性的特征元素。再就是 B、Si、C 和 Cr、W 等强化元素，这些元素会生成高硬度的硼化物和碳化物硬质相，均匀分布在韧性固溶体的合金母体中使合金强化，或是直接以固溶强化方式使合金强化。其他还可能引入 Mo、Mn、Al、V 等特性元素以照顾合金的某些应用特性。自熔合金基本可以分成 Ni 基、Co 基、Fe 基和 Cu 基四类，下面以硬度排序，列表介绍各类合金的常用配方及其熔化温度，并扼要说明各组成元素所起的作用和合金的基本特性与应用取向。

2.3.1.1 Ni 基自熔合金的化学组成

在金属 Ni 中加入 B、Si 即成为 NiBSi 系自熔合金，再引入 Cr 就是 NiCrBSi 系自熔合金。在实际生产中通常不会用纯金属配料，一般会采用比较廉价的铁合金原料如硼铁、硅铁等，这样就带进了 C 和 Fe，这两个元素的含量不宜过多，否则会有损于合金的自熔特性和其他优良性能。

NiBSi 系自熔合金的化学组成列入表 2-34。纯 Ni 的熔点为 1452℃，加入 B、Si 之后降到 1150℃以下，而且镍固溶体得到强化，硬度有所提高。硼与镍生成 Ni_2B 与 Ni_3B 等金属间化合物，并与镍固溶体生成共晶，硅是以固溶强化方式影响粉末的性能。硼、硅均不宜过多，否则要损害韧性，在满足降低熔点和自熔特性的基础上加得越少越好，一般 B 不超过 2.5%而 Si 最好不超过 5.0%。按这些规则配制的合金熔点较低，自熔性好，有良好的冲击韧性、高温抗氧化性和耐急冷急热性，并有一定的硬度与耐磨、耐腐蚀性，还便于切削加工。NiBSi 系自熔合金适用于 600℃以下钢、不锈钢、铸铁、铜和铝合金零部件的延寿与修复。

表 2-34 NiBSi 系自熔合金的化学组成、熔化温度和硬度

序号	化学组成/%						硬度（HRC）	熔化温度/℃
	C	B	Si	Fe	其　他	Ni		
1	≤0.1	0.8~1.4	1.6~2.0	1.5~6	Cu：19~21	余	10~20	1050~1120
2	<0.1	1~1.5	1.8~2.6	<5	—	余	≤16.5	1050~1150
3	<0.1	0.9~1.5	2.2~2.8	<0.1	—	余	18~24	850~950
4	≤0.1	1.2~1.7	3.7~4.2	≤6	—	余	25	1040
5	≤0.1	1~2	3~4	1.5~8	—	余	20~30	1050~1120
6	≤0.1	1.2~1.7	4.2~4.7	≤6	—	余	30	1000
7	≤0.1	1.2~1.7	4.7~5.2	≤6	—	余	35	990
8	≤0.1	2.0~2.4	3.2~3.7	≤6	—	余	40	1000

NiCrBSi 系自熔合金的化学组成列入表 2-35。在 NiBSi 系自熔合金中加入 Cr 构成 NiCrBSi 系自熔合金，Cr 溶解于 Ni 中形成稳定的 Ni-Cr 固溶体作为合金的母体，体现出很高的抗氧化性与耐腐蚀性能。余下的 Cr 与 B、C 反应生成硬度极高的金属间化合物，如 Cr_2B、CrB、CrB_2 等硼化物和 $Cr_{23}C_6$、Cr_7C_3、Cr_3C_2 等碳化物，这些高硬度化合物呈颗粒状均匀分布于合金母体中，使合金得到强化，提高合金硬度，提高耐磨性。B、Si 仍起到降低熔点和自熔剂的作用，Si 溶解于 Ni-Cr 固溶体中起到固溶强化作用。在 NiCrBSi 系自熔合金中 Cr 的加入量一般 ≤20%，个别也有到 30% 的。B 的加入量 ≤4%，最多不超过 5%。Si 的加入量 ≤5%，最多不超过 5.5%。C 含量均保持在 1% 以下。这些强化元素的含量均不宜超标，否则在熔结过程中会加大涂层的开裂倾向。在合金中加入适量的 Cu 和 Mo 可以提高合金的塑性范围，有利于在复杂形状基体的表面上熔结较厚的合金涂层，而不致发生滴溜、堆垛或漏涂等工艺缺陷。塑性范围较宽也就是熔程较长，在一个较宽的温度范围内合金熔体保持着合适的黏度，使合金熔体在基体表面上既能顺利流布又不会积聚或滴溜。液体的黏度是为了克服液体层流间的内摩擦而表现出的一种物理特性，自熔合金熔融体中存在有液态与固态两相物质，Ni-Cr 固溶体与低温共晶体在一起组成液相，各种硬质颗粒是不熔的固相，自熔合金熔融体的黏度除了与液相物质的黏度相关之外，还与固液两相物质的百分比有关，均匀分布于熔融体中的固体颗粒必然会影响到熔液层流间内摩擦的大小，固体颗粒百分数越少时熔液层流间的内摩擦越小，自熔合金熔融体的黏度也就越小，合金流动性就越高，反之则流动性就越差。当涂层配方已定时只有掌控好合适的熔结温度，也就是掌控好了液相与固相之间合适的百分比，才能得到合适的熔融体黏度，这一点只有当合金的塑性范围越宽、合金熔程越长时才比较容易做到。

表 2-35　NiCrBSi 系自熔合金的化学组成、熔化温度和硬度

序号	化学组成/%							硬度（HRC）	熔化温度/℃
	C	Cr	B	Si	Fe	其　他	Ni		
1	0.25	5.0	1.0	3.0	3.5	—	余	15~20	1220
2	<0.1	2~5	1~1.3	2~2.8	<15	—	余	18~22	1050~1150
3	<0.2	5~10	1~2	2~3.5	4~10	—	余	20~30	1050~1100
4	<0.3	5~10	1.5~2.5	2.8~3.8	<8	—	余	30~40	1000~1100
5	≤0.7	8~12	1.8~2.6	2.5~4	<4	—	余	35~45	970~1050
6	0.5	12	2.6	3.6	3.3	—	余	45~50	1050~1110
7	0.8	17	3	4	≤12	Co：10	余	50	1070
8	≤0.9	13~17	2.5~4	3.2~4.8	<10	—	余	52~58	970~1020
9	0.5~1	14~19	3~4.5	3.5~5	<8	Cu：2~4，Mo：2~4	余	58~62	960~1040
10	0.5~1	16~20	3~5	3.5~5.5	<15	—	余	62~66	960~1040

NiCrBSi 系自熔合金的摩擦系数较小，耐金属间的摩擦磨损性能与耐低应力的磨粒磨损性能都比较好，除了氧化性硝酸以外对于其他多种酸碱介质的耐腐蚀性能超过不锈钢，丰富的金属间化合物硬质相使合金的红硬性也很好，合金涂层的工作温度可以高到 700~800℃。基于以上十分优越的综合性能，使 NiCrBSi 合金涂层成为在钢、铁零部件的延寿与修复工程中应用最为广泛的一种涂层合金。由于硬度较高，涂层后的切削加工较为困难，必须考虑磨削加工。

2.3.1.2　Co 基自熔合金的化学组成

在著名的 Co 基 CoCrW 表面合金中加入 B、Si 即成为 Co 基自熔合金。其常用配方的化学组成列入表 2-36。CoCrW 合金的组织是在 Co-Cr 的 γ 固溶体中弥散析出 Cr_7C_3 与 WC 等碳化物而得到强化，合金具有很好的热强性、红硬性与高温耐磨性、高温抗氧化性、高温耐蚀性、耐急冷急热性和优良的韧性。加入 B、Si 之后降低了熔点，具备了自熔特性，除保留合金原有组织与高温特性之外，还生成了 Cr_2B 与 CrB 等高硬度硼化物，进一步增强了高温耐磨与抗氧化性等高温性能，但有损于原有的韧性。Co 资源紧缺，价格昂贵，为了节省 Co 并改善工艺性能和提高韧性，可以加入 Ni 来替代一部分 Co，加入量可达到 20% 以上，有时加入 Mo 来替代一部分 W，对提高合金韧性也有好处。Co 基自熔合金涂层的工作温度可高达 800℃ 以上，常常在高温、高压、强腐蚀与高应力的复杂工况下应用。

表 2-36　Co 基自熔合金的化学组成、熔化温度和硬度

序号	化学组成/%							硬度（HRC）	熔化温度/℃
	C	Cr	B	Si	Fe	其　他	Co		
1	0.25	26	—	1.1	≤1.5	Ni：3，Mo：5.5	余	30	
2	0.8~1.0	28~30	Nb：0.4~0.7	0.7~1	≤5	W：5~6，Ni：2~3	余	30~38	1292
3	0.7~1.4	26~32	—	0.7~2	≤5	W：4~6	余	38~45	1290
4	1.0	18~20	1~1.5	3.0	≤6	Ni：15~16，W：7~8	余	42	1120~1200
5	0.1	22	2.6	1.6	—	W：4.5	余	≥45	1200~1300
6	0.8~1.4	26~32	0.5~1.2	0.8~1.4	≤5	W：4~6	余	40~48	1155~1340
7	1.2	16	2.0	3~3.5	<1.5	Mo：4.0	余	40~50	1021
8	0.75	22.76	1.21	3.72	2.49	Ni：11，W：8.73	余	47~51	1080~1130
9	0.3~0.5	19~23	1.8~2.5	1~3	<3	W：4~6	余	48~55	1000~1150

2.3.1.3　Fe 基自熔合金的化学组成

Fe 基自熔合金的化学组成列入表 2-37。在碳素铬铁、不锈钢、高铬铸铁和高钼铸铁等 Fe 基合金中加入 B、Si 即成为 Fe 基自熔合金。由于元素 Fe 易于氧化，合金中氧化夹杂物较多，使得自熔性不如 Ni 基和 Co 基自熔合金，而且熔化

温度偏高，熔程偏短。Fe 基自熔合金是为了节省贵重的 Co、Ni 资源而发展起来的，其基本特性是室温硬度较高，耐磨性好，但是热强性、红硬性、抗氧化性、耐腐蚀性、耐疲劳性和韧性都比较差，引入 Ni、Mo、V 等合金元素可以改善脆性，增加 Cr 可以提高在高温下的耐磨特性与抗氧化性能。Fe 基自熔合金一般应用在室温下受冲击载荷较小零部件的延寿与修复，不锈钢型自熔合金的耐磨性会超过各种不锈钢，高铬铸铁型自熔合金也可以在适当的高温下使用，在 400~650℃仍可保持有相当稳定的耐磨性。

表 2-37　Fe 基自熔合金的化学组成、熔化温度和硬度

序号	化学组成/%						硬度(HRC)	熔化温度/℃
	C	Cr	B	Si	其 他	Fe		
1	<0.5	<10	1.2~3	2.5~4.2	>20	余	20~30	1010~1040
2	0.15~0.25	14~16	2.5~3.5	2.5~3.5	Ni：18~22，Mo：2~3	余	25~30	1035~1205
3	0.3~0.7	5~7	1.0	2.5	Ni：28~32	余	28~33	1050
4	0.1~0.2	18~20	1.8~2.4	2.5~3.5	Ni：21~23，V：1.2~2	余	30~35	1100~1230
5	0.35~0.45	15~18	1.8~2.2	2.5~3	Ni：22~25	余	32~36	1160~1200
6	≤0.16	18~21	1.3~2	3.5~4.3	Ni：12，Mo：4，W：0.9，V：0.9	余	36~40	1290~1330
7	0.6~0.75	15~18	1.8~2.5	3.5~4	Ni：21~25	余	36~42	1100~1140
8	0.4~0.8	15~18	1.5~2.5	2.5~3.5	Ni：9~12，Mo：1~2，W：2~3	余	40~45	1100~1200
9	3~5	27.5	2.0	4.5	Ni：15	余	≥50	1020~1080
10	0.5~1.0	15~20	2.5~3.5	3~5	Ni：10~20	余	50~60	1080~1180
11	4~5	40~50	1~2	1~2	Ni：8~12	余	60~65	1190~1250
12	4.5~5	45~50	1.8~2.3	0.8~1.4	—	余	66~72	1200~1280

2.3.1.4　Cu 基自熔合金的化学组成

在一般铜合金中加入 B、Si 即成为 Cu 基自熔合金，其化学组成列入表 2-38。Cu 基自熔合金的熔化温度最低，熔程也比较长，流动性较好，对铸铁、普碳钢、合金钢、铜合金和铝合金等基体表面均有较好的浸润能力，在金属摩擦副之间的摩擦系数较小，而且导电性与导热性很好，耐腐蚀与抗氧化性也比较好，对于钢铁基体的抗黏着磨损性能优良，涂层工艺性能良好，涂层后切削或磨削加工容易。常应用于机械密封面、轴承与导轨等铜钢匹配的摩擦副和铜合金零部件的延寿与修复。由于硬度较低，在一些高应力的干摩擦磨损和磨料磨损场合应用 Cu 基自熔合金涂层不太适宜。

表 2-38　Cu 基自熔合金的化学组成、熔化温度和硬度

序号	化学组成/%					硬度(HV)	熔化温度/℃
	Ni	B	Si	其　他	Cu		
1	<1.5	<2	3~5	C<2.5, Mn≥0.8, Cr<1.5	余	>174	850
2	12~17	1~2	1.5~3	Mn<1, Fe<3	余	180~230	900~1020
3	<1.5	<2	4~6	C<2.5, Cr: 1.5~3	余	151~231	900~1060
4	4~6	1~2	—	P: 0.2~0.5, Sn: 7~10	余	203~234	850
5	12~18	0.8~1.8	1~3	Mn: 0.2~1.2, Fe<5	余	184~258	900~1020
6	18.5	1.3	3.0	Fe: 8.0	余	—	—

2.3.2　自熔合金的组织构造

　　自熔合金是一种非均质的多相复合构造，自熔合金粉末与自熔合金熔凝体和自熔合金涂层这三者在微观构造上也略有不同。自熔合金粉末的组织构造除化学组成外与雾化时熔注温度的高低也有一定关系，为避免熔注的金属液流在被击碎雾化之前发生稠化凝固现象，雾化时合金的熔注温度往往比标准的铸造温度要高，通常比合金的熔点要高出 66~93℃，若遇到熔体流动性偏低的合金时熔注温度还应高出更多。以 No. 8 NiCrBSi 自熔合金为例，具体化学组成是（0.6C，13.5Cr，3.0B，4.3Si，4.7Fe，余 Ni）。选定开始雾化的熔注温度比熔体开始处于黏稠状态的温度要高出 40℃ 左右，这样在雾化粉末中所析出硬质沉淀物的粒度比较小。若在比较黏稠但还能流注的温度下雾化时，所析出硼化铬与碳化铬等硬质沉淀物的粒度为 4~10μm，有时甚至会大到 10~50μm 以上，其中较大的颗粒多半是硼化铬而很少碳化铬。通常雾化粉末所析出硬质沉淀物的数量为 5%~35%（质量分数），而体积分数则要更高一些。当把雾化粉末熔结成合金块或合金涂层时，所析出硬质沉淀物的粒度大小会有些增加，而所占的体积分数反而减小，在一次测试中发现熔结之前雾化合金粉中硬质沉淀物的粒度为 8~20μm，体积分数是 11% 左右，当熔融凝结成合金块时硬质沉淀物的粒度长大为 15~35μm，而体积分数反而缩减为 8%~9%。当把雾化合金粉熔结在钢铁基体上成为合金涂层时硬质沉淀物的粒度长大与体积分数缩小的情况与熔结合金块的情况基本一样，只是在涂层与基体的界面附近涂层中硬质沉淀物的粒度与体积分数都会受到基体 Fe 元素向涂层中扩散的影响，若 Fe 元素扩散过多时还会引发硬质相化学组成与晶型的转变。熔结前后硬质沉淀物的粒度长大是由于重熔使沉淀物晶粒长大的缘故，而体积分数减小是因为分布在每一颗粉粒中心部位的硬质沉淀物多而密，边缘部位少而稀，所列数据是通过粉粒横截面测得的，必然偏大，而在熔结合金块或涂层横截面测得的数据却是体现了整个合金块或涂层的真实情况。

2.3.2.1　NiBSi 系自熔合金的组织构造

纯 Ni 的熔点为 1452℃，加入 B、Si 后合金的熔点降到 1155℃ 以下，这主要是 B 起作用，B 与 Ni 生成 Ni_2B 与 Ni_3B 金属间化合物，这些化合物又与 Ni 形成亚稳定和稳定的低温共晶体，成为合金的熔相，共晶体的熔点可以降低到 1080℃，如图 2-26 所示的 Ni-B 系统图。由于过冷的 Ni-Ni_2B 亚稳定低温共晶相与稳定的 Ni-Ni_3B 低温共晶相在合金中同时存在，使合金具有很长的熔化温度范围。在冷却过程中由于 Ni-Ni_2B 亚稳定低温共晶凝相的过冷作用，NiBSi 三元自熔合金，甚至是含 Ni 很高的三元合金，其液相的存在可以一直保持到 Ni-Ni_3B 低温共晶相的熔化温度以下 100℃ 左右。熔相的金相照片示于图 2-27，体现出一种排片状结构，照片是熔相的横截面，图中的白色块是熔相的正面或斜面图像，以 50g 负荷从横截面测定熔相的显微硬度值约为 HM 717kg/mm²。

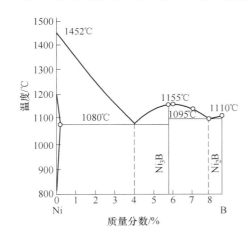

图 2-26　Ni-B 系统图

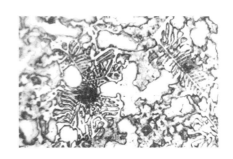

图 2-27　熔相的排片状结构（×700）

图 2-28 是 Ni-Si 系统图，NiBSi 三元自熔合金中的含 Si 量控制在 5.0% 以下，Si 也能降低熔点，但作用不如 B，绝大多数的 Si 溶解于 Ni 奥氏体，成为 Ni-Si 固溶体，构成 NiBSi 自熔合金的合金母体相。Si 的固溶强化作用还是比较明显的，当含 Si 量从 2.5% 提高到 5.0% 时合金涂层的硬度相应从 HRC 15 提高到 HRC 37。NiBSi 系自熔合金的硬质相主要是 Ni_2B 与 Ni_3B 金属间化合物，硬质相除了硼化镍之外，在雾化合金粉中当含 Si 量达到 2.5% 以上时会与残余的氧化合成氧化硅和硅酸盐，而且含 Si 量越高硅化物越多，测定出它的硬度达到 HV 340 左右，也起到了硬质相的作用。在合金中并未发现硅化镍的存在，但德国学者 O. Knotek 等人发现在 NiBSi 三元合金中还存在有六方晶系的 Ni_6Si_2B 和四方晶系的 $Ni_{4.3}Si_2B_{1.4}$ 等硅硼化镍硬质相。

C 也能降低合金熔点并提高涂层的硬度，只是远没有 B 的作用明显，在 Ni、

B、Si、C 等元素的共同作用下能把 NiBSi 自熔合金的熔点降低到 900℃以下。但是含 C 量过高时有可能与 B 生成脆性的碳硼化合物，如相图 2-29 所示，这会给涂层带来脆性开裂和难以加工的困难，所以 NiBSi 系自熔合金的含 C 量一般在 0.1%以下。

　　合金中的含 Fe 量比较多，是从硼铁原料中带进来的。Fe 也溶解于 Ni 奥氏体中，使合金母体相变成 Ni-(Si、Fe) 固溶体。Fe 的加入对合金的熔点影响不大，但加入量大于 8%以后，尽管合金的固相线无甚变化，而液相线却升高许多，这使熔程加长，对涂层工艺有一定好处。在含 Fe 4%~12%范围内，测定涂层的硬度与相组成均无明显变化。

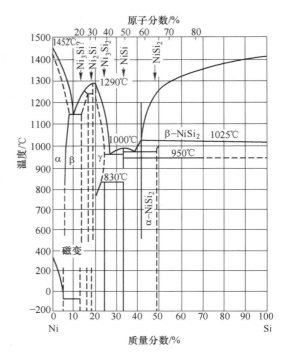

图 2-28　Ni-Si 系统图

2.3.2.2　NiCrBSi 系自熔合金的组织构造

　　图 2-30 所示是 NiCrBSi 四元自熔合金组织的金相照片，图中灰白色衬底是固溶体也是合金母体相，分散的块状物与小黑点是硬质相，由于金相侵蚀剂的选择性问题，合金的熔相在图中未能显示出来。与 NiBSi 三元合金的熔相基本一样，也是由 Ni-Ni$_2$B 亚稳定低温共晶相与稳定的 Ni-Ni$_3$B 低温共晶相组成。由于 Ni、Cr 二元素相互能形成无限固溶体，NiCrBSi 四元合金的合金母体相是以 Ni-Cr 固溶体

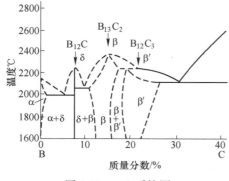

图 2-29　B-C 系统图

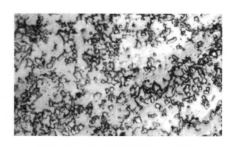

图 2-30　NiCrBSi 组织 （×200）

为基础，并溶进 Si、Fe 等元素，最终形成 Ni-（Cr，Si，Fe）多元置换固溶体，正由于多种元素的固溶强化作用，使合金母体相的显微硬度能够达到 HM 800kg/mm^2。B、C 二元素在固溶体中溶解很少，大多数与金属 Cr 反应生成硼化铬和碳化铬金属间化合物，分散在固溶体中，成为 NiCrBSi 四元合金的硬质相，如图 2-31 和图 2-32 所示。

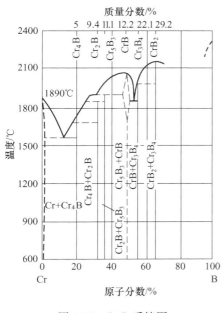

图 2-31 Cr-B 系统图

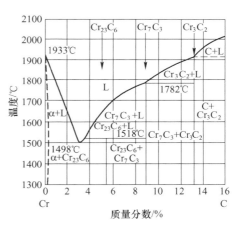

图 2-32 Cr-C 系统图

诸多硼化铬在合金中析出的主要是 CrB 和 CrB$_2$，在图 2-30 中显示为较大的块状相，测定其显微硬度高达 HM（1200～1300）kg/mm^2 和 HM（2100±80）kg/mm^2，诸多碳化铬在合金中析出的主要是 Cr$_7$C$_3$ 和 Cr$_{23}$C$_6$ 两种硬质化合物，在图 2-30 中显示为比较细小的质点，测定其显微硬度高达 HM 1336kg/mm^2 和 HM 1650kg/mm^2。除了这几种硬质相以外，当含 Si 量≥6.0%（原子分数）时发现有 Ni$_3$Si 和 Ni$_3$Si$_2$ 两种硅化物，当含 B 量为 10%（原子分数）时发现有 Ni$_6$Si$_2$B 的硼硅化物存在。归纳起来，可以把 NiCrBSi 四元自熔合金的主要相组成及其显微硬度值列入表 2-39。硬质相越多时合金的硬度会越高，耐磨性亦越好，但是合金的脆性也会越大，为保持合金的韧性应当规避脆性相硅化物的形成。在大多数 NiCrBSi 四元合金粉中 Cr 含量≤20%（原子分数），Si 含量≤6%（原子分数），B 含量≤8%（原子分数），必须非常小心地维持 Cr/B/Si 的合适比率。鉴于以上的相组成分析可知，NiCrBSi 四元自熔合金的组织构造，是在连续的合金母体中均匀分散着块状与点状的硬质化合物以及排片状低温共晶体的多相构造。

表 2-39　NiCrBSi 四元自熔合金的主要相组成及其显微硬度值

相　别	各相的主要组成	HM/kg · mm^{-2}
合金母体相	Ni-Cr（Si，Fe）	340~800
熔相	Ni-Ni$_2$B，Ni-Ni$_3$B	717
硬质相	CrB，Cr$_7$C$_3$，Cr$_{23}$C$_6$	1200~1650

用电子探针面扫描分析方法得到 NiCrBSi 四元自熔合金组织的元素分布照片，示于图 2-33，可以进一步说明这种构造。图中 SC 是分析部位的吸收电子像，与图 2-30 一样可以看到均匀分散的块状与点状物质。图中 Ni、Cr、C、Si、Fe 分别是这几个元素各自的 K_αX-射线图像，图像中的白色部位是元素含量较高处，浅白色部位是元素含量较低处，黑色部位则无。Ni、Cr、Si、Fe 是组成合金母体的主要元素，基本上全面积都有分布。C 显示为细小碳化物的点状分布。Cr 的分布体现着块状硼化铬的特征，由于元素 B 的原子序数太小，未能获得其 X-射线图像，但从另外的定点分析得知，高 Cr 的块状相中 B 也较多，而块状相以外 B 却很少。

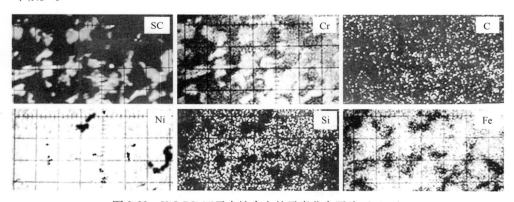

图 2-33　NiCrBSi 四元自熔合金的元素分布照片（400×）

2.3.2.3　CoCrBSi 系自熔合金的组织构造

CoCrBSi 自熔合金的组织构造也是在连续的合金母体中均匀分布着高硬度金属间化合物，如图 2-34 所示。与 NiCrBSi 自熔合金的组织构造相比，Co 基自熔合金的硬质相粒度更小，分布更均匀，使位错活动区减小，提高了合金的屈服强度，所以 Co 基自熔合金的耐疲劳磨损性能要比 Ni 基自熔合金更好。金属 Co 的熔点是 1495℃，在 Co-Si 二元系统中，二者之间的低温共熔温度可以降到 1300℃以下。在 Co-B 二元系统中，如图 2-35 所示，Co$_2$B 与 Co$_3$B 两种硼化钴的熔点都比较低，它们和 Co 之间的低温共熔温度更降低到 1100℃左右，这两种硼化钴都是 CoCrBSi 自熔合金的主要熔相。Co 基自熔合金的合金母体相是以 Co-Cr 为主的 γ 固溶体，并溶解有 W、Si 和 Fe 等其他合金元素。Co 基自熔合金的硬质相主要是图 2-36 中显示的碳化钨高硬度金属间化合物，出现较多的是 WC，其显微硬度值高达 HM 1735kg/mm^2，其他还有硼化铬与碳化铬，显示较多的是 Cr_7C_3 与 $Cr_{23}C_6$。含有如此之多的碳化物使 CoCrBSi 自熔合金的红硬性十分出色。

图 2-34 CoCrBSi 组织（×300）

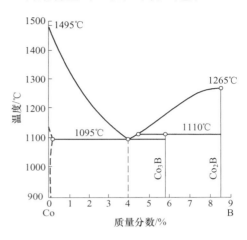

图 2-35 Co-B 系统图

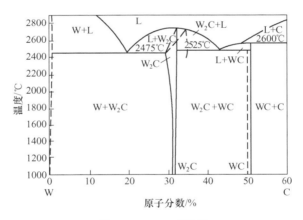

图 2-36 W-C 系统图

2.3.2.4 FeCrBSi 系自熔合金的组织构造

Fe 的熔点是 1528℃，在 Fe-Si 二元系统中，两者之间的低温共熔温度可以降到 1200℃左右。在 Fe-B 二元系统中，如图 2-37 所示，硼铁化合物与铁之间的低温共熔温度可以降到 1200℃以下，这些 Si、B 与 Fe 之间的化合物应是 Fe 基自熔合金的熔相。其合金母体相是 γ-Fe 基固溶体，并溶入 Ni、Cr 等合金元素。FeCrBSi 自熔合金的硬质相很多，在不锈钢型自熔合金中析出有 CrB、$Cr_{23}C_6$ 和少量的 Ni_2B、Cr_7C_3 等，在含有 W 的自熔合金中，还会有细小的 WC 颗粒析出。在高铬铸铁型自熔合金中析出较多的是 $Cr_{23}C_6$ 和少量的 CrB、Cr_7C_3 等，除了以上列出的碳化物与硼化物之外，还可能有硼碳化物出现。在一种化学组成为（0.45～5C，6～6.6Ni，45～50Cr，1.8～2.3B，0.8～1.4Si，余 Fe）的高铬铸铁型自熔合金涂层的显微组织中，有许多大块状相（Cr，Fe）$_2$（C，B）都是硼碳化合物，针状相（Cr，Fe）（C，B）也是硼碳化合物，还有针状与小颗粒状具有两种形态的（Cr，Fe）$_7$C$_3$碳化物，如图 2-38 所示[34]。这种涂层具有丰富的各色高铬硬质化合物，不仅在室温而且在高温下都表现出较好的耐磨性能。

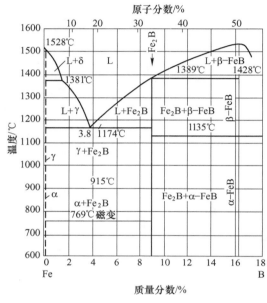

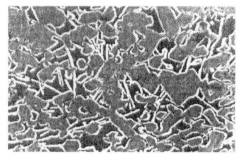

图 2-37　Fe-B 系统图　　　　　　　　　图 2-38　FeCrBSi 显微组织

2.3.2.5　CuNiBSi 系自熔合金的组织构造

铜合金的熔点本来就低，加入 B、Si 后继续降低熔化温度，起到熔相的作用，这并不重要，重要的是加入 B、Si 后带来自熔剂特性，并能加长 Cu 基自熔合金的熔程，这对熔结工艺是十分有利的。Cu 基自熔合金中一般都含有 Cu-Ni 固溶体作为这种自熔合金的合金母体相。Cu 基自熔合金的硬度不高，因为在合金成分中含 Cr、W 这些元素很少，甚至没有，所以基本上没有 CrB 与 WC 这些高硬度金属间化合物析出。但是在 Ni、Fe、B、Si 这些组元之间会形成一些中等硬度的金属间化合物，如 Ni$_5$Si$_2$和 Fe$_2$B 等，它们分散在 Cu-Ni 固溶体中成为合金的硬质相。

2.3.2.6　自熔合金的非晶态组织构造

各种自熔合金涂层的熔结温度大致在 900～1350℃之间，具体到某一个合金配方时熔化温度范围还要窄一些。温度太低时合金熔融体的黏度过高，浸润性差，在基体表面上流布不开。温度太高时合金熔融体的黏度过低，会发生熔流滴溜现象，形不成有效厚度的涂层。自熔合金熔融体中分成熔融的液态与不熔且又基本不溶的固体颗粒两部分，熔融液体与固态颗粒混合物的黏度取决于合金配方与熔化温度的高低。在冷凝时熔融合金的析晶状况必然要受到黏度高低与冷却速度快慢的影响，在黏度一定的前提下，冷却速度慢时合金熔液冷凝成合金晶体，速度越慢晶粒越粗大，速度越快晶粒越细小，当冷却速度极快时熔融合金有可能成为过冷液体，凝固成非晶态合金涂层。

这种非晶态凝固过程在自熔合金涂层中是存在的，例如把化学组成为 (7Cr, 2.8B, 4.5Si, 3Fe, 余 Ni)[35] 的 NiCrBSi 自熔合金涂覆在钢板基体上，先以 947℃ 进行初步真空熔结，涂层厚度 ≤200μm，然后分别用火炬、电子束与激光三种高能束进行扫描重熔，由于各种能束的能量密度不同，加热与冷却的速度不同，最终得到涂层的组织构造也不同。图 2-39 是经三种能束扫描重熔后，对涂层表面硬度的测定结果，硬度值不同反映出涂层

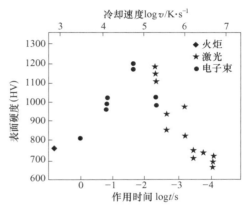

图 2-39　作用时间与硬度的关系

的组织构造有区别。图中 t 是从扫描开始至涂层熔化所需的时间，v 是涂层的冷却速度，这些都与能量密度及扫描速度有关。图中显示出涂层硬度是 $\log t$ 的函数，随着 t 值减小涂层硬度由低到高，当硬度达到最高值后却又随着 t 值减小而降低。火炬的能量密度最小，所需扫描时间最长，冷却相当缓慢，重熔后涂层组织晶粒粗大，硬度较低只有 HV 770 左右。由此往后随着扫描时间的缩短细晶粒组分越来越多，涂层硬度也就越来越高，当 t 值约为 20 ms 时电子束或激光重熔涂层的硬度均达到最高值。再继续减小 t 值时涂层中开始出现非晶态组织，硬度随之降低，当 t 减到最小值时，涂层转变为完全的非晶态组织，涂层硬度也降到比任何晶态组织都小。涂层组织从晶态向非晶态的转变可以从 X-光衍射分析得到证实，以冷却速度为 $1×10^4 K/s$ 的电子束重熔涂层的 X-光衍射斑点十分明亮，这表明涂层组织是相当粗大的晶体结构。依次以冷却速度为 $2×10^6 K/s$、$4×10^6$ K/s 和 $8×10^6 K/s$ 的激光重熔涂层的衍射斑点一个比一个更暗直至全暗到没有一点亮斑，这证明了随着冷却速度的加快涂层组织中非晶态组分越来越多，直至最后全部成为非晶态组织。为了确保百分之百的非晶态组织，用激光扫描的冷却速度需达到 $1×10^7 K/s$ 才行。非晶态自熔合金涂层的突出优点是耐腐蚀性有很大提高。

2.3.2.7　基体材质对自熔合金涂层组织构造的影响

钢铁基体对 NiCrBSi 熔结涂层组织构造的影响可参看本书 1.5 节，基体主要元素 Fe 对涂层组织的影响与熔结温度的高低有关，当熔结温度偏高时大量的元素 Fe 从基体扩散进入涂层中，改变了靠基体一侧涂层的组织构造，原有的合金母体 Ni 基的 Ni-Cr 固溶体转变成了 Fe 基的 Fe-（Cr、Ni）固溶体，原有的块状 CrB 硬质相也转化成了硬度较低的（Cr、Fe）B 棒状组织。

用激光熔结方法把 NiCrBSi 自熔合金涂层熔结在铝合金基体表面，可以大大提高铝合金的表面硬度和耐磨性能。NiCrBSi 自熔合金粉，铝合金基材及熔结涂层这三者的化学组成列入表 2-40[36]。对比涂层与合金粉原材料的化学组成可以清楚看出原来没有的 Al 和 Cu 都从铝合金基体中扩散进入涂层，特别是 Al 扩散进了大于 20%（质量分数）之多，因为激光扫描熔结的特点是基体表面薄层与涂层一起熔化，造成在一瞬之间基体的主要元素就会以"液-液"扩散的方式迅速稀释涂层。稀释后 Cu 会溶入原来的 Ni-Cr 固溶体而成为新的 Ni-（Cr，Cu）固溶体。NiCrBSi 自熔合金原有的硬质相是 CrB，经物相分析激光熔结涂层的硬质相除 CrB 之外，还增加了 Al_2O_3 和 Al-Fe-Si 等 Al 的化合物。

表 2-40　铝合金、NiCrBSi 合金粉与熔结涂层的化学组成

材　料	化学组成/%								
	C	Cr	Si	B	Cu	Fe	Mg	Ni	Al
铝合金	—	—	11～13	—	0.5～1.5	—	0.8～1.5	0.5～1.5	余
NiCrBSi 合金粉	0.3～0.6	10～15	3～4.5	2～3		<17		余	
激光熔结涂层	—	8.02	4.32	—	1.31	10.26	—	53.41	20.43

以激光熔结 NiCrBSi 涂层到 Ti-6Al-4V 基体表面。涂层厚约 0.8mm，可以有效降低钛合金基体的摩擦系数，提高钛合金表面硬度，增强耐磨性能，这在航空航天部门是一项十分重要的表面工程。所用 NiCrBSi 自熔合金的化学组成是（1.0C，15～20Cr，3～5B，3～6Si，<5Fe，余 Ni）[23]，由于激光熔结方法的快速熔凝过程，使涂层组织的固溶度很大，造成对 X-光衍射分析结果的标定比较困难，经慎重比对确定涂层组织的合金母体仍是以 Ni-Cr 为主的固溶体，鉴定出涂层的硬质相除了原有的 CrB 和 Ni_3B 之外又增加了 TiB_2、TiC 和 Ti_3Al 等高硬度金属间化合物。钛合金基体的硬度只有 HV340 左右，而添加了含 Ti 化合物后，NiCrBSi 合金涂层的硬度达到了 HV950～1100，是钛合金基体硬度的 3 倍。

2.3.3　自熔合金熔结温度的测定

在高温显微镜中测定自熔合金的熔结温度，可以比较直观地看到温度由低到高时合金逐步熔融的过程。把适量有机黏结剂加入自熔合金粉调制成可塑泥料，

做成圆柱形小试样，烘干后的尺寸约为 ϕ4mm×6mm，把小试样立置于刚玉小垫片中央，放到高温显微镜中即可开始测试。举例4种自熔合金，见表2-41，作为测试熔结温度的4个样品，前3个是Ni基，第4个是Co基。图2-40所示是高温显微镜测试过程的实拍照片，图中OS是试样原形，随着温度逐步升高，试样中开始出现液相并越来越多，试样体积逐步收缩，先是棱角变圆，随着液相的增多表面张力起作用使合金熔融体成为球形，熔液浸润不了刚玉垫板，在重力作用下成为半球形，如果垫板不是刚玉而是钢板基体，则合金熔融体将充分浸润基体并铺展成厚度均匀的涂层。

表 2-41　测试熔结温度的 4 种合金样品

合金	化学组成/%								熔结温度 /℃
	C	Cr	B	Si	Fe	其　他	Co	Ni	
Ni-1	0.65~0.75	13~16	3.5~4.2	3.5~4.2	10	Mo: 0.5~4	—	余	1050~1260
Ni-2	0.75	25.3	2.2	3.25	<2	—	—	余	1110~1230
Ni-3	1.4	35~38	≤0.2	2~2.5	—	Al≤0.1	—	余	1380~1440
Co-1	0.7~1.4	26~32	0.5~1.2	0.7~2		W: 4~6	余	—	1210~1310

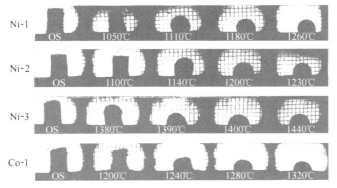

图 2-40　测定自熔合金熔程的实拍照片

2.3.3.1　熔结与烧结的区别

熔结与烧结的本质区别是高温时在物料中所出现液态物质的百分含量不同。以钨钴类硬质合金为例，高温下所出现液相的百分含量仅为3%~30%（质量分数），由于液相偏少，只够把每一颗固态粉粒黏结在一起，冷凝时每一颗粉粒仍停留在相对于原来所处的位置，所以烧结体的外形于烧结前后是完全一样的，所不同只是等比例缩小而已，由于没有足够液相把每一颗粉粒完全包裹起来，致使烧结体内部有一定的气孔率，为弥补这点不足，在烧结之前要增加一道压制工序，使粉粒间距尽量缩小，这都是粉末冶金工艺的基本要义。

熔结有所不同，熔结进程开始时在高温物料中至少要出现30%（质量分数）以上的液相，在试样棱角处由于局部温度偏高，出现的液相也偏多到能够把角部的每一颗粉粒都包裹起来，这时表面张力开始起作用，固体粉粒随着液相一起收缩移动，原来尖锐的棱角变成了光滑的圆角，这种熔结程度称之为"初步熔结"。继续提高温度，物料中出现更多液相，多到足以把全部固体粉粒都包裹起来时，全部物料在表面张力作用下在陶瓷垫板上收缩成为球形，在金属基体上则铺展成具有一定厚度的涂层，这种熔结程度称之为"充分熔结"。再提高温度，物料中出现过多液相时，熔融物料的黏度与表面张力减小，流动性增高，熔融物料在陶瓷垫板上成扁扁的圆弧形或者干脆从板面滚落下来，在金属基体上则漫流滴溜，这种熔结程度称之为"过度熔结"。综合上述三种熔结状况，可以把熔结程度区分为初熔、熔结与过熔三个档次。

2.3.3.2　熔结温度和熔程的测试与判定

这里要测的熔程是指达到"充分熔结"程度的温度范围，在熔结工艺中这是合金原料十分重要的工艺性能，比前面所述自熔合金固相线与液相线之间温度范围的熔程要短得多，为加以区别这里所测熔程可称之为熔结熔程。在图 2-40 的 Ni-2 照片中，1100℃的图形与试样原形一模一样，有棱有角，只是按比例缩小了一圈，可以判定 1100℃是 Ni-2 号合金的烧结温度，或是烧结温度的上限。1140℃时试样已熔成圆头而仍然挺立未塌，可以看作稍微偏高的初步熔结温度。1200℃和 1230℃时试样都熔成比较好的球形，都可看作比较合适的熔结温度。由此可以确定 Ni-2 号合金的熔结熔程在 80℃以上。

在 Ni-1 照片中，1050℃时试样已经熔成圆角，这是比较合适的初熔温度。从 1110～1260℃基本都处在比较合适的熔结温度范围。Ni-1 号合金的熔结熔程应在 150℃左右。

Ni-3 照片中 1380℃时初熔，合适的熔结温度在 1390～1440℃，但 1440℃时球形已经减半，温度若再提高时将有过熔的危险。Ni-3 号合金的熔结熔程较短，还不到 50℃。

Co-1 照片中 1200℃是比较偏低的初熔温度，合适的初熔温度估计在 1210℃。1240℃和 1280℃是比较合适的熔结温度。1320℃时试样熔融体已不足半球，已开始进入过熔温度范畴。Co-1 号合金的熔结熔程应为 70℃左右。

2.3.3.3　B、Si 含量对自熔合金降低熔化温度的影响

以 NiCrBSi 自熔合金为例，在 Si、C、Cr、Fe 等元素含量不变的情况下，当 B 含量从 1.0%提高到 3.0%（质量分数）时，合金熔点会下降 70℃左右，当 B 含量增加到 4.0%（质量分数）以后，合金熔点下降的趋势就不明显了，如图 2-41 所示。在 B、C、Cr、Fe 等元素含量不变的情况下，增加 Si 含量也会降低合金的熔化温度，如图 2-42 所示。这些示图只作参考，借此了解 B、Si 二元素降低合金熔点的幅度与范围，不宜作为精确测定数据使用，因为当 B、Si 以外组成元素的含量与此不同时，合金熔化温度降低的幅度也不会相同。

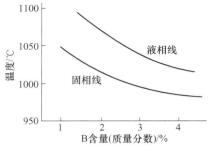

图 2-41　硼含量对合金熔点的影响

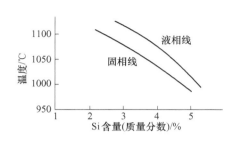

图 2-42　硅含量对合金熔点的影响

2.3.4　自熔合金的线膨胀系数

自熔合金作为一种涂层合金来使用时，与基体金属之间的线膨胀系数是否匹配，是十分重要的工艺设计问题。当涂层合金的线膨胀系数比基体金属的小时，涂层会受到挤压应力，若应力过大时将产生两种后果，即涂层剥落或是涂层向外歪曲变形。当涂层合金的线膨胀系数比基体金属的大时，涂层会受到张拉应力，若应力过大时涂层将发生开裂或向内歪曲变形。而且这些剥落、开裂或变形的倾向与涂层厚度成正比，涂层越厚越严重。图 2-43[37] 给出了八种自熔合金之线膨胀系数与温度的关系曲线，同时点出 Ni 与 Fe 的线膨胀系数作为参比。这八种自熔合金的化学组成列于

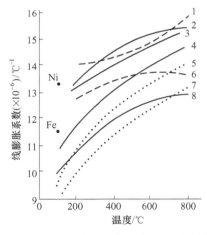

图 2-43　线膨胀系数与温度的关系曲线

表 2-42。当温度越高时线膨胀系数越大，基本上无一例外。

表 2-42　测定线膨胀系数的八种自熔合金

序号	化学组成/%								熔化温度 /℃
	C	Cr	B	Si	W	Fe	Ni	Co	
1	0.5	12	2.6	3.6	—	3.3	余	—	1050~1110
2	—	—	1.5	2.4	—	0.3	余	—	1030~1080
3	0.4	10	2.0	3.6	—	3.0	余	—	1080~1120
4	—	7.5	1.5	4.0	—	1.5	余	—	994~1150

序号	化学组成/%								熔化温度 /℃
	C	Cr	B	Si	W	Fe	Ni	Co	
5	1.0	19	1.5	2.5	8	—	13	余	1085~1150
6	0.6	15	3.0	4.2	—	3.7	余	—	965~1210
7	1.0	19	2.5	3.0	13	—	13	余	1069~1180
8	—	15	3.0	4.5	—	4.5	余	—	964~1003

大多数自熔合金的线膨胀系数都比 Fe 的要高，这就是在钢铁基体上熔结自熔合金涂层时，涂层容易开裂的主要原因。在钢铁基体上熔结 Co 基自熔合金涂层时，Co 基涂层的开裂倾向比 Ni 基涂层要小，因为 Co 基自熔合金含有较多的 W、Cr 元素，其线膨胀系数比 Ni 基自熔合金的要低，比较接近甚至小于 Fe 的线膨胀系数，涂层与基体之间线膨胀系数的匹配比较好，此外还由于 Co 基自熔合金的韧性普遍比 Ni 基自熔合金的好，吸收内应力的能力比较高。

2.3.5 自熔合金的硬度

在金属材料中自熔合金的硬度仅次于硬质合金和表面硬化合金，远比各种钢材要高，所以在表面工程中被广泛用作耐磨涂层。但自熔合金的表面硬度并不像钢材那样均匀一致，对于各种各样的磨损工况自熔合金的耐磨机制也十分复杂。由于自熔合金中微观各相的显微硬度各不相同，甚至相差甚远，在同一磨损条件下，各相的磨损速率也大不一样，所以很难千篇一律地用自熔合金的宏观表面硬度来推测其耐磨性能。总的来说自熔合金是耐磨性能较好的一种金属材料，但实际应用时要具体工况具体选择、具体设计，合金的硬度、合金母体相与硬质相之间的结合强度、硬质相的颗粒大小和体积分数等都要考虑。

2.3.5.1 非均质材料物理性能的加和性

自熔合金作为一种非均质的多相复合材料，其许多物理性能数据如密度、硬度与耐磨性等，都会符合或接近加和法则。即材料的宏观性能数据应是微观各相性能数据之和，并与微观各相的体积含量有关。用一简单的数学公式可表达为：

$$H = A_1 \cdot H_1 + \cdots + A_n \cdot H_n$$

式中，H 表示合金的某一物理性能数据；A_1 与 A_n 是合金中 1 相与 n 相所占的体积分数；H_1 与 H_n 是合金中 1 相与 n 相的性能数据。

运用这一公式计算的准确性与合金母体相对其他各分散相的有限溶解度有关，也就是在母体相与分散相的界面上必须有一定程度的互溶，形成一定程度的冶金结合，使多相结构的合金能成为具有一定结构强度的整体材料，而组成各相又仍能保留各自原有的化学成分与物性，这时运用加和计算方法最具准确性。若无限互溶时将形成完全共晶结构的均质材料，失去了加和的前提。若根本不互溶时，各相之间互不结合，一盘散沙，没有一点结构强度，不成其为整体材料，物理性能也无法加和。

在正常的熔结制度下自熔合金涂层体现出明显的加和性，当合金涂层中硬质相越多或硬质相的体积分数越大时，涂层的宏观硬度越高。这也就是自熔合金配方中 B、Si 含量越高时合金硬度越高的缘由。

2.3.5.2　B、Si、C 含量对自熔合金硬度的影响

B、Si、C 都能在自熔合金中形成硬质金属间化合物，都能提高合金硬度，提高耐磨性。在常用的 Ni 基自熔合金中最主要的强化元素是 B，B 含量的多少决定着合金硬度的高低，而 Si 与 C 的作用相对较弱。图 2-44[38] 具体说明了 B、Si、C 各元素含量对 Ni 基自熔合金宏观硬度的影响。左图表明当 B 含量较低时 Si 含量对合金硬度有比较明显的影响，而当 B 含量较高时 Si 的影响不再明显。中图表明 B 含量对合金硬度起到决定性作用。右图表明 C 含量对 Ni 基自熔合金硬度的影响甚微。Co 基自熔合金中的硬质相以碳化钨为主，C 元素对合金硬度的贡献要高于 B 与 Si。在不锈钢型或高铬铸铁型 Fe 基自熔合金中碳化物与硼化物是主要的硬质相，其次还有碳硼化物，含 Si 量对硬度的影响比较小。

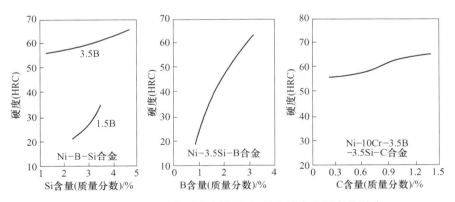

图 2-44　B、Si、C 各元素含量对 Ni 基自熔合金硬度的影响

2.3.5.3　自熔合金的高温硬度

自熔合金的高温硬度比一般的 Ni 基、Co 基高温合金的要更高一些。Fe 基自熔合金的常温硬度大致与铸铁相当，但在高温下铸铁硬度降得很快，大约过了450℃以后，铸铁的硬度就降得比 Fe 基自熔合金更低了。Ni 基与 Fe 基这两种自熔合金的高温硬度，随温度升高而降低的速度可分为比较明显的两个阶段，前一阶段降速比较平缓，待过了转变温度之后降速明显加快，Fe 基自熔合金的降速转变温度在 500℃左右，而 Ni 基自熔合金的要高一些，在 600℃左右。Co 基自熔合金没有明显的降速转变温度。为了对各种自熔合金的高温硬度能有一个对比性

认识，下面为每一种自熔合金都选出一个参照物：Ni 基自熔合金参照镀 Ni 层，Co 基自熔合金参照一种 Co 基高温合金，Fe 基自熔合金参照低合金冷硬铸铁。图 2-45 是 Ni 基自熔合金的高温硬度曲线，与电镀的 Ni 镀层作相对比较。各合金的化学组成列于表 2-43。No. 1 合金中 B、C 与 Si 三种元素含量都很高，存在大量的硼化物、碳化物以及硅化物硬质相，使合金的室温硬度高达 HV 849，当温度升高至 700℃时合金仍保持有 HV 350 的高温硬度。只有 No. 4 合金的室温硬度不如 Ni 镀层，但 Ni 基自熔合金的硬度随温度升高而降低的速度比较慢，升温至 400℃后合金的硬度统统超过了 Ni 镀层的硬度，升温至 700℃时 Ni 镀层的高温硬度只剩下 HV 30 左右，而合金的高温硬度都保持在 HV 170 以上。

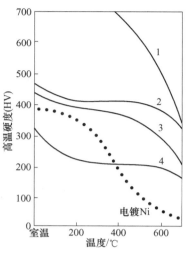

图 2-45　Ni 基自熔合金
的高温硬度曲线

表 2-43　测定高温硬度的四种 Ni 基自熔合金

序号	化学组成/ %							室温硬度（HRC）
	C	Cr	B	Si	Fe	其他	Ni	
1	0. 65~0. 75	13~16	3. 5~4. 2	3. 5~4. 2	10	Mo：0. 5~4	余	>65
2	0. 75	25. 3	2. 2	3. 25	<2	—	余	43~47
3	≤0. 15	9~11	1. 5~2. 2	2~3	≤5	—	余	40~45
4	1. 4	35~38	≤0. 2	2~2. 5	—	Al≤0. 1	余	34~35

图 2-46 是 Co 基自熔合金的高温硬度曲线，与 Metco 公司的 M-66 号 Co 基高温合金作相对比较。各合金的化学组成列于表 2-44。图 2-46 中，Co 基自熔合金在室温和加热至 400℃之前的较低温度下硬度与 Co 基高温合金相当；但在超过 400℃以后所有 Co 基自熔合金包括硬度最低的 No. 3 合金在内，随着温度继续升高硬度均缓慢下降，大致在高过 600℃时全部 Co 基自熔合金的高温硬度均超过了 M-66 号 Co 基高温合金，这充分体现出 Co 基自熔合金的高温优势，这种优势与 Co 基自熔合金中的硬质相除了碳化物之外还有许多

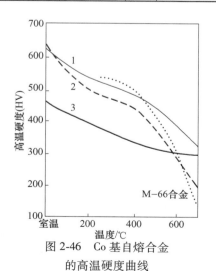

图 2-46　Co 基自熔合金
的高温硬度曲线

硼化物有关。M-66号合金是高Mo、Cr钴基合金，也能有相当好的高温硬度，但是所含金属间化合物硬质相不如Co基自熔合金多，所以在温度升高过程中硬度下降的速度相对较快。以No.1合金与No.2合金相比，二者成分相当，硬度也相当，唯一的区别是No.2合金含Fe而No.1合金没有。含Fe是造成No.2合金的初始硬度虽高，而在升温过程中硬度比No.1合金降得更快且降得更低的原因。

表2-44 测定高温硬度的三种Co基自熔合金

| 序号 | 化学组成/% | | | | | | | 室温硬度（HRC） |
	C	Cr	B	Si	W	其 他	Co	
1	0.75	25	3	2.75	10	Ni: 11	余	55~57
2	0.7~1.3	18~20	1.2~1.7	1~3	7~9	Ni: 11~15, Fe≤3	余	53~58
3	0.7~1.4	26~32	0.5~1.2	0.7~2	4~6	—	余	40~48

图2-47是Fe基自熔合金的高温硬度曲线，与低合金冷硬铸铁作相对比较。Fe基自熔合金硬度的特点是室温硬度普遍很高，相对比Ni基和Co基自熔合金都高，但是在升温过程中Fe基自熔合金硬度的降低速度最快，待过了500℃以后降得更快，硬度降低的幅度也最大。到了700℃时Fe基自熔合金的高温硬度比Ni基和Co基自熔合金都低，只是比低合金冷硬铸铁略高一些。No.1 Fe基自熔合金高温硬度曲线的线型与其他合金不同，在升温过程中高温硬度降低的速度先快后慢，原因是合金组成中高Cr、高C，见表2-45。No.1合金的室温硬度高达HV 874，升温至700℃时仍保持有HV 301的高温硬度，这在Fe基自熔合金中是不多见的，合金硬度虽高

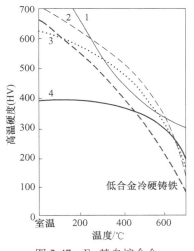

图2-47 Fe基自熔合金的高温硬度曲线

但是很脆，只能在低应力磨粒磨损工况下采用。No.4合金是典型的不锈钢型Fe基自熔合金，其有效的高温硬度大致可保持到500℃，过了500℃以后硬度就急转直下降得很快了。

表2-45 测定高温硬度的四种Fe基自熔合金

| 序号 | 化学组成/% | | | | | | 室温硬度（HRC） |
	C	Cr	B	Si	Ni	Fe	
1	4.5~5	45~50	1.8~2.3	0.8~1.4	—	余	≤68

序号	化学组成/%						室温硬度
	C	Cr	B	Si	Ni	Fe	(HRC)
2	1~1.2	15~18	3.5~4.5	4~4.5	6~9	余	≤60.6
3	0.75~0.85	15~18	2.8~3.5	3~4	6~9	余	51~56.5
4	0.6~0.7	15~18	1.8~2.5	3~3.5	21~25	余	36~41.5

2.3.6　自熔合金的耐磨性

自熔合金的多相组织构造与硬度不均匀性决定了自熔合金的耐磨特征。摩擦副的表面磨损机制，归纳起来最基本的机制只有四种，即磨料磨损、黏着磨损、腐蚀磨损和疲劳磨损。在这四种基本磨损类型中，自熔合金对于钢铁材料的前三种磨损类型具有较好的耐磨性能，而对于第四种仅具有一定的耐磨能力。

2.3.6.1　耐磨料磨损性能

在各种磨损类型中，从磨损发生的概率来看，磨料磨损要占到50%以上。磨料磨损的基本概念是在相对摩擦过程中由于硬质颗粒或硬质突出物使摩擦副表面发生材料移损而造成的一种磨损类型。所谓硬质颗粒或硬质突出物就是磨料，显然摩擦副的材料硬度 HM 与磨料硬度 HA 之比是十分重要的定性参数，一般认为当 HM/HA<0.8 时属于硬磨料磨损范畴，而 HM/HA>0.8 时属于软磨料磨损范畴。在硬磨料磨损范畴内随着被磨材料硬度的提高，材料耐磨性亦缓缓提高。当被磨材料的硬度提高到接近磨料硬度时，随着被磨材料硬度的继续提高材料耐磨性变化不大。而当处在软磨料磨损范畴时，随着被磨材料硬度的提高材料的耐磨性会急剧上升。图 2-48 是 65Mn 钢在一定条件下耐磨料磨损性能随表面硬度增加而提高的关系曲线。图 2-49 表明在同一磨料磨损条件下表面硬度越高的材料其耐磨性能也越高。在冶金、矿山、建材与农业等部门常用机械所遇到的磨料中，选择把几种有代表性的磨料的维氏硬度列于表 2-46。现将这些磨料的硬度与自熔合金中各相的硬度作对照，自熔合金中硼化物与碳化物等硬质相的硬度与刚玉及石英相当，超过了大多数其他磨料的硬度，而自熔合金中经过强化的合金母体相和熔相的硬度也在自斜长石之后半数磨料的硬度之上。由此可知，在一般钢铁部件的被磨损部位，适当地制作一层自熔合金表面涂层，就完全有可能把原来的硬磨料磨损转化成软磨料磨损，从而大大提高耐磨寿命。

表 2-47 列举了几种真空熔结自熔合金涂层及其优于堆焊或热处理材质的耐磨性。所用涂层合金原材料是化学组成为（4.5~5C，45~50Cr，1.8~2.3B，0.8~1.4Si，余 Fe），硬度为 HRC 63~68 的 Fe 基自熔合金和化学组成为（0.5~1.0C，16~20Cr，3~5B，3.5~5.5Si，<15Fe，余 Ni），硬度为 HRC 62~66 的 Ni 基自熔

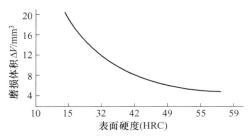

图 2-48 耐磨料磨损性能与表面硬度关系

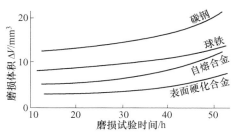

图 2-49 不同硬度材料的耐磨性

合金两种。这几个涂层耐磨件的实物照片示于图 2-50，图中两种冲击柱的涂层厚度是 1.5~2.0mm。两种挤压螺杆的圆柱面、螺旋叶的前进面与外侧面上都有涂层，涂层厚度 0.8~1.0mm。原油喷嘴的涂层部位在喷孔内表面，涂层厚度是 2.5~3.0mm。

表 2-46　几种典型磨料的维氏硬度 （HV）　　　　　　（kg/mm²）

磨料	刚玉	方石英	金红石	石灰石	重晶石	斜长石	铁矿石	萤石	白云石	高岭土
HV	约 2000	约 1445	约 1278	约 1000	730	约 535	约 435	180	约 163	约 80

表 2-47　钢铁耐磨件上真空熔结自熔合金涂层与堆焊层或热处理表面的耐磨性对比

机械名称	耐磨件名称	磨料	耐磨件材质与硬度	使用寿命
M-8 型超细粉碎机	冲击柱	含泥沙的谷物	经热处理的 65Mn 钢，HRC≤20	<2900t
			45 号钢加 Fe 基熔结涂层，HRC 66	>8000t
90-型多孔墙板成型机	挤压螺杆	45 号中碳钢	经热处理，HRC 45	<1500m
			加 Ni 基熔结涂层，HRC 66	>8000m
裂化塔的原油喷嘴	喷嘴	带泥沙的原油	2520 耐热钢	堆焊司太立，HRC 42[①]	一年左右
			加 Ni 基熔结涂层，HRC 58.6[①]	三年以上

①600℃时的高温硬度。

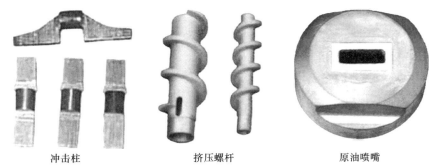

　　　冲击柱　　　　　　　　挤压螺杆　　　　　　　原油喷嘴

图 2-50 真空熔结自熔合金涂层耐磨件

除硬度之外自熔合金涂层中硬质相的颗粒尺寸对于耐磨料磨损性能也有影响，当硬质相的颗粒尺寸小于磨料颗粒的压入深度时，硬质相抵抗不了磨料的犁削，而只能对合金的宏观硬度起作用，并由 HM/HA 比值来决定涂层的耐磨性。若硬质相的颗粒尺寸大于磨料颗粒的压入深度时，硬质颗粒能够抵抗犁削，而且尺寸越大耐磨性越高。用 Ni 基自熔合金作试验，其化学成分是（0.6C，13.5Cr，3B，4.3Si，4.7Fe，余 Ni），硬度为 HRC 55~61，在几个不同的雾化温度下进行制粉，这样就可以得到硬质相颗粒尺寸各不相同的几种雾化合金粉。把每一种合金粉熔结在钢棒外表面制成 $\phi12mm \times 75mm$ 的耐磨试棒，熔结涂层的厚度是 1.0mm，然后在相同条件下以 SiC 砂轮进行磨削，得到的试验结果列于表 2-48。

表 2-48　涂层合金中硬质相的颗粒尺寸对涂层耐磨料磨损性能的影响

硬质相的颗粒尺寸 /μm	磨损量/mm	相对耐磨性
5~10	>1.0	<1.0
8~20	0.5	2.0
9~25	0.375	2.66

所列数据表明，硬质颗粒尺寸越大时，涂层的磨损量越小，相对耐磨性越高。

2.3.6.2　耐黏着磨损性能

在摩擦力的作用下，摩擦副的表面极易发生塑性变形，导致表面的吸附膜与氧化皮破裂，裸露出新鲜洁净的摩擦副新表面，此时在摩擦副双方新表面的接触距离小于 1nm 的局部区域或接触点上，将发生由原子短程力（如金属键、离子键或共价键等）所引起的键合作用。键合作用的宏观后果就是摩擦副接触面的局部焊合，如果外力能够克服焊合区的结合力，则焊合脱开或发生焊合撕裂，摩擦运动继续进行。焊合撕裂总是发生在材料强度较差的一方而黏着在强度较高的一方，在继续的摩擦运动中黏着物脱落成为磨屑，这就发生了黏着磨损。

一对摩擦副是否会发生黏着磨损的主要影响因素有两个，内在因素是界面键合作用大小，外在因素是摩擦副新表面双方接触距离的大小。键合作用是从界面元素互扩散开始的，影响扩散的因素有很多：在周期表中的相对位置、原子半径、电子浓度、界面元素的浓度差和扩散温度等。以周期表中相互靠近的元素特别是同一族元素组成的摩擦副最容易在接触界面发生扩散互溶，形成包含有摩擦副双方原子的置换固溶体，这种微观的键合作用最终发展成宏观的焊合后果，导致了黏着磨损。另外摩擦温度越高时扩散互溶越迅速，发生的黏着磨损也就越严重。至于接触距离的大小首先与摩擦压力有关，其次也要看吸附膜如液体或固体润滑膜的抗压能力和续供能力，以及表面氧化膜的自愈合能力等表面膜的具体性能而定。

根据摩擦副接触界面键合作用的原理，显然"铜—钢"匹配比"钢—钢"

匹配产生黏着磨损的倾向要小得多。工业上的转轴用钢制造而轴承用铜，柱塞泵的柱塞用钢而配油盘用铜都不会发生黏着磨损；但用钢质顶头穿轧无缝钢管时却常常发生黏钢，发生黏着磨损。如果改用钼合金顶头穿管时则从不发生黏钢，因为 Fe 对 Fe 的互溶度是 100%，而 Fe 和 Mo 的互溶度只有 34%。图 2-51 是 Mo 合金顶头的实物照片。纯 Mo 的高温强度不够，一般要用 Mo-C-Ti-Zr 系 Mo 合金来制作顶头，具体化学组成是（0.03～0.3C，0.5～1.27Ti，0.08～0.29Zr，余 Mo）。铸态和粉冶 Mo 合金顶头在"76-机组"上穿轧 1Cr18Ni9Ti 无缝不锈钢管的穿孔寿命能够达到 200～460 支以上，而使用钢质顶头时不足 40 支。

图 2-51　Mo 合金顶头

　　根据接触距离原则，只要摩擦副新表面的接触距离保持在 1nm 以上，哪怕"钢—钢"匹配也能避免黏着磨损。通常采用的润滑膜就能起到这个作用，室温下常用润滑油，高温下可采用固体润滑剂或黏稠的玻璃熔融体。此外纤薄、致密而富有自愈合能力的固体氧化皮也能起到增大接触距离的作用，阻止彼此元素扩散互溶，有效防止黏着磨损。

　　从周期表中的相对位置来看，四种自熔合金中只有 Cu 基自熔合金与 Fe 元素相距最远，符合防止黏着磨损的选材要求。而其他 Fe 基、Co 基与 Ni 基三种自熔合金在周期表上的位置与 Fe 元素相近，想用这三种合金涂层来解决钢铁工件的黏着磨损问题似乎不太可能。但实际上除了 Fe 基之外，Co 基与 Ni 基两种自熔合金涂层在高温氧化气氛中都具有很好的抗黏着磨损性能。由于它们是以二价的 Co 或 Ni 为基，又含有足够的三价合金元素 Cr，因此在涂层表面都能生成纤薄、致密而且又有自愈合能力的尖晶石保护膜。以这种 Co 基或 Ni 基自熔合金涂层来保护钢质顶头时，钢质顶头照样可以穿轧无缝钢管，而且不易发生黏钢。顶头外表的涂层无需多厚，有 0.1～0.3 mm 即已足够。在大气中，尤其在高温下涂层表面能自动生成薄薄的尖晶石保护膜，Ni 基自熔合金涂层上尖晶石保护膜的化学式是 $NiO \cdot Cr_2O_3$，而 Co 基自熔合金涂层上尖晶石保护膜的化学式是 $CoO \cdot Cr_2O_3$。这种由二价氧化物与三价氧化物复合而成的尖晶石结构可以看作氧离子形成的立方最紧密堆积，任何摩擦副的金属元素都很难透过这样致密的保护膜进行原子互扩散，也不可能发生黏着磨损。而且这种尖晶石薄膜稳定牢固，其生成自由能极低，一旦破裂即刻自愈，在氧化成膜时，结构越致密则膜层就越薄越牢固。其熔化温度在 2100℃以上，遇 1200℃的穿轧温度，可以有效保护顶头抗高温、抗氧化、不黏钢、还能降低摩擦系数并减小摩擦应力，可从多方面延长钢质顶头的穿管寿命。

2.3.6.3　耐腐蚀磨损性能

　　在腐蚀介质（包括各种氧化与腐蚀环境）中所发生的磨损过程，往往是十分严重的腐蚀磨损。腐蚀磨损是腐蚀作用促进或加剧了磨损，摩擦副损耗的主因还是磨损。如果摩擦副损耗的主因是腐蚀，磨损只是起到了促进或加剧腐蚀进程的作用，则应看作摩擦腐蚀或磨损腐蚀。腐蚀磨损的破坏后果远高于单独的腐蚀或单独的磨损程度，也不等于腐蚀与磨损二者单独作用的加和，腐蚀与磨损的交互影响会使总的磨损程度呈现数量级翻番。

腐蚀对磨损的促进作用基本有两种类型。第一种是腐蚀（或氧化）作用使摩擦副表面生成疏松、脆弱的腐蚀产物或氧化皮，在随后的摩擦过程中极易破碎去除，甚至在低应力、软磨料磨损工况下也容易去除，导致磨损量剧增。第二种是虽不形成腐蚀产物，但腐蚀使摩擦副表面的组织结构破坏，如晶间腐蚀使钢铁表层失去强度，在摩擦应力作用下发生局部脱落或表面开裂，形成快速磨损。磨损对腐蚀的促进作用也有多种途径。很多耐蚀金属都是依靠表面有一层致密稳定的氧化膜，有效阻止了腐蚀介质与膜下金属直接接触，阻止了腐蚀反应继续进行，原来反应活泼的金属表面似乎变得反应迟钝，从腐蚀观念而论，这就是钝化膜。无论何种磨损，一旦损伤了钝化膜，裸露出摩擦副新表面时，被磨金属立即与腐蚀介质发生化学或电化学腐蚀反应，阳极溶解将急剧提速。如果损伤的钝化膜具有很好的自愈合能力，则腐蚀反应很难发展，甚至近乎停顿下来，这时腐蚀作用十分轻微，腐蚀磨损机制将转化成单独磨损机制，富 Cr 的 Ni 基与 Co 基自熔合金涂层都会有这种上乘表现，因为它们的尖晶石表面保护膜具备优异的自愈合能力；与之相比 316 不锈钢则大为逊色，其钝化膜一旦破裂，很难自愈，腐蚀剧增。

另外磨损过程的机械搅动对腐蚀与氧化也有促进作用，搅动使整体腐蚀溶液的成分及浓度保持均匀，消除了摩擦副材料表面的浓差极化现象，腐蚀即加速进行。搅动也强化了大气中氧进入溶液的通道，特别是磨料在摩擦副金属表面把滞流层搅动成湍流层时，氧的渗入再无阻碍，对金属的氧化就必然加速。细研腐蚀与磨损的交互作用，关键在于摩擦副金属本身的耐蚀耐磨性能和金属表面氧化膜的稳定性与自愈合能力。Ni 基与 Co 基自熔合金的这两种性能都比较好，而且远远优于各种耐蚀不锈钢材。图 2-52 是涂层球阀的实物照片，球阀种类甚多，图上是一种分体球阀的阀体与阀球，阀球也称球形关闭件，在阀体内表面与阀球外表面均熔结了一层 1.0~1.5mm 厚的 Ni 基自熔合金涂层。球阀在石化、冶金、矿山、电力与环保等部门的流体循环系统中广泛应用。球阀工况苛刻，不仅要经受高温、高压、腐蚀、磨损，有时还要考虑冲击与震动载荷。

在多数腐蚀性的循环流体中都含有固体沙粒，是一种相当典型的腐蚀冲刷磨损条件。塑料可耐腐蚀，但不耐磨损、不耐高温。耐酸性腐蚀有专用的不锈钢，但耐磨性欠佳。用工业陶瓷耐腐蚀、耐磨损与耐高温都很好，但冲击与震动不行，可靠性不足。在合金钢或不锈钢阀件表面堆焊或喷焊一层司太立合金涂层可以得到全面改进，但最佳的选择还是采用耐腐蚀磨损档次更高的真空熔结 Ni 基自熔合金涂层（0.8C，16Cr，3.5B，4.5Si，≤15Fe，余 Ni），见表 2-49，表中不加任何保护涂层的不锈钢球阀只用一个月左右就报废了。在阀件表面堆焊 Stellite No.6 合金涂层时耐腐蚀尚可，而耐冲蚀磨损较差。熔结 Ni 基自熔合金涂层兼有耐腐蚀耐磨性能，使用寿命最长。

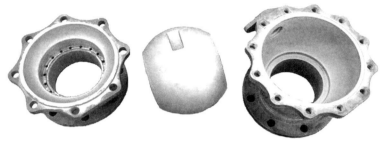

图 2-52   真空熔结涂层球阀

表 2-49   涂层球阀与不锈钢球阀耐腐蚀磨损使用寿命对比

球阀材质	整体不锈钢	堆焊 Stellite No.6 合金涂层	真空熔结 Ni 基自熔合金涂层
使用寿命/月	约 1.0	<3.0	>9.0

图 2-53 是内燃机排气阀在其密封面上遭受腐蚀疲劳磨损的实物照片，圈内照片比实物放大 3 倍。排气阀长期处在 600~850℃ 高温燃气腐蚀和落座冲击应力与冷热疲劳应力的联合破坏作用下工作。排气阀的损坏形式是在密封面，即阀面中心较窄的所谓"凡尔线"部位，就是图中阀面的白亮带上，产生出许多"麻坑"，造成气缸漏气而失效。"麻坑"

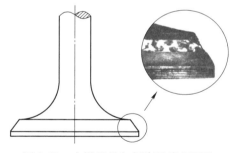

图 2-53   内燃机排气阀腐蚀磨损照片

形貌呈现典型的疲劳剥落特征，这是气阀遭受疲劳磨损的铁证，但剥落"麻坑"是产生于气阀钢本身还是产生于表面膜，有待进一步分析。据测算，常用的 135 型柴油机排气阀的落座冲击应力只有 84N/mm^2 左右，而气阀钢 4Cr10Si2Mo 在 600℃ 高温下的屈服强度为 $\sigma_{0.2}$ = 375N/mm^2，远远高于气阀落座冲击再加上冷热疲劳的应力水平，不可能造成气阀钢本身的疲劳破坏，因而阀面"麻坑"只可能是气阀钢表面腐蚀保护膜的疲劳剥落，这一分析由下面所作的腐蚀疲劳试验来证实。模拟内燃机燃气工况和燃烧产物，作燃气腐蚀疲劳筛选试验。腐蚀介质是（90% Na$_2$SO$_4$+10%NaCl）饱和盐水溶液，冷热疲劳温度是排气阀的工作温度 200~850℃，试验周期以加热 3min 冷却 2min 为一次循环，连续作 1000 次循环后去掉腐蚀产物，测定侵蚀深度。试样尺寸为 $\phi 20mm \times 3mm$，试样选材是气阀钢 4Cr10Si2Mo 和 Ni 基自熔合金涂层（$0.65 \sim 0.75C$，$24 \sim 26Cr$，$2.2 \sim 2.8B$，$3 \sim 4Si$，$\leqslant 2Fe$，余 Ni）。1000 次腐蚀疲劳循环后的试验结果列于表 2-50。自熔合金涂层试样表面是一层十分致密稳定的保护膜，几乎一点不受侵蚀。而气阀钢试样表面脆弱疏松的腐蚀产物经不起疲劳应力的破坏，层层脱落，毫无保护作用。

表 2-50　1000 次腐蚀疲劳试验结果

试　　样	腐蚀疲劳侵蚀深度/mm
气阀钢 4Cr10Si2Mo	约 0.66
Ni 基自熔合金涂层	约 0.0

据此试验，在气阀密封面开槽，以真空熔结方法，填入 0.8mm 厚的 Ni 基自熔合金涂层。以这种涂层气阀与无涂层的 4Cr10Si2Mo 气阀，在同一台 6-135 型内燃机上作使用考核对比试验。结果 4Cr10Si2Mo 气阀只使用了 1020h，即遭到严重的腐蚀疲劳磨损，密封面上密布"麻坑"，漏气失效。而涂层气阀使用了 6029h，拆检看到阀面光亮如初，无一"麻坑"，完全可以继续使用。

2.3.6.4　耐疲劳磨损性能

一对金属摩擦副相互进行滚动、滑动或碰撞等间歇性接触，当接触区产生的循环应力超过了金属表面氧化保护膜的疲劳强度，或是直接超过了金属表面的疲劳强度时，将在表面诱发裂纹，并沿着表面逐步扩展，最终破碎的氧化膜或表面金属一点一点地脱落下来成为磨屑，这种因循环应力造成的磨损叫做疲劳磨损。如果循环应力不足以破坏金属表面而只够破坏氧化膜时，势必要继续消耗膜下的表面金属而形成新的氧化膜，并再次遭受循环应力破坏，最终的金属表面还是发生了疲劳磨损，或者更准确些叫做氧化疲劳磨损。由间歇性接触所产生的循环应力还常常与急冷急热或热胀冷缩等因素所引发的其他疲劳应力相叠加。在接触循环应力与表面摩擦力的共同作用下，使疲劳磨损的裂纹源可能萌生于金属表面，也可能从金属亚表层产生，裂纹扩展的方向在此共同应力场的作用下是平行于表面，或是与表面成一较小的 $10° \sim 30°$ 的夹角。金属整体疲劳断裂的情况与之有所区别，因为只有循环应力的单一作用，没有表面摩擦力的配合，裂纹源只会萌生于金属表面而不可能在亚表层，裂纹的扩展也不会与表面平行，而是沿着与外作用力大约成 $45°$ 角的方向扩展。

疲劳磨损的形貌特征是有一定深度的表面剥落坑，如图 2-54 所示。左图是耐热钢表面上的腐蚀保护膜，在冲击疲劳应力作用下，层层开裂脱落，所形成剥落坑的正面视图。在疲劳应力不大的情况下，不足以破坏金属本体，而只是造成了表面上腐蚀保护膜的疲劳剥落。右图是一种 Co 基自熔合金涂层，在巨大接触疲劳应力作用下，表面剥落坑的侧面剖视图。在循环应力与摩擦力的共同作用下，金属表面产生塑性变形，待塑性变形发展累积到一定程度时，塑性耗竭并在金属表面或亚表层的薄弱处萌生裂纹，裂纹平行于表面或与表面成一小角度，当裂纹扩展到一定深度后，多条裂纹相遇，必然有次生裂纹折向表面，此时四周为裂纹所包围的磨屑，在接触循环应力的反复作用下，从基底金属上折断脱落下来，显现出疲劳剥落坑。

腐蚀保护膜的剥落坑　　　　　　　合金层表面剥落坑

图 2-54　疲劳应力剥落坑形貌特征

1973 年和 1977 年印度工业大学的 V. C. Venkatesh 和 S. Ramanathan 教授认为，点蚀剥落应发生在接触表面以下的最大剪切应力处。在各种不同的疲劳接触方式下，摩擦副表面和亚表层所发生的剪切应力分布状况示于图 2-55。由单纯滑动疲劳接触所产生的最大剪切应力在摩擦副的外表面，应力沿纵深方向递减。由滚动或滑动滑疲劳接触所产生的最大剪切应力在亚表层，应力向表面和向纵深两个方向递减。是否发生疲劳磨损，不仅与外加疲劳应力有关，也与材料的塑性变形抗力和断裂强度有关，并与材料的组织构造、表面平整度与光洁度以及表面润滑状态等因素有关。疲劳裂纹的萌生位置应与最大剪切应力对材料强度之比或是该比值的振幅达到最大值的位置相一致，在一定范围内材料的强度正比于材料硬度，所以最大交变剪切应力（发生于亚表层 Y 轴与 Z 轴象限）与材料硬度的比值 τ_{yz}/HV 是点蚀剥落的参控因素。疲劳寿命，也就是开始发生点蚀剥落的接触循环次数，与材料硬度之间的相互关系，与图 2-56 所示的"驼峰"型曲线相一致。曲线上升段表明，材料硬度越高时，塑性变形抗力越高，在疲劳应力作用下发生塑性变形的可能性小，萌生疲劳裂纹的几率也小，疲劳寿命就高。曲线下降段表明，材料硬度过高时，材料的断裂强度较小，不大的剪切应力就能造成点蚀剥落，降低了疲劳寿命。为抗疲劳磨损选材时，硬度适中，才能有最好的疲劳磨损寿命。

不同组织构造对材料疲劳磨损寿命的影响也是明显的。一般认为钢材中残

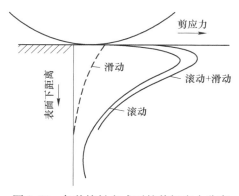

图 2-55　各种接触方式下的剪切应力分布

存的奥氏体较多时，对于抗接触疲劳磨损有好处，奥氏体多时硬度较低，接触面积较大，接触循环应力较小，萌生疲劳裂纹的几率也就较小。再有，如果在接触循环应力与表面摩擦力的共同作用下发生塑性变形时，会诱发奥氏体向马氏体的转变，提高了钢材的硬度与强度，这种形变强化作用也能有效阻止裂纹的萌生与扩展。若把均质材料与非均质材料相比时，均质材料的抗疲劳磨损性

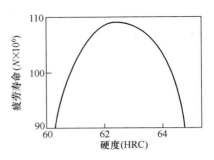

图 2-56　疲劳寿命与硬度的关系

能比非均质材料要高，因为均质材料的显微组织均匀，强化相颗粒细小弥散，位错活区小，材料的屈服强度较高，对接触循环应力的承受能力也就较高。

　　抗疲劳磨损不是自熔合金的强项，因为自熔合金是多相组合的非均质材料，在合金母体与硬质颗粒的结合界面处，是萌生裂纹的薄弱环节。Cu 基自熔合金太软，疲劳磨损工况很少选用。Fe 基、Ni 基与 Co 基自熔合金在有限的疲劳应力下，尚有一定的疲劳寿命，表 2-51 给出了某些实际使用和疲劳试验的考核结果。Fe 基自熔合金在高接触循环应力下根本不能使用，在很低应力下可有上百万次的疲劳寿命，在极低循环应力下才能有上千万次的疲劳寿命。Ni 基与 Co 基自熔合金都可以在较高的接触循环应力下工作，但 Ni 基自熔合金只能循环数十万次，而 Co 基自熔合金能够循环上百万至上千万周次，并能与渗碳钢的抗接触疲劳性能相

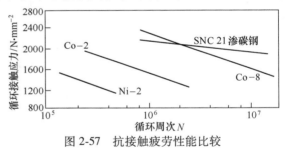

图 2-57　抗接触疲劳性能比较

媲美，如图 2-57 所示，图中 Co-8 号合金的化学组成见表 2-36。

表 2-51　Fe 基、Ni 基与 Co 基自熔合金的疲劳考核数据

合金	化学组成/%	应力/N·mm⁻²	循环周次
Fe-1	0.75C, 17.5Cr, 3B, 4Si, 15Ni, 余 Fe	18~22	1.35×10^7
Fe-2	0.6C, 6Cr, 1.5B, 3.25Si, 31Ni, 2.5Mo, 余 Fe	183	2×10^6
Ni-1	0.45C, 11Cr, 2.3B, 3.9Si, 2.5Fe, 余 Ni	18~22	1.6×10^7
Ni-2	0.9C, 25Cr, 3.9B, 4.1Si, 余 Ni	1475	2.03×10^5
Co-1	0.4C, 19Cr, 2.6B, 4.2Si, 27Ni, 6Mo, ≤15Fe, 余 Co	1500	1.33×10^7
		2000	1.45×10^6
Co-2	0.75C, 25Cr, 3B, 2.75Si, 1Fe, 11Ni, 10W, 余 Co	1500	9.4×10^5

在 Fe 基与 Ni 基自熔合金中的硼化物与碳化物等硬质相的颗粒尺寸偏大，分布也不够均匀，在交变剪切应力作用下，比较容易萌生裂纹。而 Co 基自熔合金的显微组织比较均匀，硬质颗粒也比较弥散细小，位错活动区减小，材料的屈服强度增高，因而能够承受较高的交变剪切应力。Co 基自熔合金疲劳磨损抗力较高的另一个重要原因是，Co 基固溶体具有明显的形变硬化特性，对 Co-1 号（0.1C，23.4Cr，2.6B，3.9Si，1.6Fe，10.7Ni，8.95W，余 Co）自熔合金做接触疲劳试验，并测定其固溶体的显微硬度，试验前为 HV540，试验后增加到 HV700 以上，这表明 Co 基固溶体的确具有极强的形变硬化作用。这种形变硬化作用也可以从图 2-58 和图 2-59 中得到进一步证实[22]。图 2-58 是对 Co-1 号自熔合金涂层在做了接触疲劳试验之后，测定其固溶体的显微硬度值随涂层深度而变化的情况。在表面以下 0.3mm 处，显微硬度达到最高值，然后下降趋稳，这与图 2-55 所示的应力分布曲线完全一致。图 2-59 是对试样表面以下 0.02mm 与 0.3mm 处所拍摄的透射电镜照片，照片说明该处有板条状相存在，经电子衍射证明该相是马氏体。在试验之前合金组织中并没有马氏体，显然是因为形变硬化作用诱发转变而形成了马氏体，在不同深度的应力水平不同，诱发转变的程度也不同，所以这种形变硬化作用是随应力大小而变，阻止疲劳裂纹萌生是恰到好处，使 Co 基自熔合金涂层边接触边强化，表现出较好的抗接触疲劳性能。

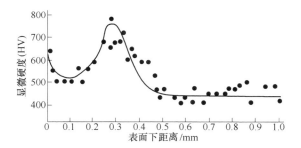

图 2-58　显微硬度沿 Co-01 涂层深度的分布

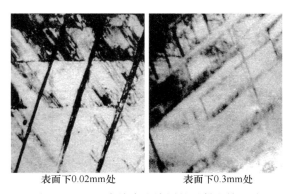

表面下0.02mm处　　　　表面下0.3mm处

图 2-59　Co-1 自熔合金涂层的透射电镜照片

2.3.7　自熔合金的耐腐蚀性

许多工业装备需在室温或高温的腐蚀介质和腐蚀气氛中工作，遭受着常见的化学腐蚀与电化学腐蚀。在高温燃气和熔盐介质中工作时，更会遭受严重得多的热腐蚀。现有的结构钢材和耐蚀合金均不好使用，而 Ni 基与 Co 基自熔合金在耐腐蚀表面工程中可以发挥很大作用。

2.3.7.1　自熔合金在酸性介质中的耐腐蚀性能

把相关自熔合金与不锈钢及司太立合金试样，在各种酸溶液中浸泡 100h，然后称重并对比腐蚀速率，见表 2-52[39]。表中各试验材料的化学组成列于表 2-53。

表 2-52　自熔合金与不锈钢及司太立合金在酸溶液中的腐蚀速率　　　　$(g/(m^2 \cdot h))$

试验材料		酸　溶　液			
		10%HNO₃	10% HCl	10% H₂SO₄	25% H₂SO₄
自熔合金	Ni-1	6.13	0.44	0.24	0.44
	Ni-2	8.05	0.41	0.26	0.46
	Ni-3	31.66	0.38	0.31	0.42
	Ni-4	2.14	0.43	0.25	0.39
	Co-1	0.07	0.62	3.29	2.98
	Fe-1	94.36	0.11	0.20	0.11
1Cr18Ni9 奥氏体不锈钢		0.038	0.32	2.64	8.92
司太立合金		0.014	1.20	2.91	10.22

表 2-53　耐腐蚀试验材料的化学组成　　　　　　　　　　　　　　　　（%）

试验材料		C	Cr	B	Si	W	Fe	Ni	Co
自熔合金	Ni-1	0.1	10	1.5	3.5	—	5	余	—
	Ni-2	0.5	10	2	3.5	—	10	余	—
	Ni-3	0.8	16	3.5	4.5	—	15	余	—
	Ni-4	0.8	16	3.5	4.5	—	—	余	—
	Co-1	—	21	2	—	5	—	—	余
	Fe-1	0.5	5	3.5	3.5	5Mo	余	30	—
1Cr18Ni9		0.1	18	—	—	—	余	9	—
司太立合金		1.2	30	—	—	5	—	—	余

在硝酸溶液中 Ni 基，尤其是 Fe 基自熔合金的耐蚀性都比较差，只有 Co 基自熔合金较好，但仍比奥氏体不锈钢稍差一些。这首要的原因是 Fe 含量高，含

Fe 越多耐蚀性越差，最明显是 Ni-3 与 Ni-4，这两种 Ni 基自熔合金的化学成分完全一样，只是一个有 Fe 而另一个无 Fe，耐蚀性就相差近 15 倍之多。Fe-1 号合金的耐蚀性最差，当然是含 Fe 最多的缘故，其次的原因是贫 Cr，尤其是合金母体相贫 Cr 时耐蚀性会更差。Co-1 号合金中含 B，B 会夺取 Cr 而生成较多的硬质相硼化铬，使合金母体相贫 Cr，造成抗氧化性能减弱，耐蚀性变差。1Cr18Ni9 奥氏体不锈钢的含 Cr 量虽比 Co-1 号总的含 Cr 量少些，但仍比 Co-1 号合金母体中的含 Cr 量要多，所以不锈钢的耐蚀性反而要好一些。

在盐酸与硫酸溶液中，Ni 基与 Fe 基自熔合金的耐蚀性都比较好，与 1Cr18Ni9 不锈钢相当，并大大优于司太立合金。由于合金中的 W、Cr 等元素在盐酸与硫酸中的化学稳定性不足，使得 Co-1 号合金的耐蚀性相比较差，但还是比司太立合金要稍高一些。

加入 Cu 或 Mo 可以提高 Ni 基自熔合金的耐酸性，如图 2-60 与图 2-61 所示。图中曲线是合金试样在室温酸液中连续浸泡了 100h 后所测定的结果。以 Ni-2 号自熔合金为例，当加入一定量的 Cu 时，无论对于硫酸、盐酸或是硝酸的耐蚀性都能提高。当加入一定量的 Mo 时，可以有效提高 Ni 基自熔合金在硫酸与盐酸中的耐蚀性，但未能提高在硝酸中的耐蚀性。

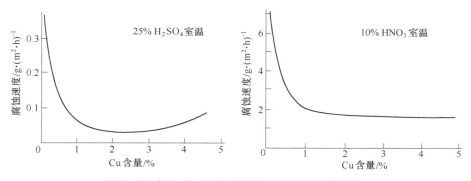

图 2-60　加入 Cu 对 Ni 基自熔合金耐酸性的影响

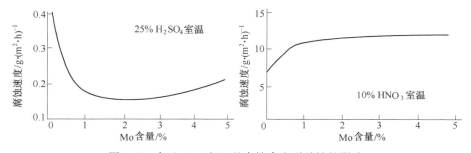

图 2-61　加入 Mo 对 Ni 基自熔合金耐酸性的影响

以料浆泵叶轮上防护涂层的实例能够说明，在 Ni 基自熔合金中加入 Cu 或 Mo 可以提高耐蚀性的事实[40]。模拟生产磷酸铵的腐蚀介质，其化学成分为（70%H_3PO_4+4%H_2SO_4+1%HF+500×$10^{-6}Cl^-$）。表 2-54 列出了两种 Ni 基试验合金，放入上述同一腐蚀介质中做腐蚀对比试验。把试验合金经火焰喷涂并重熔在 18-8 不锈钢基体上，制成厚 1mm，且致密无孔的涂层试样。把这些涂层试样放置在加热到 85℃ 的腐蚀介质中，连续浸泡相同的时间，取出洗净并拭干后，测定出各试样的年腐蚀率（mm/a），列于表 2-55。所列数据表明两种合金的腐蚀率相差甚远，含有 Cu、Mo 的 Ni 基自熔合金在磷酸铵腐蚀介质中的腐蚀率要比不含 Cu、Mo 的小约 46 倍之多。其耐腐蚀等级达到了良好级，而不含 Cu、Mo 的合金只能算可用级。金属材料按耐腐蚀性能评定标准可分为四级：

（1）优良级　　　<0.05mm/a；

（2）良好级　　　0.05~0.5mm/a；

（3）可用级　　　0.5~1.5mm/a；

（4）不适用　　　>1.5mm/a。

表 2-54　试验合金的化学组成　　　　　　　　　　　（%）

Ni 基自熔合金编号	C	Cr	B	Si	Cu	Mo	Fe	Ni
1	0.2~0.3	13~15	2~3	4~5	—	—	4~5	余
2	0.3~1	18~20	3~5	5~6	1~8	1~8	5~6	余

表 2-55　试验合金的腐蚀率

合金编号	浸泡时间/h	年腐蚀率/mm·a^{-1}	耐腐蚀等级
1	137	1.129	可用级
2	137	0.204	良好级

2.3.7.2　自熔合金在非酸性化工介质中的耐腐蚀性能

"自熔性合金表面强化和激光表面强化导论[41]" 一文的作者引用了一位日本学者的资料，介绍 Ni 基与 Co 基自熔合金在诸多化工介质中的腐蚀数据。Ni 基自熔合金除了在 90℃、50%~60% 和 30℃、75%~95% 的热浓硫酸中的年腐蚀率达到 0.125~1.25mm/a 之外，在表 2-56 中所列全部介质中的年腐蚀率均为 0~0.125mm/a。Co 基自熔合金在表 2-57 中所列全部介质中的年腐蚀率也在 0~0.125mm/a 之间。所及 Ni 基与 Co 基自熔合金没有发表具体成分，所以上述腐蚀数据只是作为定性参考。除了热浓硫酸之外，在其他无论有机、无机，酸性、碱性、气态、液态或盐类等几乎各种化工介质中，Ni 基与 Co 基自熔合金都具有良好级以上的耐腐蚀性能。

表 2-56 使 Ni 基自熔合金的年腐蚀率处在 0~0.125mm/a 之间的腐蚀介质

介　质	腐蚀条件	介　质	腐蚀条件
甘油	沸点	氢气	—
原油	沸点	硫化氢	干或湿，25℃
精炼油	沸点	氨气	干或湿
蜜糖	—	二氧化碳	65℃
碳酸饮料	—	四氯化碳	沸点
海水	—	氯气	干
污水	—	溴气	干
硫黄	低于常温	氯化氢	500℃
乙炔	—	氯化镁或钡	100℃
氢氧化钠	50%~70%，沸点	磷酸铵	沸点
氢氧化铵	25%，100℃	硫酸铜或铁	高温
苛性碱	400℃	硫酸铵	30℃
氨水	25%，100℃	磷酸钙	30℃
过氧化氢	130℃	磷酸钠	30℃
乙醇	—	碳酸钾	30℃
苯酚	—	氯化钾	1%，40℃
乙醛	30℃	过锰酸钾	10%
丙酮	30℃	氯化钠	—
苯，甲苯	沸点	漂白液	20%
氯化铝	5%，20℃		

表 2-57 使 Co 基自熔合金的年腐蚀率处在 0~0.125mm/a 之间的腐蚀介质

介　质	腐蚀条件	介　质	腐蚀条件
氢气	—	DDT	室温
氯气	干，室温	氯化钠	—
溴气	干，室温	氯化铁	30%，高温
硫化氢	干	氯化铜	10%，室温
一氧化碳	—	硫酸铁	10%，沸点
二硫化碳	—	硫酸铜	10%，室温
二氧化碳	干，高温	氯化铵	<50%
丙酮	室温→高温	过锰酸钾	10%
乙醇	室温→高温	铬酸钠	20%，沸点
苯	室温	硫酸铝	沸点
乙醚	室温	苛性碱	10%，沸点
乙炔	—	氯水	饱和，室温
糠醛	室温	—	—

2.3.8　自熔合金的抗高温氧化与抗热腐蚀性能

各种腐蚀介质对金属表面的化学腐蚀虽然在常温下也时有发生，但是最值得关注的还是在高温下气体对金属表面的化学腐蚀。除特殊气体如含硫气体之外，见得最多的总是大气对金属表面的氧化腐蚀，腐蚀产物是在金属表面上形成氧化膜。金属的氧化反应方程式可表示如下：

$$xM + \frac{y}{2}O_2 \Longrightarrow M_xO_y$$

发生氧化反应的可能性可以根据反应产物之分解压力的大小来判定，当反应产物的分解压 $p_{M_xO_y}$ 达到与大气中氧气的分压 p_{O_2} 相等时，金属表面的氧化反应即告平衡。当 $p_{O_2} > p_{M_xO_y}$ 时，反应向右进行；当 $p_{O_2} < p_{M_xO_y}$ 时，则反应向左进行。由于各种金属氧化物的分解压都是随着温度的升高而增高，所以在高温下发生氧化反应的可能性反而比常温下要小，氧与金属在热力学上的亲和力会随着温度的逐渐升高而下降。以自熔合金中的 Ni、Fe、Cu 为例，常温下这三种金属都在逐渐氧化，但是当温度升高到 1727℃ 时，Cu_2O 达到完全分解，反应向左边进行，分解出金属铜和氧气，而此时 Ni、Fe 两金属氧化物的分解压仍小于大气中氧的分压，所以 Ni、Fe 两金属被继续氧化。

从原子价位的变化来看，无论氧化反应或硫化反应，其实都是金属失去电子的过程，可表示为：

$$M \Longrightarrow M^{n+} + ne$$

由此可知，金属氧化过程是由金属原子变成金属阳离子并释放出电子的离子化过程。各种金属在通常环境条件下离子化的趋向是各不相同的，这取决于系统内自由能的变化，当自由能由大变小，变化量为负数时说明这一离子化进程在热力学上是可行的，而且负得越多时离子化趋向越大；若自由能变量为正值时，离子化过程是不可能发生的，一般的贵金属便是如此，例如 1g 当量黄金离子化时自由能的变量为 +13.4kJ，所以黄金在通常环境条件下是不可能发生氧化的。自熔合金中的 Ni、Cr、Fe、Cu 等金属离子化时自由能的变量都是负数，在大气中都能发生氧化反应，其离子化过程及 1g 当量金属离子化时的自由能变量可以参考 Н. Д. Томащов 的数据，列于表 2-58。根据负得越多离子化趋向越大的原则，表中金属如在同一个合金中时，最先发生氧化的应该是 Cr，其次须按 Fe、Ni 与 Cu 排序。

表 2-58　Ni、Cr、Fe、Cu 等金属的离子化过程及自由能的变量

金属	离子化过程	1g 当量金属离子化时自由能的变量/kJ
Ni	$1/2\ Ni \rightarrow 1/2\ Ni^{2+} + e$	−140.3

金属	离子化过程	1g 当量金属离子化时自由能的变量/kJ
Cr	$1/2\ Cr \rightarrow 1/2\ Cr^{2+} + e$	−170.0
Fe	$1/2\ Fe \rightarrow 1/2\ Fe^{2+} + e$	−164.1
Cu	$1/2\ Cu \rightarrow 1/2\ Cu^{2+} + e$	−82.7

以上讨论了氧化反应在金属表面上发生的可能性。而氧化反应的继续和发展问题需从金属表面氧化膜谈起。事实上在大气中金属表面的确存在有一层氧化膜，氧化膜的厚度各不相同，有的肉眼可见，有的不可见。按照膜的厚度大致可分成三类：

（1）自单分子厚至 40nm 是不可见的显微氧化膜。

（2）40~500nm 是借助于色干扰可以见到的薄氧化膜。

（3）>5000nm 是用肉眼可见的厚氧化膜。

金属表面的氧化膜有无保护作用并不取决于膜的厚薄，而是取决于膜的组织构造与稳定性。有一简单的比值可以作为氧化膜有无保护作用的初步判据，这就是 Pilling-Bedworth 比值 "P-B"，"P-B" 比值是氧化反应所生成氧化物的特定体积与被氧化金属的特定体积之比，可以用下式表示：

$$P\text{-}B = \frac{Md}{nmD}$$

式中　M——所生成氧化物的克分子量；

　　　d——被氧化金属的密度；

　　　n—— 在一个分子的氧化物中所含金属原子的个数；

　　　m——金属的克原子量；

　　　D——氧化物的密度。

"P-B" 比值有三种情况：

第一种是当 "P-B" <1 时，氧化膜不连续、不致密，没有保护作用，氧化反应一旦发生，就会继续不断地迅速发展，碱金属与碱土金属均属于此类。

第二种是 "P-B" ≥1，此时 "P-B" 比值稍大于 1，如果是 1.1 或 1.2 最好，金属镉的 "P-B" = 1.21 与金属铝的 "P-B" = 1.24 均属于此，此类金属的氧化膜是连续的，氧化反应一旦发生以后，就会逐渐趋缓，甚至停顿下来。因为连续的氧化膜无论致密与否，多少都会增加反应物扩散的难度，甚至会把氧气与金属完全阻隔开来。氧化膜的厚薄全由致密程度来定，致密的氧化膜很薄时即可阻断氧气渗入；而疏松的氧化膜需不断地增加到一定厚度之后才能阻断氧气渗入，但无论厚薄，氧化膜都不会破裂，都能起到一定的保护作用，因为 "P-B" ≥1 时，氧化膜的内应力是很小的。

第三种是 "P-B" >>1，"P-B" 比值较大的氧化膜的保护作用有两种情况。

一种是膜质疏松，膜的厚度与内应力同步增加，直至厚膜开裂破碎，毫无保护作用，金属铁表面的一堆铁锈即是如此。另一种是膜的结构致密，能有效阻挡氧的渗透侵入，这样膜层就不会增厚，虽然"P-B"比值偏大，但因为膜层较薄，产生的内应力不大，膜仍可保持连续密闭完好无损，起到了很好的抗氧化保护作用。自熔合金中的 Ni、Co、Cu、Cr 等几种金属均具有这种保护性氧化膜，所以在大气中不会生锈。这些金属及铁的"P-B"比值列于表 2-59。其中尤以金属 Cr 的氧化膜为最佳，不仅致密而且还具有很强的"自愈性"，一旦因外力作用而破裂时能立刻再生，这是由于氧化铬的生成自由能要比其他金属氧化膜负得很多的缘故（参考表 1-9 与表 2-33），装饰性镀层都喜欢采用镀铬层也是这个原因。

表 2-59　Ni、Cu、Cr、Fe 等金属的"P-B"比值

金　　属	Ni	Cu	Cr	Fe
"P-B"比值	1.6	1.71	2.03	2.16

　　归纳以上所述，描绘氧化发展速率的金属氧化动力学曲线基本上应该有三种形态，如图 2-62 所示。洁净金属表面在一开始氧化时，其氧化膜增厚的速度近于按 AB 段的直线进行，此时的氧化速度接近于以 AH 直线表示的化学反应速度。进一步氧化时，初始氧化膜对反应物的相互渗透逐渐起到阻滞作用，氧化速度开始减缓，离开直线轨迹，按 BC 段发展。以 CD 表示厚度的氧化

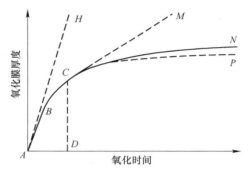

图 2-62　金属氧化动力学曲线模型

膜可称之为"基膜"，这是一层连续而很薄的伪晶氧化膜，是整个氧化膜的衬里层，它不具备正常氧化膜的晶体结构，而像是金属晶体点阵的延续，其临界厚度在温度与氧压不变的情况下近乎定值。在基膜的基础上继续生长的氧化膜将逐步形成其应有点阵参数与密度的正常氧化膜，这是"外膜"，是整个氧化膜的外层。氧化动力学曲线在过了 C 点之后将发展出三个走向：

　　第一种是 ABCM 的直线规律，这种金属的外层氧化膜不连续，对反应物的渗透毫无阻挡作用，随着氧化时间的延长膜厚会无限增长。但由于对反应物渗透具有一定阻挡作用的"基膜"之临界厚度是不变的，所以这种金属的氧化速度也始终不变，只是比化学反应速度要小一个定值。

　　第二种是 ABCN 的抛物线规律，这种金属的外层氧化膜是连续的，对反应物的渗透具有一定的阻挡作用，此时氧化速度要由反应物透过整个氧化膜的扩散速

度来控制，随着外层氧化膜逐渐增厚，氧化速度会逐渐变小，形成了抛物线规律。例如，Ni、Co 和 Cu 等就都是这种金属。

第三种是 *ABCP* 的对数规律，这种金属的外层氧化膜不仅连续纤薄而且十分致密，对反应物的渗透具有绝对阻挡作用，整个氧化膜的厚度在稍稍超过"基膜"的厚度之后，就几乎不再增长，形成了对数规律。例如，Al、Cr 和 Zn 就都是这种金属。

通过合金化途径可以改善金属的抗氧化性能。一种是加入少量合金化元素，用以改进原有氧化膜的质地，减少氧化膜的晶格缺陷，提高膜的致密度，减小金属离子与氧离子在膜中的渗透能力，从而达到减低氧化速度的目的。对于所加入合金化元素的选择，应符合 Hauffe 定律，即对于阳离子缺位的氧化膜应加入原子价较低的合金化元素，而对于阴离子缺位的氧化膜应加入原子价较高的合金化元素。另一种是加入较大量的合金化元素，以期彻底改变原有氧化膜的成分、组织与结构，提升其氧化动力学曲线类型。例如，为了提高 Fe 的抗氧化性，可以用 Cr 或 Al 等原子价较高的合金化元素，但少量加入时会增加原有氧化膜的晶格缺陷，不但没有改进反而有害。必须加入到一定数量后才能使原有氧化膜发生质变，由原来单一的氧化铁保护膜转变成为保护性很高的尖晶石型复合氧化膜 $FeO \cdot Cr_2O_3$ 或 $FeO \cdot Al_2O_3$。如果合金化元素的加入量再进一步增加到 Cr 含量≥25% 或 Al 含量≥5% 时，则可形成保护性更高的 Cr_2O_3 或 Al_2O_3 氧化膜。由于 Cr、Al 的离子半径比 Fe 的离子半径要小，见表 2-60，所以在合金中 Cr、Al 的扩散系数比 Fe 的要大，必然会优先向合金的外表面扩散，并生成以 Cr 或 Al 为主的氧化膜。由离子半径较小的金属组成的氧化膜，其晶体的点阵参数也小，透过膜的扩散阻力就大，抗氧化保护性能也就较高。用 X-射线进行相分析，研究在室温大气中金属铁表面的第一层氧化膜，是铁加氧化铁的混合晶体。200℃ 以下铁在大气中的氧化产物是 $\gamma-Fe_2O_3$，高于 200℃ 生成 $\alpha-Fe_2O_3$，更高温度下生成磁性氧化铁 Fe_3O_4。氧化亚铁（FeO）是一种黑色粉末，极易氧化，在大气中很难单独存在。Fe 与诸如 Mn、V、Ti 等许多合金化元素，均能氧化生成 $MeO \cdot Me_2O_3$ 型的尖晶石氧化膜，但都不如 $FeO \cdot Cr_2O_3$ 和 $FeO \cdot Al_2O_3$ 致密。根据 H. Д. Томащов 的数据，把具有尖晶石晶体点阵的几种氧化物，比较其点阵参数列于表 2-61。含 Mn、V、Ti 等合金化元素之氧化物的尖晶石，其点阵参数都比较小。含 Cr_2O_3 或 Al_2O_3 的尖晶石，点阵参数更小。而三价单一氧化物的点阵参数最小。

表 2-60　金属 Cr、Al 与 Fe 的离子半径

金属离子	Fe^{2+}	Cr^{6+}	Al^{3+}
离子半径 /nm	0.075	0.052	0.050

表 2-61　几种尖晶石型晶体的点阵参数 a　　　　　　（nm）

含 Fe_2O_3 氧化物		含 FeO 氧化物			三价单一氧化物	
$MnO \cdot Fe_2O_3$	$TiO \cdot Fe_2O_3$	$FeO \cdot V_2O_3$	$FeO \cdot Cr_2O_3$	$FeO \cdot Al_2O_3$	$\gamma\text{-}Cr_2O_3$	$\gamma\text{-}Al_2O_3$
0.857	0.850	0.840	0.835	0.810	0.774	0.790

2.3.8.1　自熔合金的抗高温氧化性能

为系统分析自熔合金的抗高温氧化性能，取含 Cr 较高的三种 Ni 基自熔合金，其化学成分见表 2-62。在 10^{-2} mmHg，1070 ~ 1120 ℃ 条件下，真空熔结 20min。把冷凝后的合金块切割成 15mm×5mm×1.0mm 的试片，盛入陶瓷皿中，放进马弗炉，分别在 800℃ 和 850℃ 高温下循环氧化 150h，其间依次在 1h、2h、3h、5h、10h、15h、35h、50h、75h、100h 和 150h，共计 11 次把试样从炉中取出，冷却称重后，再放回炉中继续氧化，并重新开始计时，所得氧化动力学曲线示于图 2-63[42]。

表 2-62　作抗氧化试验之 Ni 基自熔合金的化学成分

合金编号	化学组成/%						外加 Cr
	C	Cr	B	Si	Fe	Ni	
Ni-1	0.72	21.5	2.70	3.27	6.00	余	—
Ni-2	100 Ni-1						5.00
Ni-3	0.90	25.57	3.89	4.05	2.9	余	—

自熔合金氧化动力学曲线的线型与一般金属氧化动力学曲线线型（如图 2-62 所示）在初始阶段有所不同。自熔合金在起始 3h 的氧化动力学曲线表现出明显的减重，过了 3h 后才开始增重，并最终发展成与一般金属相类同的线型。为了细究初始氧化阶段的失重现象，用新试样在自动记录热天平中作 800℃、3h 的连续氧化试验。一开始试样增重，5min 后转为

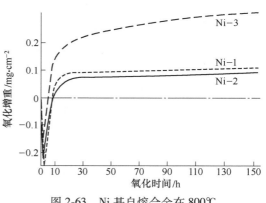

图 2-63　Ni 基自熔合金在 800℃
的氧化动力学曲线

减重，2~3min 后又增重，再过 2~3min 后又减重，如此增重、减重不断反复直至试验结束。由于累计增重较少而减重较多，所以总的趋向是试样减重。无论哪一种氧化试验，检看盛试样的陶瓷皿中均无任何氧化物残渣，这说明氧化失重现

象只可能是某种氧化物挥发飘离的结果。在合金的六个组成元素中，发生氧化的热力学可能性应以 B、Cr 为先。

Ni 基自熔合金的基本结构示于图 2-64。这是用 X-射线能量色散谱（EDX）所摄的 Ni-1 号自熔合金的组成元素分布照片。吸收电子像清楚表明，合金是一种非均质的多相结构，连续分布的白色部分是合金母体相，孤立分散的大小黑色块是硬质化合物相。两幅 K_α 扫描图像表明，在合金母体相中有 Ni 也有 Cr，这应该是 Ni-Cr（Si，Fe）固溶体。大小不等的块状相含 Cr 无 Ni，而且块状相的含 Cr量比合金母体中的含 Cr 量明显偏多。作为硬质化合物当然也应有 B 和 C，因为 B在 Ni-Cr 固溶体中的溶解度极小，几乎全部分布在硬质颗粒中。这些块状相实际都是硼化铬和碳化铬硬质颗粒。颗粒尺寸小的只有 $2\sim3\mu m$，而大的达到十多个微米以上。为了弄清楚一开始氧化仅 5min 时氧化膜的化学组成，需用俄歇电子能谱分析技术（SAM），分别对合金母体和硬质颗粒表面上的初始氧化膜进行微区域浅层 $[\phi(20\sim50)nm\times(0.5\sim1)nm]$ 扫描，得到 850℃、5min 氧化膜的俄歇电子谱，示于图 2-65。

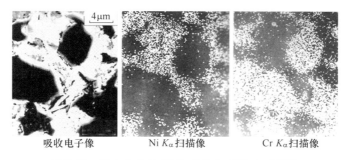

吸收电子像　　　　Ni K_α 扫描像　　　　Cr K_α 扫描像

图 2-64　Ni-1 合金的 EDX 成分分布图 （×2500）

谱线表明初始氧化主要发生在硬质颗粒表面，Cr、B、C 三元素均遭明显氧化。合金母体表面的元素 Ni 也有些许氧化，但是摄氧微乎其微。在这四个元素中，Cr、Ni 的氧化物是稳定的，是增重因素。依据 G. Bianchi 教授的 ΔG-T 平衡图，CO 在 850℃下的生成自由能约为 $\Delta G = -481.39kJ/mol$，所以 C 在 850℃高温下氧化生成 CO 在热力学上是完全可行的，CO 气体逸出应

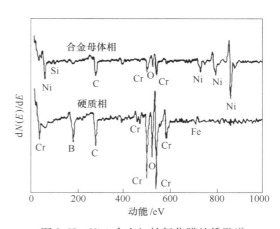

图 2-65　Ni-1 合金初始氧化膜的俄歇谱

是试样减重的因素之一。B 的氧化从低价的 B_6O 开始，经 BO 直至高价的硼酐 B_2O_3，须在 1000℃ 以上 B_2O_3 才能与其他氧化物相化合，并生成稳定的硼酸盐或焦硼酸盐，而在 850℃ 及较低温度下 B_2O_3 是挥发性的玻璃态熔融物，是减重的主要因素。当初始氧化到 5min 时，低价氧化硼已逐步转化成硼酐并开始挥发，试样也由增重转为减重。2~3min 后已生成的硼酐挥发殆尽，试样又由减重转为增重。此时表面的 B 又一步步氧化生成新的硼酐，硼酐再次挥发，试样再次减重。在如此增重与减重不断反复的过程中，Cr、Ni 二元素的保护性氧化膜亦在不断增长，直到连续氧化 3h 后，保护性氧化膜开始连续密闭，扼制了硼酐的挥发势头，氧化动力学曲线由减重转为增重，此时的保护膜虽然还比较薄，但氧化速率已逐步由原来的依据化学反应速率系数，转而受制于氧化反应物在保护膜内的扩散速率系数，曲线的线型也由此开始离开原来的直线而转变成曲线，并在试样表面逐步形成了"基膜"，至于曲线在"基膜"以后的走向，这将取决于保护膜的化学组成与结构，在氧化环境不变的条件下，即要取决于合金的化学组成。

　　三种 Ni 基自熔合金的 850℃、20h 氧化膜在宏观上是致密的，承受室温至 850℃ 的多次热震，不会开裂脱落。其中 Ni-1 号与 Ni-3 号合金的氧化膜呈铁灰色，这是 NiO 与 Cr_2O_3 相复合的颜色。Ni-2 号合金的氧化膜呈深绿色，这是 Ni、Cr 复合氧化膜中 Cr_2O_3 偏多的颜色。为了进一步比较三种氧化膜的显微结构，用扫描电子显微镜（SEM）拍摄三种合金 850℃、20h 氧化膜的形貌照片，示于图 2-66。其中最为理想的应数 Ni-2 号合金的氧化膜，不仅连续、致密而且表面颗粒细小。其次是 Ni-1 号，也连续、致密，只是颗粒稍大一些。最差的是 Ni-3 号，虽连续但欠致密且表面粗糙，而且在许多颗粒尤其是较大颗粒的表面上都覆盖着模糊的玻璃态物质，这应该是也只可能是熔融凝固的 B_2O_3。这一现象说明，由于在三种合金中，Ni-3 号合金的 $\sum B+C$ 含量最高，以至于在连续氧化 3h 之后，仍有 B_2O_3（及 CO）的挥发，这时的挥发虽不至于使氧化动力学曲线减重，但仍在一定程度上破坏着保护膜（特别是 Cr_2O_3 膜）的致密性。经相分析表明 Ni-1 号与 Ni-3 号合金的表面氧化膜是 $NiO+NiO \cdot Cr_2O_3$，由于 NiO 较多，所以表现为铁灰色；Ni-2 号合金的表面氧化膜是 $NiO \cdot Cr_2O_3+Cr_2O_3$，由于 Cr_2O_3 较多，所以表现为深绿色。

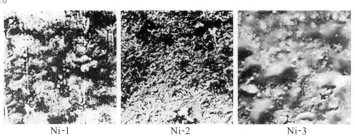

Ni-1　　　　　　　　　Ni-2　　　　　　　　　Ni-3

图 2-66　Ni 基自熔合金表面氧化膜的 SEM 照片（×800）

在"基膜"以后，三种合金表面氧化膜的化学组成及结构特性与相应氧化动力学曲线的线型是吻合的（如图 2-63 所示）。Ni-1 号与 Ni-2 号合金都近于对数曲线，其中 Ni-2 号更优越，增重更小。Ni-3 号合金是抛物线形，增重是前者的 3~4 倍。由于 NiO·Cr_2O_3 尖晶石晶体点阵参数 $a = 0.831nm$，而 Cr_2O_3 的点阵参数 $a = 0.774nm$，所以含 Cr_2O_3 较多的 Ni-2 号合金的氧化膜是最致密的。而含 NiO 较多的 Ni-1 号与 Ni-3 号合金氧化膜的致密度要差一些。

综合以上分析，影响自熔合金抗氧化性能的组成元素主要是 Cr 含量与 $\sum B+C$ 含量，后者的多少会直接影响 Cr 在合金各相中的分布。对三种合金的"Cr 分布"状况进行电子探针（EPMA）分析，列于表 2-63。比较 Ni-1 号与 Ni-2 号合金，元素组成基本一样，只是 Ni-2 号合金外加了 5% 的 Cr，由于在 1000℃ 以上高温下，Cr 在 Ni 中的溶解度高达 42%（质量分数），所以这些外加的 Cr 几乎全部进入了 γ-固溶体，使合金母体相即 γ-相中的含 Cr 量从原来的 8% 提高到了13.6%。这一提高十分重要，根据 Д. В. Итнатов 的工作结果认为，在以 Ni-Cr 为基的合金中，含 Cr 5.7%~10% 时，其 800~1300℃ 氧化膜的化学组成是 NiO+NiO·Cr_2O_3。含 Cr 超过 10% 时，则能形成 NiO·Cr_2O_3+Cr_2O_3 的氧化膜。因为只有当 Cr 含量增加到在 Ni-Cr-O 三元相图中 Cr_2O_3 的稳定区时，合金氧化膜中才会出现热力学稳定的 Cr_2O_3，这就是 Ni-2 号合金氧化膜中含有较多 Cr_2O_3 的原因。比较 Ni-1 号与 Ni-3 号合金，后者的 γ-Cr 含量略高于前者，可是后者的抗氧化性反而不如前者，这应当归因于 Ni-3 号合金的 $\sum B+C$ 含量太高，熔融 B_2O_3 及 CO 的长时间挥发，阻滞了氧化膜的致密化。

表 2-63　Ni 基自熔合金的"Cr 分布"状况　　　　　　　　（%）

合金编号	总含量 $\sum Cr$	合金母体中含量（γ-Cr）	B、C 含量（$\sum B+C$）	γ-Cr/$\sum Cr$
Ni-1	21.5	8.0	3.42	0.381
Ni-2	25.24	13.6	3.26	0.539
Ni-3	25.57	11.0	4.79	0.430

三种合金表面氧化膜的质地虽有差异，但总的抗氧化性能都很不错。表 2-64 列出了三种合金在 800℃、100h 的氧化增重速率与抗氧化性能评级。其中只有含 $\sum B+C$ 较多的 Ni-3 号合金的氧化增重偏高，但也还属于完全抗氧化级的范畴。若把以重量指标 G_{wt} 表示的氧化速率换算成以深度指标 Hd 表示的氧化速度时，三种合金的氧化速度均小于 0.1mm/a，仍是完全抗氧化级。其换算公式如下：

$$Hd = 8.76 \frac{G_{wt}}{\rho}$$

式中，ρ 为金属密度，g/cm^3；8.76 为换算常数（24×365/1000）。

表 2-64　Ni 基自熔合金 800℃、100h 的氧化增重速率与评级

合金编号	氧化增重速率 $G_{wt}/g \cdot (m^2 \cdot h)^{-1}$	抗氧化级别
Ni-1	0.0096	完全抗氧化级
Ni-2	0.0079	
Ni-3	0.0308	

参考钢的抗氧化级别，可把 Hd 氧化速度（mm/a）分成五级，见表 2-65。

表 2-65　钢的抗氧化评级标准

氧化速度 $Hd/mm \cdot a^{-1}$	≤0.1	>0.1~1.0	>1.0~3.0	>3.0~10	>10
抗氧化级别	完全抗氧化	抗氧化	次抗氧化	弱抗氧化	不抗氧化

　　为进一步研究不同化学组成与不同氧化温度对 Ni 基自熔合金氧化动力学曲线的影响，测定出 Ni-4 号自熔合金分别在 650℃ 与 850℃ 下的氧化动力学曲线，示于图 2-67。Ni-4 号自熔合金的化学组成是（0.6 ~ 1.0C，14 ~ 17Cr，2.5 ~ 4.5B，3.0 ~ 4.5Si，≤15Fe，余 N）[43]。与前三种合金相比，Cr 明显偏低，而 B 含量更高。这一低一高造成连续致密的保护性氧化膜迟

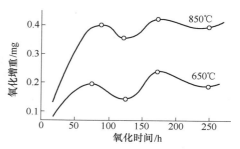

图 2-67　Ni-4 号自熔合金的
氧化动力学曲线

迟难以形成，再由于硼酐 B_2O_3 的挥发，使曲线增重与减重交替振荡的时间也相对延长，但振荡的幅度在逐渐变小，曲线总的走向仍明显符合抛物线规律。至于温度高低的影响只表现为温度较高时氧化增重较大，而曲线的抛物线规律还都是一样的。

　　应当注意到由于硼酐 B_2O_3 的挥发，造成对保护性氧化膜的负面影响，只是在 1000℃ 以下较低温度时的性状；当系统温度升高到 1000℃ 以上，达到合金的熔化温度时，由 B_2O_3 与 SiO_2 反应生成的低密度又低黏度的硼硅酸盐玻璃熔融体，能上浮并包覆在熔融合金的外表面，起到如同熔剂一般的抗氧化保护作用，这就是自熔合金所独具的自熔剂特性。而且，硼硅酸盐玻璃熔融体保护膜还具有很强的"自愈合"性能。

　　在涡轮喷气发动机、内燃机、热反应器及其他污染控制器等高温部件的实际应用中，Ni 基自熔合金涂层的高温抗氧化寿命超过了不锈钢、Co 基超级合金、Au 基合金和一般的渗 Cr、渗 Al 等其他涂层。表 2-66 是一种 Ni 基自熔合金与 Co

基超级合金在 1200℃ 空气中的抗氧化寿命。以这种 Ni 基自熔合金作为 Co 基超级合金部件的保护涂层，可使抗氧化寿命提高 4 倍。一种化学组成为（≤0.03C，13Cr，2.8B，4.5Si，4.0Fe，余 Ni）的 Ni 基自熔合金的抗氧化性能，堪与化学组成为（Ni-82 Au）的 Au 基合金媲美，在 500℃ 下等温氧化 1000h，前者表面只是略显粗糙，可以继续使用；而后者表面已显有 ≥0.013mm 的氧化深度。

表 2-66　Ni 基自熔合金与 Co 基超级合金在 1200℃ 空气中的抗氧化寿命

合金化学组成/%	抗氧化寿命/h
19Cr，10Si，5.0（C、B、Fe），余 Ni	310
0.45C，≤0.5Si，≤0.5Mn，≤1.0Ni，2.0Fe，2.0Nb，21Cr，11W，余 Co	75

用一种化学组成为（0.25C，5.0Cr，1.0B，3.0Si，3.5Fe，余 Ni）的真空熔结 Ni 基自熔合金涂层，来保护化学组成为（0.12C，17W，3.5HF，余 Nb）的 Nb 基合金抗高温氧化，并在撞击试验后再抗氧化。Nb 合金试片尺寸是 25mm×25mm×1.0mm。真空熔结工艺制度是，在 10^{-4} mmHg 真空下，1220℃ 熔结 2min。单位面积的涂层重量是 40mg/cm^2。撞击试验是用 ϕ4.5mm，重 0.75g 的钢弹，以 ≤40m/s 的速度撞击涂层试片，然后再经受 650~980℃ 的慢循环氧化。表 2-67 是涂层 Nb-合金试片的抗氧化寿命。在 650℃ 和 980℃ 下氧化 1000h 后，试片表面均无明显氧化破坏，仍可继续使用。在此温度下遭钢弹撞击后，亦仍可使用 500h。但在 1200℃ 高温下只氧化 24h，表面即已开始破坏，无法再用。

表 2-67　真空熔结 Ni 基自熔合金涂层 Nb 合金试片的抗氧化寿命

未撞击涂层抗氧化寿命/h			撞击后 650~980℃ 的抗氧化寿命/h
650℃	980℃	1200℃	
1000	1000	24	500

2.3.8.2　自熔合金的抗热腐蚀性能

热腐蚀是在高温燃气中，由黏附在金属表面的灰烬熔融物，所引发对金属的加速氧化现象。热腐蚀对金属的损毁作用要比单纯的高温氧化严重得多。在各种燃气热力装置与燃气动力装置，如燃气锅炉、燃气涡轮喷气发动机和包括汽油机与柴油机在内的各型内燃机中，热腐蚀都时有发生。无论是锅炉钢管、涡轮叶片和内燃机的预燃室喷嘴与排气阀门等都是遭受热腐蚀侵害的典型部件。尤其在海洋上使用比在陆地上使用时，热腐蚀损坏更为严重。至今无论是耐热钢还是高温合金，都无法以改进合金元素组成的办法，来解决既有足够高温强度，又有表面耐磨耐热腐蚀特性的材料问题。克服热腐蚀只能从改善燃气氛围和对金属表面提供保护涂层这两方面来着手。燃气组分的改进很有限，而保护涂层的开发途径十分广阔，其中真空熔结的 Ni 基自熔合金涂层与其他喷焊或堆焊涂层相比已显示出明显的优越性，并已在内燃机排气阀上投产应用。

　　燃气的灰烬熔融物是关键的热腐蚀剂，有无热腐蚀剂存在是热机中发生热腐蚀的先决条件。欲认清其化学组成首先要分析燃油与大气，特别是海洋大气的化学组分。燃油中的主要腐蚀元素是 S，一般燃油中的含 S 量都在数百至数千 ppm（1ppm=1×10^{-6}）不等，其他腐蚀元素会因原油的产地不同而有所区别[44]，如中东原油灰烬中的 Na 含量较小，只有 0.3×10^{-6} 左右；而南美原油灰烬中的 Na 含量却高达 $\leqslant33\times10^{-6}$。另一腐蚀元素 V 的含量都很高，中东原油灰烬中含 $V\leqslant100\times10^{-6}$，南美原油灰烬中的 V 含量也高达 $\leqslant72\times10^{-6}$。有些燃油加入物也会引来腐蚀元素，如在汽油中加入防爆剂四乙基铅，这就引来了腐蚀元素 Pb。为了改进火花塞上碳的沉积，防止预先点火，需在汽油中加入有机磷化物作为点火控制剂，如磷酸三甲苯酯（$CH_3C_6H_4O)_3PO$，这就引来了腐蚀元素 P。除了燃油之外，在海洋大气中的 Na 盐含量也 $\leqslant0.02\times10^{-6}$。所含腐蚀元素在燃烧过程中均会氧化成金属和非金属氧化物如 PbO、V_2O_5 和 SO_2、P_2O_3 等，并进一步反应生成 Na_2SO_4、Na_3VO_4 与 $Pb_2P_2O_7$ 等盐类沉积物而成为热腐蚀剂。可能的燃烧反应如下：

$$2NaCl+SO_2+1/2O_2+H_2O \Longrightarrow Na_2SO_4+2HCl$$
$$6NaCl+V_2O_5+3H_2O \Longrightarrow 2Na_3VO_4+6HCl$$
$$2PbO+P_2O_3+O_2 \Longrightarrow Pb_2P_2O_7$$

　　作为热腐蚀剂的金属氧化物与盐类沉积物的熔点都相当低，表 2-68 列出了几种热腐蚀剂的熔化温度。由表可知各热腐蚀剂本身的熔点都比较低，当几种热腐蚀剂混合在一起时，其共熔温度就会更低。许多热机部件的工作温度都足够使这些热腐蚀剂处于熔融状态，适当的高温是发生热腐蚀的必要条件。一般涡轮喷气发动机的工作温度高达 900~1000℃，甚至更高。内燃机排气阀门的工作温度通常是 600~800℃，而一旦燃烧沉积物将阀头与阀座隔开时，阀头温度就可能会剧升至 1000℃。以 Na_2SO_4 为例，在 840℃ 以下时是固态灰烬，随燃气冲走，腐蚀作用较轻；处于 840~980℃ 温度范围时，就会熔融黏附在工件表面，造成严重的热腐蚀损坏；当温度高于 980℃ 时，熔盐呈汽态挥发，却也构不成严重腐蚀。

表 2-68　几种热腐蚀剂的熔化温度

热腐蚀剂	PbO	V_2O_5	Na_2SO_4	$Pb_2P_2O_7$	Na_3VO_4	$Na_2SO_4 \cdot 75Pb_2P_2O_7$
熔化温度/℃	880	670	840~980	约 820	<840	约 660

　　为探究氧化物热腐蚀剂的腐蚀作用，并与自熔合金组成元素之氧化物作比较，可作一简单的对比试验，在耐热钢试样表面涂一薄层氧化物涂层，置于空气

中作 927℃、1h 的热腐蚀试验[45]，试验结果列于表 2-69。数据表明涂有热腐蚀剂试样的腐蚀速率都相当高，尤其是 PbO 高达两位数。因为熔融黏着的 PbO 在高温氧化气氛中，很容易与基体表面的固态氧化保护膜起反应，如：

$$2Cr_2O_3 + 6PbO + 3O_2 \rightleftharpoons 2Pb_3Cr_2O_9$$

反应结果使保护膜中 Cr^{3+} 氧化成 Cr^{6+} 而失去了保护作用，如果基体合金中含 Cr 不多，则热腐蚀迅猛发展；如果含 Cr 足够时，则仍能形成 Cr_2O_3 保护膜。

表 2-69 氧化物热腐蚀剂与自熔合金组成元素之氧化物的腐蚀作用对比

氧化物	PbO	V_2O_5	SiO_2	NiO	CoO	Fe_3O_4	CuO	B_2O_3	Cr_2O_3
腐蚀率/g·(cm²·h)⁻¹	17	2.6	0.4	0.1	0.1	0.0	0.0	0.0	0.0

熔盐热腐蚀剂如 Na_2SO_4 的热腐蚀作用要比 PbO 更为普遍，也更为严重。若再加入 10%~25%，哪怕是 1.0% 的 NaCl 时，其热腐蚀程度都会进一步加剧。关于 Na_2SO_4 熔盐对含 Cr 不多之 Ni 基合金的热腐蚀状况，由 Goebel 与 Pettit 等人提出了一个热腐蚀模型[45]，示于图 2-68。图中左边是合金，中间是一层 Na_2SO_4 熔盐，右边是大气。图 2-68（a）中显示出热腐蚀的第一步，合金表面首先与透过熔融盐层的 O_2 反应，氧化生成断断续续的初期保护膜 NiO 层。第二步由图 2-68（b）表现为盐层中的 S 透过 NiO 层向合金扩散，导致靠近 NiO 层之熔盐中的氧离子活性增高，浓度加大，使得 NiO 进一步氧化成为镍酸根离子 NiO_2^{2-}，当这种镍酸根离子渗透到氧离子活性较低的熔盐表层时，NiO_2^{2-} 又重新被还原成 NiO，原来合金表面的 NiO 层就这样被分解成毫无保护作用的疏松的 NiO 颗粒堆积物。图 2-68（c）表明了最终情况，随着反应继续，O_2 通过盐层不断输送进去，最终在合金表面形成了连续致密的，具有一定保护作用的 NiO 膜。透过 NiO 膜的 S 与合金中的 Ni 反应生成 NiS。而整个盐层已充满了疏松的 NiO 颗粒，系统趋于平衡。

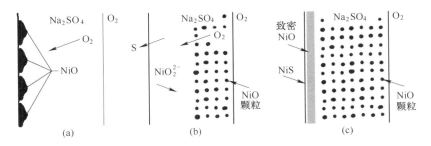

图 2-68 Pettit 热腐蚀模型

这个模型归纳起来有以下特点，外表有一层厚厚的疏松的堆积氧化物，堆积物与金属之间有一层高低不平但具有一定保护作用的氧化膜，待系统冷却之后在氧化膜的下面能找出散布的金属硫化物。这三点就是金属或合金遭受了热腐蚀的基本特征。这个模型也具体阐明了热腐蚀剂对金属或合金的加速氧化机制，如果没有热腐蚀剂黏附在金属表面时，在初期保护膜的基础上本应迅速成长为具有完全保护作用的氧化膜，而不会出现疏松的堆积氧化物。

　　其实金属与合金的硫化速率要比其氧化速率高出好几倍，为何在热腐蚀开始时生成的初期保护膜是 NiO 而不是 NiS 呢？因为 NiS 的熔点太低，只有 810℃，在 Na_2SO_4 熔盐黏附在金属表面的高温下也是以熔液的状态溶于盐层，而不可能形成固态的保护膜。另外金属硫化物的结构致密程度与热力学稳定性都要比相应氧化物差好几个数量级，所以初期保护膜只能是熔点高于熔盐温度，且致密程度与热力学稳定性都比较高的氧化膜。

　　初生膜的熔化温度、结构致密程度与热力学稳定性这三项性能指标都很重要。尤其是致密度与稳定性这两项指标，还决定着初生膜能否最终成长为实际有效的保护膜，并决定着热腐蚀到底能否发生，及其可能的发展程度。德国学者 St. Mrowec 研究发现[46]，在硫化物晶体中比氧化物晶体存在有更多的晶格缺陷。就自熔合金中最基本的五个金属元素，对比其与硫及与氧的两类化合物各自化学式（Mea±yXb）中的最大偏差值 y，列于表 2-70[46]。显然硫化物的偏差值要比氧化物的偏差值大好几个数量级，同样也表明了金属硫化物晶体中的缺陷浓度要比氧化物高出好几个数量级，这也就意味着硫化物的致密程度反过来要比氧化物差好几个数量级。

表 2-70　硫化物与氧化物各自化学式（Mea±yXb）中的最大偏差值 y

MeS	温度/℃	y	MeO	温度/℃	y
$Ni_{0.92}S$	700	0.08	$Ni_{0.9999}O$	1000	0.0001
$Co_{0.85}S$	720	0.15	$Co_{0.99}O$	1000	0.01
$Fe_{0.8}S$	800	0.20	$Fe_{0.89}O$	800	0.11
$Cu_{1.75}S$	650	0.25	$Cu_{1.997}O$	1000	0.003
$Cr_{2.08}S_3$	700	0.08	$Cr_{1.999}O_3$	600	0.001

　　金属硫化物中的晶体缺陷与氧化物中一样，也是主要占据着晶格中的阳离子空位。所以无论对硫化物或是对氧化物，金属的自扩散系数均可用晶格活动度即晶格迁移率来量之，相关金属在其硫化物及氧化物中的自扩散系数列于表 2-71[46]。显然金属在硫化物中的自扩散系数比在氧化物中要高出好几个数量级。只需在不太高的温度下，物质就可以比在氧化膜中高出好几倍的速率渗透过硫化膜。这充分说明在含有硫与氧联合腐蚀介质的条件下，在金属表面只可能形成氧化物保护膜，而绝不会是硫化物保护膜。好的保护膜不但能迅速生成更要能稳定

存在，金属氧化物的热力学稳定性要比相应硫化物的高得很多，见表 2-72[46]。这更证实了金属氧化物中的缺陷浓度要比金属硫化物中小得很多。表中生成自由能最低，差距却最大的是金属 Cr 的化合物，这说明在这些化合物中，晶格缺陷最少、热力学稳定性最高的化合物是 Cr_2O_3。在耐热合金与自熔合金中 Cr 的确是合金抗氧化与抗热腐蚀的重要元素，如果合金中含有足够的 Cr，则按照 Pettit 模型的热腐蚀就不会发生，合金表面是连续致密的 Cr_2O_3 保护膜，不会有疏松的氧化物颗粒堆积，但在 Cr_2O_3 保护膜下面仍能找到散布的金属硫化物，不过硫化物数量不多，不足以让合金遭受加速氧化。这些硫化物的存在有两种可能性，一种可能是 S 在 Cr_2O_3 保护膜形成之前渗透进入合金；第二种可能是 S 渗透过尚在成长过程、尚未致密化的 Cr_2O_3 膜层而进入合金。

表 2-71 相关金属硫化物及金属氧化物的自扩散系数 D_{Me}

MeS	温度/℃	$D_{Me}/cm^2 \cdot s^{-1}$	MeO	温度/℃	$D_{Me}/cm^2 \cdot s^{-1}$
$Ni_{1-Y}S$	800	1.4×10^{-8}	$Ni_{1-Y}O$	1000	1×10^{-11}
$Co_{1-Y}S$	720	7×10^{-7}	$Co_{1-Y}O$	1000	1.9×10^{-9}
$Fe_{1-Y}S$	800	3.5×10^{-7}	$Fe_{1-Y}O$	800	1.3×10^{-8}
$Cu_{2-Y}S$	650	5.15×10^{-5}	$Cu_{2-Y}O$	1000	1.7×10^{-8}
Cr_2S_3	1000	1×10^{-7}	Cr_2O_3	1000	1×10^{-12}

表 2-72 在 1200℃下相关金属硫化物及金属氧化物的生成自由能 ΔG （kJ/mol）

MeS	ΔG	MeO	ΔG	$\Delta G_{(MeO)} - \Delta G_{(MeS)}$
CoS	−67.81	CoO	−146.09	78.28
FeS	−84.18	FeO	−183.51	99.33
Cr_2S_3	−138.51	Cr_2O_3	−271.59	133.07

　　一般 Ni 基自熔合金的含 Cr 量≥15% 时，就会具有较好的抗热腐蚀性能。而对于含有 W、Mo 等强化元素的合金，如 Co-Cr-W 合金其含 Cr 量必须≥25%，即使抗氧化性能较好的 Co 基自熔合金其含 Cr 量也必须≥20%，才能具有满意的抗热腐蚀性能。因为 MoO_3 与 WO_3 等氧化物会增加盐层的酸性，从而加大了对金属表面保护氧化膜的溶解程度。Na_2SO_4 熔盐对 Cr_2O_3 的溶解度非常有限，虽能检出少许 Na_2CrO_4，但决不会影响 Cr_2O_3 保护膜的完整性。而熔融的 MoO_3 与 WO_3 不仅会增加熔盐的酸性，且其本身即具有溶解 NiO、CoO、FeO 也包括 Cr_2O_3 在内的各种氧化膜的能力。

大多数自熔合金不含 W、Mo，都具有相当不错的抗热腐蚀性能。这可经热腐蚀对比试验予以证明。最基础的试验方法是坩埚法，把 $\phi 10mm \times 5mm$ 的金属试样和金属加涂层试样分别投入刚玉坩埚所盛的 PbO 熔液内，置于马弗炉中加热，分别在 800℃、850℃和 910℃三个试验温度下各保温 0.5h，随炉冷却后取出试样，用 15%醋酸溶液浸泡，除去黏附的腐蚀产物，称重并计算出腐蚀率。金属试样用 4Cr10Si2Mo 耐热钢，其化学组成是（0.4C，10Cr，2.25Si，≤0.7Mn，0.8Mo，≤0.5Ni，余 Fe）。涂层试样是在 4Cr10Si2Mo 基体表面真空熔结一层 Ni 基自熔合金涂层，涂层的化学组成是（0.65~0.75C，24~26Cr，2.2~2.8B，3~4Si，<5Fe，余 Ni），全包覆涂层的厚度是 0.5~0.6mm。试验结果列于表 2-73，数据表明在腐蚀介质浓度不变的情况下，温度上升使腐蚀率迅速提高，但涂层与未涂层试样腐蚀率之间的差距随温度升高却有所减小。

表 2-73　熔融 PbO 对涂层与未涂层试样的热腐蚀率

试　　样	热腐蚀率 K/mg·mm^{-2}		
	800℃，0.5h	850℃，0.5h	910℃，0.5h
涂层 Coat	0.02	0.15	1.33
基体 Base	0.46	0.97	2.30
$K_{(Base)}/K_{(Coat)}$	23	6.47	1.73

把坩埚中的腐蚀介质换成 $75\% Na_2SO_4 + 25\% NaCl$ 即可进行熔盐热腐蚀试验，试验结果列于表 2-74。检验基体试样的腐蚀产物主要是疏松的氧化铁，而涂层试样表面保护膜的基本组成是 NiO 和 Cr_2O_3，保护膜下面散布有少量的 NiS 和 Ni_3S_4 以及微量的 Cr_3S_4 等硫化物。自熔合金涂层优异的抗熔盐热腐蚀能力与耐热钢基体相比有数量级之差。

表 2-74　$75\% Na_2SO_4 + 25\% NaCl$ 熔盐对涂层与未涂层试样的热腐蚀率

试　样	热腐蚀制度	热腐蚀失重/%	热腐蚀后试样外观
涂　层	800℃，50h	约 0	完整保留原尺寸
基　体	800℃，25h	>50	只余留残渣

2.3.9　自熔合金的力学性能

自熔合金的多相非均质构造决定了它的力学性能比一般的结构钢材要差许多。作为一种表面合金至今也没有一个统一精确的力学测试方法，只能移用钢材的测试方法或稍加改进以后，作出一些定性的或是尽量接近真实的定量测试。所得数据波动较大，因为除了合金的化学成分与组织构造之外，对测试结果的影响因素实在太多。

2.3.9.1 自熔合金的室温拉伸强度

用强度高于自熔合金的结构钢材制成半件标准的圆柱形拉伸试样，再用自熔合金熔结对接两个半件，成为一件完整的涂层合金拉伸试样，对接件中部涂层间隙的厚度选定为 0.05mm 和 0.1mm。所测定几种自熔合金的室温拉伸强度列于表2-75。显然数据的波动较大，因为熔结程度的高低、对接后两个半件各自中心线之间的显微偏差，以及涂层间隙的不同厚度等都是测定结果的影响因素。应当说涂层间隙越大时，所测定的数值越接近真实，因为在熔结对接时由于基体与涂层间的元素互扩散，使间隙中涂层的化学成分与组织构造均有所改变，间隙越小时改变越大，间隙越大时改变越小。

表 2-75　自熔合金的室温拉伸强度

序号	合金化学组成/%	涂层间隙 /mm	拉伸强度 /MPa	屈服强度 /MPa	伸长率 /%	断面收缩率 /%
1	1.0C，15Cr，3.5B，4Si，4Fe，余 Ni	0.05	388~419	310~321	2~4	0
		0.1	341~375	346	2	0
2	7Cr，3B，4.5Si，3Fe，余 Ni	0.05	313.6	—	0	0
		0.1	108~143	—	0	0

另一种测试方法是，先在碳钢基体上熔结一层厚约 1.0mm 的自熔合金涂层，然后把涂层从基体上线切割下来，经过磨光，制成厚 0.4mm 的纯自熔合金拉伸试片。用此法测得 (0.2C，5~10Cr，1~2.5B，2~3.5Si，4Fe，余 Ni) 自熔合金的拉伸强度为 $\sigma_b = 750$MPa，这已接近了 45 号钢正火状态的水平[47]。该合金的强度比表 2-75 中两种合金高出许多，是由于该合金中的 B、Si 含量较少，使合金组成中固溶体较多而呈块状的硬质相较少的缘故。

2.3.9.2 自熔合金的高温强度

测定自熔合金高温剪切强度的试样设计如图 2-69 所示。试样材质采用 18-8 型不锈钢。试样底环厚 4mm，底环中孔的内径为 $\phi10.04$mm。把外径为 $\phi10$mm 的销轴置于底环孔内，环轴之间的间隙是 0.02mm。在间隙内填充并熔结所需要测定强度的自熔合金，使环与轴熔结一体，成为一个完整的试样。然后放在高温拉伸试验机中拉开，断裂处应在间隙部位。化学组成为 (0.1C，4Cr，2B，3Si，0.3Cu，2Fe，余 Ni) 的

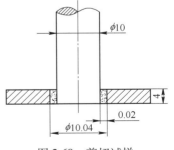

图 2-69　剪切试样

自熔合金在 800℃下的高温强度列于表 2-76。当间隙与测试温度相同时，剪切强度受到熔结制度的影响。该自熔合金的正常熔结制度是 1070℃，5min。当制度偏

高或偏低时都会改变间隙内合金涂层的组成与结构，从而带来对强度的不利影响。

表 2-76　自熔合金在不同熔结制度下的高温剪切强度

间隙/mm	测试温度/℃	熔结制度	剪切强度/MPa
0.02	800	1100℃，5min	103~119.3
		1070℃，5min	131.6~162.2

温度变化对高温剪切强度的影响可参考图 2-70。自熔合金是（15Cr，3B，余Ni），试样材质采用 Ni-Cr 或 Co-Ni-Cr 合金。自室温升至 400℃时，自熔合金的高温剪切强度从 340MPa 降至 300MPa。自 400~700℃温度段，强度基本保持稳定不变。过 700℃后，强度又略有下降。时间变化对高温剪切强度的影响可参考图 2-71。自熔合金是（0.4C，10Cr，2.5B，4Si，0.3Cu，2.5Fe，余 Ni）。试样材质采用 18-8 型不锈钢。在 800℃下保温 500~2000h 以上，其剪切强度基本稳定在 80MPa 左右。

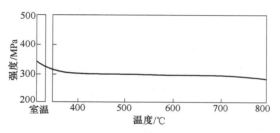

图 2-70　温度对高温剪切强度的影响

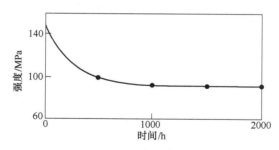

图 2-71　时间对高温强度的影响

2.3.9.3　自熔合金的持久强度

使用与图 2-69 相同的试样，仅对间隙有所调整，进行高温持久试验。自熔合金是（15Cr，3.75B，4.5Si，4Fe，余 Ni）。试样材质采用 18-8 型不锈钢。在 500℃时的剪切强度与持久寿命列于表 2-77。除了化学组成之外，间隙、熔结制度、试验温度与应力大小等因素对持久寿命都有影响。若对以上影响因素进行优化组合，则熔结在 18-8 型不锈钢基体上该自熔合金涂层于 500℃ 下的持久性能曲线示于图 2-72。当剪切应力为 150～200MPa 时，合金涂层的持久寿命可以达到 1000h 以上。

表 2-77 自熔合金在 500℃ 下的剪切强度与持久寿命

间隙/mm	熔结制度	剪切强度/MPa	持久寿命/h
0.025	1200℃，3min	158.1	10
	1200℃，10min		>7300
	1200℃，30min		3890
0.051	1200℃，10min		>2420
0.025		193.8	3100

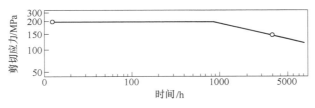

图 2-72 自熔合金的持久性能曲线

2.3.9.4 自熔合金的疲劳强度

测定自熔合金疲劳强度的试样设计如图 2-73 所示。试样材质采用化学组成为（0.17C，1.45Cr，4.05Ni，0.29Si，0.44Mn，0.63W，0.015P，0.017S）的 Ni-Cr 结构钢。底座厚 7mm，疲劳板厚 4mm，板与底座之间的间隙是 0.04mm。在间隙内填充并熔结所需要测定强度的自熔合金，使板与底座熔结一体，成为一个完整的疲劳试样。试验时把底座牢靠地固定在试验机架上，作用于疲劳板上的最大弯矩为 3kg/mm^2，所使用的疲劳频率是 3000r/min。化学组成为（0.4C，10Cr，2.5B，4Si，0.3Cu，2.5Fe，余 Ni）自熔合金的疲劳寿命为 $N > 10^6$ 时，其疲劳强度为 $\sigma_a = 90$MPa。图 2-74 是把自熔合金换成（15Cr，3.75B，4.5 Si，4Fe，余 Ni），测得其在 800℃ 高温下的疲劳性能 $N = 10^8$ 时，其疲劳强度仍有 $\sigma_a = 70～80$MPa。

自熔合金的疲劳强度不高，尤数 Fe 基自熔合金最低。但为了修复 75Mn 高碳锰钢铁轨，研发了一种 Fe 基自熔合金[48]，其基本化学组成是 [40～53(Ni，Cr)，6.8～9.2（C，B，Si，Mo），余 Fe]。采用喷焊方法把合金粉末熔融凝结在铁轨的磨损表面。铁轨的磨损属于接触疲劳磨损，模拟铁路的实际工况来测试 Fe 基自熔合金喷焊涂层的疲劳寿命。取 1100mm 长度的一段新轨，沿踏面中部打磨掉 2mm×70mm×300mm，然后用喷焊方法填满 Fe 基自熔合金涂层。疲劳试验条件是跨度

1m，跨中25mm，上下限试验载荷为32/5t，加载频率250次/min，测定结果是疲劳寿命 $N>200$ 万次，已经超过了铁道部的部颁标准。另外，也测定出该Fe基自熔合金涂层的硬度与75Mn钢相当，为HRC 30左右，而涂层的耐磨寿命却是原75Mn铁轨的4倍左右。评估200万次的疲劳寿命虽能满足部颁标准，但按照载荷作用的面积来实际计算上下限的疲劳强度也只有182.9~28.6MPa，而且疲劳试验的加载频率亦相当低，故总的来说Fe基自熔合金涂层的抗接触疲劳性能是比较偏低的。在所有自熔合金中，Co基自熔合金的抗疲劳性能较好，具体数据可以参看表2-51与图2-57。

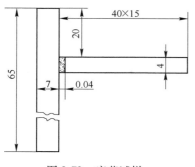

图2-73　疲劳试样

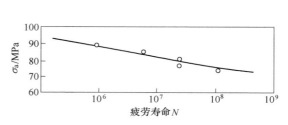

图2-74　自熔合金在800℃的疲劳曲线

2.3.9.5　自熔合金的冲击韧性

Ni基自熔合金以稳定的Ni-Cr固溶体为合金母体，这是韧性的基础，当合金中C、B与Si的金属间化合物相增多时，合金的硬度增高而韧性下降。硬度与韧性不可兼得，二者的相对关系如图2-75所示[49]。在几种自熔合金中，Fe基自熔合金的冲击韧性是比较低的。在硬度相当的情况下，一般都是Fe基自熔合金的冲击韧性比Co基与Ni基自熔合金要低。把前述修复铁轨用Fe基自熔合金的厚层喷焊涂

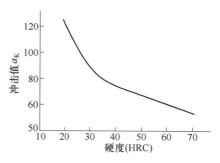

图2-75　冲击值与硬度的关系

层，切割成3mm×5mm×55mm，并不开缺口的冲击试样[48]。在室温测得其冲击值波动于 $a_K = 5\sim10J/cm^2$ 之间。

2.3.9.6　自熔合金涂层与基体之间的结合力

有一种合金涂层与基体之间结合力大小的定性测评方法如图2-76所示。这是一种弯曲试验法[48]，试样尺寸为10mm×25mm×170mm，在试样厚度的10mm中（见图2-76），表皮的2mm是喷焊的合金涂层，压头直径为40mm，加压载荷

为 26.5kN，试样受压弯曲直至涂层开裂。图 2-76 中左图是涂层裂纹的正视图，右图是涂层裂纹的侧视图。试样变形直至涂层开裂也未脱落的结果表明，涂层与基体之间是结合牢固的。

图 2-76　弯曲试验测评涂层结合力

有一种定量的测试方法如图 2-77 所示[50]。试样由托环与销轴组成，把销轴顶端直径为 d mm 的一段插进相互匹配的托环中孔，然后在托环与销轴的上表面喷涂并熔融凝结 3mm 厚的合金涂层。把涂层好的试样置于调心夹头中，这种夹头在拉伸时能保证试样的对中性。几种自熔合金涂层与灰铸铁基体之间结合强度的测试结果列于表 2-78。拉伸有 3 种结果，其中 Fe 基与 Cu 基自熔合金涂层试样的拉伸结果是界面脱开，断口光滑，基体上没有黏附一点涂层，金相检查界面双边没有发生任何元素互扩散，这说明喷涂后的重熔温度太低，涂层与基体之间没能形成冶金

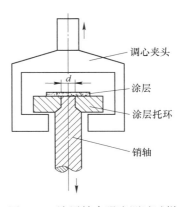

图 2-77　涂层结合强度测试试样

结合，所测数据比真正的结合强度偏低。第二种情况是 1 号与 2 号 Ni 基自熔合金涂层，试样均为界面撕裂，断口粗糙，金相分析界面处因双边元素互扩散而形成了 0.01～0.1mm 厚的元素扩散互溶区，这说明重熔温度合适，所测数据是真正的结合强度数据。第三种情况见 3 号 Ni 基自熔合金涂层，试样未从界面处而是从涂层内体撕裂，这说明涂层与基体之结合强度超过了涂层本身的结构强度，所测数据也是低于真正的结合强度数据。

表 2-78　几种自熔合金涂层与灰铸铁基体之间结合强度的测试结果

序号	自熔合金涂层的化学组成 /%								结合强度 /MPa	结果
	C	Cr	B	Si	Co	Ni	Fe	Cu		
1	<0.1	约10	1.5	2.5	约10	余	<1.5	—	2.2	界面撕裂
2	<0.1	<7	1.0	2.5	—	余	<1.5	—	2.31	界面撕裂
3	<0.08	—	1.6～2.1	2.5～3.5	—	余	3.5～5.0	—	2.53	涂层撕裂
4	<0.5	约10	1.2～3.0	2.5～4.2	—	约20	余	—	0.81	界面脱开
5	<2.5	1.5～3.0	<2.0	4～6	—	<1.5	—	余	0.65	界面脱开

2.4　表面硬化合金涂层原材料、相关配方与基本特性

在现代表面工程中，表面硬化合金已得到越来越广泛的实际应用。表面硬化合金在耐磨材料中，可按照硬度递减的如下排序来定位，即硬质合金、表面硬化合金、自熔合金、耐磨钢材。与硬质合金相比较，在化学组成上，表面硬化合金基本上也是由黏结金属与硬质颗粒两部分组成。所不同的是表面硬化合金所用的黏结金属并不是单一的元素金属，而往往采用多元合金、自熔合金以及现成的钢铁材料。另外黏结金属的份额也有所不同，在硬质合金中一般不会超过 30%，而在表面硬化合金中除了铸渗材料之外一般要达到 50% 以上，这样在熔融时就有充分的液相，使凝结后的涂层相当致密，并能与基体金属结合牢固。表面硬化合金所采用的硬质颗粒也不局限于只是碳化物，还可采用诸如硼化物、氮化物、硅化物，甚至氧化物等各种硬质化合物，而且在硬质颗粒之外根据需要还可以引入其他功能材料。在制备方法上硬质合金是通过压制与烧结的粉末冶金工艺来制成各种单一的硬质合金制品，而表面硬化合金是通过各种具有熔融凝结过程的表面冶金工艺被涂覆在待涂基体的表面，成为一种全新的复合金属制品。常用的表面冶金工艺有堆焊、喷焊、激光表面合金化、真空熔结、电火花表面合金化、高频感应熔结和负压铸渗等。每一种表面冶金方法所采用的热能虽然不同，但都能使黏结金属在熔融凝结过程中牢牢地黏住硬质颗粒，并与基体金属扩散互溶，在涂层与基体之间形成互溶区，从而使涂层与基体牢固地冶金结合成一个复合金属整体。在涂层性能上大致介于硬质合金与自熔合金之间，具有较好的耐磨、耐腐蚀、耐高温、抗氧化与耐冲蚀的综合优势和一定程度的抗疲劳磨损能力，在表面工程中具有无限广阔的应用前景。

大多数表面硬化合金中的硬质相与黏结相都是在涂层配料时预先配制的，但也有一些是在熔结过程中由合金组元相互反应生成的，参加反应的合金元素主要来自涂层配料，当然也可以来自基体表层。合金中的黏结金属熔融时能够很好地浸润硬质颗粒与基体金属表面，彼此扩散互溶，形成牢固的冶金结合。若浸润不够理想而需要改进时，首先要在熔结工艺上注意，彻底清洗硬质颗粒与基体金属表面，提高真空度，提高熔结温度等，其次也可以采用包覆粉末，如钴包碳化钨、镍包氧化铝和硅包金刚石等。

2.4.1　表面硬化合金中的黏结金属

常见的黏结金属有 Ni 基、Co 基、Fe 基与 Cu 基四种，最常用的是各种 Ni 基合金，如 BNi_2 合金、NiCrSi 合金及 Ni 基与 Co 基自熔合金等。其次是 Fe 基合金，

包括普碳钢、不锈钢以及铸铁材料等。除了以上材料之外，黏结金属偶尔也会用到铝合金、钛合金及钼合金等。把每一类黏结金属取其既实用又有代表性者列于表2-79。其中除了铝合金是在熔结过程中由反应生成之外，其余都是在配料时加入的。

表2-79 表面硬化合金中的黏结金属举例

类别	名　称	化学组成/%	熔结温度/℃
Ni 基	BNi-2	7Cr, 2.8B, 4.5Si, 3Fe, 余 Ni	971~999
	Ni60	0.8C, 16Cr, 3.5B, 4.5Si, 15Fe, 余 Ni	1000~1100
	NiCrSi	19.5Cr, 6.1Si, 余 Ni	1138~1149
Co 基	CoCrBSi	1.3C, 19Cr, 2B, 3Si, 13W, 13Ni, 3Fe, 余 Co	约 1100
	CoCrW	1.05C, 29.3Cr, 9.22W, 3.6Fe, 1.1Si, 0.85B, 余 Co	约 1200
Fe 基	ZG45 钢	0.42~0.52C, 0.2~0.45Si, 0.5~0.8Mn, ≤0.06P, ≤0.06S	1650
	HT200 灰铸铁	3~3.8C, 2~2.2Si, 0.6~0.9Mn, ≤0.25P, ≤0.15S	1450
	Cr20 白口铸铁	2.8~3.2C, ≤0.7Si, 18~22Cr, 1~1.5Mn, ≤0.05P, ≤0.05S	1600
Cu 基	CuNiBSi	13Ni, 1.0B, 2.0Si, 余 Cu	约 1050
	锰白铜	15~38Mn, 15~40Ni, 0.001~0.1B, 0.05~3Si, 余 Cu	1200
Al 基	铝合金	Al-Si	—
Ti 基	钛合金	21~28Cu, 10~15Ni, 16~20Zr, <0.3C, 余 Ti	—
Mo 基	钼合金	6.6Ni, 1.6Cr, 余 Mo	约 2800

用各类黏结金属配制成表面硬化合金涂层的实例简述如下。

2.4.1.1　用 Ni 基黏结金属配制的表面硬化合金涂层

"Ni60 自熔合金（0.8C, 16Cr, 3.5B, 4.5Si, 15Fe, 余 Ni）+WC"是十分普及的一种表面硬化合金。可用喷焊、激光、高频感应和真空熔结等多种方法来制备涂层。对摩擦、磨料与冲蚀等诸多类型的磨损工况，均具有较好的耐磨性。适度增加 WC 含量时耐磨性还能再进一步提高，表2-80[51]列出了几种配比涂层与不锈钢的相对耐磨性，但增加太多时会因 WC 的偏析与聚团反使耐磨性下降。

表2-80　（Ni60+WC）表面硬化合金涂层耐磨料磨损性能

涂层材料及配比	1Cr18Ni9Ti	Ni60+10%WC	Ni60+20%WC	Ni60+35%WC
相对耐磨性	0.59	1.09	1.59	1.97

BNi-2 本是一种钎焊合金，它的熔化温度较低又浸润性较强，在表面硬化合金中是用作黏结金属的好材料。把 BNi-2 粉（75~88μm）加 Co 包 WC 粉（50~70μm）为原料，按 1010~1080℃，保温 10min 的制度，真空熔结在 45 号钢基体表面上，形成"BNi-2，（Co+WC）"[52]表面硬化合金涂层，涂层厚度为 2.5mm。

熔结时 WC 颗粒周边的 Co 完全溶解于熔融的 BNi-2 合金中，成为二者互相溶合的复合黏结金属，在此熔结温度下 WC 不会分解，只有微量溶于黏结金属，形成致密的表面硬化合金耐磨涂层。在两种粉末配比一定的情况下，涂层的耐磨性是 Co 包 WC 粉中金属 Co 质量分数的函数，Co 含量越高、而 WC 相对较少时，耐磨性越差。用湿砂橡胶轮磨料磨损试验机测定涂层磨损失重与 Co 包 WC 粉中 Co 含量的关系曲线示于图 2-78。当 Co 溶入 BNi-2 时，使涂层中合金母体的显微硬度降低，带动涂层的整体硬度亦降低，涂层的耐磨性也就随着硬度的降低而降低。如果硬质颗粒 WC 不含 Co 时，涂层的合金母体全部是 BNi-2 合金，其显微硬度为 HV 986，涂层的整体硬度达到 HRC 68.3。若硬质颗粒 WC

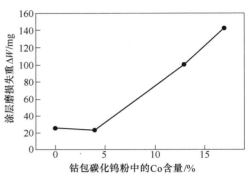

图 2-78　涂层磨损量与 Co 含量的关系

含有 Co 4% 时，合金母体的显微硬度降低到 HV 858，涂层的整体硬度降到 HRC 67.4。若含 Co 17% 时，合金母体与整体涂层的硬度分别降到 HV 756 和 HRC 61.3。

用于高温耐磨、耐热震、耐腐蚀、抗氧化涂层的一类黏结金属，是以 Ni-Cr 为基再加入 Fe、Co、W 以及少量降低熔点之其他元素组成。NiCrSi 合金是其中一种，组成为 $[(64.4Ni，16.9Cr，5.3Si)+(6.7TiSi_2，6.7TiN)]^{[53]}$ 的表面硬化合金可用作涡轮喷气发动机耐热部件的防护涂层。例如把该涂层按 1138 ~ 1149℃，保温 15~30min 的制度，真空熔结在 Co 基合金导向叶片的工作表面。涂层厚度仅需 0.076~0.13mm。涂层叶片的最高工作温度可以达到 1200℃ 以上。Co 基合金的化学组成是（0.45C，21Cr，11W，2Nb，2Fe，≤1.0Ni，≤0.5Mn，≤0.5Si，余 Co）。无涂层 Co 基合金导向叶片在 1200℃ 的工作寿命仅为 70h，而涂层叶片可以达到 170h 以上。

2.4.1.2　用 Co 基黏结金属配制的表面硬化合金涂层

以 Co 基自熔合金为黏结金属加上钴包碳化钨组成表面硬化合金涂层[54]。所用 CoCrBSi 合金粉末的化学组成见表 2-79，粒度为 -0.105 ~ +0.037mm。钴包碳化钨粉的成分是（WC+12Co），粒度为 -320 目（0.045mm）。涂层基体是正火态 45 号钢板材，硬度为 HRC 45~52。试验涂层设计有五个配方，依次编号为 C1 ~ C5，其配料中 WC 的质量分数依次是 0.0%、13.2%、26.4%、39.6% 和 52.8%。五个配方涂层的真空熔结制度相同，都是 1100℃、保温 2min。涂层厚度也一样都是 1.5mm。C2 涂层的扫描电镜照片示于图 2-79，在固溶体合金母体中分布着大小不等的硬质颗粒。图 2-80 所示显示了由 X-光检出的各种硬质化合物，除了原始配入的 WC 之外，还有反应生成的诸如 Cr_7C_3、Co_3W_3C、Cr_2B 和 CoWB 等碳化物与硼化物。硬质颗粒间距的大小与涂层配比有关，WC 的质量分数越高则颗粒间距越小，颗粒间距越小则分布于涂层中的硬质颗粒密度越大，涂层的整体硬度也就越高。涂层中 WC 的质量分数与涂层的显微硬度列于表 2-81。

图 2-79　C2 涂层组织

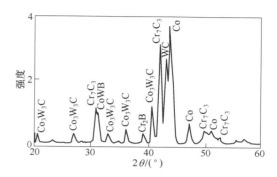

图 2-80　C2 涂层的 X-射线衍射图

表 2-81　"CoCrBSi+WC" 涂层配比与涂层硬度

涂层编号	C1	C2	C3	C4
WC 质量分数/%	0.0	13.2	26.4	39.6
涂层硬度（$HV_{0.1}$）	381	456	586	792

　　数据表明 WC 的质量分数越大，涂层的硬度就越高。加入 13.2%WC 即相当于加入 15% "WC+12Co" 的涂层硬度是纯 CoCrBSi 合金涂层硬度的 1.2 倍。加入 39.6%WC 时相当于 2.1 倍。用盘销式摩擦磨损试验机测定各配比涂层及 45 号钢的磨损曲线示于图 2-81。各涂层及 45 号钢制成盘，用硬度为 HRC 61 的 GCr15 钢制成销，在 20 号机油润

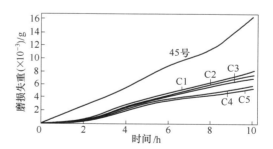

图 2-81　"CoCrBSi+WC" 表面硬化合金涂层磨损曲线

滑、300N 载荷与 1102 r/min 转速下进行摩擦磨损试验。各涂层的耐磨性远远高于 45 号钢，C5 号涂层的耐磨性相当于 45 号钢的 3.7 倍，也相当于 C1 号纯 CoCrBSi 合金涂层的 1.9 倍。

　　"CoCrW+MC" 型表面硬化合金涂层[55]以 CoCrW 合金为黏结金属，硬质相

可用 WC、Cr_3C_2 等金属间化合物。涂层原材料是（1.05C，29.3Cr，9.22W，3.6Fe，1.1Si，0.85B，余 Co）司太立合金粉与 WC-12Co 及 Cr_3C_2-25NiCr 硬质合金粉。涂层基体是 45 号钢板材，真空熔结涂层厚度是 1.2mm。涂层配料中 MC 的体积分数，熔结后涂层中的主要硬质相与涂层表面的显微硬度列于表 2-82。

表 2-82　涂层配比，涂层中检出的主要硬质相与涂层表面硬度

MC 配量（体积分数）/%	纯 CoCrW	12.5WC	25WC	12.5 Cr_3C_2	25 Cr_3C_2
硬质相	Cr_7C_3	WC，Co_3W_3C		Cr_7C_3	
涂层硬度（HV）	458.9	519	644.7	634	1101.4

表中数据说明两点，一是任何加有 MC 的表面硬化合金的硬度都比纯 CoCrW 合金要高，二是加了 Cr_3C_2 的表面硬化合金的硬度比加有同配比 WC 的要高。用 MHK-500 型环块磨损试验机来测试涂层耐磨性。试块尺寸为 12.35mm×12.35mm ×19mm。对试块表层 1.2mm 厚涂层的表面用 900 号金相砂纸磨光。ϕ49.24mm× 13mm 磨轮的材质是硬度为 HRC 60 的 GCr15 钢，磨轮转速是 400 r/min。在石蜡基础油润滑条件下采用 400N 和 1000N 两种试验载荷。试验后测定涂层表面的磨痕宽度来量度涂层耐磨性的高低。图 2-82 是纯 CoCrW 合金和 "CoCrW+25 WC" 表面硬化合金涂层的磨损曲线。两条曲线都符合对数规律，大约 1h 之前磨痕宽度随着时间的增加而增加，这是磨损的起始阶段。1h 之后磨痕宽度随着时间的增加变化不大，进入了稳定磨损阶段。至于磨痕宽度随 MC 含量的变化规律，如图 2-83 所示。图中磨痕宽度均为磨损 1h 时的数据，曲线表明磨损不仅与涂层硬度有关而且与载荷大小有关，在 1000N 下加 WC 涂层与在 400N 下加 Cr_3C_2 涂层的磨痕宽度均随着 MC 含量的增加而减小；但在 1000N 下加 Cr_3C_2 涂层却随着 MC 含量的增加反而加大。这一情况说明在重载荷下涂层耐磨性不一定总与硬度成正比，对于表面硬化合金这种多相复合涂层来说，耐磨性还与涂层自身的结合强度有关，"CoCrW+Cr_3C_2" 涂层能很好承受 400N 的磨损载荷，但在 1000N 磨损载荷下沿涂层相界会产生微观裂纹，并导致硬质颗粒脱落。

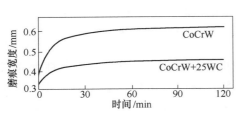

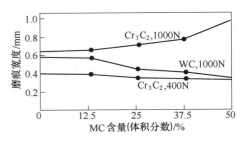

图 2-82　纯 CoCrW 与 "CoCrW+25WC" 磨损曲线　　图 2-83　磨痕宽度与 MC 含量的关系

2.4.1.3 用 Fe 基黏结金属配制的表面硬化合金涂层

Fe 基黏结金属可采用普碳钢、不锈钢、FeBTi 合金、FeCrBSi 自熔合金和铸铁等多种多样的 Fe 基材料。硬质颗粒也是以 WC 为主。涂层方法可选用真空熔结、激光表面合金化、离心铸造和负压铸渗等多种具有熔融凝结过程的表面冶金工艺方法。离心铸造方法常常应用于制造复合金属的圆柱形耐磨部件，如轧钢机的轧辊、导轮，磨煤机的磨辊、磨环，及矿石破碎机的挤压辊等。有一种"ZG45 钢+WC"表面硬化合金涂层就可用离心铸造方法复合于圆柱形耐磨部件的外表面[56]。黏结金属 ZG45 钢的化学组成是（0.42~0.52C，0.2~0.45Si，0.5~0.8Mn，≤0.06P，≤0.06S，余 Fe）。硬质相铸造 WC 颗粒的尺寸范围是 0.315~0.94mm。在铸造用钢质造型转筒的内表面先敷设好具有一定精度的由水玻璃或树脂黏结的砂型，再在砂型内表面涂敷 4mm 厚的 WC 颗粒涂膏层，涂膏是在 WC 颗粒中加入少量 Ni 粉与 Cr 粉配以有机黏结剂调制而成。经 200~300℃烘干 2h 后，向筒内注入 1650℃的 ZG45 钢液，此时造型转筒的转速保持在 1440r/min。在钢液高温作用下，涂膏层中的有机黏结剂迅速挥发殆尽，在离心力作用下钢液注渗到 WC 颗粒的全部间隙中，黏附于 WC 颗粒周边的少量 Ni、Cr 粉溶于钢液，并在冷凝后改进了黏结金属对 WC 颗粒的结合力。涂层断面的宏观与微观照片示于图 2-84。涂层中硬质颗粒分布均匀，微观观察在涂层与基体之间没有明显界面。WC 颗粒密度为 15.8g/cm³，ZG45 钢的密度是 7.8g/cm³，定量分析涂层中 WC 硬质颗粒所占体积分数是 53%。据此可以推算出整体涂层的密度是 12.04g/cm³，硬质颗粒的质量分数高达 69.6%。以常用的 Cr20 白口铸铁为对比试样，在三体磨料磨损试验机上测定出涂层的耐磨性高出 Cr20 白口铸铁 6 倍之多。若向筒内注入 1450℃的 HT200 灰口铸铁水时，则形成"HT200 灰铸铁+WC"表面硬化合金涂层，其耐磨性高出 Cr20 白口铸铁 4 倍多。若向筒内注入 1600℃的 Cr20 白口铸铁水时，则形成"Cr20 白口铸铁+WC"表面硬化合金涂层，其耐磨性高出 Cr20 白口铸铁本身 7 倍多。

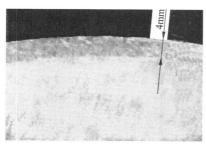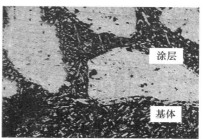

图 2-84　"ZG45 钢+69.6WC"表面硬化合金涂层断面照片

在腐蚀磨损工况下可采用不锈钢作黏结金属，有一种"不锈钢+WC"[57]表面硬化合金涂层可用于提高湿法磷酸生产线中料浆泵的耐磨与耐酸腐蚀性能。原料采用粒度为 154~200μm 的铸造 WC 颗粒，所用不锈钢的化学组成是（0.05C，1.39Si，0.81Mn，0.002P，0.009S，30.21Cr，2.83Mo，6.04Ni，3.13Cu，余Fe）。以相同粒度的高 Cr 铸铁颗粒调节配比，使 WC 颗粒在涂层中所占体积分数为 39%左右。通过负压铸渗方法把涂层复合在料浆泵的耐磨耐蚀部件表面，先把调配了有机黏结剂的颗粒配料涂敷于待涂部件表面，在负压条件下，将不锈钢液注入型腔。高热钢液在负压及毛细管力作用下渗入颗粒间隙，此时有机黏结剂瞬时气化逸出，高 Cr 铸铁颗粒的全部和 WC 颗粒的一小部分溶入钢液，钢液与基体部件表面扩散互溶形成了牢固的冶金结合，冷凝后即在待涂部件表面形成了一层表面硬化合金涂层。在 MMG-200 高温氧化与冲刷腐蚀磨损试验机上对涂层和料浆泵原用材质高 Cr 钢作对比试验，试验介质是 $50\%H_3PO_4+0.08\%Cl^-+1\%F^-+4\%SO_4^{2-}$，再外加 30%（体积分数）的 40~70 目（0.21~0.42mm）石英砂。试验机转速是 800 r/min，在 60℃温度下冲蚀 6h 后计算冲蚀磨损失重。表 2-83 列出了在高低不同冲刷角度下的试验结果。数据表明"不锈钢+WC"表面硬化合金涂层的耐冲刷腐蚀磨损性能比高 Cr 钢高出 2.55~3.16 倍。

表 2-83　"不锈钢+WC"表面硬化合金涂层与高 Cr 钢的冲刷腐蚀磨损速率（$mm^3/(m^2 \cdot h)$）

冲刷角度/（°）	30	60
"不锈钢+WC" 涂层	56.46	49.52
高 Cr 钢	178.36	126.64

2.4.1.4　用 Cu 基黏结金属配制的表面硬化合金涂层

若要求表面硬化合金涂层硬而不脆时，可考虑采用韧性较好的 Cu 基合金作黏结金属。一种"CuNiBSi+30WC"表面硬化合金涂层[58]，用于保护水轮机过流部件，可以抵御泥沙浆体冲刷与气蚀的联合破坏作用。原材料 CuNiBSi 自熔合金粉的化学组成是（13Ni，1B，2Si，余 Cu），硬度为 HB 200。硬质颗粒用铸造WC 粉。两种粉料的粒度都是-150~+300 目（-0.1~+0.05mm）。WC 粉在涂层配料中的质量分数是 30%。用喷焊方法在 Q235 钢基体上喷焊 1.5mm 厚的表面硬化合金涂层。在 H66025 磁致伸缩超声波振动气蚀仪上作气蚀磨损对比试验，若以硬度为 HRC 60 的 NiCrBSi 涂层的相对耐气蚀性为 1.0，则 CuNiBSi 涂层是1.18，"CuNiBSi+30WC"涂层是 1.27。

磨煤机的磨煤辊撞击、挤压并碾碎煤块而得煤粉，对辊表材质也要求硬而不脆，在实践摸索中认为 Cu 基合金加碳化钨涂层比较合用。一种"锰白铜+70WC"表面硬化合金涂层保护磨煤辊效果较好[59]。磨煤辊的轮胎型外形尺寸为 φ1550mm×530mm。以普通铸钢制作辊子基体，以同样材料另做一个靠模，作为基体外圆周表面的型腔外套，环形型腔空间的厚度即是将来涂层的有效厚度，具体要根据磨煤辊的磨损工况来设定，一般是沿中心线定为 25mm 厚，再向两边逐渐减薄。平放辊子基体与靠模，在型腔空间的上方，在基体与靠模之间留有敞开的宽度不小于 3mm 的环形装填口。先从装填口向型腔内灌满粒度为 20~100 目（0.147~0.841mm）的铸造 WC 颗粒，松装比大于 9g/cm³。然后在装填口上方的环形漏斗内盛满锰白铜碎块，锰白铜的化学组成是（15~38Mn，15~40Ni，0.05~3Si，0.001~0.1B，45~75Cu），其加工性良好，可压制剪切成碎块。锰白铜与碳化钨的质量比是 30∶70。把装好料的辊子基体与靠模整体置于还原性气氛的炉内，加热到 1200℃，使锰白铜充分熔融流动并全部注渗于型腔内的所有缝隙之中，把松散的 WC 颗粒与辊子基体的外圆周表面牢牢地熔结在一起，形成了厚度为 25mm 的"锰白铜+70WC"表面硬化合金涂层。由于在靠模内表面预先涂了用碳粉制作的隔离层，所以脱模是顺利的。涂层最高硬度可达 HRC 74 左右，软组织的硬度也大于 HRC 40。这种硬而不脆的涂层，在重载荷磨粒磨损和遇到煤矸石而发生巨大撞击疲劳磨损的磨煤工况下是十分合用的。其磨煤寿命达到 >21000h，而原用镍硬Ⅳ号铸铁辊的磨煤寿命只有 6000~8000h。

2.4.1.5　用 Al 基黏结金属配制的表面硬化合金涂层

在各种熔结工艺中熔结温度一般都低于基体金属的熔化温度，所以想在 Al 合金基体表面制备熔结涂层是比较困难的。但激光表面合金化是个例外，激光的能量密度很高，再控制好扫描速度，就可以实施高温瞬时熔结，只是把基体表面的涂料与有限深度的基体表层一起熔融凝结，而不会把基体熔穿。用这个办法可以把 Al 合金基体熔化的表层作为黏结金属，黏结住预先涂敷在基体表面的 MC 硬质颗粒，形成"Al 合金+MC"表面硬化合金涂层。这样所形成涂层的化学组成与涂料配比并不一致，而取决于熔结过程中表面冶金反应的结果。有一种以 AA6061Al 合金为基体的激光熔结涂层[60]，Al 合金化学组成是（0.04~0.35Cr，0.4~0.8Si，0.7Fe，0.15~0.4Cu，0.15Mn，0.8~1.2Mg，0.25Zn，0.15Ti，余Al）。硬质颗粒用粒度 ≤43μm 的工业纯 SiC 粉料。先用有机黏结剂调制 SiC 涂料并涂敷于基体表面，在 120℃ 下烘干成 0.2mm 厚的 SiC 涂料层。在氩气保护下对涂料层进行激光扫描，在基体表面形成了"Al 合金+MC"表面硬化合金涂层，其微观组织构造如图 2-85 所示。涂层中硬质相分布相当均匀，其体积分数很高，约在 70% 以上，亦未发现气孔与裂纹等微观缺

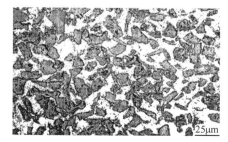

图 2-85　"Al 合金+MC"涂层组织

陷。由于激光扫描时温度很高，有相当一部分 SiC 溶解于 Al 合金熔液，并发生如下的表面冶金反应：

$$4Al+4SiC \longrightarrow Al_4SiC_4+3Si$$

$$4Al+3SiC \longrightarrow Al_4C_3+3Si$$

分离出的 Si 主要都溶解于熔融 Al 液中，形成新的 AlSi 合金，成为所有新老硬质相的黏结金属。经 X-射线衍射分析表明，硬质相除了原有的 SiC 颗粒之外，还新产生了许多细针状的 Al_4SiC_4 与 Al_4C_3 枝晶。所以熔结后的表面硬化合金涂层应表示为 "AlSi+（SiC，Al_4SiC_4，Al_4C_3）"。涂层中硬质相的粒度也由配料时的 $43\mu m$ 降到了平均 $15\mu m$。在 550W 超音速感应空泡侵蚀试验机上，对涂层与基体作耐气蚀磨损对比试验，试验介质是 23℃ 的 3.5% NaCl 水溶液，试验结果如图 2-86 所示。涂层的耐气蚀磨损性能高于基体 1.6 倍左右。

2.4.1.6　用 Ti 基黏结金属配制的表面硬化合金涂层

用表面硬化合金涂层保护 Ti 合金基体耐磨耐腐蚀也可以用激光熔结方法来制造[61]。基体是 Ti-6Al-4V 退火态 Ti 合金。黏结金属用（$21\sim28$Cu，$10\sim15$Ni，$16\sim20$Zr，<0.3C，余 Ti）的 TiCuNiZr 合金粉，粒度 $-150\sim+300$ 目（$-0.1\sim +0.05$mm）。硬质相用 $100\sim300$ 目（$0.05\sim0.15$mm）的 WC 粉。两种粉按 1:1 混合，加有机黏结剂调成涂料。在洁净的基体表面涂上 1.0mm 厚的涂料层，在 $70\sim80$ ℃ 下烘干 15 min。然后在氩气保护下对涂料层用激光扫描成 "Ti 合金+MC" 表面硬化合金涂层，其组织构造如图 2-87 所示。图中浅灰颗粒是 WC，深灰颗粒是（W，Ti）C，枝晶所在的黑色区是黏结金属。经激光熔结之后的表面硬化合金涂层的化学式应表示为 "TiCuNiZr+［WC，（W，Ti）C］"。其新老硬质相中各化学组成的原子分数列于表 2-84。在一部分 WC 颗粒中有大约 11.77%（原子分数）的 W 为 12.08%（原子分数）的 Ti 所置换。

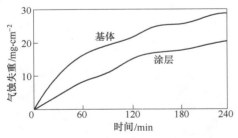

图 2-86　耐气蚀磨损性能曲线

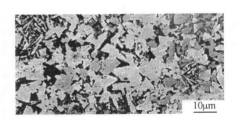

图 2-87　"Ti 合金+MC" 涂层组织

表 2-84　对不同硬质相的能谱分析结果

硬质相	WC		（W，Ti）C		
化学组成	W	C	W	Ti	C
原子分数/%	49.36	50.4	37.59	12.08	50.32

2.4.1.7　用 Mo 基黏结金属配制的表面硬化合金涂层

重负荷内燃机的活塞环需要一种特殊结构的耐磨涂层。对涂层材质的基本要求是必须具备足够的高温组织稳定性与高温硬度，此外对涂层结构还有一项特殊要求，即要求涂层内层致密结实，而涂层的外表层是细小均匀的开口气孔层，这样便于储存润滑油。

为满足这种要求所设计的表面硬化合金涂层是 $[(70Mo，5Ni，1.2Cr)+(5Si，18.8Cr_3C_2)]^{[62]}$。配方中"+"号前面的 Mo，Ni-Cr 合金是黏结金属，是涂层的合金母体，具有足够的高温组织稳定性、高温力学性能及熔融浸润性。"+"号后面是表面硬化合金涂层的功能组分，Cr_3C_2 是硬质颗粒，提高涂层硬度，Si 粉是特殊的功能配料，熔结时 Si 粉汽化挥发，使涂层表面造成开口气孔层。

所有涂层配料均为金属和金属间化合物粉末。把这些粉末加有机黏结剂调成涂料，涂敷在洁净的不锈钢或高温合金基体表面，涂料层厚度≤1.5mm。烘干后在氩气保护下用激光扫描熔结，熔结制度是 2700~3000℃，0.4~1.2s。熔结后涂层厚度约为 1.0mm。由于有 10%~30% 的 Fe 元素自基体溶入涂层，使得在涂层与基体之间呈现出牢固的冶金结合。涂层内层致密，表层多微孔，具有良好的储油效果。

在同一台磨损试验机上，以煤油润滑，在同等试验条件下，对相同配料的熔结涂层与等离子喷镀涂层作磨损对比试验，结果表明熔结涂层的耐磨寿命是等离子喷镀涂层的 4 倍。主要原因是等离子喷镀涂层从里到外都有气孔，是结构强度较差的海绵体，而且与基体之间的结合也并不牢固。

2.4.2 表面硬化合金中的硬质化合物

硬质化合物是在涂层领域，更具体化是在耐磨涂层领域作为硬质相的材料。在高温应用领域则称作难熔化合物。其实对硬度或熔点的界定都不是绝对的，高于这个界限就是硬质或难熔，随着工程技术的不断发展，这个界限势必在作不断的更动。这里还是紧扣耐磨涂层的主题，从实际应用的现实角度，有限范围作硬质化合物在耐磨涂层中应用情况的介绍。硬质化合物按其化学特性可分为三类：

第一类是金属间化合物。是指其化学键特性为共用电子云的金属键，如 NiAl、Ni_3Al、TiAl 与 Ni_3Ti 等。其实硬质化合物是多键性的，只要金属键的比例占多数，就可视为金属或类金属间化合物，如 TiC、TiN、CrB_2、ZrN 和 WC 等。它们与金属相比从外表到内部结构都有相似之处。在这些化合物的晶格中，除了符合金属和非金属组分的 s 和 r 支层的电子外，化学键还由过渡金属的更内层的未完成的 d 和 f 支层的电子来实现。类金属硬质化合物几乎所有的金属组分都属于这种情形。

第二类是非金属间化合物。也具有多键性特点，但共价键比例更大，如 B_4C、立方 BN、SiC 和 Si_3N_4 等。硬度最高的材料属于此类。

第三类是金属与非金属间化合物。是离子键结合的硬质化合物，此类材料的物理化学稳定性最好，如 Al_2O_3、ZrO 等。

2.4.2.1　常用硬质化合物的物理性能

把耐磨涂层中比较常见的一些硬质化合物的物理性能与硬质合金、高速钢及金属铝作对比列于表 2-85。显然表中硬度最高的硬质化合物是氮化物，其次才是碳化物。耐磨涂层中最常用的硬质化合物是 WC，但它在碳化物中并不是最硬的材料，另外它的线膨胀系数与基体钢材也不够匹配，Cr_3C_2 与 CrB_2 等是与钢材匹配得较好的硬质材料。

表 2-85　几种硬质化合物与硬质合金、高速钢及金属铝的物理性能

硬质化合物	密度 /$g \cdot cm^{-3}$	熔点 /℃	硬度 （HV）	弹性模量 /GPa	泊松比	线膨胀系数 /℃$^{-1}$
TaC	14.3	3880±150	1800	291	0.24	$8.29×10^{-6}$
TiC	4.93	3147±50	3200	460	0.19	$7.74×10^{-6}$
WC	15.5~15.7	2870	2350	710	0.19	$3.84×10^{-6}$
SiC	3.22	2760	2600	393	0.18	$5.68×10^{-6}$
VC	5.36	2648	2900	430	—	$7.2×10^{-6}$
Cr_3C_2	6.68	1895	HM1350	380	—	$11.7×10^{-6}$
Cr_7C_3	6.92	1665	HM1336	—	—	$9.4×10^{-6}$
B_4C	2.52	2350	2255	—	—	$4.5×10^{-6}$
CrB_2	5.58	2200±50	1800	215	—	$11.1×10^{-6}$
CrB	6.05	2050	HM1250±50	—	—	$9.5×10^{-6}$
Cr_2B	6.11	1890	HM1350	—	—	—
$MoSi_2$	5.9~6.3	2030	1320~1550	430	—	$5.1×10^{-6}$
$CrSi_2$	4.4	1500±20	880~1100	—	—	—
TiN	5.43	3205	2100	256	—	$9.35×10^{-6}$
BN	3.48	2730	<5000	660	—	$7.51×10^{-6}$
ZrN	7.09	2980	1900	—	—	$7.24×10^{-6}$
Si_3N_4	3.19	1900	1720	210	—	$2.75×10^{-6}$
WC-6Co	—	—	1500	640	0.26	$5.4×10^{-6}$
WC-12Co	—	—	623		0.28	$6.1×10^{-6}$
高速钢	—	—	800~1000	250	0.30	$12-15×10^{-6}$
Al	—	658	30	70	0.35	$23×10^{-6}$

2.4.2.2 常用硬质化合物的高温抗氧化性能

几种常用硬质化合物在高温大气中的抗氧化性能列于表2-86。这对抗氧化磨损是重要的，可惜在表面硬化合金涂层中最常用的WC的高温抗氧化性能几乎是最差。依表中数据来比较，高温抗氧化性能较优的硬质化合物应选 CrB_2、$MoSi_2$、Si_3N_4、B_4C 和 SiC 这几种。

表2-86 几种常用硬质化合物在高温大气中的抗氧化性能

硬质 化合物	温度 /℃	氧化时间 /h	重 量 变 化	
			$mg \cdot cm^{-2}$	$mg \cdot (cm^2 \cdot h)^{-1}$
CrB_2	1000	150	+2.1	+0.014
TiC	1000	2	+1.6	+0.8
Cr_7C_3	1000	2	+116.9	+58.4
WC	530	—	完全烧损（细粉末）	
TiN	1000	1	+25	+25
$MoSi_2$	1095	150	−60	−0.4
	1100	20	+1.4	+0.07
	1320	100	+400	+4.0
	1565	100	−367	−3.67
BN	1000	2	−0.35	−0.175
Si_3N_4	1200	80	+5	+0.06
B_4C	1100	20	−0.8	−0.04
SiC	1400	100	+8.2%	+0.082%

2.4.2.3 常用硬质化合物的耐腐蚀性能

从耐腐蚀磨损的角度来参考几种常用硬质化合物的腐蚀性能，列于表2-87。常用的WC耐碱性溶液及还原性酸的腐蚀性能尚可，但是耐氧化性酸的腐蚀性能较差。而与之相反，CrB_2耐碱性溶液及氧化性酸的腐蚀性能尚可，但是耐还原性酸的腐蚀性能较差。SiC 和 $MoSi_2$ 等硬质化合物耐还原性酸和耐氧化性酸的腐蚀性能都比较好。

表2-87 几种常用硬质化合物的腐蚀性能

硬质化合物	作用介质	温度/℃	时间/h	不溶残渣/%	作用特性
WC	HCl(1.19%)	20	24	97	—
	HNO_3(1.43%)	20	24	63	—
	NaOH(20%)	20	24	97	—
	Zn 液	940	144	—	作用微弱

硬质化合物	作 用 介 质	温度/℃	时间/h	不溶残渣/%	作用特性
TiN	HCl（1.19%）	20	24	89	—
	HNO₃（1.43%）	20	24	10	—
	NaOH+H₂O₂（1%）	沸腾	2	9	—
	NaOH	650	—	—	分解
	Sn 液（空气）	350	10	—	不起作用
	铁水（Co+N₂）	1520	0.1	—	不起作用
CrB₂	HCl（1.19%）	20	24	36	—
	HNO₃（1.43%）	20	24	99	—
	NaOH（30%）	20	20	99	—
	Al 液（氩气）	1000	0.2	—	作用微弱
	Zn 液（空气）	940	132	—	不起作用
	铁水（Co+N₂）	1520	0.1	—	不起作用
BN	HNO₃（1.43%）	20	—	8.9	—
	NaOH（20%）	20	—	8.9	—
	K₂CO₃熔盐	800～900	—	—	分解
Cr₇C₃	HCl（1.19%）	20	48	92.3	—
	NaOH（50%）	20	48	100	—
B₄C	HCl（1.19%）	20	24	98	—
	HNO₃（1.43%）	20	24	97	—
	NaOH（50%）	20	40	98.3	—
	Na₂CO₃+NaNO₃ 熔盐	600～700	—	—	分解
SiC	HCl（1.19%）	沸腾	1.0	100	—
	HNO₃（1.43%）	沸腾	1.0	100	—
	Na₂CO₃（10%）	沸腾	144	84.2	—
	Na₂CO₃熔盐	800	—	—	分解
	Al 液	900	72	—	作用微弱
MoSi₂	HCl（1.19%）	20	24	99.91	—
	HNO₃（1.43%）	20	24	99.54	—
	NaOH	400～500	—	—	积极作用
	Al 液	1000	5	—	起作用
	Ni 液	1500	0.5	—	完全溶解

2.4.3 对表面硬化合金涂层耐磨性的主要影响因素

在不同类型磨损工况下，对表面硬化合金涂层耐磨性的影响因素不同。在摩擦磨损、磨料磨损与冲刷磨损条件下，涂层中的硬质相起主要作用，黏结金属次之，硬质相本身硬度较高或硬质相数量适当增多时，使涂层整体硬度越高则耐磨性就越好。遇到黏着磨损时，硬质相也很重要，让整个涂层的金属性减小而陶瓷性增加，就可以抵御黏着磨损。另外，所选硬质相与黏结金属均容易生成保护性氧化膜时，黏着磨损也不易发生。在疲劳磨损如接触、撞击、气蚀与微动等磨损条件下，涂层中的硬质相与黏结金属二者都很重要，硬质相要赋予涂层适当硬度，不能太低也不必过高，而黏结金属要保证涂层有足够的冲击韧性，并必须对硬质相黏结牢固，使相界面不易萌生疲劳裂纹源，这样才可以有效减缓疲劳磨损。在腐蚀与氧化磨损条件下，涂层中黏结金属的化学稳定性起主要作用，而硬质相辅之。本节着重讨论对涂层整体硬度与耐磨性的影响因素，这涉及硬质相的种类、硬质相颗粒大小、硬质相所占百分比、硬质相在涂层中的分布均匀度以及熔结制度等影响因素。

2.4.3.1 硬质相种类对表面硬化合金涂层硬度与耐磨性的影响

以 NiCrBSi 自熔合金为黏结金属，以各种 MC 为硬质相构成 "NiCrBSi+MC" 表面硬化合金涂层。基体用奥氏体钢，NiCrBSi 的化学组成是（0.45C，10Cr，2.25B，3Si，4.25Fe，余 Ni）。其熔化温度范围为 965~1180℃，熔结后在这种自熔合金涂层中可检出 Ni_3B、CrB、Cr_5B_3、CrB_2 和 Cr_7C_3 等许多金属间化合物，但因这些自熔合金本身析出的硬质相数量太少，致使涂层的洛氏硬度仅为 HRC 40。为得到更高的硬度，可在自熔合金中外加 TiC、NbC 或 WC 等硬质化合物构成多相复合的表面硬化合金涂层[63]。图 2-88 是 "NiCrBSi+25MC" 涂层加不同碳化物在不同熔结制度下的硬度曲线。图中数据表明在相同配比、相同熔结制度下，加入不同碳化物之涂层的整体硬度不同，碳化物硬度越高者涂层硬度亦越高。图中碳化物的显微硬度 HM（kg/mm^2）依次是 TiC 3000、NbC1961、WC 1780。

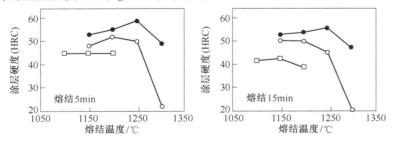

图 2-88 "NiCrBSi+25MC" 涂层在不同熔结制度下的硬度曲线
●—TiC；○—NbC；□—WC

涂层硬度不同则耐磨性不同，图 2-88 中各涂层的磨损曲线如图 2-89 所示。总的规律是在相同配比、相同熔结制度下，碳化物硬度越高的涂层其耐磨性越好。但也有例外，如 NbC 的硬度比 WC 高，而含 NbC 涂层的耐磨性却不如含 WC 的涂层，可见对涂层耐磨性的影响因素是十分复杂的，除了配比、碳化物硬度和熔结制度之外，还与碳化物的物理化学稳定性以及黏结金属对碳化物的浸润性等其他因素有关。

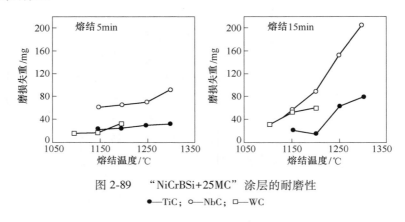

图 2-89　"NiCrBSi+25MC" 涂层的耐磨性
●—TiC；○—NbC；□—WC

2.4.3.2　熔结制度对表面硬化合金涂层硬度与耐磨性的影响

真空熔结可在 ≤10^{-4}Pa 真空度的熔结炉中进行。所用碳化物粉末的粒度是 22.5~45μm。由于熔融黏结金属对各碳化物的浸润性不同，为得到足够的涂层结合强度就不可能采用同一个熔结制度。只能通过实验确定所需的熔结温度与熔结时间，一般处在 1100~1350℃、5~15min 之间。分析图 2-88，从硬度曲线的走向可以归纳出两条规律。其一是随着熔结能量即熔结温度与熔结时间之乘积的提高，表面硬化合金涂层的整体硬度也在逐步提高。其二是涂层的整体硬度随着熔结能量提高而提高的进程都有一个转折温度。采用不同的碳化物会有不同的转折温度，在熔结 5min 时，加 WC 涂层的转折温度是 1200℃，加 NbC 涂层的转折温度也是 1200℃，而加 TiC 涂层的转折温度提升到 1250℃。若延长熔结时间为 15min 时，加 WC 涂层的转折温度后退到 1150℃。在转折温度之前增加熔结能量会使涂层更加充分熔结，自身结合强度持续增强，更多硬质颗粒能更充分地发挥出对涂层整体硬度的增硬作用。在转折温度之后再增加熔结能量时会引发两种情况，一是硬质相会溶解、分解，以至于转化成较低硬度的其他化合物，二是促使基体中更多的 Fe 元素稀释到涂层中去。这两种情况共同造成涂层的整体硬度急转直下。

采用不同 MC 之表面硬化合金涂层的扫描电镜照片如图 2-90 与图 2-91 所示。同配比不同熔结制度所得 "NiCrBSi+WC" 涂层的电镜照片说明，在熔结过程中这种多相非均质涂层在热力学上是不平衡的，随着熔结制度的变化使涂层的组织构造也发生了很大变化。1200℃、5min 熔结制度下"NiCrBSi + 50TiC"涂层中的硬质相主要是大块的 TiC 聚集体,显示出涂层的整体硬度很高,耐磨性很好。当熔结制度提高到 1300℃、15min 时,大块的 TiC 聚集体不复存在,TiC 颗粒溶解缩小,分解出的游离 C 与合金母体中的 Cr 反应生成硬度较低的 Cr_7C_3,涂层的整体硬度与耐磨性迅速下降。WC 的稳定性更差,1200℃、5min 熔结制度下即已有低硬度的 Ni_2W_4C 生成,涂层硬度与耐磨性已经开始下降。至 1300℃、15min 时硬质 WC 已所剩无几,大部分与来自基体的 Fe 元素转化成了新的 Fe_3W_3C 化合物。涂层硬度与耐磨性急速下降。

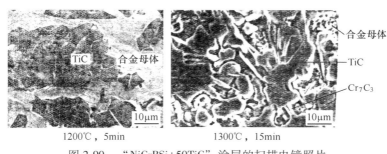

1200℃, 5min　　　　　1300℃, 15min

图 2-90　"NiCrBSi+50TiC"涂层的扫描电镜照片

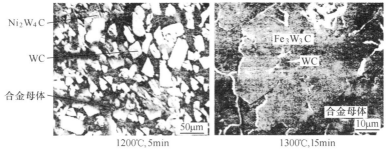

1200℃, 5min　　　　　1300℃, 15min

图 2-91　"NiCrBSi+50WC"涂层的扫描电镜照片

　　碳化物在熔结时的高温物理化学稳定性可以用各自的生成自由能来衡量。TiC 在 1000~2000K 温度范围内的生成自由能是 $\Delta G = -186731.3 + 13.23T$ (J),NbC 的生成自由能是 $\Delta G = -159098.4 + 2.26T$ (J);而 WC 在 298~2000K 温度范围内的生成自由能是 $\Delta G = -38099.88 + 1.67T$ (J)。由以上数据可知,所用三种碳化物在熔结温度范围内最不稳定的应是 WC,由实验确定"NiCrBSi+25WC"涂层最合适的熔结制度应定在 1075~1150℃、5min 为宜。

　　2.4.3.3　硬质相的百分含量与颗粒大小对表面硬化合金涂层耐磨性的影响

　　以"NiCrBSi+WC"表面硬化合金涂层为例。黏结合金粉的化学组成是(2.5~20Cr,0.5~5B,0.5~6Si,>10Fe,余 Ni)。为使涂层的组织结构均匀,硬质化合物用"Ni-80%WC"（质量分数）粉团的形式引入 WC，配制粉团用 Ni 粉和 WC 粉的粒度都是 0.1~10μm，外加 2%~3%（质量分数）的有机黏结剂来调和预先混合好的干粉，调和时最好加热到 40℃，直至调和干涸，然后过 150~270 目筛备用。如果加入 20%（质量分数）粉团来配制涂层时，则涂层的实际配比应是"NiCrBSi+16%WC（质量分数）"或"NiCrBSi+9%WC（体积分数）"。

　　当涂层中的 WC 百分含量增高时，涂层硬度提高，耐磨性能也随之提高，但涂层的韧性与强度却随之降低。此外，WC 密度较大，约为 15.7，而黏结合金的密度约为 8.2 左右，因而在熔融凝结过程中，容易发生 WC 颗粒偏析，这样就达不到预期的硬化作用。为了尽可能发挥加入 WC 可提高涂层硬度、提高耐磨性的优点，而减轻使涂层强度与韧性降低以及发生颗粒偏析的缺点，必须科学制定加入 WC 的百分含量与颗粒尺寸。Mahesh S. Patel[64]认为，相邻两个 WC 颗粒之间的颗粒间距对于涂层的耐磨性是十分重要的，如果间距太大则在颗粒之间暴露出过多的合金母体，磨粒首先将选择性地磨掉硬度较软的合金母体，然后 WC 颗粒因失去支撑而从合金母体中脱落下来。在理想分散状况下，每个颗粒都应占据在一个单位立方体合金母体的中心，如图 2-92 所示。图中 S 为颗粒间距，d 为颗粒平均直径，D 为单位立方体边长。若定义 fp 为颗粒所占单位立方体的体积分数，则颗粒间距为：

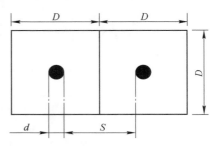

图 2-92　理想的颗粒分布模型

$$\frac{\pi d^3}{6} = fp \cdot D^3$$

$$D = \sqrt[3]{\frac{0.525}{fp} \cdot d^3} = d \cdot \sqrt[3]{\frac{0.525}{fp}}$$

$$S = D - d = d \cdot \sqrt[3]{\frac{0.525}{fp}} - d = d \cdot \left(\sqrt[3]{\frac{0.525}{fp}} - 1 \right)$$

　　显然 S 是 fp 和 d 的函数。由实验得知，当 WC 颗粒尺寸大于 50μm 时很容易发生颗粒偏析，所以颗粒尺寸不得超过 50μm，最好小于 10μm。硬质颗粒在表面硬化合金涂层中常用的百分比是 10%~30%（质量分数），约合 5%~20%（体积分数）。经验已知在此体积范围内，只要采用小于 10μm 的硬质颗粒，就可以获得细小的颗粒间距和硬质颗粒基本上分布均匀的涂层结构。用 4μm 和 6μm 两种颗粒作"$S = f(fp)$"试验，结果得到如图 2-93 所示的关系曲线。随着 fp 的增加，S 呈渐近线逐步减小。从 S 也是 d 的函数来看，则采用 4μm 比采用 6μm 可以得到更小的颗粒间距。把涂层的硬度、耐磨性与涂层的强度、韧性综合适中考虑时，在"$S = f(fp)$"曲线上选取转弯处的 $fp = 9\%$（约合到质量分数 16%）是适宜的，此时可使涂层得到较好的整体硬度与耐磨性，而保持强度与韧性的损失最小。事实上，在涂层中加入低含量细颗粒比高含量粗颗粒的碳化钨更耐磨，这可以通过表 2-88 所列两种配比涂层对于摩擦磨损的平行试验来证明。

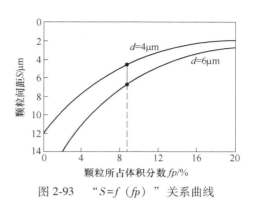

图 2-93　　"$S = f(fp)$"关系曲线

表 2-88　不同颗粒尺寸与不同颗粒百分含量涂层的平行磨损试验

硬质颗粒粒度/μm	涂层配比	磨损失重/g
60 ~ 100	NiCrBSi + 50% WC（质量分数）	0.137
4 ~ 6	NiCrBSi + 16% WC（质量分数）	0.07

在实际生产中，硬质颗粒在合金母体中的分散分布状况，受不同涂层工艺方法或同一工艺的不同工艺参数的影响也很大，很少处于自然偏析的状况，所以上述规则只是一种理论上的方向性指导与参考。

2.4.4　熔融黏结金属对硬质化合物颗粒的浸润性

熔融黏结金属对硬质化合物颗粒的浸润性，直接影响到合金母体与硬质相之间的结合强度，也就决定了涂层自身结构强度的高低。熔融液态金属对固态颗粒的浸润性是二者内界面上彼此元素相互扩散的宏观反映。宏观上浸润得好就是微观上扩散得好。在内界面上彼此元素发生相互扩散之前，黏结金属与硬质颗粒是靠范德华力聚在一起的颗粒堆积物，无整体结构强度可言；而在发生界面元素互扩散之后，二相之间产生了牢固的键合作用，使黏结金属与硬质化合物颗粒键合成整体结构强度很高的表面硬化合金，这就是熔结效果。浸润性好表面硬化合金的结构强度就高；浸润性差则表面硬化合金的结构强度就低。浸润性的好坏以接触角"θ"来度量，θ 角越小浸润性越高。

2.4.4.1　几种黏结金属对硬质化合物的浸润性

Ni 基、Co 基、Fe 基、Cu 基与 Al 基这几种黏结金属对常用碳化物与硼化物的浸润性数据列于表 2-89[65]。按表中数据综合比较，对碳化物与硼化物浸润性最好的合金应数 Co 基合金，其次排序为 Ni 基、Fe 基、Al 基与 Cu 基。Cu 基合金对碳化物的浸润性比较最差，工业上用 Cu 基合金焊接的碳化钨硬质合金刀头常常容易脱落就是这个原因。一般在接触角 $\theta<10°$ 时，二相之间很容易形成牢固的冶金结合；否则即使加大熔结能量也未必能解决问题。

表 2-89　熔融黏结金属对碳化物与硼化物的浸润性

黏结金属	硬质化合物	温度/℃	接触角 $\theta/(°)$
Ni	TiB_2	1480	38.5
	CrB_2	1480	11
	TiC	1450	32
	Cr_7C_3	1500	腐蚀碳化物表面
	Cr_3C_2	1500	0
	B_4C	1780	>90
	WC	1500	约 0
	$TiC+70\%WC$ 固溶体	1500	21
Ni+46%Cu 合金	TiC	1300	约 10
Co	TiC	1500	5
	WC	1500	0
	B_4C	1780	>90
Fe	TiC	1550	39
	B_4C	1780	反应强烈
Cu	TiB_2	1100~1150	158~154
	VB_2	1100~1400	150~114
	CrB_2	1480	50
	TiC	1100~1300	108~70
	ZrC	1100	135
	WC	1100	30
	B_4C	995~1090	130~17
Al	TiC	700	118
	B_4C	600	117

2.4.4.2　调整熔结制度以提高黏结金属对硬质化合物的浸润性

由于浸润性的内因是二相内界面上的元素互扩散，因此熔融黏结金属对硬质化合物之浸润性随熔结温度的变化规律，必定符合扩散激活能方程所表示的指数关系，即随着熔结温度的提高通过界面的扩散原子数将成倍增长，宏观表现出浸润性在提高，而测算的接触角在减小。这一变化规律与熔融黏结金属对基体钢材之浸润性随熔结温度的变化规律是一致的。相关报道的试验数据[65]列于表 2-90。表中随着熔结温度的提高浸润性都有很大改进，但接触角 θ 尚难降到 10° 以下，所以熔结温度对浸润性的影响还是有限的，不能指望提高熔结温度来解决根本问题。顺便看到 Sn、Bi 还有 Zn、Pb 与 Ag 等其他黏结金属对 WC 的浸润性都不甚理想，黏结 WC 还是选择 Co、Ni 为好。

表 2-90　熔融黏结金属对硬质化合物之浸润性与熔结温度的关系

涂层	Cu+ZrB$_2$		Sn+WC		Bi+WC	
熔结温度/℃	1160	1400	500	1300	700	1100
接触角 θ/（°）	123	36	120	30	140	52

延长熔结时间也可以提高熔结能量，也能改善熔融黏结金属对硬质化合物的浸润性。例如在 1480℃、0.5 min 熔结制度下，熔融金属 Ni 对 TiB$_2$ 的接触角 θ=100°；而在 1480℃、20 min 熔结制度下，接触角能改善到 θ=38.5°。

2.4.4.3　采用包覆粉末使浸润性改观

通常熔融黏结金属最容易浸润以金属键结合起来的金属间化合物，如果要浸润以共价键结合起来的非金属间化合物和以离子键结合起来的金属与非金属间化合物时就相当困难，甚至于根本不可能。这一难题很难从本质上解决，但采用金属包覆的硬质化合物粉末可使浸润性与结合强度得到很大的改观。

（1）钴包碳化钨。WC 是制备表面硬化合金涂层最常用的类金属间化合物。黏结金属 Co 与 Ni 对它的浸润性都很好，但为了能选用更多、更方便且更廉价的黏结金属如 Cu 基与 Fe 基合金时，需采用更易浸润的 Co 包 WC 粉，如图 2-94 所示。把 WC 粉末悬浮在含有二氨络合钴的硫酸铵溶液中，通入氢气，便可按如下反应得到钴包碳化钨粉：

图 2-94　Co 包 WC 粉

$$H_2 + Co(NH_3)_2SO_4 \longrightarrow (NH_4)_2SO_4 + Co\downarrow$$

由于在钴与碳化钨之间有较大而完整的接触界面，从而增强了钴对碳化钨的黏结作用，并在高温熔结时颗粒外围的钴包覆层对碳化钨芯子能起到防止氧化、脱碳与吸氮等保护作用。无论是 Cu 基或 Fe 基黏结金属对钴包覆层的浸润都不成问题，最终表现出涂层的致密度、硬度及与基体的结合强度等性能全面优于采用非包覆 WC 粉的涂层。

（2）镍包氧化铝。硬质化合物的稳定性排序应是氧化物、氮化物、碳化物与硼化物。在氧化物中应用最普遍的 Al$_2$O$_3$ 有三大优点。一是热力学稳定性极高，ΔG_{298}=−1577.46kJ/mol；二是硬度也很高，达到 HV1900；三是线膨胀系数较大，与基体金属比较接近，于 0~1000℃时其 α= 8.8×10^{-6}/℃。但是把 Al$_2$O$_3$ 用于表面硬化合金涂层作硬质相的最大障碍是难于浸润，熔融铁水对 Al$_2$O$_3$ 的接触角 θ=115°，根本浸润不了。有一种解决办法是对 Al$_2$O$_3$ 进行化学镀 Ni[66]，原

材料用>99%工业纯氧化铝，粒度是 0.3~0.6mm。镀前要对 Al_2O_3 颗粒表面作恰
当活化处理，然后按 30~35 g/L 的装载量加入到镀液中。镀液配比是 $Ni_2SO_4 \cdot$
$7H_2O$ 30g/L，$NaHPO_2 \cdot H_2O$ 30g/L，$Na_4P_2O_7 \cdot 10H_2O$ 60g/L。进行化学镀的主
要工艺参数为：pH = 10，镀液温度 30~35℃，镀液的搅拌速度 200~250 r/min。
掌握 Al_2O_3 颗粒表面 Ni 镀层的厚度为 3~7μm，如图 2-95 所示。镀 Ni 层连续均匀
地包覆在 Al_2O_3 颗粒表面，镀层与芯子结合紧密，未见缝隙。平行用镀 Ni 颗粒与
未镀颗粒加有机黏结剂调和后铺覆在铸型表面，注入 HT250 灰铸铁液进行负压
铸渗，铁液在未镀 Ni 颗粒中渗层很薄，结构疏松，甚至形不成复合涂层；而铁
液在镀 Ni 颗粒中渗透顺利，可冶金结合成 5mm 厚的表面硬化合金涂层，其组织
构造如图 2-96 所示。

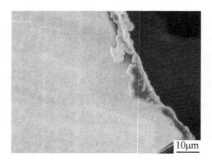

图 2-95　Ni 包 Al_2O_3

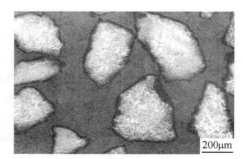

图 2-96　"高铬铸铁+Al_2O_3"组织

　　涂层中颗粒分布均匀，没有聚团现象，黏结金属与硬质颗粒结合紧密，亦无
气孔与空隙等铸造缺陷。Ni 包 Al_2O_3 颗粒在涂层中的体积分数可用同样粒度的高
碳铬铁颗粒来调节，在铸型表面铺覆的粉料是按所需百分比预先混合好的 Ni 包
Al_2O_3 与高碳铬铁的颗粒混合物。铸渗时在铁液高温作用下，高碳铬铁颗粒熔化，
就近浸润 Ni 包 Al_2O_3 颗粒，成为复合涂层很好的黏结金属，并与灰铸铁基体充分
扩散溶合形成牢固的冶金结合。

　　用激光熔结方法可以在 AlSi 合金表面制备以 Al_2O_3 为主要硬质相的表面硬化
合金涂层，用 Ni 包 Al_2O_3 粉引入 Al_2O_3，黏结金属就是 AlSi 合金。基体材料是
ZL109 铝硅合金，其化学组成为（11~13Si，0.5~1.5Cu，0.8~1.5Mn，0.5~
1.5Ni，余 Al）。涂层材料是粒度为−140~+350 目（−0.105~0.044mm）的 Ni 包
Al_2O_3 粉，化学组成是（25~80Ni，余 Al_2O_3）。为弥补熔结时激光对基体中 Si 元
素的烧损，有时在 Ni 包 Al_2O_3 粉中再添加质量分数 10% Si 粉（纯度99.8%）。激
光熔结含氧化物的表面硬化合金涂层有两种方法。第一种是喷注激光熔结法，在
扫描时采用负压式同步送粉装置，以 0.3~0.65g/s 的送粉速度，把粉末送到激光
照射区。另一种是预置法，把粉末加有机黏结剂调匀成膏，匀涂于基体表面，厚
度 0.3~0.4mm，烘干后进行激光扫描熔结处理。两种加料方式的激光熔结工艺

参数都是[67]：激光功率，$1.5 \sim 2.5kW$；扫描速度，$300 \sim 600mm/min$；光斑直径，3mm；扫描光束横向进量，1.5mm/道；保护气体，N_2。

熔结后二者的显微组织基本相同，硬质相包括有 Al_2O_3、Ni_3Si 和 NiAl 等，黏结相即是熔融的基体表层。激光熔结特点是快速凝结，过冷度大，多非自发核心，使形核率大增，获得了细小致密的涂层组织，硬度较高，而且与基体形成了牢固的冶金结合。涂层的相对耐磨性比基体高出 $1 \sim 2$ 倍左右，见表 2-91。

表 2-91　涂层与基体的相对耐磨性试验结果

材　　料	摩擦系数 μ	磨损量/mm^3	相对耐磨性
ZL109 基材	0.052	0.1513	1.0
激光熔结涂层	$0.045 \sim 0.048$	$0.077 \sim 0.078$	$1.93 \sim 2.02$

（3）铬包金刚石。金刚石的高强度源于晶体内部典型的共价键结合，周期表中只有ⅣA族元素（C、Si、Ge、α-Sn）才有可能单靠共价键结合，其代表就是金刚石。整块金刚石是一个单晶体[68]。四面体的配位形式，保持了金刚石的结构稳定性，和与其他材料相复合时所不希望的物理与化学惰性。因此，在制作金刚石涂层时，如何解决金刚石颗粒与黏结金属之间牢固结合的问题是成功的关键。这个问题的实质也是浸润性问题，解决办法也只能采用各种金属包覆措施。

用真空蒸发沉积加热扩散的方法可以对金刚石颗粒包覆 Cr 和 Cr-Ti 合金等镀层。铬与钛在高温下无限互溶，成分为 Cr_{55}-Ti_{45} 合金的共熔点只有 1400℃，蒸镀工艺参数为：真空度 2×10^{-5} mmHg，工作电流 $16 \sim 20A$，钨丝锥形篮直径 $\phi 0.5mm$，镀蒸次数与每次的镀蒸时间为 3 次×10s/次，镀膜厚度 $10 \sim 30\mu m$。镀层表面微观不平整，与金刚石颗粒结合力较强。在保护气氛下经热扩散处理后，镀层有碳化物标示线检出，较大可能性是在金刚石与镀层之间因发生了表面冶金反应，而产生出 Cr_7C_3 与 Cr_2C 型化合物。

用磁控溅射方法可以得到结合更为紧密的铬包金刚石粉[69]。把 $40 \sim 50$ 目（$0.297 \sim 0.42mm$）大小的人造金刚石颗粒盛在溅射室的旋转装置中，溅射工艺参数为：真空度 $2 \times 10^{-4}Pa$，溅射时的 Ar 气分压 0.15Pa，沉积速率 0.4nm/s，Cr 靶材及 Ar 气纯度都是五个 9。溅射 6min 左右，沉积 Cr 镀层厚度达到 150nm 左右。经俄歇线谱分析，Cr 镀层与金刚石内界面的扩散层厚度达到 65nm 左右，这已远远超过了蒸发镀层内界面的扩散层深度。Cr 镀层与金刚石内界面的扩散深度与溅射能量有关，能量越高深度越大，这是一种注入效果，形成了伪扩散的冶金结合。虽然内界面的扩散深度明显，但是化学反应较轻，只有少数注入能量较高的 Cr 才能与金刚石中的 C 反应生成 Cr_2C_3 的金属碳化物。

除了真空蒸发沉积和磁控溅射的方法之外，也可以在高温高压条件下直接进行热扩散的方法来完成金刚石表面金属化。例如，可以把 Si、Ti 等金属粉末和粒度为 0.1~0.5μm 的金刚石单晶颗粒混合一起，在高温高压条件下经热扩散制成 30μm 左右紧密复合的金刚石聚晶体[70]。聚晶体表面覆盖着一层 8~10μm 厚的网状金属膜，检查金属膜与金刚石聚晶体的内界面有 0.5μm 厚的反应生成物，测定出聚晶金属化层的结合强度达到 68.6~127.5MPa。聚晶体表面金属膜的熔化温度在 1200℃ 以上。把一种 Co 基自溶合金粉作为黏结金属与金刚石聚晶体粉末混合，先以等离子喷枪把混合粉料喷涂到基体表面，然后在真空充氩熔结炉中 1050℃ 熔结 20min，形成 "Co 基自溶合金 +40%（体积分数）金刚石聚晶体" 的表面硬化合金涂层。涂层厚度为 1.78~2.56mm，含金刚石聚晶体颗粒有 500 粒以上，涂层的平均硬度达到 HRC 63.1。以这种涂层应用于钻探工程的取芯钻头效果很好。

2.4.5　表面硬化合金涂层的强度指标

以表 2-79 中的 Ni 基自熔合金 BNi-2 为黏结金属，粒度为 75~88μm。以 WC-Co 硬质合金粉为硬质相，Co 含量为 5%、10% 与 15%（质量分数），粒度为 50~70μm。以真空熔结方法把两种粉末混合物熔结在 45 号钢基体上，形成 "NiCoCrBSi + WC" 表面硬化合金涂层[52]，涂层厚 2.5mm。以线切割方法把涂层从基体上切下，再加工成拉伸试样，在 AG-5000A 试验机上进行拉伸试验，可测出涂层自身的结构强度。由于在黏结金属与基体钢材之间的互溶区内不存在硬质相，如图 2-97 所示。所以熔结后黏结金属与基体钢材之间的结合强度，实际就是整个涂层对基体的

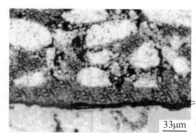

涂层

互溶区
基体

33μm

图 2-97　涂层微观结构

结合强度。只要以 BNi-2 合金直接熔结对接两个 45 号钢的标准拉伸试棒，合并为一件完整的拉伸试样，再进行拉伸试验，就可以测得涂层与基体之间的结合强度。

在各种熔结制度下所得涂层的结构强度及与基体之间的结合强度如图 2-98 所示。左图是固定在 1060℃ 熔结温度下，改变熔结保温时间所得涂层的强度。右图是固定保温时间为 10min，改变熔结温度所得涂层的强度。显然涂层强度与熔结程度密切相关。熔结程度分为初熔、充分熔结和过熔三档。初熔时因熔结能量偏低而使液相不足，涂层尚处于烧结状态，甚至还有一定气孔率，结构强度不高，与基体结合力也不强。充分熔结是指熔结能量足够，液相充沛，能充分浸润硬质相颗粒及基体表面，恰当地扩散互溶，涂层致密，两项强度都很高。过熔时熔结能量过剩，发生了许多本不希望发生的过度的表面冶金反应：如基体元素

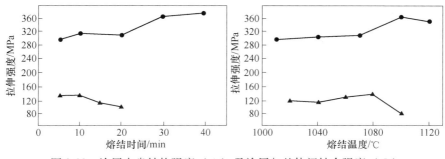

图 2-98 涂层自身结构强度（▲）及涂层与基体间结合强度（●）

Fe 对涂层的过分稀释，使 Ni 基黏结金属因含 Fe 量的提高而降低了对硬质颗粒的浸润性与结合力，WC 硬质颗粒的溶解与分解使涂层的合金母体变质，以及涂层与基体表层过热部位晶粒长大等。所有这些过热变化都会降低涂层强度。图中每条强度曲线的最高点都处在涂层的充分熔结程度，对应着比较合适的熔结能量，过了此点即进入过熔状态。比较涂层自身强度及与基体间结合强度两种曲线，很明显是自身强度曲线对熔结能量的敏感度较高，大多数过熔影响因素都对涂层自身强度起作用。结合强度曲线可适应更高熔结能量，当互溶区中的含 Fe 量越高时，结合强度越高，也越接近基体的自身强度，待升过最高点后由于晶粒过于长大，强度升高的势头才转折向下。统观而言，"NiCoCrBSi + WC"表面硬化合金涂层与 45 号钢基体之间的结合强度可以高达 300MPa 以上。涂层自身强度也在 100~140MPa 之间。

涂层与基体之间的结合强度也可以用剪切强度来衡量。以化学组成为（0.4~0.9C，14~17Cr，3.5~5B，3.5~5Si，<10Fe，2~4Cu，2~4Mo，余 Ni）的 Ni 基自熔合金粉与 WC 粉为原材料，粒度均为 −150 ~ +320 目 （−0.1 ~ 0.045mm）。用氧-乙炔火焰在直径 ϕ20mm 的 45 号钢圆棒外表面喷焊 1.5mm 厚的 "NiCrBSi+（20~30）WC"表面硬化合金涂层[71]。再线切割成 ϕ23mm×5mm 的圆环涂层试样，平放在 WE-30 型液压万能试验机上，用阴模压剪涂层，加载速度为 5mm/min。测得以较高能量火焰喷焊涂层与基体之间相结合的剪切强度为 312MPa，以较低能量喷焊时只有 264MPa。

表面硬化合金涂层的疲劳强度比相应的自熔合金还差。尤其抗交变应力的疲劳强度特别低，所幸抗 0~σ 同方向压-压重复应力的接触疲劳强度尚有可用之处。以 "Co 基自熔合金+20WC"表面硬化合金涂层与 Ni 基、Co 基自熔合金涂层作比较，进行接触疲劳试验，结果列于表 2-92。表中 Co 基自熔合金涂层的抗接触疲劳性能比 Ni 基自熔合金及 "Co 基自熔合金+20WC"表面硬化合金涂层要高 6 倍多。其原因是 Co 基自熔合金的组织构造均匀，硬质相不仅细小而且分散度高，提高了材料的屈服强度，使位错活动区减少因而能承受较高的接触疲劳载荷。表面硬化合金涂层要抗疲劳载荷就必定以 Co 基合金作黏结金属为好，这时的抗疲劳性能有可能接近 Ni 基自熔合金的水平。

表 2-92　表面硬化合金涂层与自熔合金涂层的接触疲劳强度之比

涂层合金种类		化学组成/%								疲劳应力 /MPa	循环周次
		C	Cr	B	Si	Fe	W	Ni	Co		
自熔合金	Ni 基	0.9	25	3.9	4.1	—	—	余	—	1460	$1.62×10^5$
	Co 基	0.75	25	3.0	2.75	1.0	10	11	余	1500	$9.4×10^5$
表面硬化合金		Co 基自熔合金+20WC								1475	$1.4×10^5$

表面硬化合金涂层抗磨料磨损、黏着磨损与腐蚀磨损性能均比自熔合金涂层不差，甚至更优。但抗疲劳磨损性能较差，从表 2-93 的应用实例中可以大致了解到表面硬化合金涂层的抗疲劳磨损水平，表中列出对应于每一项疲劳工况下的相对耐磨性。只能在相当低的疲劳应力条件下涂层才表现出高于铸铁和钢材的耐疲劳磨损性能，而在 2500MPa 的高应力条件下涂层的耐疲劳磨损性能只及到合金钢的 1/10 左右。

表 2-93　表面硬化合金涂层在疲劳磨损工况中的适用性

序号	疲劳磨损工况与工件	疲劳应力 /MPa	材　料	耐磨性
1	高周快速低载荷撞击疲劳磨损，均质泵的阀盘与阀座	18~22	1Cr18Ni9 Ti	1
			NiCrBSi+10WC	>5.3
2	压-压接触疲劳加 0~900℃冷热疲劳磨损，油井钻机的刹车鼓	约 134	4Cr22Ni4N	1
			CoCrBSi+35WC	约 7
3	高周次接触疲劳加冷热疲劳磨损，高线轧机的托辊	约 80	高铬铸铁	1
			NiCrBSi+10WC	>13
4	重载荷接触疲劳磨损，重载车辆的主传动轴齿轮	2500	18Cr2Ni4WA	1
			CoCrBSi +10WC	约 0.1

2.5　硬质合金涂层原材料、相关配方与基本特性

以百分之百硬质合金为原料直接制作熔结涂层，有相当难度，也并不普遍。硬质合金硬度很高、韧性极差、线膨胀系数又小，与钢铁基体很难匹配。往往在遇到特别严重的摩擦磨损与磨料磨损工况时才不得不考虑用它。用时也很少以硬质合金粉末，直接熔结成既能有一定厚度又连续、致密的涂层，而是仍以粉末冶金方法先制备出硬质合金块或硬质合金薄片，然后加黏结金属再熔结钎接于工件

表面，成为均布但并不连续的耐磨复合表层。

2.5.1 WC-Co 硬质合金的化学组成和基本特性

硬质合金一般是用金属的碳化物作硬质相，以铁族金属为黏结剂，用粉末冶金方法制成的合金材料。最早是 WC-Co 系列，后来又发展出 TiC、TaC 的系列，以及超细晶粒和钢结硬质合金等系列。典型硬质合金的化学组成与物理力学性能列于表 2-94。硬质合金的硬度很高，而且随着碳化物含量的增加与粒度的细化而提高。在超细晶粒硬质合金中，WC 粒度在 1μm 以下，其硬度超过 HRA 93。硬质合金的高温硬度直到 500℃ 保持不变，1000~1100℃ 时仍有 HRA 73~76，相当于 HB 430~477。与之相比，淬火钢在 1000~1100℃ 时的硬度只有 HB 30~40。硬质合金的冲击韧性随黏结金属含量的增加而提高，随碳化物颗粒的细化而降低，如粗晶粒 YG8 的冲击韧性为 35kPa，而细晶粒时为 25kPa。

表 2-94 硬质合金的化学成分与物理力学性能

合金牌号	化学成分/%				相对密度	硬度(HRA)	冲击韧性/kPa	抗弯强度/MPa	线膨胀系数/℃$^{-1}$
	WC	TiC	TaC	Co					
YG3	97	—	—	3	15.15	92	—	1000	$4.1×10^{-6}$
YG8	92	—	—	8	14.6	89	25	1500	$4.5×10^{-6}$
YG15	85	—	—	15	14.05	87	40	2000	$5.3×10^{-6}$
YG20	80	—	—	20	13.55	85.5	48	2600	$5.7×10^{-6}$
YG25	75	—	—	25	13.05	84.5	55	2700	—
YT14	78	14	—	8	11.25	90.5	0.7	120	$6.21×10^{-6}$
YW2	85	4	4	7	12.65	91		150	—

为提高油井钻机的钻速，降低钻井综合成本，必须提高牙轮钻头的转速，提高转速的关键在于轴承的承载能力与耐磨性能。由于滚动轴承的承载能力太小，表面接触应力过高，很快就疲劳磨损失效。相比之下还是滑动轴承的承载能力较高，但是在高温高压含砂泥浆的恶劣工况与较大冲击动载荷的联合作用下，一般牙轮钻头滑动轴承的材质与结构只能在 70~110r/min 的较低转速下工作。新型滑动轴承可以用优质低碳钢为基体材料，于摩擦工作表面上熔结镶钎一层厚度为 2.5~3mm，预制的 WC-Co 硬质合金薄片，形成均布但并不连续的耐磨复合表层[72]。在高温润滑脂或泥浆条件下，新型镶钎有 WC-Co 复层的滑动轴承，可让钻头在 200~300r/min 转速下长时间工作，见表 2-95。在 1000 多米井深下，钻压达到 150kN，钻头仍能保持 200r/min 以上的高转速。这大大提高了钻井速度，并有效降低了钻井成本。

表 2-95　新型镶钎 WC-Co 复层的滑动轴承的钻井指标

钻次	井段/m	进尺/m	纯钻时间/h	钻速/m·h⁻¹	钻压/kN	转速/r·min⁻¹
1	161~708.68	547.68	14.67	37.34	50~70	210
2	252~1196	944	47.5	19.87	50~150	110~210

2.5.2　钢结硬质合金的化学组成和基本特性

TM52 钢结硬质合金是一种以 TiC 为硬质相，以高锰钢为黏结金属的硬质合金，其化学组成与力学性能列于表 2-96。与 WC-Co 硬质合金相比，钢结硬质合金的硬度稍低，但冲击韧性与可焊接性能良好。

表 2-96　TM52 钢结硬质合金的化学组成与力学性能

化学组成/%						密度	硬度	冲击韧性	抗弯强度	抗压强度
TiC	C	Ni	Mo	Mn	Fe	/g·cm⁻³	（HRC）	/kPa	/MPa	/MPa
40~50	0.8~1.4	0.6~2	0.6~2	9~12	余	6~6.2	60~64	80~100	(185~200)×10³	(280~300)×10³

竖井钻机除滑动轴承外，另一个关键部件是破岩滚刀，靠它破碎岩石来实现钻进。滚刀的刀齿直接接触岩石，必须既硬又韧。以往在刀齿上堆焊 2~3mm 厚的 WC-Co 硬质合金涂层，但寿命提高有限，问题在于厚度不够，磨耗仍然太快，若增加厚度时又因冲击韧性过低而崩齿。解决的办法是换用硬度略低但冲击韧性较好的 TM52 钢结硬质合金来做刀齿[73]，先以粉末冶金方法预制好 20mm 厚的 TM52 刀齿，用普通电焊方法将其牢牢地焊接在刀体上。新型焊齿滚刀的使用寿命是原堆焊 WC-Co 涂层滚刀的 2 倍，而且成本成倍降低。当然这已超出了耐磨涂层的范畴，而是一种焊接复合件了。

2.6　玻璃陶瓷熔结涂层

在表面硬化合金耐磨涂层中金属是黏接相，各种硬质化合物是硬质相。而在玻璃陶瓷涂层中，玻璃是黏接相，陶瓷是硬质相或称作脊性物料。陶瓷相一般都选用单一氧化物或复合氧化物，有时也采用硅化物、氮化物等金属间或非金属间化合物。甚至可以直接加入金属作脊性物料而成为玻璃金属涂层，在高温使用时金属又氧化而成为相应氧化物，最终还是玻璃陶瓷涂层。

最古老的玻璃陶瓷涂层是珐琅和搪瓷。这似乎就是熔结涂层工艺方法的技术源头。珐琅和搪瓷的使用功能主要在于其装饰性、防腐性和艺术性。而现时讨论的玻璃陶瓷涂层是要服务于纷繁复杂的现代表面工程。其主攻方向是高温防护，制备各种抗氧化、耐腐蚀、抗冲刷以及具有绝热性能的涂层。不加玻璃的陶瓷涂层一般不采用熔结方法，可用的涂层方法很多，如阳极氧化法、微弧氧化法、热喷涂和电子束物理气相沉积等。用熔结方法制备陶瓷涂层以一般的炉熔方法不行，而必须运用高热能如激光熔结等方法才行。还有一种玻璃陶瓷涂层，并不在制备过程中熔结，而是在使用过程中熔结，这种涂层叫"高温漆"，这是一种极为特殊却很实用的自熔结涂层。

2.6.1　玻璃陶瓷涂层原材料

玻璃陶瓷涂层的主体原材料是玻璃。因为高温防护的保护对象除了超级合金之外，主要还有 W、Mo、Ta、Nb 等难熔金属以及 C/C 复合材料与石墨制品等，由于这些基体材料的线膨胀系数都比较低，所以普通的钾钠玻璃都不太合用；而必须考虑熔化温度较高，线膨胀系数较小的加有碱土金属氧化物的硼硅玻璃。

玻璃陶瓷涂层所采用的脊性物料主要是耐火氧化物，如 Al_2O_3、ZrO_2 等，这些氧化物在高温下的化学稳定性都没有问题，但在温度变化过程中常常伴随有晶型转换，引起体积变化，导致涂层开裂。所以在应用这些氧化物的同时，加入适量的晶型稳定剂是不可或缺的。为改善涂层的抗氧化性、抗热震性，或为了提高涂层对基体的密着力时，可考虑选择二硅化钼、石墨或金属铬等粉末作为脊性物料。

2.6.1.1　玻璃原材料

常用的玻璃原材料举例列入表 2-97。100% SiO_2 是熔凝硅石，其线膨胀系数最低，接近于零。后两种玻璃线膨胀系数最大，用于钢或铜质基体。前五种玻璃线膨胀系数较小，适合于保护难熔金属和碳制品。玻璃的选用原则首先是线膨胀系数，含碱金属氧化物多的玻璃线膨胀系数较大，少含或不含碱金属氧化物而多加碱土金属氧化物的玻璃线膨胀系数较小。其次要看玻璃的熔炼温度与软化温度，软化温度高则使用温度也高，能满足现代表面工程的需要。含碱金属氧化物多的玻璃熔炼温度与软化温度都低，而含碱土金属氧化物多的玻璃熔炼温度与软化温度都高，化学组成对玻璃这几种特性的影响正好符合使用需求。另外，在核反应堆中应用玻璃陶瓷涂层时，应选用低硼或无硼玻璃，即少加或不加 B_2O_3，因为硼的中子捕获截面积较大。

2.6.1.2　氧化物原材料

氧化物是由金属离子与氧离子，主要以离子键形式结合而成的一种化合物。许多耐磨涂层都选用氧化物，是由于其某些特殊的优良性能，包括在相当宽的温度范围内，不仅具有较高的硬度，而且具有很好的高温化学稳定性，其在氧化气氛中的最高使用温度可接近熔点。其弹性模量较高，而密度较低，热导率也低，摩擦系数与线膨胀系数也都比较低，还具有很好的耐磨与耐腐蚀性能。一般在绝热与腐蚀磨损和氧化磨损条件下都愿意选用氧化物耐磨涂层。氧化物优点虽多，但脆性很大，而且耐热震性能较差，使其应用面大受限制。人们在实际应用中取长避短，只要在工艺上制作出厚度只有几十微米，且又连续密闭的玻璃陶瓷涂层，就能有效避免应力破坏，并担当起抗高温火焰冲刷磨损或强酸、强碱腐蚀的重任。玻璃陶瓷涂层中几种常用氧化物的基本性能列于表 2-98。

表 2-97　玻璃陶瓷涂层所用的玻璃原材料

	序　号	101	102	103	104	105	106	107
化学组成/%	SiO_2	100	58	58	80	37.5	61.5	45
	Al_2O_3	—	3.0	15.2	2.5	1.0	1.0	PbO 31
	B_2O_3		20	—	17.5	6.5	PbO 14	Fe_2O_3
	TiO_2		6.0	CaO 1.0	—	BaO 44	BaO 4.0	<0.2
	ZrO_2		3.0	19.1		2.0	CaO 3.0	CaO 3.8
	BeO		3.0	K_2O 1.0		CaO 3.0	MgO 2.0	Na_2O 6.0
	CoO		5.0	Na_2O 5.7		ZnO 5.0	Na_2O 6.2	K_2O 14
	La_2O_3		2.0	—		Co_2O_3 1.0	K_2O 9.0	—
线膨胀系数/$℃^{-1}$		$0.55×10^{-6}$	$3.9×10^{-6}$	$6.0×10^{-6}$	$6.7×10^{-6}$	$7.8×10^{-6}$	$9.0×10^{-6}$	$12.3×10^{-6}$
熔炼温度/℃		—	1272	1337	1510	1310	1193	1009
软化温度/℃			580	610	720	598	535	460

表 2-98　几种涂层氧化物的基本性能

氧化物	密度/g·cm⁻³	熔点/℃	用点①/℃	硬　度 HV	硬　度 MOHS	泊松比	线膨胀系数/$℃^{-1}$	弹性模量/GPa
Al_2O_3	3.97	2015	1950	1800~2200	9	0.24~0.27	$7.1~8.4×10^{-6}$	3885
Cr_2O_3	5.21	2265	—	—	—	—	$9.6×10^{-6}$	—
SiO_2（晶）	2.32	1728	1680		7~8	—	$3.0×10^{-6}$	—
SiO_2（玻）	—						$0.5×10^{-6}$	
TiO_2	4.24	1840	—		5.5~6	—	$7~8.1×10^{-6}$	—
ZrO_2	5.56	2677	2500	1200~1300	7~8	0.3~0.32	$5.5×10^{-6}$	1890
MgO	3.58	2800	2400		6		$14×10^{-6}$	2135

①氧化气氛中的最高使用温度。

氧化物的耐热应力系数 "R" 可按如下公式计算：

$$R = \frac{KT(1-\mu)}{\alpha E}$$

式中，K 为导热系；T 为抗张强度；μ 为泊松比；α 为线膨胀系数；E 为弹性模量。几种玻璃与氧化物的耐热应力系数经过计算列于表2-99。表中耐热应力最好的是氧化铍。氧化物的耐热应力系数比玻璃要高出十几倍甚至上百倍之多。所以，制备玻璃涂层通常比氧化物涂层更薄，而且更要注意线膨胀系数的匹配。

表 2-99　几种玻璃与氧化物的耐热应力系数

物　料	氧化铍	熔凝硅石	铝硅玻璃	钠钙玻璃
耐热应力系数	14.7	11.4	1.1	0.47

氧化物的晶型转换也是制备涂层时必须注意的一个重要问题。氧化铝是化学性质最稳定、机械强度最高的一种氧化物。工业氧化铝加热至 1300～1450℃ 时，γ- Al_2O_3 全部转化为 α-Al_2O_3，体积收缩 13%，故不宜直接用于涂层。制作涂层时宜采用已经转化好的 α-Al_2O_3，而且应加入适量的晶型稳定剂。氧化铝是两性氧化物，硬度高、摩擦系数低、化学稳定性好、耐腐蚀性能好，适宜在高温氧化与腐蚀条件下用作耐滑动摩擦磨损的涂层材料。

氧化锆是多晶态氧化物，存在单斜晶型⇌立方晶型的可逆转变。当加热到 1200℃ 时发生收缩吸热反应，冷却到 1000℃ 时发生膨胀放热反应。为了晶型稳定，必须加入 25%CeO_2 或 6%～20% 的 Y_2O_3 作为稳定剂。氧化锆的主要特点是较高的耐热性和绝热性能，常用作高温隔热涂层。

氧化铬的物理和化学稳定性都比较好，是常用的玻璃陶瓷涂层材料，是赋予涂层耐高温与耐磨、耐腐蚀特性极好的脊性物料，而且是给涂层带来绿色的着色剂。

氧化硅很少以单一氧化物用于涂层，常以复合氧化物或以玻璃态作为涂层的表层，赋予涂层高温抗氧化、抗热震和抗冲刷性能，而且使涂层富有自愈合性能。

2.6.2　玻璃陶瓷熔结涂层配方及其应用特性

玻璃陶瓷涂层配方可分为三个大类。第一类是纯玻璃涂层，或称作一相系。第二类是"玻璃+脊性物料"，可称作二相系。第三类是"玻璃+脊性物料+熔剂"，也称作三相系。这三类玻璃陶瓷涂层均需预先熔结才能交付使用，而"高温漆"和某些自熔结涂层，其配方只是略有不同，但不需事先熔结，可在使用过程中自行熔结。

2.6.2.1　一相系玻璃陶瓷熔结涂层

涂层配方是"83%玻璃粉，17%石英粉"。所用玻璃是线膨胀系数较低而软化温度较高的铝硅玻璃，化学组成为（58.6SiO_2，20.6Al_2O_3，9.6BaO，0.5ZnO，6.5CaO，1.9MgO，3.0Na_2O，1.6K_2O）。配入石英是为了进一步降低涂层的线膨胀系数并提高软化温度，是保护 Mo 合金基体的需要。后配石英粉是为了不提高玻璃的熔炼温度。

粉料配好后再外加 5%黏土（$Al_2O_3 \cdot 2 SiO_2 \cdot 2H_2O$）与适量的水打成料浆，过 325 目筛。涂敷、烘干并在 H_2 气保护下熔结，先后两次。熔结制度是 1300℃、5min。每次厚 0.03mm，二次熔结涂层总厚度为 0.06mm。

在熔结过程中涂层内有部分 SiO_2 遭 H_2 气还原，游离出 Si，并与基体 Mo 反应生成 $MoSi_2$，在涂层与基体的界面上形成了牢固的化学键结合。涂层内的大部分 SiO_2 都进入玻璃，起到了良好的密闭、自愈和抗氧化保护作用。

一相系配料简单，但所用铝硅玻璃的软化温度只有 600～700℃左右，加入 SiO_2 也提高不了很多，所以一相系涂层的软化温度一般超不过 1000℃，使用温度上限也就 1100℃左右。另外，单一的玻璃涂层虽有一定的自愈能力，但在动态载荷下的工作可靠性并不高。这都有待于二相系的发展与改进。

2.6.2.2　二相系玻璃陶瓷熔结涂层

二相系玻璃陶瓷涂层配方的主角也是玻璃。第二相是氧化物、金属间化合物或金属等各种脊性物料，如 Cr_2O_3、ZrO_2、$MoSi_2$、SiC 与 Cr、Al 等。涂层的应用领域倾向于涡轮喷气发动机、空间飞行器和核反应堆以及与高温燃气相关的工业部门等。

（1）保护超级合金的玻璃陶瓷熔结涂层。在高温下使用的超级合金部件也常常需要涂层保护。比较典型的例子是涡轮喷气发动机，为了抗高温氧化、抗高温火焰冲刷、抗海洋大气腐蚀以及为了绝热、防震等原因，从压气机到尾喷口，许多涡轮部件上都有涂层，而且很多是玻璃陶瓷涂层。如压气机中的进气环、压气机壳与压气机叶片，火焰筒内壁，导向叶片，涡轮叶片，加力燃烧室的防震屏、隔热屏以及点火器喷口等。

以涡轮叶片为例，提高涡轮叶片的工作温度才能提高飞机的飞行马赫数，这是涡轮喷气发动机持之以恒的发展方向。涡轮叶片的工作温度与飞行马赫数的实际关系见表 2-100。一般用 Ni 基超级合金来制作涡轮叶片，1038℃几乎已达到了此类合金工作温度的上限。再要提高工作温度只能借助于设计空芯叶片，挪用一部分压缩空气耗费于叶片冷却。即便是这样也顶多把工作温度提高到约 1100℃，飞行速度也不过 3.0 马赫左右。如要突破这一材料障碍，就只好放弃超级合金而改用难熔金属来制造叶片，如 Nb 基合金的高温强度可允许叶片在 1370℃长期工作，飞行速度可以向 5.0 马赫推进，但先决条件是必须有可靠的抗氧化保护涂层。其实为了提高并延长超级合金叶片在高温火焰氧化冲刷下的使用温度与使用寿命，保护涂层也是不可缺少的。各种玻璃陶瓷涂层在 Ni 基合金的涡轮部件上已使用多年，一种二相系玻璃陶瓷涂层所用玻璃的配料是（SiO_2、BaO、BeO、CaO、ZnO 与 NH_4MoO_3），脊性物料用 Cr_2O_3。

表 2-100　涡轮喷气发动机转子叶片的工作温度与相应的飞机马赫数

涡轮叶片的工作温度/℃	750	850	900	927	950~970
飞机的飞行马赫数	0.9	1.3	2.0	2.2	2.5

　　涂层配方是"70 玻璃，30 Cr_2O_3"，外加 5 份黏土和 60 份水。混合一起在球磨中研细成料浆，过 360 目筛，喷涂、烘干之后，在氧化气氛的马弗炉中，按 1195 ± 10℃、2~6min 制度熔结。经涂、熔两次，涂层的总厚度为 50~60μm。这样厚度的玻璃陶瓷涂层可以冷弯到 23°，涂层不至于开裂脱落。实践证明，当玻璃陶瓷熔结涂层的厚度为 20~30μm，最好 ≤10μm 时，涂层富有可挠性，即在室温下可跟随基体任意挠曲而不会破裂，当然曲率半径不能太小。

　　经 70 倍显微镜观察，涂层与基体间界面紧密契合，涂层封闭了基体表面的许多微观缺陷，涂层本身无开口气孔、无裂纹，但闭口气孔很多。鉴于这样的微观结构，使涂层起到很好的抗氧化、抗热震、绝热、缓和疲劳应力和自愈合的作用。涂层的使用温度比熔结温度约低 200℃，涂层在 1000℃ 下可保护 Ni 基合金叶片安全工作 800h。

　　（2）保护 Mo 合金高温短时抗氧化的玻璃陶瓷熔结涂层。难熔金属有了可靠的保护涂层之后，短时间可以用到 2000℃ 的高温，这对空间技术是十分必需的。涂层所用玻璃的化学组成是（50.8SiO_2，7.49B_2O_3，23.04BaO，4.93ZnO，5.72CaO，8.02BeO）。玻璃的熔融温度 $T_s = 1309$℃，软化温度 $T_f = 752$℃。这是一种低膨胀高软化点玻璃。

　　涂层配方：底层"10 玻璃，15 SiO_2，75 $MoSi_2$"；
　　　　　　　表层"7.5 玻璃，92.5MgO"。

　　外加 5 份黏土和 50 份水，打成料浆，涂敷、烘干，在 H_2 气保护下进行高频感应熔结。底层熔结制度是 1800℃、保温 10min，此时 15% SiO_2 和 10%玻璃全部熔融成为黏结相。表层熔结制度是 1400℃、5min。底层厚 80~90μm，表层厚 30~40μm。测定涂层孔隙度为 0.03%，无开口气孔，无微裂纹，是一种连续密闭的玻璃陶瓷涂层。该涂层的检验指标达到：

　　1）抗 3.5atm（1atm = 101325Pa）氧乙炔火焰氧化冲刷，1700~2000℃ 下耐 35min。

　　2）抗热震 1900~2000℃ 加热 5 min，室温冷却 5 min，耐 7 次。

　　3）高温弯曲用 80mm×5mm×2 mm 涂层试片，在 1950~2000℃ 下，弯曲至 81.6° 时涂层开始破坏，破坏标志是 Mo 合金基体开始冒"白烟"，即开始产生挥发性 MoO_3。这么大的弯曲角度充分体现了玻璃陶瓷涂层优越的自愈合性能。

　　（3）保护 Mo 合金次高温较长时间抗氧化的玻璃陶瓷熔结涂层。这是一种玻璃加金属的二相系玻璃陶瓷涂层。玻璃仍采用（2）中所用玻璃。

　　涂层配方：底层"10 玻璃，90Cr"；

表层"100 玻璃"。

外加 5 份黏土和 53 份水，打成料浆，涂敷、烘干。在 H_2 气炉中，底层于 1452℃熔结 5 min，表层于 1310℃熔结 2 min。测得整体涂层的软化温度 T_f = 1090℃，比玻璃的软化温度整整提高了 338°。涂层总厚度为 50~70μm。熔结时 Cr 向 Mo 合金基体内部扩散，在基体表面形成 MoCr 合金层，使涂层对基体产生良好的密着效果。大部分未与 Mo 合金化的 Cr 被烧结成网格构造，当表层玻璃熔结时填充并埋没了 Cr 的网格，形成了连续致密的玻璃陶瓷涂层。这种涂层的自愈性非常好，于 1540℃的次高温度下，抗氧化寿命能够达到 75h。

涂层的使用温度能够高于熔结温度，这是含有高组成金属粉末之玻璃陶瓷涂层的一大特点，因为金属不断遭受氧化时能生成大量高熔点氧化物。金属 Cr 遭受氧化时，不断生成高熔点的 Cr_2O_3，涂层的软化温度和使用温度亦随之提高。

涂层在氧-乙炔火焰冲刷下，最高可以耐受 1650℃。涂层还具体有很好的高温持久性能，而且在有效的使用温度范围内，温度越高持久寿命越长。

1）815℃，持久 917h，伸长率 0.6%。

2）900℃，持久 2210h，伸长率 1.2%。

3）980℃，持久 3275h，伸长率 1.7%。

（4）保护 Mo 合金防渗 H_2 的玻璃陶瓷熔结涂层。核反应堆所用燃料调节器是一 Mo 制圆筒，圆筒内壁必需熔结一种二相系玻璃陶瓷涂层。先用圆筒盛 H_2 或是能产生 H_2 气的燃料，然后放入一个燃料调节器元件，再用于核反应堆。要紧的是在高温下不能让 H_2 气逸出圆筒。但困难在于 H_2 气对金属筒壁的扩散渗透是随着温度越高而越加迅速。为阻止渗 H_2，在筒内壁上施涂非金属的又连续密闭的玻璃陶瓷涂层是必需的选择。

核反应堆所用玻璃应是一种低硼或无硼玻璃，因为元素 B 的中子捕获截面积较大。再依据基体材料和高温使用条件，所选玻璃必须是无 B、低线膨胀系数（大约 $6×10^{-6}$）和高软化温度（接近 1000℃）。实际所用玻璃的化学组成是（12.17SiO_2，31.8 Al_2O_3，40 ZrO，1.99 CaO，2.11 K_2O，11.93 Na_2O）[74]。

涂层配方：底层"83 玻璃，17 Cr_2O_3"；表层"100 玻璃"。

外加 5 份黏土和适量的水，打成料浆，涂敷后在 105~110℃烘干，在 H_2 气保护炉中熔结。底层熔结制度 1350℃，5min。表层熔结制度 1250℃，2min。两层总厚度为 15μm。为了检测涂层的防渗效果，在熔结好涂层的 Mo 制圆筒中盛入 2g 氢化锆，在高温下测定容器的渗 H_2 速率。当加热到 800℃时，筒内所产生 H_2 气的压力达到 200 mmHg。把所测结果与无涂层容器相比较，列于表 2-101。

（5）保护石墨与碳质制品抗高温氧化的玻璃陶瓷熔结涂层。石墨与 C/C 复合材料也是空间技术的重要材料，其薄弱环节也是高温抗氧化问题。到 1100℃以上也只能依靠玻璃陶瓷涂层，而且要求玻璃的线膨胀系数更低，软化温度更高。

采用表 2-97 中的 104 号玻璃所制涂层配方列于表 2-102[75]。

表 2-101　玻璃陶瓷涂层保护 Mo 制燃料调节器的防渗 H$_2$效果

容　器	测定温度/℃	渗 H$_2$速率/mm^3 · （h · cm^2）$^{-1}$
有涂层 Mo 制燃料调节器	800	0.020
	900	0.022
无涂层 Mo 制燃料调节器	850	0.29

表 2-102　保护石墨与碳质制品抗氧化的玻璃陶瓷涂层配方

序　号	104 号玻璃	MoSi$_2$	SiC	熔结制度
1	80	20	—	1320℃，2min
2	70	30	—	1320℃，2min
3	60	40	—	1500℃，4min
4	40	60	—	1580℃，4min
5	20	80	—	1610℃，6min
6	50	—	50	1560℃，4min
7	50	25	25	1560℃，4 min

无论致密或疏松，气孔率为 11%～35% 的石墨或碳质材料均可用做基体。各种配料用粉的粒度为 50～63μm。粉料配好后外加 2 份黏土和 40～45 份水，打成料浆。在涂敷之前为保证料浆对基体表面的润湿性，必须把石墨或碳质基体放在 1100～1200℃真空炉中焙烘 0.5～1.0h，使得在基体表面及孔隙中的吸附杂质挥发殆尽，冷却出炉后再用清水把基体表面拭湿，经此处理即可顺利涂敷。再于 110～150℃烘干后在 Ar 气保护炉中熔结。玻璃含量越少时熔结温度越高，玻璃含量相同时熔结温度相同。前后共熔结三层，涂层总厚度达到 100～200μm。

对涂层试样作四项检测，试样尺寸为 20mm×10mm×5mm。

1）用高倍显微镜在反光下观察抛光切片的显微结构。

2）用水平石英膨胀仪测定相关材料的线膨胀系数。

3）在碳矽棒电炉中测定涂层的抗氧化指标。

4）电炉加热，空气淬冷，以 20℃—1200℃—20℃ 制度，测定涂层的抗热震指标。

对相关材料线膨胀系数的测定结果列于表 2-103。所有涂层材料的线膨胀系

表 2-103　玻璃陶瓷涂层相关材料的线膨胀系数

材　料	石墨	104 号玻璃	脊性物料		涂　层	
			MoSi$_2$	SiC	2 号	4 号
温度范围/℃	0～1200	20～700	27～1480	1000～2400	20～700	
线膨胀系数/℃$^{-1}$	2.3×10^{-6}	6.7×10^{-6}	5.1×10^{-6}	5.68×10^{-6}	6.2×10^{-6}	6.3×10^{-6}

数都比基体材料的大，所以石墨基体上的玻璃陶瓷涂层是受压应力控制，如果密着力不强，则涂层容易崩落。

1 号涂层外观光滑平整，连续致密，无孔隙裂纹。但于 1000℃ 抗氧化时间不长，极易从试样棱角处烧坏。按 20℃—700℃—20℃ 热震，仅 5～6 次即发生涂层崩落。

2 号涂层的玻璃含量虽然只减少了 10%，但抗热震次数却达到 20 次，整整提高了 4 倍。还能经受住较长时间的抗氧化，而且于试验前后涂层外观及内部结构均变化不大。

3 号代表了玻璃含量在 40%～60% 之间的涂层，连续致密，光滑平整，几乎不含一个气孔。1200℃ 抗氧化达到 125h。耐 20℃—1200℃—20℃ 热震超过 50 次。

5 号代表了玻璃含量在 10%～20% 之间的涂层，涂层密着力极差，只轻轻一碰即会脱落。

6 号涂层以 SiC 替代了 $MoSi_2$，涂层结构粗糙多孔，与基体的密着力也差，在高温下抗氧化与抗热震能力都不理想。

7 号涂层的质量与性能居中，在 1200℃ 下抗氧化能有 20h 寿命，但再要延长时间则会很快失重。

2.6.2.3　三相系玻璃陶瓷熔结涂层

在二相系的基础上再加入熔剂就成为三相系玻璃陶瓷涂层"玻璃+脊性物料+熔剂"。所谓熔剂是指 V_2O_5、WO_3、MoO_3 和 Li_2O 等助熔氧化物，其中尤以 Li_2O 为最强的熔剂，它能黏合几乎所有的高温脊料，包括 MeB、MeC、MeN 和 MeSi，还有石墨与 C/C 复合材料等。

熔剂的作用相当重要。加入熔剂后，可以在不提高熔结温度的前提下，增加更多的脊性物料，从而提高涂层的使用温度。加入 Li_2O 能降低涂层对冲击与震动载荷的敏感性，也可以改善涂层抗重复冻结与重复熔解的能力。加入熔剂可提高涂层致密度、表面硬度和化学稳定性。熔剂还能促进基体金属表面氧化膜的生成，这是提高玻璃陶瓷涂层对金属基体密着力的有效途径之一。

加入熔剂更重要的作用在于提高玻璃陶瓷熔融体的流动性与浸润性，可以使熔融体漫流到基体表面的所有部位，包括飞边与棱角无一遗漏，同时渗入并封闭基体表面所有的几何缺陷，保证了玻璃陶瓷涂层连续密闭又薄而完整的宝贵特性。无论基体的微观表面有多么复杂，即便是用多层碳纤维布黏合的 C/C 复合材料表面，也可以用加有 Li_2O 的玻璃陶瓷涂层赋予有效的高温抗氧化保护，这项具体应用成果如果采用不加 Li_2O 的二相系是不可能成功的。

2.6.2.4　高温漆

高温漆实际上也是一种玻璃陶瓷涂层，主要组分也是复合氧化物。这种涂层的特征是可以作为油漆使用，在海洋大气或高温燃气中，从室温至高温对金属基体全程保护。另一特征是涂层中的玻璃陶瓷组分无须在涂层过程中熔结，而可以在高温使用时自行熔结。制备涂层只需像油漆一样烤干后即可使用。

高温漆的基本组成是"有机硅漆+填充物料"。填充物料很多，主要是玻璃、氧化物、石墨、石棉和金属铝粉等。有机硅漆也有多种，但无论哪一种其核心组分都是有机硅和树脂。

（1）K-56 有机硅漆是一种可以在 200℃下长期工作的绝缘清漆，短时可用到 250℃。先以 2mol 一苯基三氯硅烷加 1.5mol 二甲基二氯硅烷，进行水解反应，5h 至呈显中性，待蒸发掉部分溶剂后，外加 33.5%（固体比）的 315 树脂，于 210~220℃下相互反应，降温后加入甲苯与丁醇混合溶剂，把黏度调节至格氏黏度 2s。即成清漆，分装待用。

（2）K-65 有机硅漆可以在 300℃以上长期使用。其配比是 70%~75% 有机硅加 25%~30% 环氧树脂。用 7 份二甲苯加 3 份正丁醇的混合溶剂调节黏稠度。

（3）把有机硅漆中的树脂部分改用加有少量 Ba（OH）$_2$ 催化剂的钡酚醛树脂时，可以用到 400℃以上。这种漆以 50% 酒精稀释后黏度正好合适。漆膜的烘干温度是 60~120℃。300~400℃后开始碳化，与别的树脂相比较，其优点是结合力强，而且在碳化之后无论对基体或对填充物料都仍有相当好的结合力，甚至一直到 700℃还能保持有一定的结合强度与抗气流冲刷能力。

在前面的玻璃陶瓷涂层中玻璃只作黏结相，而在高温漆中玻璃要充当两个角色。在低温阶段时树脂是黏结相，而玻璃是脊性的填充物料之一。当温度升高到树脂失去黏结作用时，玻璃熔融并与树脂相互衔接起到黏结相的作用。高温漆作为一种防腐蚀、抗氧化、抗冲刷和耐热震涂层，必需是一种连续密闭而且富有自愈性的涂层。在任一温度阶段漆膜的大部分组成是脊性物料，孔隙与裂纹在所难免，是由小部分组成（约占 30%）的液态物料（无论树脂或玻璃）起到了密封和愈合的作用，才保证了整个漆膜的连续密闭性。无论液态树脂或熔融玻璃，要顺利渗入并封闭缺陷，却又不被冲刷气流吹走，必须具有合适的黏度，过稀或太稠都不可取。这对于树脂而言只要用合适溶剂调节到格氏黏度 2s 即可。而玻璃的黏度须由温度来控制，软化温度时玻璃尚不能流动，熔炼温度下玻璃液太稀，合适的温度应是熔结温度也就是所谓搪烧温度，此时玻璃黏度合适，既能浸润、封孔又不至于流失。表 2-104 列出了几种配制高温漆的玻璃。

表 2-104 高温漆用玻璃的配方及其特征温度

序号	配方/%	熔炼温度/℃	熔结温度/℃	软化温度/℃
110	11 SiO$_2$，37 Na$_2$B$_4$O$_7$·10H$_2$O，31 NaAlSiO$_4$，6 Na$_2$CO$_3$，4 NaNO$_3$，9 CaF$_2$，0.5 CoO，0.5 NiO，1 MnO$_2$	1100	843	485
111	42.5 SiO$_2$，7.5 BaO，7.5 SrO，7.5 TiO$_2$，7.5 ZnO，22.5 Na$_2$O+ K$_2$O	1050	730	419

序号	配方/%	熔炼温度/℃	熔结温度/℃	软化温度/℃
112	35 B_2O_3，10V_2O_5，55 ZnO		700	402
113	4H_3BO_3，10Al_2O_3，14CaF_2，1CoO，1NiO，34Na_2CO_3	900~ 1000	650	373
114	60~65 SiO_2，20~30 B_2O_3，5Al_2O_3，2CaF_2，2 Na_2O		600	333
115	9 SiO_2，66PbO，25 $Na_2B_4O_7 \cdot 10H_2O$		532	305

因为在温度上要与树脂相互衔接，所以高温漆所选玻璃的熔融温度都比较偏低。有时为使高温漆的使用温度能提得更高，需要配入几种玻璃，几种玻璃的熔融温度呈阶梯状依次提高，而且须相互衔接。有的高温漆也可以不配入已经炼好的玻璃，而把能形成玻璃的必要原料当做填充物料配入漆中，待高温使用时自行形成玻璃，也同样起到保护作用。500℃以下用有机硅漆即可，需要关注的是在500℃以上使用的高温漆。

（1）500℃高温漆。有机硅漆的保护作用只能达到300~400℃，加入 Al 粉可以用到500℃。500℃高温漆的配方是"10kg K-56 有机硅漆+1kg 铝粉浆"。铝粉浆是用松香油加铝粉调配而成，其中铝粉含量是65%（质量分数），铝粉粒度为200 目（0.074mm）。漆膜厚度以 30g/m^2 计，于150℃烘干 2h 即可使用。漆膜连续密闭，有光泽，时间长了只是挥发变薄，而不会脱落。漆膜组成起初是有机硅和铝粉，随着高温使用时间的延长，陶瓷性越显越强。铝粉会逐步转化成Al_2O_3，有机硅中所含百分之十几的 Si 也会逐步转化成 SiO_2。此高温漆所达到的性能指标是：

1）抗氧化：500℃，≥100h。

2）抗冲击：≥50kg·cm。

（2）600℃高温漆。以钡酚醛树脂调制的有机硅漆加相关填料构成隔热并抗氧化的高温漆。用来保护 Al-Mg 合金和 ТИР 不锈钢等基体抗高温火焰冲刷。高温漆具体配方是：

第一层　40%树脂+60%蛭石，石棉；

第二层　40%树脂+60%蛭石，石棉；

第三层　80%树脂+20%铝粉。

涂漆每层厚度 0.5mm，三层总厚 1.5mm。用蛭石与石棉作填料具有高效隔热作用，蛭石与石棉粉料的粒度为140~180 目（0.088~0.107mm），粒度不能再小，否则漆膜容易开裂。铝粉粒度可用200 目（0.074mm）。漆膜于120℃下烘干2h 后即可使用。

在600℃高温火焰中冲刷40min 后，基体温度不会超过350℃，此时高温漆产生了250℃的隔热效果。

（3）700℃高温漆。以 K-65 有机硅漆加相关填充物料构成700 ℃高温漆，也可用于保护 Al-Mg 合金和 ЯИТ 不锈钢等金属基体，防海洋大气腐蚀与抗高温火焰的氧化冲刷。高温漆配方是"45%K-65 有机硅漆 + 65%填充物料"。填充物料的配比是：（10%SiO$_2$，50%B$_2$O$_3$，10%Cr$_2$O$_3$，26%114 号玻璃，4%石墨）。

以"70%二甲苯+30%正丁醇"混合溶剂调节高温漆的黏稠度。其中二甲苯只溶解 K-65 有机硅漆，而不溶解 B$_2$O$_3$。正丁醇正好相反，只溶解 B$_2$O$_3$，而不溶解 K-65 有机硅漆。二者混合后溶解能力增强，溶解范围加宽。如若不然则 K-65 有机硅漆与 B$_2$O$_3$ 均要发生胶凝块。

高温漆可以 0.15～0.2MPa 压缩空气，用喷漆枪进行喷涂，漆膜厚度 30～40μm。经 200℃、2h 烘干后厚度减薄为 20～30μm。此漆在 700℃ 高温火焰中的使用寿命达到 120h 以上。

高温漆中每一组分都起到应有作用。有机组分耐到 400℃，超过此温度即逐步分解挥发，至 600～700℃ 时挥发殆尽。B$_2$O$_3$ 与 114 号玻璃于 500～600℃ 逐步熔融至合适黏度，衔接并替代树脂在漆膜中起到密封作用。若单有玻璃而不用B$_2$O$_3$ 时，漆膜的密着力与耐热震性欠佳。石墨的作用也是确保漆膜的抗热冲击性。SiO$_2$ 与 Cr$_2$O$_3$ 都是高温填料，把整个漆膜的软化温度拉高到 700℃ 以上。

（4）800℃ 高温漆。800℃ 高温漆有两种配方。第一种在填充物料中不用已经炼好的玻璃，而是把能够形成玻璃的原料配入其中，具体配方是"62.5%K-65 有机硅漆 + 37.5%填充物料"。填充物料的具体配比是：（52.7%B$_2$O$_3$，22.3% Cr$_2$O$_3$，20% 石墨，5.0%铝粉）。

第二种在填充物料中配用已经炼好的玻璃，而且几种玻璃的熔结温度相互衔接，具体配方是"50.3%K-56 有机硅漆 + 49.7%填充物料"。填充物料的具体配比是：（16% Cr$_2$O$_3$，1.1% Fe$_2$O$_3$，0.3% MnO$_2$，37%110 号玻璃，37%113 号玻璃，8.6%黏土）。

这都是绿色或军绿色高温漆，Cr$_2$O$_3$ 是高温填料，也是主要绿色颜料，加少量 Fe$_2$O$_3$ 与 MnO$_2$ 配成军绿色。B$_2$O$_3$ 与有机硅氧化出的 SiO$_2$ 都是形成玻璃的母料。石墨粉不能太多也不能太少，太少时漆膜发脆，太多时漆膜疏松。铝粉仍发挥 500℃ 的保护作用。

如普通油漆一样喷涂或刷涂在基体表面，厚 20～30μm，经 200℃ 烘干 2h 即可交付使用。涂层对基体的黏结力在 500℃ 以下是树脂起作用，温度升至 300～400℃ 时树脂开始碳化，但碳化后对填充物料与基体金属仍有一定黏结作用，500℃ 以上时硼硅酸盐玻璃相继起黏结作用。自 200℃ 开始的整个升温过程中，涂层的表现大致如下：

200℃、2 h，有机漆膜光泽，致密，茶色。

300℃、1.5h，烧结状，光泽差。

400℃、1.5h，外观同上，更匀细一些。

500℃、1.5h，开始转绿色，开始有光泽。

600℃、1.5h，绿色光泽明显。

700℃、3h，搪瓷光泽，军绿色。

800℃、17h，搪瓷光泽，经 50kg·cm 冲击未损坏。

850℃、22h，经 50kg·cm 冲击涂层完好无损。自高温炉中取出直接投入水中，涂层仍完好。

900℃、9h，涂层转黑并出现孔隙，保护失效。

2.6.3　玻璃陶瓷涂层的密着机制

各种涂层与基体之间的结合强度各不相同，结合力大小与涂层和基体之间的界面反应密切相关。这对于玻璃陶瓷涂层不叫结合力，而习惯上称作"密着力"。影响密着力大小的界面反应也很复杂，就几种基本的密着机制讨论于下。

2.6.3.1　"氧桥"机制

无论结合还是密着都须从熔融涂料对基体表面的浸润开始。熔融玻璃对氧化物，对陶瓷基体容易浸润，而浸润金属基体比较困难。简便易行的解决办法是在大气中进行熔结，使金属基体与熔融玻璃之间搭起一座"氧桥"。即在熔融玻璃冷凝之前，让金属基体表面先氧化生成一层致密稳定的氧化薄膜。熔融玻璃顺利浸润氧化膜，达成了玻璃陶瓷涂层与金属基体的牢固密着。

如以不锈钢、Ni 基或 Co 基等合金作为基体，涂上玻璃陶瓷涂料并烘干之后，放在大气气氛中进行熔结，于玻璃熔融之前，基体表面即已氧化生成了一层 NiO 或 CoO 薄膜，并充分起到了"氧桥"的作用。若于惰性气氛中熔结时，则涂层与基体密着不了。

在有的基体金属中不含有适于"氧桥"的元素时，可借助于中间层来建立"氧桥"。例如对 W、Mo 等难熔金属基体，可先行渗 Si，形成 WSi_2 或 $MoSi_2$ 中间层。涂上玻璃陶瓷涂料并烘干之后，再放在大气气氛中进行熔结，此时 W、Mo 基体受中间层保护不会氧化，而中间层表面则氧化生成 SiO_2，起到了"氧桥"的作用。对于某些"氧桥"作用不太明显的钢铁基体，也可借助于中间层的办法得以改进，热扩散的可选元素有 Ni、Co、Cr、Sb 等。

2.6.3.2　"网格"机制

搪瓷对钢铁基体的结合强度全靠密着力及膨胀系数匹配得好，而珐琅制品对这两项要求可以宽松一些。珐琅制品的花纹复杂细密，是用铜丝钎焊于铜胎表面，勾画出花纹图案，再把彩色珐琅粉填充于花纹的网格之中，熔结并打磨之后成就了五彩夺目的珐琅工艺品。珐琅对铜胎的密着，除了密着力与线膨胀系数的匹配之外，还受到铜丝网格的紧固作用，长久不会脱落。

玻璃陶瓷涂层也可以借用珐琅制品的这种"网格"机制来解决密着问题。

前面二相系玻璃陶瓷涂层所述"玻璃+金属 Cr 粉"涂层即是一例，涂层熔结时 Cr 向 Mo 合金基体内部扩散，于基体表面形成 Mo-Cr 合金中间层，大部分未参与扩散反应的 Cr 则被烧结成网格构造，熔融的玻璃会填充并埋没掉这些 Cr 的网格。在原来没有网格的情况下，大面积的玻璃涂层中因与基体金属线膨胀系数之差而存在着巨大的内应力，极易导致涂层的开裂与崩落。现在由于网格的存在，把大面积的玻璃涂层分割成许多小片，每一小片的内应力应该微不足道，这就消除了涂层开裂与崩落的可能性。又因为金属网格的线膨胀系数大于玻璃，所以冷凝后网格中的玻璃一定会受到周围网格的紧固。这一消一紧效果显著，形成了连续致密并且密着牢固的玻璃陶瓷涂层。

2.6.3.3 "H₂ 媒"机制

在保护 Mo 合金基体的"玻璃粉+石英粉"一相系纯玻璃涂层中，无论玻璃或石英在熔结时与 Mo 合金基体之间都没有什么界面反应发生，冷凝后涂层的密着是个问题。但是只需采用 H_2 气作为熔结保护气氛，就能催化界面反应。熔结时涂层中的大部分石英粉都熔入玻璃，但有一小部分会被 H_2 气还原，游离出 Si。初生态的 Si 活性很高，遇基体 Mo 则反应生成 $MoSi_2$：

$$SiO_2 + 2H_2 \longrightarrow 2H_2O + Si$$
$$2Si + Mo \longrightarrow MoSi_2$$

在 H_2 气的媒介作用下石英粉终于和 Mo 合金基体发生了界面反应，而且会形成牢固的化学键结合，顺利解决了单纯玻璃涂层与金属基体的密着难题。若是在惰性气体或真空保护下熔结都是办不到的。

2.6.3.4 "自主键合"机制

如果不依靠搭桥、媒介或网格紧固等化学与物理方法的帮助，要解决玻璃陶瓷涂层对金属基体的密着问题，就必须探究玻璃与金属间界面键合力的内在规律。密着的前提是浸润，熔融玻璃在基体金属表面上存在着流散与内聚两种作用力。流散力是基体主要金属元素 Mb 与玻璃中尚未键合之氧离子的键合力 Mb—O，内聚力是玻璃涂层中阳离子 Mc 对氧离子的键合力 Mc—O。当 Mb—O>Mc—O 时表现为浸润，此时在界面上产生新的化学键 Mb—O—Si—O—Mc，完成了玻璃涂层对金属基体的密着。当 Mb—O<Mc—O 时表现为不浸润，界面上形不成新的化学键，玻璃涂层与金属基体不能密着，甚至于熔融玻璃会内聚成珠从金属基体表面上滚落。当玻璃组成不变时，在不同的金属基体上有不同的浸润接触角，接触角的大小取决于 Mb—O 键合力的大小。当基体金属不变时，不同玻璃有不同的接触角，取决于 Mc—O 键合力的大小。

键合力大小可以用化学键参数描述[76]。以金属元素的电荷-共价半径比 Z/r_{cov} 为纵坐标，以其 Pauling 电负性 X 为横坐标，得到图 2-99。这是一幅金属元素对氧吸附图，图中用一条明确的直线把全图划分成吸附区与不吸附区，Au、Te、

Os、Se 等少量元素在右边的不
吸附区，而 Zr、Ta、Zn、Ca、
Fe、Ni、Cu、Mo、W 等大部分
金属元素都在左边的吸附区。这
表明熔融玻璃对大多数金属基体
是能够浸润的，这也是玻璃陶瓷
涂层能够与金属基体相互密着的
基本理论依据。金属元素位置离
临界线的距离 d_M 越大则吸附氧
的能力越强，对于基体金属来
说，即是 Mb 元素的位置离临界
线距离越大时则对氧离子的键合
力 Mb—O 越强。为简便起见，
可以忽略 Au、Te 两元素与临界

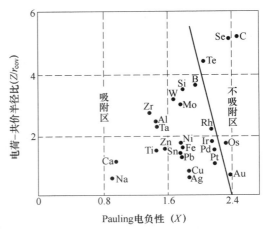

图 2-99　金属元素对氧吸附图

线的微小距离，则求 d_M 的近似计算式可写为：

$$d_M = | 0.08 (Z/r_{cov})_M + X_M - 2.46 |$$

金属元素所处位置离临界线的距离 d_M 就是描述该元素与氧离子键合力大小的具
体键参数，是比较与判断熔融玻璃对金属基体浸润性好坏的重要参数。

　　为了更清楚了解键参数 d_M 与
浸润角 θ 之间的关系，可以参考
图 2-100。这是用同一种熔融玻璃
来浸润几种基体金属，所得到不
同的键参数与浸润角。熔融玻璃
对于处在 I 区的基体金属具有各
不相同的浸润角，随着键参数 d_M
的增大，浸润角趋小。浸润角最
大，浸润性最差的是 Au，Au 的
位置处在临界线上，其 $d_M = 0$，
当然浸润不好。贵金属中 Pt 的浸
润角比较小些，但 $\theta \geqslant 20°$ 仍不够

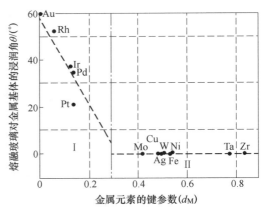

图 2-100　浸润角与键参数的关系

格。但凡一种液体要对一种固体表面浸润得好，必须使 $\theta \leqslant 10°$ 才能顺利铺展。熔
融玻璃对处于 II 区的所有基体金属，有些是完全浸润，也有些是起了一定的化学
反应，在玻璃涂层与基体金属之间形成良好的密着都没有问题。其浸润角都比较
小，或是等于零，也有一些因起化学反应而无法测定。大致上可以这样划分，即
$d_M = 0.3$ 处就是 I 区和 II 区的分水岭。

　　熔融玻璃对基体金属的浸润性是由基体中金属元素 Mb 对氧的吸附能力和玻璃中阳离子 Mc 对氧离子的亲和力共同决定的。无论基体金属中或熔融玻璃中金属离子对氧的吸附能力或亲和力都可以用键参数 d_M 来作出定性描述。原则上 Mb 元素的 d_M 越大而 Mc 元素的 d_M 越小时浸润性会越好，但每一项表面工程的具体工况都十分复杂，能否顺利密着单看键参数还是不够，其他影响因素如熔结气氛、玻璃与金属间线膨胀系数的匹配、基体金属表面氧化膜的致密度与稳定性等均不可忽视。当 $d_M \geqslant 0.3$ 键参数比较理想时，只是提供了这样一种机会，即在不借助任何外来因素的情况下，有可能在中性气氛（包括真空）中顺利熔结出密着良好的玻璃陶瓷涂层，这也就是"自主键合"机制的意义所在。

2.7　稀土元素在熔结涂层中的作用

　　把稀土元素引入熔结涂层，已显示出许多优异有益的改性作用，虽然其改性机制在理论上尚不是很清楚，但其改性效果是肯定的。把稀土元素引入合金涂层后，能明显细化涂层晶粒，有效提高涂层硬度，减小涂层摩擦系数和黏着倾向，延长涂层的耐磨损与抗氧化寿命。由于在实际应用中稀土用量很少而效果显著，故工艺上的混料均匀性十分重要，有时需事先制成组合粉团才好使用。

2.7.1　在表面硬化合金喷焊涂层中加稀土

　　在 Ni 基自熔合金加碳化钨的表面硬化合金涂层中加入稀土，配比是 [0.5% 稀土硅铁，20%~50% 铸造碳化钨，余为 Ni 基自熔合金（0.5~1C，14~18Fe，3~4Si，3.5~4.5B，余 Ni）][77]。所加稀土硅铁成分是（23~29 稀土，44~46Si，<27Fe，<6Mn，<5Ca，<4 Ti，<1.0Al），粉末粒度均为 −150~+200 目（−0.1~0.074mm）。粉末的混合采用机械混合和固相团聚粉两种。团聚粉以酚醛树脂为黏结剂，并加入固化剂，在一定温度下固化、破碎、过筛而成。在 150℃ 下团聚粉无解聚亦无再黏结现象，可长时间储用。当温度超过 540℃ 时树脂分解出以 CO 为主的还原性气体，可以在喷焊时保护稀土及合金粉末免遭氧化。有稀土与无稀土及以不同混料方法的几种喷焊涂层的硬度列于表 2-105。机械混合法因粉末密度不同，混合不匀，加入稀土作用甚微。以两种团聚粉相比，显然加稀土后涂层硬度提高较多，而且耐磨性测定表明，加稀土涂层的耐磨性是未加稀土涂层的 1.4 倍。

　　在喷焊涂层中一些稀土元素形成了夹杂物，也有些固溶到涂层的母体合金中，夹杂物可作为非自发性生核质点，增加晶核数，固溶的稀土富集于晶界阻碍了晶粒长大，由此稀土细化了涂层组织，提高了母体合金的强韧性，增加了对

WC 颗粒的镶嵌牢固度，其综合效果是提高了涂层耐磨性。

表 2-105　加稀土表面硬化合金涂层的硬度

涂层成分	混料方式	硬度（HV）
25WC，Ni 基自熔合金	团聚法	676
0.5 稀土，25WC，Ni 基自熔合金	机械混合	681
	团聚法	745

2.7.2　激光熔结加 La_2O_3 的 Fe 基合金涂层

　　试验基体用 16Mn 钢，其化学组成是（0.12～0.2C，1.2～1.6Mn，0.2～0.6Si，余 Fe）。以 Fe 基自熔合金为涂层合金，其化学组成是（0.21C，19.92Cr，1.18B，3.25Si，12.6Ni，余 Fe）。合金粉粒度为 60～160 目（0.096～0.3mm），流动性<22s/50g。所加稀土材料是纯度为 99.9% 的 La_2O_3 粉末。把两种粉末按一定比例进行湿混，烘干后以同轴送粉方式用于激光熔覆[78]。激光功率 1.5kW，光斑直径 3mm，扫描速度 5mm/s，功率密度 $1.19×10^4 W/cm^2$，多道熔覆搭接率 30%。涂层厚度 1mm 左右。

　　用 MT-3 型显微硬度计沿涂层深度测量硬度分布，试验载荷为 200mg，加载时间 5s，数据取 3 次平均值。所得硬度分布曲线，如图 2-101 所示。曲线线型显示出典型的熔结涂层特征，大约 0～1.0mm 是涂层区。1.0～1.15mm 硬度渐变，连续过渡，是标志冶金结合的互溶区。自 1.15mm 再往深处是锰钢基体。基体显微硬度约为 HV 190，涂层平均显微硬度是 HV 400～450，当稀土加入量为 1.2% 时涂层硬度没多大改变，当稀土加入量提高到 2.0% 时涂层硬度达到 HV 500～550，比未加稀土时提高了 HV 50～100。加入稀土使涂层硬度提高的原因是稀土能细化涂层晶粒。以扫描电镜观察涂层各处组织，凡加入适量稀土之后均能得到不同程度细化，加入 0.4% La_2O_3 可使靠近互溶

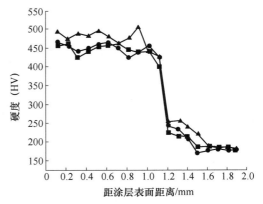

图 2-101　加稀土激光熔结涂层硬度曲线
■—0%RE；●—1.2%RE；▲—2.0%RE

区涂层组织中二次晶臂的平均长度从原来的 10μm 减小为 5μm。

　　用 MM-200 型磨损试验机对涂层进行耐磨试验，采用滴油润滑，分别加 50N 与 100N 两种试验载荷，磨损线速度为 0.42 m/s，累计磨损时间 15min，每隔

1min 记录 1 次摩擦系数。所得摩擦系数随磨损时间的变化曲线如图 2-102 所示。

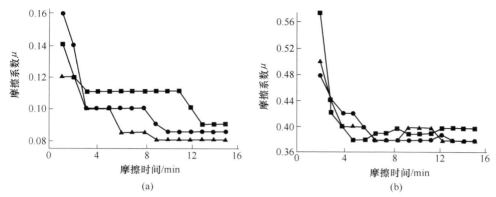

(a)　　　　　　　　　　(b)

图 2-102　在不同试验载荷下稀土对涂层摩擦系数的影响

（a）50N；（b）100N

■—0%RE；●—0.8%RE；▲—1.2%RE

在 100N 高载荷下有无稀土涂层的摩擦系数差别不大；而在 50N 低载荷下加入稀土能明显降低涂层的摩擦系数，而且加入越多降得越低。这一效果可能与 La_2O_3 晶体的六方层状结构有关，这种结构本身就具有润滑作用，它能降低涂层与摩擦对偶之间的黏着作用。另外，从加入稀土能提高涂层硬度的角度也会降低黏着几率。当然这些降低作用只是在低载荷下会比较明显，而在高载荷下仍挡不住黏着倾向。

参考图 2-103 可以对比研究有无稀土涂层不同的磨损机制。未加稀土涂层的磨损形貌显示，犁沟粗深，黏着撕痕明显，有许多黑色块状磨屑附着物，这是磨料加黏着的复合磨损机制。用 X-射线能谱分析仪作微区域成分分析表明，黑色块状附着物多为摩擦高温氧化生成物，主要成分是 Fe_2O_3。在涂层中加入稀土之后，提高了涂层硬度，降低了氧化与黏着倾向，使涂层的磨损机制从严重的磨料加黏着复合磨损转化为单一的磨料磨损机制。图 2-103（b）加稀土涂层的磨损

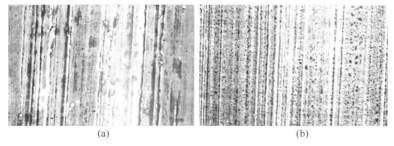

(a)　　　　　　　　　　(b)

图 2-103　有无稀土涂层的磨损形貌对比

（a）加 0% La_2O_3；（b）加 1.2% La_2O_3

形貌证明了这一点，磨痕中很少见到黑色块状氧化物和黏着撕裂物，犁沟既窄又浅，磨痕整齐均匀。

　　加稀土的减磨效果也体现在磨损曲线上，见图 2-104。这是在不同载荷下涂层磨痕宽度随稀土加入量的变化曲线。无论载荷高低，也无论稀土加入多少，只要加入稀土从曲线上看就定有减磨效果。尤其当加入稀土 0.4% 时，减磨效果最为显著，磨痕宽度可减少约 30% 左右。加入稀土的减磨作用除了细化晶粒提高涂层硬度，减小摩擦系数，增加润滑和降低黏着倾向之

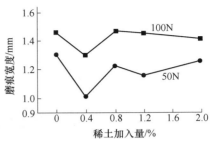

图 2-104　加入稀土的减磨曲线

外。稀土还能净化晶界，改善不同组织之间以及涂层与基体之间的结合强度，从而减小了涂层开裂或从基体上脱落的可能性。

3 真空熔结工艺方法

　　熔结工艺方法种类繁多。本节仅选择讨论以合金粉末为基本原材料，放在以电阻丝热辐射方式加热的真空炉中进行熔结的"真空熔结工艺"方法。由于在实际工业应用中真空熔结工艺具有涂层、钎接、封孔、成型与修复五种应用功能，针对不同应用功能所采用的工艺方法都会作出一些相应调整。至于合金粉料、基体材质、工件形状与结构和工件表面状态等因素也都会带来工艺方法和工艺参数的改变。所以真空熔结工艺是一门复杂细致的工程艺术，变化繁多，需在实践中精益求精。这里只是研讨一下最基本的应用功能与相应的工艺流程。具体的工艺细节尚需在各种真空熔结产品的制作过程中去慢慢体会。

3.1 真空熔结工艺的五种应用功能

　　真空熔结技术在工业应用中，具有涂层、钎接、成型、表面封孔和表面缺陷的修复与再制造等五方面的应用功能。

　　（1）涂层功能。真空熔结涂层工艺可以在钢铁、硬质合金、难熔金属及石墨等基体材料表面涂覆各种耐磨、耐腐蚀和抗高温、抗氧化的合金保护涂层。

　　与喷涂、喷焊、堆焊及激光表面合金化等诸多涂层工艺相比较，真空熔结涂层工艺可适用于形状结构更为复杂的各种基体零部件，而且可对基体部件的任意部位顺利施加涂层。由于是在负压或真空环境中进行熔结，所以真空熔结合金涂层中的气孔率要比喷焊、堆焊涂层小得多。熔结涂层气孔率的大小也与每次熔结的涂层厚度有关，气孔率大小与一次熔结厚度成反比，当一次熔结厚度不大于1.0mm时，基本上可以做到熔结涂层的气孔率为零。当一次熔结厚度加大时，适当提高熔结温度或延长熔结时间也能争取气孔率为零。若一次熔结几毫米厚时，精磨后涂层表面难免会有几个沙眼，但真空熔结涂层的沙眼一般都保持在个位数，很少超过十位数。由于真空熔结时涂层与基体间界面元素互扩散过程可控，使真空熔结合金涂层的互溶区宽度很小，一般在 $20\mu m$ 左右，既保证了涂层与基体间牢固的冶金结合，又避免了基体对涂层的稀释作用，使涂层合金原有的理化特性在熔结前后能够基本上保持不变，这是真空熔结工艺与喷焊、堆焊工艺在表面冶金过程中的基本区别。

真空熔结合金涂层厚度在工件的垂直侧面上一般都掌控在 ≤1.5mm，必要时能增厚到 2.5mm 左右。在斜侧面上真空熔结合金涂层厚度可以制作到 5.0mm 甚至更厚，但要借助于开槽或设置限流堤坝等辅助措施。在水平表面上的真空熔结合金涂层厚度可以做到按需而定，没有太大限制，但要仔细调配好涂层材料的粒度配比与线膨胀系数，并注意掌控好熔融合金的流动性等工艺因素。

由于真空熔结涂层是在全部的涂敷面积上整体性熔融凝结而成，并不是一个熔池与一个熔池相互叠加堆砌而成，所以整个熔结涂层的物理化学特性非常均匀，而且熔结后涂层的表面平整度也很好，一般可保持在 ±0.1~0.2mm 以内，使涂层后进行精加工的磨削余量比较小。

（2）钎接功能。真空熔结技术可以把耐磨合金、各种钢材、铜材、硬质合金、难熔金属或石墨制品等按照各种表面防护工程的需要，牢固地钎接成一个整体。钎接功能与焊接技术中的钎焊方法类似，但又不尽相同。钎焊希望焊缝越窄越好，而且要求缝宽一致，以保证焊接件具有最佳的结构强度。钎接功能也要求足够接合强度，但并不强调焊缝的宽窄与均匀一致，只要满足表面工程的使用指标与造型需求即可。

（3）成型功能。真空熔结技术可以把各种耐磨耐腐蚀的涂层合金，特别是那些比较短性的不适合直接用以涂敷并熔结的涂层合金，按照表面防护工程的特定需求，可预制成各种厚度各种尺寸的合金片、合金块或合金环。然后再镶嵌在需要防护的工件表面。但凡涂层合金只注重表面特性而并不过分追求结构强度，所以熔结成型功能也只是出于表面工程的需要，而与通常钢铁铸造成型的目的不同。

（4）封孔功能。利用在真空条件下熔融金属的毛细渗透现象，可有效地封住各种铸钢件和焊接件，如高压容器、法兰、弯头、泵壳等工件的表面渗漏缺陷。

（5）修复功能。真空熔结技术可以修复已经报废的许多贵重工具、模具、关键零部件和价格昂贵的进口零配件。修复工艺可对表面的各种裂缝与缺损进行对接与补平、补齐，以至于尺寸再造。而且修复所用涂层合金的耐磨耐腐蚀性能比被修件本身的表面性能要好得多，所以报废工件经修复后往往能达到或超过新件的使用寿命。值得修复的零部件可以个别修复，也可以批量加工。利用大批回收的已损件进行整旧如新的再制造工程，无需再消耗基体原材料，节能、节料、省时、省工。用于再制造工程是真空熔结工艺的一大长处，绿色环保，值得提倡。

所有真空熔结过程都没有电弧、没有射线，也几乎没有废气，没有噪声，整个工艺操作对人体与环境无害。

每一种应用功能都可以单独应用，也可以由几种熔结功能搭配使用，这样可以完成更为艰巨复杂的表面工程。更广泛一些，真空熔结工艺还可与热喷涂、焊接、堆焊、电镀等诸多传统工艺配合应用，从而解决那些具有特殊要求的表面工程。

3.2 真空熔结工艺流程

真空熔结最基本的工艺流程可分为一步法与二步法两种。一步法仅适用于对工件涂敷各种各样现成的涂层合金粉料与合金薄膜或合金碎粒，一般情况下形状结构可以比较复杂，但涂敷厚度有限。二步法要先熔结成型合金片或合金环，然后再熔结钎接到工件上。此法适用于涂敷与组合更为广泛的金属材料，厚度不限，甚至可超越涂层范畴而成为多种金属的复合件。

3.2.1 工艺流程图

（1）一步法真空熔结工艺流程。一步法真空熔结工艺流程如图 3-1 所示。

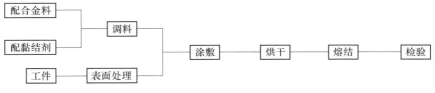

图 3-1 一步法真空熔结工艺流程

（2）二步法真空熔结工艺流程。二步法真空熔结工艺流程如图 3-2 所示。

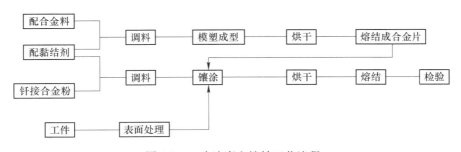

图 3-2 二步法真空熔结工艺流程

3.2.2 配合金料

真空熔结工艺的第一步是配制合金粉料，按照工艺设计所确定的合金粉原料配比进行称量、混合，并妥善备存，以便进入调料工序。

称量次序是按组成的百分比由高到低进行称量，先称用量较多的组分，后称用量较少的组分，这样便于混合。称量的精度应按照组成的百分比越低者要求精度越高，这样便于确保配料的准确性。

称量好的粉料依次倒入混料筒中，进行翻转混合。当各组成合金粉的粒度及密度相差不多时，有 1h 即可混匀。若粒度及密度相差较大时，要多混一些时间，也许要 3h 甚至更长时间才能混匀。若粒度及密度相差甚大时，粉料在筒中一边混合一边偏析，翻转多长时间也混不均匀。遇到这种情况可以加入适量无水酒精进行湿混，多半可以解决问题。若粉料或颗粒的粒度及密度相差太大时，湿混也不起作用，只好把各组分称好后，单独分装，暂不混合，待到调料工序再作处理。

混料筒和盛料筒均用带盖钢筒，最好是不锈钢筒，钢筒内壁应光滑平整，没有死角。配料较少时，盛于玻璃器皿或搪瓷器具亦可。

3.2.3 配黏结剂

调料用的黏结剂由胶黏物质与溶剂两部分组成。在氧化气氛中熔结的玻璃陶瓷涂层可用无机胶凝物作为玻璃陶瓷粉料的调料黏结剂，通常以黏土为胶黏物质，以水为溶剂。

在真空中熔结的合金涂层必须用有机胶凝物作为涂层合金粉料的调料黏结剂。有机胶凝物种类繁多，选择范围很广，如环氧树脂、酚醛树脂及合成橡胶等合成胶黏物，如骨胶、白芨、糊精、松香及天然橡胶等天然胶黏物。溶剂则大多需用苯、醇、酮及航空汽油等有机溶剂，只有白芨和糊精是以水为溶剂。

真空熔结合金涂层工艺对临时黏结剂的选择原则须按下列要求综合考虑：

（1）用临时黏结剂调配好的合金涂料对被涂基体表面要具有牢固的黏结力。无论在烘干前或烘干后，或是在搬弄操作过程中都不会脱落。

（2）经烘干之后的涂膏层应具有一定的结构强度，能满足以刃具或磨具顺利修型而不会脱落、崩溃或塌陷。

（3）临时黏结剂中的胶黏物质和溶剂均不可对合金粉料或基体表面起任何化学反应。

（4）临时黏结剂在熔结后的合金涂层中不应留下任何残渣，应全部挥发殆尽。这也正是在黏结剂前面冠以"临时"二字的缘由。

（5）对临时黏结剂中胶黏物质和溶剂的选择要尽量考虑黏结剂长时间存放备用的稳定性。

（6）临时黏结剂在料浆喷枪和涂敷工模具上的黏附物，以及在炉膛中高温挥发后经真空管路和阀门系统冷凝下来的沉积物均应便于清洗去除。

（7）临时黏结剂中胶黏物和溶剂的挥发性物质应尽量对人体与环境无害。

权衡以上技术要求，比较适用的临时黏结剂选择"松香油"。松香油的胶黏物质是松香，首选的溶剂是松节油。把天然的松脂馏去松节油即得到松香。松香的主要成分是松香酸和松脂酸酐，是一种不饱和化合物，其中80%~90%是松香酸，其余是酸酐。松香的质量依据颜色、酸度、软化点及透明度而定，颜色越浅越透明者品质越高。松香的软化点≥80℃，含松香酸越多时软化点越高。松香的熔点约为195℃。在无氧不燃烧环境条件下，当温度升高至200℃时松香开始化学分解，分解反应一直持续到325℃结束，在此温度范围内纯净的松香会全部分解成气态物质逸去，不留任何残余。

松香可溶解于松节油、乙醚、酒精等许多有机溶剂中。把两份（质量计）纯净的松香溶解于三份松节油中，即制成了所需的黏结剂。为加速溶解，可预先把松香研成粉末，并把溶液加热到70~80℃。溶好后滤去不溶残渣，装入封口密闭的容器中备用。常规松香油黏结剂的密度一般掌控在0.934~0.936（20℃）之间，若有特殊要求时可按需而定。

用松香油作临时黏结剂无论对各种合金粉料或各种基体材料的表面均具有足够的黏结力。烘干后的涂膏层很适合于用刀具或磨具进行修型。无论松香或松节油对各种合金粉料或各种基体材料均无化学反应，松节油在烘干后全部挥发掉，松香在熔结过程中也都分解挥发完毕，均无杂质残留，可保涂层与基体的化学组成不会受到影响。用松节油作松香溶剂的缺点是溶解速度较慢，而优点是稳定性较高。因为松节油在常温大气中的挥发速度不算快，在涂敷操作时能较长时间使黏结剂的黏度与密度基本上保持稳定不变，便利操作。

若以酒精作松香的溶剂时，溶解速度极快，但在常温大气中的挥发速度也快，松香-酒精黏结剂或以此黏结剂调和的合金粉涂料从密封容器中取出后会很快干涸，难以操作。因此，以酒精溶剂来调制黏结剂是不合适的。但利用酒精对松香的快速溶解性能来作清洗剂倒是绝佳的选择，无论在涂敷工模具上的黏附物或在真空管路中的沉积物，只要用酒精擦拭，均可顺利清除。这一清洗操作虽未写进工艺流程，但要顺利开工生产亦是必不可少的环节，不仅关乎生产效率，而且关乎生产品质。

松香、松节油与酒精三者的挥发物均对人体与环境无甚大碍也是选用的原因之一，但在贮存与使用过程中必须配备有效的防火措施。

3.2.4　调料工序

调料是把适量的临时黏结剂加入已配好的合金粉料，放在打浆机中打成可喷浆料，或是放在搅拌罐中拌成可塑膏料。浆料适于用搪瓷喷枪进行喷涂，膏料适于用模具成型或直接抹涂到基体表面。另外，黏结剂的配用量通常是合金粉料的1%~3%（质量计），打浆料时用量偏高一些，搅拌成膏状涂料时用量可偏少一些。为避免涂料因长时间放置而干涸，最好在涂敷操作时现配现用，当日用剩的少许涂料，应密封贮存，以利于来日投入新的调料中一起混合。

在打浆机中调制喷涂用的浆料时，为避免合金粉粒在浆料中快速沉淀，所用合金粉料的粒度越小越好，常用-200～+325目细筛分的粒度仍不够细，由于合金粉与松香油的密度相差太大，沉淀仍会发生。最好的解决办法是边搅拌边喷涂。调制可塑的膏状涂料时，不受合金粉粒度大小的限制，为提高熔结合金涂层的致密度，减少气孔率，需采用粒度大小不同的粉料，合理搭配。若为熔结特厚的合金涂层或修补巨大的表面缺陷时，会特意配入几百微米甚至几个毫米大的合金块或合金珠粒。

3.2.5　工件表面处理

为保证涂层质量，保证涂层与基体之间牢固的结合强度，以及为防止较厚涂层在熔结时的无序漫流，于涂敷之前必须对工件进行有针对性的表面处理，包括：清洗、打磨、车削、焊补、镀膜及限流设置等表面处理工序。

3.2.5.1　清洗

清洗工序的基本任务是清除工件表面的油污、锈斑、氧化皮和尘土及纤维等黏附物。最主要是除油、除锈。工业上常用的清洗剂不外是有机溶液、水基清洗剂和酸碱溶液这几种，为提高清洗效果有时还加上蒸汽雾化、高压喷射和超声波等强化措施。

（1）除油处理。真空熔结对除油要求并不苛刻，只需基本除尽即可。一般不采用易燃、有毒的有机溶剂，只需选用市售的水基清洗剂或自配一些碱性溶液就能解决问题。洗后晾干或吹干，检查洗净程度，只需滴水于基体表面，能够润展成连续水膜，即视为合格；若不浸润而滚成水珠，则仍需再洗。

碱性溶液除油是借助于皂化与乳化原理。动植物油污与碱性溶液反应生成肥皂与甘油，这两种生成物均溶于水，便于洗除。矿物油污与碱性溶液没有皂化反应，但易与碱洗液中的乳化剂混合成小油珠，离开基体表面，而分散到碱溶液中，这就是碱性除油的乳化作用。配制碱洗液的主要成分是氢氧化钠，氢氧化钠溶液具有极强的皂化能力，但对于金属基体与手的皮肤都有一定的侵蚀作用。碳酸钠也有相当的皂化能力，而侵蚀作用小得多。除矿物油时可加些磷酸三钠，这是一种优良的乳化剂。除恰当的碱液配比之外，把碱液加热到 70～90℃ 是最简单的清洗强化措施。

水基清洗剂是由表面活性剂、缓蚀剂和稳定剂等多种物质组成的混合清洗剂。其中表面活性剂起主要作用，表面活性分子渗入油污与金属基体的内界面，活性分子的亲油端很容易吸住油污分子，而其亲水端却与金属表面的黏附力不强，这样就使油污脱离了金属表面。对于矿物油污，表面活性剂更有一种溶解能力以及相当好的乳化与分散能力，因此也不难清除。

对于某些具有特殊重要性或特别贵重的工件，要求确保涂层与基体的结合强度并确保涂层的致密度时，不允许基体表面及表面的微观缝隙中残留一丁点油污或其他挥发性污垢。这时单靠清洗是不够的，真空熔结的特殊处理方法是把清洗并晾干或吹干后的工件置于真空炉中，抽真空至 10^{-2} mmHg，升温至 300～500℃，保温 15～30min。降温出炉后可确保基体上不留任何挥发性污垢，工件出炉后最好立即进入涂敷工序，以免基体表面重新吸附大气中的尘埃。真空清洗一般不列入常规清洗工序，因为抽取的挥发性污垢会弄脏真空泵油，降低抽真空的效率。

（2）除锈处理。锈层泛指覆盖在金属表面的金属氧化物，有的致密，有的疏松。如钢铁表面的黑色氧化皮 FeO 比较致密，而以 Fe_2O_3 为主的棕红色氧化物即是铁锈，比较疏松。在不锈钢表面也有一层尖晶石保护膜，相当致密，但是很薄。不能认为只要在基体表面有氧化膜就一定不能顺利熔结，有关金属基体表面氧化膜对于熔融涂层合金对基体表面浸润性的影响已在 1.4.4 节中有过详细描述，浸润性的好坏与氧化膜的完整性及厚度有关。实践表明，真空熔结工艺对金属基体表面的除锈要求并不十分严格，只要把锈层基本除去或破坏了表面氧化物薄膜的连续性与完整性即可。例如对于不锈钢基体一般只作除油清洗，而无需除锈处理即可顺利熔结，这表明涂层合金熔融液对于不太厚的氧化物保护膜具有切实的破坏与剥离能力。如果不锈钢基体经过高温氧化处理，在表面上生成了厚而完整的保护膜时，除锈工序也还是不可缺少的。

用清洗方法除锈是利用酸性溶液对锈层氧化物及金属本身起化学反应，产生盐与 H_2 而达到清除目的。盐可溶于水，H_2 自金属基体表面逸出可搅动锈层进入溶液。H_2SO_4 的清洗能力很强，缺点是还原性强而腐蚀性也很强，特别是浓硫酸在除锈的同时也极易溶解金属本身。常选的清洗用酸是 HCl，操作时应注意掌控的参数有三：浓度、温度和时间。随着酸液浓度的增加，除锈的速度加快，与此同时对金属基体的侵蚀速度亦加快。当 HCl 浓度≥20%时，对基体的侵蚀速度将超过除锈速度，另外酸液浓度越大时盐酸的挥发损失与对周围器物及操作人员的腐蚀损害也会越大，所以 20%是盐酸清洗液的浓度上限。为减缓对金属基体的侵蚀，有时可加入 1%～3%乌洛托品作为缓蚀剂。随着酸液温度的增高，除锈的速度及对金属基体的侵蚀速度也都加快，盐酸的挥发及对周围的腐蚀损害也会加大，因此清洗温度以室温为好，必需加温时最好也不要超过 40℃。清洗时间当然越长越彻底，但也要依据浓度、温度等参数与锈斑程度及省时、省工原则来恰当调整。工件的清洗是先除油后除锈，除锈完毕时，马上用清水漂洗，用不掉纤维的织物拭干或用吹风机吹干。

3.2.5.2　打磨

打磨任务是打去金属基体表面的毛刺、尖棱飞刺、锈斑和氧化皮。在热喷涂技术中打磨工序还有提高基体表面粗糙度，以利增强镀层结合力的任务，但真空熔结涂层的结合力无需考虑基体的表面粗糙度，只要求有足够的表面清洁度即可。打磨方法可采用工具打磨、喷射打磨和球磨打磨三种。

打磨工具很多，最普通的是用砂纸、砂布或钢丝刷进行手工打磨。效率高一点可用台砂轮、手砂轮、电动钢丝刷或角磨器等电动工具来打磨。这些手工打磨方法费力、费时，只对批量较少或特殊复杂的工件适宜。

喷射打磨是采用喷砂机或喷丸机来实施机械打磨，省时、省力，效率很高。适用于大批量、结构不太复杂而体积中等或较大工件的打磨需求。便于实现机械化与自动化的大规模生产。在真空熔结工艺中喷射打磨应特别注意砂粒与球丸的品种，一定要选用钢砂与钢球，切不可使用石英砂或刚玉砂之类的陶瓷材料，因为陶瓷砂粒都是具有尖锐棱角的多棱体而不是球形体，喷砂后多半尖棱折断并嵌留在基体金属表面的微观尖坑深处，这种"嵌砂"实况肉眼不易觉察，但以显微镜检测，其所占的面积百分比有时竟能高达30%左右。这样喷射打磨的结果，毛刺、棱尖是打磨掉了。但是除锈效果不佳，前边刚打掉了锈斑，后边却暗藏了"嵌砂"，改头换面，清洗并未到位。

对于有一定批量，但个体较小、不便夹持的小工件适宜用球磨机来打磨。球磨罐内也应配用钢球、钢衬，而不要用石球、石衬，以免在金属基体表面的微观凹坑中留下石质微尘。对打磨后出罐的基体应做仔细的清理与清洗，彻底除去黏附的微尘和磨屑。

3.2.5.3　车削

车削是金属基体在涂敷之前对表面准备有特殊要求时进行的车、钻、铣、刨等机加工工序。这些特殊要求各不相同，描述不尽，甚至很个别。简单的如开一条槽、钻一个孔、倒一下角、刨成平面或刨去一定厚度等都有可能。如遇到螺纹、销钉或榫头等装配件需要涂层时，必须按照涂层的设计厚度预先对基体进行公差配合的精加工，这样的加工不仅复杂而且要求精准。

例如，漫长铁路的某些路段不仅风沙大而且腐蚀氛围较重，路轨上的道钉既要耐磨也要防腐。道钉下半截埋在水泥枕木中，上半截裸露在大气中的螺纹、螺帽均需用真空熔结的合金涂层来解决耐磨、防腐问题，如图3-3所示。涂层厚度为0.3~0.4mm，涂层之前必须对螺杆的阳螺纹与螺帽的阴螺纹作相应厚度的车削处理，涂层之后再回复到螺杆与螺帽相互精密配合的成品尺寸。

（1）开槽。开槽处理常见于密封环、阀门及辊子等零部件的密封面与接触工作面。图3-4所示是真空熔结合金涂层的机械密封环，涂层之前需对环的上表密封面开"U"字形槽，槽的深度一般是1.0~1.5mm，涂料时直接把合金粉料填

图3-3　涂层道钉

满全槽，熔结后再精磨，所留下成品涂层的厚度应为 0.6~0.9mm。图 3-5 所示是 135 型柴油机排气阀在密封锥面开槽的结构示意图。这是开的弧形槽，槽深 0.8mm，涂烘后合金涂料填满全槽并鼓出槽口，到达虚线位置，此时涂料层厚度达到 1.5mm，熔结收缩成合金涂层后略高于阀面，精磨后涂层厚度仍为 0.8 mm。大型阀门如煤气发生炉用的锁灰阀，其阀盘直径达到 510mm，密封锥面开梯形槽，示于图 3-6，槽深也就是成品涂层厚度要达到 3.0~5.0mm。许多工业用辊的接触工作面也常常要用真空熔结的合金涂层来保护，如钢铁线材生产线上的各种导卫辊，辊型各异，但其工作表面与高速线材接触的部位均需涂层。涂层之前也要开槽，一般开矩形槽，而槽型要与辊面形状一致。图 3-7 所示是一种"V"字形的矩形槽，槽深为 2.0~2.5mm。

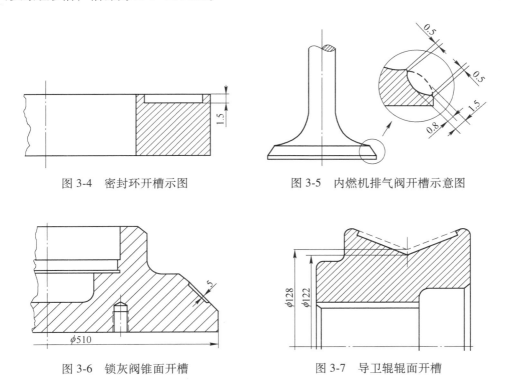

图 3-4　密封环开槽示图　　　　　图 3-5　内燃机排气阀开槽示意图

图 3-6　锁灰阀锥面开槽　　　　　图 3-7　导卫辊辊面开槽

　　有些刀具和模具需要用真空熔结合金涂层来强化刃口和棱边。在涂层之前也需在刃部和棱边部开槽，这里不需要开"U"字形的三边槽，而是开 90°直角的双边槽。如图 3-8 所示的镶刃切刀，深色部是普碳钢刀体，上沿浅色部是表面硬化合金涂层刀刃，在涂层镶刃之前需要在刀体的刃口部位开出"L"字形的双边槽，槽型在侧示图上可以清楚看到。

　　（2）打孔。对基体进行打孔处理有两种情况。一种情况是在某些基体如铸钢件的表面存在砂眼或坑穴等缺陷，在这些缺陷中还灌满了油污与泥沙等杂质，用一般清洗方法很难清除，必须进行先钻孔除坑然后焊补的办法才能解决。

另一种情况是由于使用工况恶劣，要求局部改变基体材质时，也会碰到先局部钻孔再镶嵌进合用材料的做法。如穿轧无缝钢管的顶头就是一例，在温度高约1200℃红钢管坯的热磨损条件下，任何模具钢顶头几乎都承受不住这样的恶劣工况，穿管时顶头的鼻尖部会塌陷下来。用真空熔结的"涂层组合材料穿管机顶头"已经解决了这项难题。在涂层之前要先对模具钢顶头的鼻尖部进行钻孔，如图 3-9 所示，然后镶嵌进 Mo 合金鼻芯，最后再加以熔结钎接并涂层。

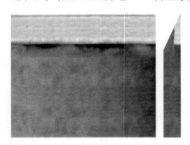

图 3-8　镶刃切刀的"L"形槽

图 3-9　顶头鼻尖部打孔示意图

（3）倒角。生产颗粒饲料和颗粒肥料的制粒机环模和平模，在其模壁均匀分布着几百或几千个挤出通孔。挤出孔直径从 φ2mm 至 φ6mm 不等，但在同一模具上所有挤出孔的孔径都是相同的。为了便于把粉料挤压进通孔，在熔结耐磨合金涂层之前，对环模内侧面和平模上表面的所有挤出孔孔口，都要车削出小圆角的导料喇叭口。图 3-10 是一种制粒机平模的实物照片以及在涂层前对挤出孔孔口进行倒角加工的示意图。实物正面的白色圆环形区域即为熔结涂层，覆盖着全部挤出孔孔口，提供了有效的耐磨保护。示意图

图 3-10　平模及其挤出孔倒角示意图

A 是平模毛坯的挤出孔，B 是挤出孔孔口经倒角加工成喇叭口的示意图。

（4）刨平。有些基体表面凹凸不平，尤其是修复件的磨损面或焊补件的焊缝凸起，在清洗和涂层之前都需要刨平。新制造件如图 3-11 所示，是一种锤式粉碎机的锤片基板，锤片是用量颇大的易损件。所用钢板厚度为 2～10mm 不等，常用厚度为 5～6mm。由于量大，锤片基板都用冲剪机下料，再成摞钻孔，成摞刨边。锤片的涂层位置在四角的侧面和端面，成摞刨边整齐划一，而且效率很高。

3.2.5.4　焊补

焊补工序要应用到电焊、气焊和钎焊等一般的焊接技术，大多在旧件修复的

表面工程中需要焊补，新件制造时较少遇到。图 3-12 所示是一件修旧如新的风机叶轮。焊补之前，这是已经报废的叶轮。不仅锈迹斑斑，而且腐蚀磨损非常严重。轮板遍布蚀坑，高低不平。叶身上也磨蚀出许多深坑，棱边不齐。叶片薄端甚至有磨蚀通透的穿孔与豁口。修复工程的第一步是用焊条把坑洼不平处堆焊补平，把棱边缺失与通孔处也焊补到位。第二步是打磨精整，恢复原型，并细研尺寸。第三步才送去清洗、涂敷并最后进行熔结涂层，整旧如新。图中叶轮只经过第一、第二步的焊补、修整，外形上已恢复到与新件没有什么两样。这样的焊补是涂层之前必要的修复程序，在许多贵重工模具的再制造工程中都是必不可少的。

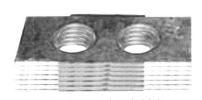

图 3-11　锤片四角刨边

图 3-12　焊补后的风机叶轮

　　新件在涂层之前需要焊补也有例子。如上所述在铸钢基体表面存在砂眼或坑穴等缺陷时，必须钻孔除坑，再焊平补齐，才能进行涂层。又如穿管机顶头为解决塌鼻问题，要在鼻尖部钻孔，并镶嵌进 Mo 合金鼻芯。这鼻芯与鼻孔即是经过适当的熔结钎接处理之后才牢固结合在一起的。后续完成的熔结涂层把连同鼻芯在内的整个鼻尖部包裹起来，制成了新型的涂组顶头。

3.2.5.5　镀层

　　在常用的 10^{-2} mmHg 级真空度保护下，绝大多数钢铁基体均可得到有效保护而不被氧化，可以顺利进行熔结合金涂层。但是少数含有如 Al 或 Ti 等氧化活性元素的钢材在此低真空下仍会发生氧化，从而破坏了熔融涂层合金对基体钢材的浸润性。如 18SR、N21 及 N15 这三种耐热钢材（见表 1-4）均含有 Al 或 Ti 这样的氧化活性元素，在 10^{-2} mmHg[❶] 级真空度下加热时，表面上都会生成一层薄薄的灰蓝色氧化膜，这层氧化膜足以阻挡熔融涂层合金的浸润。

　　要解决这一问题，不仅在涂层之前需把基体表面清洗干净，还要在熔结时把真空度从 10^{-2} mmHg 级提高到 10^{-6} mmHg 级甚至更高，或是在高纯度惰性气氛保护之下才有可能浸润。若不想提高真空度，也不想采用高纯度惰性气氛时，在工艺上还有一个可行的办法，即在涂敷涂层合金的涂料之前，先在洁净基体的表面

---

❶ 1mmHg = 133.322Pa。

上电镀一层 Ni 或 Fe 的镀层打底，可以起到氧化阻隔层的作用。镀层厚度只需5～10μm 即可，在一般低真空条件下熔结升温时足可避免活性元素氧化膜的生成，能顺利解决浸润问题。而在熔结之后镀层不会继续单独存在，将会溶于熔融的涂层合金之中，只微微改变一点底部涂层合金的化学组成。

3.2.5.6　限流设置

前述在基体表面上开槽处理的实际作用就是一种限流措施。所谓"限流"是指在熔结过程中，要限制熔融涂层合金在基体表面上的无序漫流。漫流在制作厚涂层时必然发生，而在制作薄涂层时不一定发生，只要足够的薄无论在任何表面上都不会漫流。开槽是限流的好措施，但是在基体正表面和斜表面上开槽有效，而在侧表面上开槽是没有限流功效的，在一些复杂结构的表面上根本无法开槽，甚至不允许开槽。为此，除开槽之外还必须有其他限流措施，才能顺利制作较厚的涂层。有一种"耐火护堤"在生产实践中的限流效果也很好。

（1）上表面的耐火护堤。有些贵重而结构复杂的工件不允许开槽，如图3-13 所示是聚丙烯造粒机的造粒板，也叫大模板。熔融黏稠的聚丙烯原浆自 B 处挤入模板成型管内，当从前端板 A 处挤出时冷凝成棒，并由紧贴在端板表面飞快旋转的切刀切断成粒料。切刀与端板表面的摩擦磨损十分严重，用厚约 2.0mm 的熔结涂层可以对端板提供有效保护。但前端板处于整个模板的最高处，熔结时很难避免漫流，为此需设置耐火护堤，如 A 部的放大图所示。图中 D 是圆环形涂层区，在其内外两侧均设置了耐火护堤 C。在两条耐火护堤筑成的圆环形凹槽内熔结合金涂层，不会再有一点漫流。

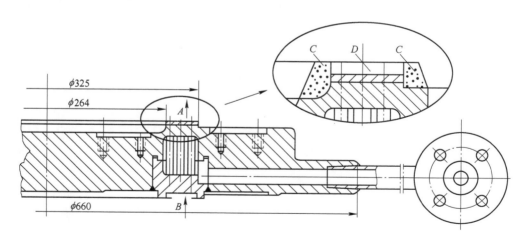

图 3-13　在聚丙烯造粒机前端板上熔结涂层的耐火护堤

耐火护堤是一种可烧结的耐火材料，经高温烧结后和耐火砖一样，有一定的高温结构强度，能耐二次以上自室温至烧结温度的急冷急热即可。烧结后与金属基体密切贴合，但只是附着在一起，并没有牢固的结合力。密切贴合能可靠防护漫流而不存一点漏隙，结合不牢是为了在合金涂层熔结之后可以比较方便地拆除护堤。

耐火护堤的配料之一是（55%～65%脊性物料+30%～40%玻璃+5%～8%黏土）。脊性物料不要用致密的刚玉、莫来石等贵重材料。可选用多孔性但并不酥松，能耐高温、耐热震，且比较便宜的材料，例如把高铝质耐火砖打成碎粒就很合用。玻璃在烧结时是脊性物料的黏结剂。玻璃的选用原则依基体不同而异，用于钢铁基体时玻璃的熔化温度要低，而线膨胀系数要大，如 107 号 玻璃（$45SiO_2$，$31PbO$，$3.8CaO$，$0.2Fe_2O_3$，$6.0Na_2O$，$14K_2O$）。其熔炼温度为1009℃，线膨胀系数为 $12.3×10^{-6}/℃$。用于难熔金属基体时玻璃的熔化温度要高，而线膨胀系数要小，如 103 号玻璃（$58SiO_2$，$15.2Al_2O_3$，$19.1ZrO_2$，$1.0CaO$，$1.0K_2O$，$5.7Na_2O$）。其熔炼温度为1337℃，线膨胀系数为 $6.0×10^{-6}/℃$。黏土$Al_2O_3·2SiO_2·2H_2O$ 是调料用黏结剂，先加水调和成黏土泥浆，再加入脊性物料颗粒与玻璃粉料一起调和成耐火泥料。泥料相当黏稠，不能流动，按设定的造型与尺寸涂塑在 A 部放大图的 C 部位，待把水分烘干之后即成可用的耐火护堤。在凹槽 D 中铺满涂层合金粉料，在对涂层合金粉进行真空熔结的同时，耐火护堤也会得到充分烧结。钢铁基体上合金涂层的熔结温度大多在1100℃左右，耐火护堤合适的烧结温度应在 1050～1150℃ 之间为好。如果护堤的烧结温度偏低，则在正常熔结温度下护堤会发软。如果护堤的烧结温度偏高，则在正常熔结温度下护堤烧结不透，会发酥，强度不够。解决的办法可增减护堤配料中玻璃组分的百分数来调节烧结温度，使之与涂层的熔结温度相协调。

护堤用料的粒度配比也应注意。玻璃粉和黏土自然是越细越好，但脊性物料应取用一些粗颗粒，1～3mm 均可，最好是粗细搭配，这样可避免烧结开裂，增加护堤强度。

（2）侧表面的耐火护堤。上表面的耐火护堤无论堆砌和拆除都比较容易。在侧表面上制作耐火护堤要比较麻烦一些。图 3-14 是复合线材轧辊的一个辊环，侧面有两条弧型轧槽，槽内需真空熔结 3mm 厚的高温耐磨合金涂层。整个涂层需熔结两次，第一次正面朝上，熔结出上薄下厚的半弧涂层如图中 A 所示。原本在槽内涂敷的合金粉涂料是上下均匀的，但在熔结时由于重力的作用致使涂层下垂，因受到耐火护堤的阻挡，才成了上薄下厚的结果。第二次反面朝上，再熔结出另一半弧涂层。然后对整个涂层进行电解磨削，使达到轧槽的成品尺寸。每次熔结都需在轧槽下口设置耐火护堤如图 B 所示，以防止熔融涂层合金漫流。

在侧壁上烧结耐火护堤很容易断裂脱落，必须采取强固措施。把一节挨着一节的耐火瓷珠 C 用 φ2mm 的粗钼丝 D 串起来，紧扎在轧槽下口的侧壁上，然后围绕瓷珠串涂塑耐火泥料形成护堤 B。由于钼丝的线膨胀系数比轧辊的小，在熔

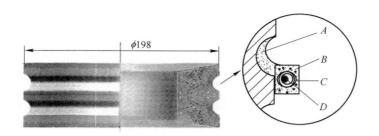

图 3-14　在线材轧辊辊环的轧槽内熔结涂层时的耐火护堤

结加热和冷却过程中，耐火护堤始终箍得很紧，护堤不会开裂脱落。

3.2.6　涂敷、模塑成型及镶涂

涂敷是在要涂层的基体表面上直接上涂料。模塑成型是在合适模具中把膏状涂料塑成一定形状的涂坯。镶涂是用钎接合金粉涂料把预制好的耐磨合金片或合金块以及其他特种合金件镶嵌到基体表面上需要强化的部位。

3.2.6.1　涂敷

涂敷有很多办法，最常见的是喷涂与抹涂，除此之外在真空熔结工艺中还用到黏附、描涂和铺粉等法。瓷釉工业常用的浸涂法在真空熔结工艺中并不适用，因为涂层合金粉料浆的悬浮稳定性太差，粉料的密度太大，工件浸渍后提起时，浆料下淌，上薄下厚，很难涂均匀。

（1）喷涂。对于面积较大而厚度较薄的涂层，宜采用喷涂方法。对于盛浆罐中的料浆应不停地搅拌，以防沉淀，边搅拌边喷涂。喷涂一次的浆层厚度约为 $0.15 \sim 0.2\text{mm}$，待第一层晾干后，才能喷第二层，否则会往下流淌。顶多叠喷三层，烘干后一起熔结，成品涂层厚度能达到 $0.3 \sim 0.4\text{mm}$ 左右。如果要求更厚的涂层，需进行第二周期的喷涂、烘干与熔结。喷涂的优点是效率高，比较均匀。弊病是适应性差，工件形状稍一复杂就很难喷涂。浪费也大，喷出的浆雾多一半都到不了工件上，损失最大时会高达 70%。所以喷飞的散粉如何回收十分重要，回收的散粉是带着松香的，只要干净，兑入松节油即可返还使用。再有麻烦的就是洗枪，每次喷完之后都必须随即用强溶剂清洗，一般用酒精清洗效果可以。清洗时吸浆管道和喷浆管道都要洗干净，万一堵塞，就只好拆枪清洗了。

（2）抹涂。抹涂和盖房子在墙上抹白灰的情景一样，也是用扁铲、刮刀和厚度规等工具把涂膏抹到基体表面上。抹涂适合于在不太大的基体上涂敷较厚的或是在同一个基体上要涂出厚薄不等的几种厚度的涂层。膏状涂料是只加 1.0% 左右较少松节油的黏稠涂料，只要在基体表面上黏住不掉，松节油越少越好。厚度规是掌控抹涂厚度的一种工具，抹涂时垫在抹料的扁铲下面，并随着扁铲挪

动，涂到哪里挪到哪里。

图 2-50 中最右端是一种小型的单孔原油喷嘴，其矩形喷孔内壁需要真空熔结厚约 2.5mm 的耐热、耐磨合金涂层。这么厚的涂层只需一次就抹涂到位，而且要超厚一些。待烘干之后，再精确修磨尺寸，然后送去熔结。由于涂层很厚，熔结后难免要出现几处贯通见底的收缩裂口。这些裂口需重新抹涂填平后，再次进行烘干、熔结，才能得到致密完整的涂层。

对于一些不规则的基体表面进行抹涂时，要借助于某些专用的工装具。例如有一类表面带齿的工件，像超细粉碎机的大齿圈和颗粒压制机的压辊等，其表面的齿条极易磨损，需要强化。一条条齿抹涂起来很难，抹不齐也抹不匀，更抹不厚。图 3-15 是抹涂制粒机压辊辊齿的工装示意图，图上用两支直径合适的圆棒 B，夹住诸多齿根 A 中的一条，

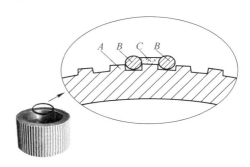

图 3-15　抹涂辊齿的工装示意图

形成凹槽 C，在槽内抹涂合金粉涂膏，既方便快捷又保证质量。齿根高 1.0mm，涂膏层厚度 2.0mm，烘干并熔结后涂层辊齿的全高能有 2.5mm 左右。刚刚抹涂好的涂膏层又湿又黏，牢牢黏住了齿根表面和两支圆棒，因为圆棒的表面光洁度很高，只要轻轻向内向下旋转即可脱开涂膏层，既抽出了圆棒又不会损害涂膏层与齿根表面的黏着。逐齿移置圆棒，移一次抹涂一次直至涂满全辊为止。用圆棒夹槽抹涂的好处是容易抽离移置；不足是涂膏层 C 的外表层超宽，需在烘干后用平锉把它飞边轻轻蹭去。若用方棒夹槽时应当不会超宽，但因无法移棒离开湿膏层而根本不能使用。

（3）黏附。有些工件无法喷涂也无法抹涂，如管件内壁，特别是细管和弯管。还有那些狭窄空腔或凹槽的内壁等。黏附的办法是把管子、空腔或凹槽下方与侧方的所有出口都暂时堵住，只从上方口子注入稀薄的松香油。待要涂层的部位全都注满后，再打开堵口，倒出注油。不论用倾斜、翻滚或轻轻甩动等各种方法，必须把多余的注油全都倾倒干净，不留一点死角，只有薄薄一层松香油膜黏附在内壁上。

然后在 40~90℃ 温度范围内烘干，烘干之后内壁上湿润的松香油膜就变成了干涸的松香膜。此时再次堵住所有出口，并从上方口子灌入流动性很好的球形合金粉末，要做到灌满灌实。再把温度升至 195±2℃，保温 3~5min，使松香熔化并渗透到紧挨内壁的几层合金粉中。降温后凝固的松香便把这几层合金粉牢牢地黏附在内壁上，成为薄薄的涂敷粉层。打开堵口，把大部分未黏住的合金粉全部

倒出。此时可轻轻敲击工件，以便把那些似黏非黏住的粉末也一起倒掉。这样余下的就是黏附结实且厚薄均匀的涂敷粉层了。掛松香油膜时千万要稀薄，在松香熔化温度下的保温时间也不能长，否则涂敷粉层太厚，甚至会堵塞管孔和内腔。

（4）描涂。描涂是为工件表面一些细微部位所需要的一种涂敷方法，与古典景泰蓝的描绘上料方法类同。用毛笔或专用工具把涂层合金粉浆料涂布在工件表面的某个细微部位。图 3-16（c）是涂层平模的实物照片，正面白色圆环是真空熔结的表面硬化合金涂层，涂层覆盖了所有挤压成型孔的喇叭形孔口。如图 3-10 所示经倒角加工所成喇叭口的鼻梁部位很窄，只有 1.0mm 左右，极易磨损，需要强化。在筛孔般密布的狭窄鼻梁上涂敷是个细活，只有用毛笔蘸饱了合金粉料浆，耐心细致地往鼻梁上描涂，如图 3-16（a）所示。在鼻梁上描涂时，要防止料浆流进挤压孔内，所以一次涂不上多少料。图 3-16 中（a）示意图上是描涂了两次，待第一次描涂晾干之后再描涂第二次。图 3-16 中（b）是描涂烘干之后熔结成合金涂层的示意图，鼻梁上涂层最厚，涂层连续地逐步向喇叭口内延伸，越深处越薄，正好符合使用要求。在许多修复与再制造工程中也常需要描涂。图 3-17 是一种陶瓷粉喷嘴。图 3-17 中左图是已经用旧的废件，喷孔磨大，鼻梁磨薄已有缺损，前沿亦不完整，出现了几处豁口。图 3-17 中右图是经描涂修复补齐后，再烘干、熔结，整旧如新的涂层喷嘴。

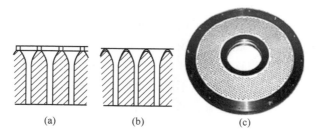

(a)　　　　　　(b)　　　　　　(c)

图 3-16　描涂颗粒平模成型孔孔口的鼻梁

图 3-17　描涂修复陶瓷粉喷嘴

（5）铺粉。铺粉是最简单的涂敷方法，却具有其他任何涂敷方法比之不及的优点。铺粉方法只适用于上表面开有"U"字形凹槽的基体，无论这槽是由机加工车削出来的，或是由耐火护堤筑成的都行。如图 3-4 所示机械密封环上表面车削出的圆环型凹槽和图 3-13 在聚丙烯造粒机的前端板上用耐火护堤筑成的圆环型凹槽都是。涂敷时先精准地校正好槽口的水平面，然后向槽内铺撒干燥的涂层合金粉，铺满、踧实。无需烘干，可直接装炉熔结。此法的好处是因为涂料中不含临时黏结剂，无论厚薄，熔结后的涂层既很致密也不会有任何收缩裂口。开

槽后不加临时黏结剂的另一个好处是涂层厚度任意，不会受到收缩开裂或无序漫流的限制。图 3-18 所示是一种工程机械中的切割环，其上表面受到高接触应力与泥沙磨料的严重磨损，需要一种高强度、高耐磨且相当厚的合金涂层来保护。切实可行的办法就是开槽、铺粉后进行真空熔结。开槽

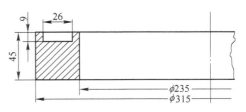

图 3-18　切割环表面开槽铺粉

深度达到 9.0mm，熔结后的涂层表面经过精磨加工后，留下工作涂层的有效厚度至少会有 8.0mm。铺粉方法的局限性是只适用于上表面，对工件的其他部位无能为力。

3.2.6.2　模塑成型

模塑成型是二步法熔结涂层工艺中的一个环节。各种熔结合金粉料，就其熔结温度范围的大小，也就是熔程的长短，可区分为长性与短性。短性粉料的熔程较短，熔结温度不够时料层处于烧结状态，熔结温度稍高时又立即转为过熔状态，温度很难掌控。特别是涂在工件的侧面和底面时更难正常熔结。而长性粉料允许熔结温度有所波动，始终保持合适的熔融黏稠状态，可确保正常熔结。在常用的几种自熔合金粉中，Ni 基合金的长性最好，Co 基合金次之，而 Fe 基合金最差。在工件表面上直接熔结 Fe 基合金涂层是相当困难的，想熔结较厚的 Fe 基合金涂层就更不容易。

一个弥补的办法是分两步走，第一步把 Fe 基自熔合金粉通过模塑成型，并熔结成预制合金片。第二步是把合金片镶涂在工件表面，再熔结钎接成保护涂层。模塑成型是把黏稠的膏状涂料抹填在大面积又十分平整的模框中，将上表面刮平成厚度均匀的泥片，趁湿用划刀比照尺子划成符合尺寸要求的一片片矩形小泥片，或用圆规刀划成一片片圆形和圆环形的小泥片。连模框带泥片一起烘干，待冷却后即可脱模，把一片片干泥片码放在高铝质耐火板上，即可进炉熔结成镶涂用的合金片。

3.2.6.3　镶涂

镶涂也是二步法熔结涂层工艺中的一个环节。目的是把预制的合金片或合金块和预选的合金件如 Mo 合金鼻芯等，镶嵌到基体表面上需要强化的部位。镶涂用的钎接合金应采用强度与韧性都比较好的短性合金，一般在 Ni 基与 Co 基合金中选取。钎接合金熔融后黏稠度比较低，很容易漫延渗透到钎缝中去。图 3-9 所

示把 Mo 合金鼻芯镶嵌到穿管机顶头鼻尖部的镶孔中即是镶涂的一个典型实例。图 3-19 展示了几种镶涂合金片并熔结钎接成复合金属耐磨件的实物照片。图中（a）是 WFS-600 型微粉机的耐磨刀块，在其上表面镶涂并熔结钎接了一层硬度很高的 Fe 基耐磨合金片。图中（b）是 M-8 型超细粉碎机的耐磨冲击柱，在其正表面上也镶涂并熔结钎接了一层 Fe 基耐磨合金片。图中（c）是一种工程打孔机的钻头，在视图的左端面也就是钻头的底部等分开出八条方槽，相应在每条槽内镶涂并熔结钎接进一片硬质合金刀片。

（a）　　　　　　　　　　（b）　　　　　　　　　　（c）

图 3-19　几种镶涂合金片并熔结钎接在一起的复合金属耐磨件

镶涂方法在各种刮刀与切刀上也大有用处，刀体可用普通的 Q235 钢做，先在刃口处开出直角双边槽。然后镶涂并熔结钎接进一条高硬度的 Fe 基耐磨合金片作为刀刃。经磨削开刃之后即成为极其锋利而又耐用的复合金属切刀。

3.2.7　烘干

除了铺粉的工件之外，用其他各种方法涂敷的工件或模塑成型的半成品在熔结之前，都需要烘干。正常烘干的温度范围是 $40 \sim 90℃$，一般掌控在 $80 \pm 5℃$。不算太大的工件，烘干 $2 \sim 3h$ 就足够了。若要把可挥发性的物质全部从松香油中除去，可以提高烘干温度，但是最高也不要超过 195℃，否则松香要开始熔化了。

涂敷较薄，例如不大于 0.3mm，又比较细小的工件，可以在过风处晾干 $2 \sim 3h$，然后进炉熔结，不过在升温至 325℃ 之前，要比往常延长约 0.5h。

要检验涂敷层是否已经彻底烘干，有一个简单易行又十分可靠的办法。只要用尖刀轻轻刮削料层，如能将细末样刮下来，则肯定已彻底烘干；若刮不下细末而是被成块剔下，则尚未干透。烘干车间的注意事项是通风与防火。

4 熔 结 工 序

"熔结"是真空熔结工艺的核心工序。按表面工程的需要，对熔结工序应提出如下基本要求：

（1）在合金涂层与金属基体之间必须形成牢固的冶金结合。

（2）熔结制成品应保留所用涂层合金原有的化学组成与优良特性。

（3）熔结工艺制度应确保涂层厚度、涂层硬度、组织均匀性、致密度、结构强度与表面平整度等基本技术指标均能满足设定要求。

（4）对于成型、封孔、钎接与修复等功能性熔结工艺均应达到型制、尺寸、浸润范围与扩散深度等各项技术指标的预期要求。

（5）熔结过程不应改变工件的原型与尺寸，也不应损害基体金属原有的强度与特性。

对于前两项要求是事关涂层合金在基体金属表面上熔融、浸润、扩散、互溶，彼此发生界面反应，产生互溶区，直至冷凝重结晶，导致牢固冶金结合的形成，与基体对涂层的稀释程度，及对稀释的各种各样的影响因素等一系列完整的表面冶金过程。这些内容在第 1 章中已有过详细阐述，本节只是从工艺与使用的角度来逐一探讨对熔结工序的后三项要求。

4.1　熔结微观过程

从表面冶金观点来看熔结过程，无论有无有机黏结剂的合金粉料涂敷层，在熔结时的宏观表现都是体积收缩和松散粉末变成致密合金体并与基体金属相互结合的过程。其致密度和力学性能都朝着致密合金复合体的性能方向转化。

从热力学观点来看待熔结过程，粉末堆集系统的特点是具有过高的自由能，这与粉末发达表面的剩余表面能及粉末晶体结构缺陷的剩余歪扭能有关。熔结时，体积收缩，表面减小，晶体结构缺陷消除，自由能降低，整个系统的热力学稳定性提高。

在熔结之前，粉料涂敷层中合金粉粒相互之间的接触面积是很小的，这时吸附气体、水汽、尘埃、松香黏结剂以及表面氧化皮等诸多物质均阻隔着金属粉粒之间的相互接触。对粉料系统采取边抽真空边加热的外部措施，使之收缩、致密化，直至熔融凝结的微观过程是相当复杂的。按照反应机制的不同大致上可把熔结工艺的微观过程区分为解吸、烧结与熔结三个阶段。

4.1.1　解吸阶段

在真空度抽到额定值，开始加热的初始阶段，大量吸附物开始解吸、挥发。首先解吸的是水汽与氮及二氧化碳等吸附气体。其次是吸附的有机杂质与松香黏结剂等开始分解、挥发。松香化学分解的开始温度是 200℃，分解反应一直要延续到 325℃ 才告结束。刚刚分解出的初生态碳氢化合物具有极强的还原性，完全有可能引发对粉料表面及基体金属表面氧化膜的还原反应，从而去掉粉料颗粒之间相互靠拢的最后一道阻隔物。有些金属的氧化膜如 Ta、Mo、Nb 等的低价氧化膜，无需还原即可在真空条件下直接加热而使之挥发除去。吸附物的解吸、挥发过程会延续很长时间，开始激烈，待松香分解完毕，大约在 350℃ 之后就会趋缓微弱。当加热温度越高和抽气速率越高时，吸附物的解吸就越彻底。

由于大量吸附物质的解吸去除，也由于纯净松香在分解、挥发之后不会留下任何残渣，尤其是还原反应对氧化膜的清除，使得松散的粉粒能够相互紧密接触，粉料涂敷层明显收缩，孔隙度大致能从原先的 50% 以上降到 35% 左右。此阶段在控制仪器上的表现是真空度迅速下降。为保证涂敷粉料与基体金属免遭氧化，自室温下开始给电升温时的额定真空度应 $\leqslant 2 \times 10^{-2}$ mmHg[1]。升温后由于解吸与分解气体的急速挥发，及残余气体的受热膨胀，系统真空度会迅速下降到 $>9 \times 10^{-1}$ mmHg，甚至于接近一个大气压，究竟降到多少还与所用真空泵的抽气速率有关。虽然如此，粉层与基体均不会受到丝毫新的氧化，因为这时气压虽然增高而残余氧气并未增加。

4.1.2　烧结阶段

解吸阶段结束时只是充分去掉了阻隔物，能让粉料颗粒紧密接触。此时原有的松香黏结剂也都已分解、挥发干净，颗粒间距已十分微小，粉料可借助于静电引力、摩擦力、范德华力和重力等的综合作用而聚集在一起，其本质仍是像砂堆一样的粉末集合体，或是在基体金属表面上的粉末吸附体。

进入到烧结阶段后在紧密接触的粉料颗粒之间，将发生实质性的原子迁移、表面扩散和再结晶等一系列冶金反应，直至键合成强固的合金烧结体。在真空条件下通过气相迁移的概率很低，主要是通过固相迁移。当温度升高时粉料晶体中原子特别是表面原子的扩散活性增加。尤其在表面氧化膜还原时，所还原出金属原子的扩散活性很高。原子的扩散迁移首先在颗粒接触处萌生出颗粒与颗粒之间

---

[1] 1mmHg = 133.322Pa。

的"连接体"，这就是粉末烧结的雏形，烧结进程由此起始。

在 1.4.2 节中根据扩散激活能方程已讨论过原子扩散数与绝对温度倒数的负指数成正比关系。实践也表明温度对于烧结过程起着决定性作用。原苏联学者 M. Ю. Бальщин 通过理论计算指出：大多数金属如 Cr、Fe、Cu、Ni 等的烧结起始温度为 $\geq 0.55T_m$（绝对熔点）。据此 Fe 的烧结起始温度应为 $\geq 0.55 \times 1535 \approx 844$℃，Ni 的烧结起始温度应为 $\geq 0.55 \times 1455 \approx 800$℃，而熔点为 1040℃ 的一种 Ni-基自熔合金的烧结起始温度只需 572℃。但是烧结进程并不完全服从于这一计算，因为除了温度对原子扩散活性的影响之外，晶体缺陷对原子的扩散活性也起到重大作用。因为在处于热平衡条件下的晶体点阵中，原子并不能占据全部结点位置，没有原子的结点就是空位。有一种扩散机理认为晶体点阵中原子的扩散迁移是由于点阵空位被原子连续置换的结果，也就是说空位浓度对于原子扩散也是至关重要的。事实上有些刚刚被氢还原出来的金属粉末，由于晶格歪扭，空位浓度很高，使之在很低温度，甚至于在室温下就已经有了开始烧结的迹象。与之相反，在某些易熔金属如 Zn、Sn、Al、Pb 等，由于其晶体点阵中的空位浓度很小，而氧化膜又不易清除，它们的烧结起始温度高达 $0.96 \sim 1.0T_m$，一直要升温到有熔融液相出现时才开始烧结，实际上这种金属的烧结阶段与熔结阶段已无可区分，几乎合二为一了。

随着温度的升高，在粉料涂敷层中，不仅进行着颗粒间阻隔物的解吸、颗粒多晶体结构中原子的扩散迁移与颗粒接触处"连接体"的萌生，而且还伴随着晶粒长大、晶粒数增加、少数孔隙增大而总孔隙度下降及整个涂敷层的体积缩小等一系列变化。在每一个粉料颗粒中发生的晶粒长大与晶粒数增加就是多晶体的再结晶过程。随着阻隔物的去除与颗粒间更紧密的接触，晶粒边界就可以从一个颗粒向紧邻的另一颗粒中延伸，这就是颗粒之间的聚集再结晶过程。此过程的起始与继续发展即表现为"连接体"的萌生与不断壮大。初始"连接体"是一个点，随着原子扩散迁移与再结晶的持续发展使连接点逐渐长大成连接面，而且连接面的直径还要继续不断增大，最终达到与颗粒直径相当时，相邻两颗粒即烧结成一个整体。每一个粉料颗粒的"连接体"不止一处，有几个相邻颗粒就应当有几处，待各处的"连接体"都长大后，所有粉料颗粒就会烧结成一个致密无孔的整体。当然这是烧结的理想状态，实际上达不到这个程度，不仅固相烧结达不到，即便是后面要讲到的液相烧结也达不到。

除了热压烧结之外，实践中的烧结体总会有一定的孔隙度，一般金属粉末烧结体的孔隙度 $\geq 10\%$，至少也有 $3\% \sim 5\%$ 左右。难熔化合物高温烧结体的孔隙度要小一些，一般为 $6\% \sim 10\%$，至少也要 $\geq 1\% \sim 3\%$。也就是说无论怎样努力总要有一少部分颗粒是连接不到一起的。烧结过程中，系统孔隙的变化规律相当复杂。在整个烧结过程中，孔隙是在不断生成同时又不断消亡，而总的趋势是孔隙度逐步减小。在晶体结构中扩散原子对点阵空位的置换，也可以看作是点阵空位的扩散移动，扩散的通道只能是沿着晶粒间界，当扩散到几条晶界的交叉口时空位集聚起来成为孔隙。若烧结的不是一种而是几种金属粉末或几种合金粉末时，由于在不同粉末之间彼此的偏扩散系数大小不同，则彼此相向的扩散流也不等量，于是在扩散流较大一方的组元中就会生成空位，空位移动集聚又产生出新的孔隙。就在空位与孔隙不断生成的同时，随着原子扩散迁移与再结晶的持续发展，随着颗粒接触处"连接体"的不断增加与长大，都是以实实在在的物质首先把分散在颗粒之间的大量而细小的孔隙充填起来，大量孔隙被填实的过程伴随着物料的挤紧与收缩，紧缩运动使某些未及时填实的小孔隙与就近的大孔隙合并而成为更大的孔隙。所以孔隙的演变过程是大量的小孔隙不断消亡，而少量的大孔隙残留下来。从实际应用的粉末冶金制品中分析，残留孔隙的尺寸大小一般能达到 $25 \sim 175 \mu m$，个别能达到 $225 \mu m$。烧结过程因液相不足，烧结制品中孔隙的形状很难成为球形，孔隙四周以表面张力较小的晶面为界，所以孔隙是带有尖角的多面体。

　　随着孔隙的消失，烧结体逐渐收缩。收缩首先从颗粒间的接触区域一点一滴地呈现，过程相当缓慢。提高烧结温度可以加快收缩进程，但是若无足够的保温时间，则收缩仍然有限。真空熔结工艺升温迅速，处在烧结阶段初期的时间很短，收缩不太明显。待到烧结后期，温度升高到 $0.8 \sim 0.9 T_m$ 时，开始出现熔融液相参与烧结，这才给体积收缩带来了突飞猛进的发展。烧结体密度可以表明收缩程度，收缩越烈则密度越高，测定烧结体密度随温度与时间变化的动力学曲线可以直接描述收缩进程。图 4-1 是 ［$Cr_3C_2 + 25\%Ni$，（体积分数）］烧结体在不同烧结温度下的密度变化动力学曲线。该烧结体开始有液相出现的低温共晶点约为 $1200℃$。由图清楚看出在没有液相

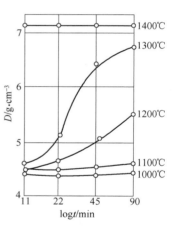

图 4-1　烧结体密度变化的
动力学曲线

参与的 $1000℃$ 与 $1100℃$ 较低温度下烧结时，随着时间的延长烧结体密度增长得十分缓慢，没有明显收缩，充分表现出固相烧结的迟缓特征。到 $1200℃$ 时，由于液相的出现，在固-液界面上的毛细管力会把粉料颗粒拉得更紧，微小颗粒和颗粒表面的凸尖部都会溶解于液相，然后再在粗颗粒表面析出，填充起颗粒与颗粒之间的接触间隙，让颗粒间的"连接体"迅速长大，与此同时在液相身边的大小孔隙亦均被填实，使烧结体的密度增高发生了突变。$1300℃$ 时，液相增多，各项收缩机制进一步强化，烧结体密度陡增，收缩接近尾声。$1400℃$ 时，充沛的液

相在瞬间消灭了几乎所有的颗粒间隙与大部分残留孔隙，粉料达到烧结阶段的极致收缩和烧结体的最高致密度，在动力学曲线上近乎成了平线，随着时间的继续延长，密度再显不出有多少新的变化，烧结阶段到此为止。其实烧结终了时最充沛的液相也只是在30%（质量分数）以内，用这点液相把所有难熔组分的固态颗粒都黏结起来，并淹没掉大部分的残留孔隙是够用了。但是要包裹起或浸没掉全部粉料颗粒还是远远不够的，整个粉料系统只能在保持原型不变的前提下持续收缩，一直收缩到难熔及其他未熔组分的颗粒接触区之间再也没有一点收缩余隙时，全部难熔与未熔组分的颗粒便堆砌成一座刚性骨架，收缩停滞，密度也不再增加，动力学曲线亦趋于平直。这种状况要等到继续提高温度，进一步增加液相的百分含量时才能进入到最后的熔结阶段。

4.1.3 熔结阶段

烧结阶段结束时粉料涂敷层已不再是松散粉末的集合体，而是已经烧结成为相当致密并具有一定强度的金属或合金烧结体，但是涂敷层与基体金属之间牢固的冶金结合尚未形成。原因是烧结阶段的液相有限，用于构筑刚性骨架之外，再无富余的液相来与基体金属扩散反应，形不成互溶区，也就形不成冶金结合。

继续升温时，烧结体中的液相超过30%（质量分数）。尤其是棱角处温度偏高，液相偏多，当液相多得把角部的每一颗难熔组分都包裹起来时，表面张力开始起作用，使尖锐的棱角收缩变钝。在粉料烧结层与基体金属的界面上，也由于液相有了富余，而开始了局部的扩散反应，初步形成了一点结合力。此时整个粉料涂敷层的刚性骨架还在，只是棱角塌陷变钝，在与基体的界面上也有了局部的互溶结合，系统推进到了"过度烧结"或者叫"初步熔结"阶段。

温度升高到 $0.9 \sim 1.0 T_m$（除难熔组分之外所有黏结金属组分的熔点）时，进入真正意义上的熔结阶段，系统中熔融液相的质量百分含量超过了50%（如果黏结金属的密度较低时可少于此数）。此时熔融液相已淹没了难熔组分的全部固相颗粒和所有残余的大小孔隙。原先由难熔颗粒堆砌成的粉料骨架已完全失去刚性，成为可塑泥团。粉料涂敷层在毛细管力、附着力、表面张力和重力等的联合作用下，体积达到终极收缩，质地也达到最高致密状态，熔结体的孔隙度接近于零。系统内部的冶金反应已不再是烧结时十分缓慢的固相扩散与聚集再结晶，而是熔液对部分固体颗粒的溶解与析出，自液相中形核与晶粒的迅速长大，液态涂层与固态基体的扩散互溶、置换反应、稀释反应、新相生成和互溶区形成等一系列复杂过程均在短时内完成，这些内容已有过详尽讨论，在此不再复述。另外，充分熔结还包含着如下一些净化过程：经还原、分解与挥发仍未除尽的残余氧化皮将全部浮出熔结体的表面，由微量高温挥发气体在熔液中所产生的大小气泡也将全部逸出表面。但是如果熔结时间太短而料层又较厚时，在最后凝固的熔结体中残留少许氧化皮或小气泡等夹杂物都是有可能的。

表 4-1 列出了从解吸、烧结与熔结前后三个阶段的熔结全过程中，各阶段基本工艺参数与特性的变化值。数据基本准确，但应当指出，烧结阶段中孔隙度减小与密度增高的极限数据只有在粉末冶金工艺中才能达到，因为粉末冶金工艺有足够的烧结保温时间。而在快速升温的真空熔结工艺中，越过烧结阶段时实际上都达不到这些极限值，因为时间太短。由此牵涉到最后熔结阶段时孔隙度与密度变化的起始数据，也都应当与烧结阶段能实际达到的数据相衔接。

表 4-1　熔结全过程中基本工艺参数与特性数据的变化

划分阶段	熔结温度[①]T_m /℃	熔融液相百分比（质量分数）/%	孔隙度 /%	密度[②]D /g·cm^{-3}	真空度 /mmHg
Ⅰ　解吸	室温~0.55	0	≥50~35	0.46~0.58	$2×10^{-2}~9×10^{-1}$
Ⅱ　烧结	0.55~0.9	0~30	35~8	0.58~0.92	$9×10^{-1}~6×10^{-2}$
Ⅲ　熔结	0.9~1.0	30~100	8~0	0.92~1.0	$6×10^{-2}~3×10^{-2}$

①T_m 在单相系中是单一金属的熔点，在多相系中是黏结金属的熔点。

②D 是达到充分熔结程度时熔结体的密度。

如果在已经达到充分熔结的基础上，再提高熔结温度或再延长熔结时间，则都会导致"过度熔结"。过熔时熔融体的黏度变稀，整个熔结体原型不保，到处漫流滴溜。过分的稀释反应则会导致涂层合金变质、变性，不堪使用。过熔状态唯一的正结果是可以保证氧化皮或小气泡等残余杂质一个不留。

4.2　真空熔结工艺曲线

制订熔结工艺曲线首先要保证两点：一是要保证粉料涂敷层的熔结程度必须达到预定要求。如对于耐磨耐蚀涂层必须达到充分熔结，致密无孔。对于要求较大比表面的涂层必须让表层达到烧结多孔程度。对于封孔涂层必须达到过熔程度，浸润漫流，无孔不入，等等。二是要保证基体金属与合金涂层之间必须达到牢固的冶金结合而又不至于过分稀释。其次还需要考虑熔结制度对涂层厚度、平整度、光洁度，涂层收缩率与尺寸精度，涂层组织均匀性，涂层的收缩裂缝与应力裂纹，以及对基体强度指标与变形程度的影响，等等。就大多数技术要求而言，熔结制度以高温瞬时或高温短时为好。按此方针实际制订出不保温和有保温两种熔结工艺曲线。

4.2.1　Ⅰ-型真空熔结工艺曲线

图 4-2 是典型的真空熔结工艺曲线。当真空度达到（1~3）×10^{-2}mmHg 时系

统开始升温。从室温至 400℃ 升温较
慢，为保证松香黏结剂的分解与挥发
不致过于激烈，避免料层崩落，必须
注意缓慢通过 325℃。过了 400℃ 后可
以快速升温，此时激烈的解吸阶段已近
尾声，开始进入比较平稳的烧结阶段。
到接近粉料的熔结温度 T_m 时，升温又
趋平缓，进入急剧收缩的熔结阶段，
在时间 t_1 的最后一瞬升到了熔结温度
时，立即断电降温。如果是随炉空冷

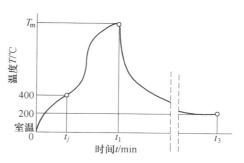

图 4-2　Ⅰ-型真空熔结工艺曲线

的话，大约在 600℃ 以前降温非常迅速，之后就越降越慢，一直到 200℃ 时即
可停电出炉。

　　Ⅰ-型曲线没有保温，只适合于细小工件的熔结制度。因为工件小则热容量
小，可与炉膛同步升温。例如内燃机用的 X-150 型涂层排气阀质量不满 0.5kg，
在 20kW 真空熔结炉中直接对阀面涂层进行辐射加热，其熔结制度完全符合Ⅰ-型
曲线的线型，各工艺参数列于表 4-2。加热时间只用了短短 7min 即熔结完毕，冷
却时间用了 23min 即停电出炉，整个熔结工艺周期只有 30min。

表 4-2　X-150 型涂层排气阀的真空熔结工艺参数

开始升温真空度 /mmHg	熔结温度 T_m/℃	熔结时间 t/min		
		t_j	t_1	t_3
2×10^{-2}	1100	3	7	30

4.2.2　Ⅱ-型真空熔结工艺曲线

　　在实际工业生产中，工件较大，数量也多，一炉次要装几十件，甚至上百
件。靠近发热体的工件受辐射面
积大，辐射距离也近，容易随炉
膛同步升温。远离发热体的工件
则升温相对滞后。为求同炉的所
有工件都能熔结合格，必须采取
保温措施，设计出如图 4-3 所示
的Ⅱ-型真空熔结工艺曲线，让
升温快的不至于过温过熔，升温
慢的不至于偏生不熟。图中 1 是

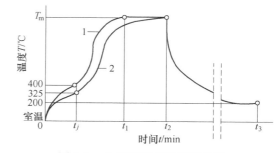

图 4-3　Ⅱ-型真空熔结工艺曲线

最靠近发热体工件的升温曲线，2 是最远离发热体工件的升温曲线。无论远近所

有工件的升温上限都不能超过也不能达不到 T_m。其实对于一个大工件的不同部位，升温也有先有后。特别是对于形状比较复杂的工件，各部位的升温速度更是不会同步。所以在实际生产中普遍适用的应当是 II-型真空熔结工艺曲线。在 60kW 真空熔结炉中熔结大小不同和数量不等的几种涂层工件，真空度抽到 2×10^{-2} mmHg 时开始升温，各工艺参数列于表 4-3。

表 4-3　II-型真空熔结工艺参数实例

序号	工件名称	装炉量		熔结温度	熔结时间/min			
		件	kg	T_m/℃	t_j	t_1	t_2	t_3
1	大模板	1	113.4	1040	78	160	220	946
2	环模	1	85.5	1040	52	109	154	640
3	滑阀导轨	1	33.7	1035	35	75	135	580
4	顶头	1	1.42	1140	7	15	30	129
5	冲剪模	1	1.3	1040	5	11	21	90
		4	5.2		26	55	85	365

　　表中 1 与 2 这两种工件质量很大，热容量偏高，要用两三个小时才能升到熔结温度，均匀保温时间也需 45min 以上，加上冷却降温时间，整个熔结周期达到十几个小时，工艺虽能完成，但费时太多，原因是小马拉大车，真空炉 60kW 功率相对偏小，只要提高炉子功率，即可大大缩短熔结周期。

　　第 3 号工件滑阀导轨的质量与体积都不算太大，升温速度也并不慢。但与其他工件的不同之处有两点：其一是虽然所用涂层合金粉料与 1、2 号工件一样，都是同一种 Ni 基涂层合金，但是熔结温度要比 1、2 号工件低 5℃，定为 1035℃；其二是保温时间比较长，达到 1h，与之相比 2 倍质量的 2 号工件才保温 40min。其中原因是滑阀导轨的结构形状不是圆形而是长条形，轮廓尺寸为 90mm×95mm ×565mm，在升温过程中的均温性特差，为使全工件涂层的熔结程度均匀一致，必须采取略为降低熔结温度和适当延长保温时间这两项工艺措施。

　　顶头和冲剪模都是小工件，用 60kW 的真空炉来熔结这些工件绰绰有余，熔结周期都比较短。5 号工件冲剪模，只熔结一件时保温时间只需 10min，而一炉熔结 4 件时保温时间需延长到 30min，延长保温时间是为了所有工件都能均匀熔结所必需的。如果用 20kW 的小炉子来熔结一件小工件时，一般不需要保温，而用大炉子来熔结一件小工件时，由于炉子大热惯性也大，加之升温又很快，即使在到温后自动断电，由于热惯性的作用工件还是会冲过 T_m 值，所以在用大炉子来熔结小工件时，设置保温线段还是比较保险的。

4.3 熔结收缩率实测值

实际操作中影响收缩的因素太多，诸如有无有机黏结剂、黏结剂的用量、料层厚度、粉料的粒度配比和熔结程度，等等。下面举几个实测数据以供参考。

4.3.1 合金涂层厚度的熔结收缩率

用一种 Ni 基自熔合金粉料，分别以松香油调制成涂膏进行涂敷并烘干（限定料层厚度≤1.0mm）和在基体表面上开槽直接铺干粉（料层厚度不限）这两种方法，施涂在 45 号钢基体表面上，然后进真空炉熔结成致密合金涂层。涂层在长与宽两个方向上都看不到收缩，只有在厚度方向产生出明显的收缩。精确测定出烘干之后的涂敷层厚度和铺粉层厚度，再测定出充分熔结之后合金涂层的厚度，就可以计算出合金涂层厚度的熔结收缩率。所测数据列于表 4-4。很明显，干粉层厚度的熔结收缩率高达 50%以上，比涂敷层厚度的收缩率要大得多。

表 4-4　合金涂层厚度的熔结收缩率

料　层	料层厚度/mm	熔结成合金涂层厚度/mm	熔结收缩率/%
涂敷后烘干	0.8	0.5	37.5
铺干粉	2.5	1.22	51.2

4.3.2 合金条的三维熔结收缩率

合金条不黏附于任何金属基体，是单独成型并熔结的涂层合金片。把涂层合金粉加松香油调制成的可塑涂膏模塑成合金坯条，烘干后置于耐火陶瓷垫板上，放入真空炉熔结成合金条。熔结时在合金坯条与耐火陶瓷垫板之间不会发生化学与冶金反应，于是合金坯条在长、宽与厚三个方向上都会表现出明显的熔结收缩。以一种 Fe 基自熔合金粉制作合金坯条，烘干后合金坯条的尺寸为 40mm×5mm×2.5mm 和 40mm×10mm×2.5mm 两种，充分熔结后测出熔结收缩率数据列于表 4-5。

表 4-5　合金条的三维熔结收缩率

长度收缩率/%	宽度收缩率/%	厚度收缩率/%	
		坯宽 5mm	坯宽 10mm
20	15	0	−40[①]

①这是负收缩，合金条的横截面已不呈矩形，而成为椭圆形，从最厚处测量厚度。

结果显示长、宽都有收缩，而合金条厚度的收缩率与涂层相比却有明显不同。达到充分熔结程度时，充沛液相赋予合金条的内聚力大大超过了耐火板对合金条的附着力与界面张力，合金条为趋向于最小体积和最小的外表面积而自由收缩，于是在厚度方向就出现了零收缩，甚至负收缩现象，即不收缩反而增长，这在金属基体上的涂层中是不可能发生的。当然负收缩只是发生在厚度这一个方向上，合金条的整个体积还是在收缩，体积收缩率达到 32% 左右。负收缩不仅随宽度而变，而且与熔结程度有关，熔结程度越高时负收缩会越大。

4.3.3　合金环的熔结收缩率

还是以一种 Fe 基自熔合金粉料来制作合金圆环，烘干后合金坯环的尺寸为外径 $\phi43mm$、内径 $\phi25mm$、厚度 2mm，也放在耐火陶瓷垫板上进行真空熔结，测定出的收缩尺寸与熔结收缩率数据列于表 4-6。内外径都有收缩，而厚度没有变化。其实厚度应与合金条厚度的收缩情况一样，当环宽较大又熔结程度较高时，也会有一定的负收缩。

表 4-6　合金环的收缩尺寸与熔结收缩率

测定数据	外　径	内　径	厚　度
熔结前~熔结后/mm	43~36	25~22	2~2
熔结收缩率/%	16.28	12	0

4.4　熔结程度与涂层厚度及涂层表观状态

粉料特性、工件部位与熔结程度是决定涂层厚度的三大要素。为保证涂层有足够的结构强度与致密度，涂层的熔结程度一般都要达到充分熔结，很少采用初步熔结或过度熔结。为得到较厚的涂层，除正确掌握熔结制度外，还需有其他辅助措施相配合。

以 NiCrBSi 自熔合金涂层为例，用 1%~3% 松香油黏结剂把 -100~+325 目（-0.147~+0.044mm）的合金粉末调制成涂膏，涂敷并烘干后再充分熔结，在工件任意部位表面上的涂层厚度都可以达到 ≤0.3mm。在比较狭窄的底表面与侧表面上，一次熔结涂层的厚度可以达到 0.4~0.5mm。在直径不大的立柱侧面，如垂直放置的 $\phi14mm \times 72mm$ 不锈钢磨针表面，一次熔结涂层的厚度也可达到 0.4~0.5mm。还是在工件的底表面与侧表面上，当连续涂、熔三遍以上时，涂层的总厚度会达到 1.0~1.5mm 以上，若想要 2.0~2.5mm 以上厚度的涂层也能办到，但由于涂、熔遍数过多而不可取了。用同一种涂层合金可以在同一部位连续涂、熔多次的原因，是因为合金涂层的重熔温度要高于合金粉料的正常熔结温度，当这一遍的涂层粉料达到熔融状态时，以前各遍已熔结好的合金涂层均保持固态，所以每次涂、熔的熔融液层都相当薄，不会发生漫流，这样多遍涂、熔累积起来即可在侧面和底面制作出较厚的涂层。对于工件的上表面既可以用膏料涂敷，也可以铺撒干粉。但是这两种涂法所得熔结涂层的厚度不同。在狭窄上表面涂膏层的一次性熔结厚度可以达到 0.8~1.5mm，甚至更厚，而大面积上表面涂膏层的一次熔结厚度却只能≤0.5mm。不是因为漫流而不能增厚，而是因为大面积厚涂层的收缩量较大，容易造成涂层的收缩裂缝。如果在上表面开槽或修筑耐火护堤，铺撒干粉后再熔结，则涂层的一次熔结厚度达到多厚都成。含有松香黏结剂的涂膏层在升温时，于长、宽、厚三维方向都要收缩，而涂层下面受热的金属基体却要膨胀，结果只能是收缩的涂层加上几条裂缝才能维持原来大小的涂层面积，与基体面积保持一致。铺撒干粉的涂层中不含有松香黏结剂，在粉料形成刚性骨架之前，每一颗合金粉粒都可以自由流动，互不黏结，升温时只是在厚度的一维方向显出收缩，长、宽方向由于粉粒的自由流动而没有收缩，涂层面积始终与基体面积保持一致。鉴于这个原因，用开槽并铺撒干粉的办法，可以一次性熔结 8mm、10mm 甚至更厚的涂层，没有任何收缩裂缝，也不需要补涂。

在斜侧面上欲熔结 2.0~2.5mm 以上厚度的涂层时，可以采用开槽加涂膏层的办法。如煤气发生炉用的锁灰阀，其密封锥面上需要熔结 3.0~5.0mm 厚的耐磨涂层。首先在锥面上开出深 3.0~5.0mm 深的梯形槽，如图 3-6 所示。在斜槽内铺干粉是不成的，只好向槽内抹涂膏层。不过这里涂膏中所含松香黏结剂的百分含量不用 1%~3%（质量分数），而只需 0.3%（质量分数）左右。只要能维持粉料在槽中不流出来，黏结剂越少越好，因为黏结剂用量越少则熔结时收缩越小。经开槽、涂敷并烘干后锁灰阀的实物照片如图 4-4 所示。在熔结过程中，槽内粉料与通常的涂膏层一样也要发生三维收缩，不过收缩裂缝比一般涂膏层要小，裂缝条数也少。再用涂膏先把裂缝填实，然后全槽补涂至与槽口齐平，烘干后再进行二次熔结，出炉后还会有更小更少的收缩裂缝。

图 4-4　涂敷并烘干后的锁灰阀

如此补涂、再熔结 3~4 次，即可消弥裂缝与欠缺，得到满槽并完好涂层的锁灰阀。此法比涂、熔一次只能增厚 0.5mm 的办法要好得多。

充分熔结的纤薄涂层能够做到≤0.1mm，涂层虽薄但仍可以保证连续密闭。调制的膏料越稀则涂膏层也越稀薄，熔结出的合金涂层亦越薄。如果延长熔结时间或熔结程度超过了充分熔结时，则会引起熔融涂层向基体金属表面上的未涂区域浸润漫延，漫延距离可达 3~4cm 之多，漫延层也可以算作是最薄的涂层，其厚度仅为 5~10μm 左右。

　　采用真空熔结工艺的二步法，即熔结镶钎合金片的方法也可以制作较厚的"涂层"。如图 3-19 中超细粉碎机用的耐磨刀块与冲击柱，这两种易损件的基体材料都是普碳钢，在其工作表面上都熔结钎接了一层高硬度的 Fe 基耐磨合金片。通常钎接层的厚度要比合金片的厚度增加约 0.5mm，如果合金片的厚度是 2.5mm，则整个钎接层的厚度应为 3.0mm 左右。二步法比一步法省事，只要预先做好合金片，几毫米厚的合金层只需熔结一遍即告完成，而且没有裂缝、没有沙眼，熔结成品率几乎百分之百。但要注意二步法的熔结程度应比充分熔结还要略高一些，以便熔融的钎接合金能够漫流无隙并浸润到位。只要采取相应的临时固定措施，在工件的上、侧、斜、底各种表面上均可熔结钎接合金片，但对于多个表面的过渡衔接处，尤其是曲率半径较小的地方难以适应。

　　涂膏层在达到烧结状态时，表面平整，但粗糙无光泽，棱角尖利扎手。达到初步熔结状态时，表面依然平整，初显致密并稍稍发亮，棱角尚锐但不扎手。达到充分熔结状态时，表面平整光滑，十分致密，表面不平度≤0.1mm，表面光洁度能到▽6 以上，棱角初显圆润。达到过度熔结状态时，仍旧光滑、致密、泛金属光泽，但无序漫流，表面不平，厚度不保，严重时在工件底部结瘤。

4.5　熔结程度与涂层孔隙度

　　初步熔结的合金涂层还会有≤8% 的气孔率，达到过度熔结程度时通常一个气孔不留。而充分熔结程度是常态熔结制度，可以消除气孔，但与涂层厚度有关，一般厚度≤1.0~1.5mm 的真空熔结合金涂层，可以做到气孔率为零。而厚度在 1.5mm 以上，尤其是达到≥3~5mm 时，涂层在精磨之后难免会出现一个或几个沙眼，需要补涂后再熔结一次才能完成。绝大多数的耐磨、耐腐蚀涂层都要求致密无孔。但也有两种工况希望熔结涂层能具有相当数量的开口气孔，一种是希望具有巨大比表面积的涂层，另一种是希望在表层能够储油的涂层。

4.5.1　高比表面积的真空熔结合金涂层

　　在电解槽里所用电极板的尺寸有限，导电的表面积也有限，必需设置较高的工作电压，才能维持正常的电解作业。当电解槽的工作电压越高时则电能的损耗也越大。为不影响正常作业，唯一的改进办法是提高电极板的总表面积，也就是要在电极板尺寸不变的前提下设法提高其比表面积。用编织的钢丝网板代替实芯钢板作电极收到了一定效果，但还是不够。为大幅度提高钢丝网板的比表面积，采用了真空熔结合金涂层技术。在这里的涂层有二重任务，一是要保护钢丝网板不受电解液的腐蚀，二是要进一步提高电极板的比表面积。图 4-5 是在钢丝网电极板所用钢丝的表面上熔结合金涂层的示意图。1 是直径 $\phi2.5mm$ 钢丝的横截面。选用同一种耐腐蚀性能很好的 Ni 基涂层合金。先充分熔结一层致密无孔的底涂层 2。再以比充分熔结温度降低 20~30℃ 的温度，熔结一层多孔性的表面涂层 3，为保证表层的多孔性，熔结程度只需达到过度烧结或初步熔结即可。二层涂层的总厚度约为 0.4~0.6mm。这种涂层不仅非常耐腐蚀，而且大大增加了电极板的比表面积，有效降低了电解槽的电能消耗。

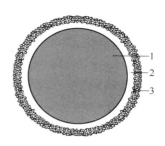

图 4-5 增加比表面积的真空熔结涂层模型

4.5.2 多孔储油的熔结涂层

内燃机的汽缸与活塞环是需要长期并存的一对摩擦副，任何一方易损对内燃机长时间连续运转都很不利。因此这一对摩擦副的延寿方针应以减摩为主，耐磨为辅。减摩的最佳方案是让摩擦面脱离接触的润滑油膜，除了减摩之外，油膜还可改进密封，提高汽缸的工作压力。有一种方法叫"激光膛缸"，就是对汽缸内壁进行激光扫描表面热处理，使表面硬度得到提高的同时，也使壁表拉毛而微孔隙化，从而解决了缸壁的储油问题。在活塞环表面并不采取激光热处理的方法，而是熔结一层多微孔涂层，因为此法比激光拉毛的储油效果更佳。

若活塞环外侧工作面的宽度是 10mm，则沿全圆周开出宽 8.0mm、深 1.0~1.5mm 的槽。用临时黏结剂与涂层合金粉料调成涂膏并填满全槽，烘干后以高密度能源进行扫描熔结。有一种涂层合金粉的化学组成（质量分数,%）是：（70Mo，5Ni，1.2Cr，5Si，18.8Cr₃C₂）[62]。其中 Cr_3C_2 是难熔的耐磨组分，用量波动于 10%~30% 之间。元素 Mo 是合金母体中的主要组成，赋予合金涂层以足够的高温强度，用量波动于 50%~85% 之间。Ni、Cr 两元素是涂层中最先熔融的黏结金属，合适的配比以 4%~8% 为宜。Si 粉是高温时挥发并制造出孔隙的元素，一般只用 3%~7% 即已足够。所用 Si 粉的粒度较小，只有 7~20μm，其他用粉的粒度在 10~100μm 之间。

选择 Si 粉作汽化剂是基于其独到的物理特性，Si 粉的熔点与沸点相当接近，又熔化潜热较高而汽化潜热较低。这样的特性方便在熔结升温过程中瞬间越过熔点而直接让 Si 粉汽化挥发，对此必须制订出相应的快速升温熔结制度，避免 Si 粉熔融并与涂层中的黏结金属熔合到一起。为了更加保险，在设计涂层配方时选择黏结金属的熔点应适当高于 Si 粉的沸点温度，高出的幅度以 350~650℃ 为宜。

同是这一配方，涂层工艺不同时所得结果不同。若采用几千度高温的等离子喷镀工艺，无需依靠 Si 粉的挥发机制即可得到通体布满孔隙的海绵体涂层，这种涂层虽可储油，但涂层的结构强度及与基体的结合强度都比较差，在活塞环的摩擦负荷下涂层易碎易裂，不能正常使用。若采用电热辐射熔结工艺时，由于能量密度不高和熔结周期偏长，Si 粉熔融并与 Ni-Cr 合金熔合到一起，结果形成致密的合金涂层，虽然自身强度及与基体的结合强度都很好，但是不能储油。合适的工艺应当采用激光或电子束等高密度能源的扫描熔结工艺。

　　Si 粉的汽化挥发机制与涂层合金的熔融凝结过程必须做到相互密切配合，前后步调一致，才能顺利得到合格的表层多孔隙涂层。Si 粉汽化在前，合金熔融在后，次序不能颠倒，否则 Si 粉就只能熔于合金而不会汽化。当 Si 粉汽化一经发作之后，合金必需迅速适时熔融凝结，以便把大量爆发的 Si 蒸汽固定在合金涂层的表层。熔凝过早时 Si 粉汽化尚未爆发，熔凝过迟时 Si 粉汽化已爆发飘逸完毕，这两种情况都得不到较高的表层气孔率。为此必需掌控好热源的能量密度及对涂膏层的作用时间这两个关键性的工艺参数才能得到最佳结果。

　　激光束是比较合用的熔结热源。经反复试验，比较合适的工艺参数是：激光功率用 12kW。光斑直径调整到 $\phi 8.0mm$，正好覆盖住槽内的涂膏层，而不会熔毁槽帮。激光束对准涂膏层的扫描速度为 60cm/min，涂膏层每一点受光束辐照的时间在 0.4 ~ 1.2s 之间，涂膏层单位面积所接受的能量密度达到 120 ~ 130J/mm^2，瞬间温度上升到 2700~3000℃。在这套工艺参数作用下，把活塞环槽内的涂膏层熔结成了表层具备高孔隙度的合金涂层。合金的组织结构是，在以 Ni-Cr 合金包裹着金属 Mo 树枝状结晶的涂层合金母体中，均匀分布着高硬度的 Cr_3C_2 颗粒。无论是组织结构还是元素分布在涂层的面积方向都是均匀的。但在总共 1.0 mm 的涂层厚度方向，大约 0.3 mm 厚的外表层聚集着密集的气孔，孔隙密度自表向里递减，自 0.3 mm 以里是越来越致密的合金层，但深至 0.7 mm 左右仍能找到零星气孔。另外在涂层与钢质基体的界面处，涂层的元素组成遭到了基体 Fe 元素的稀释，但因稀释深度有限，并未影响到涂层的整体性能。气孔在涂层的全面积上分布均匀，测出气孔尺寸 ≤80μm。涂层自身强度很高，能够承受高于活塞环的正常负荷 800 ~ 1000N/cm^2。测出涂层致密内层的显微硬度达到 800~1000HV。用表面粗糙度为 $1.2R_a$ 的铸铁板作摩擦副，制备出同一配方、同样尺寸的等离子喷镀与激光束熔结各一组涂层试样，在同一台往复式摩擦磨损试验机上作耐磨性对比试验，以煤油作摩擦润滑剂，摩擦负荷为 2400N/cm^2，相对摩擦速度是 1.25m/s，摩擦试验总里程达到 27km。试验结果是等离子喷镀涂层磨损达 4mg，并在涂层与基体相结合的界面处出现了裂纹。激光束熔结涂层的磨损量仅为 1mg，而且未发现裂纹或其他任何损坏迹象。这一试验结果表明，多孔储油结构和涂层自身强度及与基体的结合强度缺一不可，等离子喷镀涂层虽然也能储油，但强度欠缺。

4.6　熔结程度与涂层的开裂问题

熔结涂层常常会遇到两种开裂情况，一种是收缩裂缝，另一种是应力裂纹。影响涂层开裂的因素很多，归纳起来也就是材料特性与工艺制度两个方面。材料特性应包括涂层材料与基体材料双方在内，主要有弹性模量、线膨胀系数、泊松比和互溶程度等。工艺制度主要指配料比、粉料粒度、黏结剂用量、料层厚度与熔结制度等。熔结制度影响涂层开裂的主要因素是熔结温度与冷却速度。

4.6.1　熔结涂层的收缩裂缝

对工件上表面开槽并铺撒干粉的涂敷层，由于在熔融液相出现之前，合金粉颗粒始终可以自由流动，因而熔结多厚的涂层都不至于产生收缩裂缝。

用二步熔结法在工件表面上镶钎合金片所构成的合金覆层，也不会产生收缩裂缝。因为合金片本身不会再次熔结收缩，合金片之间的拼接缝是很窄的毛细缝隙，被熔融的钎接合金浸润填满后也不会收缩开裂。

只有以有机黏结剂调制涂料所涂敷的涂膏层，到熔结时才会产生收缩裂缝。在讨论熔结收缩率时，提到过大面积表面涂膏层的一次性熔结厚度只能≤0.5mm。也就是说，厚度超过此数时涂层就容易产生收缩裂缝。收缩裂缝的产生与收缩裂缝的宽窄，都对涂层厚度十分敏感，而且是正比关系。图4-6给出两种收缩裂缝模型，A是大面积厚涂层的龟裂缝模型，以真空熔结的 NiCrBSi 自熔合金涂层为例，当涂层厚度≥0.5mm，涂层面积≥30mm×30mm 时，很容易发生收缩龟裂缝。B是长条形厚涂层的拉断裂缝模型，

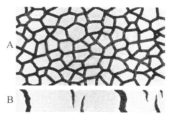

图 4-6　熔结涂层的
收缩裂缝模型

当基体表面成为狭窄的例如宽约 5mm 的长条形时，同样 NiCrBSi 涂膏层的一次性熔结厚度有可能达到≤2.0mm，但再要增厚时就极易发生纵向拉断的收缩裂缝。涂层的厚度越大，则收缩裂缝越宽。

改变粉料的颗粒尺寸及粒度配比也可以有效减轻收缩裂缝。用百分之百的 $-60\sim+325$ 目（$-0.25\sim+0.044$mm）细颗粒合金粉末涂膏层熔结时，收缩裂缝在所难免。如果用同一种涂层合金，但不全是细粉，而是搭配一部分粗颗粒，最好按照最高松装比，选好颗粒尺寸及粒度配比，则可以一次性熔结很厚的涂层也不会发生收缩裂缝。各级颗粒可预先熔结成合金块，经破碎、筛分而得。例如若需 2.5mm 厚的 NiCrBSi 合金涂层时，粗颗粒尺寸可选取 2.4mm。将粗颗粒一颗挨一

颗紧密排列，铺满需要涂层的全面积，待熔结时首先熔化的是细颗粒组分，而这紧密排列的粗颗粒就构成刚性骨架，使涂层不可能再收缩开裂。为填充密排粗颗粒骨架的孔隙，按最致密堆积的科学配比，中等颗粒尺寸约为 1.03mm。在粗颗粒与中等颗粒之间还有更小的孔隙，则需用 0.29mm 以下的细颗粒来予以充填。三种颗粒的实用配比是"粗：中：细 = 40：18.6：41.4"。细颗粒用得偏多一点是除了填空补缺之外，还起着与基体扩散互溶及填平填实整个涂层使尺寸到位的作用。

除了涂层厚度与粉料的颗粒尺寸及粒度配比之外，有机黏结剂的用量及熔结温度的高低对收缩裂缝也有一定影响。在一般涂膏层中虽然松香油黏结剂的用量只是合金粉的 1%~3%（质量分数），但因松香密度极低，故在涂膏层中所占体积颇大。熔结升温时，因松香的黏固作用使合金粉颗粒不会流动，随着松香的挥发逸去，涂膏层于厚度及面积方向都有收缩，厚度方向可自由收缩，而面积方向受到基体的限制必然要产生收缩裂缝。黏结剂的用量越大时，则产生的熔结收缩裂缝越宽。若黏结剂的用量为零时，即成了铺干粉工艺，收缩裂缝的宽度也即为零。

原则上熔结温度越高时收缩裂缝越大，具体情况还是与涂层厚度密切相关。当一次性熔结厚度 ≤0.5mm 时，在熔结升温的任何阶段都不至于出现收缩裂缝，即使升到了黏结金属的绝对熔点 T_m 时，可能出现过几条微细裂缝，但此时充沛的液相会立即予以填平补齐，在冷却后的涂层上还是看不到裂缝。涂层厚度较大时情况就不一样了。当厚度 ≥0.5mm 时，如果在解吸阶段尚未出现裂缝，则升温到烧结阶段时由于收缩率增大，肯定会有裂缝产生。若厚度超大，则有可能升温到 $0.55T_m$ 刚过解吸阶段时，即会出现很宽的收缩裂缝。之后再升过 $0.9T_m$ 时裂缝会更多更宽，这些宽大的收缩裂缝即使升温到充分熔结阶段时也不一定能够补齐。此时要看涂层合金中有多少液相，液相有富余时才可能补齐。

总括起来影响熔结涂层收缩裂缝的基本要素有四项，即涂层厚度 δ（≥0.5mm），有机黏结剂用量 $\eta\%$，实际熔结温度 $T℃$（≤T_m）和涂层粉料的粒度配比。综合以上四项要素对涂层收缩裂缝的影响规律，得出如下实验关系式：

$$B = K \times \frac{1}{3}\eta \times \frac{T}{T_m}(\delta - 0.5)$$

式中，B 是收缩裂缝宽度；K 是与粉料粒度配比相关的系数，该系数 ≥0，是在涂层粉料的化学组成既定，在不同的 η、T、δ 值下，由实验确定。分析该关系式可知，只要在等号右边的四因子中有任意一项为零时，B 即可以为零。在实际生产中 T/T_m 不可能为零，首先予以排除，为解决收缩裂缝问题在熔结温度上想不出什么办法。当 $\delta = 0.5$ 时第四因子为零，B 亦为零，这就是说一次性熔结厚度不要超过 0.5mm，就完全可能不产生收缩裂缝。当 $\eta = 0$ 时，第二因子为零，B 亦为零，这意味着在涂敷层中不含有机黏结剂，也就是用铺干粉的办法，当然不会产生收缩裂缝。要 K 为零时，必须做到粉料粒度的科学搭配，其实这是消除收缩裂缝比较实际可行的办法。

4.6.2　熔结涂层的应力裂纹

收缩裂缝是在熔结过程中产生的涂层裂缝，而应力裂纹是在熔结之后的冷却过程，或是在特定使用工况下由各种应力诱发的涂层裂纹。主要的致裂应力是涂层系统的内应力与工况条件的热应力，而主要的阻裂应力是涂层与基体之间界面的结合力。

涂层内应力是涂层与基体双方弹性模量的匹配问题。当涂层的刚性比基体大时，涂层内应力增高。涂层与基体各自的应力之比为[79]：

$$\sigma_1/\sigma_2 = (1 - \gamma_2)E_1/(1 - \gamma_1)E_2$$

式中，σ 为应力，下标 1 指涂层、2 指基体；γ 为泊松比；E 为弹性模量。从表 2-85 中可以看出材料的泊松比相差甚小，而弹性模量差值较大。所以内应力的大小主要取决于涂层与基体双方弹性模量之差，差值越大则所产生的内应力越大。内应力的作用后果只能由作为较弱一方的涂层来承担，后果表现为涂层的应力裂纹。克服涂层应力裂纹的基本思路是选材问题，例如在耐磨涂层中最常用的硬质化合物是 WC，其实 WC 与基体钢材之间的弹性模量之差相比最大，最容易产生应力裂纹。若改用 Cr_3C_2 或 CrB_2 时弹性模量之差会小得多，应力开裂的倾向也小得多。如果涂层与基体二者的材质已定，则弹性模量之差亦已确定时，减缓涂层与基体内应力的唯一办法是减薄涂层厚度，因为涂层中裂纹尖端的应力大小是正比于涂层厚度的平方根，由此可知减薄一次性熔结涂层厚度的好处，不仅能避免收缩裂缝，而且还降低了应力裂纹的可能性。

涂层热应力是在温度变化时由涂层与基体之间线膨胀系数之差所引发的，基体的热膨胀相对不受涂层的影响，系统内产生的热应力基本上全由涂层承受。在涂层与基体材质已定的情况下，由温度变化所引发的热应力可表示为[61]：

$$\sigma_{th} = E \times \Delta\alpha \times \Delta T/(1 - \gamma_1)$$

式中，E 为弹性模量；α 为线膨胀系数；ΔT 为温度变量；γ 为泊松比，下标 1 指涂层。如果选材定出 $\alpha_2 > \alpha_1$，熔结升温时基体膨胀多，涂层膨胀少，则涂层所受的热应力是平行于界面的张应力，但由于此时涂层具备热塑性并有适量液相融出，产生的塑性应变会消除张应力而使涂层不裂；到熔结降温时基体收缩多而涂层收缩少，此时涂层所受的热应力是压应力，一般涂层合金都是抗压强度高于抗张强度，再加上涂层与基体之间足够的结合力，涂层仍可安然无恙，不破不裂。所以在设计涂层时，应当选择涂层材料的线膨胀系数要比钢铁基体的线膨胀系数略低为好。这样能预置给熔结涂层一定的压应力，在今后的使用过程中再遇到温度急变时，就能较好地保持涂层的完整性。考虑热应力除线膨胀系数外，更要注意温度场的急变。温度急变包含变量与变速两方面，这多与熔结热源的能量密度相关。由此考虑在诸多表面冶金工艺中，激光熔覆涂层的热应力开裂倾向是很大的，等离子喷焊次之，而真空熔结涂层的开裂倾向较小，在真空熔结工艺曲线中采取缓冷措施也在于此。为避免涂层开裂，在真空熔结工艺中要着重考虑一次性熔结涂层的厚度及线膨胀系数，而无需忧虑温度急变问题。激光熔覆则不然，温度急变是激光熔覆涂层开裂的重要原因，图 4-7 显示出一种激光熔覆涂层的应力裂纹形貌。图中浅色颗粒是碳化物硬质相，深色区是 Ti 基涂层合金母体相（20～28Cu，10～15Ni，16～20Zr，<0.3O，余 Ti）。两种原料粉末按 1∶1 混合后，用缩丁醛酒精溶液调制成涂膏，涂于 Ti-6Al-4V 合金基体表面，经 70～80℃、15min 烘干后，涂膏层厚约 1.0mm，用 0.6～1.5kW 激光束，以 4～15mm/s 速度进行扫描熔结[61]。所得涂层的热应力裂纹非常明显，图 4-7 中左图是涂层中部合金母体区域的弥散裂纹，右图是涂层边缘部位的粗大裂隙。激光扫描的加热冷却速度本来就快，而涂层边缘区域的冷热速度更快，不同温度场的裂纹宽窄不同，完全是由温度变量不同所造成的。

图 4-7　激光熔覆涂层的热应力裂纹

　　在降温冷却过程中，若因 $\alpha_2 \gg \alpha_1$ 而使涂层受到很大的压应力时，涂层不仅会被压裂，而且垂直于界面的应力分量亦有可能使涂层从基体上崩落下来。这时为保涂层无恙，在涂层与基体之间是否存在牢固的结合力显得尤为重要。关于界面的冶金结合问题在 1.3 节中已讨论过许多，还需要阐明的是界面结合力大小与涂层在热应力作用下是否会破损也有着深层次的关联。

4.7　熔结程度与涂层的组织均匀性

　　熔结方法、熔结程度与粉料特性是决定涂层组织均匀性的三大要素。像堆焊、喷焊与激光表面合金化等熔结方法都有间歇性熔结的共同特征，整个涂层由一个熔池与一个熔池叠加相接而成，这种间歇性的熔结方式决定了涂层组织在长、宽（面积）方向及厚度方向都有一定程度的不均匀性。唯有真空熔结是采用整体性的熔结方式，在真空炉中以电热元件进行整体辐射加热，涂层组织只是在厚度方向有一定程度的不均匀性，而在面积方向是非常均匀一致的。图 4-8 与图 4-9 都是在 21-4N 耐热钢基体上一种 Ni 基自熔合金的真空熔结涂层。涂层化学组成是（0.72C，25.19 Cr，1.40B，3.26Si，3.83Fe，余 Ni）。在 1090℃ 下，按 Ⅰ-型真空熔结工艺曲线熔结而成。整个涂层组织于面积方向十分均匀。在 50 倍的金相照片上可以看到完整的涂层横截面组织。涂层总厚度为 2.7mm。由于外表面所承受的温度急变要大大高于涂层内部，使得厚约 0.1～0.2mm 的涂层表层组织不够致密。磨去表层后涂层的工作厚度还能保留在 2.5mm 以上。由表及里的涂层组织都相当均匀，靠近涂层与基体界面处的白亮带是"互溶区"，厚度只有 28μm 左右。在互溶区的涂层一侧出现了少许粗大组织，这种粗晶组织是因基体 Fe 元素向涂层中扩散所造成的，这在 200 倍的金相照片上看得非常清楚。除去表层及较软的互溶区不算（此处粗晶组织的厚度尚可忽略不计），涂层的均匀组织也就是有效工作层的厚度应在 2.47mm 以上，占到总厚度的 91% 左右。这个厚度有效利用率对于较厚的真空熔结涂层是切实可行的。

图 4-8　真空熔结涂层（×50）

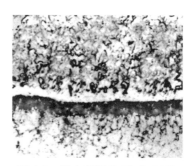

图 4-9　真空熔结涂层（×200）

这一涂层的熔程很宽，从 1090～1130℃ 均可熔结出外观完好的涂层，但涂层的内部组织及组织均匀性会有所不同。熔结制度对涂层组织的影响在 1.5 节中已经有过详细讨论。如果需要采取 Ⅱ-型真空熔结工艺曲线，在较高温度并有一定保温时间的制度下熔结时，会造成基体中 Fe 元素向涂层中扩散量的增多，这样不仅互溶区要加宽，而且粗晶组织也会长大增厚，结果导致涂层中有效工作层的厚度减薄，使厚度的有效利用率降低。为弥补损失，在熔结之后可采取缓慢冷却制度，以保全涂层的外表层也凝结成均匀致密的可用组织，则涂层厚度的有效利用率未必会降低多少。

粉料特性对涂层组织均匀性的影响包括粉料的化学组成与理化特性两个方面。单一组元合金涂层的组织均匀性只要掌控好基体金属对涂层的稀释问题即可基本解决。多组元合金涂层的组织均匀性除了熔结制度之外，还取决于各组元之间密度的差异和粒度的大小等因素。高密度颗粒和大颗粒的沉积常常会造成多组元熔结合金涂层的组织偏析。就耐磨涂层而言，分布在合金母体中硬质颗粒的间隔距离越小则耐磨性越高，而颗粒间距是颗粒在涂层中所占体积百分比及颗粒尺寸的函数。根据工业上磨料磨损和冲刷磨损的需要，涂层中硬质颗粒间距必须 $\leqslant 10\mu m$ 才算够得上基本没有偏析。以一种高 WC 的 "NiCrBSi+60%WC（质量分数）" 熔结合金涂层来保护碳钢基体抗冲刷磨损并不理想，合金的化学组成是（16Cr，3.50B，4.5Si，4.5Fe，余 Ni）。WC 粒度 $\leqslant 100\mu m$，涂层厚度 $0.8\sim 1.0mm$。检查涂层的组织均匀性发现，WC 颗粒大小和颗粒间距在涂层厚度方向的分布是不均匀的。$60\sim 100\mu m$ 的较大颗粒沉降到涂层深处，颗粒间距为 $30\sim 50\mu m$，而 $20\sim 60\mu m$ 的较小颗粒分布在涂层表层，颗粒间距达到 $50\sim 100\mu m$，这样的涂层虽然加了很多 WC，但由于偏析严重和颗粒间距太大而耐磨性能不佳。当熔结温度越高又保温时间越长时，偏析就会越严重。理论与实践都已证明在以硬质颗粒强化的熔结合金涂层中，低含量细颗粒比高含量粗颗粒更耐磨。因为低含量细颗粒才能保证涂层的组织均匀性与细小的颗粒间距。这一规律在 2.4.3 节中已经做了详细分析。

在工艺方法上还有一种解决高密度颗粒偏析的好办法，那就是把不同密度粉料经薄层分层涂敷后一起熔结的办法，再经多次涂敷并多次熔结后，即可得到组织均匀而且较厚的涂层。举个例子，燃煤热电站的排风机叶片受炽热飞灰的高速冲刷，磨损严重，寿命很短。用 "NiCrBSi+WC" 表面硬化合金的熔结涂层可以提高其使用寿命，其中 Ni 基自熔合金的化学组成是（$0.15\sim 1.5C$，$5\sim 25Cr$，$1\sim 4B$，$1.5\sim 4.5Si$，<4Mo，<4Cu，<5Fe，<1Co，余 Ni）[80]。把合金粉与 WC 粉预先混合好，再进行热喷涂加熔结处理，结果由于 WC 颗粒的偏析使涂层的耐磨性并不理想。改用分层喷涂并一起熔结的方法，两种粉预先不混合，把合金粉与 WC 粉交替喷涂后一起熔结，熔结温度在合金粉的熔点以上，关键是不要保温，粉料熔融后立即降温凝结，这样所得到的涂层不会偏析而且与基体也形成了冶金结合。涂层叶片与未涂层叶片的使用寿命对比，列于表 4-7。

表 4-7　涂层叶片与未涂层叶片的使用寿命对比

叶片材质	使用工况	使用寿命/月
普通铸钢	飞灰浓度：$5.0g/m^3$	4
可锻铸铁	叶片转速：3900r/min	6
涂层叶片	排风量：$300m^3/min$	32

4.8　熔结过程对基体金属的热影响

　　真空熔结的加热与冷却过程不可避免地对基体金属也会产生一定程度的热影响，但由于真空熔结是整体均匀加热，与逐点扫描的其他加热方式相比，对基体金属的热影响要小一些。热影响一般表现为两个方面：一是基体受热变形。二是基体的组成与结构发生变化，导致理化性能改变。

4.8.1　基体受热变形问题

　　基体受热变形也分两种情况：一是热应力变形，二是热塑性变形。在讨论涂层的应力裂纹时提到过，热应力是在温度变化时由涂层与基体之间线膨胀系数之差所引发的，在绝大多数表面工程中都是基体厚实而涂层纤薄，系统内产生的热应力基本上全由涂层承受，结果有可能使涂层开裂或者剥落；如果基体也很薄时，则热应力将由基体与涂层共同承受，结果是以涂层随基体一起变形的方式来缓冲热应力。其实基体的厚薄是相对于基体的长宽而言，也就是说基体的长宽与厚薄之比超过了一定数值之后，基体就很容易发生热应力变形。至于变形量的大小，这与线膨胀系数之差、熔结制度、涂层厚度及基体的长宽与厚薄之比等诸多因素有关。绝大多数真空熔结涂层制品都不会发生热应力变形，但薄壳结构不一定。例如，在 45 号钢基体表面真空熔结 NiCrBSi 合金涂层。涂层合金的化学组成是（1.0C，17Cr，4.0B，4.5Si，余 Ni）。熔结制度为快速升温至 1050℃，即断电降温。基体是尺寸为厚 1.0mm，直径 $\phi100$mm 的圆片。熔结涂层厚度约为 0.3mm。熔结并冷却至室温时基体由原来的平板变形成球冠，冠高达到 1.0mm 左右。涂层的线膨胀系数比基体小，球冠凸面是涂层，球冠凹面是基体。

　　热塑性变形一般发生在基体的局部，基体上紧挨涂层熔池的某些部位，因为截面积小，热容量小，在炉丝热辐射与熔池热量的作用下，很快超过了基体金属的软化温度，此时熔池的重力与侧压力会使这局部软化的基体发生塑性变形。图 4-10 是一种涂层的机械密封环。在环的上表面开槽，于槽内真空熔结一种 Ni 基耐磨合金涂层。槽深 0.5mm，槽帮的截面积很小，只有 0.5mm×0.5mm。密封环外径 $\phi190.6$mm，总厚度 4.3mm。为了能够一次熔结满槽，用膏状涂料把全槽涂抹成弧面鼓起，烘干后采用 Ⅱ-型真空熔结工艺曲线。熔结后涂层不仅填满全槽而且高出槽口，结果槽帮发生塑性变形外倾，造成密封环口直径扩大了 0.6mm，成为 $\phi191.2$mm，如图 4-10 中右图所示。后来减少涂料用量，不用膏料堆起鱼脊，改用铺撒干粉，并与槽口相齐。熔结制度也取消保温，改用 Ⅰ-型真空熔结工艺曲线。这样有效减小了槽帮的受热量，在涂层冷凝之前槽帮没有软化，待冷却至室温后直径没有扩大，整个工件没有变形，如图 4-10 中左图所示。

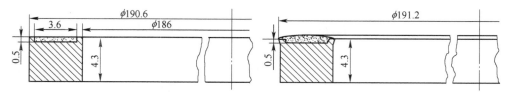

图 4-10　熔结时发生在机械密封环槽帮上的热塑性变形

4.8.2　界面元素互扩散带给基体的热影响

　　熔结时界面元素发生互相扩散。在正常熔结制度下，基体是固态而涂层合金是液态，以 Fe 为主的基体元素大量向涂层扩散，在界面的涂层一侧产生互溶区，使涂层与基体之间形成了牢固的冶金结合，这是互扩散的主导方向。与此同时涂层中的各项合金元素也多少向基体扩散，不过扩散量相比很少，扩散深度也浅，不足以改变基体的组织性能。如若长时间熔结保温，或超长时在高温下服役使用时，涂层元素向基体的持续扩散也会改变基体的某些特性。

　　图 4-11 是界面元素互扩散的电子探针扫描曲线。涂层是 Ni-81 号 Ni 基自熔合金，基体是 4Cr10Si2Mo 气阀钢。曲线非常典型地说明了液-固型界面元素互扩散的特征，即固态基体中元素大量向涂层扩散，而且扩散得很远；液态涂层中元素向基体的扩散却十分有限。另外，扩散程度与熔结能量（应该是温度与时间的乘积）亦关系极大。在较低温度 1090℃下熔结时，双方元素均扩散不多；而在较高温度 1130℃下熔结时，充分显示出液-固界面元素互扩散的不平衡性，Ni 向基体中扩散仍然很少，曲线看似 Ni 在涂层中的相对含量比在 1090℃下少了许多，但这并不是 Ni 的流失而是由于基体中 Fe 大量涌入涂层所造成的；与 Ni 相反 Fe 的确向涂层中扩散得很远很多。曲线形象地说明了界面元素互扩散对涂层的影响颇大而对基体的影响甚微。

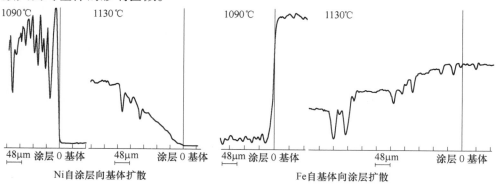

图 4-11　界面元素互扩散的电子探针扫描曲线

下面再举一例可以定量说明这种规律。在 GCr15 轴承钢基体上真空熔结 Ni-81号合金涂层,对照基体与涂层的化学组成,见表4-8。采用Ⅰ-型真空熔结工艺曲线,熔结温度是 1100℃。涂层厚度 1.0mm。从化学组成上看,由涂层向基体扩散的元素首要是 Ni、Cr,其次是 B、Si。用电子探针对试样横截面自界面向基体进行元素相对含量的微区域面扫描分析,结果列于表4-9。涂层元素向基体中的扩散数量均未超过 1%,扩散深度亦仅仅几十微米,都是微不足道的,对基体不会造成明显影响。

表 4-8 基体与涂层的化学组成 （%）

组成元素	C	Cr	B	Si	Mn	Fe	Ni
Ni-81 号涂层	0.75	25.35	2.2	3.2	—	1.98	余
GCr15 基体	1.0	1.48	—	0.25	0.3	余	—

表 4-9 自涂层向基体中扩散元素的相对含量 （%）

扫描部位	Ni	Cr	Si
距界面 10μm 处	0.426	1.775	0.625
距界面 60μm 处	0.109	—	0.325

因电子探针的灵敏度不够,表中未能列出 B 元素的扩散趋势,需要采用灵敏度很高的硼同位素自射线照相法来寻找 B 的踪迹,这在 1.5 节中已经有过详细探讨。B 元素扩散后富集于基体表层,全部在晶界上以游离状态存在,没有形成任何块状或条状的硼化物,究其作用是对基体强度有些许增强而无半点损害。

4.8.3 热影响使基体淬火与晶粒长大程度

以 6-135 型内燃机涂层排气阀为例,来讨论真空熔结过程对钢质基体的热影响。涂层是 Ni-81 号自熔合金涂层,基体是 4Cr10Si2Mo 气阀钢。真空熔结制度只局限于对阀头部加热 10min,升温至 1090℃,立即断电随炉降温。表 4-10 所测数据表明,这种熔结制度相当于对阀头进行了一次快速而不均衡的淬火处理,反映到阀头各部位的硬度都有不同程度的提高。若随后进行一次 650℃,20min 的回火处理即可使各部位的硬度恢复正常。其实在真空熔结后无需特意进行回火处理,因为在首次装车使用过程中就会产生回火效果。再一种热影响是熔结加热使基体晶粒长大,强度下降。

图 4-12 即为真空熔结后 6-135 型内燃机涂层排气阀的晶粒长大图。涂层仍是 Ni-81 号合金,基体还是 4Cr10Si2Mo 气阀钢。熔结制度是加热 11min 升到 1100℃ 时立即断电降温。图中左下角显示阀钢的原始晶粒度,小于 8 级。在短时快速升温过程中,阀头全圆周虽然是均匀受热,但因没有保温故整个阀头达不到热平衡,外表和内部的温度不同,晶粒长大的程度也不相同。阀锥面直接受辐射加热

温度最高，晶粒最大，长到 5~6 级。阀头的中心部位受四周热传递温度次高，晶粒次大，长到 6~7 级。阀颈部离发热体远又向低温阀杆散热，故温度不高，与不受热的阀杆一样，基本上保持着原始晶粒度。

表 4-10　真空熔结与回火处理对 6-135 型气阀阀头各部位硬度（HRC）的影响

处理制度	阀锥部	阀底芯	阀颈中部	阀颈底部
1100℃，Ⅰ-型工艺曲线真空熔结	55.5	48	27.5	57.5
650℃，20min 回火处理	34	34.5	27	37

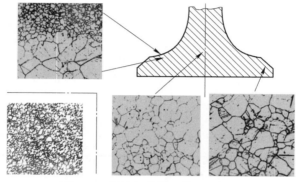

图 4-12　熔结加热使基体晶粒长大

以上热影响多少会有损于基体强度。以 6-135 型柴油机排气阀和 CA-10 型汽油机排气阀，分别做真空熔结后气阀整体断裂强度的测试，结果列于表 4-11。

表 4-11　真空熔结后气阀的整体断裂强度　　　　　　　　　　（MPa）

涂层气阀型号	熔结温度/℃	气阀强度设计要求	熔结后气阀强度测定值
6-135	1090	91	104，114
CA-10		71	85，94

测定数据表明：无论柴油机还是汽油机，真空熔结后气阀强度的测定值均远远高于原气阀强度的设计要求。当然如果同一支气阀经过 N 次的真空熔结反复修复使用时，热影响有损于基体强度的问题还是要注意的。

5　真空熔结工艺设计

真空熔结技术自 1976 年开始投入工业化应用，至 1988 年已广泛应用于解决各种疑难的表面工程问题。在实际应用中只是了解真空熔结的基本原理与工艺方法是不够的，因为当今的表面工程无论从工况、材质、结构及使用指标等各方面要求都越来越苛刻而复杂。不仅需要有新颖又成熟的表面技术，而且需要有巧妙又实效的工艺设计才能解决问题。

工艺设计的原始依据：

（1）遇到一项具体的表面工程，首先要吃透工况条件。

（2）弄清楚工件的结构形状与尺寸大小。

（3）了解用户所要求的使用寿命指标。

（4）再参考现有真空熔结炉的最高熔结能量与最大炉膛容积。

这些是设计制订工艺方案的四项原始依据。待据此选定了涂层与基体的材质之后，方能设计制订出切实可行的工艺方案。

实用工艺方案的设计步骤如下：

（1）合理选择涂层合金。

（2）合理确定基体材质。

（3）正确设定涂层厚度。

（4）基体表面准备。

（5）有时要运用多种熔结功能的相互搭配。

（6）准备炉内工装具，正确制订熔结制度。

以上六项是工艺设计的常规步骤，其中（1）、（3）、（6）项是基本环节，不可或缺。至于还有调料、涂敷与烘干几项，顺理成章，变数不大，无需特意设计。

5.1　合理选择涂层合金

选择涂层合金要从合金的应用性能与工艺性能两方面考虑。依据工况条件，参照合金的应用性能如合金的化学稳定性、高温抗氧化性、硬度、韧性、耐磨性与耐冲击性等等，来初步选定涂层合金。这是选择涂层合金的第一步，真空熔结在这方面的选材原则与堆焊、喷焊、激光表面合金化等其他表面技术大致上是一致的。本节要着重讨论的应该是第二步，即除了应用性能之外，还需考虑合金的工艺性能如浸润性、流动性、熔化温度、熔程、线膨胀系数、弹性模量、粉末颗粒形状与粒度大小等是否能够符合真空熔结的工艺要求。

5.1.1　考虑浸润性

在真空熔结过程中，涂层合金的浸润性是指涂层合金中液态黏结金属的浸润性。浸润对象有两个，一个是涂层合金中的固态颗粒，另一个是固态基体金属。固态颗粒通常是合金颗粒或金属间化合物颗粒，对固态颗粒浸润性的好坏决定着合金涂层自身结构强度的高低，有关这方面的浸润数据可以参考 2.4.4 节。对固态基体金属浸润性的好坏直接影响到涂层与基体间结合力的强弱，有关这方面可以全面参考 1.3 与 1.4 两节。

浸润性好坏绝不仅仅是涂层的结构强度和结合强度问题。事实上，如果黏结金属的浸润性不过关，无论是涂层、钎接、成型、封孔或修复等真空熔结的任何一项功能都搞不成。就涂层而言，浸润性不佳时根本就无法制成连续密闭的涂层。以 Ni-81 号涂层合金与各种基体钢材（见表 1-4）在同炉同温度下作真空熔结涂层试验，得到涂层连续性与冷凝接触角 θ 值的相对关系，如图 5-1 所示。这是真空熔结涂层连续性的三种不同状态示意图。涂层连续与否随冷凝接触角 θ 值的大小而有所不同。当然，θ 值的大小也不是单由材质决定，还与基体表面处理及熔结温度高低等其他因素有关。图中所列 θ 值数据是具体到 Ni-81 号涂层合金所测定的结果，当涂层合金与基体材质更换时，此值也会稍有变动；但涂层连续性的三种状态是普遍存在的。无论更换何种基体钢材，只要测得 $\theta<10°$ 时，Ni-81 号合金涂层必定是连续密闭的，这样的浸润性为"优"。若 $\theta = 10° \sim 100°$ 时，涂层不连续，有许多露底的空隙，需要经过反复补涂并再熔结后方能得到连续密闭的涂层，浸润性算"良"。当 $\theta>100°$ 时，熔融的涂层合金根本不浸润基体，而呈汗珠状从基体表面滚落，浸润性很"差"。所以选择涂层合金时，浸润性是首先要考虑的工艺性能。

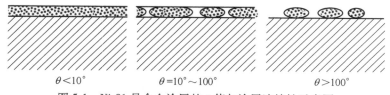

$\theta<10°$　　　　　$\theta=10° \sim 100°$　　　　　$\theta>100°$

图 5-1　Ni-81 号合金涂层的 θ 值与涂层连续性示意图

浸润性绝不是涂层材料单方面的事，涂层与基体必需搭配起来选材，要选择那种彼此容易互溶或相互容易起化学反应的材料。如果熔融的涂层材料能够直接浸润基体表面时，这是最佳的选材搭配，这样可以大大简化涂层的工艺设计。如果熔融的黏结材料不能直接浸润涂层中的固体颗粒和基体表面时，必须对固体颗粒和基体表面进行改性处理。改性处理的方法很多，比较简单的有酸洗或氧化、还原等，复杂一点可采用电镀、热扩散与气相沉积等方法，预制一薄层容易浸润的镀层，如已经普及的 Co 包 WC、Ni 包 Al_2O_3 和在活性基体钢材的表面进行镀 Fe 处理等措施。采取这些措施可以解决浸润问题，但工艺设计就复杂得多了。在现代表面工程中一些常用材料的浸润状态，列于表 5-1。表中数据除了有括号标注的之外，其他全是在 $10^{-2}\,mmHg$❶级常规真空度下熔结的结果。凡是在常规真空度下容易氧化的基体，熔融合金都难以浸润，则要改成高真空或预先镀一薄层 Fe 镀层打底才能解决问题。

表 5-1　一些常用材料在真空熔结时的浸润状况

基体＼涂层	CoCrBSi	NiCrBSi	FeCrBSi	CuNiBSi	玻璃釉料
普钢	优	优	优	优	优（大气）
不锈钢	优	优	优	优	优（大气）
含 Al、Ti 特钢	差；优（高真空）	差；优（高真空）	差；优（高真空）	差；优（高真空）	优
难熔金属	优	优	良	良	良
镀 Fe 层	优	优	优	优	优（大气）
镀 Cr 层	差	差	差	差	良
WC-Co 硬质合金	优	优	优～良	良	良
石墨	优～良	优～良	优～良	良	优（氩气）
陶瓷	差	差	差	差	优（大气）

　　熔融合金在常规真空度下也可以浸润石墨，只是在涂抹料浆之前要仔细处理石墨表面。先用清水刷洗，除去表面的石墨浮粉。经 80℃ 烘干之后，在常规真空度下升温至 1200℃（略高于涂层的熔结温度），彻底清除一切挥发性杂质。用 Ni-81 号合金涂层（见表 4-8）来保护柴油机的石墨镶块，如图 5-2 所示。图中左边是涂层前的石墨镶块，中间是真空熔结了 Ni-81 号合金涂层的全包覆涂层镶块，右边是局部剖开后的涂层镶块，从剖面可以看到被包覆起来的石墨基体和纤薄的合金涂层，涂层厚度只有 0.1mm。为保证熔融合金对石墨基体的浸润，除了精细处理基体表面之外，更要采用涂层合金的上限熔结制度，发挥出最佳的浸润性能。选取 Ni-81 号合金熔程中最高的熔结温度 1130℃，并采用Ⅱ-型真空熔结工艺曲线，保温 30min。长时间保温有利于熔融的涂层合金能够浸润到基体的所有表面，同时也能够渗透并堵塞住石墨表面所有的开口空隙。

---

❶ 1mmHg = 133.322Pa。

图 5-2　真空熔结 Ni-81 号合金涂层石墨镶块

5.1.2　考虑流动性

有的涂层合金熔融时能在固态基体表面流布四方，而有的却原地不动。这种在流动性方面表现出来的显著差别在涂层工艺上也相当重要。涂层合金的流动性与涂层合金的浸润性互相关联但作用不尽相同。这两者都是涂层合金中黏结金属的工艺特性。浸润性好时，熔融的涂层合金能与基体结合牢固，并有可能流布四方，但也有可能原地不动。浸润性差时，熔融的涂层合金从基体表面上滚落，根本铺展不开，既谈不上与基体相互结合，也谈不上流动性。浸润性是液态黏结金属对于基体之 "θ" 值的大小问题，是质的问题；而流动性是液态黏结金属在整个涂层合金中所占百分比的问题，是量的问题，对于 "C、B 等金属间化合物＋Co 基、Ni 基等黏结合金" 的涂层与钢铁基体而言，百分比的临界值约为 40%（质量分数）。当小于此值时，熔融的涂层合金基本上不会流动，仅够用于浸润并黏结固态颗粒及基体。当高于此值时，液态的黏结金属除用于黏结之外尚有富余，涂层就可以流布四方。富余得少流动性弱，富余得多流动性强。最好百分之百都是黏结金属，则熔融的涂层合金表现出最高的流动性，可以流布基体表面的任何死角、砂眼或沟缝，能做到全覆盖而无一遗漏。

流动性好坏对于弥补收缩裂缝和一次性熔结较厚的涂层都具有重大意义。熔结以有机黏结剂调制的涂膏层时，若涂层厚度 $\geqslant 0.5\,mm$，当升温超过了烧结阶段以后，阶段收缩率较大，涂层会有收缩裂缝产生。继续升温至熔结阶段时，只要涂层合金熔融体中能有充沛而富余的液相出现，则富余液相必定会流入裂缝。若液相富余较多，当即就会把裂缝填平补齐，冷却后涂层表面平整，看不到裂缝处的凹陷。若液相富余有限，则不够填平裂缝，需经二次补涂并二次熔结之后才能得到完整的涂层。

在二步法熔结涂层工艺中，镶涂用的钎接合金一般都采用不含固相颗粒又比较短性的纯黏结合金，这种合金熔融后黏稠度较低、浸润性与流动性都很好，极易漫流并渗透到大大小小的所有钎缝中去。把预置的合金片、合金块，或特选合金件，按照设计要求牢固地镶钎在基体表面上需要强化的部位。

与前述相反，对于有些基体表面需要选用流动性较差的涂层合金，涂在哪里就熔结在哪里，不要随便流动。如颗粒成型模具，包括平模（如图 3-16 所示）和环模。这些模具上成型喇叭口的鼻梁部位很窄，只有 1.0mm 左右，极易磨损，需要涂层强化。把涂层合金粉的料浆描涂在鼻梁上，真空熔结时熔融的涂层合金大部分聚集在鼻梁，但总还有少部分会向喇叭口内延伸。所幸选用了流动性较差的涂层合金，合金熔融体未能继续漫流到喇叭口以下的成型孔内。否则就要缩小成型孔内径，甚至堵塞成型孔，果真如此模具就报废了。所以，选用涂层合金时，并不总是要求流动性好，要看场合，科学设计，按需选用。

5.1.3　考虑弹性模量与线膨胀系数

选择涂层合金时还必须考虑在涂层与基体之间弹性模量、线膨胀系数的匹配问题。当涂层的刚性比基体大时，涂层内应力增高。内应力的大小主要取决于涂层与基体双方弹性模量之差，差值越大则所产生的内应力越大。而涂层热应力是在温度变化时由涂层与基体之间线膨胀系数之差所引发的。考虑到一般涂层合金的抗压强度都比抗张强度要高，所以涂层设计的选材原则是基体材料的线膨胀系数应略大于涂层材料的线膨胀系数为好。有关涂层内应力与热应力引起涂层开裂的问题在第 4.6 节中已有详细阐述，不再重复。

本节要着重讨论的是在工艺操作中如何来调整涂层的弹性模量及线膨胀系数，使之尽量与基体相匹配的问题。

5.1.3.1　小差值优选

无论是耐腐蚀、抗氧化或耐磨损的合金涂层，已经很少采用单一金属，而是越来越多地采用多相合金。熔结时至少有固态的难熔化合物颗粒与液态的黏结金属两个相，再加上固态的钢铁基体，涂层系统中在这三者之间最有选择余地的当数化合物颗粒。例如，在耐磨涂层中最常用的硬质化合物是 WC，其实按表 2-85 中所列各种化合物分析，WC 与基体钢材之间的弹性模量及线膨胀系数之差与其他化合物相比几乎是最大的，制成涂层后也最容易产生应力裂纹。按小差值来优选，若改用 Cr_3C_2、CrB_2、TiC、SiC 或 WC-6Co 等化合物或硬质合金颗粒时，均能有效缩小涂层与基体之间弹性模量及线膨胀系数之差，从而也就减轻了涂层的应力开裂倾向。若设计以"硬质化合物+Ni 基黏结合金"涂层来保护高速钢基体。在满足使用要求的前提下，需尽可能减小涂层的开裂倾向。基体是保护对象，不得轻易更换。Ni 基黏结合金在弹性模量与线膨胀系数方面的选择余地也不大。唯有对合用的硬质化合物可以精心挑选。选择原则是硬质化合物与高速钢基体之间，弹性模量及线膨胀系数之差，即 ΔE（GPa）及 $\Delta \alpha$（$\times 10^{-6}/℃$）的绝对值越小越好。高速钢的弹性模量为 250GPa，线膨胀系数为 $13.5 \times 10^{-6}/℃$。计算出六种待选硬质化合物与高速钢之间的 ΔE 及 $\Delta \alpha$ 值，列于表 5-2。

表中"+"号表示大于高速钢的数据，"−"号表示小于高速钢的数据。人们在耐磨涂层中习惯应用的硬质化合物是 WC，但是在所列硬质化合物中唯 WC 与钢之间的 ΔE 及 $\Delta \alpha$ 绝对值为最大，其次是 WC-6Co。在涂层耐磨指标能够达到使用要求的前提下，宁愿选择 Cr_3C_2 或 CrB_2 更能减轻涂层的开裂之忧。尤其是 CrB_2，不仅线膨胀系数略小于高速钢基体，而且弹性模量也小于基体，这很难得，这使得涂层的内应力与热应力都可以得到有效缓解。

表 5-2　几种硬质化合物与高速钢之间弹性模量及线膨胀系数之差

硬质化合物	WC	WC-6Co	SiC	TiC	CrB_2	Cr_3C_2
$\Delta E/GPa$	+460	+390	+143	+210	−35	+130
$\Delta\alpha/℃$	-9.66×10^{-6}	-8.1×10^{-6}	-7.82×10^{-6}	-5.76×10^{-6}	-4.2×10^{-6}	-1.8×10^{-6}

5.1.3.2　阶梯形设计

为了对基体与涂层之间由线膨胀系数之差所引发热应力的破坏作用能有一点感性认识，可以做一种验证试验。把涂层合金预制成合金条，用黏结合金把涂层合金条熔结钎接在基体钢板上，待冷却时看热应力作用的表现。如果把 WC-Co 硬质合金熔结在基体钢板上想得到大面积又较厚的涂层是根本不可能的。那么多大面积又多厚的硬质合金涂层可以安全稳定地熔结在钢板上呢？只有做一个试验来感知一下。

基体材料用 5mm×50mm×80mm 的 65Mn 钢板，其线膨胀系数为 $11.1\times10^{-6}/℃$。涂层材料用 5mm×8mm×35mm 的 YG8 钨钴硬质合金条，其线膨胀系数为 $4.5\times10^{-6}/℃$。黏结合金用化学组成为（0.75C，22.76Cr，1.21B，3.72Si，2.49Fe，11.0Ni，8.73W，余 Co）的 Co 基黏结合金。采用Ⅱ-型真空熔结工艺曲线，以1130℃保温 15min 后随炉冷却的熔结制度，把硬质合金条熔结钎接在 65Mn 钢试板的中央。当随炉冷却至 200℃ 时出炉，此时合金条与钢板黏结牢固，不裂不崩。继续在空气中冷却至接近室温时，系统内持续增高的热应力加上原有的内应力超过了合金条的抗压强度，5mm 厚的硬质合金条突发拦腰崩断，分成两个整片而没有一点碎块。断口相当平整，说明硬质合金条的组织结构十分均匀细密。崩落的一片较厚，尺寸为（3.7~3.9）mm×8mm×35mm，留在钢板上的一片较薄，只有（1.1~1.3）mm×8mm×35mm。两片除崩开的断口之外，再无任何其他裂纹与破口。而且留在钢板上的一片经久不裂，长期稳定。由于基体钢板的线膨胀系数比硬质合金条的线膨胀系数大得很多，故在冷却时硬质合金条承受着巨大的压应力。查阅 YG8 的抗压强度为 4380.6MPa，结合试验结果可作出如下研判：

（1）在硬质合金条与基体钢板的结合界面上承受了巨大的剪切应力而没有开裂，这说明在本试验所处的熔结制度下，由 Co 基黏结合金所产生的界面结合强度至少超过了 4380.6MPa。

（2）理论上涂层中裂纹尖端的应力大小正比于涂层厚度的平方根。试验表明，高锰钢基板上 5mm 厚的 YG8 硬质合金条所遭受的压应力>4380.6MPa，结果拦腰崩落；而减薄到≤1.1mm 时，所遭受的压应力降低至<4380.6MPa，就可

以长期稳定。这样就有了一种可能性，即在钢基体与硬质合金涂层之间线膨胀系数相差较大的情况下，虽然大面积厚涂层难于整体熔结，但可采用小间距密排镶钎硬质合金片的方法来得到大面积的保护复层。这一理念具体运用到保护油井钻机的滑动轴承上十分成功，非常有效地提高了钻机的转速与进尺。

（3）由试验得到启发，优选抗压强度高的涂层材料、提高涂层与基体间的界面结合力并适当减薄单层涂层的厚度，做好这三条就有可能把线膨胀系数与基体相差较大的涂层材料成功地熔结到基体上。单层涂层当然欠厚，但只要照此三条，设计出线膨胀系数依次递减的阶梯形多层涂层，就能够得到想要达到的涂层总厚度。

有一种拉丝机塔轮，用于金属丝材生产，每一级拔丝槽的表面都会受到金属丝材与脱落磨屑，在一定摩擦应力下的高速度摩擦磨损与磨料磨损，而且拉磨位置相对固定，很容易就磨出深深的沟槽，塔轮由此报废。为延长使用寿命，常在拔丝槽表面热喷镀碳化钨或陶瓷涂层，相当有效；但涂层比较脆、内应力很高、与基体界面的结合力又不强，涂层容易开裂脱落，稳定性不高。为避免这样的不足，可以做成整体的碳化钨或陶瓷塔轮，的确好用，但成本偏高，储运安装也需小心，仍然不够理想。若采用真空熔结的涂层塔轮，可以保留上述塔轮的优点而避免其所有不足，如图 5-3 所示。涂层塔轮的基体不用高铬铸铁或工模具钢，可选用更为廉价也好加工的普碳钢。表面涂层选择硬度及耐磨性与碳化钨及陶瓷相当的表面硬化合金。对于较高的界面结合力来说熔结涂层容易做到，关键是如何才能消弥涂层的内应力与热应力。这就需要借助于多层的阶梯形涂层设计。图示塔轮是一种真空熔结的多层阶梯形涂层

图 5-3　熔结涂层塔轮

塔轮，精磨之后涂层的总厚度有 1.5mm。整个涂层的设计及相关参数列于表 5-3。表中的线膨胀系数 α 是在 20～700℃温度下的数据。涂层的熔结温度与线膨胀系数在逐层降低，而涂层硬度在逐层增高。这种涂层塔轮的优点是涂层不会开裂，也不会脱落，经得起磕碰，使用寿命能达到纯硬质合金塔轮的 0.6～0.8。当表层涂层磨损超差后，可以换下来经熔结修复之后重新使用，轻易不会报废。

表 5-3　真空熔结涂层塔轮的多层阶梯形涂层设计

部　位		材　质	厚度/mm	熔结温度/℃	$\alpha/℃^{-1}$	硬度（HFC）
基　体		45 号钢	—	—	13.2×10^{-6}	—
涂层	第一层	1C，19Cr，1.2B，3Si，7Fe，7.5W，15Ni，余 Co	0.5	1182	11.4×10^{-6}	42
	第二层	（1C，19Cr，2B，3.5Si，8W，13Ni，余 Co）+25WC	0.5	1150	10.09×10^{-6}	58～60
	第三层	（0.4C，19Cr，2.6B，4.2Si，6Mo，27Ni，余 Co）+50WC	0.6	1120	8.57×10^{-6}	70～71

5.1.3.3　同材质修补

在修复一些重要工模具的表面工程中，除黏结合金之外，所有难熔颗粒应尽量采用与工模具相一致的同种材料。这样可在弹性模量与线膨胀系数方面，使修补材料与工件材质之间保持最大的一致性，把应力开裂的可能性降到最低。此外为避免熔结收缩裂缝，还必须注意大小颗粒的合理搭配。

与高线轧机配用的硬质合金辊环，由于工况复杂，是一种比较贵重而容易碎裂的冶金备件。只要尚未彻底损坏，就值得修复。图 5-4 是外周边破损的硬质合金辊环，其缺口较大，但轧槽未损，可以修复。选择对 WC 有良好浸润性的 Co 基自熔合金为黏结合金，以机械破碎的同材质硬质合金颗粒为难熔化合物。由于破损缺口的尺寸较大，长度约 50mm，最深处有 15mm，故粗颗粒尺寸也大，取 3.0mm。将粗颗粒紧密排列，填满全部缺口，待黏结合金熔化时，这紧密排列的粗颗粒就构成刚性骨

图 5-4　真空熔结修复的
硬质合金辊环

架，使修补层避免收缩开裂。为填充粗颗粒骨架的孔隙，按最致密堆积的科学配比，中等颗粒尺寸约为 1.29mm。在粗颗粒与中等颗粒之间还有更小的孔隙，则需用 0.36mm 以下的细颗粒来予以充填。至于余下的全部缝隙，则塞满了小于325 目（0.044mm）的 Co 基自熔合金粉。合金粉除了填缝之外，在整个修补块的外表面要多涂一些。这样熔结之后，在修补块的外表面就看不出颗粒堆集，正如图中所示那样，比较平整光洁。当然补好的辊环在疲劳工况下重新使用时，能保持不裂不崩，乃是用同类型材质修补，最大限度地消除了应力裂纹的缘故。

5.2　合理确定基体材质

在推广应用各种表面新技术之前，为提高工件的耐磨寿命，普遍采用热处理方法来硬化表面，并需消耗高速钢、模具钢与工具钢等大量的优质合金钢材。可是传统的热处理方法在提高工件使用性能和降低制造成本方面存在巨大局限性，使得制成品的性价比不高。例如以前的工业刀具通常采用高速钢来制造，高速钢经热处理之后，硬度提得越高，冲击韧性就会越低。在工业生产中这种高速钢刀具常常因脆性断裂或崩刃而早期失效，靠热处理方法来解决高速钢刀具既要硬度又要冲击韧性是十分困难的。应用现代表面冶金新技术，首先是选择以冲击韧性很好的普碳钢作刀体，再采用适当的表面技术在刃口部位镶钎上高硬度的合金刀刃，制成复合金属刀具。这种刀具实现了高硬度刀刃与高冲击韧性刀体的理想统

一。由于普碳钢价格低廉，而高硬度合金又只用一点点，真正做到了"好钢用在刀刃上"，使这种复合刀具的性价比会比热处理高速钢刀具高出几倍甚至几十倍之多。由此，表面工程的选材原则摒弃了整体选材思维，而推演出复合选材的创新理念。

凡是在常温和非腐蚀性介质中使用的工件，绝大多数都可以采用普碳钢来取代原先的合金钢。许多工模具的标准热处理硬度都偏低。例如实际应用的 65Mn 锤片，其热处理硬度都在 HRC 55 左右，若进一步提高热处理硬度时势必也要提高脆性，从而带来锤片断裂的危险。用合金结构钢制作的颗粒压制机压辊的热处理硬度也只有 HRC≤55。铡草机刀片也用 65Mn 钢制作，其淬火区硬度只能限制在 HRC 52~55 之间。更有在冲击疲劳磨损条件下工作的诸多工模具，所容许的热处理硬度必须更低。在制作冲压模时，40Cr 钢的热处理硬度是 HRC 51，而012Al 模具钢的热处理硬度是 HRC 50。有一种齿爪式超细粉碎机上的耐磨配件叫冲击柱，用 65Mn 钢制成，为避免冲击柱在高速旋转过程中因遭意外硬质掺杂物的撞击而断裂，其热处理硬度值竟然低到 HRC 17.5 左右。为了摆脱这种硬度与韧性不可兼得的基材困境，真空熔结技术运用复合选材原则已经解决了许多表面工程难题。

就上述的复合金属锤片与复合金属切刀两项成果已于 1991 年获准发明专利，专利公开号：CN 1052271A，专利名称："二步真空熔结法复合金属耐磨锤片与切刀"，该专利的基本要义如下：本发明属于用复合金属制造耐磨件。主要适用于锤式粉碎机、剪切机、切碎机和造粒机等工作机械的锤片与切刀。目前工业锤片多用 65Mn 钢、工业切刀多用高速钢制造，其淬火热处理硬度只有 HRC 55~58 左右，若进一步提高淬火硬度时，锤片与切刀将变脆而容易整体断裂。创新的复合金属锤片与切刀分两步来完成。第一步配制高硬度合金条，以一种高 Cr 铸铁型合金粉配上一种 Co 基自熔合金粉，先熔结成扁平而细长的合金条，两种粉料的配比是 65/35~96/4，配成合金条的相应硬度是 HRC 61~69。第二步用一种 Ni 基钎接合金粉料把尺寸合适的合金条钎接在锤片基板的四角或切刀基板的刃口上，在真空熔结钎接之前，要对普碳钢基板作适当的刨平、开槽和清洗处理。钎接焊层很薄，只有几十微米，而钎接强度很高。熔结钎接之后在合金条与基板之间形成了非常牢固的冶金结合，合金条不可能脱落。复合金属锤片经熔结钎接之后，再经过配重、配对即可投产使用，其使用寿命通常是堆焊锤片的 4 倍和淬火锤片的 8 倍左右。复合金属切刀经熔结钎接之后，再经过磨削开刃即可投产使用。一把以 Q235 钢为刀体，经熔结钎接后刃口合金硬度为 HRC 68 的复合金属切刀，其使用寿命竟能达到淬火高速钢切刀的 50 倍左右，性价比亦高出 37 倍还多。

再来看颗粒压制机上用的压辊。在颗粒成型机中，用一对压辊相对滚动，靠压辊表面的一条条辊齿，把物料挤过压模上的成型孔，从成型孔出来的物料被挤压密实，呈面条状涌出，再被沿挤出口飞快转动的切刀切成颗粒。在极高的摩擦压力下均布在压辊外表面的辊齿，遭受到严重的磨粒磨损。待辊齿磨秃时，再也抓不住物料，成型孔不再出粒，压辊报废。为了耐磨，一般要用合金结构钢或轴承钢如 55Cr 钢或 GCr15 钢来制造，规定热处理硬度不得高于 HRC 55，硬化层厚度不得小于 4mm，因为压辊有大有小，其直径从 100mm 到 300mm 不等，辊齿厚度为 1.5～3mm 左右。这种压辊由于硬度太低，使用寿命不长，少则 6～7 天，多则二十几天即因辊齿被磨掉而报废，若进一步提高热处理硬度时，辊体极易开裂或变形超差。为解决压辊所表现的强度与硬度相克的材料障碍，也可采用真空熔结工艺，以 45 号钢为辊体，只经调质处理不用淬火处理，45 号钢压辊的外圆周表面不车出辊齿，而同样条数同样厚度的每条辊齿均以真空熔结工艺方法用硬度为 HRC 62～65 的 Ni 基表面硬化合金来熔结复合而成。这种以 Ni 基表面硬化合金辊齿与 45 号钢辊体复合而成的压辊的制造成本只是优质合金钢压辊的 3/4 左右，而使用寿命却能提高 10 倍以上。

　　比较几种不同压辊的使用寿命，列于表 5-4。显然镀层与涂层压辊的使用寿命均比热处理压辊要高得多。硬质铬电镀层对提高压辊的使用寿命也相当有效，只是因为镀层太薄，才迫使效果有限。

表 5-4　热处理压辊与镀、涂层压辊性能及使用寿命对比

辊体材质与制辊工艺	辊齿硬度（HRC）	使用寿命/t
55Cr 钢经热处理	50～55	150
55Cr 钢经热处理再电镀硬质铬	60	1200
45 号钢熔结 Ni 基表面硬化合金涂层	62～65	>2000

　　真空熔结涂层压辊的复合结构如图 5-5 所示。图中 1 是以普碳钢做的辊坯，2 是在辊坯表面真空熔结上一条条的表面硬化合金辊齿。涂层压辊不仅寿命最高，而且以普碳钢辊体取代了合金结构钢，大大降低了制辊成本。该成果也于 1991 年获准发明专利，专利公开号：CN 1055133A，专利名称是："耐磨合金涂层压辊及其制造方法"。专利压辊的辊坯材质都是普碳钢，尺寸较小的辊坯用 Q235 钢，尺寸较大的辊坯用 45 号钢。辊齿材质都用 "Ni 基自熔合金+16%～24%WC" 的 Ni 基表面硬化合金。自熔合金选用 Ni-2 号，Ni-8 号或 Ni-60 号均可。其中 Ni-8 号的化学组成是（≤0.9C，13～17Cr，2.5～4.0B，3.2～4.8Si，<10Fe，余 Ni），

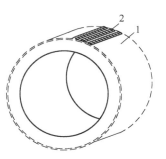

图 5-5　涂层压辊的复合
结构示意图
1—辊坯；2—辊齿

WC 原料采用普通的工业纯 WC 即可，涂层合适的熔结制度是 $(3 \sim 1) \times 10^{-2}$ mmHg，$(990 \sim 1040) \pm 2℃$，保温 15min。涂层辊齿的尺寸因辊坯大小而异，齿厚 $1.5 \sim 3.0mm$，齿宽 $2.5 \sim 4.0mm$。

凡是在高温介质中使用的工件均需用耐热钢基材，一般不好用普碳钢来取代，如内燃机的排气阀有专用的气阀钢，热轧穿孔机的顶头必须用热作模具钢等。还有一些场合，如热轧线材生产线上用的轧辊与导卫辊等工件，虽与上千度的红钢接触，但都有明水冷却，为这些场合研制的真空熔结涂层辊子均可采用 45 号钢辊坯。

凡是在腐蚀性介质中使用的工件均需采用高合金钢或不锈钢，但也有一些场合可以采用全包覆的真空熔结涂层来防腐，仍可用普碳钢来取代合金钢或不锈钢。如原用 1Cr13 不锈钢制的机械密封环就可以采用全包覆有真空熔结合金涂层的普碳钢来取代，具体内容于下节详述。

如此以熔结复合技术来取代热处理，以普碳钢来取代优质合金钢，并已投入工业化生产的涂层产品还很多，有待于第 2 篇再作详细介绍。

5.3　设定涂层厚度

用户总是希望涂层越厚越好，其实不然。作为一种复合金属制品，无论从热力学的稳定性、施涂的便易性和资源的节约性等角度来看，都是越薄越好。宁薄勿厚，这是设定涂层厚度的首要原则。当然使用的针对性也要考虑，该薄则薄，该厚则厚，这可作为第二条设定原则。

5.3.1　厚度小于 0.5mm 的熔结涂层

这么薄的熔结涂层大多用在常温或高温下保护基体金属耐腐蚀与抗氧化，只在一些轻微磨损条件或特殊磨损条件下才见用于耐磨。

以一种（15Al，29Cr，余 Fe）合金[27]的真空熔结涂层保护 Ni 基或 Co 基高温合金涡轮叶片，抗高温氧化、燃气冲刷、热震与 S、O 联合热腐蚀。涂层厚度只需 $0.08 \sim 0.1mm$，即可在高于 1060℃ 的工作温度下保护叶片长达 500h。涂层合金中的 Cr、Al 等合金元素，具有极低的氧化生成自由能，在燃气中能自动生成以 Cr_2O_3 与 Al_2O_3 为主的氧化保护膜。此膜很薄、坚硬而且致密，有极强的自愈性，使得 S、O 等腐蚀性元素无法透过此膜去接触基体，而坚硬则可以抗冲刷。因为很薄，涂层的内应力就很小，加之还会自愈，所以能抗住热震。

有一种 0.2mm 厚的真空熔结 MoCrSi 合金涂层，保护 Mo 合金基体在 1200℃ 抗氧化达到 100h。还有一种 0.2mm 厚的真空熔结 MoSiB 合金涂层，保护 Mo 合金基体在 1200℃ 抗氧化能达到 300h。前者在高温下生成了 Cr_2O_3 与 SiO_2 的复合氧化膜，而后者生成了保护性更可靠的硼硅酸盐玻璃保护膜。

氧化保护膜最基本的保护机制是阻止双边元素互扩散，这一机制不仅对耐腐蚀、抗氧化有用，而且对于抗黏着磨损也同样有效。因为黏着磨损就是由于摩擦副双边元素互扩散引发局部焊合所造成的。在穿管机顶头鼻尖部的外表面，真空熔结一层 0.2~0.3mm 厚的 Co 基合金涂层，于高达 1000 多度的穿轧温度下自动生成一薄层尖晶石氧化保护膜，起到了降低摩擦并阻止黏钢的保护作用。

某些铁路路段不仅风沙大而且腐蚀氛围较重，路轨上的道钉既要遭受风沙侵蚀也要防腐，如不采取防护措施则会锈蚀斑驳。对于道钉暴露在大气中的所有部位，包括外表面以及预车削过的螺杆阳螺纹与螺帽阴螺纹，均予以真空熔结一层厚度为 0.3~0.4mm 的 Ni 基合金涂层，如图 3-3 所示。风沙侵蚀是一种较轻的磨损，有这么一薄层已足够保护。至于耐腐蚀气氛，这样的涂层厚度更是绰绰有余了。由于在螺杆的阳螺纹与螺帽的阴螺纹上都有涂层，道钉可以拧紧也可以松开，在路轨上经历多少年也不会生锈咬死。

5.3.2　0.5~1.5mm 厚的熔结涂层

这是真空熔结合金涂层的常态厚度，多数用于耐磨，其次是耐腐蚀与抗氧化。电站灰渣处理系统中的液压泵大柱塞，为强化其耐磨耐腐蚀的工作表面，通常要电镀硬质铬镀层，但硬铬镀层常有脱皮现象。化工厂分体球阀的球形阀芯，常用优质合金钢或不锈钢制成，但其外球面也就是密封表面仍需要耐磨耐腐蚀保护。图 5-6 所示是真空熔结的涂层柱塞与球阀阀芯。图 5-6（a）是真空熔结涂层大柱塞，涂层是厚 0.6mm，硬度为 HRC 62~66 的 Ni10 号 Ni 基自熔合金涂层。以此取代电镀硬质铬镀层，使用寿命可提高 3~5 倍，而且从来不会脱皮。图 5-6（b）是真空熔结球阀阀芯，熔结一种耐磨、耐腐蚀的 Ni 基表面硬化合金涂层。考虑到涂层的耐磨、耐蚀性能，以及和各阀件相互之间的配合间隙，适宜的涂层厚度是 0.5~1.0mm。涂层硬度一般是 HRC 60~66，遇特殊工况时会提高到 HRC 69。

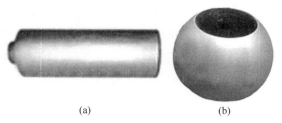

　　　　　　（a）　　　　　　　　　　　　（b）

图 5-6　真空熔结涂层柱塞与球阀阀芯

有的模具不会有冲击疲劳载荷，只承受软磨料的挤压磨料磨损，可采用普碳钢加涂层来制作，既延寿还降低成本。例如，生产颗粒饲料用的 $\phi 230mm$ 制粒机平模，一般用 40Cr 钢制成，淬火硬度为 HRC 53～55，造价约 288 元，使用寿命一年。而真空熔结涂层平模用 Q235 钢作模坯，表面熔结一层 0.8mm 厚的 Ni 基表面硬化合金涂层，涂层硬度 HRC 61～62，造价只 280 元，使用寿命达到两年，如图 3-16（c）所示。在这种工况下，涂层越厚则使用寿命越高。但 0.8mm 已是能够制作的最高厚度了，因为在多孔模具上熔结耐磨涂层的厚度受到了基体结构的限制。图 5-7 是平模部分剖面的表面工程图。图中 1 是涂层，2 是挤进物料的喇叭口，3 是平模的 Q235 钢基体，4 是喇叭口下面的挤出孔道。耐磨涂层是保护基体在喇叭口周边的鼻梁部位，鼻梁很窄，只有 1.0mm，是最容易磨损部位。涂层如图 5-7 中 1 所示，主要堆在鼻梁上，由于鼻梁太窄，最厚处也只堆到 0.8mm，涂层由鼻梁逐步向喇叭口内延伸，越来越薄，进到挤出孔道时，就只剩一些浸润漫延层，基本上没有什么厚度了。

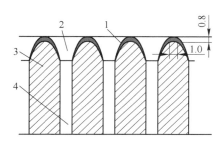

图 5-7　涂层平模部分剖面

　　90-型多孔墙板成型机以水泥炉渣为原料生产多孔墙板，挤压螺杆是易损件，承受着强挤压力下的磨料磨损。用 45 号钢经热处理制成螺杆，表面硬度为 HRC 45，只生产了不到 1500m 多孔墙板，螺杆即磨损失效。在 45 号钢挤压螺杆的圆柱面、螺旋叶的前进面与外侧面上，均真空熔结一层 0.8～1.0mm 厚的 Ni 基合金耐磨涂层。这种涂层螺杆（如图 2-50 所示）的表面硬度达到 HRC 66，能生产出多孔墙板 8000m 以上。涂层的延寿作用非常明显，那么涂层的厚度应如何确定呢？需注意螺杆的失效机制，所谓磨损失效主要是指螺杆上螺旋叶的外直径因磨损而减小，当单边减小 0.8～1.0mm，也就是直径减小 1.6～2.0mm 时，使得每支挤压螺杆与成型缸套内壁之间的间隙过大，造成缸内失压，泥料挤不出成型口而向后返流，至此螺杆报废，生产停顿。根据这一机制确定耐磨涂层厚度最多也只能是 0.8～1.0mm，再增加厚度也用不上，在这种情况下挤压螺杆的使用寿命不应指望涂层厚度，而只能着眼于提高涂层硬度。

　　在略带泥沙，并有一定腐蚀性介质中工作的许多阀门，如闸板阀、蝶阀和球阀等需用优质合金钢制造。但对于阀板、阀芯的外表面及阀体的内表面仍需真空熔结一层耐磨、耐腐蚀的 Ni 基表面硬化合金涂层。适当考虑涂层的耐磨、耐蚀性能和阀板、阀芯等与阀腔的配合间隙。大多数阀件涂层的适宜厚度也是 $\delta =$ 0.8～1.0mm，涂层硬度是 HRC 60～66。经过细致的涂敷与熔结，涂层厚度与分布十分均匀，大多可以免除精磨而直接使用，效果良好。

　　煤粉、水泥等粉状物料有时用螺旋输送机来输送，这些粉料都是比较硬的磨料，严重磨损输送螺杆，直接推进粉料的螺旋叶磨损最快。输送螺杆一般用 45 号钢制造，热处理硬度不高，使用寿命不长。与前面介绍的挤压螺杆一样，也可以在输送螺杆的外柱面、螺旋叶的推进面与叶缘上，真空熔结一层 Ni 基表面硬化合金涂层，如图 5-8 所示。由于粉料很硬，选用涂层合金的硬度也要偏硬一点，HRC 66~68。涂层厚度也要受返料间隙的限制，好在输送机与挤压机不完全相同，输送机缸压不高，返料间隙可以适当放大，与之相适应，涂层厚度也可以适当增厚，$\delta = 1.0 ~ 1.2 mm$。以这种涂层螺杆在煤粉输送机上取代 45 号钢的热处理螺杆，使用寿命可以提高 8 倍以上。

机械密封环大大小小规格很多，所用材质与表面强化的方法也很多，如用合金铸铁精密铸造，或用 1Cr13 不锈钢经表面氮化处理等。如采用真空熔结方法时，可用碳钢制环，在密封面开槽，熔结所需硬度的耐磨合金涂层，涂层厚度定为 $\delta = 1.0 ~ 1.5 mm$，即可获得满意的耐磨寿命，如图 5-9 所示。图中左边是熔结出炉的环，右边是精磨好的成品环。如考虑耐腐蚀，可在熔结耐磨厚涂层的同时对其余表面熔结全包覆一薄层耐腐蚀合金涂层。

图 5-8　涂层输送螺杆　　　　　　　图 5-9　真空熔结涂层机械密封环

综上所述，为各种耐磨件设计涂层，并不是想多厚就多厚，会受到许多因素限制。如果选用涂层合金的硬度较高，线膨胀系数偏小，则内部应力较大，涂层厚度就越薄越好。有些工况涂层应该厚也可以厚些，但由于装配间隙、返流间隙或者基体结构的限制，又无法加厚。只有在工况允许，且自由空间较大的情况下，涂层厚度才可以自由发挥，此时唯一要考虑的是怎样在涂层使用寿命与涂层制作成本之间求得最佳的性价比。这就是说涂层厚度与性价比也是有关系的，涂层越厚则制作成本越高，使用观念与经济观念要全面权衡，不可偏废。

5.3.3　厚度大于 1.5mm 的熔结涂层

厚度超过 1.5mm 在真空熔结工艺就已经是超厚涂层了。有几种情况会用到这种厚涂层，一种情况是装配间隙较大，容许做超厚的涂层。另一种是需要超厚的涂层来争取较长的一次性使用寿命，装配间隙不够，可预先把工件表面车去一定厚度，再用超厚涂层来补齐尺寸。再一种是早就计划好要把一个工件分若干道次来使用，新工件用于第一道，初有磨损用于第二道，再磨损用于第三道，依次延续，这当然要应用预先设计好了的超厚涂层。

WFS-600 型齿圈式超细粉碎机中的大齿圈和分齿板等易损件就属于第一种情况。图 5-10 所示为真空熔结涂层分齿板,基板用 45 号钢制成,热处理硬度不高,只有 HRC 50~53。齿板上的粉碎齿条需要强化。齿条厚度 3mm,其中由齿板车出的齿根厚 1.0~1.5mm,齿表是真空熔结的耐磨合金涂层,涂层厚度 δ=1.5~2.0mm,涂层硬度为 HRC 65~66,使用寿命要比热处理齿板高出 3~5 倍。

第二种情况可以喷嘴头为例。原油裂化塔中原油喷嘴的喷嘴头用 2520 耐热钢制成,由于在 600℃ 高温下长时间工作,再加上含泥沙高密度原油的连续冲刷,喷嘴头只能工作几个月就连腐蚀带磨损报废了。为提高使用寿命,先把喷孔内壁车掉 3mm,再堆焊 CoCrW 合金涂层补齐尺寸。结果这样的堆焊喷嘴头也不过使用一年左右,仍远远不能满足生产需求。在这种情况下,再要增加堆焊层厚度并不适宜,因为喷嘴头本身就没有多大,再是喷孔若扩大太多时各项喷注参数会很不理想。改用对基体没有稀释作用的真空熔结方法,在喷孔内壁熔结一层 Co 基或 Ni 基表面硬化合金涂层。图 2-50 中的右图就是一种小号的真空熔结涂层喷嘴头,其使用寿命可以达到三年以上,最高甚至达到六年以上。熔结涂层的厚度其实还减薄了一点,只是 2.5~3.0mm,真正延寿的原因是熔结涂层在 600℃ 下的高温硬度能到 HV 922 或 HV 662,无论是 Co 基或 Ni 基熔结涂层的高温硬度都比 CoCrW 堆焊层的高温硬度 HV406 要高出很多。

再举锤片的实例。图 5-11 所示为以二步法制造的真空熔结涂层锤片,配用于 180 型锤片式粉碎机。锤片基板是 65Mn 钢,名义尺寸 180mm×50mm×5mm。最易磨损的部位是接触物料几率最高的锤片头部,头部的端面、侧面,尤其两个角部磨损最快,需要强化。熔结涂层的硬度为 HRC 61~63。端面涂层厚度受到锤片与筛板之间装配间隙的限制,δ≤2.0mm。侧面的自由空间较大,涂层厚度可以加大到 δ=2.0~4.0mm。越靠近角部涂层应该越厚。

图 5-10 真空熔结涂层分齿板

图 5-11 熔结涂层锤片

依次使用的超厚涂层,在图 2-20 的堆焊星形轧辊[25]上是成功一例。星形轧辊三片一组,用来热轧金属棒材。轧制孔径由粗到细共分九道,把金属原棒从 ϕ16mm 连续轧制成 ϕ6mm。辊坯用 45 号钢,辊面堆焊 CoCrW 合金涂层。呈梯形断面的堆焊涂层底宽 28mm,厚度足足有 5.0mm。新辊用于第一道,轧制最细的棒材。涂层磨损后，轧孔扩大，用于第二道。照此再磨损、再扩大、再升道，依次使用，涂层逐步减薄，最后升至最粗的第九道，完成了全部轧制过程。在这里5.0mm 厚的堆焊涂层可以一用到底，而无需中途修补或再制造。

5.4　基体表面准备

在实施涂敷之前要对工件的待涂表面，做好各种各样必需而又各具针对性的准备工作。这涉及清洗、打磨、车削、焊补、镀膜、涂膜以及制作限流设置等，与涂层及基体选材、涂层厚度设定一样，也是每一项表面工程不可或缺的重要设计环节。这些内容在 3.2.5 节中已经作过详细阐述，这里只是再次强调这一环节的重要性，并对某些细节作出一些补充。基体的表面准备是否科学，是否到位，有时会决定表面工程实施的难易与成败。

无论对于小于 0.5mm 的，还是常态的或是大于 1.5mm 超厚的所有涂层在内，对基体表面进行除油、除锈等表面处理工作的清洗环节都是必不可少的。打磨、车削、焊补等环节并不是每次涂层都需要，得看基体的来料情况而定。

镀膜与涂膜是针对要浸润和不要浸润，这样相反的要求而设置的特殊环节。熔融的涂层合金在低真空条件下，浸润不了某些含有 Al、Ti 等氧化活性元素的基体钢材。这时可在基体的表面上电镀一层 Ni 或 Fe 的打底镀层来解决浸润问题。而涂膜是指涂抹一层薄薄的水溶性的"阻涂剂"，这里的阻涂剂与市售焊接作业用的阻焊剂是类同的，目的是不让熔融的涂层合金随便浸润漫延到工件表面上不允许黏有丁点涂层的地方，例如装配孔、螺纹、键槽等部位。图 5-12 是一种涂层滚轮，两侧与外表面都有1.0mm 厚的真空熔结 Co 基合金涂层。其装配内孔的尺寸精度要求很高，限定为±0.01mm，表面粗糙度要达到R_a =0.1~0.4μm。在熔结之前必须对装配内孔涂一薄层阻涂剂。到熔结之后刮去已经烧结但并不结实的阻涂膜层，

图 5-12　涂层滚轮

膜下的装配孔壁光滑依旧，没有黏上一点涂层合金。有一种偏芯球阀的阀芯在涂层时也会用到阻涂剂，在阀顶的密封球面上有 1.0~1.3mm 厚的真空熔结 Ni 基合金涂层，在密封面的背面和阀柄四周也熔结有 0.4~0.5mm 厚的涂层。唯独在阀柄根部键套的内孔，不能黏进一粒涂层合金粉料，否则到熔结之后花键轴就会插不进去，所以在熔结之前对键套内孔也必须涂上一层薄薄的阻涂剂。真空熔结所用的阻涂剂不含有机物，熔结后没有积碳残余，化学组成与耐火护堤用料基本一致，只是黏土更多一些，所有组分都用最细粉料，加水调成稀薄的泥浆备用。

一般涂层并不要求制作限流设置，只有在复杂工件的特殊部位或制作超厚涂

层时才需要限流设置，不是开槽就是制作耐火护堤。图 3-13 与图 3-14 所示都设置了限制熔融涂层合金随便流动的耐火护堤，而护堤的制作方法不同，前者是工件上表面的堆砌法，后者是在侧表面的捆扎法。耐火护堤是一种特殊工装具，需要与涂层一起进真空炉，经受高温熔结。所以护堤的制作材料都是耐高温材料，如耐火泥、耐火砖碎粒、难熔金属及各种耐火陶瓷制品。图 3-13 所示为在聚丙烯造粒机的大模板上设置耐火护堤。该工件的涂层部位是 $\phi264 \sim 325mm$ 的圆环形挤出口，不仅在挤出口的两边需要设置耐火护堤，在整个挤出口的圆环面上还均匀分布着 260 个 $\phi2.4mm$ 的挤出通孔，在真空熔结时，每一个挤出孔都必须用耐火陶瓷棒塞紧，不能让一点熔融的涂层合金流入孔内。所以造粒机大模板的限流设置应包括两条耐火护堤和 260 支耐火陶瓷圆棒。

基体的表面准备还与多项熔结功能及其他涂层方法相互配合使用的情况有关，这些情况具体而又庞杂，待提及相关表面工程时顺带介绍。下节直接进入熔结制度的设计与炉内工装具的准备步骤。

5.5 准备炉内工装具，完善熔结制度

5.5.1 准备炉内工装具

开炉熔结之前要备齐炉内工装具。除了耐火护堤等专为工件制作的限流设置需带进炉内之外，还得常备一批炉内专用的耐火工装具。

（1）衬垫工装具。任何工件进炉时最好不要直接坐在炉底，因为这样会使工件各部位受热不均。应当用三块以上的耐火衬垫把工件托架于炉膛空间，使各部位受热均匀一致。第二种情况是工件较薄，需多层码放于炉膛的有效空间，在每层工件之间必须用适当厚度的耐火垫片隔开，要注意切莫全面积隔开，只需三点或数点隔开即可，应当尽可能多地保留辐射空间与辐射通道。耐火衬垫的合用材料是耐火陶瓷或石墨制品。

（2）吊挂工装具。有的工件全部外表面都要涂层，熔结时无处可以支垫。如果该工件尚有不需涂层的内孔时，可以用耐火管棒穿过内孔，架挂于炉膛空间，即可顺利进行熔结。例如，图 5-6 所示的涂层阀芯就可以在炉膛内架挂起来进行熔结。阀芯的全部外表面都要涂层，唯独其键套内孔不要涂层，就可以用耐火管棒穿过内孔架挂起来熔结。若因阀芯太重，担心耐火管破断时，可用金属钼棒插入管内，增加强度，确保安全。

（3）隔热工装具。有的工件只是局部需要涂层，而其余部位最好不要受到发热体的辐射加热，这样可以最大限度地保持工件原有的机械强度。这可以在炉

腔内设置特殊的工装隔热屏，把不需要涂层的部位全都屏蔽起来，再采取Ⅰ-型真空熔结工艺曲线，就能够收到良好的保护效果。例如，图 5-13 所示就是对涂层排气阀设置工装隔热屏的局部剖面图。图中 1 是工件，只在下面的阀头部位需要涂层，而整个阀杆都要屏蔽起来；2 是环绕阀头四周的发热体；3 是炉腔隔热屏；4 是在炉腔内专为屏蔽阀杆而设置的工装隔热屏。这种炉内的工装隔热屏是用难熔钼片组成的，它把发热体的热辐射完全限制在阀头周围的狭小空间之内，根本辐射不到阀杆，只

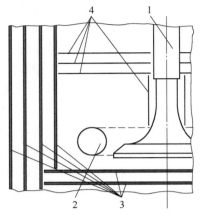

图 5-13　炉内的隔热工装具

要不采用长时间保温的熔结制度，其隔热效果会非常显著。

5.5.2　完善熔结制度

熔结制度分升温、保温和降温三个阶段，其设定原则与相关因素在 4.2 节中已有详细阐述。熔结温度的确定与熔结工艺曲线线型的选择都已有章可循。在实际生产操作中，大多数情况都采用Ⅱ-型真空熔结工艺曲线。由于工件大小不一，数量有多有少，难办的是保温时间需要跟着变动，不容易每炉都能定得很准。熔结保温时间 $t(h)$ 的长短与太多因素有关。摘其最主要者有二：一是装炉量 $W(kg)$，如果装一件即为该工件的重量，如果装许多件则为所有工件的总重量，保温时间与装炉量成正比，装得越多保温时间越长；二是单位炉容的电热能量 Q/V（kW/m^3），保温时间应与之成反比，即热能越高时保温时间越短。诸参量之间的函数关系可表示为：

$$t = k \times W \times V/Q$$

式中，k 是实验系数，与工件的结构、形状、炉内工装具及工件在炉内码放的匀称度等因素有关；W 是装炉量；V 是炉腔容积；Q 是发热体功率。以表 4-3 中所用的 60kW 真空熔结炉为例。其有效的炉腔容积是 $\phi700mm \times 300mm$，$V = 0.115m^3$，发热体功率 $Q = 60kW$。单位炉容的电热能量 $Q/V = 521.74kW/m^3$，其倒数 $V/Q = 0.00192$。通过至少三次满炉熔结试验，测得实验系数的平均值 $k = 4.59$。这一系数对于表中基本满炉的前两项是准确的，而对于后三项不太合用，因为后三项工件偏少，没有装满炉，有的还结构特殊，受热不匀。大模板重 113.4kg，其熔结保温时间 $t = 4.59 \times 113.4 \times 0.00192 = 0.99 \approx 1.0h$。环模重 85.5kg，其熔结保温时间 $t = 4.59 \times 85.5 \times 0.00192 = 0.75h$。

其实单位炉容的电热能量是既定参数，在每次熔结都是满炉的前提下，留下

的变量就只有一个 W。因此可以把 k 与 V/Q 合并成为一项保温系数 R，$R = k \times V/Q$ $= 4.59 \times 0.00192 = 0.0088$。熔结保温时间的计算式也可以改成：

$$t = R \times W$$

这样再要确定熔结保温时间就简单多了，不论工件大小和多少，只要装满了炉，都可以运用这个保温系数来确定所需的保温时间。如果不满一炉或装得很少时保温系数值必须修整，因为空炉膛升温时也需要消耗热能。

至此设定保温时间的指导原则都是熔结制度以高温瞬时或高温短时为好；但也有相反的情况，在有的表面工程中，涂层不怕稀释，基体不怕热影响，要求保温时间越长越好。因为保温时间越长，则界面元素互扩散时间越长，涂层与基体之间的结合力就越强。图 5-4 所示以真空熔结涂层修补的 WC-Co 硬质合金辊环就是一个很好的实例。选择对 WC 有良好浸润性的 Co-50 号自熔合金为涂层的母体合金。在真空炉中升到熔结温度后，采取 2~3h 的长时间保温，使涂层与基体之间有充分时间扩散互溶，形成了牢固的冶金结合，涂层不会脱落。

6　熔结工艺装备

熔结方法很多，工艺装备也各不相同。先概略了解一下熔结工艺装备的种类，再着重讨论高温熔结炉的构造与应用。

6.1　熔结工艺装备的分类

若按熔结能源来区分，熔结工艺装备大致可分成电弧熔结装置、火炬熔结装置、感应熔结装置、高密度能源熔结装置和熔结炉五个大类。电弧法也包括电火花放电在内是应用较早的熔结方法，通常的电弧堆焊和脉冲电火花放电熔焊都属于此，主要就是一台电源，无需更多的工艺装备。火炬熔结法包括氧-乙炔火焰喷焊和等离子气炬喷焊等，也可以把先喷涂后重熔的方法包括在内，主要的工艺装备就是火焰喷枪和等离子喷枪。

6.1.1　感应熔结装置

图 6-1 所示为一种高频感应熔结装置，这台设备是为涂层内燃机挺杆量身定做的。图中 1 是两组感应圈，上圈直径为 $\phi6mm$，下圈直径为 $\phi10mm$；2 是用 20 号钢做的内燃机挺杆，顶部铣一深槽，槽内铺满涂层合金粉 3；因为这样的感应熔结是在大气中进行，所以要把硼砂 4 严密覆盖在涂层合金粉上。当

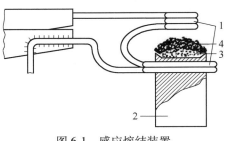

图 6-1　感应熔结装置

挺杆顶部受感应加热时，硼砂导前熔融起到了焊剂的保护作用。如果涂层合金是化学组成为（0.95 C，26 Cr，3.5 B，4 Si，1 Fe，余 Ni）的 NiCrBSi 合金粉，当感应升温至 1200℃左右时，涂层合金粉熔融，数秒钟后即对挺杆淬冷，冷凝后合金涂层的硬度可高达 HRC 60~62。也可用合金铸铁粉（3.3 C，2.3 Si，1.0 Cr，0.45 Ni，0.75 Mn，0.5 Mo，<0.1 S，<0.1 P），来代替 NiCrBSi，涂层硬度也能达到 HRC 60 左右。感应熔结法一般只适用于较小圆形部件的上表面进行涂层，涂层质量也难免有少量气孔和夹杂。若对工件的倾斜表面或侧表面熔结涂层时，常

常发生欠烧疏松或过熔漫流，因为对感应电能很难做到精微操控。但高频感应熔结也有优点，由于感应加热极其迅速和集肤效应，熔结过程对基体的热影响甚小。

只需对装置稍加改进，也可以做到在真空或保护气氛中进行高频感应熔结。用一个石英玻璃罩套住挺杆，感应圈套在玻璃罩外面，再把玻璃罩内抽成真空或充入氩气，则可以不用硼砂，而进行真空熔结或充氩熔结。这样增加了一点麻烦，但涂层质量会有很大提高。虽然罩内的熔结温度高于石英玻璃的软化温度，但由于快速熔结和大气与感应圈内冷却水的冷却作用，罩子是安全的，不会抽扁。

6.1.2 高密度能源的扫描熔结装置

能够产生极高热流的高密度能源，如电子束或激光束已逐步应用于熔结工艺，并有效克服了对基体的热影响问题。用一台 10kW 的 CO_2 激光发生器，聚焦激光束扫描带的宽度约为 11.0mm，可在钢板基体上熔结厚约 0.25mm 的 NiCrBSi 合金涂层。只要合理地确定好激光束的功率与扫描速度，就可以制备涂层并使基体所受的热影响很小。激光扫描的熔结速率极高。涂层中的氧化物夹杂物很少，而且涂层的厚度与密度均匀性也比一般的堆焊与喷焊要好得多。但激光熔结最大的缺点是对形状与结构比较复杂的工件适应性很差。激光束除了可对已经喷涂好的涂层进行熔结处理之外，也可把载有涂层合金粉的氩气流与激光束一起打到基体表面上，形成合金涂料的熔池并连续扫描成结合牢固的合金涂层，这样的扫描熔结装置如图 6-2 所示。图中 1 是激光束；2 是由一个熔池搭接一个熔池所组成的合金涂层；3 是按一定速度自控移动的基体；4 是由氩气流带出的涂层合金粉料；5 是流速可调的氩气流。

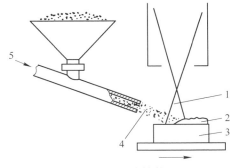

图 6-2　扫描熔结装置

在高真空条件下，用聚焦电子束扫描也可熔结类似的合金涂层。由于注入电子束能量的 85%~95% 可被基体吸收，所以电子束是一种比激光束效率更高的聚焦能源；但是电子束能量的稳定性很差，很难形成连续而均匀的熔融带，所以电子束熔结不如激光熔结可行。

6.1.3 高温炉的热辐射或热传导熔结装置

高温炉的加热源也很多，可以用电阻发热体、燃气、燃油甚至是燃煤等，只要能够既精确又稳定地控制炉温,各种加热源都可以考虑。炉内气氛可以是真空、大气、还原气氛或者是惰性气体。加热方式不外是辐射、传导或者是辐射与传导同时都有。从发挥最大的工艺优势并获得最好的涂层质量来考虑,当数在真空中以电阻元件为辐射加热源的真空熔结炉为最佳炉熔装置。只有在涂层粉料或基体组元中含有 Al 或 Ti 等氧化活性元素时,才需要用高真空;而熔结一般粉料时只需 $(9 \sim 1.0) \times 10^{-2}$ mmHg❶的低真空即可。炉熔法的优点是稳定可靠、无污染、无噪声,在真空环境下不仅对涂层合金与金属基体有防氧化保护作用,而且在涂层合金粉熔化时容易排除熔融体中的气体夹杂而得到比较致密的合金涂层。炉熔法适合于对各种形状与复杂结构的金属部件,在任意部位制作高质量的熔结涂层,而缺点是操作工序较多,生产效率偏低。

如果使用大气或还原气氛等非真空熔结炉时,为避免工件的氧化污染,可采取装盒炉熔法。例如,有一种保护难熔金属抗高温氧化的 Al 基合金熔结涂层。先在 F-48Nb 合金或 Ta-20W 合金基体上电镀一层 Ag,再浸涂 Al-11Si 料浆,烘干后支垫在一个密闭的耐热钢盒子中,将盒内循环氩气或抽成真空,然后送入炉中加热到 1030℃进行熔结,形成 NbAl 或 TaAl₃ 合金涂层,而 Ag 和 Si 是以固溶方式取代了 MAl₃ 中的部分 Al 原子。这种熔结涂层克服了一般 Al 基涂层的脆性,而且具有很高的抗氧化寿命。在整个加热过程中,在涂层粉料到达熔结阶段之前,镀 Ag 层还可起到避免盒内残余氧气对基体氧化侵蚀的保护作用。

6.2　真空熔结炉的研发过程

自 1959 年开始研发真空熔结技术,最早采用的真空熔结试验装置是石英玻璃管式真空感应加热装置。由于感应加热方式不易微调,使得熔结温度和熔结时间都难于精确控制。使用不久便改用了辐射加热方式的石英玻璃罩式真空熔结装置,如图 6-3 所示。用之开展了大量玻璃陶瓷涂层和耐磨、耐腐蚀合金涂层的熔结试验工作。该试验装置是一种高真空设备,工作真空度达到 $(8 \times 10^{-2}) \sim$

图 6-3　玻璃罩式真空
熔结实验装置

(1×10^{-5}) mmHg,工作温度达到 $T_{max} \leqslant$ 1500℃。至 20 世纪 70 年代末期,真空熔结实验室研究阶段已经完成,从军工到

---

❶ 1mmHg = 133.322Pa。

民用多项科研成果需要投入实际应用，首批真空熔结创新产品亟待批量投产。

这时原有的真空熔结实验装置已不符合要求，为此于 1977 年成功设计并制造出首台适合于工业化生产应用的 VF-79J 型真空熔结炉，如图 6-4 所示。这是一种全钢结构的同台双炉膛钟罩式水冷真空熔结炉。生产应用约五年之后，于 1982 年由冶金部组织并通过了国家鉴定。其基本技术参数列于表 6-1。至 20 世纪 80 年代末期，真空熔结技术走出研究院，开始产业化，面向社会服务。广大用户对真空熔结创新产品不断提出新的需求，而 VF-79J 型熔结炉生

图 6-4　VF-79J 型真空熔结炉

产不了大尺寸的工件，影响了真空熔结技术这项高科技的产业化进程。于是从 1990 年开始又设计制造出"紫金"系列的高温熔结炉，其主要型号有 ZJ400 型、ZJ800 型和 ZJ1000-Ⅱ型等。前两个型号的技术参数列于表 6-2。

表 6-1　VF-79J 型真空熔结炉技术参数

炉　型	VF-79J 型	
工作方式	辐射加热，双炉膛六工位	
工位尺寸	$\leqslant \phi 62mm \times 150mm$	
工作真空度	$(1.0 \sim 9) \times 10^{-2} mmHg$	
工作温度	$T_{max} \leqslant 1200℃$	
加热电源	功率，相数，电源电压	20kW，单相，220V±5%
	工作电压	$\leqslant 36V$
	工作电流	$\leqslant 480A$
控制电源	0.5kW，单相，220V±5%	
配用真空泵	2X-4 型机械真空泵	
设备外形尺寸	1500mm×800mm×1150mm	
设备总重量	720kg	

表 6-2　ZJ400 型和 ZJ800 型高温熔结炉的基本技术参数

炉　型	ZJ 400 型	ZJ 800 型
工作方式	辐射加热，单炉膛单工位	辐射加热，单炉膛单工位
工位尺寸	$\leqslant \phi 230mm \times 220mm$	$\leqslant \phi 560mm \times 250mm$
工作真空度	$(1.0 \sim 8) \times 10^{-2} mmHg$	$(1.0 \sim 8) \times 10^{-2} mmHg$

炉 型	ZJ 400 型	ZJ 800 型
工作温度	$T_{max} \leqslant 1300℃$	$T_{max} \leqslant 1200℃$
加热电源	20kW，三相，380V±5%	40kW，三相，380V±5%
	工作电压 ≤36V	工作电压 ≤36V
	工作电流 ≤320A	工作电流 ≤500A
控制电源	0.5kW，单相，220V±5%	0.5kW，单相，220V±5%
配用真空泵	2X-4 型机械真空泵	2X-15 型机械真空泵
	抽气速率 4L/s	抽气速率 15L/s
	电动机功率 0.55kW	电动机功率 2.2kW
	注油量 1.0L	注油量 2.8L
使用环境	环境温度 10~37℃	环境温度 10~37℃
	相对湿度 ≤80%	相对湿度 ≤80%
冷却水	循环水冷却，水压≥15kPa	循环水冷却，水压≥15kPa
外形尺寸	900mm×760mm×1150mm	1000mm×1000mm×1820mm
设备总重量	720kg	950kg

真空熔结炉系列化之后改称为高温熔结炉有两个原因，一是从熔结介质来说主要是真空，但有时也可以向炉内充氩。经常是真空熔结但也可以是充氩熔结。二是在同一个熔结炉次中，先抽真空后充氩气，为的是在真空中熔结之后立刻停泵充氩可以加快炉膛与工件的冷却速度。表中的工位尺寸并非炉膛尺寸，如 VF-79J 型真空熔结炉的炉膛尺寸约为 $\phi250mm×200mm$，其工作方式是单炉膛六工位，即在一个炉膛内设置了六个工位。每一工位只放置一个工件，并有专属的辐射发热体。工件尺寸必须小于工位尺寸，并与发热体之间保持合理间隙。系列高温熔结炉也是一样，直接标出了工作方式与工位尺寸，让进炉的工件大小与工件数量可以一目了然。

6.3 ZJ1000-Ⅱ型高温熔结炉

ZJ1000-Ⅱ型高温熔结炉是生产耐磨、耐腐蚀和耐高温、抗氧化等真空熔结制品的工业化专用设备。其基本技术参数列于表 6-3。ZJ1000-Ⅱ型高温熔结炉由炉体（包括起落与移动炉体的专用天车）、顶帽、炉底、炉架、加热系统、温控系统、真空系统、充氩系统与智能控制台组成。特别是炉内结构设计独特、制作与操作均简便易行，而且耐久可靠，与其他真空炉不尽相同。设备运行时没有噪声和污染，对环境与人体健康无害。

表 6-3　ZJ1000-Ⅱ型高温熔结炉的基本技术参数

炉　型	ZJ1000-Ⅱ型	
工作方式	辐射加热，单炉膛单工位	
工位尺寸	≤φ650mm×300mm	
工作真空度	$(1.0\sim8)\times10^{-2}$mmHg	
工作温度	$T_{max}\leqslant1200℃$	
加热电源	功率，相数，电源电压	60kW，三相，380V±5%
	工作电压	≤36V
	工作电流	≤610A
控制电源	0.55kW，单相，220V±5%	
配用真空泵	型　号	2X-30型机械真空泵
	抽气速率	30L/s
	电动机功率	3.0kW
	注油量	4.5L
使用环境	环境温度	10～37℃
	相对湿度	≤80%
冷却水	循环水冷却，水压≥20kPa	
外形尺寸	1130mm×1130mm×1900mm	
设备总重量	1250kg	

　　ZJ1000-Ⅱ型高温熔结炉是立式单炉膛结构，如图6-5所示。每一套真空熔结机组由两台高温熔结炉共用一套加热系统与智能控制台组成，但各有各的真空及温控系统。两台炉子轮换工作，当一台炉子在加热时，另一台炉子在冷却。当炉内真空度抽到额定要求时开始加热，全部熔结过程包括升温、保温和降温三个阶段。升温加保温两个阶段往往只需几分钟或几十分钟，而降温时间要长得多，常常需要几个小时。鉴

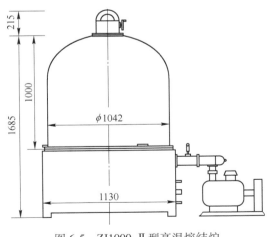

图 6-5　ZJ1000-Ⅱ型高温熔结炉

于这种情况从时间周期上完全可以用一套加热系统与智能控制台来操控两台熔结炉。这对每台熔结炉的开炉效率都不会耽误。真空熔结技术建厂投产时，常以一

套真空熔结机组为最小单元。

炉子采用辐射加热法，电热元件与隔热屏蔽装置均用难熔金属制成。真空熔结技术中对电热元件与隔热装置都有独到设计，与常用真空炉的不同。因为真空熔结要考虑对工件的涂层部位进行局部的加热熔结，而对其他非涂层部位应避免辐射。在正常真空保护并按程序加热的状况下，电热元件约一年更换一次。电源系统中有专用的低压大电流变压器，把 380V 转变为对人体安全的 36V 电压，然后再输入电热元件。操控及讯号系统均采用 220V 电压。

当炉内温度降至 300℃ 之前，必须保持规定的真空度。这可由真空系统中的电磁带真空阀给予保护，当事故性停电时，在真空泵停转的一刹那，电磁带真空阀即会自动封闭真空管路，阻止外界空气进入炉内，有效地保护了电热元件与熔结工件，使之不会遭受空气氧化。炉子的真空系统洁净可靠，只要定期维护，一般可用十年以上无需换泵，也无需换阀。

温度计所标的温度基本上是反映出炉膛的温度，而不是工件的温度，特别在快速升温时尤为如此。熔结过程常常不是在恒温状态下而是在升温过程中完成的，所以温度计所指示的温度并不是真正的熔结温度，而只是对熔结过程的监察温度。

每台熔结炉均有四组循环冷却水路，第一组是炉体的冷却水路，第二组是炉底盘的冷却水路，第三组是三相串联在一起的铜电极的冷却水路，第四组是真空泵的冷却水路。连接水嘴时要注意进水嘴与出水嘴的方向，千万不能接错。冷却水可以循环使用，水源应无杂质，最好应用软水，不要应用容易积垢的水。

为实施多数熔结制度中快热快冷的需求，给炉子配备了超功率的热工条件。本来使不足半立方米的炉容升温到 1200℃ 只需 40kW 就足够了，而实际配用 60kW，这就是为了快热，有点像大马拉小车。反过来要密闭的真空炉在熔结之后快速冷却也是不太好办，但可采用两条有效的快冷措施：一是在炉体上方设置了顶帽装置，它的功用是在不破坏炉内真空度的前提下，让炉内扣严的隔热屏及时打开，这就大大加快了冷却进程；二是在熔结之后立即停泵并充进氩气。

两台熔结炉合用一套控制台，无论抽气、加热或冷却等程序均可通过控制台上的按钮来操作，可以手动也可以自动。熔结曲线可以自如设定，操作轻便准确。可以做到一键式操作和多炉次按同一条熔结曲线的复制性操作。这要借助于 FP21 型调节器与 ZJ-60 型智能炉温控制台的掌控。FP21 型调节器是按双微处理机设计的智能化工业调节器，精度颇高，达到 0.1。当某一种熔结产品批量较大时，几炉完不成批量而需要几十、几百炉时，如何保证每一炉次都是同样的高质量？手工操作绝难完成，必需每一炉都按照同一条最佳熔结曲线进行复制性的自动操作。这最佳曲线是一开始通过几次手动操作，经反复修订而设定出来的。有了曲线范本后，就可以参照范本在微处理调节器上对曲线进行分段编程，并整定出适合于曲线每一步段的 PID 值。至此每一炉次都可以按照调节器中的编程曲线进行复制性的一键式自动操作，摒除了手工因素，炉炉都是质量上乘。但微机是死的，人是活的。真正想做到百分之百的质量复制，还要注意几条：一是每炉次的装炉量与装炉位置乃至于所用的炉内工装具都必须一致，这是为了确保每炉熔结物的热容量必须相同；二是冷却水的水温与流量都不能变，隔热屏的屏蔽状况也必须到位，这是确保散热条件的一致。只有在注意到了这些细节之后，才能做到真正的百分之百。

6.4　熔结炉的自主知识产权与创新要点

"紫金"系列高温熔结炉和诸多真空熔结创新产品一样都具有自主知识产权。我们于 2000 年 5 月 15 日，以 ZJ1000-Ⅱ型高温熔结炉及当时新研发成功的 ZJ-66 型超细粉碎机冲击柱、ZJ-65 型高线轧机托辊、ZJ-65 型制砖机绞刀头、ZJ-61型泥浆泵缸套、ZJ-66 型球阀和 ZJ-66 型铝型材挤压模六项真空熔结创新产品，一起向国家知识产权局申请发明专利。至 2004 年 8 月 4 日获得发明专利授权，专利申请号是 00107512.8 号，专利授权公告号为 CN 1160484C 号，发明专利证书号为 165141 号。本发明专利曾参加第八届中国专利技术博览会，并荣获金奖，金奖证书编号为 2001T0121.1 号。

本发明涉及一种金属表面的复合处理方法及专用的高温熔结炉。在冶金领域中，最早应用的是火法冶炼技术，许多有色金属及钢铁材料都是采用这种方法冶炼的。就表面硬度而言，包括经过热处理，一般都在 HRC≤58~60。若以热处理和化学热处理方法进一步提高钢材硬度时，势必带来脆性而影响使用。为制造表面硬度更高，而又有一定结构强度的金属材料，后来有了粉末冶金技术，粉冶制品可把表面硬度提高到 HRC 70 以上，但因受到模压成型与烧结等工艺方法的限制，粉末冶金只适合于尺寸较小又结构简单的制成品。本发明突破了以上局限，创造以一种表面冶金新方法，把具有耐磨、耐腐蚀特性的表面合金熔融凝结于工件表面，从而制成了既强又硬的复合金属制品。它填补了表面硬度在 HRC 60~70 之间的金属结构材料之空白，且能制造出结构复杂而又尺寸较大的高硬度并高强度的复合材料制成品。

传统的粉末冶金技术由硬质合金原材料、烧结工艺和烧结炉三部分组成。而真空熔结技术作为一项完整的表面冶金新技术，则包括有各种涂层合金材料、真空熔结工艺和高温熔结炉三大组成部分。

我们自 1959 年开始研发真空熔结技术，1977 年采用 $(1.33~4.0)\times10^{-3}\,Pa$ 高真空熔结装置完成了实验室研究阶段。至 1990 年采用 1.33~6.6Pa 的真空熔结炉完成了真空熔结技术的半工业化与工业化研究阶段。从 2005 年至今又发展到可以在 ≤30Pa 的低真空条件下实施熔结工艺，从而开始了真空熔结技术全面产业化的无障碍进程。

现今真空熔结技术及其专用高温熔结炉的创新要点可以归纳为：

（1）真空度指标已降得很低，一般条件的加工车间均可实施，也便于维护。

（2）所熔结涂层的厚度任意，厚度上限已超过了其他的涂层工艺。

（3）熔结工艺已不限于对工件的外表，对工件的内孔内壁也可以实施，对于工件的结构、形状及涂层的部位均没有任何限制。

（4）熔结完毕时在不破坏炉内真空度的情况下，可让炉内严扣的隔热屏及时打开，以加快冷却速度。

（5）熔结炉基本实现了大型化和智能化，各炉次的熔结曲线可以复制，也可以更新。

（6）高温熔结炉安全、节能、省水，对环境无污染、对人体无危害。

参 考 文 献

［1］Amato I，Cappelli P. Brazeability of NiCo Heat Resistant Cermets on Stainless Steel ［J］. Welding Journal，1973，10：474~480.

［2］陈华辉，曲敬信，等. 耐磨材料应用手册 ［M］. 北京：机械工业出版社，2006：562.

［3］何柏林，于影霞. 大型冷冲模镶块堆焊焊条及堆焊层耐磨性研究 ［J］. 铸造，2003（10）：915~917.

［4］刘均波. 等离子表面冶金涂层镐形截齿研究 ［J］. 粉末冶金工业，2007（6）：23~27.

［5］赵会友，曲敬信. 几种纯金属电极脉冲电火花放电熔涂强化 ［J］. 铸造，2000（9）：649~651.

［6］张增志，韩桂泉，等. 高频感应熔涂 GNi-WC25 涂层耐磨性能研究 ［G］. 硬面技术在冶金行业应用论文汇编，2006：10~15.

［7］朱荆璞，田村今男，等. 钢表面激光熔覆合金层的组织与性能分析 ［C］. 中国机械工程学会第一届年会论文集，1986：516~520.

［8］孙夷. 合金粉末喷焊技术 ［J］. 冶金设备，1981（9）：8~10.

［9］Thompson W P. Flame Pleting：British Patent，929205 ［P］. 1963.

［10］赵天林，赵钢. 高能离子注渗碳化钨材料耐磨性分析 ［J］. 铸造，2003（10）：891~893.

［11］Priceman S，Sama L. Protective Coatings for Refractory Metals Formed by the Fusion of Silicon Alloy Slurries ［J］. Electrochemical Technology，1968（9~10）：315~326.

［12］Priceman S，Kubick R. Development of Protective Coatings for Columbium Alloy Gas Turbine Blades ［R］. A. D. Report 748837，1972.

［13］Coated Columbium or Tantalum Base Metal：U. S. Patent，3294497 ［P］. 1966.

［14］Wimber R T，Stetson A R. Slurry Coatings for Tantalum-Base Alloys ［J］. Electrochemical Technology，1968（7~8）.

［15］Levy M，Faleo J J. Oxidation Behavior of A Complex Disilicide/Ta-10W Alloy System at Temperature of 927 to 1482℃ ［J］. Journal of the Less-Common Metals，1972（2）：143~162.

［16］Warnock R V，Stetson A R. Fussion Silicide Coatings for Tatalum Alloys ［R］. International Havester Company，San. Diego，California，ASM W72-13. 6.

［17］Witt R H. Protective Coating for A Hypersonic Flight Load-Bearing Refractory Alloy Control Surface ［C］. 16TH National Symposium and Exhibit，1971：162~176.

［18］董世运，韩杰才，等. 铝合金表面激光熔覆 Cu 基复合涂层的组织及摩擦磨损性能 ［J］. 材料工程，2001（2）：26~29.

［19］刘政军，季杰，等. 铬镍钨铌系铁基高温耐磨合金等离子喷焊的研究 ［C］. 第三届全国表面工程大会论文集，1996：209~216.

［20］袁伟东，邵天敏，等. 等离子喷涂-激光重熔制备 AlCuFe 准晶涂层的研究 ［J］. 材料工程，2002（11）：7~10.

［21］赵文轸，王汉功，等. 国外铝合金激光表面改质研究进展 ［J］. 表面工程，1996（1）：43~47.

［22］刘家浚，等. 材料磨损原理及其耐磨性 ［M］. 北京：清华大学出版社，1993：

359，422.

[23] 耿林，孟庆武，等．钛合金表面上两种镍基合金粉的激光熔覆研究［J］．材料工程，2005（12）：45～47.

[24] 刘仁培，冯志敏，等．热锻模堆焊材料与工艺研究及其应用［J］．表面工程，1993（1）：28～33.

[25] 林中，顾乃粒，等．热轧钨材用的复合轧辊的研制［J］．表面工程，1995（4）：26～29.

[26] 王禹，胡行方，等．Ta-合金高温防护涂层研究［J］．材料工程，2001（10）：3～4.

[27] Nejedlik J F. Development of Improved Coatings for Nickel- and Cobalt- Base Alloys［R］. A. D. Report 883046，1970.

[28] 王智慧，王月琴，等．硼对 Fe-Cr-C 耐磨堆焊合金组织的影响［J］．材料工程，2001（10）：18～20.

[29] Drzeniek H，等．Fe-Cr-Si-C 硬面合金耐磨的最佳参数选定［G］．硬面技术在冶金行业应用论文汇编，2006：32～35.

[30] 葛力强．高钼铸铁耐磨合金粉末的研制［J］．冶金设备，1981（9）：52～54.

[31] 季杰，刘政军，等．铬硼钨钒系铁基 PTA 堆焊合金的抗高温磨损机理研究［J］．中国表面工程，1999（4）：29～31.

[32] 余圣甫，杨可，等．含硼明弧药芯丝堆焊层金属组织与性能［J］．硬面技术，2008（1）：4～8.

[33] 张平，韩文政，等．Fe-Mn-Ni-C 新型合金的 M_s 温度与其接触疲劳抗力之间的关系［J］．表面工程，1992（2）：39～43.

[34] 李志，等．真空熔结铁基合金涂层的室温和高温滑动磨损特性研究［J］．中国表面工程，1999（4）：16～19.

[35] Tucker H R，Ayers J D. Rapidly Solidified Surface Melts of Ni-Cr-B-Si Brazing Alloy［J］. Metallurgical Transactions A，1981（10）：1801～1807.

[36] 王昆林，田芝瑞，等．激光重熔法提高铝硅合金的耐磨性［J］．表面工程，1993（1）：21～24.

[37] 蒋国昌．关于自熔合金发展动向的分析［D］．上海：上海交通大学，1980.

[38] 李献璐，王金烨．镍基自熔合金的组织与性能［G］．硬面技术在冶金行业应用论文汇编，2006：80～87.

[39] 自熔合金粉末喷焊层耐蚀性的探讨［D］．上海：上海有色金属焊接材料厂，1981.

[40] 赵志农，邓徐帧，等．抗磨蚀喷焊合金技术应用研究［C］．合金耐蚀理论第六届年会暨第一届磨损腐蚀学术会论文集，1996：54～59.

[41] 王葆初．自熔性合金表面强化和激光表面强化导论［D］．北京：钢铁研究总院，1983：29～32.

[42] 原林祥，谢梅英，等．Cr 对 NiCrBSi 自熔合金抗氧化性能的影响［D］．北京：钢铁研究总院，1983.

[43] 朱润生．Ni-60 自熔性合金粉末的研究［G］．硬面技术在冶金行业应用论文汇编，2006：88～91.

[44] 热腐蚀的研究、机理与防止［J］．金属材料研究，1975（6）：711～717.

[45] 内燃机排气阀的高温腐蚀和防止措施 [J]. 国外柴油机排气阀，1972：23~33.

[46] St. Mrowec. Mechanism of High-Temperature Sulphide Corrosion of Metals and Alloys [J]. Werkstoffe und korrosion，1980（5）：371~386.

[47] 梁绵长，等. 自熔合金的激光重熔 [G]. 硬面技术在冶金行业应用论文汇编，2006：214~220.

[48] 牛澄波. 钢轨用铁基自熔合金 [J]. 冶金设备，1981（9）：55~61.

[49] 汪复兴. 表面工程学 [M]. 北京：机械工业出版社，1993.

[50] 化新周. 铸铁喷熔代替热焊的材料及工艺研究 [J]. 表面工程，1995（4）：22~25.

[51] 赵文轸. 热喷涂、喷熔层抗磨性研究 [J]. 表面工程，1996（2）：16~20.

[52] 陆善平，许先忠，等. Co 含量对（WC-Co/NiCrBSi）复合钎焊涂层耐磨性的影响 [J]. 中国表面工程，1999（3）：24~27.

[53] Forbes M. Miller，Nikolajs T. Bradzs. Protecting Metals in Corrosive High-Temperature Environments [J]. Metal Progress，1973，80（3）：82~84.

[54] 黄新波，林化春，等. 钴基合金-碳化钨复合涂层耐磨抗蚀性能研究 [J]. 材料工程，2004（8）：36~38.

[55] 魏军，汪复兴，等. Co 基合金-碳化钨复合涂层的滑动磨损性能 [C]. 全国第二届表面工程学术研讨会论文集，1991：255~260.

[56] 高义民，等. 复合材料离心铸造工艺及磨损性能研究 [J]. 铸造，2003，52：864~867.

[57] 高义民，唐武，等. 陶瓷颗粒增强不锈钢基表面复合材料冲蚀磨损性能的研究 [J]. 铸造，2000，49：612~613，634.

[58] 康进兴，赵文轸，等. WC 对铜基和镍基喷焊覆层材料耐气蚀性能的影响 [J]. 材料工程，2002（3）：3~6.

[59] 鲍淑慧，等. 一种中速磨煤机辊套及制造方法：中国专利，CN1134986A [P]. 1996-11-06.

[60] 张松，王茂才，文效忠，等. 铝合金表面激光熔覆 SiC 颗粒增强表面金属基复合材料的组织及空泡腐蚀性能 [J]. 材料工程，2002（2）：47~49.

[61] 刘富荣，高谦，等. 激光熔覆 WC 增强复合涂层开裂行为分析 [J]. 材料工程，2003（5）：37~39.

[62] Process for Coating a Metallic Surface with a Wear-Resistant Material：U. S. Patent，4218494 [P]. 1980.

[63] Knotec O，Lohage P. Nickel-Based Wear-Resistant Coatings by Vaccum Melting [J]. Thin Solid Films，1983（108）：449~458.

[64] Mahesh S. Patel. Wear Resistant Alloy Coating Containing Tungsten Carbide：U. S. Patent，4136230 [P]. 1979.

[65] Г. B. 萨姆索诺夫. 难熔化合物手册 [M]. 北京：中国工业出版社，1965.

[66] 蒋业华，邢建东，等. 用化学镀获得 Al_2O_3 颗粒表面镍涂层及其在铁基复合材料中的应用 [J]. 铸造，2003，52：939~942.

[67] 王昆林，田芝瑞，等. 铝硅合金的激光合金化 [J]. 表面工程，1993（2）：14~16.

[68] 何肇基，等. 金刚石表面真空蒸镀的微观现象和实用研究 [J]. 表面工程，1996（4）：

38~42.

[69] 朱永发，等 . 金刚石表面 Cr 金属化的界面扩散反应研究 ［J］. 材料工程，2000（1）：24
～26.

[70] 高汝磊，等 . 人造金刚石取芯钻头真空钎焊与表面硬化工艺研究 ［C］. 全国第二届表面
工程学术研讨会论文集，1991：344～351.

[71] 刘传习，陆正福 . 镍基自熔合金氧-乙炔火焰喷焊层组织与性能的研究 ［G］. 硬面技术在
冶金行业应用论文汇编，2006：296～302.

[72] 谭春飞，等 . 新型牙轮钻头滑动轴承的试验研究 ［C］. 第三届全国表面工程大会论文
集，1996：409～413.

[73] 廖鸣，等 . TM52 钢结硬质合金在破岩滚刀上的应用 ［J］. 铸造，2000，49：710，713.

[74] A Method for the Production of a Ceramic Coating：British Patent，1189838 ［P］. 1970.

[75] M. B. Сазонова. Protective Coatings for Carbon and Graphite Resisting Oxidation at Temperature
of 1200℃ ［J］. Жур. При. Хии. ，1961（3）：505～512.

[76] 宁远涛，袁启珑，等 . 玻璃对金属浸润性能的键参数描述 ［J］. 金属学报，1981，17
（4）：461～466.

[77] 李慕勤，马臣，等 . 稀土组合粉的研制 ［C］. 全国第二届表面工程学术研讨会论文集，
1991：304～308.

[78] 赵高敏，王昆林 . La_2O_3 对 Fe-基合金激光熔覆层耐磨性能的影响 ［J］. 铸造，2003，52：
883～886.

[79] 戚震中，姚伟国 . 耐磨表面膜 ［C］. 中国机械工程学会第一届年会论文集，1986：
500～507.

[80] Nagasaki M U，Jsahaya T A. Method of Manufacturing Rotor Blade：U. S. Patent，4241110
［P］. 1980.

第 2 篇 应 用 篇

各种机械零部件的损坏绝大多数是从表面开始。因此，对表面损坏机理的分析研究，运用现代表面冶金技术对工件表面的材质与结构进行全新的科学设计与创新制作，以至于对已损坏表面的修复与再制造等等，这些都是现代表面工程学的基本内涵，也是真空熔结技术的专业方向。

至 20 世纪末，为相关用户建立起的每一条真空熔结专业生产线，均已实现了创新产品的大批量与智能化生产。其应用范围也从原来的军工、冶金与发动机等领域很快扩展到石油、化工、电力、机械、建材、制药、模具、刀具、饲料加工与轻工机械等十分广泛的制造工业部门。

真空熔结技术首要的应用形式是防护涂层，各式真空熔结涂层种类繁多，应用最为普遍的是耐磨、耐腐蚀的致密合金涂层。其次是抗高温氧化、抗火焰冲刷并耐热震的玻璃陶瓷涂层及含有氧化活性元素的合金涂层。含有适当孔隙度的真空熔结玻璃陶瓷涂层还可用于绝热防护。有时在制作多孔润滑涂层或增加比表面积的电极用合金涂层时，也要应用真空熔结技术，这里的多孔合金涂层是属于开口气孔。在掌控好熔融冷凝速度的情况下，也可以制作出非晶态的熔结合金涂层，这会有效提高合金涂层的耐腐蚀性，并能增加合金涂层硬度与韧性之间的调节幅度。还有一种真空熔结的软金属涂层可以用于防震，例如涡轮叶片的榫部，利用软金属涂层有限的塑性变形，可使涡轮叶片在涡轮盘的榫槽内装配紧密，并利用软金属涂层有限的柔韧性而起到良好的缓震作用。

若将真空熔结的涂层功能与成型、钎接、封孔及修复等其他功能相互配合应用，则真空熔结制品的涉及面会更广，归纳其比较有代表性并具有较好应用前景的方面就不乏十几个大类，简列如下：

（1）粉碎机械的大齿圈、分齿板、粉碎刀、冲击柱和锤片等。

（2）动力机械的内燃机排气阀，涡轮喷气发动机火焰筒、涡轮叶片与导向叶片，以及汽轮机叶片等。

（3）离心机械的转鼓、进料分配器、分配器座和挡圈等。

（4）真空熔结的阀门制品有偏芯球阀与分体球阀的阀球、阀芯、阀座、阀体等配件和隔膜阀、蝶阀、锁灰阀、闸板阀及止回阀等的易损部件。

（5）真空熔结的涂层螺杆有双螺杆挤压机螺杆轴、挤砖机螺杆、挤塑机螺杆轴、煤粉输送机螺杆、膨化机头、膨化机螺套、稻壳圈挤压成型机螺杆和榨油机榨螺等。

（6）真空熔结制作的耐磨、耐腐蚀泵件很多，包括液压泵、泥浆泵、叶轮泵、柱塞泵和莫诺泵等在内的泵壳、泵盖、配油盘和螺旋轴等。

（7）真空熔结管件有液流系统的导流管、焊丝生产线上的焊丝套管和流态化燃烧的锅炉埋管等。

（8）真空熔结的叶片制品除了叶轮泵的叶轮和汽轮机叶片与涡轮机叶片之外，还有螺旋输送轴的桨叶、抛丸机叶片与风机叶轮等。

（9）真空熔结涂层喷嘴有内燃机的预燃室喷嘴、用于裂化塔的原油喷嘴、高炉煤粉喷嘴和陶瓷粉喷嘴等。

（10）以真空熔结的合金涂层取代镀铬层用于缸套和柱塞效果很好，如泥浆泵缸套和电站或油田等所用液压系统的柱塞等。

（11）真空熔结的冶金工具很多，如穿轧无缝钢管的穿管机顶头、线材轧机的组合轧辊与托辊、星形轧机与型钢轧机的轧辊、拉丝机的塔轮与卷筒、轧钢机滑道与导卫板等。

（12）真空熔结涂层模具的种类也很多，除一般的冲压模、冲剪模与拉深模之外，还有生产复合材料刹车盘、耐火砖和火车窗框等的压制模具，生产铝型材和草饲料块等的挤压成型模具，以及生产颗粒饲料与塑料粒子的更为复杂的颗粒成型模具等。

（13）真空熔结刀具，包括各种工业切刀与刮刀，也可以制作圆盘剪刀。

（14）真空熔结的辊、环制品，除了冶金工具的轧辊与托辊之外，各种工业用的辊、环制品都很方便以真空熔结方法来制造。如颗粒挤压成型机用的柱形或锥形压辊，各种机械密封环、压圈与法兰等。

（15）在修旧利废方面，真空熔结技术不限于维修，也可以再制造。维修一件已报损的部件，只是做到接近或恢复原有的使用性能，而对报损或报废部件进行再制造，是要创新并超越原件的性能与质量，成为全新的、更高档次的制成品。把真空熔结技术应用在这方面具有独特优势，如对制药厂的离心器、饲料制粒机环模、聚丙烯造粒机大模板和各种碳化钨轧辊等贵重部件的修复与再制造工程，都成功地应用了真空熔结技术。

真空熔结技术在每一项表面工程中的具体应用，都需从损坏机理的分析研究开始，这会涉及磨损、腐蚀、氧化与疲劳裂纹的萌生等诸多宏观与微观因素的探讨，这确确实实是一项综合性的边缘学科。在真空熔结技术已有的应用工程中所涉及的损坏机制很广，较为常见的有以下几方面：

（1）磨料冲击侵蚀磨损。含有固体颗粒的流体，包括液体与气体，以一定速度和一定角度，与工件做相对运动，于工件表面所产生的磨损，称为磨料冲击侵蚀磨损。如锤式粉碎机的锤片、超细粉碎机的冲击柱、裂化塔的原油喷嘴、陶瓷粉喷嘴、叶轮泵的叶轮与风机叶轮等。

（2）流体侵蚀磨损。由于液流、含或不含有液珠的气流，以一定速度和一定角度，与工件做相对运动，由工件表面开始并逐渐向体内深入的磨损，称为流体侵蚀磨损。如各种离心机的离心器与汽轮机叶片等。

（3）挤压擦伤型磨料磨损。包括颗粒与硬突起在内的磨料，于高应力下，对工件表面作挤压与摩擦相对运动，造成工件表面的磨损，称为挤压擦伤型磨料磨损。如各种挤压机、输送机及膨化机的螺杆与螺套，榨油机的榨螺，泥浆泵的缸套，焊丝套管，饲料制粒机的压辊与环模，草饲料块的挤压成型模块，各型机械密封环，拉丝机的塔轮与卷筒，以及薄壳成型的冲压模与拉深模等。

（4）切削刮伤型磨料磨损。刀刃呈一定倾角，或平行于摩擦表面，在一定的紧贴应力与移动速度下，作刮削与摩擦相对运动，对于摩擦双方所造成的磨料磨损，称之为切削刮伤型磨料磨损。如各种工业切刀、刮刀、圆盘剪刀以及聚丙烯造粒机大模板等。

（5）腐蚀冲刷磨损。液态或气态的腐蚀介质，与颗粒磨料一起，于一定温度下，以一定速度冲刷工件，在发生化学或电化学反应的情况下，造成工件表面的磨损，称之为腐蚀冲刷磨损。如球阀、隔膜阀和闸板阀等的诸多阀门配件，风机叶轮，以及各种化工用泵的相关配件等。

（6）氧化冲刷磨损。带有磨料颗粒的高温、高速氧化性气流，接近平行或呈一定角度冲刷工件，造成工件表面的磨损，称之为氧化冲刷磨损。如涡轮喷气发动机的火焰筒、涡轮叶片与导向叶片等。

（7）氧化撞击磨损。在高温氧化气氛中，尺寸有大有小的磨料颗粒，在工件周围作杂乱无章的低速运动，全面积分布但非定点地碰撞工件，造成工件表面的磨损，称之为氧化撞击磨损。如流态化燃烧的锅炉埋管。

（8）热腐蚀疲劳磨损。工件在含有熔盐或熔剂化合物的高温燃气与反复疲劳应力的联合作用下，所造成的表面磨损，称之为热腐蚀疲劳磨损。如各种内燃机排气门、涡轮喷气发动机的高温部件及在海洋上应用的锅炉部件等。

（9）疲劳开裂。在各种疲劳应力作用下导致工件开裂，称之为疲劳开裂。如内燃机的预燃室喷嘴和穿轧无缝钢管的穿管机顶头。预燃室喷嘴的损坏形式是喷孔鼻梁处疲劳开裂，除冷热疲劳应力之外燃气腐蚀也会促使疲劳裂纹扩展。穿管机顶头的损坏形式有塌鼻、黏钢与疲劳开裂三者，所受疲劳应力是冷热疲劳应力与穿轧疲劳应力相叠加。

（10）热磨损。摩擦副在滑动或滚动过程中，材料由于软化、熔化或汽化（包括蒸发与挥发）而被磨损，称之为热磨损。穿管机顶头的塌鼻损坏形式是一种典型的热磨损机制。

（11）黏着磨损。由于摩擦界面的黏着作用，使材料自摩擦副的一方转移至另一方的磨损，称之为黏着磨损。摩擦界面的分子引力，会引发双边材料局部黏连，在摩擦副滑动或滚动的过程中，黏着材料从一方撕下而留存于另一方。穿管机顶头黏钢损坏形式的微观机制，就是属于这种黏着磨损。

真空熔结较常采用的涂层材料是自熔合金和表面硬化合金，这些合金材料的耐磨料磨损、耐腐蚀与氧化磨损以及耐黏着磨损性能，均比各种钢材要优越许多，所以真空熔结技术在这些应用领域也表现出巨大优势。但在耐疲劳磨损方面，这些合金尤其是表面硬化合金并不占优，自然在这方面的应用也会受到一些限制。一般在疲劳强度不高的场合尚可一用，但在疲劳强度很高的地方就难予考虑，在第 1 篇的表 2-93 中列举了几种熔结表面硬化合金涂层的应用实例及其耐磨性数据，具体说明了在疲劳应力不太高的情况下，熔结表面硬化合金涂层的耐疲劳磨损性能尚可胜过许多优质钢材；但在应力极高时，结果就会相反。此时不宜再采用表面硬化合金，而应选择具有加工硬化特性的合金材料，如 FeMnNiC 合金[33]，若把它以堆焊方法熔结在坦克扭力轴的轴头上，在承受 123 ~ 204kg/mm^{2}巨大交变接触应力的作用下，这种合金涂层抗接触疲劳磨损的耐磨性能可以达到 45CrNiMoVA 钢制新品轴头的 3.1 倍。

7 真空熔结粉碎机配件

毫米级粉碎机应用最普遍的是锤片式粉碎机，其中的锤片与筛板都是频繁更换的易损件。除锤片之外，各种超细粉碎机中的各式刀块、刀片和冲击柱，以及大齿圈和分齿板等也都是重要的易损件。锤片式粉碎机是锤片在粉碎仓中高速旋转，自由撞击物料而粉碎。在超细粉碎机的粉碎仓中则设有高速旋转的动盘与固定不动的静盘。刀块、刀片或冲击柱等都分别紧固在动盘和静盘上，相对转动时彼此的间隙只有几毫米。那些固定在粉碎仓周壁的大齿圈或分齿板本身也都是静盘。高速飞转的刀块撞击物料，通过动、静盘之间的微隙时挤碾并切削物料，由此产生出对物料的微粉碎效果，同时也对刀口、柱头及齿尖等易损部位产生了严重的磨损后果。

7.1 锤片式粉碎机的锤片

锤片式粉碎机在其圆鼓形粉碎仓的中心轴上均布着几组挂臂，每组挂臂有对称分布的 4~8 片锤片，自由悬挂于臂端的销轴上。
锤片是粉碎机上消耗最多的易损件，据估算，我国
现今年耗锤片约 3.0 亿片以上，需用优质钢材 12 万
多吨。锤片的规格与品种繁多，但都呈矩形，不外
乎四角双孔、四角单孔和八角双孔这三种制式，如
图 7-1 所示。至今国内外在锤片的设计与使用上尚
存两大弊端：其一是无论对于干、湿物料，也不分
纤维粗细，更不管掺杂的泥沙多少，所用锤片的制
式与材质均未随之而变，致使粉碎效率难以提高；

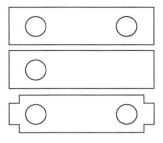

图 7-1　锤片的三种制式

其二是锤片的钢材利用率太低，一片锤片用到报废时，作出有效贡献的金属重量
只占到锤片总重量的 10%~20%，剩下 80% 以上的钢材都用不上。

7.1.1　锤片失效分析

　　锤片的失效形式如图 7-2 中的右图所示，四
个锐角轮番使用，均已磨秃、磨圆。左图是四角
带有耐磨涂层的新锤片。锤片只以一个挂孔套在
挂臂的销轴上，绕着粉碎仓的中心轴高速旋转，
锤片自由甩动端的端面距粉碎仓周边筛板的距离
仅仅只有几个毫米。物料落入仓内，立即遭到锤
片撞击，旋转并飞溅四方，在离心力的作用下，
纷纷向仓室的圆形周边聚集，造成物流浓度越靠
近筛板越密集。所以锤片甩动端的前角与前端面
受物料撞击的几率最高，并沿着锤片的迎料边递
减。仔细比较新、废锤片，不难看出锤片的磨损
报废具有以下特征：（1）磨损只发生在锤片端

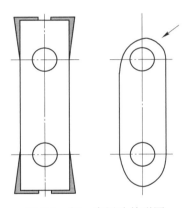

图 7-2　新、废锤片外形图

头部，而两挂孔之间的躯干部基本上保持原尺寸未变；（2）端头部的磨损特征
是长度方向已缩短许多，而宽度方向与躯干部衔接处仍保持原尺寸未变；
（3）包括端头部与躯干部在内所有残剩锤片的厚度也基本上保持了原有的尺寸
未变。

　　锤片式粉碎机中心轴的旋转速度是 1500~3000r/min，锤片甩动端的线速度
高达 60~100m/s。无疑锤片是由含有固体磨料颗粒的气体，以一定速度和一定角
度，与锤片做相对运动，对锤片表面产生了磨损，这是一种磨料冲击侵蚀磨损，
简称冲蚀磨损。结合锤片的磨损特征来分析，这里冲蚀磨损的微观机制是以弹、
塑性变形疲劳为主，而以微观凿削为辅。锤片端头部的磨损不是由于锤片正反两
面因微观切削逐步减薄而磨耗；而是由于锤片侧面，也就是迎料面因高频率冲击

变形疲劳，细碎密集剥落而磨耗。越靠近锤片顶端，磨料的分布密度越高，锤片线速度越高，磨料的冲击频率与冲击强度也越高，必然结果是锤片端头部的磨损速率与磨损程度最大。

新锤片开始使用时，几乎所有磨料对锤片的冲击角度都是直角，这时是百分之百的冲击变形疲劳磨损。随着锤片的锐角逐步磨损变钝、变圆，磨料的冲击角会变得越来越小，磨损过程也逐步有了微观凿削机制的参与。这样的磨损形貌在报废锤片的扫描电镜照片中可以清楚看到，如图 7-3 所示。这张照片是外企 Chamjicon 公司的 Magnum 锤片，是一片使用了 1000h 已经报废的锤片，照片位置相当于图 7-2 中右图的箭头所

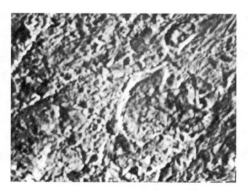

图 7-3　报废锤片的磨损形貌（×500）

指部位，四角的硬质涂层已磨耗殆尽，该部位则显示了基体钢板的磨损形貌。照片上显示出密密麻麻的疲劳剥蚀坑点，明显的塑性变形条痕和少量定向的微观凿削条痕。实物照片确证了锤片的磨损机理，是以冲击变形疲劳为主、微观凿削为辅的磨料冲击侵蚀磨损。

锤片的冲蚀磨损速率，受控于三方面的影响因素：（1）磨料特性。如颗粒大小、形状、硬度、干湿度及易碎性等。（2）粉碎机工况。如锤片线速度，物流浓度，粉碎规格及仓室温度等。（3）锤片的制式、强度与物理特性等。

7.1.1.1　物料特性对锤片磨损速率的影响

锤片式粉碎机应用于饲料、食品与酿造等工业，通常的粉碎物料是含有一定水分的玉米、稻谷、麦粒及豆子等粮油作物和秸秆与草料等，有时也用于生产滑石粉或煤粉等干性物料。

谷物的主要成分是淀粉，质地柔软。以其冲击锤片，充其量是软磨料磨损，何以锤片的损耗如此之快呢？中国农业大学的沈再春教授对此作过详细的分析研究。用 65Mn 钢锤片在 9FQ-20 型粉碎机上分别粉碎稻谷、大麦和玉米。锰钢锤片经过了 830℃ 淬火后再经 200℃ 回火热处理。锤片的旋转线速度 $v = 733\text{m/s}$。常态谷物所含水分为 11.75% 左右。所含灰分更少，只有 1.5% ~ 3.7%，呈极细小微粒游离状分布于谷物的皮层内。水分与灰分都不至于影响到锤片磨损量的大小。应当考虑的是，在加工过程中谷物表面难免会黏附上不少泥沙掺杂物。外来泥沙的基本化学组成是 $Al_2O_3 \cdot 2SiO_2$，是非常典型的研磨材料。这些泥沙掺杂物对锤片磨损量的影响是不可忽视的。把试验谷物分作两批，一批经充分淘洗，除尽泥沙掺杂物，然后再烘干至正常水分；另一批是未经淘洗，保持常态的谷物。

把锤片及各种谷物的硬度和两批谷物对锤片的磨损结果列于表7-1。

表 7-1　锤片与谷物的硬度比较和相同工况条件下不同谷物对锤片的磨损量

谷物与锤片		玉　米	大　麦	稻　谷	锤　片
硬度（HV）/MPa		12~20	10~17	5~6	360
单位磨损量/mg·kg^{-1}	常态	0.16	0.51	1.0	—
	淘洗	0.08	0.18	0.52	—

此处锤片的硬度是几种谷物硬度的 18~72 倍，如此柔软的谷物能够磨损锤片，完全是锤片转速较高，冲击动能超大的缘故。必需关注的是稻谷的硬度比玉米和大麦都小，可是每粉碎一公斤稻谷对锤片的单位磨损量却比粉碎一公斤玉米或一公斤大麦都高，这种反常的结果表明必定有未知因素在左右着锤片的磨损。稻米本身很软，但稻壳表面上有许多排列整齐的微刺，经 X-光衍射分析得知这些尖刺富 Si，在其结构衍射图上出现的弥散峰与方石英的图形一致，说明这些尖刺都是 SiO$_2$ 性质的磨料。玉米与麦粒的硬度虽然稍高于稻米，但分析玉米与麦粒的皮层内只存在 P、K 与 Mg 等元素，其磨料特性比稻壳相差甚远。这就是在所有谷物中，只有稻谷对锤片的磨损尤为突出的原因。

再看谷物在经过淘洗，去掉泥沙掺杂物之后，对锤片的磨损量要比未经淘洗时小 1.9~2.8 倍，这足以说明锤片式粉碎机中，锤片的快速磨损主要是由于谷物的泥沙掺杂物和稻壳中的硬质磨料所造成的，而谷物本身对锤片的磨损作用并不严重。

为了进一步量化泥沙掺杂物对锤片的磨损作用，可对淘洗干净并烘干之后的玉米，掺入 1‰~5‰ 的 40~70 目（0.21~0.42mm）石英砂，再以同上的试验条件和相同的粉碎周期，测定其对锤片的磨损量 Y（mg），如图 7-4 所示。由图可知，锤片的磨损量 Y（mg）与谷物的掺砂量 X（‰）之间呈一定线性关系。随着掺砂量的增加，锤片的磨损量呈直线上升。其回归曲线方程式为 $Y = 1.6823X + 2.06$，相关系数 $r = 0.9974$。在各种谷物的粉

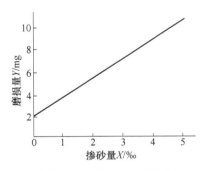

图 7-4　磨损量与掺砂量的关系

碎作业生产线上，在谷物进入粉碎机之前，必须设置可靠的除杂工序，务求彻底清除泥沙、石子，甚至是铁屑等所有的掺杂物。这对延长锤片使用寿命、增加粉碎谷物产量，以至于节能降耗都具有重大意义。

7.1.1.2　锤片线速度对锤片磨损速率的影响

锤片旋转线速度对锤片磨损量的影响也十分明显，在其他条件不变的情况

下，随着粉碎机转速的提高，锤片磨损量剧增。仍以同上的试验条件来测试不同转速对 45 号钢锤片磨损量的影响。对于软硬不同的谷物表现出转速与锤片磨损量之间有两种不同的关系曲线，如图 7-5 所示。左图是粉碎质地较软的豆饼时，呈现出直线型关系曲线，其回归曲线方程式为 $Y = 0.0018V - 1.38$，相关系数 $r = 0.998$。随着转速的提高，锤片磨损量直线上升，但量值很小。右图是粉碎壳皮中带有硬质磨料的稻谷时，呈现出的指数型关系曲线，其回归曲线方程式为 $Y = 1.42V^{0.593}$，相关系数 $r = 0.977$。在常规转速基础上刚刚提速时，锤片磨损量急剧上升，量值也较大，但当进一步提高转速时，磨损量的升幅逐步趋缓，速度指数较小，仅为 0.593。

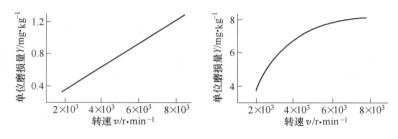

图 7-5　粉碎机转速与锤片磨损量的关系曲线

　　审定粉碎机转速时不能一味顾惜锤片的磨损。转速提高时锤片磨损量固然提高，而粉碎效率也就是生产效率也在提高。显然为了高效率生产，必须维持较高的转速。而锤片的磨损问题应借助于材料的表面技术来提高其耐磨性，一般除了热处理方法之外，就是在锤片四角熔结耐磨涂层。由于离转轴越远处的旋转线速度越高，所以涂层的厚度最好是尖角处最厚，而逐步向片身处减薄，如图 7-2 中的左图所示。

7.1.1.3　锤片硬度对锤片磨损速率的突出影响

　　前面分析锤片的磨损机制是以冲击变形疲劳为主、微观凿削为辅的磨料冲击侵蚀磨损。其实这两种磨损机制的主次是随着物料对锤片冲击角度的变化而改变的。但无论是微观凿削磨损或者变形疲劳磨损，其磨损速率均与锤片工作部位即锤片四角的硬度有直接关系。微观凿削型冲蚀磨损符合如下简单模型：

$$Q = K \cdot P \cdot N / \mathrm{HM}$$

式中，Q 为磨损速率；P 为冲击载荷，相关的主要影响因素是物料质量与锤片线速度；N 为物流浓度，即粉碎仓旋转气流中携带谷物的浓度与谷物中泥沙掺杂物的浓度；HM 为锤片工作部位的硬度；K 为磨损系数，其影响因素有物料硬度 HA、物料颗粒大小、物料颗粒形状、物料含水分多少以及物料对锤片的冲击角度与仓室内的工作温度等。

　　物料硬度与锤片硬度之比 HA/HM 与磨损速率 Q 之间的定性关系如图 7-6 所

示。Ⅰ区是 HA<HM 的情况，好比是把谷物淘洗得非常干净，没有一点泥沙掺杂物，这时谷物对锤片的磨损速率很小，在低位运行。Ⅱ区是 HA～HM，谷物中掺杂了泥沙，锤片的磨损速率急剧上升。Ⅲ区是 HA>HM，好比是用百分之百的石英砂来冲蚀锤片，磨损速率很大，在高位运行。无论在哪一区域，磨损速率与硬度之间都是一种线性关系。

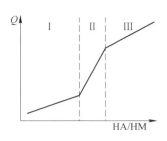

图 7-6 Q 与 HA/HM 的关系

在微观凿削型冲蚀磨损条件下，与通常的磨料磨损相同，锤片的相对磨损抗力，即锤片的耐磨性 ε 与锤片的硬度 HM 之间，也是呈线性关系。如果锤片是均质材料，ε 与 HM 之间呈直线关系。如果锤片是复相材料，如自熔合金或表面硬化合金，则锤片的 ε 等于每一相所占体积分数 V_i% 与该相耐磨性 ε_i 的乘积之和，也是直线关系，可表示为：

$$\varepsilon = \sum \varepsilon_i \cdot V_i\%$$

在冲击变形疲劳的冲蚀磨损条件下，锤片的耐磨性 ε 不仅取决于锤片硬度 HM 的大小，而且与锤片工作部位材料的断裂韧性 K_c 有关，可表示为：

$$\varepsilon \propto K_c \cdot HM \qquad 亦即 Q \propto 1/K_c \cdot HM$$

这不是直线关系而是一种抛物线关系。这与在磨料冲击磨损试验条件下，碳钢耐磨性与其含碳量增加之间的关系曲线是类同的。钢材含碳量增加时硬度与脆性亦随之增加，耐磨性按抛物线规律变化，如图 7-7 所示。横坐标以碳浓度由低到高标出，实际就是钢材硬度由低到高；而断裂韧性则由大到小。显然在冲击变形疲劳条件下，ε 并不总是随着 HM 的增加而提高。当含碳量增加至 0.8% 左右时，达到抛物线的最高点 P，耐磨性也达到

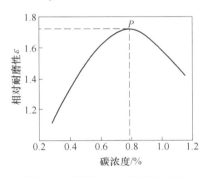

图 7-7 耐磨性与含碳量的关系

了峰值 ε_p，但此时硬度并不是最高峰，当含碳量高过 0.8% 之后硬度继续增加，而耐磨性却不升反降。在 P 点之前，钢材较软，微观凿削与塑性变形疲劳作用均随着硬度的增加而减弱，表现出耐磨性的不断提高；过了 P 点之后，硬度更高而断裂韧性不足，凿削机制更加微弱，但疲劳机制却由原来的塑性变形疲劳而转化成脆性开裂剥落，材料迅速自表面剥离，造成耐磨性下降。

这一规律体现到锤片上如图 7-8 所示。以一种 45 号钢锤片粉碎并未清除泥沙掺杂物的常态谷物，先进行适当热处理以提高锤片工作部位的硬度，超过 HRC 50 之后，再加耐磨涂层来继续提高硬度。显然随着硬度的提高，锤片的耐磨性也不断提高；但是过了峰值 P 点之后，锤片的硬度继续提高而耐磨性却反而

下降了，可见锤片的可用硬度有一个峰值 H_{pm}。就耐磨性而言，锤片的硬度低于此值或高于此值都不行。

锤片的峰值硬度 H_{pm} 是在生产实践中十分重要的指导性数据。在正常粉碎工况下，它随谷物中泥沙掺杂物的清除程度而有所不同。经在生产实践中反复测试应用得知：粉碎未清除泥沙掺杂物的常态谷物时，$H_{pm} \approx 61 \sim$ 63HRC。粉碎已清除了泥沙掺杂物的洁净谷物，甚至连极少量的石子与铁屑掺杂物也都清除干净时，由于清除了混入谷物的这些高

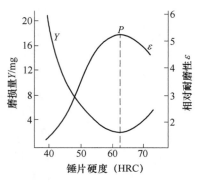

图 7-8　锤片有用硬度的峰值

密度硬物质，大大降低了谷物对锤片的冲击应力，使锤片的峰值硬度可以提得很高，达到 $H_{pm} \approx 68 \sim 70$HRC。这时锤片能够体现出很长的使用寿命。

7.1.2　锤片种类

除了以原轧钢板制作的低档锤片之外，上乘锤片大致可分为热处理锤片、化学热处理锤片与熔结涂层锤片三类。

7.1.2.1　热处理锤片

表 7-2 是经不同制度热处理的 65Mn 钢锤片与热轧锤片相比较。45 号钢锤片经盐炉淬火后，其表面硬度也能达到 HRC 54～58。对于碳钢或锰钢锤片进行适当的热处理，提高其表面硬度，是可以提高锤片的品级。但是一般热处理锤片存在两个问题：一是淬硬层深度不足，仅限于锤片端头部 4mm 左右；二是淬火硬度不能过高，通常不会超过 HRC 60，否则锤片工作时有脆断的危险。

表 7-2　仅经过热轧与经过热处理的 65Mn 钢锤片硬度相比较

序　号	热处理制度		表面硬度（HRC）
	淬火温度/℃	回火温度/℃	
1	830	200	56.4
2		300	49.4
3		400	38.8
4		500	35.4
5		600	25.2
6	热　　轧		13.5

7.1.2.2　化学热处理锤片

所谓化学热处理即是采用化学气相沉积的方法，对锤片渗 C、渗 N，或进行

C、N 共渗等表面强化处理。渗 C 方法已有许多改进，在大气压条件下，在真空条件下，或是在电场作用条件下以离子轰击的方式渗 C 等。渗 C 层硬度较高，能达到 HRC 37~69 范围。但无论何种方法，其渗层深度还远不及淬火层深度，一般只有 0.5~2.0mm 左右。而且处理温度偏高、时间太长也都不甚理想，容易对锤片基板的强度与平整度产生不利影响。

C、N 共渗的处理温度比渗 C 处理温度要低，可以降低到 570℃ 左右，而且处理时间也可以大大缩短。可是渗层硬度却更高，能够达到 HRC 70 以上；只是渗层总厚度更薄，只有小于 0.5mm，其中真正的硬质化合物层还不到 0.1mm。

7.1.2.3 熔结涂层锤片

无论以火炬、等离子、激光或真空热辐射等不同能源所实施的各种表面冶金方法来制作涂层锤片，所用能源虽然不同，但其共同之处是都在基体钢材表面上熔融凝结了有一定厚度的耐磨合金涂层。尽管这些涂层在名称上有堆焊、喷焊或表面合金化等各种不同的叫法，但就其工艺过程和冶金实质而言，都可以归之为熔结涂层。

（1）火焰堆焊涂层锤片。以氧-乙炔火焰把管装的 WC 粉芯焊条堆焊在锰钢锤片四角。堆焊层不太平整，涂层厚度 1.0~2.5mm。涂层化学组成为（1.0C，1.5Cr，4.0Ni，1.5Mn，0.5Mo，0.5V，60WC，余 Fe）。涂层中 Fe 基合金母体的硬度是 HV 540~824，WC 硬质相的硬度波动于 HV 1008~1700。由于堆焊过程稀释严重，涂层的宏观硬度只有 HRC 56~58 左右。

（2）火焰喷焊涂层锤片。以氧-乙炔火焰喷涂后再重熔的方法对锰钢锤片四角喷焊耐磨涂层。涂层比堆焊层平整，涂层厚度 1.5~2.0mm。涂层化学组成是［50%Ni-8 号合金粉（0.9C，16Cr，4.5Si，4.0B，<10Fe，余 Ni）+50%钴包碳化钨粉 WC-Co］。由于稀释程度比堆焊要轻，虽然 WC 用量减少了，而涂层的宏观硬度却反而要高一些，能够达到 HRC 59~60 左右。

（3）等离子喷焊涂层锤片。用等离子气炬以一步法对锰钢锤片四角喷焊耐磨涂层。涂层平整度比火焰喷焊更好，涂层厚度 1.7~2.0mm。涂层化学组成也是（50%Ni-8 号合金粉+50%WC-Co）。由于稀释程度比火焰喷焊更轻，涂层中 Ni-基合金母体的硬度是 HV 735~752，WC 硬质相的硬度波动于 HV 1300~1560，涂层的宏观硬度能够达到 HRC 60~63 量级。

（4）激光熔覆涂层锤片。以激光扫描熔融凝结的方法，直接在 45 号钢或锰钢锤片四角熔敷耐磨涂层。涂层原材料采用 ≤325 目（0.044mm）的钴包碳化钨粉，其化学组成是（80WC，20Co）。为避免表层脱碳，在惰性气体保护下进行激光扫描。调整好激光束的功率 1.6~1.8kW，与扫描速度 350~380mm/min，可以保证钴包碳化钨粉充分地熔融凝结，形成致密少孔的熔结涂层，并与基体适当地扩散互溶，形成牢固的冶金结合，而不会过分稀释。端面涂层均匀，成品厚度为 2.0mm，两侧面的涂层厚度自端头起为 3mm，沿片身往后逐步减至 1.0mm。

涂层的成品厚度需经数次扫描熔结而成。粉料可用黏结剂混合，一次预涂 0.3～0.4mm，经烘干后再扫描，也可以边送粉边扫描。由于激光扫描的熔融速度与冷凝速度都很快，这一机制给涂层带来三大特效：

其一是使得涂层与基体之间互溶区的宽度很小，仅为≤10μm。基体对涂层的稀释作用微乎其微，不仅 WC 硬质相的硬度能高达 HV 1580，而且涂层中的合金母体也能保持 HV 1200 的高硬度，使整体涂层的宏观硬度可以高达 HRC 72 以上。

其二是快速熔凝带给基体强度的热影响极小，却能在紧挨涂层之下产生出厚约 1.0mm 的淬硬层，这就无形中增加了锤片耐磨层的厚度。

其三是快速熔凝的突出好处可使涂层保持均匀的细晶粒。经微观检查堆焊与喷焊涂层中 WC 硬质相的颗粒尺寸高达 0.05～0.33mm。而激光熔结涂层中 WC 的粒度仅为 20～160μm。当涂层的组织均匀性较好，特别是分布其中的第二相硬质化合物的粒度越小、分散度越高时，则涂层的耐磨性能越好。

图 7-9 所示是以氧-乙炔火焰堆焊、等离子喷焊与激光熔覆等三种都具有熔融凝结过程的方法，在 45 号钢锤片上所制作"WC+ME"型耐磨涂层的扫描电镜照片。三者的黏结金属 ME 分别是 Fe 基、FeNi 基和 FeCo 基合金，而硬质相都是WC。由于所用 WC 原材料的粒度不同，更由于各种熔凝方法的能量密度不同，在施涂过程中熔融与凝结的速度不同，使得涂层的组织构造与 WC 硬质相的粒度大小及分散度均不相同。这些因素势必给涂层的宏观硬度与耐磨特性都会带来很大影响。按火焰、等离子与激光三种不同能源排序，各涂层中 WC 颗粒的大小大致上符合 90：40：1 的比例。堆焊与喷焊涂层的组织构造都是分散的 WC 颗粒孤立分布于连续的合金母体中，成为一种"群岛"结构。一旦较软的合金母体磨掉之后，WC 硬颗粒将因失去支撑而脱落。激光熔覆涂层的组织构造是以 WC 与Co 的共晶体为涂层的交叉骨架，余下细小的 WC 颗粒与黏结金属一起充填于骨架之中，这种"骨架"结构使得整个涂层强固坚硬，十分耐磨。

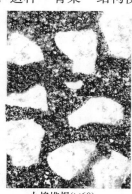
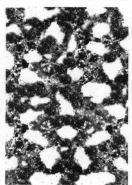
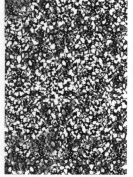

火焰堆焊(×60)　　　　　等离子喷焊(×60)　　　　　激光熔覆(×300)

图 7-9　三种"WC+ME"涂层的扫描电镜照片

7.1.3　真空熔结涂层锤片

以真空熔结技术可以制造各种制式又各种尺寸的优质涂层锤片。其涂层组成与堆焊、喷焊及激光熔覆的"WC+ME"型耐磨涂层不同，这些涂层中的硬质相基本都是 WC，都是在配料时以外加碳化钨粉的方式引入涂层，可用的碳化钨粉如：20～50 目（0.297～0.841mm）的烧结碳化钨、30～70 目（0.21～0.595mm）的铸造碳化钨和 150～400 目（0.037～0.1mm）的钴包碳化钨或镍包碳化钨等。这些涂层的微观结构除了激光熔覆涂层的晶粒较细且组织也比较均匀之外，其他堆焊或喷焊涂层都是 WC 硬颗粒较为粗大的一种"群岛"式结构，用于抗磨料颗粒对锤片的冲蚀磨损并不十分合适。

真空熔结涂层锤片并不采用外加硬质相的配方，而是以均匀弥散分布着数种硬质相的表面硬化合金粉作为涂层原材料。把最基本的涂层原料合金粉按各自所起作用的不同可区分为：主料、辅料和钎接合金三种，列于表 7-3。主料是一种高铬铸铁型的 Fe12 号自熔合金，是涂层的基本组分。在以 γ-Fe 固溶体为主的合金母体中，均匀分布着块状的（Cr，Fe）$_2$（C，B）硼碳化合物、针状的（Cr，Fe）（C，B）硼碳化合物和（Cr，Fe）$_7C_3$ 碳化物以及小颗粒状的（Cr，Fe）$_7C_3$ 碳化物。这么多丰富的各色高铬硬质化合物，使涂层表现出很高的硬度与较好的耐磨性能。当然硬度太高并不会适合所有的粉碎工况，为此需要搭配一定的辅料，用以调节硬度，改善韧性。辅料选用硬度较低而韧性较高的 Co 基自熔合金比较合适。钎-1 号钎接合金是一种浸润性与流动性都很好的低熔点 Ni 基自熔合金，能够把由主、辅料做成的合金条与锤片基板钢材牢固地冶金结合在一起。

表 7-3　真空熔结涂层锤片所采用的最基本的涂层原料合金粉

粉别	化学组成/%										硬度（HRC）	熔化温度/℃
	C	Cr	Si	B	Fe	Co	Ni	W	Mo	Cu		
主料	4.5/5	45/50	0.8/1.4	1.8/2.3	余	—	—	—	—	—	66/72	1200/1280
辅料	0.6/0.9	23/28	2.5/3.0	2.5/3.5	3/5	余	10/12	9/11	—	—	41/47	1160/1220
钎-1	0.65/0.75	13/16	3.5/4.2	3.5/4.2	2.5/4.5	—	余	—	2.5/4	2/3	54/60	980/1050

主、辅料的搭配比例要依据粉碎工况而定。在粉碎未清除泥沙掺杂物的常态谷物时，主料的硬度太高而韧性不足，需多加辅料以增加涂层韧性并把硬度调低到 HRC 61～63 为好。若粉碎已经充分清除了泥沙掺杂物的洁净谷物时，可以少加辅料，保持涂层硬度高达 HRC 68～70 均属合适。具体的配料比列于表 7-4。主料 Fe 基粉的密度是 7.6～7.8g/cm³，辅料 Co 基粉的密度是 7.8～8.0g/cm³，二者相差无几。两种粉末的颗粒度都取用 60～200 目（0.075～0.25mm）。这样两种粉配料混合时，基本上没有偏析。若配比悬殊时，也只需采取湿混的办法，即可避免偏析。钎-1 号钎接用 Ni 基粉的颗粒度要尽可能小，一般取用 180～320 目

（0.045~0.088mm）。因为锤片涂层的钎接缝越窄小时，对于耐磨越有利。

表 7-4　真空熔结涂层锤片所用涂层的粉料配比

涂层编号	粉料配比/%		涂层硬度（HRC）	适用工况
	主　料	辅　料		
ZJ-61	65	35	61	未清除泥沙掺杂物的常态谷物
ZJ-63	73	27	63	
ZJ-65	81	19	65	除杂未净的谷物
ZJ-67	88	12	67	
ZJ-69	96	4	69	洁净谷物

　　由于锤片涂层的设计厚度会有 3~4mm 厚，这样厚的涂层若在锤片侧面直接敷粉并一次性熔结而成是不太可能的，而且熔结遍数越多，则对钢板强度与涂层质量都没有好处。为此，真空熔结涂层锤片采取二步法熔结完成，预先制作好合金条，然后再把合金条镶钎在锤片基板上，经一次熔结钎接而成。

　　一般锤片上的合金条分长、短两种，合金条的尺寸随锤片基板尺寸与锤片报废规范而定。各型锤片基板的厚度 h 就是其合金条的宽度。长合金条的长度等于锤片的端头长度 a，短合金条的长度等于报废锤片磨耗段的长度 b，如图 7-10 所示。图中虚线所围是锤片已被磨耗的部位。合金条的厚度，不分长、短同样都是 1.5~2.0mm。一些常用锤片的合金条尺寸可以参考表 7-5。其中长、短合金条复合在锤片端头有两种不同的镶贴式样，如图 7-11 所示。尺寸较小的锤片，如 120

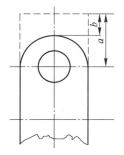

图 7-10　锤片磨耗图

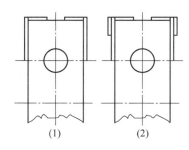

（1）　　　　（2）

图 7-11　合金条的镶贴式样

表 7-5　一些常用锤片所配合金条的参考尺寸

锤片型号	锤片尺寸/mm×mm×mm	长，短合金条尺寸/mm×mm×mm
120	120×38×6	28×6×2，15×6×2
130	130×34×6	33×6×2，14×6×2
140	140×60×8	40×8×1.5，24×8×1.5
150	150×50×5	30×5×1.5，20×5×1.5
180	180×50×5	35×5×2，20×5×2
220	220×60×9	52×9×2，24×9×2
252	252×64×6	46×6×2，25×6×2

型和 130 型锤片，都是镶贴单层合金条，是第（1）种式样。无论端面还是侧面，复合涂层厚度相同都是 2.0mm。140 型以上大一些的锤片，都在两侧面镶贴双层合金条，属于第（2）种式样。端面涂层厚度是 1.5mm 或 2.0mm，而两侧面涂层厚度是 1.5~3.0mm 或 2.0~4.0mm。

除此之外还有第（3）种式样，如图 7-12 所示。专门适用于特薄的锤片，有些锤片的基板厚度只有 1.0~2.0mm，在端面与侧面都无法镶贴较厚的合金条。只好模仿锤片端头磨耗部位的形状，预先制成如图中深色部位的直角梯形合金片，镶贴在锤片端头的正、反两面，合金片很薄，只有 0.6~1.0mm。

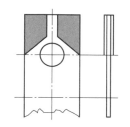

图 7-12　合金片的镶贴式样

合金条与合金片的制作方法相同。选好涂层配料之后，加入适量松香油，调成可塑涂料。再按照相应的熔结收缩率所放大的尺寸，模塑成合金坯条。经 100℃ 烘干后，先把坯条整齐地码放在高铝质耐火垫板上，再把坯条与垫板一起放入高温熔结炉内，进行真空熔结处理。合金条与合金片的熔结制度都一样：

真空度：$(9~6)\times10^{-2}$mmHg[❶]；

熔结温度：$0.9~1.0T_m$；

熔结时间：升到熔结温度时保温≥5.0min，然后随炉冷却。

T_m 是所选粉料的熔化温度，把实际熔结温度掌控在 $0.9~1.0T_m$，可以保证合金条达到充分熔结程度。此时体积完成终极收缩，尺寸达到设计要求。质地也达到了最高致密状态，孔隙度接近于零，机械强度也达到最佳。保温时间 5.0min 是指每一条合金条在熔结温度下至少要保温的时程，以便保证熔结反应的完成。全炉的实际保温时间尚需顾及装炉量及炉温均匀性等因素，势必要适当加以延长。

锤片基板的准备是除油、除锈，把镶贴部位打磨平整，去掉飞刺、露出新鲜的金属表面。取钎接粉料加适量松香油，调成可塑泥料。在基板与合金条的镶贴面上分别抹上泥料，像盖房砌砖那样把合金条镶贴于基板上，并对没有泥料的地方勾缝补齐。经 100℃ 烘干之后，借助于一些陶瓷工装具放入高温熔结炉内，成擦码齐，并进行真空熔结处理。锤片镶钎合金条的熔结制度是：

真空度：$(3~1)\times10^{-2}$mmHg；

熔结温度：1050℃；

熔结时间：升到熔结温度时保温≥10min，然后随炉冷却。

---

❶ 1mmHg = 133.322Pa。

熔结温度比合金条低了很多，但必须是钎接粉料熔点的上限温度，以保证钎接粉料熔透、稀薄、能充分流布并填满所有钎缝。有时要适当延长保温时间，也是为此。镶钎上合金条的锤片头部照片如图 7-13 所示。钎缝很窄，一般只有几十微米。当钎接粉料熔融时，两边的合金条与基板都仍是固态金属，液态钎料向两边扩散、溶解，完成了合金条涂覆层与锤片基板之间非常牢固的冶金结合，而基体对涂层没有半点稀释，这正是二步熔结法的一大优点。图 7-14 所示是熔结涂层锤片由

图 7-13　镶钎上合金条
的锤片头部照片

基体经钎缝到涂层越界截面的金相照片。图中清楚显示出三带构造，左边是基体，中间窄条是钎缝，右边是由合金条组成的涂层。锤片基板通常采用 45 号或 65Mn 这些钢材。钎缝宽度为 $70\mu m$，钎缝与基体及钎缝与涂层的两侧界面紧密无隙，结合良好。涂层组织比较细密均匀，没有岛状分布的大块状组织。用电子探针对越界截面作线扫描分析，三条元素分布曲线清楚表明：基体中 Fe 高，钎缝中 Ni 高，而涂层中 Cr 高，这些结果与用粉情况完全吻合，如图 7-15 所示。再细致观察三条曲线通过两个界面的走向，都是连续过渡，却又相当陡峭。连续过渡是界面两边元素发生了互扩散，形成了冶金结合的证明。走向陡峭而不平缓，却正好说明了扩散深度有限，涂层未受稀释。进一步对截面各部位的元素含量作定点分析，结果列于表 7-6。其中各定点位置都标明了距界面的距离，而 G 点是涂层中的一处硬质相，明显是以 Cr 为主的硬质化合物。C、B 等轻元素无法扫描，未能列出。定点分析结果与用粉情况也是一致的，并且进一步证明了二步法用到涂层锤片上，既能牢固冶金结合又不会稀释的良好工艺效果。

图 7-14　熔结涂层锤片的金相照片（×200）

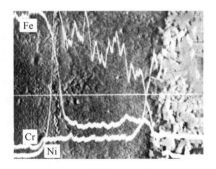

图 7-15　电子探针扫描图（×300）

为把真空熔结涂层锤片与其他通用的 "WC+ME" 型涂层锤片作一比较，再解剖两种以 WC 为主要硬质相的堆焊与喷焊涂层锤片，如图 7-16 所示。左图是外企 Chamjicon 公司的 Magnum 锤片，右图是用碳化钨粉芯焊条堆焊的国产锤片。从金相照片上看，这两种锤片都是二相结构，都是在涂层的合金母体中岛状分布

表 7-6 熔结涂层锤片各部位元素含量的定点分析值 （%）

分析位置距界面的距离 /μm	基 体		钎 缝		涂 层		
	−160①	−12	+12①	−8	+12	+160	G
Fe	98	96	15.89	7.53	5.98	1.43	—
Cr	—	—	4.34	26.68	38.22	56.7	60.82
Ni	—	2.03	75.62	53.7	25.51	1.95	—
W					16.72	13.23	7.32
Co	—	—	—	2.06	4.14	21.09	9.18

①负号表示在界面左侧，正号表示在界面右侧。

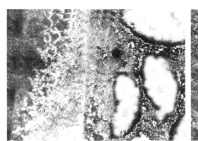

图 7-16 两种"WC+ME"型涂层锤片的金相照片（×200）

着粗大的 WC 颗粒。所不同的是 Magnum 锤片中 WC 颗粒的分布密度明显比国产堆焊锤片要高出许多，这给涂层的宏观硬度会带来很大差别。观察自基体至涂层的界面，二者都紧密无隙，都应是牢固的冶金结合。只是从界面元素互扩散的情况来看，Magnum 锤片扩散得更为明显，也更深远。从这些迹象可知，Magnum 锤片也应该是堆焊或喷焊工艺的制成品。用电子探针对 Magnum 锤片的越界截面作线扫描分析，如图 7-17 所示。此图说明三点：一是检明了基体与涂层都是 Fe 基材料。W 元素只存在于涂层中而基体内基本上没有。二是这两条扫描曲线自基体至涂层都是连续过渡的，证明了涂层与基

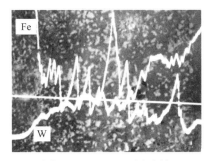

图 7-17 Magnum 锤片的
电子探针扫描图（×200）

体之间是冶金结合。但与真空熔结涂层锤片相比，过渡曲线的走向相对平缓，这说明堆焊涂层的稀释问题要比真空熔结严重得多。三是 Fe、W 这两个元素在涂层中的分布不匀，含量波动较大，这说明了堆焊涂层的组织均匀性差。

进一步对 Magnum 锤片和国产堆焊锤片的元素含量作定点分析，各定点位置

都标出了距界面的距离，而 G 点是涂层中一块 WC 硬质相的中心点。定点分析结果与线扫描分析结果是完全一致的，分析结果列于表 7-7。根据所分析的元素含量来判断 Magnum 锤片是一种锰钢锤片。

表 7-7　两种堆焊涂层锤片各部位元素含量的定点分析值　　　　　　　　（%）

锤片	分析位置距界面的距离/μm	基　体		涂　层		
		−160[①]	−12	+12[①]	+160	G
Magnum	Fe	98.8	98.24	87.79	85.44	—
	W	—	—	12.21	1.96	93.9
	Mn	1.76	1.2	—	2.61	—
国产堆焊	Fe	98.9	97.5	87.25	85.95	—
	W	—	—	2.75	4.05	95.6

①负号表示在界面左侧，正号表示在界面右侧。

　　尽量在相同粉碎工况下，比较各种锤片的相对使用寿命，列于表 7-8。其中常态谷物是指未清除泥沙掺杂物的谷物，洁净谷物是已清除了泥沙掺杂物的谷物。比较各种锤片的使用寿命说明了以下几点：其一是在粉碎含泥沙杂质的常态谷物时，随着锤片宏观硬度的提高，锤片的使用寿命也不断提高；但是锤片的可用硬度有一个峰值，经真空熔结涂层锤片作系列性对比试验，掌握了可用硬度的峰值为 $H_{pm} \approx 62HRC$ 左右，创造了最佳的使用寿命。而 C-N 共渗、Magnum、与激光熔覆这几种高硬度锤片的使用寿命反而欠佳。其二是用高硬度锤片来粉碎洁净谷物时可以创造出很高的使用寿命。这一事实说明高硬度锤片承受不了硬质泥沙的冲击疲劳载荷，而能够抵挡住软性谷物的冲击疲劳磨损。其三是除了硬度之外，涂层的厚薄及微观组织均匀性对使用寿命也有影响。C-N 共渗锤片比 Magnum 锤片硬度相当而使用寿命欠佳，就是因为 C-N 共渗锤片的渗层太薄。真空熔结涂层锤片与 Magnum 锤片在同硬度下相比时，真空熔结涂层的均质细晶粒结构比 Magnum 锤片涂层中 WC 粗颗粒的"群岛"结构占优。

表 7-8　各种锤片在相同粉碎工况下的相对使用寿命　　　　　（h）

锤片种类与硬度（HRC）	锰钢淬火	火焰堆焊	C、N 共渗	Magnum	激光熔覆	真空熔结	
	56.4	60~62	70	69	约 72	61~63	68~70
常态谷物	56	80	250	300	约 392	320~600	—
洁净谷物	—	—	约 1000	—	—	—	>1000

7.1.4　真空熔结涂层锤片专利

　　真空熔结涂层锤片是具有自主知识产权的创新产品，于 1990 年 12 月 14 日以"二步真空熔结法复合金属耐磨锤片与切刀"的名称申请发明专利，于 1991

年 6 月 19 日获准公开，专利公开号是 CN 1052271A。

7.2 超细粉碎机的冲击柱

超细粉碎是化工、食品、饲料与染料等工业生产中不可缺少的重要环节，解决超细粉碎机中易损件的耐磨性问题，对生产效率、质量、成本与能耗等关系重大。图 7-18 所示是一种进口的 M-8 型齿爪式超细粉碎机，打开了粉碎仓的照片。图中左边是旋转的动盘，盘上装有 54 支冲击柱，其中直冲击柱 30 支，弯冲击柱 24 支。图中右边是不动的静盘，盘上固定有 62 支分隔齿。动盘转动时三圈冲击柱与静盘上的两圈分隔齿作小间隙的相间相对运动，对投入仓内的物料进行有效的超细粉碎。冲击柱的实物图形如图 7-19 所示。在粉碎作业中静盘上紧密排列的两圈分隔齿使仓内物流分成三股。而动盘上与三股物流相对应的三圈冲击柱，起到主要的粉碎作用，是逐日消耗的易损件。M-8 型此种三股物流的设计，提高了粉碎仓的空间利用，提高了粉碎效率，比按单股物流设计的锤片式粉碎机优越。

图 7-18　M-8 型超细粉碎机

图 7-19　冲击柱的实物图形

7.2.1 冲击柱失效分析

冲击柱的失效形式如图 7-20 所示。图中以虚线描绘出冲击柱被磨损之前的原始轮廓尺寸，冲击柱两端已经磨秃，整柱的长度已缩短了 22% 左右，这么短的残柱已碰撞不到多少物流，也谈不上再有什么粉碎效果，只得报废更换。

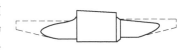

图 7-20　报废冲击柱

冲击柱与锤片一样也是由含有固体磨料颗粒的气流，以一定速度和一定角度，与冲击柱做相对运动，对冲击柱表面产生磨损，这也是一种磨料冲击侵蚀磨损，即冲蚀磨损。接合冲击柱的工作条件来分析，其磨损特征与锤片还是有些差别：其一是锤片式粉碎机的进料是掺杂一定泥沙的大豆、玉米等常态谷物，出料时粒度粉碎到 3~4mm。而超细粉碎机是进行二次粉碎，是以锤片式粉碎机的出料为进料，细粉碎后的成品粒度降低到 1.25～2mm。从磨料的性状来看，谷物本身及其泥沙掺杂物含量虽然未变，但磨料粒度小了许多。无论是凿削磨损或者疲劳磨损，冲击柱所遭受磨料的冲击载荷要比锤片小得多。其二是超细粉碎机动盘的旋转速度较低，只有 1800r/min。冲击柱的旋转线速度最大也就是 9m/s，差不多只是锤片旋转线速度的 1/9。所以，冲击柱所遭受的磨料冲击能量要比锤片小得很多。这两条决定了冲击柱的磨损速率比锤片要小得很多。其三从磨损形貌来看，锤片是迎料面这一面不断磨损后退，端头部磨秃、磨圆；而冲击柱是迎料面与两侧面共三个面同时磨损后退，端头部越磨越尖。这是因为超细粉碎机中磨料的冲击角度杂乱无章所造成的。

　　归纳起来冲击柱的磨损机制是多方位的微观凿削磨损与高频率的冲击变形疲劳磨损并存。由于所遭受的冲击载荷要比锤片小得多，在同材质的情况下，冲击柱的使用寿命比锤片相对要长。如果改进冲击柱材质，提高冲击柱的表面硬度时，容许冲击柱比锤片的可用硬度有一个更高的峰值 H_{pm}，并可带来更长的使用寿命。在正常情况下超细粉碎机的生产效率是 2～4 t/h，但进口的 65Mn 钢冲击柱的使用寿命却很低，只在 1400～2900t 之间。若一天生产 8h，则每两个月即需更换一副冲击柱。耐磨寿命低的原因是进口的 65Mn 钢冲击柱的热处理硬度太低，仅为 HV212 左右。这是为了避免冲击柱在高速旋转过程中，因遭意外硬质掺杂物的撞击而断裂，因而不敢采用 65Mn 钢的淬硬上限。为此，必须运用现代表面冶金新技术来制造表面坚硬而芯部强韧的新型冲击柱。

7.2.2　真空熔结涂层冲击柱

　　真空熔结涂层冲击柱非常理想地解决了足够断裂强度与较高表面硬度的统一问题。一种 ZJ-66 型真空熔结涂层冲击柱的实物照片如图 7-21 所示。图中上图是弯冲击柱，下图是直冲击柱。在视图正面即冲击柱的迎料面上熔结有耐磨的合金涂层，涂层致密坚硬，但对其外表面并不要求十分平整。整个合金涂层是用二步法以数十支合金窄条拼砌钎接而成，其断面构造如图 7-22 所示。图中 1 是钎缝；2 是合金条；3 是基体。装机使用不久，因钎缝较软很快会被磨陷，一条条坚硬的合金条相对突出起来，使整个合金涂层呈现出类似搓衣板的表面。当单一方向的物流撞击上这样的涂层表面时，大小不同的冲击角度会使定向而来的物流杂乱无章地飞溅出去，这就大大提高了物料与冲击柱的碰撞几率，自然也提高了粉碎效率。

图 7-21　涂层冲击柱实物

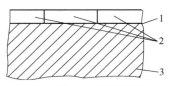

图 7-22　断面构造图

真空熔结涂层冲击柱的基体材料不用 65Mn 高锰钢而是 45 号中碳钢，其冲击韧性值高达 $a_K > 10 kg \cdot m/cm^2$，即使遭遇意外坚硬掺杂物的撞击也不会断裂。而耐磨性则依靠表面合金涂层，由于冲击柱所遭受的磨料冲击能量要比锤片小很多，所以对冲击柱涂层可用硬度的选择考虑也要比锤片高得多。根据实践摸索，冲击柱涂层可用硬度的峰值以 $H_{pm} = 65 \sim 67 HRC$ 为宜。

适合于这种涂层合金条所用配料的化学组成是 ［85%（$4.5 \sim 5 C$，$45 \sim 50 Cr$，$0.8 \sim 1.4 Si$，$1.8 \sim 2.3 B$，余 Fe）+15%（$0.6 \sim 0.9 C$，$23 \sim 28 Cr$，$2.5 \sim 3.0 Si$，$2.5 \sim 3.5 B$，$3 \sim 5 Fe$，$10 \sim 12 Ni$，$9 \sim 11 W$，余 Co）］。合金条的制作方法与制作锤片合金条的方法相同，烘干后在（$9 \sim 6$）$\times 10^{-2}$ mmHg 真空度下，以 1232℃ 熔结 5.0min。把冲击柱的涂敷表面打磨平整并清洗干净之后，还是用（$0.65 \sim 0.75 C$，$13 \sim 16 Cr$，$3.5 \sim 4.2 Si$，$3.5 \sim 4.2 B$，$2.5 \sim 4.5 Fe$，$2.5 \sim 4 Mo$，$2 \sim 3 Cu$，余 Ni）的钎-1 号合金粉作为钎结合金，加入适量松香油调成可塑涂料，把合金条镶贴于冲击柱的涂敷面上，烘干后在（$3 \sim 1$）$\times 10^{-2}$ mmHg 真空度下，于 1050℃ 保温 10min。

经过在这样的制度下充分地熔结钎接之后，拼接的合金条与钎结合金扩散互溶形成一完整的表面合金涂层，并与基体牢固地冶金结合在一起。表面涂层构造的背反射电子像如图 7-23 所示。图中黑色区是合金条，白色区是钎结合金。灰色区是合金条与钎结合金界面上的扩散互溶区，是分散的合金条相互钎结成一个整体合金涂层的微观明证。熔结钎接的 ZJ-66 型真空熔结合金涂层的总厚度

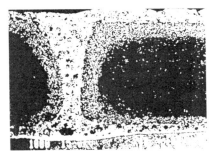

图 7-23　涂层构造的背反射电子像

是 2.0mm，宏观硬度是 HRC 66。在同一台 M-8 型齿爪式超细粉碎机上作使用对比试验，现将 M-8 型进口冲击柱与 ZJ-66 型真空熔结涂层冲击柱的对比试验结果列于表 7-9。

表 7-9　M-8 型与 ZJ-66 型两种冲击柱的实际应用效果对比

冲击柱型号	工作面硬度（HRC）	粉碎物料	使用寿命/t	单价/元	性价比
M-8	≤20	含泥砂的常态谷物	<2900	215	1
ZJ-66	66		>8000	57	10.4

结果表明，国产 ZJ-66 型真空熔结涂层冲击柱的使用寿命是 M-8 型进口冲击柱的 2.7 倍以上，而价格只及进口件的 1/4。

7.2.3　真空熔结涂层冲击柱产品通过质量检测并制订企业标准

在遇到伴有一定撞击疲劳的磨料冲击侵蚀磨损时，需要选择既韧又硬的材料

来制作耐磨件，若依靠热处理方法采用单一材料是很难解决的，借助于真空熔结技术采用复合材料可以迎刃而解。真空熔结涂层冲击柱是具有自主知识产权的创新产品，其性价比极高，在国内外均处于领先水平。研发后顺利投产应急市场，同时制订出严格的企业标准，并于 2006 年通过了国家相关质量监督检测部门的审定，所检样品符合企业标准 QB 020 要求。相关检测数据列于表 7-10。

表 7-10 真空熔结涂层冲击柱检测数据

检测部位 \ 检测项目		硬度（HRC）			
		要求值	测定值		平均测定值
合金片	第一片	66±1.0	66.7	66.7	67	66.8
	第二片		65.8	65	66.3	65.7
拼接缝	第一条	≤60	59.8	59.4	59.7	59.6
	第二条		58.9	60.4	60	59.8

真空熔结涂层冲击柱的产品标准制订如下：

【真空熔结涂层冲击柱产品标准】 QB 020

1. 产品适用范围：适合于化工、食品、饲料、染料与化妆品等工业原材料所用的 M-8 型齿爪式超细粉碎机。

2. 引用标准：

GB 230   金属洛氏硬度试验法。

GB 699—65   优质碳素结构钢钢号和一般技术条件。

GB 1184   形状与位置公差。

3. 冲击柱形式与基本尺寸公差：

以直冲击柱为例来标明冲击柱的形式与基本尺寸公差，如图 7-24 所示。

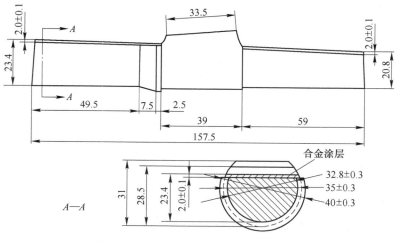

图 7-24 冲击柱的形式与基本尺寸公差

4. 技术要求：

（1）冲击柱的柱体应采用化学成分符合 GB 699—65 规定的 45 号钢制造。

（2）熔结于冲击柱迎料面上的合金涂层由合金片镶砌钎接而成。合金片用料由 Fe 基合金粉主料与 Co 基合金粉辅料配合而成，配比用 ZJ-66 号。钎结合金应采用钎-1 号 Ni 基合金材料或成分及性能与这些合金相近的其他合金材料。

（3）熔结合金涂层厚度为 2.0±0.1mm，合金片硬度为 HRC 66±1.0。钎缝宽度为 25±0.5μm，硬度为 HRC 54~60。

（4）涂层合金片与钎缝之间有 ≤30μm 宽的互溶区，钎缝与基体钢材之间有 5~15μm 宽的互溶区，相互呈牢固的冶金结合，合金片不会脱落。

5. 检测规则：

（1）每批冲击柱需就尺寸精度、涂层硬度等指标，参照有资质技术检验部门的检验合格证检验后方可入市。

（2）冶金结合程度应根据 GB 2828 规定的一次性正常检查方案进行抽检。检验方法是把镶钎合金片部位的横断面制备成金相试样，然后用扫描电子显微镜观测互溶区。

6. 包装与保管：

（1）入库冲击柱应涂防锈剂，存于干燥、通风处，并远离腐蚀性介质。

（2）发运冲击柱，用软韧织物包裹后排列有序装入木箱，如未满箱需塞进填充物，封盖后加紧固铁条。

（3）包装箱应注明：制造厂名，产品名称、型号及数量，产品出厂日期及批号，并放入检验合格证。

8　真空熔结技术在涡轮发动机上的应用

　　研究至今，欲改进飞机涡轮喷气发动机的推力指标，就必须提高涡轮的进口温度，而涡轮进口温度则受制于导向叶片与涡轮叶片为保持正常工作不至于破损所能承受的最高温度。之前，一般都优选 Ni 基或 Co 基高温合金来制作导向叶片与涡轮叶片。这些叶片在飞机涡轮工况条件下的最高工作温度也只是 872 ~ 1038℃，远远满足不了飞机向高马赫数发展的需求。任何叶片材料都必须兼有足够的高温强度和在高温燃气冲刷条件下足够稳定的表面特性。

　　在原用材料基础上，采取净化燃料和改进叶片设计的方法，来提高涡轮的进口温度效果甚微。在发动机燃烧室的喷气中，包含有油料燃气与外界大气的摄入物两部分，单只净化燃油对喷气侵蚀性的改进是有限的。从叶片结构上想办法，设计出空芯叶片，分流出一部分压缩空气，对叶片内表面进行风冷处理，这样能够把涡轮进口温度提高到 1100℃ 左右，确实有所改进，但是要消耗掉一部分进风量。

　　还是把注意力集中到对高温合金材质的改进上，国内外的航空界与材料界都做了大量工作。假如采用合金化的方法，以 10% ~ 20% 难熔金属来强化 Ni 基高温合金，完全可以使这种合金具有足够的高温强度来抵御更高的涡轮进口温度，但是却丧失了合金的表面高温稳定性，耐不住燃气的氧化与侵蚀。若把合金中的含 Cr 量提高到 15% 以上时，可以使 Ni 基合金具有足够的抗高温氧化与耐燃气侵蚀性能，但是却又损害了合金的蠕变强度。一般来说，Co 基高温合金比与它相对应的 Ni 基高温合金具有更好的耐侵蚀性能，但是无论怎样进行合金化的改进，因受其高温强度的限制，涡轮进口温度最多也超不过 1200℃。

　　当涡轮的进口温度为 750℃ 时，飞机的飞行速度约为 0.9 马赫，900℃ 时有可能提高到 2.0 马赫，1100℃ 时可以达到或超过 3.0 马赫。由于对飞行马赫数的不断追求，至今 1200℃ 的涡轮进口温度尚满足不了设计指标，更先进的发动机需朝着 1250 ~ 1650℃，甚至更高的涡轮进口温度推进。在如此之高的温度量级下，高温合金实在无法胜任，再有可选的结构材料就是熔点与高温持久强度均更高的难熔金属。在不断提高马赫数的情况下，也不只是发动机材料，飞机各部位的工作温度也都是马赫数的函数，致使飞机各部位材料也很快都达到了所能承受温度的上限，参考一份国外航空航天技术报告中的有关数据列于表 8-1。表中显示，高马赫数使飞机上许多部位的表面温度都超过了高温合金的正常承受温度，勉强可以采取风冷措施并加以防护涂层的高温合金来做。除此之外，就只好选用难熔金属、石墨、C/C 复合材料、以至于陶瓷等高温材料。就这些材料中，除氧化物陶瓷之外，对于其他材料也都必须配制高温防护涂层。

表 8-1　在不同飞行马赫数下飞机各部位的表面温度　　　　　　　　（℃）

马赫数 ＼ 部位	鼻锥部	进气口前缘	机翼与尾翼前缘	机翼表面
6	1160	1221	1027	721
8	1793	1787	1454	871
10	2204	2199	1760	927
12	2421	2360	1877	943

　　由于强度与耐蚀性不可兼得，无论冶金工作者如何努力，都无法克服这一材料障碍。在高马赫数面前，合金化道路似乎是行不通的。如果只顾一头，仍然以合金化来提高金属的结构强度，而损失的耐蚀性则借助于表面工程来予以弥补，乃至创新。事实上，这已成为发展航空、航天新材料的必由之路。

　　对于涡轮喷气发动机中的涡轮叶片、涡轮盘、导向叶片、燃烧室内衬及尾喷管内壁等也都需要配制防护涂层。对涂层的防护功能除了有抗氧化、耐腐蚀、抗冲刷、耐疲劳与耐撞击等通常要求之外，还要考虑防震与密封等特殊要求。

8.1　涡轮喷气发动机工况概述

　　涡轮喷气发动机的工作气氛应是极高的氧化气氛，当然精确的燃气组成还需取决于操作状况。在起飞与降落时燃料组分会相对高些；而在巡航过程中则大气组分要相对高些。按化学计量，起飞时的"燃料/大气"比率约为 0.36，巡航时减小为 0.2，而闲翔时则会降低到只剩 0.05 左右。这组数据表明涡轮部件首先必须具备足够的高温抗氧化性能。

　　除氧化气氛之外，腐蚀元素更不可忽视。若压气机的压缩比处于 10~20atm 之常态范围时，按分子数计算，洁净燃气中应含有 0.15~0.2 份 O_2，0.73 份 N_2，0.03 份 CO_2 及 0.05 份 H_2O。若燃油的精炼程度不够时，油料中有可能含约 0.5% S（质量分数），这些 S 如果能够完全燃烧掉，则燃气中应当含有 1×10^{-4} 份 SO_2，及 $(0.1~0.4)\times10^{-4}$ 份 SO_3。在某些地区如中东或南美地区的燃油灰烬中，常会检出几十至几百 ppm 的 V，有害元素 V 在燃烧过程中会氧化成 V_2O_5，五氧化二钒的熔化温度极低，只有 670℃，这是金属表面上各种氧化膜的强溶剂，对涡轮高温部件表面的大多数氧化保护膜都会起到极大的破坏作用。除燃油本身的有害杂质之外，大气吸入物中也不乏有害元素，其中最为重要者应数 Na 盐。特别是海洋大气，于海面 6m 上空的海盐浓度约为（1~5）×10⁻⁶，距海面数百米高空的海盐浓度也还有 0.01×10⁻⁶。吸入的大气通过压气机时即被分离出盐，偶尔甚至会有相当大的盐块分离出来，穿过涡轮，造成涡轮燃气中盐分的极大波动。在空压机 90% 的吸入气体中都携带有 NaCl 的空气溶胶，在清洁空压机时，也确实会清理出许多细碎盐片。无论溶胶与盐片在通过火焰筒时都要参与燃烧反应，但由于在燃烧带中的滞留时间极短，大约只有 5ms 左右，所以只是一小部分 Na 盐进行了燃烧反应，不可能达到完全平衡。Na 盐最主要的气相反应是硫化反应：

$$2NaCl(g) + SO_2(g) + 1/2O_2(g) + H_2O(g) \rightleftharpoons Na_2SO_4(g) + 2HCl(g)$$

反应生成物 Na_2SO_4 的熔化温度相当低，约为 840~980℃。如果有 V_2O_5 存在时也会与 Na 盐发生置换反应，生成 Na_3VO_4，此盐的熔化温度更低，小于 840℃。这些反应生成的低熔点 Na 盐是充斥于燃气灰烬中的熔融物，成了一种严重危害热机的热腐蚀剂，也成为使涡轮部件发生热腐蚀的先决条件。热腐蚀剂处在固态或高温气态流动状况时，危害都不甚严重；如果呈熔盐凝结黏附于温度合适的高温部件上某个部位时，其侵蚀危害程度将是十分严重的。

　　燃气的温度很高，而涡轮叶片的表面温度分布不匀，两端低中部高。图 8-1 所示是一种涡轮叶片的翼面温度分布曲线。翼缘与榫部都受到一定的冷却，使得叶端和叶根的温度都相对较低，约为 700~900℃；而叶片中部的温度相比较高，已接近 1100℃。这样高的工作温度使飞机的飞行速度已接近 3 个马赫数，此时除了叶根温度偏低的很小一部分之外，几乎整个翼面都会遭受非常严重的热腐蚀。让燃气灰烬

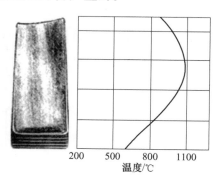

图 8-1　涡轮叶片温度曲线

中的热腐蚀剂处于熔融状态的工作温度是使涡轮部件发生热腐蚀的充分条件。

　　在腐蚀试验中发现，无论是纯 Na_2SO_4 或纯 NaCl 熔盐对高温合金的热腐蚀都不会十分严重；而在这两者的混合熔盐中就会发生激烈的腐蚀反应，哪怕只加入了 1% 的 NaCl 也会可观地提高热腐蚀速率，而通常 NaCl 的混入量都会达到 10%~25% 之多。由于同样熔盐对于不同氧化膜的溶解度不同，所以对每一种合金的热腐蚀速率，尚需依各自氧化保护膜的特性而定。

　　仅抗氧化与耐热腐蚀的需要，涡轮部件就不能没有保护涂层。可是涂层必备的性能除了抗氧化与耐热腐蚀之外，还必须承受由急冷急热所引发的疲劳应力与巨大的热应力。图 8-1 中显示出翼面极不均匀的温度分布，从叶端到叶中再到叶根的翼面温差有 200~400℃ 之多，必将在涂层中产生不小的温差热应力。在发动

机启动和关闭时，涡轮部件遭受到最剧烈的急冷急热，由点燃起火自室温一下子冲到峰温，或停机时受压气机余风的冷却又自峰温迅速降到了 200℃ 以下。如此急冷急热的时间周期都很短，急热过程不会超过 1min，而急冷过程也顶多就是10min。在此热震条件下，由于涂层与基体二者之间线膨胀系数之差，必然会引起涂层中更大的热疲劳应力。这些由温差引发的热震工况不仅要求涂层自身要有足够的塑性来吸收热应力，更考验着在涂层与基体之间是否具有足够的结合力，以避免涂层的开裂与剥落。

除了高温氧化、热腐蚀与急冷急热之外，涡轮部件还要承受气流冲刷磨损。带有磨料颗粒的高温、高速燃气流，接近平行或呈一定角度冲刷燃烧室内壁、导向叶片、涡轮叶片与尾喷管内衬等涡轮部件，造成工件表面磨损。未及燃尽的烟炱、从大气中吸入的细微灰砂以及自压气机中分离出来的细碎盐粒等物都是磨料颗粒。这些磨料颗粒在高温燃气流中有的是固体微粒，有的已熔成液珠。无论是固态或是液态的微细磨料在每分钟数千米的冲刷速度下，对涡轮部件所造成的表面磨损都是不可忽视的。

涡轮部件的机械力学载荷也很严峻。除了冷热疲劳之外，涡轮盘的高速旋转引发出高频震动的机械疲劳载荷，作用到叶片上产生与冷热疲劳相叠加的疲劳应力，再加上高速旋转所产生的巨大离心力，使得涡轮叶片，尤其是叶片榫部要承受高达 23~40MPa 的张应力。要求叶片材料，包括叶片的涂层材料必须具有足够的高温高应力破裂强度与蠕变强度之外，还必须考虑到榫部及榫部涂层要具备足够的中温（650~980℃）屈服强度与疲劳强度。另外，为了应付叶片在榫槽内安装或拆卸时不可避免的敲击与磕碰，榫部材料特别是榫部表面的涂层材料还必须具有适当的韧塑性。

外来物对叶片的高速撞击也是客观存在的风险。较大的烟炱颗粒或砂粒、未及熔透的盐块等都是难以预料的撞击物。它们的撞击能量未可小觑，有时能高达 5.88~7.84N·m。翼面涂层，至少是内层要具有不弱的抗撞击能力，或是受撞破裂后不至于从基体上剥落的足够结合力，及自动封闭裂缝的自愈合能力。

8.2 涡轮部件的保护涂层

在高温燃气条件下，保护涂层不仅能抗氧化、抗燃气腐蚀，再加上其有限的绝热防护作用，就会在一定程度上提高基体金属的使用温度，见表 8-2。表中所列数据是基于在涡轮喷气发动机工况条件下，无限时间的服役温度。如果降低机械载荷或是只需短时服役时，操作温度可以提得更高或可相应选用较低档次的材料。如果没有涂层的有效保护时，低合金钢只能用到 660℃，奥氏体或铁素体不锈钢只能用到 770℃，Ni 基与 Co 基超级合金也只能用到 1000 多度。而难熔金属更是在极低的温度下就会遭致十分严重的氧化，就以最有应用价值的 Nb 基合金来说，在没有涂层保护的情况下，长时间操作的最高温度仅为 260℃，超过此温度时，氧化问题就十分可怕了。难熔金属上的保护涂层并不在乎其绝热防护作用，而是着眼于涂层的抗氧化与抗腐蚀性能。

表 8-2　保护涂层会使各种基体金属达到更高的操作温度

基体金属	低合金钢	不锈钢	Ni 基合金	Co 基合金	难熔金属
最高操作温度/℃	810	980	1200	1260	约 2000

在涡轮部件上应用保护涂层大约是从 1950 年起始。要成功地应用一项涂层，至少要把使用工况、精巧设计、制作方法、基体及涂层之间材料的相互匹配等诸项要素十分仔细地搭配起来考虑。即使是一项已经成功应用的涂层，到具体引用时仍需审慎地注意它的限制条款。本节只是概要地梳理一下保护涡轮部件已往的涂层工作。

在诸多涡轮部件中最需要涂层保护的是定子叶片与工作叶片，涡轮叶片对于保护涂层至少应有如下要求：

（1）抗氧化与耐腐蚀性。涂层起码要保护基体金属抵抗 O_2 与 S 的腐蚀。在燃气腐蚀介质中不时还要考虑来自大气或燃油中的 Na、V 等其他杂质的侵蚀。

（2）热稳定性。在涂层与基体材料之间必须大致上达到热力学的平衡。保持所有耐腐蚀元素的必要浓度，能够担保 10000h 甚至更长的使用寿命。

（3）抗热冲击性能。涂层必须有足够的塑性去吸收热应力。这些热应力是因为叶片表面温度分布不匀和发动机启动或关闭时由于涂层与基体间线膨胀系数之差所造成的。

（4）机械稳定性。虽然涂层不可能满足每一项结构因素的要求，但涂层至少应有足够的机械强度，以抵抗由于叶片的离心力与叶片的震动所带来的机械负荷。

（5）抗撞击与耐磨损性能。自大气中吸入或产生于烟炱之大颗粒对叶片表面的撞击是不可避免的，经受含有大量小颗粒的气流冲刷磨损更是涡轮叶片的工作常态。保护涂层必须具有足够的抗撞击与耐冲刷磨损能力。

在高温燃气条件下，选择改性元素首先要考虑改进结构金属的抗氧化与耐腐蚀性能，其次再顾及其他。至今，无论从技术与经济角度来看，按此要求最有吸引力的不外是 Al、Si、Ti、Cr 四个元素。但遗憾的是这些元素在改进结构金属抗氧化与耐腐蚀性能的同时，却降低了材料的结构强度。金属材料的结构强度与表面化学稳定性这两者似乎是不可兼得。冶金工作者无论如何努力，也无望突破这一障碍。最终这四个改性元素转向成了涂层元素的主角。

8.2.1　铝化物涂层

现实的涡轮叶片基材至少需用高温合金。为了提高其抗氧化与耐腐蚀性能，为了提高使用温度，延长使用寿命，必须配制保护涂层。铝化物涂层是研究较早也比较成熟的一种涂层。制备方法很多，通常是采用"固渗法"，也就是粉末填充渗法。在 Ni 基合金上渗 Al 所得到的保护相主要是 NiAl，在 Co 基合金上渗 Al 所得到的保护相主要是 CoAl。渗层厚度波动于 $40\sim120\mu m$ 之间。在高温燃气中这种金属间化合物保护相会氧化生成薄薄的 $\alpha\text{-}Al_2O_3$ 表面膜，理应起到很好的抗氧化与耐腐蚀保护作用；但是单一铝化物涂层在实际应用中寿命很短，用厚约 0.15mm 的单一铝化物涂层，保护一种 Ni 基高温合金（0.096C，8.47Cr，6.0Al，5.99Mo，4.34Ta，10.03Co，1.09Ti，0.11Fe，0.08Zr，＜0.05Si，<0.02Mn，<0.5W，<0.05Nb，0.015B，余 Ni）的涡轮叶片时，在 1060℃ 下的使用寿命仅为 100h 左右。检视涂层失效的原因有三：

（1）在涡轮热震条件下，涂层周期性剥落。

（2）在燃气高温下，Al 元素不断向基体内部扩散，很快自涂层中耗竭。

（3）涂层经不住含尘气流的冲刷磨损。

其中首要的原因是第二条，改进的办法就是不能单一渗 Al，而要引入其他改性元素，阻挡 Al 的向内扩散，并改进整个涂层的应力吸收能力与耐磨性能。

由于渗 Al 涂层的保护相在很大程度上取决于基体金属的化学组成，那么选取有效的改性元素，富集于基体表层，也就是先渗一层改性元素打底，然后再渗 Al 应该是可行的，这样就能得到改性的复合铝化物涂层。其综合性能必然要比单一铝化物涂层有很大的改进。通过多方试验归纳起来，Co、Mn、Cr、Fe、Mg、Si、Y 等都是有益的改性元素。改性元素的应用可以是一元、二元、或是三元，甚至更多。例如，仍以这种 Ni 基高温合金为基体，用 Co-Cr 二元素改性时，先粉末填充渗 0.05mm 的 Co，再渗约 0.05mm 的 Cr，最后渗 0.09mm 的 Al。含 Cr 中间层能起到阻滞 Al 元素向内扩散的作用，复合铝化物涂层表面不再是单一的 $\alpha\text{-}Al_2O_3$ 表面膜；而是更薄、更致密、并具有极强自愈性的 $RO\cdot R_2O_3$ 型尖晶石薄膜，有更好的耐热震与机械稳定性。复合铝化物涂层的使用寿命可以推进到 1060℃、500h 以上；但升温至 1200℃ 时只有 $100\sim200h$。可见温度提高是涂层使用寿命极大的限制因素。

用电子束物理蒸汽沉积法来取代粉末填充渗法，所得到的复合铝化物涂层未与基体发生很深的扩散反应。例如，在另一种 Ni 基高温合金（6.0Cr，7.0Co，5.0Al，2.0Mo，1.0Ti，6.0W，9.0Ta，0.5Hf，0.5Nb，0.4Re，余 Ni）基体上沉积一种 CoCrAlY 涂层。经多次筛选试验得知最佳的涂层配比是（Co，25Cr，14Al，0.5Y）。这种涂层在 1090℃ 的燃气中至少能维持 1100h 以上的抗氧化与耐腐蚀寿命，而且有较好的抗撞击能力，对基体强度的影响也可以忽略不计。涂层中的 Co、Cr、Al 是参与生成尖晶石保护膜的主要元素。腐蚀元素 S 在 Co 中的扩散速度远低于在 Ni 中的扩散速度。Cr 更是抵抗高温热腐蚀的首选元素，而且对 Al 的内扩散有一定的阻滞作用。Y 的作用是增加氧化保护膜对基础涂层的密着力，这能增强保护膜的抗剥落能力，它的含量很少，不足以全面参与氧化膜的生成，而 Y_2O_3 是一种熔点高达 2410℃ 且十分稳定的氧化物。有一种说法是分散均布的 Y_2O_3，会像钉子一样植根于基础涂层而生长进氧化保护膜中，起到了一种所谓的"钉扎"把牢作用。

还有组合铝化物涂层，这是一种含有非金属添加物的改性铝化物涂层。所用添加物都是热稳定性与化学稳定性极高的氧化物或金属间化合物，如 Al_2O_3、MgO、SiO_2、TiB_2 和 $MoSi_2$ 等。在基体金属上先电镀一层 Ni，夹带进一定百分数的添加物微细颗粒，然后再粉末填充渗 Al。在涂层与基体界面上均匀分布的非金属添加物对 Al 元素的内扩散有一定的阻滞作用，从而能有效提高铝化物涂层的热稳定性。添加硼、硅化物能助长并改进表面保护氧化膜的生成，从而提高涂层的抗氧化与耐腐蚀能力。此外，高硬度添加物对于涂层抗高温燃气的冲刷侵蚀也有明显的改进作用。例如，保护上述组成的 Ni 基高温合金涡轮叶片，先电镀一层 Ni，并带进 15%（体积分数）粒度约 2.0μm 的 Al_2O_3 细颗粒。然后再渗 Al，渗层厚度有 0.038~0.06mm。最后物理蒸汽沉积一层（Co，22Cr，14Al，0.1Y）合金层，沉积层厚度为 0.127~0.162mm。把这种改性的组合铝化物涂层先在 1.0 马赫 1090℃ 的高温燃气流中加热 1h，随后于 3min 内急冷至室温，涂层经受这样的热震考验至少能达到 600h 以上，不会发生热疲劳开裂。

综上所述，各种铝化物涂层，无论如何改性或组合，其使用温度与使用寿命终究有限，无望用于高性能军用发动机，而用于民机尚可考虑。

8.2.2　硅化物涂层

硅化物涂层的耐蚀机理是在高温燃气中能生成薄薄的以 SiO_2 为主的表面保护膜，硅化物涂层具有更高的热稳定性与机械稳定性，从而其使用温度与使用寿命均高于硅化物涂层，无论对于高温合金或是难熔金属的涡轮部件都能提供更好的保护作用。

制备硅化物涂层可以用"固渗法"，也可以用"气渗法"即化学蒸汽沉积法，或真空熔结等方法。例如，在一种 Ni 基高温合金（19.5Cr，18Co，2.4Ti，1.4Al，余 Ni）上用"气渗法"沉积单一的硅化物涂层。渗剂不用 Si 粉而是 $SiCl_4$ 和 H_2 的混合气体，沉积温度在 980~1080℃ 范围。低于 980℃ 时，不仅沉积缓慢，而且涂层与基体结合不牢；高于 1080℃ 时，要防范不慎超过硅化镍的熔点。从 $SiCl_4$ 中置换出来的、活性很高的 Si 元素不断沉积于基体表面，同时又会以高于沉积的速度不断扩散到基体表层中去，并与 Ni、Co 二元素化合而形成了相应的硅化物涂层。鉴于这一机制，所有渗 Si 元素均处于化合状态，而于涂层表面不会有任何游离 Si 的存在。还有有趣的是基体中的元素 Cr 并不会像元素 Ni 与元素 Co 那样向外表扩散，而是反方向在涂层与基体的界面处聚集，形成了一道有效阻挡元素 Si 继续向纵深扩散的高 Cr 屏障，这就使得硅化物涂层在高温长时间使用时能有更好的热稳定性。涂层中元素分布的电子探针分析数据列于表8-3。

表 8-3　硅化物涂层各部位元素分布的电子探针分析数据（质量分数）　　（%）

分析部位		Ni	Cr	Co	Si
涂层表层	明相	56	5	12	24
	暗相	25	3	40	32
涂层与基体界面		25	43	12	21
基体表层		45	20	20	0

表中数据说明涂层是由以硅化镍为主的明相及以硅化钴为主的暗相这两相组成。在高 Cr 界面以下的基体表层中 Si 含量为零，这充分证明了高 Cr 层对 Si 元素扩散的屏障作用。

了解了硅化物涂层的元素分布，再来研究加热温度与加热时间对元素含量的影响，也就是具体测试一下单一硅化物涂层的热稳定性。以 Ni 基高温合金（15Cr，20Co，4.5Ti，5.0Mn，5.0Fe，5.0Al，1.5Si，余 Ni）为基体，气渗 Si。最需关注的涂层元素是表层的 Si 和界面的 Cr，这两个元素的含量随加热温度及加热时间的变化曲线如图 8-2 所示。图中显示了，加热到 1000℃ 时表面的 Si 含量从开始的 24% 在 1h 内速降至大约 16%，之后随着时间的延长 Si 含量却不再下降，反而缓慢上升，显示出十分稳定，直至 900 多小时。经 X-光分析，初始硅化物是 Ni_2Si，在高温下很快转化成低 Si 的 Ni_5Si_2，这个硅化物在高温下能保持长时间稳定不变，涂层表面有了足够的 Si，就能确保较长的使用寿命。曲线还表明，

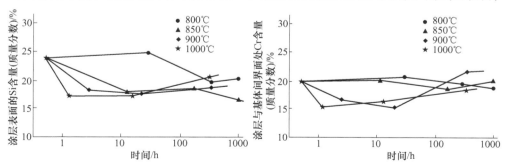

图 8-2　单一硅化物涂层中 Si 与 Cr 的元素含量随加热温度及加热时间的变化曲线

高 Si 向低 Si 的转化速度明显是温度的函数，加热到 800℃时，Ni_2Si 能稳定到 40 多个小时，然后才慢慢转化，经 400h 后才转化成 Ni_5Si_2，此时的 Si 含量最终稳定在大约 20%左右，寿命可以超过 1000h。基体中含 Cr 只有 15%，可是在界面处却能长时间聚集到 20%左右，而且无论温度高低都能保持稳定，这就是阻挡元素 Si 不至于向纵深扩散的高 Cr 屏障。

在各种温度下作张力试验表明，硅化物涂层本身并未对基体材料的蠕变强度产生什么不利的影响，只是硅化时的热处理过程使基体材质有些许老化，但并不会影响到涂层部件应有的使用寿命。

在 115s 内用火炬加热硅化物涂层试样至 850℃，再用压缩空气在 140s 内吹冷至 250℃，如此连续地急热急冷试验 1000 次，用肉眼与金相检查，试样保持完好，未发现任何结构性缺陷，说明硅化物涂层有足够的塑性来吸收热应力，应该能够适应发动机启动或关闭时的热冲击。

把硅化物涂层的试验叶片置于燃气喷嘴前，做模拟发动机条件的燃气侵蚀试验。基本试验条件列于表 8-4，在连续侵蚀试验 600h 之后，只检测到微小的侵蚀痕迹，腐蚀产物的浸透深度也极为有限，硅化物涂层对叶片的保护作用还是比较明显的。

表 8-4　模拟发动机的燃气侵蚀试验条件

温度 /℃	燃气速度 /m·s⁻¹	过量空气比	燃油参数				添加剂	
			密度 /g·cm⁻³	发热值 /kJ·kg⁻¹	含 S 量(质量分数)/%	流速 /kg·h⁻¹	Na	V
850	80	3:1	0.83	44371.6	0.4	17.8	$15×10^{-6}$	$5×10^{-6}$

1300℃以上的涡轮部件只能选用难熔金属来制造，综合性能较优的是 Nb 合金与 Ta 合金。铌合金（0.1C，10W，1.0Zr，余 Nb）具有用作导向叶片所需的高温强度、韧性与可焊接性能；但是抗氧化与耐腐蚀性能不足，需要依赖保护涂层。20 世纪 60 年代开始大规模研究难熔金属的保护涂层，Nb 合金的保护涂层起初是研究单一铝化物和单一硅化物涂层，效果不佳，如图 8-3 所示。由于单一硅化物涂层的脆性、在中温 700℃左右的粉化效应和膨胀系数不匹配等问题，使得涂层极容易破裂短命。必须研究复合硅化物涂层加以改性，例如在 Nb 合金上的

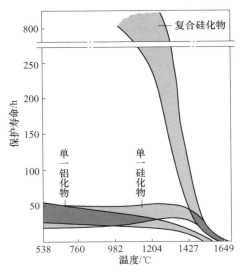

图 8-3　Nb 合金上的固渗涂层

（Cr-Ti，Si）涂层，先填充渗 Cr-Ti，形成（Nb，Ti）Cr$_2$合金层，再填充渗 Si。这种复合硅化物涂层的静态抗氧化寿命可以达到1370℃、150~200h，但主要缺点是在高温下长时间扩散会降低基体强度，作为厚度仅 1.2mm 左右薄壳结构的 Nb 合金导向叶片是承受不起的。

以粉末填充渗法渗 Si 时非常有效，而想要以填充渗法来定量地渗其他改性元素时却办不成，改性效果很不理想。采用料浆烧结方法可以很好地解决问题，例如，以配比为（35W，35Mo，15V，15Ti）的混合粉料，加有机黏结剂打成浆，涂到一种 Ta 合金（0.01C，9.6W，2.4Hf，余 Ta）基体表面，烘干后在 10^{-5}mmHg❶，1510℃下烧结15h，得到一层厚 0.076~0.15mm 的多孔性改性合金层。然后在 1180℃下填充渗 Si 7.0h，使整个涂层又增厚了 0.076mm。这一复合硅化物涂层在 1315℃下的静态抗氧化寿命超过了 600h。在已知所有二硅化物中，W、Mo 的二硅化物不仅有很好的抗氧化性能，而且具有最低的线膨胀系数，能与难熔金属基体构成最佳匹配。TiSi$_2$也有很好的抗氧化性能，所以 Ti 也是常用的改性元素，在硅化不到的地方 Ti 还能保护基体对氧化侵袭抵挡一阵。V 能起到活化烧结的作用，并能改进硅化物的低温抗氧化性能。烧结改性合金层的多孔性能有效减缓了硅化过程所产生的应力，当撞击应力与热应力要导致硅化物涂层开裂时，残余孔隙会起到很好的缓解作用。

8.2.3　真空熔结涂层

从工艺角度来看粉末填充渗方法的缺点是粉末的热传导性较差，又因粉层厚薄不同会导致工件受热不均，特别是对于大尺寸工件容易造成各部位涂层的组成与厚度不匀，对于结构复杂的工件，尤其是缝隙、精致部位或尖棱尖角处更难适应。这些问题采用真空熔结方法均可予以解决。真空熔结工艺还具备修复功能，热渗涂层部件损坏后只得报废，而熔结涂层部件损坏后可以修复或再制造。

从材质角度，熔结涂层对于基体零部件，包括涡轮部件能起到如下作用：

（1）提高基体的耐高温、抗氧化、耐腐蚀（包括热腐蚀）、耐热疲劳与耐磨损等性能。

（2）低档基材经熔结涂层后，可以代替高档材料使用。

（3）熔结涂层的再制造功能可以使工件的表面磨损、局部穿孔、开焊、开裂、掉角掉块和尺寸缺失等损坏获得再生。有时在熔结之后需跟随一道精加工工序，以便恢复成品尺寸的精度和必要的表面光洁度。例如，把一台已经烧蚀、表面失 Cr 的火焰筒，先予整形、焊好裂缝，然后用一种 Ni-Cr 基涂层合金予以熔结

---

❶ 1mmHg = 133.322Pa。

修复，这种修复件的使用寿命可以等同甚至超过一台新的火焰筒。

（4）熔结涂层的封孔功能可以使工件表面的毛细孔、微裂纹、磕碰痕迹等各种微细缺陷得到弥补，使残次件成为上乘新品。

一种常用于保护高温合金基体的真空熔结涂层合金是以 Ni-Cr 为合金母体，再加入少量 Co、Fe、W 和 B、Si 等添加元素。这种涂层合金具有与高温合金基体相互匹配的线膨胀系数。当加热超过 820℃ 时 B、Si 等添加元素首先氧化，形成一种高黏度的类玻璃质薄膜，严密地封闭了涂层表面所有的微观缺陷，有效地强化了涂层的抗氧化与耐腐蚀保护能力。冷却时，玻璃薄膜均匀龟裂，待下一个热循环再升温时，玻璃薄膜重新熔融并封闭起来，整个涂层表现出极高的自愈合性能，能够充分保护基体金属免遭进一步的燃气侵蚀。

用厚度为 1.27mm 的 Co 基合金（0.45C，21Cr，11W，2.0Nb，2.0Fe，1.0Ni，0.5Mn，0.5Si，余 Co）板材制作导向叶片，未涂层时抗氧化寿命很短；加上 Ni-Cr 基熔结合金涂层可以有效提高其抗氧化寿命，熔结制度为 $(6\sim1)\times10^{-2}$mmHg，1135℃、15~30min，涂层厚度为 0.125~0.85mm。把这种未涂层与有涂层的 Co 基合金导向叶片置于 1100℃ 空气中作氧化破坏对比试验，结果列于表 8-5。

表 8-5　未涂层与有涂层的 Co 基合金导向叶片在 1100℃ 空气中的抗氧化寿命　（h）

氧化试验条件	未涂层	有涂层
1100℃ 空气	≤75	≥310

另一种是以 Ni-Cr 为合金母体的表面硬化合金，具有更好的耐高温、抗氧化、耐磨与耐蚀性能。合金中的金属间化合物通常是用硅化物和硼化物。这些化合物可以外加，也有在 1120~1150℃ 下熔结时，由放热的化学反应自涂层自身生成。以厚度约 1.0mm 的表面硬化合金熔结涂层来保护 Ni 基合金（0.05~0.15C，20.5~23.5Cr，17~20Fe，0.5~2.5Co，8.0~10Mo，0.2~1.0W，0~1.0Mn，0~1.0Si，0~0.1Al，余 Ni）。熔结制度为 $(6\sim1)\times10^{-2}$mmHg，1150~1180℃，15~30min。这种表面硬化合金熔结涂层的耐热腐蚀性能远高于渗 Al 和渗 Cr 涂层。热腐蚀试验是在 900℃ 的混合熔盐（90%Na$_2$SO$_4$+10%NaCl）中进行，试样半浸于熔盐中 2h，取出后在 900℃ 空气中再氧化 2h，如此 4h 一个热腐蚀试验循环，直至试样破裂时的循环次数即是耐热腐蚀寿命。在同一 Ni 基合金基体上各种涂层的热腐蚀与热疲劳试验结果列于表 8-6。表面硬化合金熔结涂层的耐热疲劳性能不算高，但比渗 Al 和渗 Cr 涂层要好。用喷燃装置来评价涂层制品的热疲劳性能，在 1010℃ 峰温下保持 1min 后吹空气冷却 0.5min，如此 1.5min 一个热疲劳试验周期，直至试样破裂时的试验周期数即是涂层的耐热疲劳寿命。

表 8-6 Ni 基合金基体上各种保护涂层的热腐蚀与热疲劳试验结果

试验项目	渗 Al 涂层	渗 Cr 涂层	表面硬化合金熔结涂层
耐热腐蚀寿命/周次	3.5	4.5	9.0
耐热疲劳寿命/周次	650	800	1450

Si-20Cr-20Fe 是保护 Nb 合金（10W，2.5Zr，余 Nb）涡轮叶片较好的硅化物真空熔结涂层。用电子探针对涂层的元素分布进行逐层分析，结果列于表 8-7。

表 8-7 Nb 合金基体上 Si-20Cr-20Fe 真空熔结涂层的电子探针分析数据（质量分数）（%）

分析部位		W	Fe	Cr	Nb	Si
涂层	表层	1.0	0.2	0.8	30.3	67.7
	次层	0.9	13.4	19.4	20.6	45.7
	内层	1.9	8.0	4.1	45.3	40.7
基体表层		4.6	0.2	0.0	95.2	0.0

经 X-光衍射分析，涂层表层的组织结构是含有极少量其他元素的 $NbSi_2$。次层是含有相当多 Fe 与 Cr 的六方型次硅化物 Nb_5Si_3。内层所含 Fe、Cr 少于次层，是近似四方形的次硅化物 Nb_5Si_3。这一涂层的熔结制度是：1420℃，$(4 \sim 1) \times 10^{-4}$mmHg，45min。涂层在大气中的静态抗氧化寿命很好，而自室温至峰温 1h 循环的抗氧化寿命则随着峰温的提高而迅速降低，相关的测试结果列于表 8-8。

表 8-8 Nb 合金基体上 Si-20Cr-20Fe 真空熔结涂层的静态与冷热疲劳氧化寿命（h）

870℃ 等温氧化	室温~峰温（℃）1h 循环氧化							
	980	1010	1260	1320	1370	1430	1480	1540
>1300	>600	>560	189	145	97	36	20	14

除了静态等温氧化与冷热疲劳循环氧化性能之外，Nb 合金基体的保护涂层还必须具有足够的抗撞击能力。一般考虑涂层受撞击损坏之后，为保障能安全返航，至少还要保留 10h 以上的高温抗氧化寿命。脆性硅化物涂层的抗氧化性能较好，而抗撞击能力不足。由此 Nb 合金涡轮叶片上完整的保护涂层，无论是对于翼面或是榫部，在硅化物底层上都必须再加一层抗撞击的韧性表层。

以硅化物涂层作 Nb 合金（0.12C，17W，3.5Hf，余 Nb）涡轮叶片的底层，真空熔结的 Si-20Cr-20Fe 可以作榫部的底层，单位面积的涂层重量达到 24mg/cm²，在榫部工作温度 980℃下的静态抗氧化寿命可以达到 1000h 以上；而在翼面工作温度 1200℃下的抗氧化寿命只有 250h 左右。改用含 Cr 更高的 Si-40Cr-20Fe 涂层来保护翼面，熔结制度也是 1420℃，$(4 \sim 1) \times 10^{-4}$mmHg，45min，单位面积的涂层重量达到 27mg/cm²，在 1200℃下的抗氧化寿命能够提高 1 倍，达到 410h 以上。

　　在遭受硬质颗粒撞击的情况下，翼面的韧性表层考虑过采用在工作温度下熔融黏稠的玻璃陶瓷表层。这是一种以软化温度较高的硼硅酸盐玻璃（44.0BaO，3.5CaO，5.0ZnO，2.5ZrO$_2$，1.0Al$_2$O$_3$，6.5B$_2$O$_3$，37.5SiO$_2$）再加上陶瓷所组成，具体配方有（70 玻璃＋30Cr$_2$O$_3$）。熔结制度是在空气中，1093℃、15min。玻陶表层必须有足够的厚度，通常是≥0.125mm，方能有效地吸收撞击能量，或对涂层的表面缺损发挥出优异的自愈合性能，以确保在撞击受损之后仍有足够的返航时间。对这一涂层的"撞击＋氧化"考核试验在 1200℃ 下进行，用直径 ϕ4.5mm，重 0.75g 的钢弹，以 38.5m/s 的速度撞击涂层，然后在 650~1200℃ 下氧化 10 个 1.0h 循环，外观无氧化破坏，切开检查基体亦未受污染。玻陶表层虽好，但在旋转的涡轮叶片上待不住，在巨大离心力作用下翼面上黏稠的玻陶液层会慢慢地被甩到叶尖上去。

　　改用火焰喷涂的 FeCrAl 合金表层，也能有效抵御撞击载荷。具体配方是（22.5Cr，5.55Al，余 Fe），喷涂厚度为 0.15~0.2mm。喷涂工艺成就了涂层的多孔性结构，孔隙间有蛛网般联系的微裂纹。这种多孔性表层只要够一定厚度，就能吸收撞击能量，而不会让裂纹发展到脆性的硅化物底层中去。采用与玻陶表层同样的方法做"撞击＋氧化"考核试验：0.2mm 厚的 FeCrAl 表层撞击后经 10 个 1.0h 氧化循环，基体未受污染。0.25mm 厚的表层撞后经 17 个循环，仍无明显氧化。试验结果说明 FeCrAl 表层的抗撞击性能符合检测要求，而且适当增加厚度时还能超出性能指标；只可惜的是 FeCrAl 表层在化学稳定性方面与硅化物底层互不相容。

　　多孔性耐热合金或表面硬化合金表层的抗撞击性能是可取的，问题在于要解决好表层与底层的相容性。另外，喷涂工艺虽可造就多孔性涂层，但与底层的结合力并不算高。进一步的试验工作可以应用熔结工艺，参考第 1 篇，第 4 章"熔结工艺"中 4.5.1 节的"高比表面积的真空熔结合金涂层"与 4.5.2 节的"多孔储油的熔结涂层"，这两节介绍的熔结方法都可以制造出既与基体结合牢固又具有多孔性的涂层。多孔性合金涂层除了具备高比表面积、能多孔储油之外、还具有抗撞击功能。

　　涡轮叶片高速旋转所产生的巨大离心力大多作用到叶片的榫头部位，选择叶片材料不仅要考虑高温高应力破裂特性，也要考虑在 650~980℃ 下必须具有足够的中温屈服强度。研发可靠的榫部涂层必须具备如下更为复杂的特性要求：

　　（1）550~980℃ 下，1.0h 周期慢循环抗氧化保护 1000h 以上。

　　（2）为适应有限的屈服延伸，涂层必须具备一定程度的塑性而不能失去抗氧化保护能力。

　　（3）耐较高震动与摩擦的能力。

　　（4）在 23500~41500kPa 应力水平下，涂层耐 670~880℃，1.0min 周期的热

疲劳循环次数应达到 10^5 以上，而且涂层对基体耐热疲劳性能的损害程度不应超过 10%。

（5）涂层必须具备一定程度的延展性，能够经受住涡轮叶片装配或拆卸时的正常磕碰，而不损失保护能力。

（6）榫部与翼面这双方涂层的化学组成与工艺方法必须相容，互不损害；若能互补则更佳。

真空熔结的 Si-20Cr-20Fe 或 Si-40Cr-20Fe 涂层都可以作为保护叶片榫部的硅化物底层。如果翼面与榫部都采用 Si-40Cr-20Fe 底层时，自然不存在相容性问题。如果翼面用 Si-40Cr-20Fe 而榫部用 Si-20Cr-20Fe 时，二者成分相近而熔结制度完全一致，也没有相容性问题。榫部的表层考虑到塑性与延展性而选用 Sn-20Al 合金涂层，其真空熔结制度是：$(4 \sim 1) \times 10^{-6}$ mmHg，1038℃，45min。除了像翼面涂层那样作"撞击+氧化"试验之外，还要做"弯曲+氧化"考核试验。把尺寸为 25mm×6mm×1mm 的涂层弯曲试片，紧绕着直径为 ϕ25mm 的圆筒弯曲，规定弯曲伸长率为 1.0%。把弯好的试片放进 650~980℃ 的高温炉中，作 1.0h 周期的慢循环抗氧化，直至涂层失去保护的周期数即为循环抗氧化寿命。榫部涂层的化学组成、单位面积重量与撞击氧化、弯曲氧化试验结果列于表 8-9。

表 8-9　对叶片榫部涂层的测试数据

底　　层		表　　层		650~980℃，1h 循环氧化寿命	
化学组成	涂量/mg·cm^{-2}	化学组成	涂量/mg·cm^{-2}	撞击后/周次	弯曲后/周次
Si-20Cr-20Fe	22	Sn-20Al	15	>500	—
Si-40Cr-20Fe	20.5	Sn-20Al	27.5	—	>500
NiCrBSi	40	—	—	>500	—

表中的 NiCrBSi 是一种自熔合金涂层，用于榫部较好的涂层合金化学组成是（0.7C，14Cr，3.5B，4.5Si，4.5Fe，余 Ni）。其合适的真空熔结制度是：$(4 \sim 1) \times 10^{-2}$ mmHg，1150℃，10min。这种涂层本身的抗氧化与耐腐蚀性能很好，有一定韧塑性，不像硅化物那么脆。熔结较厚一点的底层，不加任何表层，也能得到与硅化物加表层相当的保护效果。

9　真空熔结涂层汽轮机叶片

　　汽轮机是将蒸汽的热能转化为机械能的动力装置，是火电站、核电站和移动电站的主要动力设备，用于驱动发电机发电。自汽轮机输出的动力经变速后也可用于驱动鼓风机、压气机、各种泵类以及舰船的螺旋桨叶等等。锅炉蒸汽的热能通过汽轮机转化为动能，推动装有叶片的汽轮机转子，最终转化成机械能。转子作为这一转化过程的主要部件，其工作条件十分复杂，不仅要承受由高速旋转所产生巨大的离心力、张应力和弯矩，而且要承受轴向和辐向的高温、高压蒸汽冲击力，以致处于湿蒸汽区的叶片，特别是末级叶片，除了要经受电化学腐蚀之外，还要经受严重的水滴侵蚀以及复杂的激振负荷等。因此，叶片是汽轮机的易损件，叶片损坏事故常发，包括叶片开裂、断裂、水蚀、拉筋开焊或断裂等。采用具有足够室温和高温力学性能的钢材来制作叶片时，开裂、断裂问题可以避免；但腐蚀与水蚀问题仍时常发生。在汽轮机的事故中，因腐蚀与水蚀问题所引发的事故占很大比例。无论腐蚀与水蚀的发生机制及其防护措施都是表面工程的重要命题。特别是水蚀机制及其防护涂层的解决，将对提高叶片的稳定性、提高汽轮机及整个机组的运行效率以及对汽轮机本身的发展前景等都有着极其重要的意义。

9.1　汽轮机叶片的水蚀问题

　　汽轮机在低负荷运行时，低压末级叶片的工况会比其他前几级变得恶化。尤其是大功率凝汽式汽轮机末级叶片排汽的湿度总是很高，因此在末级叶片区的汽流中蕴含着大量水滴，回流蒸汽携带着这些水滴冲击到高速旋转的动叶片前半部形成水滴冲蚀。水蚀区常发生在末级动叶片进汽边的前端宽约 200 多毫米的窄带上，如图 9-1 上边黑色部位所示，会造成一种典型的密集蜂窝状侵蚀损坏。水滴大小直接与负荷相关，负荷越高水滴越小，负荷越低水滴越大。前苏联学者 И. И. Кириллов 的研究指出，功率为 12×10^4 kW 汽轮机在满负荷运转情况下，

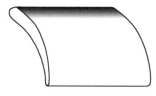

图 9-1　水蚀形貌模型

其末级动叶片前冷凝水滴的半径为 175μm。而在 60% 额定负荷时，其水滴半径要

达到 225μm。蒸汽携带水滴向叶片冲击的速度很高，但对于叶片的不同部位冲击速度不同。因为叶片的迎汽面不是平面而是弧形曲面，因此沿叶高方向不同截面上水滴撞击的法向分速度是变化的。如图 9-2 所示，在 1、2、3、4 四个截面线上水滴撞击的法向分速度依次为：$W_1 = 50m/s$，$W_2 = 150m/s$，$W_3 = 300m/s$ 和 $W_4 \geqslant 350m/s$。其中 2 号截面线所标是水滴侵蚀起始线，3 号与 4 号线是严重侵蚀区域，也是需要表面保护的区域。显然，是否发生水蚀磨损，除叶片材质之外，与水滴冲击速度，也就是冲击力的大小有关。本例所给出发生水蚀的起始冲击速度应是 150m/s。汽轮机叶片并不是一开始运转就会出现水蚀，而是要运转相当长时间，比如 2 年之后，才开始出现水蚀磨损。首先是在叶顶部进汽边的局部翼面上出现零星的水蚀针孔，随着运转时间的延长，水蚀区域由进汽边向着出汽边方向和叶根方向扩展。整个水蚀损坏的发展历程是先快后慢，通常要运转数年，甚至 10 年，才能把水蚀区域推进到 2 号截面线的范围。之后，发展会变得十分缓慢，甚至完全停顿下来。水蚀的发生与扩展虽然缓慢，但是危害巨大。水蚀磨损是由于高速水滴反复冲击和长时间冲击所致，具有明显的疲劳磨损特征。会给机组带来突发性和灾难性的后果，必须给予科学的评估与防范。

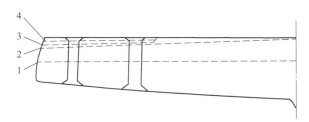

图 9-2　水滴撞击叶片的法向分速度区域划分

水蚀损坏是因微细的水质射流高速冲击而造成的。一些学者对于水质微射流冲击下材料表面的受力状况作了模拟计算[1]，结果表明在与水滴直径大小近似的微区域内，材料表面承受着随冲击过程而变的复杂应力的交互作用。当一束圆柱形射流以 300m/s 速度击中叶片表面的瞬间，被击微区受到巨大的压应力，应力大小会高达 700MPa。随后射流变成飞溅之水，自冲击中心点四散开去，使被击微区受到张应力，应力值约为 133MPa。在压、拉交替作用下，诱生出最大的剪切应力值也会达到 364MPa。在这三种应力的反复交替作用下，塑性材料因产生永久性塑性变形而破坏，坚韧材料也不免因疲劳而破坏。射流冲击虽达于表面，但所生疲劳应力的作用范围却会深入到表层及亚表层去，用显微电镜观察蚀坑，自表及里布满了纵横交错的大量微细裂纹。

在射流冲击所产生巨大交变应力作用下，大多数材料微区屈服都会产生较大的塑性变形。水蚀对于金属材料的破坏，实质上是一种低周疲劳过程。在金属结构中，于晶界两侧材料的结晶取向不同。若为多晶材料时，晶界两侧不仅结晶取向不同，弹性模量也有差异。这样当微区屈服发生时，在晶界和相界两侧所产生的塑性变形就会很不协调，势必造成沿界开裂。特别是在材料的夹杂或缺陷处，以及在表面加工的刀痕处都极易萌生裂纹。初始萌生的裂纹多垂直于自由表面，随着射流继续不断地冲击，裂纹沿薄弱部位向纵深扩展，特别在途经材料的不同组织时，裂纹走向会发生偏转、分叉或形成二次裂纹，当与其他裂纹或与亚表层的平行裂纹相交时，材料即发生剥离，出现蚀坑。

由于射流冲击的主力是垂直分量，只因垂直分量的反复冲击，才引发疲劳剥落，产生了垂直于自由表面的蜂窝状水蚀坑洞。其他各种斜向的冲击分量，均不足为虑，不会诱发疲劳应力，也形不成疲劳磨损，而只能是柔软水质轻微不显的冲刷磨损而已。密集的微射流对已蚀坑洞进行重复冲击的几率很高，当一束射流正好冲入已经形成的蚀坑中时，散射的分力被坑壁弹回聚中，与中心冲击力叠加而成一束能量密度更高的射流向坑底冲去，如此反复终使蚀坑变成了口径细小而笔直的针孔。这样的蜂窝针孔在汽轮机叶片上会聚集成片，而在内燃机的水冷缸壁上只是散落几颗，即便是一颗针孔也十分可怕，因为针孔深扩会带来穿缸的危险。

在汽水混合的动水区域，除了水滴射流引发的水蚀之外，由于流区压力场的局部变化，会带来气泡的产生和溃灭，造成和水蚀针孔一样的所谓汽蚀或空泡侵蚀。其实名称各异而本质相同，当空泡溃灭时，围水瞬间填空，形成能量极高的微射流，向器壁冲击，蚀出针孔。成孔的机制一样，蚀孔的形貌也相同。只是空泡的蚀坑稀疏散布，不像汽轮机叶片的水蚀坑那样密集成片。

无论是由冷凝水滴的射流或是由气泡溃灭激发的射流，所引起的侵蚀破坏都归类于流体侵蚀磨损范畴。

9.2　汽轮机叶片的防护涂层

为弄清楚水蚀磨损与材料常规力学性能的关系，有学者对经过不同制度热处理的 0Cr13Ni4Mo 不锈钢试样作了连续 30h 的水蚀试验[1]。结果发现水蚀磨损量（毫克）与材料的真实应变能密度（焦耳/立方厘米）呈线性关系，如图 9-3 所示。这表明材料的韧性越好时，水蚀磨损量越小。由此启示，单纯提高材料强度、提高硬度，并不能改进材料的抗水蚀性能，必须同时提高材料的韧性。另外，太软的塑性材料在水蚀冲击下很容易产生永久性的塑性变形而破坏，只能在极低的水蚀强度下，才勉强可以一用；略微提高强度时，即会产生严重的水蚀磨损。综上所述，既强又韧的材料才是最佳选择。图 9-4 所示是硬、韧、塑这三种材质的抗水蚀性能与水蚀强度之间的关系示意图。图中 1 是塑性材料，如 Al 基和

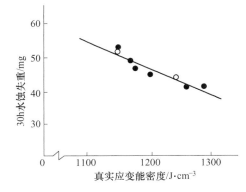

图 9-3 真实应变能密度与水蚀的关系

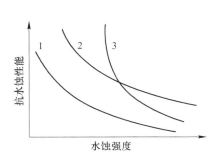

图 9-4 抗水蚀性能与水蚀强度关系

Cu 基合金；2 为韧性材料，是既有足够强度又有较好塑性的材料，如不锈钢；3 是高强度材料。硬度较高而塑性不足，如各种冷作硬化钢材。应当注意，在水蚀强度不太高的前提下，采用高强度材料胜过采用韧性与塑性材料。但当水蚀强度高过一定值之后，情况会发生逆转，采用韧性材料反而比高强材料更好。

通过以上分析，在湿蒸汽区工作的叶片通常选用抗腐蚀性能较高的韧性不锈钢材料。随着使用温度的提高及叶片尺寸的加大，还应采用具有更高高温强度的材料。1Cr13、2Cr13 等叶片材料可用于 450℃。当温度超过 500℃时，需在 1Cr13 型的基础上，再加入 B、Ni、Mo、W、Nb 等合金强化元素。若以具体化学组成为（0.16 ~ 0.24C，≤ 0.6Si，≤ 0.8Mn，12 ~ 14Cr，≤ 0.03S，≤ 0.035P）的 2Cr13 不锈钢来制造汽轮机叶片，这种马氏体型不锈钢的强度较高，但硬度太低，只有 HRC≤15，耐水蚀磨损性能不足，在冷凝水滴高速冲刷下，很快就会出现蜂窝状蚀坑。为了提高汽轮机叶片的耐水蚀磨损寿命，对侵蚀区必须采取必要的表面防护措施。

为保持不锈钢叶片的强度而提高侵蚀区的硬度，可以采取局部表面热处理和侵蚀区覆盖保护涂层的办法。一种高频感应淬火方法是，利用高频感应线圈的感应电流，借助叶片自身的电阻，使叶片表面迅速提升到淬火温度，再立即喷水冷却，使叶片表面淬硬。但由于影响感应的因素很多，再加上叶片曲面的型线复杂，此法的淬硬效果有限而且很不均匀。另一种好一点的方法是局部激光表面淬火法。以激光束扫描侵蚀区表面，瞬间使表层温度升高到相变点以上。当激光束从表面移开时，又瞬间使表面快速冷却而产生淬火效应，晶粒细化并引发相变硬化。与感应淬火相比，硬度约提高 20%，变形程度也相应缩小许多。

涂层措施早先采用热喷涂技术，喷涂层难免气孔率较高，结合力也不强。用电火花熔焊技术，涂层硬度高，但是裂纹倾向太大。比较实用的办法是镶钎合金片技术，一般用银基钎料镶焊司太立合金片来保护叶片，司太立合金的化学组成为（1.3~1.4C，25~32Cr，1.4Si，1Mn，1Mo，3Fe，3Ni，8W，余 Co），其常温硬度达到 HRC 47 左右，比不锈钢硬度高出很多。经装机运行 10 个月检验发现，水蚀对 Co 基镶片的侵蚀深度为 0.3mm 左右，而对无覆层的 2Cr13 已侵蚀深达 3.5mm 之多。镶钎之后若再采用激光熔凝技术，来处理司太立合金片的表面，使之表面组织细化，硬度进一步提高，则可以进一步延长 Co 基覆层的耐蚀寿命。这种银钎司太立合金片方法的不足之处是成本甚高，而且在实际钎覆时要使合金片与叶片曲面的线型完全吻合是相当不易，运转中还偶有因钎焊不牢而掉片的可能性。

为避免镶钎技术的短板，尤其是要杜绝掉片的危险，我们以一步法的真空熔结工艺，对叶片直接制作熔结合金涂层，如图 9-5 所示。这种涂层可以用 Co 基，也可以用 Ni 基表面硬化合金，涂层致密，结合牢固不会脱落，顺利解决了银基钎焊所带来的上述弊端。

图 9-5　真空熔结涂层叶片

与司太立合金片相比，选择自熔合金首先要提高硬度，其次要考虑较好的韧性与塑性。所选 Co-9 号 Co 基自熔合金的化学组成是（0.3~0.5C，19~23Cr，1.8~2.5B，1~3Si，<3Fe，4~6W，余 Co），合金硬度是 HRC 48~55，熔化温度范围是 1000~1150℃。与 Ni 基自熔合金的组织构造相比，Co 基自熔合金的硬质相粒度更小，在合金母体中分布得更均匀，从而使位错活动区减小，并提高了合金的屈服强度，所以 Co 基自熔合金的耐疲劳磨损性能会比 Ni 基自熔合金更好；但是应用 Co 基自熔合金的成本相比较高，而且 Co 基自熔合金的熔程较短，不易熔结较厚的涂层。为此，可以选用 Ni 基自熔合金，只要在 Ni 基自熔合金中加入适量的 Cu 和 Mo 就可以提高合金的塑性范围。所选 Ni-9 号 Ni 基自熔合金的化学组成是（0.5~1C，14~19Cr，3~4.5B，3.5~5Si，<8Fe，2~4Cu，2~4Mo，余 Ni），合金硬度是 HRC 58~62，熔化温度范围是 960~1040℃。

叶片全长约 700mm，在其进汽边前端，面积约为 20mm×200mm 的范围，是最易遭受侵蚀的区域。清洗该区域表面，一次性涂上合金粉的涂膏，烘干后依照叶片曲面的线型把涂膏层修磨均匀，然后放进真空炉中进行真空熔结。Co 基涂料的熔结制度是（6~1）×10⁻²mmHg❶，1050℃，15min。Ni 基涂料的熔结制度是（6~1）×10⁻²mmHg，1030℃，10min。熔结后两种涂层皆均匀致密，与基体结合牢固，不会脱落，表面光洁匀整，无需后续加工，即可装机使用。涂层厚度掌控

---

❶ 1mmHg = 133.322Pa。

为 1.3~1.5mm。经装机使用考核，近两年时在进汽边叶端部开始出现水蚀磨损，然后水蚀区沿着进汽边逐年向叶根方向和排汽边方向扩展，至服役 10 年时水蚀区几乎漫延至整个涂层区域，但蚀孔尚未穿透涂层，叶片继续使用。

　　在叶片上应用真空熔结涂层工艺的一个难点是，必须采用特殊的真空熔结装置，它只对叶片的涂层区域进行快速而均匀的熔结加热，而对叶片的其余部位均不直接加热，这样才能保证熔结过程不会损害叶片本身的机械强度，如图 9-6 所示。这是涂层叶片的装炉结构示意图，图中 1 为发热体；2 为涂层；3 为叶片；4 为隔热屏。左图为侧面视图，叶片进汽边朝上，排汽边朝下，使翼面近于立装，避免叶端部受热弯垂。发热体紧挨涂层区上方，使热量主要辐射于涂层区，尽量减少对叶片其余部位的热影响。右图为正面视图，若长的叶片仅端部涂层区这一小段伸进了炉膛，其余大部分均留在膛外，免于直接受热。

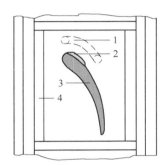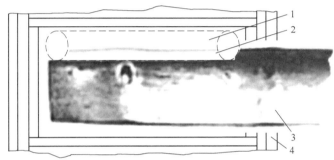

图 9-6　涂层叶片装炉示意图

10　真空熔结技术在内燃机上的应用

自人类活动至今，应用最广、最普及的动力机械是内燃机。体积小、马力大、既耐用、又省油是内燃机不竭追求的性能指标。内燃机的结构设计已近极致，唯耐用与省油的愿望尚存有许多创新空间，这两项指标的技术实质不外是摩擦、磨损、雾化、密封与润滑等问题，大部分都归属于新兴的表面工程。首先是内燃机的预燃室喷嘴，喷嘴结构的好坏维系着喷油、雾化与燃烧过程能否正常，喷嘴材质若经受不住高温燃气的腐蚀与疲劳侵袭时，就不仅是燃烧不完全的问题，甚至会发生因喷嘴断裂而砸缸的危险。内燃机的汽缸与活塞环是一对摩擦副，这对摩擦副的润滑与耐磨性能直接决定着汽缸的寿命与密封程度的好坏。内燃机的排气阀门与阀座也是一对很重要的摩擦副，这对摩擦副不仅要承受高温燃气的腐蚀与冲刷，还要抵御阀门关闭时的落座撞击载荷，无论是耐热钢还是专用的气门钢都适应不了这么严酷的腐蚀与磨损工况。除了内燃机内部的这些重要配件之外，与内燃机配套的减速箱传动轴及变速箱滑块等外部配件也都是易损件，也都需要表面强化或表面涂层。商业上常见的"激光镗缸"就是用高能激光对内燃机汽缸内壁进行表面强化处理，既提高了表面硬度又使缸壁多微坑化，产生了储油润滑的效果。其他预燃室喷嘴、排气阀门、活塞环与变速箱滑块等配件应用真空熔结耐磨合金涂层，均已取得了耐蚀、耐磨或改善润滑的优良效果。

10.1　内燃机预燃室喷嘴

国产的 12V-175ZL、12V-180ZL 与 12V-180GC 等型号高速柴油机，采用 Cr20Ni14Si2 铁基耐热钢、GH128 镍基合金或 FSX-414 钴基合金等材料制作预燃室喷嘴。但在柴油机平台试车或实际装车运行时，这些喷嘴时常出现裂纹，甚至裂断掉块，砸坏缸套、活塞、气阀与增压器的涡轮叶片等，酿成事故。装车使用表明：Cr20Ni14Si2 喷嘴运行几十至两千多小时即会产生裂纹或裂断，GH128 喷嘴运行七百多小时就会开裂或裂断。FSX-414 喷嘴经台架试车只二百多小时就会出现裂纹。考绩多不理想，所幸喷嘴上裂纹的扩展速度并不算快，通过优化结构、注意精铸与切削等加工工艺的质量，再掌控好燃烧工况，喷嘴寿命一般能够达到 3000h。但是预燃室喷嘴的正常设计寿命应在 6000h 以上，相差甚远。为此，我们与原一机部的"上柴"、"上内"及原铁道部的"铁科院"等单位合作，进行了预燃室喷嘴断裂机理的分析和保护喷嘴的真空熔结合金涂层试验工作。

10.1.1　预燃室喷嘴断裂机理分析

图 10-1 所示是预燃室喷嘴的实物照片。喷嘴是整台柴油机上热负荷最高的零部件，当 180 型高速柴油机按最大功率运行时，喷嘴喷孔边上的壁温将高达 860℃之多，而且分布不匀。随着柴油机启动、关闭或变速时，喷孔边壁温在室温～860℃之间急速变动，其升温速率高达 40℃/s，降温速率也有 20℃/s 之多。使得喷嘴各部位遭受着大小不均且方向多变的冷热疲劳应力。在常用的 10 号轻柴油中含有 0.036%S 及其他杂质，再加上吸入非纯净大气，造成燃气中含有 O_2、S、Na、V、Ca 等腐蚀元素。此外，喷嘴还周期性地遭受着燃烧爆发压力的冲击与高速燃气流的冲刷磨损作用。预燃室喷嘴是在交变应力与燃气腐蚀的联合作用下长时间工作，局部蚀损、自内及外多处开裂，甚至环周裂断的情况时有发生。除了因机加工或组装不当，偶尔在法兰边（截面最薄）裂断之外，大多是在孔壁开裂（图 10-2 左）并在喷孔处环周裂断（图 10-2 右）。因为喷孔处嘴壁截面积最小，喷孔中燃气流的冲刷速度最高，所以环喷孔处是整个喷嘴上承受热负荷与力学负荷最高的部位。图上喷孔受腐蚀与冲蚀已明显扩大，孔壁因蚀损而变得更薄，孔壁裂纹起自内壁而向外扩展，有的已达外壁，有的尚在途中，当环周每孔的裂纹均到达外壁时，则发生环周裂断如图 10-2 中右图所示。

図 10-1　预燃室喷嘴　　　　　　図 10-2　喷嘴裂纹与裂断情况

试验喷嘴材质用 Cr20Ni14Si2 铁基耐热钢，其化学组成为（≤0.2C，19～22Cr，12～15Ni，≤1.5Mn，2.0～3.0Si，≤0.035P，≤0.025S，余 Fe）。喷嘴安装在 12V180GC 柴油机上使用 560h 后取下，刮出喷嘴顶部内壁沉积物进行电子探针定性分析表明，含有 O_2、S、Na、Cl 诸元素，再进行 X-光衍射分析表明，含有约 70%以上的 $CaSO_4$，其次是 NaCl、$\alpha\text{-}FeO_2$ 和可能的 $K_3Na_9Fe(SO_4)_6 \cdot 9H_2O$ 等化合物。内壁沉积物显示出一种多层结构，如图 10-3 所示。外层沉积物呈浅灰色，主要是氧化物。在外层与内层的界面上富集 S。内层颜色较深，散布着大量黑色质点，含 S 量比外层要多而分布不匀，用电子探针检出 S 高处 Cr、Ni、Fe 也高，尤其是 Cr 高，主相应该是硫化铬，此外还富 Na。内层下面是受到腐蚀的基体表层，检出含 S 量也高于外层。电子探针的逐层分析结果列于表 10-1。

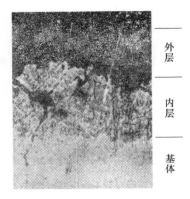

图 10-3　沉积物结构（×400）

耐热钢在高温氧化气氛中，所生成的表面氧化膜有一定的防护作用，能迅速阻断 O_2 与钢材表面的持续接触，氧化膜薄而稳定，表现出足够的抗氧化性能。同样的耐热钢在高温柴油燃气中则不然，O_2 与 S 同时接触到钢的表面，生成自由能决定了首先形成的还是氧化膜，膜增厚到一定程度时，O_2 不再透过；但是 S 却能渗入氧化膜下面，形成硫化物层，继续消耗着钢的耐热元素，这就是探针分析所表明的 S、O_2 联合腐蚀的本质。Cr20Ni14Si2 可以在氧化气氛下耐热，但抗不住燃气中 S 与 O_2 的联合腐蚀。

表 10-1　电子探针对沉积物的逐层定点分析结果　　　　（脉冲数/30s）

分析部位	O_2	S	Cr	Ni	Fe	Na
外层	102	33	较高	较高	较高	29
内外层界面	10	273	11598	7065	16162	25
内层	10	36	较高	较高	较高	45
内层的黑色 质点	—	1467	37679	—	—	—
	—	2405	—	19321	—	—
基体表层	7	36	11992	7634	18811	36

再来剖析裂纹，图 10-4 是把喷嘴安装在 12V180GC 型柴油机的台架上，试车考核了 2700h 之后检出的大裂纹，这是裂纹的全貌。图 10-5 所示是裂纹中段。这两幅图都是未作浸蚀的金相照片。裂纹位置在喷孔的孔壁上，自喷嘴内壁开裂，一直延伸到了外壁，裂纹开口较宽而末梢尖细，裂纹口外已明显蚀损了大块基体。裂纹内部亦遭腐蚀，并断断续续覆盖着腐蚀沉积物，图 10-5 中的灰色区即是这种沉积物，已占据了裂纹的一半宽度。为查清裂纹源，用 10%草酸水溶液电解浸蚀后，再放大 400 倍洗出的金相照片如图 10-6 和图 10-7 所示。图 10-6 显示出大裂纹口外喷嘴内壁十分明显的浸蚀裂纹，这些细小裂纹应该就是造成喷嘴裂断的裂纹源。多数裂纹是与内壁表面大致上呈法向分布的开口裂纹，也有少数发生于亚表层的横向裂纹。从裂纹的走向与布局来看，很像是沿晶开裂，高温燃气对喷嘴的腐蚀类型很可能是一种晶间腐蚀，这有待于进一步作出验证。图 10-7

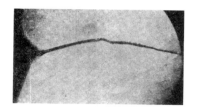

图 10-4 裂纹全貌（×20）

图 10-5 裂纹中段（×400）

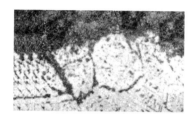

图 10-6 裂纹口内壁（×400）

图 10-7 大裂纹内壁（×400）

显示了在大裂纹自身内壁的两侧，也布满了细密的子裂纹。可见当试车检查出大裂纹不久，在刚裂开的金属新鲜壁面上，即很快地出现了新生的浸蚀微裂纹。这说明燃气腐蚀疲劳的浸蚀强度是很高的，腐蚀元素 S 透过氧化膜，消耗掉耐热钢表层的合金元素，使表层受蚀、缺损、变脆，极易开裂。

用扫描电镜观察断口有助于确定断裂性质，图 10-8 所示是裂纹末梢的断口照片。照片上清晰的滑移条痕说明喷嘴既不是拉断，也不是剪断，而肯定是一种疲劳断裂。疲劳有塑性疲劳与弹性疲劳之分，这要由疲劳应力 σ_r 与材料屈服强度 $\sigma_{0.2}$ 的比值来定，为对抗这两种不同性质的疲劳，选材是不一样的。

预燃室喷嘴所受的疲劳应力主要是缸内的燃烧压力与交变热应力。至于燃气的冲刷力只是作用于喷孔壁，造成孔壁的冲蚀磨损，而与

图 10-8 断口照片（×910）

疲劳应力关系不大。缸内的燃烧压力应是预燃室与主燃室燃烧压力之差，此力作用到喷嘴的最小截面上，产生交变的机械疲劳应力 σ_j，差值为正时承受张应力；为负时承受压应力，σ_j 的大小可通过下式计算：

$$\sigma_j = (P_1 F_1 - P_2 F_2)/F_{min}$$

式中，P_1、P_2 为预燃室与主燃室的燃烧压力，kg/mm^2；F_1、F_2 为 P_1 与 P_2 作用于喷嘴头部内表面与外表面的轴向投影面积，mm^2；F_{min} 为喷嘴头部喷孔处最小截面积，mm^2。

180 机预燃室喷嘴相关部位的面积：$F_1 = 330\text{mm}^2$，$F_2 = 483\text{mm}^2$，$F_{min} = 153\text{mm}^2$。根据 180 型柴油机的单缸示意图可以查得燃烧压力。当预、主室燃烧压力之差为最大值时，$P_1 = 1.24\text{kg/mm}^2$，$P_2 = 0.825\text{kg/mm}^2$，求得 $\sigma_j = 0.072\text{kg/mm}^2$。为最小值时，$P_1 = 0.915\text{kg/mm}^2$，$P_2 = 1.1855\text{kg/mm}^2$，求得 $\sigma_j = -1.77\text{kg/mm}^2$。计算说明，在喷嘴最小截面上所受到的机械疲劳应力值极小，难作判据。

再来估算热应力，根据实测，喷嘴上温度分布不匀，喷孔处燃气温度高达 1000℃ 以上，孔壁温度也在 800℃ 以上，喷孔内外壁温差 $\Delta T_{max} \approx 100℃$，而在装配螺纹处的壁温只有 400~500℃。由温差所引发的热应力可按下式估算：

$$\sigma_h = E \cdot \alpha \cdot \Delta T / 2(1 - \mu)$$

式中，σ_h 为热应力，kg/mm^2；E 为材料的弹性模量，kg/mm^2；α 为材料的线膨胀系数，$℃^{-1}$；ΔT 为温度梯度，℃；μ 为材料的泊松比。

有些参数随温度而变，若孔壁温度为 800℃ 时，则 $E = 14000\text{kg/mm}^2$，$\alpha = 17 \times 10^{-6}/℃$，$\mu = 0.4$。内外壁温差 $\Delta T = 50℃$ 时，算得 $\sigma_h \approx 10\text{kg/mm}^2$。$\Delta T = 100℃$ 时，$\sigma_h \approx 20\text{kg/mm}^2$。由此可知，作用于喷嘴最小截面上的热疲劳应力波动于 10~20kg/mm² 之间，比机械疲劳应力大许多，应当是造成喷嘴断裂的主要应力。

疲劳应力 σ_r 与材料屈服强度 $\sigma_{0.2}$ 的比值分四种情况：当 $\sigma_r < 0.1\sigma_{0.2}$ 时，不可能发生疲劳断裂。当 $\sigma_r \geqslant \sigma_{0.2}$ 时，材料只经过一二次冲击即会断裂。显然这两种情况都不符合喷嘴实际。第三种情况，当 $\sigma_r = (0.1 \sim 0.5)\sigma_{0.2}$ 时，材料不会发生宏观屈服与塑性变形，疲劳裂纹的扩展处在弹性变形的应力范围之内，这与喷嘴的断口分析也不相符。第四种情况，当 $\sigma_r \approx \sigma_{0.2}$ 时，所承受的实际应力与材料屈服强度水平相当，疲劳裂纹在塑性变形的应力范围之内扩展。这一情况与应力计算结果相吻。

Cr20Ni14Si2 耐热钢预燃室喷嘴是在燃气的 S、O_2 联合腐蚀与交变热应力共同作用下，先自喷孔周壁萌生裂纹源，而后裂纹在材料塑性变形的应力范围之内扩展，终至发生应变疲劳断裂。本质上是一种在燃气腐蚀加速下的疲劳破坏过程。在疲劳应力与材料屈服强度水平相当的情况下，提高喷嘴使用寿命的关键，在于阻止或延迟裂纹源的萌生。尽管喷嘴的表面光洁度很高，不存一丝机加工痕迹，但耐热钢抵不住苛刻的 S、O_2 联合腐蚀，在负荷最重的喷孔周围，孔壁遭受沿晶腐蚀，率先出现裂纹源。改用 Ni 基或 Co 基高温合金来取代耐热钢时，会有一定改进，但喷嘴寿命仍难超过 3000h。引用表面涂层，特别是真空熔结合金涂层来保护喷嘴，能够达到设计要求。

10.1.2　用真空熔结合金涂层保护预燃室喷嘴

在各种涂层中当数熔结合金涂层的封孔功能最好，尤其在真空条件下，熔融合金对基体钢材表面的微观缺陷，具有极强的浸润、渗透与封闭能力，而且无一遗漏。熔融合金冷凝时，在熔液表面张力的作用下，可以凝得十分紧致而光洁的涂层表面，一般无需后续加工。在热疲劳应力作用下，选择涂层合金时，要慎重选配涂层合金与基体钢材之间的线膨胀系数。使产生的应力越小越好，并在冷却时别让涂层承受张应力而必须是压应力，因为薄薄涂层的抗压强度远大于抗张强度，为此所选涂层合金的线膨胀系数应略小于基体材料。考虑以上几点，可以选用 Ni 基和 Co 基的自熔合金作为涂层合金，其线膨胀系数于 $100 \sim 800 ℃$ 时为 $\alpha = (14 \sim 15.7) \times 10^{-6}/℃$，略小于 Cr20Ni14Si2 铁基耐热钢。所选涂层合金的化学组成列于表 10-2。两个合金中 Ni、Co 与 Cr 的含量比耐热钢基体高得多，而且基本上没有 Fe，这就保证了涂层的耐腐蚀性能要比基体优越。合金的硬度及屈服强度也都比基体要高，所以涂层的耐磨性与耐疲劳性能也比较好。把这两种合金在 Cr20Ni14Si2 耐热钢基体上制成全包覆的熔结涂层试样，Ni 基合金涂层的熔结制度是：$(6 \sim 1) \times 10^{-2}$ mmHg[●]，$1080 ℃$，5min；Co 基合金涂层的熔结制度是：$(6 \sim 1) \times 10^{-2}$ mmHg，$1120 ℃$，5min。试样总厚度为 3mm，单边涂层厚度为 0.5mm。为与熔结合金涂层作比较，特意准备了单边涂层厚度为 0.16mm 的固渗 Cr-Al 涂层试样和无涂层的耐热钢基体试样。

表 10-2　所选涂层合金的化学组成

涂层合金	C/%	Cr/%	B/%	Si/%	Fe/%	W/%	Ni/%	Co	HRC	T_m/℃
Ni 基	0.95	26	3.3	4.0	1.0	—	余	—	55	1080
Co 基	0.75	25	3.0	2.75	1.0	10	11	余	55	1120

把这四种试样同时放在燃气腐蚀试验装置中作挂片腐蚀试验。图 10-9 所示是试验装置的简易示图。试片均悬挂在 3 号炉的燃气流中，所掌控的试验条件是：

（1）燃油：0 号轻柴油，含 0.11%S。

（2）燃油比：约 15：1（燃油与空气质量比）。

（3）盐水：0.15% 的 NaCl 水溶液。加入量约 10cm³/h，相当自空气中吸入 $(15 \sim 20) \times 10^{-6}$ 的 NaCl。

（4）燃气成分：$9\% \sim 11\% O_2$，$7\% \sim 9\% CO_2$，约 $20 \times 10^{-6} SO_2 \cdots$

（5）试验时间与温度：试验温度为 $850 \pm 10 ℃$，试验时间共 200h，每隔 50h 取出试样观察一次。

上述试验条件，包括燃气组分与燃气温度等，与实际工况基本吻合，只是燃气的冲刷力与冷热疲劳应力没有模拟出来。腐蚀与疲劳两大致损因素只着重腐蚀，试验结果正好揭示了腐蚀就是萌生裂纹源的主因。图 10-10 所示是试验后的

● 1mmHg = 133.322Pa。

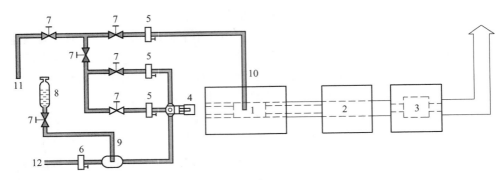

图 10-9　燃气腐蚀试验装置简易示图

1—燃烧室；2—加热炉；3—恒温炉；4—喷嘴；5—气体流量计；6—液体流量计；7—调压阀；8—盐水；
9—分流管；10—二次风；11—接空压机；12—接油箱

金相照片。无涂层基体经 200h 腐蚀后，表面腐蚀产物层较厚，在基底金属表面出现多处腐蚀沟痕。固渗 Cr-Al 涂层试样经腐蚀后，在涂层上出现多条贯通裂缝，直达基底。这些沟痕与裂缝显然都是裂纹源的萌生点。无涂层保护的基体与固渗 Cr-Al 涂层都不耐蚀，Cr-Al 涂层与基体的线膨胀系数很不匹配，仅几次冷热即告开裂。Ni 基和 Co 基合金涂层经 200h 腐蚀后，均未发现任何沟痕与裂缝。

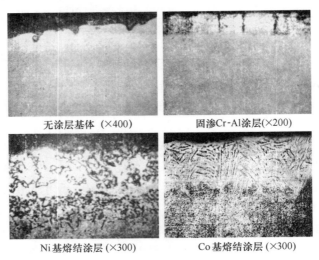

无涂层基体（×400）　　　　　固渗Cr-Al涂层（×200）

Ni基熔结涂层（×300）　　　　Co基熔结涂层（×300）

图 10-10　四种试样在燃气腐蚀试验装置中经受 200h 试验后的金相照片

　　无涂层基体上的腐蚀覆层，总体较厚且粗糙疏松，挡不住腐蚀元素向基体渗透扩散，没有保护能力。固渗 Cr-Al 涂层上的腐蚀覆层，也比较厚，而且易掉粉末，并随涂层一起开裂，也不具备保护能力。Ni 基与 Co 基合金涂层上的腐蚀覆层，薄而致密，能够阻挡腐蚀元素向基体表层的渗透与扩散，是一种很好的保护膜层。经过 200h 腐蚀后，各种试样单边腐蚀覆层的厚度列于表 10-3。

表 10-3　挂片试样经 200h 燃气腐蚀试验后单边腐蚀覆层的厚度　　　　（μm）

试　样	固渗 Cr-Al 涂层	无涂层基体	Ni 基熔结涂层	Co 基熔结涂层
腐蚀覆层的厚度	90	82.5	45	37.5

　　用电子探针分析那些厚厚的腐蚀覆层，充满了 O_2、S 与 Na 等腐蚀元素。再用 X-光衍射分析，整个覆层都有疏松的氧化物，而在氧化物下面是不均匀分布的硫化物。分析 Ni 基合金涂层的腐蚀覆层，发现覆层的主体是 $NiO·Cr_2O_3$，还有少量的 Ni 与 Fe 的氧化物，这是一种十分致密而稳定的尖晶石氧化膜，整个氧化膜层都没有 S，只在膜下涂层表面的个别点位检出有极小的 S 的计数，在整个涂层与基体表层也都检不出 S，说明 Ni 基合金涂层表面的腐蚀覆层实际上是一种保护效果良好的氧化膜。Co 基合金涂层的腐蚀覆层不必再检，也应该是一种氧化保护膜，因为 Co 基涂层表面的覆层比 Ni 基的还薄，只有越致密、越稳定的氧化膜才能越薄，应当是一种含杂质更少的 $CoO·Cr_2O_3$ 尖晶石氧化膜。

　　燃气腐蚀试验表明，这三个涂层的耐腐蚀性能是 Co 基熔结合金涂层的最好。为保护喷嘴实体选材时，除了耐腐蚀性能之外还要顾及耐疲劳性能。由于冷热疲劳应力的大小与膜层厚度呈指数关系，所以从耐疲劳的角度出发也是选用膜层最薄的 Co 基涂层为好。不仅膜层要薄，为减小热应力，涂层本身的厚度也是越薄越好，只要能够封闭好喷嘴的表面缺陷即可。由此看来，0.5mm 太厚一点，只要有膜厚的 6 倍，约 0.2mm 即足够了。涂层之前，要把喷嘴中每一个喷孔的孔径扩大 0.4mm，涂层之后正好恢复喷孔的原始尺寸，一切热工参数保持不变。为做到彻底保护，除了喷嘴的螺纹与法兰部位之外，对其余的喷孔与内外壁全有涂层。

　　燃气腐蚀试验未能引入热疲劳应力，对未涂层 Cr20Ni14Si2 试样的试验结果也未见到沿晶腐蚀迹象。为验证热疲劳应力对侵蚀破坏的作用，对两种真空熔结涂层及未涂层试样，再进行 "HCF" 热腐蚀疲劳对比试验。模拟喷嘴的工作温度，在室温~850℃之间进行急热急冷疲劳，在腐蚀介质中引入 S、O_2 联合腐蚀元素，经 1000 次腐蚀疲劳之后的试验结果如图 10-11 所示。图中显示，无论是 Ni

 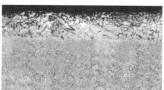 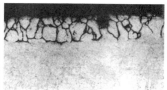

　　Ni 基熔结合金涂层　　　　　　Co 基熔结合金涂层　　　　　　Cr20Ni14Si2 试样

图 10-11　经 1000 次热腐蚀疲劳试验之后的结果（×200）

基或 Co 基熔结合金涂层，均表现出极高的抗热腐蚀疲劳性能，涂层的组织结构及涂层与基体之间的结合界面均保持原状未变。而未涂层的 Cr20Ni14Si2 试样遭受了严重的晶间腐蚀，在疲劳应力的作用下，腐蚀层破碎、松动，有些晶粒已经脱落下来。这验证了高温燃气腐蚀使喷嘴内壁早早发生沿晶开裂的事实。

10.2　内燃机活塞环

车用内燃机的发展方向是：增加马力，提高动力与体积之比；降低百公里能耗，节约燃油；减少污染，提高燃净度；安全可靠，杜绝砸缸事故；经久耐用，延长架修期，减小维修费用。这五项要求均与活塞环的质量密切相关，活塞环的密封性能关乎着前三项指标的高低，疲劳性能与断裂强度维系着气缸是否安全，耐磨性能则决定了使用寿命的长短。活塞环虽小却影响到内燃机的品级与寿命，对活塞环材质与性能的改进是既长远又迫切的追求。

10.2.1　活塞环工况及对材质的基本要求

开口活塞环一般分两层或三层嵌置于圆柱形活塞的环槽内，依靠环的弹力紧贴于气缸内壁，支撑着活塞，并随着活塞作往复运动。活塞环在腐蚀性的高温、高压燃气中工作，燃气温度高达 1000℃ 以上，活塞上的热量就靠这几支活塞环传递到气缸上去，然后由缸套内的冷却水带走。活塞带着活塞环作高速、高频的往复运动，环在槽内承受着高频、高强度的振动疲劳，环的外壁与气缸内壁之间相互快速、强力摩擦。为减小磨损，这对摩擦副全靠机油润滑，活塞环不停地往复运动也正好布匀油膜。

在这样的工作条件下，活塞环选材首先要具备耐磨、耐腐蚀性能，要有足够的弹性模量、热传导系数、抗张强度与疲劳强度，表面硬度要高，摩擦系数要低，表层最好能有一定孔隙度，以便储油。能全面满足以上性能要求的材料不好选，仅满足强度要求比较好办，但表面特性很难达到。内燃机功率不大时，已经应用的活塞环材料还真不少，常见的有铸铁、钢材、钢结硬质合金和涂、镀层复合材料等。铸铁中灰铸铁、可锻铸铁和球墨铸铁等都有制作活塞环，铸铁硬度高、耐磨性好，而且所含自由石墨能起到表面润滑作用；缺点是不耐腐蚀、冲击韧性和疲劳强度差，容易撞断甚至击碎，只能在低速、低功率内燃机上应用。钢质活塞环可用碳素钢、低合金钢或不锈钢，在高温下各种钢材的耐腐蚀性能都不够理想，耐磨性也不如铸铁；选用钢材的优点是强度好、弹性好，不会折断，比较安全，可以应用于功率较高的机型，但需要改善表面特性，以延长使用寿命。钢结硬质合金通常以钢为黏结金属，加入碳化物硬质相，经粉末冶金制成。硬度高，耐磨性好。通体有一定孔隙度，好处是可以含油润滑；但是降低了导热性，会造成活塞过热。硬度高而多孔的材料抗张强度有限，难免会断裂。以上材料与活塞环要求相关的力学性能列于表10-4。所列材料都是单一材质，各有长处但都不够全面。

表10-4　活塞环用的几种单一结构材料的相关力学性能与物理参数

| 材　料 | 弹性模量 /GPa | 强度/MPa | | 冲击韧性 /J·cm^{-2} | 硬度 （HRC） | 导热率 /W·(cm·K)$^{-1}$ |
		抗拉	抗弯			
白口铸铁	133~190	350~960	540~1200	6~10.3	39~62	12.6~15(100℃)
球墨铸铁	140~165	≥400	≥1300	≥18	≥52	35.2~37.7(100℃)
低合金钢	200~205	700~1710	—	70~120	28~52	33.4~36(100℃)
不锈钢	约210	540~1080	—	78~147	40~45	10~30(≤600℃)
钢结硬质合金	291~317	—	1400~2300	6~12	66~72	16.8~33(100℃)

活塞环的损坏机制基本上是磨粒磨损、腐蚀磨损与黏着磨损这三种磨损类型及疲劳折断与撞击碎裂这两种破碎形式。表中所列诸多单一的结构材料，均难满足全部要求。为得到强度与表面特性两全的材料，还是要借助于表面工程。以强度、韧性与弹性都比较好的钢材作为基体，在表面上复合耐磨、耐腐并能含油的涂层。

10.2.2　涂层活塞环

传统简单的办法是在钢质活塞环的外表面电镀一层硬质 Cr 镀层。镀 Cr 层的硬度较高，HRC≥60，而摩擦系数较低。镀层后活塞环的使用寿命至少可以提高2~3倍以上。问题是镀 Cr 工艺的能耗大，对环境的污染也大，为转变经济发展方式，这些都是不可取的。再一个缺点是镀 Cr 层偏脆，与基体的结合强度也差，容易开裂脱皮、造成拉缸的现象也时有发生。

用气相沉积或盐浴渗氮等方法对活塞环表面渗 N，没有高能耗与环境污染等弊端。渗 N 层硬度更高，HRC≥70，耐磨性是镀 Cr 层的 2 倍以上。渗 N 层与基体之间是牢固的扩散结合，但表层很脆，也有开裂脱皮并造成拉缸的危险。

以上两种涂层只是提高硬度，注重耐磨，未能改善润滑，没有综合效果。第三种涂层是在活塞环的摩擦表面开槽，用热喷涂的办法填入耐磨、多孔隙、可含油涂层。用于喷涂的材料很多，金属、表面硬化合金，甚至陶瓷均可选用。喷涂层的厚度范围很宽，比镀、渗涂层要大得多，通常会达到 0.2~1.5mm。喷涂层的孔隙度一般保持在 8%~15%。以火焰喷枪或等离子喷枪喷涂的金属 Mo 涂层，含油之后，绝对不会发生拉缸事故，由于 Mo 的熔点很高，也从不发生黏着磨损，由此大大提高了活塞环的使用寿命。Mo 涂层的不足之处是抗高温氧化性能很差，若在缺油或油质恶化时，磨损会加剧。这都需要在喷 Mo 时适当加入 Ni、Cr 等元素，以利改进。以等离子喷枪喷涂一种表面硬化合金粉，其化学组成（质量分数，%）是：（70Mo，5Ni，1.2Cr，5Si，18.8Cr_3C_2）[2]。粉末粒度在 7~100μm 之间。几千度高温的等离子体在喷涂过程中，有足够的热量与时间使得 Mo、Ni、Cr、Si 诸元素熔合一起，成为涂层的合金母体，未熔的 Cr_3C_2 及无数微孔则均布其中。这种涂层有效改进了纯 Mo 涂层的高温抗氧化性，而 Cr_3C_2 硬质颗粒的加入，又进一步提高了 Mo 涂层的耐磨性。为得到更好的热稳定性、更好的耐磨与耐腐蚀特性，以及更低的摩擦系数与黏着系数，可以直接喷涂金属陶瓷或纯陶瓷。例如，有一种活塞环喷涂了铁淦氧陶瓷涂层。陶瓷涂层最大的好处是不氧化、不黏钢，即使在缺油的情况下，也不会发生黏着磨损；缺点是陶瓷层极易破碎。热喷涂层通体含油，润滑极好；但通体孔隙也损害了涂层的结构强度，还损害了涂层与基体之间的结合强度，这两条缺憾使热喷涂层的应用价值大打折扣。

理想措施是把涂层的通体孔隙改变成只存在表层孔隙，仍能保持整体涂层的高强度及与基体之间很高的结合力。这就应采用第四种涂层方法，也是先在活塞环的摩擦表面开槽，然后以熔结涂层来代替热喷涂层填入槽内，效果十分理想。熔结涂层配方与前述等离子喷涂的表面硬化合金粉一样，也是以 Cr_3C_2 硬质相及 Ni、Cr、Si 诸合金元素所强化的金属 Mo 涂层。配方相同而涂层工艺不同时所得结果会有很大差异。当采用等离子喷涂工艺时，除了 Cr_3C_2 之外，所有其他的合金粉末均熔成珠滴，熔珠裹携着 Cr_3C_2 颗粒一起高速冲向基体，在基体表面上打成扁平熔珠，冷却时凝固、堆砌而成涂层。这就是所有热喷涂层的形成机制，在凝固、堆砌过程中无可避免会留下堆砌孔隙。孔隙在涂层中由表及里均匀分布，是一种通体孔隙，可以含油；但必然损害了涂层的结构强度，及涂层与基体之间的结合力，在活塞环的冲击负荷下这种涂层强度不够、易碎易裂，使用寿命不会很长。

熔结合金涂层一般都是致密涂层，若特意设计成表层多孔时，不是如热喷涂那样的堆砌孔隙，而是利用涂层配方中某挥发性元素所形成的爆发孔隙，该元素在涂层熔液中挥发时，挥发气泡必然上浮，只要冷凝及时即可获得表层孔隙。这里的技术关键有两条：一是爆发及时，二是冷凝及时。"爆发及时"需要把涂层合金的熔融温度与挥发元素的爆发温度一前一后选配得当。"冷凝及时"取决于熔结制度，要掌控好熔结的热量与时间。合适的熔结方法有两种：一种是氩气保护下的激光熔结，另一种是真空条件下的电子束熔结。具体熔结过程与工艺参数在第 1 篇里第 4 章的 4.5.2 小节中已有详细叙述。在（70Mo，5Ni，1.2Cr，5Si，18.8Cr_3C_2）配方中，Si 粉即是非常理想的挥发性元素。用临时黏结剂与涂层合金粉调成涂膏，并填满在活塞环摩擦表面所开的槽中，烘干之后以高密度能源进行扫描熔结，即可得到表层多孔的熔结涂层。气孔集中于涂层的表层，并在涂层的全面积上分布均匀，测出气孔尺寸≤80μm。熔结涂层活塞环的断面结构如图10-12所示。图中熔结涂层的总厚度是1.5mm，多微孔表层厚约0.3mm，约占到总厚度的20%。虽然有极少数微孔深入到了距表面0.7mm的涂层深处，约占总厚度80%的涂层内层仍是致密金属。整个涂层的自身强度很高，在测试中能够承受高于活塞环的正常负荷800~1000N/cm^2。涂层致密内层的显微硬度高达HV 800~1000。

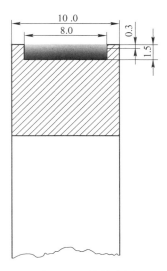

图10-12 熔结涂层
活塞环的断面结构

这样的熔结涂层活塞环具有活塞环所需全面的力学性能与物理参数，其结构强度、冲击韧性与弹性模量等指标与钢环相当。Mo合金材料的导热性能优于钢材，其硬度与耐磨性指标已接近钢结硬质合金，表层孔隙含油润滑与等离子喷涂环的含油功能无异，而熔结涂层与基体之间的结合强度要比等

离子喷涂环高得多。以同样的涂层配方、以同样的摩擦条件进行对比考核试验，当累计摩擦了27km时，等离子喷涂活塞环因表面磨损量较大又涂层与基体间界面开裂而退出试验；此时熔结涂层活塞环的磨损量只及等离子喷涂环的1/4，且涂层本体及与基体的结合界面均完好无损，可以继续试用。

10.3 内燃机排气阀

排气阀是量大面广的重要配件，其工作可靠性直接影响到内燃机的输出功率。用一般气阀钢制造的排气阀，若未经阀面强化处理时寿命很短，汽油机约行驶十万公里时排气阀即行报废。柴油机排气阀只运行1000h，就必须停机检修，方能继续使用。

排气阀寿命不长的主要原因，很一贯也很明确，是在阀面上的落座面内，过早产生了侵蚀凹坑，俗称"麻坑"。落座面上一旦出现麻坑，密封变差、汽缸就会漏气、功率开始下降、油耗必然增加。不仅如此，漏气处还势必会造成局部温度过高，侵蚀与磨损进一步加剧，最终导致排气阀密封失效。麻坑的出现并不因机种、油品或阀材的不同而有无，它是在高温燃气侵蚀与多种疲劳应力作用下，表层磨损的一种特殊形式。这种形式在内燃机上普遍存在，而在别处并不多见。它直接损害了内燃机的动力与经济指标，必需研究解决。

10.3.1　排气阀"麻坑"的形成机理

对排气阀"麻坑"机理的分析，于手头尚无对口的资料可循。只见到 20 世纪 70 年代，英国学者 A. S. Radcliff 等人，曾对 21-4N 钢质汽车排气阀的烧损原因作了实样分析，认为汽车排气阀烧损的腐蚀形式，与在海洋气氛中操作的锅炉及燃气轮机，由燃烧产物中的 Na_2SO_4 所引起的热腐蚀很相像。而燃气中氧化铅灰分、卤化物离子及富 P 化合物的存在，均又加重了腐蚀进程。无疑这对认清汽车排气阀的腐蚀类型是一宝贵启示，但是还解释不了"麻坑"的成因，因为排气阀的整个阀头都遭受着燃气热腐蚀，而唯独只在阀面中线部位的落座面上才出现"麻坑"，这显然表明单就热腐蚀是出不了"麻坑"的，落座面上所承受的落座冲击力等力学因素不可忽略。无论对腐蚀的还是力学的各种侵蚀因素都要具体分析，有共性也有差别，比如从"麻坑"的坑形上看，汽油机"麻坑"是相对比较深的陷坑，而柴油机"麻坑"是相对比较浅的碟坑。二者成因基本相同，但微观机制还略有差别。

10.3.1.1　汽油机排气阀的"麻坑"机理

在公路运行已达 71863 km 的 EQ6-105 型汽油机上取样检测。样品排气阀门阀头部位的实物照片如图 10-13 所示。麻坑数量很多、大小不一、形状也极不规则。麻坑排列无序，但无一例外地全部集中在阀门与阀座相接触的落座面内。这张照片说明两点：其一，麻坑的成因不仅由于燃气腐蚀，必定还与气阀的落座撞击力有关；其二，撞击力作用于整个落座面，但致坑的腐蚀介质并不连续，是散布的，显示一种分散性局部腐蚀。

把麻坑区的细微面貌放大了 210 倍的扫描电镜照片，如图 10-14 所示。所看到的是覆盖在阀面上的、坑洼不平、支离破碎的腐蚀保护膜。经能谱分析，膜的元素组成有：O_2、P、S、Na、Pb 与 Cr、Mn、Fe、Zn 等元素，显然是长时间遭受高温燃气腐蚀的结果。这一步分析也说明两点：其一，撞击力未能把整个腐蚀保护膜从气阀钢表面上剥离下来，而只是选择性地使那些已受到局部腐蚀、为数

图 10-13　阀头"麻坑"实物照

图 10-14　腐蚀保护膜形貌（×210）

众多、大小不一且疏松、酥脆的膜屑脱落成坑；其二，除了氧化之外，还有 P、S、Na、Pb 等元素参与了腐蚀，这提示已经具备了发生热腐蚀的先决条件。

从图 10-14 左上角拍摄放大倍数更高的扫描电镜照片，如图 10-15 所示。照片清楚表明了大小不一、厚薄不同的膜屑，从膜层上脱落成坑的情景。最大一块膜屑（20~30μm）已翻出坑外，其他膜屑有的在坑边，有的还在坑底，这情景说明随着高频率的撞击震动，膜屑不断产生，逐步脱落，最终被击成粉末后随燃气排出机外。

从图 10-14 右下角拍摄一个高倍放大的麻坑扫描电镜照片，如图 10-16 所示。这是一幅比较清楚的麻坑形貌图，腐蚀保护膜分层、破碎、脱落成坑。分层特征说明气阀钢（属于耐热钢）的表面膜层比普碳钢的膜层致密，在高温燃气下有一定的防护能力。因为没有防护能力时，腐蚀介质自由渗入，腐蚀膜不断增厚，疏松堆积、不会分层。当膜层有一定保护能力时，随着膜层的增厚腐蚀介质的渗入越来越难，甚至会渗而不入，膜层越厚韧性越差，待到撞击破裂之时，腐蚀介质重新侵入，开始形成第二膜层，如此循环深入，最终见到开裂、破碎而多层的腐蚀保护膜。照片清楚表明麻坑是由腐蚀保护膜开裂、破碎、层层脱落而成。于麻坑底部仍能见到腐蚀保护膜而不是基体金属，这说明落座撞击力的应力水平只够损毁膜层，未能伤及基体金属。

为看清楚基体金属的表面状态，取麻坑区一块试样，在 15%NaOH 加若干 Zn 粒的水溶液中煮沸 1h，除净了腐蚀保护膜后拍摄的扫描电镜照片，如图 10-17 所示。图上明显散布着几处细碎的龟裂斑痕。能谱分析龟裂碎块的主要元素组成是：Fe、Cr、Mn、Ni 和少量的 S，这与所用 21-4N 气阀钢的化学组成（0.5C，21Cr，9Mn，4Ni，0.2Si，0.4N，余 Fe）相吻合，S 显然来自腐蚀介质，把能谱打在龟裂缝中也有 S；而打在斑痕之外的任何地方时，却未发现有 S。这有力地证明了致坑的腐蚀介质并不连续，而是散布的，是一种分散性局部腐蚀。龟裂斑痕应可视为麻坑浸蚀向深部发展的先导环节。另外，在斑痕之间的金属表面上既

图 10-15　膜屑脱落成坑　　　图 10-16　麻坑形貌图　　　图 10-17　金属表面照片

　　　（×1050）　　　　　　　（×2100）　　　　　　　（×1050）

没有 S，也没有看到任何形式的疲劳条痕，这一点充分说明了所有疲劳应力均未能造成对基体金属本身的直接伤害。

　　麻坑以及对麻坑下基体金属表面的正面视图均已看得比较清楚，为了解麻坑的深部情况，必需观察麻坑的侧面剖视图，并对麻坑下面基体金属的深部进行必要的检测。图 10-18 所示是麻坑横截面的金相照片。试样抛光后用苦味酸酒精溶液浸蚀。坑内金属遭受腐蚀介质与疲劳应力的联合浸蚀，已全部变成了疏松、破碎的腐蚀产物。紧挨麻坑底部是基体金属已经变质的浸蚀延伸带，已经受到腐蚀介质的腐蚀，

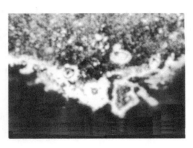

图 10-18　麻坑剖面图（×200）

但却不被金相浸蚀剂浸蚀，呈现为明显的白亮带，平均厚度约 3.0μm。白亮带下面是尚未受到浸蚀的，基体金属原有的奥氏体组织。21-4N 钢中的奥氏体组织靠 Mn、Ni 与 N 等元素来稳定，由于腐蚀介质的浸蚀，使白亮带耗损了这些元素而转化成为铁素体。因为铁素体要比奥氏体软得多，这一转化机制可借测定各带的显微硬度来加以验证，见表 10-5。

表 10-5　麻坑下基体金属各带的显微硬度

测定部位	白亮带（浸蚀延伸带）	基体金属原奥氏体组织
显微硬度 HM/MPa	约 280	464，485

　　麻坑底部形貌凹陷入基体深处，若算上延伸浸蚀的白亮带，那就陷入更深了。汽油机麻坑的腐蚀形貌可以称之为"陷坑腐蚀"。为搞清楚陷坑腐蚀的化学实质，必需详细分析坑内的腐蚀产物。对一个完整麻坑的横截面进行电子探针的面扫描分析，如图 10-19 所示。左图是完整麻坑的金相照片，是 1∶10 的斜剖面，照片右侧保留有一段非麻坑区的腐蚀保护膜。右图是左图全貌的面扫描分析照片。

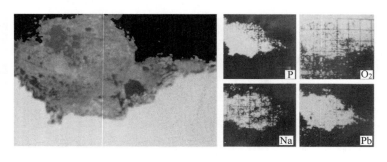

图 10-19　麻坑横截面的电子探针面扫描分析照片

所扫描的元素并非只是 P、O_2、Na、Pb 四种，包括对所有的腐蚀元素与基体的主要元素都作了面扫描，扫描结果整理于下：

(1) P 分布于整个麻坑，应注意坑底偏高，而非麻坑区基本上没有。

(2) O_2 也分布于整个麻坑，而应注意坑表偏高，非麻坑区也高。

(3) S 聚集于麻坑腐蚀堆积物的表层，其他部位也有，但是极少；而非麻坑区基本上没有。

(4) C 在腐蚀产物及保护膜中计量极少，仅与金属本体相当。

(5) Na 的分布与 P 完全一致。

(6) Pb 与 Zn 一样，分布于整个麻坑，非麻坑区基本没有。

(7) Mn 均布于整个麻坑及非麻坑区膜中，而在坑下的基体金属表层中明显失 Mn。

(8) Cr 与 Fe 一致，主要分布于非麻坑区膜中，在麻坑底部只有少量存在。而于坑下的基体金属表层亦有失 Cr 耗 Fe 现象。

汽油本身只是高分子 C、H 化合物。这么多腐蚀元素是来自汽油的改性加入物，如作为防爆剂而加入的四乙基铅和为了燃烧后能把 Pb 带走而加入的卤化物等。当然，有些加入物，如 Cl 或 Br 等元素不可能残留于燃烧产物，是检查不到的。

通过以上分析可以最终肯定，麻坑的腐蚀形态是分散性的局部腐蚀。因为 P、S、Na、Pb 与 Zn 等所有参与腐蚀的元素全都聚中在麻坑之中。而在非麻坑区厚约 $1.8\sim2.6\mu m$ 的膜层内，只有 O_2 以及 Cr、Fe、Mn 等基体金属的主要元素。这一事实充分体现了耐热钢表面上有一层薄薄的复合氧化膜，该膜具有一定的抗高温氧化与抗落座撞击应力的能力。复合氧化膜虽薄，但足够致密，燃气不会继续透入。氧化膜层越薄，则柔韧性越好，能够抵抗疲劳应力；但是一旦有腐蚀元素散落于氧化膜时，原来致密、柔韧的膜质就会疏松、增厚、变脆，膜层变质后在撞击应力作用下势必会出现麻坑，这就是麻坑的形成机制。

腐蚀元素是如何使氧化膜变质的？需要进一步分析清楚。从三支行驶了七万多公里的 6-105 型排气阀的阀颈部刮取燃烧沉积物，进行 X-光衍射分析。沉积物主要组成是 $Ca_4H_2(PO_3)_6$，其次是 $NaZnPO_4$、$Pb_2P_2O_7$、$Na_3Ca_6(PO_4)_5$、PbS 与少量 ZnS、$\delta\text{-}Ca(PO_3)_2$。这些都是首先氧化，而后硫化与磷化反应的燃烧生成物。其中五种腐蚀元素都有，唯独没有 C 的痕迹。这说明燃气氛围是偏氧化性的。没有 C 就还原不出初生态 S，活性不高的 S 不可能向膜层深部渗透，这就是 S 只聚集于麻坑腐蚀堆积物表层的缘由。去了 S，汽油机燃气腐蚀的主角应数各式磷酸盐。再根据图 10-19 的面扫描分析，沉积物中的 Ca 并未参与麻坑腐蚀，那么三种钙盐也应排除，最后的燃气腐蚀剂就只剩下 $NaZnPO_4$ 与 $Pb_2P_2O_7$ 两者。

磷酸盐腐蚀剂以何种机制腐蚀气阀？首先，要搞清楚磷酸盐在燃气中处于何种状态。6-105 型内燃机排气阀的工作温度是 780~820℃，磷酸盐 $Pb_2P_2O_7$ 的熔化温度也是 820℃，而 $Pb_2P_2O_7$ 与 $NaZnPO_4$ 混合后的共熔温度肯定要低于 820℃。由此，磷酸盐在燃气中是处于熔融的液体状态而不是固态。熔融的磷酸盐珠滴分散黏附于阀头表面，强烈地溶解阀表的氧化保护膜，使膜层增厚、变质、变脆，转化为不再有保护能力的腐蚀膜。此时在气阀落座撞击疲劳应力的作用下，腐蚀膜层层破碎、脱落、形成麻坑。熔盐腐蚀剂深入坑底，并进一步损耗基体表层的合金元素。工件在含有熔盐或熔剂化合物的高温燃气与反复疲劳应力的联合作用下，所造成的表面磨损，称之为热腐蚀疲劳磨损。汽油机排气阀的磨损机制与热腐蚀疲劳磨损的定义完全相符。

有腐蚀性的磷酸盐，也达到了让磷酸盐熔化的工作温度，发生热腐蚀的先决条件与必要条件统统具备，汽油机排气阀麻坑腐蚀的性质是一种典型的磷酸盐热腐蚀。再从腐蚀形貌来看，麻坑腐蚀膜疏松、多孔、破碎，腐蚀膜与基体金属之间的交界面很不规则，基体金属表层的合金元素严重耗损，这些形貌特征都是发生了热腐蚀的有力佐证。

坑内腐蚀膜因黏上磷酸盐而变得疏松、易碎，但必须遭受外力才能脱落。外力有三种：其一是阀头裙部与芯部之间温差所形成的径向热应力；其二是因发动机变速或阀头与阀座开合所造成的冷热疲劳应力；其三是阀头落座撞击所产生的机械疲劳应力。前面已分析过两种热应力均不足以破膜成坑，唯有落座撞击疲劳应力才是致坑的关键因素。尤其在机震情况下，气阀的闭合速度会高出常规 4 倍之多。计算出在非震动情况下，汽油机的撞击负荷会达到 $3.0kg/mm^2$ 以上。

10.3.1.2 柴油机排气阀的"麻坑"机理

分析取样采用 6-135 型柴油机排气阀门，已运行了 700 多小时，落座面上已满是麻坑，气阀头部的实物照片如图 10-20 所示。与汽油机阀头麻坑相比，外观、坑形、部位、布局等均基本相同，只是柴油机气阀的麻坑尺寸比汽油机的要稍大一些，在图 10-21 放大了 3 倍的实物照片上可以看得更为清楚。把麻坑区进一步放大了 30 倍的金相照片，如图 10-22 所示。图上黑色部分都是麻坑，坑口外形各不相同、也很不规则。有的麻坑内壁还附有一层尚未脱落的深灰色腐蚀保护膜，而在多数麻坑中已经脱落。这种图像提示着，麻坑是在不停地扩展之中。

图 10-20 柴油机阀麻坑

图 10-21 放大 3 倍麻坑 （×3）

待深灰色膜层脱落时麻坑的面积（和深度）就进一步扩大了。包围着麻坑的白亮表面是暂未受到严重浸蚀，尚基本保持完好的阀面，但为数众多的初蚀斑点亦已清晰可见。

图 10-22　麻坑金相照片（×30）

图 10-23 展示了两幅麻坑底部的形貌照片。左图是坑底腐蚀膜的金相照片，是总体平坦的分层台地结构。聚焦清楚处较低，模糊处稍高。右图是在坑底清除掉腐蚀膜后，露出基体金属表面的扫描电镜照片，总体上也是平坦的分层台地结构。原始表面尚存，蚀损层稍低。此图说明两点：其一，麻坑只存在于腐蚀保护膜层，未能透过麻坑直接见到基体金属；其二，麻坑形貌与汽油机不同，口大底浅，坑底比较平坦，像是一种碟形麻坑。由此坑形推断，柴油机不存在液态浸蚀剂的剧烈溶解浸蚀，而只有气态腐蚀剂的渗透腐蚀。

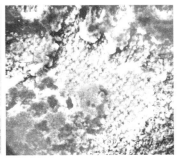

坑底腐蚀膜金相照片（×630）　　　　坑底金属表面电镜照片（×1050）

图 10-23　麻坑底部形貌照片

图 10-24 所示是麻坑横截面的金相照片。坑形的确是口大底浅的碟形麻坑，坑内堆集着疏松的腐蚀产物，两坑之间阀面上的氧化保护膜显得薄而致密。对坑内堆集的腐蚀产物进行电子探针定性分析，显示出坑内主要的

图 10-24　柴油机麻坑横截面（×200）

腐蚀元素除了 S、O_2 之外还有 C，但是没有汽油机中的 Na。当然还有被腐蚀基体，4Cr10Si2Mo 钢（0.4C，10Cr，≤0.5Ni，2.25Si，≤0.7Mn，0.8Mo，余 Fe）中的主要合金元素 Cr 与 Fe。腐蚀元素 S 与被腐蚀的合金元素 Cr，这两者在坑内外膜中的分布情况见表 10-6。

表 10-6　在坑内外膜中 S 与 Cr 的分布情况（取 10s 钟的脉冲计数）

元素 ＼ 部位	麻坑表层	麻坑底层	非麻坑落座面	本　底
S	682	7728	338	115
Cr	9945	8500	8048	75

　　麻坑底部 S 元素的脉冲计数比表层高出 11 倍多，更比非麻坑区要高出 22 倍以上。Cr 元素在各处的脉冲计数则基本相当。这说明非麻坑区保护膜中含有很高的氧化铬，基本上无 S 或少 S。再是坑表 S 也不多而 Cr 却很高，也应是以氧化铬为主的腐蚀保护膜，只因膜已破碎，让 S 浸入膜下继续浸蚀基体。S 化物在氧化物下面，是 S、O_2 联合腐蚀的典型特征。为显示 O_2 元素的实际分布情况，相关的 O_2 元素电子探针面扫描照片如图 10-25 所示。在非麻坑区膜层及麻坑表层中 O_2 都很高，而在坑底 O_2 明显偏少。

图 10-25　O_2 元素分布图 （×250）

　　用酒精清洗，除去阀面的油垢附着物后，拍摄气阀落座面上麻坑区与非麻坑区的电镜照片，如图 10-26 所示。左图显示麻坑区腐蚀保护膜层层开裂破碎、脱落成坑的情景。右图放大到很高倍数，显示出非麻坑区表面微观的塑性变形带。因条纹不清、宽窄不匀，且未见疲劳裂纹，故未称之为疲劳条纹。照片说明两点：其一，气阀落座撞击的疲劳应力，足以击破已腐蚀变质的氧化保护膜，膜破碎后 S 浸入膜下继续浸蚀基体，在破损的氧化膜下面又形成了以硫化物为主的疏松腐蚀膜。在疲劳应力不停地作用下，整个腐蚀保护膜进一步破碎、脱落成坑。其二，撞击疲劳应力击不破非麻坑区尚未遭受浸蚀、薄而坚韧的氧化保护膜，而只是形成了极为微观的、纹间距仅有 0.5μm 的塑性变形带。上节已论证过阀头的

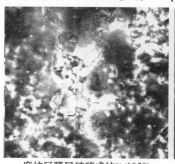

麻坑区膜层破碎成坑(×1050)　　　非麻坑区的变形带(×5250)

图 10-26　气阀落座面上麻坑区与非麻坑区的电镜照片

热应力不足以破膜成坑，唯有落座撞击疲劳应力才是致坑的关键因素。当 6-135 型柴油机转速为 2200r/min 时，排气阀门的整个落座面将承受 2000kg 撞击负荷，若以 $\phi50mm \times 1.5mm$ 的落座面积计算，则柴油机气阀的撞击应力是 $8.4kg/mm^2$。此力的大小超过了阀头上腐蚀保护膜的结构强度与结合强度，但远低于 4Cr10Si2Mo 气阀钢的屈服强度。在 600℃ 工作温度下 $\sigma_{0.2}=37.5kg/mm^2$。由此可知，气阀所承受的应力水平远不足以造成金属本体的疲劳损坏，而表现为一种表层（指表面的腐蚀保护膜层）疲劳破坏特征。

为验证未有熔盐参与浸蚀，对阀头的燃烧沉积物作 X-射线粉末照相，虽然柴油机的燃烧沉积物十分复杂，但可以肯定其中的 80% 都是 $CaSO_4$ 和 $BaSO_4$ 等碱土金属硫酸盐。并发现了残留于沉积物中、尚未烧尽的 C，而且麻坑中 C 比坑外要高。经查 $CaSO_4$ 的熔点高达 1450℃，$BaSO_4$ 的熔点更高达到 1580℃。显然柴油机中不可能出现熔盐，也不可能发生熔盐热腐蚀。但是 C 的存在使碱土金属硫酸盐发生了还原反应。$CaSO_4$ 在 816℃ 和 $BaSO_4$ 在 600℃ 下被 C 还原而释放出腐蚀性极强的活性 S，它与含 S 燃气一起通过腐蚀保护膜上的微观缺陷，渗透到氧化物层下面，发生了加速氧化的 S、O_2 联合腐蚀。这种机制的腐蚀强度比熔盐热腐蚀要轻，反映到麻坑的形貌上，汽油机是浸蚀较深的陷坑，而柴油机是较浅的碟坑。反映到腐蚀保护膜的损坏程度上也有所不同。汽油机腐蚀保护膜层层脱落，一破到底，浸蚀还使露底金属的表层发生了晶型转变。柴油机腐蚀保护膜也层层脱落，但未一破露底，残留膜层尚余一点保护能力。

在浸蚀机制上虽然稍有不同，但无论汽油机或柴油机，其麻坑形成过程的起始点都是一样的，都是由于氧化保护膜因局部受到腐蚀介质的熔盐或活性 S 的浸蚀而变质、增厚、变脆，然后在撞击疲劳应力作用下破裂、脱落、成坑。无论是 21-4N 还是 4Cr10Si2Mo 气阀钢，其表面氧化保护膜的高温化学稳定性都不够要求。因此，阀面氧化保护膜的优选或改进应是解决麻坑问题的切入点。

10.3.2　气阀表面氧化保护膜的优选试验

阀钢的优化空间已非常有限，阀面氧化保护膜的改进实际上只能指望涂层。像保护涡轮喷气发动机部件那样，直接采用纤薄的玻璃陶瓷涂层，对于排气阀门并不对路，因为玻陶涂层能抗火焰冲刷，但抵御不了撞击。能抵抗机械撞击负荷的氧化保护膜必需纤薄、致密、坚韧，还要有自愈能力，这只能借助于耐磨、耐腐蚀的合金涂层。

为解决内燃机喷嘴的涂层问题，曾采用如图 10-9 所示的燃气腐蚀试装置。对于腐蚀与疲劳两大致损因素，该装置只着重体现出腐蚀，而疲劳应力未能模拟出来。为复制内燃机排气阀上的腐蚀与疲劳两大工况，我们设计研制了一台如图 10-27 所示的 "HCF 型热腐蚀疲劳试验机"。涂层好的气阀可以拿到内燃机台架上直接进行试车考核，而涂层的选材阶段还是要在腐蚀疲劳试验机上进行筛选。

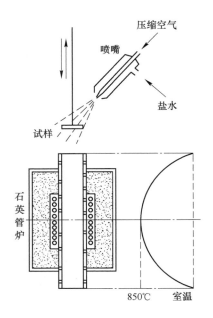

为了兼顾汽油机的熔盐热腐蚀与柴油机的 S、O_2 联合腐蚀，在试验用腐蚀剂的选择上，要既能体现出熔盐又能释放出活性 S 来参与腐蚀。为此采用了典型的热腐蚀剂，即 10%NaCl+90%Na_2SO_4 混合盐。至今，热腐蚀疲劳试验尚无统一的评价标准，为此只能把试验钢材与合金涂层进行直接对比。为内燃机排气阀的合金涂层选材时，整个试样以耐热钢为基材，尺寸是 $\phi20mm\times3mm$，以中心线为界分左右两半，若左半熔结上厚度为 170～200μm 的全包复合金涂层，则右半仍是裸露的基体钢材，如图 10-28 所示。由自控操作的机架带动试样，自石英管炉口外至炉芯作周期性上下往复运行。炉管内是氧化气氛，炉温与排气阀工作温度相符，恒温在 850℃。

图 10-27　HCF 试验机运行图

试样运行周期是下降到炉内保温 3min，使试样达到并稳定于 850℃；然后上升至炉口外冷却 2min，以 2～4kg/cm^2 压缩空气对准红热试样喷吹饱和盐水，使之冷却到 200℃，上升与下降的时间可以忽略不计。如此循环往复 1000 个周次后拆检试验结果。由于 NaCl 的蒸气压大大高于 Na_2SO_4，所以在每一个往复周期中都要对试样喷洒一次新的盐水。当试样由红热而降到 200℃时，在试样表面附着了一层白色盐膜。试样带着盐膜再次进炉后，重新升到 850℃高温，此时黏附的盐膜熔融并对试样进行热腐蚀。

试验中的疲劳应力除了 200～850℃的温差热应力之外，盐水在红热试样表面蒸发所引起的冲击张应力对试样表面保护膜的破坏作用更大，尤其是冲击在保护膜的微观缺陷中时会把膜层楔裂。试验用涂层合金是 Ni-81 与 Co-8 两种涂层合金（化学组成见表 1-1）。试验钢材是 21-4N 与 4Cr10Si2Mo 两种气阀钢。

图 10-28　HCF 试样

热腐蚀疲劳的损坏情况与一般燃气腐蚀情况大为不同。在 10.1.2 小节中做过燃气腐蚀试验，无论是基材或涂层表面的腐蚀保护膜虽有疏松与致密之分，但均未剥落。而在 HCF 型热腐蚀疲劳试验机上，如图 10-28 所示的试样经 1000 周次热腐蚀疲劳试验之后，结果如图 10-29 所示。图中右半部耐热钢基材表面的腐蚀保护膜已严重浸蚀损坏、破碎剥落；而左半部合金涂层表面的腐蚀保护膜则完好无损地保留着。下方是试样的横断面，左半部因有涂层保护，保留着原始厚度；而右半部无涂层保护，连腐蚀保护膜带基体一起受损，已明显缩小减薄。这枚试样是 4Cr10Si2Mo 耐热钢基体与 Ni-81 合金涂层。以厚度受损百分数来表示 1000 周次热腐蚀疲劳对涂层与基材的浸蚀率：涂层是 0%，而基材是 32%。把右半部横断面放大的金相照片示于图 10-30。图中右部是尚未脱落的、层状的腐蚀产物带，呈溃疡状的中部是内部浸蚀带，左部白色区是未及浸蚀的基体。

图 10-29　HCF 试验 1000 次试样照片

图 10-30　基材浸蚀断面（×50）

　　为搞清楚腐蚀性元素向基体内部浸入的情况，对基体部位横断面自左至右进行电子探针线扫描分析，如图 10-31 所示。在厚厚的腐蚀产物带中富 O_2、富 S、富 Cr（其实还富 Fe，见面扫描照片，如图 10-32 所示），各自的含量起伏波动较大，真实描绘了腐蚀产物带的层状构造。内部浸蚀带在基体金属表层，厚约 $75\mu m$，由于腐蚀产物带消耗了大量的 Cr，致使表层贫 Cr，造成

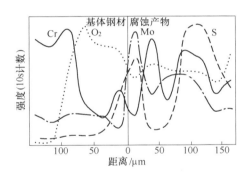

图 10-31　4Cr10Si2Mo 基体剖面元素分布

O_2、S 先后浸入。未及浸蚀的基体仍旧保持着高 Cr 含量。另有一个特征，即在基体外表富集了难熔金属强化元素 Mo，这说明 4Cr10Si2Mo 的热腐蚀类型应当属于所谓的"酸性溶解"机理[2]。图 10-32 中的 SC 是被扫描部位的吸收电子像，其他均标明了扫描元素，这些面扫描照片形象地表明了腐蚀产物带的层状构造，也证明了全位富 Fe。

　　再从热腐蚀破坏的特征来看，一般认为若在保护氧化膜的下面能够找到硫化物，这就说明合金是遭受了热腐蚀。因为腐蚀元素 S 通过保护膜的扩散速率要比 O_2 的扩散速率大得多，所以硫化物总是在氧化膜的下面。但是 HCF 热腐蚀疲劳试验突破了这一传统的概念，当合金表面全是疏松破碎的腐蚀产物而根本不存在完整的保护膜时，氧化却总是先于硫化而发生，也就是说氧化物总是跑到了硫化层的下面。这是因为无论 S 或 O_2 都无需通过扩散，而可以直接侵入到腐蚀产物

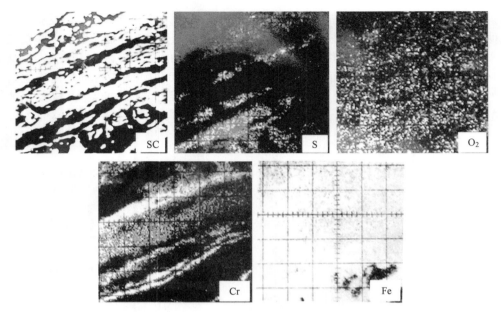

图 10-32 4Cr10Si2Mo 表面腐蚀产物带的面扫描照片

带下面的基体金属表面。这时由于氧化物的生成自由能要比相应硫化物的生成自由能低得多，所以氧化就优先于硫化而发生了。

对涂层部位横截面也进行电子探针线扫描分析，如图 10-33 所示。曲线表明在涂层表面确实是一层薄薄的致密保护膜；而没有粗糙、分层的腐蚀产物带。Ni-81 合金涂层表面保护膜厚约 65μm。膜分内外两个层次，靠外厚约 40μm 的膜层看似以 NiO 为主，未能挡住 S 的渗入。靠内紧贴涂层合金表面的 25μm 膜层应是 NiO 与 Cr_2O_3 的复合氧化膜，显然比较致密，真正起到了保护膜的作用，最终挡住了 S 的继续浸入。Co-8 合金涂层的表面保护膜厚约 30μm，是 Co、Cr 二元素的复合氧化膜，又薄又致密，质量比 Ni 基涂层的保护膜更优，腐蚀性元素 S 一点也未能渗入。

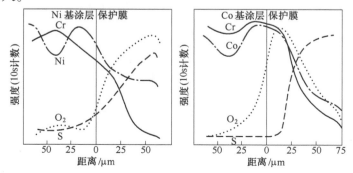

图 10-33 涂层部位横截面的电子探针线扫描分析曲线

一般认为热腐蚀的本质是由熔融的碱金属硫酸盐所引起的一种加速氧化现象。热腐蚀的发生均自表面氧化膜的破裂而开始，进而 S 透过氧化膜使得合金基体遭受严重热腐蚀。所以合金抗热腐蚀性能的好坏，全在于其表面氧化膜的优劣。为排气阀选择合金材料，实质就是要优选其表面氧化膜，以上试验的结果已对比性地阐明了这点。表 10-7 列出了对基体与涂层的表面腐蚀产物与表面保护膜的 X-光衍射分析结果。结果表明 Co 基与 Ni 基合金涂层表面氧化保护膜的主相都是致密、稳定的尖晶石薄膜。尤其 Co-8 涂层的尖晶石保护膜更纯、更薄。这种保护膜在熔融的碱金属硫酸盐中基本上不被溶解，有效阻挡了熔盐热腐蚀的发生。4Cr10Si2Mo 耐热钢本有中等程度的抗氧化与耐腐蚀能力，但在熔盐与疲劳应力的联合作用下，氧化膜未起保护作用，被浸蚀成了厚厚的，疏松破碎的腐蚀产物。

表 10-7 对热腐蚀疲劳试验 1000 周次后涂层的保护膜及基体的腐蚀产物作 X-光衍射分析

试样的分析部位	检出主相（按线条强度递减列出）
Co-8 合金涂层的保护膜	$CoO \cdot Cr_2O_3$
Ni-81 合金涂层的保护膜	$NiO \cdot Cr_2O_3$，NiO
4Cr10Si2Mo 基体的腐蚀产物	$(Cr, Fe)_2O_3$，$\alpha\text{-}Fe_2O_3$

为顾及汽油机中 Pb 元素对腐蚀选材的影响，也做了抗 PbO 腐蚀试验。把熔铸的涂层合金试块与同尺寸的基体金属试块放在 850℃ 的 PbO 熔浴中，保温 30min，随炉冷却至 200℃ 出炉，再冷却至室温后用 15% 醋酸浸泡，彻底清除掉试块表面的腐蚀产物后晾干称重，计算出失重腐蚀率，列于表 10-8。抗 PbO 腐蚀 21-4N 比 4Cr10Si2Mo 要好，这也可能是汽油机选用 21-4N 钢的原因之一。涂层合金的耐腐蚀性能要比两种耐热钢高出好几倍。至此，所有腐蚀与腐蚀疲劳的选材试验都已表明：Co 基与 Ni 基合金涂层的耐腐蚀与耐热腐蚀疲劳性能都比 4Cr10Si2Mo 及 21-4N 等耐热钢要优越得多，以这些涂层来解决内燃机排气阀的麻坑问题，应该是有希望的。

表 10-8 涂层合金与基体金属的抗 PbO 腐蚀试验结果

试 样	Ni-81 涂层合金	4Cr10Si2Mo	21-4N
850℃、30min 腐蚀率/mg·mm^{-2}	0.151	0.974	0.455

10.3.3 涂层排气阀

至今已了解的涂层气阀有：固渗气阀、高频冷凝焊气阀、等离子堆焊气阀和真空熔结气阀四类。所用涂层是热扩散涂层、堆焊涂层与熔结涂层三种。

　　"一汽"在 1973 年试过固渗涂层气阀。所试车型是解放牌载重汽车，气阀头
部材料用 4Cr10Si2Mo 耐热钢。先以电泳方法在阀
面均匀沉积一层 Al、Cr 粉层，然后经 950～980℃
扩散处理，形成一层厚约 0.1～0.14mm 的合金扩
散涂层，测定涂层硬度约为 HV214～345。涂层气
阀用含有 0.4%S 而不含 Pb 的 77 号汽油进行台架
试车，试车仅 86h 即在气阀落座面上产生了严重
麻坑，如图 10-34 所示。对涂层横截面进行高倍金
相观察，发现涂层有许多贯通性的缺陷与裂缝。

图 10-34　渗 Al-Cr 阀麻坑

　　堆焊涂层气阀的应用单位很多。早先以高频感应加热来堆焊气阀，先预制好
Ni 基或 Co 基涂层合金圆环，环的尺寸大小正好可以套放在阀面开好的槽内，然
后在惰性气体或钎料保护下，进行快速感应加热，熔凝成堆焊涂层气阀。这种工
艺虽然也能制造出高质量的涂层气阀，但由于感应热能难于精确掌控，堆焊成品
率极低，往往不足 30%，难以稳定投产。后来普遍采用等离子热源，把堆焊成品
率提高到 50%～70% 以上。再用上自动化生产线后成品率可提高到 90% 以上。堆
焊气阀是可以普遍投产，但堆焊工艺固有的不足，如稀释问题、使用寿命尚嫌不
够和用料偏多等问题均有待于进一步研究解决。

　　真空熔结涂层气阀很好地克服了这三项弊端。图 10-35 所示是 135 型熔结涂
层气阀与堆焊涂层气阀的对比照片。各种涂层气阀的用料情况一目了然，熔结气
阀的涂层用料还不及堆焊气阀的 1/3。熔结涂层气阀不仅省料，而且加工余量很
小，可以精确控制到 0.05～0.45mm，所以涂层之后不需车削，直接精磨后即可
使用，而各种堆焊气阀的加工余量至少在 2.5～4.0mm 以上，必需车削之后才能
上磨床精磨。熔结气阀的真空环境能保障涂层没有气孔和砂眼，使真空熔结工艺
的成品率极高；而堆焊气阀在常规大气压下进行，气孔在所难免，工艺成品率较
低。熔结气阀与堆焊气阀的用料及工艺成品率情况列于表 10-9。此外，堆焊阀更
不理想之处是在涂层与基体之间的互溶区太宽，也就是基体中 Fe 元素对焊层的
稀释较重，势必会缩短堆焊涂层的使用寿命。

真空熔结　　　　　自动堆焊　　　　　手工堆焊

图 10-35　135 型的熔结与堆焊涂层气阀实物照片

表 10-9　135 型各种涂层气阀的涂层用料及涂层工艺成品率

用料及成品率	真空熔结涂层阀	自动堆焊涂层阀	手工堆焊涂层阀
涂层用料/g·阀⁻¹	≤5	≥15	≥15
涂层工艺成品率/%	约 100	≤95	50~70

以相近化学组成的熔结涂层及堆焊涂层来保护 6-105 型 21-4N 气阀，在同一台汽油发动机的台架上进行试车考核，结果如图 10-36 所示。等离子堆焊气阀试车仅 200h 即产生了严重麻坑，而真空熔结涂层气阀连续试车 550h 后仍未发现麻坑。采用同样的涂层合金而只是工艺方法不同时，熔结涂层气阀的使用寿命是堆焊气阀的 2.7 倍以上，其内在原因就是基体对涂层的稀释程度不同。从金相照上清楚看到，等离子堆焊气阀在原焊合线两边，基体与焊层双方元素的互溶区已相当宽泛，约有 480μm；而熔结涂层气阀的互溶区很窄，仅为 24μm。把金相照片与 Fe 元素通过界面的电子探针线扫描曲线相互配套，如图 10-37 所示。图中扫描曲线中横坐标线所对准照片上的位置，是涂层与基体之间的原始界面。熔结涂层的互溶区位于原始界面的涂层一侧，虽然很窄，但标志着牢固的冶金结合已经形成，而界面两侧的 Fe 含量却均无多大改变。等离子堆焊层的互溶区跨越界面两侧，很宽，冶金结合虽无问题，但稀释十分严重，基体一侧 Fe 含量下降，焊层一侧 Fe 含量增加，而且扩散得很远。焊层中大量增 Fe，必然要降低焊层的耐磨、耐腐蚀性能。

熔结气阀　　　　　　　　堆焊气

图 10-36　6-105 型汽油机的台架试车结果

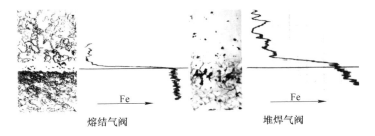

熔结气阀　　　　　　　　堆焊气阀

图 10-37　不同气阀在涂层与基体界面的互溶区

把熔结涂层气阀与等离子堆焊气阀在同一辆 40t 平板拖车的 6-135 型柴油机

上进行使用考核。所用熔结涂层合金是含 Cr 约 25% 的 Ni-81 号 Ni 基合金，而堆焊合金是用含 Cr 约 30% 的"上焊一号" Co 基合金。当累计行驶了 58000km 后拆检比较：熔结气阀上没有麻坑，只需清洗掉积碳并稍加研磨后，即可继续装机使用；而堆焊气阀已出现许多麻坑，必须经砂轮先行修磨后，才能研磨再用。这样的考核结果，再次表明了堆焊工艺的稀释机制对焊层材质的劣化作用。由于大量 Fe 的稀释，使得含 30%Cr 的 Co 基合金反而不如含 25%Cr 的 Ni 基合金。依据这一事实，在真空熔结涂层气阀鉴定投产时，规定以 Ni 基合金来取代昂贵的 Co 基合金，取得了巨大的技术经济效益。

　　从技术与经济两方面考虑，最后为真空熔结涂层气阀选定了 Ni-81 与 Ni-82 两个涂层合金配方。Ni-82 的化学组成是（0.94C，25.57Cr，3.86B，4.05Si，2.98Fe，余 Ni）。涂层合金粉的基本特性是：粉末粒度 80 ~ 325 目（0.044 ~ 0.177mm），含氧量 ≤ $(350 \sim 400) \times 10^{-6}$，密度 $7.4 \sim 7.8 g/cm^3$，粉末松装密度 $3.5 \sim 3.9 g/cm^3$，粉末流动性 20 ~ 23s/50g，线膨胀系数 $(14 \sim 15.4) \times 10^{-6}/℃$（100 ~ 800℃）。两种涂层合金的组织构造，如图 10-38 所示。由于含 Cr 较高，其组织特征是在韧性的 Ni-Cr 固溶体即涂层的合金母体上，均匀分布着高硬度的硼化物与碳化物等硬质化合物的多相组织，具有良好的耐磨、耐腐蚀性能。两合金的差异是 Ni-82 中的硬化相更多、硬质颗粒的尺寸也更大，可用于较重负荷的气阀；而 Ni-81 多用于一般负荷的气阀。

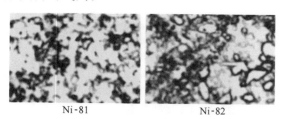

Ni-81　　　　　　　Ni-82

图 10-38　两种涂层合金的组织构造（×300）

　　两种涂层合金的熔结温度范围与硬度指标列于表 10-10。由于合金中有多种共晶及亚共晶相共存，所以合金的熔化温度范围很宽，这对于熔结工艺的稳定十分有利。

表 10-10　涂层合金的熔结温度范围和硬度指标

涂层合金	熔结温度范围 /℃	室温硬度（HRC）与高温硬度（HV）				
		室温	600℃	700℃	800℃	900℃
Ni-81	1080 ~ 1130	41 ~ 44	380	167.5	93.0	56.9
Ni-82	1070 ~ 1115	58 ~ 61	498	337	162	64.6

　　无论新阀、旧阀在抹料之前均需对阀面开槽，135 阀的开槽情况如图 10-39

所示。阀面弧形槽的槽深是 0.8mm，槽帮宽
0.5mm，虚线是原阀面位置。用松香油调制合金粉
涂膏，把涂膏抹入槽内并呈弧面鼓出槽口，待烘干
后，涂膏层的总厚度为 1.2～1.5mm。按照Ⅰ-型真
空熔结工艺曲线进行熔结，熔结制度是：在（3～1）
×10⁻²mmHg 真空度下，升温 10～13min 达到 1090±
2℃，到温后立刻停电，随炉降温或停泵后充氩快
冷。膏层的烧成收缩率波动于 30%～40%，熔结成
品涂层厚度略大于 0.8mm，留出的磨削余量还不足

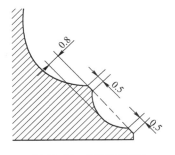

图 10-39 阀面开槽图

0.1mm，这一套工艺数据既保证了涂层质量又俭省了加工费用。涂层熔结致密，
气孔率几乎为零。在保证冶金结合的前提下互溶区宽度<30μm，没有一点稀释。
各型真空熔结涂层气阀的互溶区宽度列于表 10-11。互溶区只担负冶金结合的任
务，而其耐磨、耐蚀性能是很差的。所以互溶区必须有，但越薄越好。互溶区越
薄则涂层的有效厚度就越厚，使用寿命就越长。每阀的涂层用粉量很少，而且全
都抹于阀槽，一粒粉也浪费不了。熔结涂层的磨削余量很少，后加工费用也就很
小。综上所述，再加上≥98%成品率，使真空熔结涂层气阀的制造成本只及同型
号 Co 基堆焊气阀的 1/5 左右。

表 10-11　真空熔结涂层气阀的互溶区宽度

阀　型	6-135	12V-180	190	CA-10
互溶区宽度/μm	24	28	22	23

高温瞬时的熔结制度对气阀头部的机械强度会产生一定影响，但经过实测已
知，真空熔结后涂层气阀的整体断裂强度仍远远高于原气阀的强度设计要求，并
不会妨碍涂层气阀的正常使用，这些内容在第 1 篇的 4.8.3 小节中已有详细
叙述。

对真空熔结涂层气阀进行了全面、系统的对比性考核试验。考核环境包括一
汽与二汽的发动机台架、都市及山区公路的载重卡车、牵引火车的进口内燃机
车、内河拖轮及海洋渔轮用柴油机等。试验的涂层气阀有涂层新阀，也有以报废
气阀修复的涂层旧阀。在连续三年多时间的考核期内，共进行了 60 多台次的装
车使用考核，全部取得了满意的正结果，见表 10-12 所列。无论是熔结的新阀还
是以熔结涂层修复的旧阀，也无论是海洋或山区等各种不同的考核环境，所有真
空熔结涂层气阀的使用寿命均大大超过了普通产品新阀和堆焊的涂层气阀。在真
空熔结涂层气阀的"技术鉴定证书"上归纳如下：

（1）涂层 135 柴油机排气阀的一次使用寿命达到 3000h 以上，最高已达到
6029h；而普通产品阀只有 1200h 左右。

（2）以熔结涂层修复的解放牌汽油机旧阀一次行驶里程已达到 80000 多千米；而普通产品阀只行驶 20000 多千米就需要修磨。

（3）Ni 基熔结涂层气阀使用寿命达到了 Ni 基堆焊气阀的 2 倍以上，与高 Cr 的 Co 基堆焊气阀相当。

表 10-12　各型真空熔结涂层气阀与普通阀及堆焊阀的试车与使用考核结果

机型、环境	阀型	考核时、程	考核结果
二汽 6-100 型汽油机台架	堆焊涂层新阀	200h	严重麻坑
	熔结涂层新阀	548h	无麻坑
CA-10 型汽油机、山区解放牌卡车	21-4N 新阀	≥20000km	许多麻坑
	熔结涂层旧阀	≥80000km	无麻坑
6-135 型柴油机、40t 拖车	堆焊涂层新阀	58000km	许多麻坑
	熔结涂层新阀		无麻坑
6-135 型柴油机、内河拖轮	4Cr10Si2Mo 新阀	1020h	严重麻坑
	熔结涂层新阀	6029h	无麻坑
6-135 型柴油机、海洋渔轮	4Cr10Si2Mo 新阀	1500h	严重麻坑
	熔结涂层新阀		开始有麻坑
12V-180ZL 型柴油机、内燃机车	堆焊涂层新阀	>3000h，100000km	严重麻坑
	熔结涂层新阀		无麻坑
进口的 NY 型柴油机、内燃机车	进口的堆焊涂层新阀	376128km	开始有麻坑
	熔结涂层旧阀		无麻坑

熔结涂层气阀不仅使用寿命长，而且节省油耗。使用考核证明，从磨合阶段开始，熔结涂层气阀与阀座之间的密封性逐月提高，使百公里油耗逐月下降。以 CA-10 型的解放牌卡车为例，列于表 10-13。普通阀从一开始就不如涂层阀。

表 10-13　CA-10 型解放牌卡车的百公里油耗　　　　　　　　　　　（L）

普通产品气阀	真空熔结涂层气阀			
	第一月	第二月	第三月	第四月
26.08	26.07	25.85	25.73	25.7

真空熔结气阀与堆焊气阀的性价比分析，列于表 10-14。表内费用一览中，除 130（元/阀）是当年 NY 型堆焊涂层阀的进口价外，其他三项是堆焊和熔结涂层的加工费。因为对真空熔结涂层气阀均未考核出一次使用的终极寿命，所以表中所列仅为熔结涂层气阀性价比的下限数据。

真空熔结涂层气阀于 1979 年鉴定投产，并取得巨大技术经济效益。由于把真空熔结涂层成功地应用于内燃机排气阀门是我国的一项技术首创，于 1980 年荣获了由国家科委颁发的创造发明奖，发明证书编号是 B00012。

表 10-14 几种内燃机排气阀的性价比分析

机型	阀型	使用寿命	费用/元·阀⁻¹	性价比
6-100 型汽	堆焊涂层新阀	<200h	18	1
油机台架	熔结涂层新阀	>548h	3.70	>13.24
NY 型进口	堆焊涂层新阀	<376128km	130	1
内燃机车	熔结涂层旧阀	>376128km	6.67	>19.49

10.4　内燃机变速箱滑块

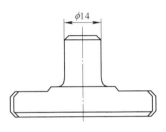

图 10-40　变速箱滑块

　　重载车辆变速箱滑块的作用是在换挡时拨动拨叉，以带动换挡连接齿轮，来切断或接上动力。滑块承受着换挡时的冲击载荷与摩擦磨损，属于在高交变应力疲劳载荷下的强摩擦磨损。在挂挡时拨叉环与滑块的相对运动速度达到 14.6m/s，测定出滑块对拨叉环的正压力高达 125kg。滑块通常用 38CrSi 钢制造，如图 10-40 所示。经调质处理后再高频淬火，淬硬层深度为 1.23mm，硬度为 HRC 40 ~52。这种产品滑块通常仅能使用一个中修期即告报废。

　　以硬度为 HRC 58~61 的 Ni-82 号涂层合金对滑块工作面施加真空熔结涂层。熔结工艺制度为：

　　　　炉内真空度：　　　　$(6~1)\times10^{-2}$mmHg；

　　　　熔结温度：　　　　　1080±2℃；

　　　　熔结时间：　　　　　8min；

　　　　冷却至出炉时间：　　16min。

　　熔结后滑块呈银白色，无氧化无变形，涂层厚度达到 1.2~1.5mm。涂层滑块与产品滑块的性能比较及使用考核结果列于表 10-15。这是初步的考核结果，按涂层滑块的磨损量估算，连续使用 2~3 个中修期应该没有问题。把同样涂层用氧-乙炔火焰或等离子喷焊工艺未能成功。由于喷焊所产生的热应力较大，而且应力分布不均匀，使得滑块柄 $\phi14$ 圆柱发生严重变形，尺寸精度达不到装配要求，又因喷焊工艺在大气中进行，滑块表面还发生了严重氧化。

表 10-15　涂层滑块与产品滑块的性能对比及装车使用考核结果

滑块种类	表面强化方法	性能参数		装车使用考核结果	
		硬层厚度/mm	硬层硬度(HRC)	表面磨损量/mm	行驶里程与结果
产品滑块	高频淬火	1.23	40~52	2.30~5.37	约 7100km 报废
涂层滑块	熔结涂层	1.2~1.5	58~61	0.3~0.5	>8000km 继续使用

11   真空熔结螺杆挤压机配件

螺杆挤压机是多种工作整机的驱动核心，随着螺杆、挤压腔、机头、挤出口模具及辅助配置的不同，螺杆挤压机可用于墙体、稻壳圈、塑料型材、橡胶条等各类制品的挤压成行机，可用于制造相关饲料、药品、填充剂和催化剂等物品的挤压造粒机，可用于生产各种油料与果汁的各型榨油机及果汁机，再配上膨化机头时也可用于生产各类膨化食品与膨化饲料的膨化机。螺杆的挤压作用还可以应用到各种螺杆输送机和螺杆压缩机上。机种繁多，而与整机寿命及生产效率密切相关的易损件不外是螺杆轴、螺套、螺旋桨叶、螺杆头、膨胀头与榨螺等。对这些易损件的表面强化方法，一般也就是表面热处理、化学热处理和电镀等，效果有限。当采用喷焊、堆焊或激光表面合金化等方法时，因工件形状复杂而显得有一定困难。唯真空熔结技术对大小各型螺杆部件的适用性颇高，且效果甚佳。

11.1   多孔墙板挤出成型机的螺杆

多孔墙板成型机以水泥炉渣为原料生产多孔墙板。挤压螺杆是主要易损件，水泥炉渣浆料于高应力下，对工件表面作挤压与摩擦相对运动，造成工件表面严重磨损，这是一种典型的挤压擦伤型磨料磨损。原用 45 号钢经热处理后制成的螺杆，表面硬度仅为 HRC 45，只能生产不足 1500m 多孔墙板，螺杆即磨损失效。在水泥炉渣浆料中，炉渣颗粒的硬度为 HV543 左右，相当于 HRC 52。故 45 号钢螺杆与水泥炉渣的表面硬度之比 HM/HA = 45/52 = 0.87，这时的挤压过程刚刚处于软磨料磨损范畴的起步阶段，螺杆的耐磨寿命并不理想。

在 45 号钢质挤压螺杆的圆柱面、螺旋叶的前进面及外侧面上，均真空熔结一层厚度为 0.8~1.0mm 的 Ni 基表面硬化合金涂层，如图 11-1 所示。涂层的化学组成是［（0.91C，13~17Cr，2.5~4.0B，3.2~

图 11-1   多孔墙板成型机的涂层螺杆

4.8Si，<10Fe，余 Ni）+0~35%WC］。这种涂层螺杆的表面硬度可从 HRC 50 一直调整到 HRC 66 以上。能够生产出 >8000m 的多孔墙板，涂层的延寿作用非常明显。涂层的厚度是依据螺杆的失效机制来确定的，这在第 1 篇的 5.3.2 小节中已作过详细阐述。根据这一机制来确定耐磨涂层的厚度，只要 0.8～1.0mm 即已足够。

厚度既定又如何来审定合适的涂层硬度呢？在磨料磨损工况下，耐磨工件的使用寿命与涂层厚度成直线关系，而与涂层硬度则成指数关系。理论上，当 HM/HA≥0.8，工况处于软磨料磨损范畴时，随着被磨材料硬度的提高材料的耐磨性亦快速提高。当被磨材料的硬度提高到接近磨料硬度时，随着被磨材料的硬度继续提高而材料的耐磨性却提高趋缓。具体到涂层螺杆上，涂层的耐磨性随涂层硬度之提高而提高的实际趋向只能依实践而定。把涂层硬度分开档次，逐级提高，来做系列涂层螺杆的使用考核试验，结果列于表 11-1。应注意到，当 HM/HA 比值到达 1.0 之前，随着涂层硬度的提高，螺杆寿命在急速增加；而当 HM/HA 比值超过了 1.0 之后，随着涂层硬度继续提高，螺杆寿命的增速明显趋缓。这一结果说明在软磨料磨损范畴，只要涂层硬度能够超出磨料硬度，即能获得相当满意的使用效果，继续提高涂层硬度的必要性并不很大。具体到挤压螺杆耐磨涂层的硬度，只需达到 HRC 55 以上就相当可以了。

表 11-1　挤压螺杆的涂层硬度与使用寿命（挤出墙板的总长度，m）

涂层硬度（HRC）	45	50	55	60	66
HM/HA	0.87	0.96	1.06	1.15	1.27
使用寿命/m	约 1500	6172	7277	7862	>8000

11.2　稻壳圈挤压成型机的螺杆

稻壳圈挤压成型机是以稻壳为原材料生产出稻壳圈。挤压成型的稻壳圈是一种厚壁空芯圆筒，经还原气氛的高温炉焙烧之后，脱水而成为碳圈。以这种稻壳碳圈在形与质两方面完全可以取代焦炭，用到高炉中炼铁，从而节省下大量的煤炭资源。这一条技改路子有两处难点：首先是挤压成型的成本偏高，主因是挤压螺杆磨损太快；再就是稻壳含 Si，会影响到高炉生铁的 Si 含量。生铁含 Si 有待于炼钢时再去调整，而挤压螺杆磨损过快是表面工程的课题。

稻壳对于钢质螺杆的磨损特性想必应当是软磨料磨损，但其实不然。在第 7 章的 7.1.1.1 小节中曾经提到：稻米本身很软，但稻壳表面上有许多排列整齐的锥刺，这些锥刺极硬，经 X-光衍射分析得知每个尖刺都富含有 Si，在其结构衍射图上显出的弥散峰与方石英的图形完全一致，说明这些尖刺都是 SiO_2 性质的高硬度磨料。已知各种稻谷的硬度只有 HV 5～6（kg/mm^2），而方石英的硬度高达 HV1445（kg/mm^2）。除了稻壳自身的锥刺之外，在挤压加工过程中还应当注意到稻壳表面所黏附的泥沙掺杂物。外来泥沙的基本化学组成是 $Al_2O_3 \cdot 2SiO_2$，也是非常典型的研磨材料，对螺杆的磨损作用也绝对不可忽视。

稻壳圈挤压成型机的涂层螺杆如图 11-2 所示。整支螺杆由 45 号中碳钢经热处理制成，这种螺杆的表面硬度只能达到 HV441 左右，比石英和泥沙的硬

图 11-2　稻壳圈挤压成型机的涂层螺杆

度相去甚远，故耐磨寿命很不理想。螺杆挤压成型机的成型原理大同小异，整支螺杆的功能一般分为：输送、压缩与均化三段。物料自料斗进入输送段，在此松散的物料被旋转着向前输送，同时被初步压实。到压缩段时，螺距越来越小而螺槽深度亦逐步变浅，物料被进一步压实。到了均化段会使物料均匀，定温、定量、定压地被挤到机头中去成型，最终定向地被挤出成型口，并定型为制成品。

稻壳圈挤压成型机的机头内装有圆孔成型模套，螺杆前端伸出的一段轴头是模芯，机头起作用将旋转运动的物料转变为直线向前运动，均匀平稳地把物料导入模芯与模套之间的圆环形成型腔中，并赋予物料以必要的成型压力，使物流匀速通过成型腔的出口，定型为连续不断的空心稻壳圆筒，待干燥固化之后再切割成一段一段的稻壳圈。

由于对稻壳圈并不要求如挤出的墙板那样密实，焦炭代用品也需有一定的孔隙度，故全螺杆的压缩比不大，螺杆轴与螺旋叶的磨损速率也都比较小。全螺杆摩擦压力最大的地方是成型腔，而腔中磨损最重的部位是不停地旋转的模芯，也就是轴头。轴头迅速磨损超差是稻壳圈挤压成型机停机检修的主要原因，一支用 45 号钢经热处理制成的新螺杆累计运行不足 30h 即告报废。

在轴头的端面与圆柱面上均匀熔结一层 0.8~1.0mm 厚的 Ni 基耐磨合金涂层，涂层的化学组成是（0.5~1.0C，16~20Cr，3.0~5.0B，3.5~5.5Si，≤15Fe，余 Ni），涂层硬度达到 HRC 62~66。这种涂层螺杆的使用寿命要比未涂层螺杆高出 2.7 倍，能达到 80h 以上。

轴头涂层的熔结制度是在$(3~1)×10^{-2}$mmHg 真空度下，升温 13~15min，达到$(960~1040)±1℃$，到温后立刻停电，并充氩快冷。以这样快熔快冷的熔结制度，再加上只辐射轴头的局部加热措施，能基本上保住 45 号钢螺杆的热处理效果，轴头涂层致密平整，无需后续的精加工即可直接装机使用。

11.3　Al_2O_3 催化剂颗粒的挤压成型机螺杆

在现代化学工业中，约有 80% 以上的化工生产过程都要使用催化剂。如三种强酸的合成过程，各种塑料的聚合过程，石油、天然气、煤炭等资源的综合利用与新能源开发，以及食品、医药与环卫等都离不开催化剂的催化作用。

催化剂种类繁多，以 Al_2O_3 粉末焙烧成段料，就可以作为一种固态的金属氧化物催化剂来使用。如果以具有高孔隙度的 Al_2O_3 段料为载体，再采用浸渍方法，则又可以制备出含有铂、金、铑或铱等铂族元素的各种贵金属催化剂，其贵金属含量仅在 1% 以下，非常俭省，而催化效果却很不错。要制备价格次贵的镍系、钴系催化剂时，也常可采用此法。因在浸渍之前每颗 Al_2O_3 段料均已定型，故载体的形状即是贵金属催化剂的形状。

Al_2O_3 催化剂的制备过程是先要人工制备出 Al_2O_3 水合物，即氢氧化铝，再经高温脱水而得到活性很高的 Al_2O_3 微粉，加入黏结剂后调制成可塑的 Al_2O_3 泥料，送进双螺杆挤压成型机挤出 Al_2O_3 泥段，经彻底干燥之后，再焙烧成孔隙度极高的一颗颗陶瓷段料，即是 Al_2O_3 催化剂或催化剂载体的制成品。在整个制备过程中与表面工程相关的环节是挤压成型。在磨料系列中 Al_2O_3 泥料就是刚玉研磨膏，刚玉的摩氏硬度为九级，是仅次于金刚石的研磨材料。挤压螺杆在刚玉泥料的高速研磨下被迅速磨损，磨损最严重的部位是螺旋叶外缘，这里的摩擦压力最大、摩擦速度也最高，当外缘直径从 $\phi 75mm$ 磨小到 $\phi 73mm$ 以下时，腔内挤压力降低，泥料挤不出成型口并开始返料，螺杆报废。

图 11-3 所示是真空熔结涂层螺杆的实物照片。这是一支 $\phi 75mm \times 600mm$ 螺杆轴，原先螺杆轴用 40Cr 高强钢制成，热处理后表面硬度达到 HRC 55，使用寿命不到二个月。为延长螺杆轴的耐磨寿命，同时也降低制造成本，现用 45 号钢经调质处理后制成螺杆轴，并在螺旋叶的外缘，真空熔结一层厚 2mm，硬度为 HRC 61～63 的 Ni 基耐磨合金涂层，如图 11-4 所示。涂层底料的化学组成是（0.65～0.75C，13～16Cr，3.5～4.2B，3.5～4.2Si，≤10Fe，2.5～4.0Mo，余 Ni），熔化温度 1050～1180℃。涂层辅料的化学组成是（0.65～0.75C，13～16Cr，3.5～4.2B，3.5～4.2Si，≤4.5Fe，2.0～3.0Cu，2.5～4.0Mo，余 Ni），熔化温度 980～1050℃。有涂层与无涂层螺杆轴的使用寿命与性价比列于表 11-2。

图 11-3　双螺杆挤压成型机的涂层螺杆

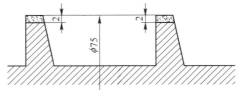

图 11-4　螺旋叶外缘涂层

表 11-2　有涂层与无涂层螺杆轴的应用效果对比

机型	挤压物料	螺杆轴材质	叶缘硬度（HRC）	使用寿命/月	价格/元・支$^{-1}$	性价比
双螺杆挤压机	刚玉泥料	40Cr 钢淬火处理	55	<2	2400	1
		45 号钢加涂层	61～63	>6	2600	>2.77

无论是 45 号钢加涂层的新螺杆，还是以真空熔结涂层修复的已经报废了的 40Cr 钢旧螺杆，其使用寿命都能达到 6 个月以上，而且磨损超差之后还可以再加涂层恢复到新品尺寸再用。

因为涂层比较厚，2mm 厚的涂层用底料一次熔结而成，难免会有微裂缝和微缺口等各种微观缺陷，这就要借助于熔点较低、流动性较好的辅料来予以弥补。底料合适的熔结制度是在 $(3\sim1)\times10^{-2}$ mmHg 真空度下，升温 75min，达到 1100 ± 2℃时保温 20min，停电并打开隔热屏快冷。辅料合适的熔结制度是在 $(3\sim1)\times10^{-2}$ mmHg❶ 真空度下，升温 70min，达到 1040 ± 2℃时保温 20min，停电并打开隔热屏快冷。通过两次熔结后涂层完整无缺，并稍有磨削余量，经外圆精磨至 $\phi75$mm 后即可装机使用。

双螺杆挤压成型机的涂层螺杆是两支螺杆错头、平行装炉，同炉烧成。由于螺杆细长，熔结时需要防止翘曲变形。装炉的技术要领是必须采用线膨胀系数极小的整体石墨支垫，两支螺杆放置在一块石墨支垫上，每支螺杆的支托点不得少于三处，而且要确保每处支架与螺杆间相互密合接触，不能有一处架空。防范翘曲变形更彻底的办法是预先放大螺杆轴的加工余量，待熔结之后，再机加工至成品尺寸。具体做法是在涂层之前，把螺旋叶的外径加工至 $\phi71$mm，其余轴径均按成品尺寸放大 6mm 即已足够。

11.4　膨化机的螺套与膨胀头

现代挤压膨化技术通过挤压、溶合、熟化、灭菌、膨化等一系列反应过程，使得所生产的膨化食品或膨化饲料均具有口感好、易消化、吸收效率高、含菌率低、稳定性高、安全性好以及耐水性好、投入水中时沉浮可控等特点。喂进膨化机的原材料十分庞杂，各种粮食有大米、大豆、玉米、麵粉、薯类等，各种动植物蛋白有鱼粉、骨粉、皮革粉、血粉、羽毛粉、油渣、动物下脚料和菜籽粕、棉籽粕、豆粕等。

膨化机的挤压膨化腔就是完成以上一系列反应的连续反应器。借助腔内螺套上不等距非标准螺旋叶对物料的挤压推进作用，使物料中的气体排出，物料在剪切力作用下产生回流，使腔内压力增高，与此同时旋转的机械能通过物料在腔内的摩擦作用而转化成热能，产生高温，既能消灭有害病菌也使物料熟化，并由分散的粉状物转化成为具有流动性质的黏稠物料，当黏稠物被挤流出成型模的出料嘴时，环境压力瞬间由高压变为常压，温度场瞬间由高温变为常温，造成水分急

---

❶ 1mmHg = 133.322Pa。

速地从物料的组织结构中爆蒸出来，成型出多微孔结构的膨化物料长条，趁软及时切割，待冷却固化之后即成为膨化制品。

在整个挤压膨化过程中最与表面工程相关的零部件是螺套和膨胀头。挤压膨化腔内的工作温度高达 120～160℃ 以上，腔内压力达到 4～10MPa。虽然膨化物料对于工件的磨损应属于软磨料磨损范畴，但是由于摩擦压力较高、湿热的膨化物料又有一定腐蚀性、有些物料还会掺杂一点泥沙，导致螺套和膨胀头这两个易损件的磨损失效还是相当之快。

在如上腐蚀磨损条件下，膨化机螺套一般采用马氏体不锈钢或合金工具钢制造，经热处理之后交付使用，表面硬度要求达到 HRC 55～60。膨胀头多采用优质碳素结构钢制造，因不耐腐蚀而且表面硬度也太低，一般需经过合金堆焊，把工作表面包覆起来并把表面硬度提高到 HRC 60～63 才能交付使用。如上经表面热处理或堆焊处理之后，在处理质量较高的情况下工件的使用寿命能够达到 1500h 以上；若处理质量不高时只有 1000h，甚至数百小时。

螺套和膨胀头这两个工件经真空熔结涂覆表面硬化合金涂层之后，使用寿命可在原有基础上提高 2～3 倍。图 11-5 所示是真空熔结的涂层螺套。这支螺套小头的外直径是 ϕ115mm，大头是 ϕ151mm，长度有 470mm，螺旋叶的螺深为 22mm。螺套的磨损部位聚中在螺旋叶上，当螺旋叶的外径磨损掉 1.8～2.0mm 时，物料返流，螺套报废。在螺旋叶的前进面与外侧面上真空熔结一层 Ni 基耐磨合金涂层，如图 11-5 所示。涂层的化学组成是（0.5～1.0C，16～20Cr，3.0～5.0B，3.5～5.5Si，≤15Fe，余 Ni），涂层硬度达到 HRC 62～66。涂层厚度为 0.9～1.0mm。

膨胀头在挤压成型腔内承受着更大的摩擦压力，膨胀头表面保护涂层的硬度更高，厚度更厚，如图 11-6 所示。这支膨胀头的尺寸是 ϕ315mm×176mm。各部位的涂层厚度定为：螺旋叶的前进面与外侧面涂层厚 3.0±0.3mm，中央突起的芯部前进面的涂层厚度也是 3.0±0.3mm，芯部外侧面因磨损较轻涂层厚度只需 1.0±0.1mm。尺寸较小的膨胀头，如 ϕ247mm×100mm，其涂层厚度可以从 3.0mm 相应减小至 2.0mm。所用涂层的化学组成是 [（0.75C，16.5Cr，3.75B，4.25Si，<8.0Fe，3.0Cu，3.0Mo，余 Ni）+25%WC]。涂层的熔结制度是（3～1）×10^{-2}mmHg，1050℃，30min。熔结后涂层均匀致密，硬度达到 HRC≥66。涂层与基体结合牢固，不会脱落，涂层均匀平整，表面光洁度达到 ∇5～∇6，无需后续加工，即可装机使用。

图 11-5　真空熔结涂层螺套

图 11-6　涂层膨胀头

11.5　榨油机的榨螺

　　含油物料在螺旋榨油机中因受到螺旋叶的推进、压榨而出油、出渣。榨油机的螺杆轴并非整支钢轴，而是由一节一节的榨螺串接成轴。图 11-7 中的左图是一节新的 20Cr 钢榨螺，在装机之前表面上经过渗碳处理。榨油机腔自进至出可分为：进料、压榨与出饼三段，榨螺轴与榨笼之间的榨膛空间自进料端至出料端越来越小。含油物料在进料段沿

图 11-7　新旧榨螺

榨螺轴被推向前进，至段尾已经开始渗油，只因剩余空间较大，摩擦压力尚小，物料对榨螺表面只是轻微划伤或仅起磨光作用，榨螺无甚磨损。进入压榨段时物料被迅速压实，剩余空间变小，榨膛内压力急速升至 130MPa 以上，摩擦压力剧增，物料所含油脂的 90% 以上尽被榨出。由于榨膛的阻力和嵌于榨笼内壁之榨条棱角的拨动作用，使物料与榨螺之间产生剧烈摩擦，虽因油脂润滑而降低了摩擦系数，但仍因摩擦压力过大而造成榨螺表面严重磨损。将被榨物料推进到出饼段时，物料中剩油已不足一成，经最后压实使余油沥尽，此时物料已转变成结实的无油渣砣，并被推入锥形的出饼口，此处是全程的摩擦压力最高处，仅裹薄薄一层油膜的渣砣已相当坚硬，造成对榨螺的急剧磨损，厚实的螺旋叶被迅速磨薄，甚至磨秃。如图 11-7 中的右图所示，最后机腔失压，工作失效。

　　通常以优质碳素钢、高强钢或耐磨合金钢来制作榨螺，但无论何种榨螺均需经过表面硬化处理之后才能交付使用。表面硬化不外是采用热处理、化学热处理、电镀、热喷涂和真空熔结等方法。一般热处理方法很难做到在强韧性与表面硬度两方面都能满意。常见的电镀硬质 Cr 或表面 N 化处理与渗 B、渗 C 等化学热处理方法都能做到韧、硬兼顾，且表面硬化层的硬度甚至能高达 HRC 70 以上；但因硬层厚度有限，寿命也不够理想。例如对 20 号优质碳素钢榨螺进行渗碳化学热处理，与其他渗层及电镀层相比渗碳层还比较厚，能有 1.5~2.0mm，当渗层硬度达到 HRC 62 时，使用寿命仅为 3 个月左右。采用热喷涂中的喷焊或堆焊技术可在榨螺表面制备出厚度大于 2.0mm、硬度高于 HRC 60 的耐磨合金涂层，例如还是碳素钢榨螺，在表面上堆焊 Stellite No.6 合金涂层，使用寿命就可能提高到一年，甚至一年以上。

　　榨螺与别的螺杆件不同，榨螺的螺旋叶很厚，有较厚的磨损预备。设计涂层时，除了必要的硬度之外，可考虑以厚取胜，如图 11-8 所示。图中左图是螺旋

叶的剖面图，b 是螺旋叶厚度，d 是螺旋叶深度，厚度与深度相差无几，近似正矩形。中图黑色部分 1 是榨螺磨损失效时的残体；2 是螺旋叶被磨损部分，螺旋叶残体的叶深已小于 d 值，这说明只要螺旋叶的外缘不被全部磨掉榨螺就仍可有效工作，右图是根据中图磨损的实际情况所作出的涂层设计；3 是待涂的榨螺坯件；4 是螺旋叶上需要施加涂层的空间。涂层很厚，截面呈梯形，外缘厚度设计为 $0.5 \sim 0.7b$，靠叶根处厚度只需 $0.2 \sim 0.3b$。真空熔结榨螺无需选用昂贵的 Co 基合金，而可采用 Ni 基表面硬化合金。合金中的硬质相可采用 YG-8 硬质合金，这比采用纯 WC 更有利于提高涂层自身的结合强度。硬质相的颗粒度应大中小合理搭配以达成最致密堆积。配料时需细致调控好黏结合金与硬质相的配比，使熔结后涂层的宏观硬度能处在 HRC 65~67 范围较为合适，如果硬度低于 HRC 62 时涂层耐磨性欠佳，若高于 HRC 70 时涂层又容易因混入被榨物料中的石质或铁质夹杂而崩裂。如上设计制作的真空熔结涂层榨螺的使用寿命与堆焊 Stellite No. 6 合金的涂层榨螺相比，可高出 3~5 倍。

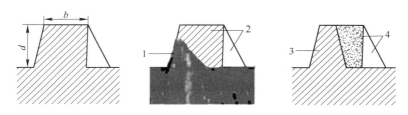

图 11-8　榨螺的磨损形貌与耐磨涂层设计

11.6　调质罐的螺旋桨叶

对颗粒饲料制粒机的改进方向，首先应提高饲料品质，并提高生产效率，在此基础上再延长机器寿命，并力争节约能耗。

在饲料的调质熟化过程中，主要是指淀粉质的由生转熟，熟化后的淀粉糊能大大提高颗粒饲料的成型率，从而大幅提高生产效率。与生淀粉相比，禽、鱼类对饲料中的熟淀粉更容易消化吸收，试验表明，鲑鱼对生玉米淀粉的消化吸收率仅为 36%，而对熟玉米淀粉的消化吸收率达到 69%，这一生一熟，消化吸收率就提高了 91.7%。饲料熟化还有灭菌解毒和改善适口性等作用，从多方面提高了饲料品级。饲料熟化后质地变得柔润，使饲料颗粒容易挤压成型，并可减轻对颗粒模具的摩擦磨损，既能节约能耗，也能延长机器寿命。

为达成熟化效果，只需在原有进口的 CPM-3020-6 型饲料制粒机组上加装两个 $\phi400\text{mm}\times1500\text{mm}$ 的不锈钢调质罐，并配以相应的蒸汽供汽系统即可。这样就使得饲料的调制时间从原来的 10s 延长到 30s。高温蒸汽充分搅动并蒸煮饲料，只要把饲料的调制温度控制在 75~85℃ 之间，就能既保证了饲料的熟化，又不至于破坏饲料中的营养组分。当饲料进入调质罐时即受到蒸汽加热，并在纵贯全罐的螺旋桨轴的搅拌、混合与推进之下，经过 30s 完成熟化并被输送至下一道制粒工序。调质罐内的工作条件是高温、高湿，某些组分还略带腐蚀性，使螺旋桨轴受到湿热并带有腐蚀性的软磨料磨损。桨轴很长，罐内部分有一米多，上面没有连续的螺旋叶，而只是沿螺旋线等距离配置的片片桨叶。桨轴用厚壁普碳钢管制成，表面电刷镀一层几十微米厚的硬质 Cr 镀层。桨叶（包括叶片与叶托）也用普碳钢制成，表面上真空熔结一层厚 0.2~0.3mm 的 Ni 基自熔合金涂层。调质过程的预期目标是饲料的均化与熟化，罐内饲料在蒸汽加热下由旋转的桨叶不断搅动并缓缓推进，无需挤压密实，所以桨轴与桨叶所受的摩擦压力并不大，腐蚀生锈是桨轴与桨叶损坏的主要形式。经过两年半实际生产考核，共作业 2.7 万吨之后拆检，如图 11-9 所示。图 11-9 是截取螺旋桨轴的一段，桨轴已

图 11-9　使用了两年半后的涂层桨轴

锈蚀斑驳，锈蚀坑最深处已达 6mm 之多；而真空熔结涂层保护的桨叶（包括叶片与叶托）仍光亮如新，可以继续使用。电镀层虽然平整光滑，装饰性很好，但是难免有微观裂纹，不具有连续密闭性，在工业上应用有一定的耐磨效果，但不适宜作为防腐涂层。真空熔结合金涂层具有很好的连续密闭性和特殊的封孔性能。所用 Ni 基自熔合金的化学组成是（0.5~1.1C，15~20Cr，3~4.5B，3.5~5.5Si，≤5Fe，余 Ni）。合金硬度为 HRC 59~61，合金自身的耐磨与耐腐蚀性能很好，真空熔结工艺也保证不会稀释，而且是牢固的冶金结合。桨叶的叶片与叶托之间是彼此呈直角的焊接件整体，涂层时必须先对焊缝进行致细打磨，除尽砂眼与渣皮之后方可进行涂层。耐腐蚀涂层必须是全包覆涂层，包括对所有的棱角，也包括叶托的装配孔内壁等，都要涂到。

12　真空熔结离心机配件

离心机有一个绕本身轴线高速旋转的圆筒，称为转鼓，通常由电动机驱动。悬浮液（或乳浊液）加入转鼓后，被迅速带动与转鼓同速旋转，在离心力作用下各组分分离，并分别排出。通常转鼓转速越高，分离效果也越好。衡量离心分离机分离性能的重要指标是分离因数 Fr。它表示被分离物料在转鼓内所受的离心力与其重力的比值，显然转鼓转速越高时分离因数亦越大，分离过程会越迅速，分离效果也就越好。工业用离心分离机的分离因数一般为 $Fr = 100 \sim 20000$。决定离心分离机处理能力的另一因素是转鼓的旋转半径与工作容积，旋转半径与工作容积越大处理能力也越大。

若按照转鼓的转速分类，离心机一般可以分为以下几种：

（1）普通低速离心机，$V_r < 8000\mathrm{r/min}$；

（2）高速离心机，$V_r = 8000 \sim 30000\mathrm{r/min}$；

（3）超速离心机，$V_r = 30000 \sim 80000\mathrm{r/min}$；

（4）超高速离心机，$V_r > 80000\mathrm{r/min}$。

按分离因素 Fr 值分类，可将离心机分为以下几种形式：

（1）常速离心机，$Fr \leqslant 10000$，这种离心机转鼓的转速较低，直径较大；

（2）高速离心机，$Fr = 10000 \sim 50000$，这种离心机的转速较高，一般转鼓直径较小，而长度较长；

（3）超高速离心机，$Fr > 50000$，由于转速很高（50000r/min 以上），所以转鼓做成细长。

在离心机中除了高速旋转的转鼓之外，还包括其他所有的过流部件如离心机喷料嘴、分料护套、喷料护瓦、进料分配器、分配器座及挡圈等都是易损件。在同一磨损过程中，各不同部件或同一部件上各不同部位的磨损程度不同。所以，用耐磨涂层来强化或修复离心机部件时，所需涂层的硬度与厚度亦各不相同，需根据磨损实践通盘考虑才能有效提高整机的使用寿命，并保持较高的性价比指标。

12.1　制糖厂离心机

制糖厂分离结晶砂糖或酿酒厂用于酒糟分离脱水离心机的转鼓等主要零部件

都采用耐蚀不锈钢制造，基体材料一般是 1Cr18Ni9Ti。由于转速较高，所有过流部件的磨损都比较严重。传统的磨损改进措施大多采用焊接耐磨钢材作为衬板，喷焊硬质材料或镶嵌 Al_2O_3 陶瓷衬片等方法。但由于喷焊常常存在结合强度较差、气孔率较高、组织不致密和成分不均匀，而陶瓷片镶嵌又存在着衬片与基体结合不牢固等问题，当离心机高速旋转时容易发生保护层脱落而酿成事故，难以满足离心机的正常工作要求。采用真空熔结表面硬化合金涂层可以克服上述弊端，能在各种过流部件上顺利制作不同硬度与不同厚度的耐磨涂层，且与基体之间形成牢固的冶金结合，不会脱落。图 12-1 是分料护套的结构图，尺寸不大，只因套内的过流速度颇高，使得套底的十字筋与整个内壁都磨损严重。在进口件内表面喷焊有一层 CoCrW 耐磨合金涂层，但使用寿命仍不理想。以 SEM 扫描电子显微镜具体分析喷焊涂层的化学组成是（35.1~40.89Cr，12.4~4.0W，15.49~16.81 Fe，37.26~38.3Co）。与正常的 CoCrW 合金相比，喷焊涂层中的含 Fe 量偏高，这是喷焊工艺的稀释机制所致。Fe 的稀释不仅降低了 CoCrW 合金的耐腐蚀性，也必定要降低硬度。实测 CoCrW 喷焊涂层的洛氏硬度仅为 HRC 50 左右，确实比较低。

　　图 12-2 所示是真空熔结涂层分料护套，经横剖后的实物照片。在套底的十字筋与整个内壁上有一层厚约 1.5mm 的真空熔结 Ni 基表面硬化合金涂层，从剖面上可以清晰看出内壁涂层的厚度。所用 Ni 基表面硬化合金的具体配方是（Ni-10 号+5%~10%WC），涂层硬度达到 HRC 64~67。外加的硬质相是 6~10μm 的 WC 粉末，60~325 目（0.044~0.25mm）的黏结金属 Ni-10 号合金粉的化学组成是（0.5~1.0C，16~20Cr，3.0~5.0B，3.5~5.5Si，<15Fe，余 Ni）。离心机喷料嘴与喷料护瓦所受的冲蚀磨损比分料护套更为严重，图 12-3 与图 12-4 所示是熔结涂层喷料嘴与喷料护瓦的结构图。喷料嘴内表面与喷料护瓦外壁都受到更

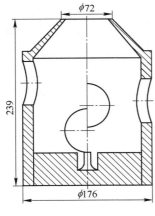

图 12-1　分料护套结构图

图 12-2　熔结涂层分料护套

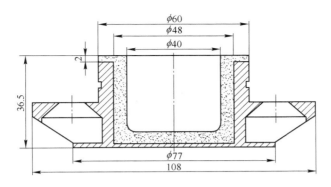

图 12-3 熔结涂层喷料嘴结构图

高速度流体的冲蚀侵袭，磨损很快，都需要更厚而且更硬的保护涂层。经试验考核确定：喷料嘴的内壁涂层厚 4.0mm，外口涂层厚 2.0mm。对喷料护瓦外壁上磨损最严重的部位先开出 20mm×4mm 截面的深槽，然后在槽内填满耐磨涂层，涂层厚度也是 4.0mm。在这里有些部位的涂层厚度已超过了基体厚度，已不宜再称为涂层部件，而实际上是一种复合金属喷料嘴与复合金属护瓦了。耐磨合金层不仅要厚，

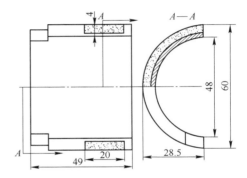

图 12-4 熔结涂层喷料护瓦结构图

而且所需硬度也要高达 HRC 66~69。4.0mm 厚的大面积合金涂层由于烧成收缩裂缝问题，全部采用超细粉末来熔结有相当难度。所以除了黏结金属仍用细粉之外，所有硬质相均需采用最紧密堆积的粗细颗粒搭配。具体的配方选择与工艺设计要按照如下步骤分两步实施：

第一步，先用"Ni-10 号+50% Fe12 号"打底。Ni-10 号仍用 60~325 目（0.044~0.25mm）的细粉，Fe-12 号是 Fe 基合金粉，其致密熔块的硬度高达 HRC 66~72，化学组成是（4.5~5.0C，45~50Cr，1.8~2.3B，0.8~1.4Si，余 Fe）。先在 1200~1280℃高温下将其熔结成致密合金块，然后破碎筛分，取出粒度为 3.0mm、1.29mm 和 0.36mm 三个等级的颗粒，再按照 40：18.6：41.4 的配比构成最紧密堆积的硬质相，加上 50%的 Ni-10 号粉，用松香油调成涂膏，抹在喷料嘴内表面与喷料护瓦外壁的 20mm×4mm 深槽内，烘干之后，在 $(6~1)×10^{-2}$ mmHg❶和 1040℃条件下熔结 15~30min。炉冷后凝结成厚约 3.5mm 的打底合金

---

❶ 1mmHg = 133.322Pa。

层，打底层很致密，也没有收缩裂缝，与基体金属之间形成了牢固的冶金结合，宏观硬度达到 HRC 66 以上。合金层外表面虽统观平坦，但于大颗粒之间均布着细小的凹坑，有待第二步来填平补齐。

　　第二步，有了打底合金层后，离成品厚度尚差仅 0.5mm 左右，完全可以采用"Ni-10 号+10%～20%WC"的超细粉末来一次熔结而成，根本不用担心收缩开裂问题。合适的熔结制度是在 $(6～1)×10^{-2}$ mmHg 和 1020℃ 条件下熔结 10min 即可。整个合金层的硬度仍保持为 HRC≥66。用这样配套的真空熔结合金涂层来取代 CoCrW 喷焊涂层，可使整机的耐磨寿命提高 3～6 倍以上。

12.2　棕榈油离心机

　　生产棕榈油、桐油等工业油料的分离机，在油料的润滑作用下，按说零部件的磨损不会十分严重；其实不然，离心机部件多用 0Cr18Ni9 这样的不锈钢制造，耐蚀而不耐磨，凡经油料流过的通道，尤其是转鼓内的零部件，磨损都十分迅速，只半年下来，不锈钢部件的表面磨损量就会达到 1.0mm 以上，使用寿命很不理想。原因是毛油含沙，进离心机之前虽经多次沉降、过滤，仍难以除净，总会留下极小的细沙随油入机，对零部件造成流体磨料的冲击浸蚀磨损。对付冲击浸蚀光靠强度与韧性还不够，必需借表面工程来提高不锈钢的表面硬度。

　　图 12-5 所示是带有真空熔结耐磨耐蚀合金涂层的进料分配器。工件用 0Cr18Ni9 不锈钢精铸而成，需要涂层的部位是锥体喇叭的内表面与喇叭上八个圆孔的内壁，要求涂层致密、均匀、平整、光洁，涂层经熔结完成之后不再精加工。熔结该部件的工艺要点是需要防止热变形，因为喇叭口壁很薄，要小心防止喇叭口直径的变形扩大。办法有二：一是在熔结时用耐火工装具来限制喇叭口的热变形；二是在熔结之前对喇叭口外壁 1.0mm 多的加工余量暂时不作精加工，

图 12-5　涂层进料分配器

以保持壁厚，减小变形，待涂层之后再加工到位。所用涂层配方也是（Ni-10 号+10%～20%WC），合适的熔结制度是 $(6～1)×10^{-2}$ mmHg，1020℃ 下熔结 5～8min，涂层厚度为 1.0～1.5mm，涂层硬度高达 HRC 66 以上。

　　图 12-6 所示是分配器座的实物照片和去掉底盘后的纵向剖面图。此工件也是用 0Cr18Ni9 不锈钢精铸而成。需要涂层的部位非常复杂，除了下部的裙板之外，其他的所有内外表面均需涂层，包括外八筋、内八筋和八个圆孔的内壁。涂层只需要 0.5mm 厚，但必须连续、密闭、平整、光洁，涂层后不再加工，直接

使用。此工件涂层的工艺要点不在于热变形，而是要确保涂层厚度均匀，外表面与外八筋问题不大，难就难在内膛表面与内八筋及八个小圆孔。对于这种内腔结构异常复杂工件的内壁通常无法采用喷涂、抹涂等方法来涂敷，而只能采用真空熔结工艺特有的"黏附"方法。真正要涂匀涂好，必须把握住表面清洗与涂敷两道工序，还有赖于操作人员的经验与耐心细致。涂层配方仍是（Ni-10 号+10%～20%WC），合适的熔结制度是$(6～1)×10^{-2}$mmHg，1020℃熔结 5～8min，涂层硬度调整为 HRC 66 以上。

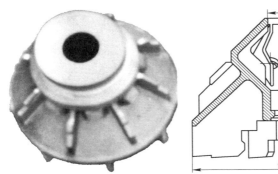
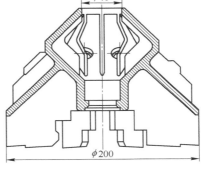

图 12-6 分配器座的实物照片及其纵向剖面图

图 12-7 所示是离心机的涂层挡圈。挡圈坯件是用 3.0mm 厚的 0Cr18Ni9 不锈钢板材，经辊压成型并焊接而成，是直径 ϕ650mm 的薄壳构件。为提高结构强度防止薄壳变形，在挡圈的垂直内壁上焊接一圈加强筋。需要涂层的部位是挡圈的全部内表面和对加强筋的全包覆。在涂层之前，要把所有焊缝修光磨圆，把所有锐角倒钝。涂层需要 1.0～1.5mm 厚。因涂层后不再加工，直接使用，也应保证涂层的连续、密闭与平整、光洁。此工件涂层的工艺难点在于热变形，因有加

图 12-7 熔结涂层挡圈实物照片

强筋的强固作用使挡圈直径不易变形，但挡圈的平整度难于保证。解决办法是在装炉熔结时要把挡圈平放在大尺寸的整体石墨垫板上，而且要注意到每一处耐火支撑点的接触间隙必须相同。由于石墨材料的线膨胀系数很小而导热性很高，在高温熔结与随后的冷却过程中石墨垫都不会发生翘曲变形，从而保证了涂层挡圈合格的平整度。挡圈的涂层配方是（Ni-10 号+10%～20%WC），合适的熔结制度是在$(6～1)×10^{-2}$mmHg 和 1010℃条件下熔结 10min。涂层的硬度保持在 HRC 66 以上。用这样配套的真空熔结耐磨耐蚀合金涂层来保护离心机的过流部件，可使

整机的使用寿命提高到 1.5～2.0 年以上，而且磨损超差后部件无需报废，可以再次熔结涂层，修复再用。

12.3　制药厂离心机

　　制药厂离心机一般用水平转子，转鼓的转速低于 8000r/min，是一种大容量的低速离心机。为提高其分离处理能力，需尽量加大转鼓的旋转半径与工作容积。为确保防腐性能、便于清洁处理，转鼓可选用 316L 等不锈钢制成，直径约 600mm，壁厚约 10mm，在侧壁上开有 12 个长方形溢流孔，如图 12-8 所示。图 12-8 是经真空熔结修复之后的实物照片。转鼓的磨损过程是：当高速旋转时，鼓内的药液与结晶沉淀物分离，在强大离心力的作用下，药液从溢流孔沿着近似外圆周的切线方向高速甩出，这时相邻二溢流孔之间的楔形侧壁承受到高速液流的冲击浸蚀磨损，这也是区别于液滴撞击冲刷浸

图 12-8　真空熔结修复的离心机转鼓

蚀的又一种水蚀现象。冲击浸蚀磨损首先从侧壁左端最薄的刃口处开始，尤其会选中有机加工痕迹或微裂纹、微缺陷的地方，先冲蚀出一个豁口。此时与应力场中的"应力集中"有点相像，在冲蚀场中，一旦起了豁口之后，也会出现"冲蚀集中"现象，高速液流自动向豁口处聚集，迅速加剧对豁口的冲蚀，犹如锯割一样迅即出现蚀沟，进而穿透壁厚。液流冲蚀金属是典型的软磨硬机制，磨损的要素是液流速度，当豁口形成时，液流涌向豁口，流速大增，冲蚀加剧。冲蚀出来的沟缝很窄，其宽度只有 0.5～1.0mm，但既深又长，沟深可以穿透整个壁厚，沟缝的长度则随着工作时间的增加而不断扩大并向未豁处延伸，直至把相邻两个溢流孔（孔间距约 80mm）之间的侧壁完全豁开，把一个完整的转鼓拦腰分割成上下两半。顺着沟缝横切的剖面图如图 12-9 所示。图中左图是冲蚀破坏之前的溢流孔剖面图，此时楔形侧壁尚完好无损；右图是已遭冲蚀破坏，楔形侧壁的薄端如图 12-9 中 1 所示部位为已被冲蚀成大面积的沟缝，2 为暂未豁开的剩余部位。

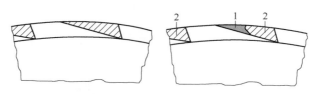

图 12-9　在溢流孔处顺着沟缝的横剖面图

为将转鼓修复后重新使用，当磨损沟缝长度发展至≤60mm时，即需停机检修。要填补$(0.5 \sim 1.0) \times (10 \times 60)/2 \text{mm}^3$既狭窄又深遂的沟缝，用堆焊、喷焊或激光表面合金化等方法均无可能；只有借助于真空熔结技术的封孔功能，选择具有丰富液相并有良好浸润性能的涂层合金才能填满沟缝。推敲转鼓的磨损机制，只填补好已经冲出的沟缝是不够的，因为溢流孔有一定宽度，液流冲不动已补好的旧沟缝，而对侧壁刃口的其余部位照样能冲出豁口。无论新旧转鼓，要想延长使用寿命的技改方案应有两个着重点：一是用平整、光洁的合金涂层包覆住溢流孔的所有过流表面，彻底消灭豁口源，避免"冲蚀集中"；二是用表面涂层大幅度提高溢流孔的表层硬度，迟滞冲蚀进程。

Ni-9号Ni基自熔合金粉能够满足选择需求，而且耐蚀性也比较好。其化学组成是（$0.5 \sim 1.0C$，$14 \sim 19Cr$，$3.0 \sim 4.5B$，$3.5 \sim 5.0Si$，$2.0 \sim 4.0Cu$，$2.0 \sim 4.0Mo$，$<8.0Fe$，余Ni），粉末粒度取用$60 \sim 325$目（$0.044 \sim 0.25 \text{mm}$）。熔结后的涂层硬度能达到HRC $58 \sim 62$，比不锈钢基体高了许多。先以干合金粉注满沟缝，并用合金粉加松香油调制的涂膏封住，不使干粉漏出。然后对溢流孔的所有过流表面抹上均匀的涂膏层，烘干之后要致细修磨，使涂膏层光结、匀整。合适的熔结制度是$(3 \sim 1) \times 10^{-2} \text{mmHg}$，$1040 \text{℃}$下熔结$20 \sim 30 \text{min}$。熔结的要义有三：一是真空度要尽量抽高，以便把沟缝内的残存气体抽尽，好让熔融的涂层合金置换进去；二是所定的熔结温度要偏高，以便熔结时出现更多的液相；三是熔结保温时间要适当延长，以利于液相有足够的时间渗透到沟缝深处，也有利于液相能浸润覆盖住过流表面上所有的微观缺陷，从而杜绝在过流道上一切的豁口源。由于液相丰富，冷凝时液体的表面张力会充分起到作用，使涂层表面匀称、光洁、润滑，无需再精加工即可投入使用，如此就避免了机加工缺陷的隐忧。涂层在表面张力作用下还有一种好处，会把溢流孔的四角从原来$90°$的尖角变成加了涂层的圆角，进一步避免了"冲蚀集中"的可能。涂层的厚度比较薄，只有$0.2 \sim 0.3 \text{mm}$，充分熔结时不至于发生熔融下垂现象。

由于杜绝了豁口源，且Ni-9号Ni基自熔合金涂层的硬度又比不锈钢高约4倍左右，故经真空熔结涂层强化或修复后的新、旧转鼓的工作寿命要高出原件$3 \sim 5$倍以上。一只不锈钢转鼓的造价为8万元左右，而真空熔结涂层修复费用只需4000元。所以，这项表面工程的技术经济效益是十分明显的。

13　真空熔结工业泵配件

　　各类工业泵具广泛应用于化工、石油、电站、冶金、轻工、合成纤维、环保、食品与制药等工业部门，用以输送各种温度的非腐蚀性或腐蚀性液体，或输送各种密度的纯溶液、悬浮液、甚至是泥浆等介质；同时也广泛应用于供水、供热、空调、冷却等循环系统；用于消防、园艺、水处理与灌溉等民用项目，作输送清水或污水之用。

　　泵的种类繁多，按照作用原理，泵可分为容积泵、叶轮泵与喷射泵三类。按照泵的结构形式可分为离心泵、隔膜泵、齿轮泵、柱塞泵和往复泵等。按照用途不同又可分为循环水泵、排污泵、杂质泵、渣浆泵、泥浆泵、污水泵、清水泵、流程泵、增压泵和耐蚀泵等。根据需要还可以按照泵的驱动方式、泵的吸入形式、泵轴的安置方向、轴向力的平衡方式、泵壳的剖分型式与制泵的不同材质等诸多因素来细分，这里不再一一详述。

　　本文仅着力讨论与工业泵配件有关的腐蚀与磨损机制及相关的防护涂层问题。无论何种类型的泵具，其泵液都会以一定的速度并以一定的角度，与过流部件做相对运动，结果就不可避免地对工件表面产生了一定程度的浸蚀与磨损。当泵液中含有固体颗粒时，定当发生磨料冲击浸蚀磨损；即便是不含固体颗粒时，也会发生流体浸蚀磨损。若泵液还具有一定的腐蚀性时，将要出现更为严重的腐蚀磨损。对泵件的浸蚀、磨损程度除了泵材的自身因素之外，至少与三项工况因素有关：第一是介质因素，也就是泵液的理化特性，如密度、pH 值、温度与黏稠度等；第二是颗粒因素，也就是泵液中所含固态物质的颗粒特征，如密度、硬度、致密度、粒度、粒形与百分浓度等；第三是力学因素，包括泵液与过流部件间的相对运动速度、有无"冲蚀集中"现象以及液流对工件表面的冲击角度等。具体泵件的表面磨损过程是千变万化的，需审慎分析工况特征，检明磨损机制，难确定时还要作模拟冲蚀磨损的对比试验，以便对症下药，才好选择并设计出适用对路的防护涂层。

13.1　叶轮泵配件

　　叶轮泵的结构形式属于离心泵范畴，工作时依靠高速旋转的叶轮，使液体在巨大离心力的作用下提高了压强，并自叶轮周边甩出。泵内的液体被甩出时，叶轮的中心部位形成真空区域，从而又不断地吸进液体。只要叶轮不停地旋转，一面自中部吸入液体，同时又甩至周边排出，叶轮泵便连续不断地工作着。

13.1.1 叶轮泵过流部件的磨损类型

各种离心泵的结构虽有不同，但主要零部件均基本相同，不外是：泵壳、叶轮、泵盖、密封件与泵轴等。图 13-1 所示是一种半开式叶轮泵的叶轮、泵壳与泵盖的实物照片。在这三个部件的易磨损部位，均真空熔结有一层耐磨、耐蚀的合金涂层。如图 13-1 所示，这种半开式叶轮只有后盖板，它适用于输送那些含有固体悬浮物质的液体，其工作效率介于开式和闭式叶轮之间。可广泛应用于在江河湖塘中清淤、疏浚等水利工程，不可避免地要接触到这种固液两相的泥浆液流。经应用表明，在输液工程尤其是输送固液两相液流时，叶轮是离心泵内磨损最为严重的零部件，而叶轮周边出口处又是在整个叶轮上磨损最为严重的部位，磨损后的出口端部呈极薄的锯齿形状，半开式叶轮几乎要变成开式叶轮。在叶片工作面与后盖板相交的棱缝处会磨损出很深的条形沟槽，这种条形沟槽自叶芯至叶边，越来越宽，且越来越深，甚至可能会豁穿叶片或后盖板。观察叶片正面的中心区域和叶片背面均有深浅不同的凹坑出现。芯部入口处的凹坑明显是颗粒撞击所为，个别凹坑很深，甚至会洞穿后盖板致使叶轮失效。后盖板背面的磨损较轻，而且比较均匀。

图 13-1 真空熔结涂层叶轮泵部件实物照片

泥浆从泵壳的中心孔被吸入泵腔，由旋转的叶轮甩至周边，再经泵壳的顶孔排出，泥浆液流的运动形式随流程推进而有所变化。被叶轮中心吸入时液流方向是由轴向突变为径向，这时数量有限的较大颗粒，会连续不断地撞击叶轮的中心区域，在以冲击浸蚀为主的磨损机制中又掺杂进了撞击疲劳磨损的因子，由此还偶尔出现为数不多的撞击深坑。液流在绕着叶片甩向叶周的过程中，由于液流中各组分的密度不同，旋转液流不可能等浓度地均布在整个叶面上，而势必要产生偏析。颗粒浓度较高的流分紧贴着叶片的工作面甩出，在叶片工作面与后盖板相交的棱缝处冲击浸蚀出很深的条形沟槽，而叶轮的其余部位所接触的流分较稀，磨损也比较轻微。离心泵启动时，泵腔内一定要预先充满泵液然后方可启动。如果操作失常，泵内残存空气，则由于空气的密度很低，旋转产生的离心力微弱，余气滞留泵芯无力迅速排出，致使叶轮中心区所形成的负压不足，难以将液流满负荷吸入泵内，造成泵体震动、发热、输液量减少，甚至会出现意想不到的"气蚀"磨损事故。

综上分析，固液两相流离心泵内的磨损类型有：（1）在所有过流部件的过流表面上，都存在着程度不一的冲击浸蚀磨损。（2）在叶轮中心区偶有撞击疲劳磨损和"气蚀"磨损发生。（3）在有些领域，如石油、化工等部门的固液两相或多相泵液中，常常含有一定的腐蚀性物质，势必造成对所有过流部件的腐蚀磨损。

13.1.2　选材试验

冲击浸蚀磨损的实质在低攻角下是微观切削机制，而在高攻角下主要是磨料对基体表面的撞击疲劳剥落过程。大颗粒撞击疲劳磨损与"气蚀"磨损的实质都是在高攻角下，疲劳应力反复作用于一点，造成疲劳破碎与疲劳剥落的过程。腐蚀冲刷磨损是液态或气态的腐蚀介质，与颗粒磨料一起，于一定温度下，以一定速度不断冲刷工件，在发生化学或电化学反应的情况下，造成工件表面的磨损过程，其实质是金属表面的化学稳定性及表面腐蚀保护膜的耐磨问题。

抗切削磨损要求材料均质且硬度较高。抗疲劳磨损则要求材料既硬又韧。而抗腐蚀冲刷磨损则除要求材料有较好的耐磨特性外，还要有足够的表面化学稳定性。如此面面俱到的结构材料根本难找，能够适用于各种泵具的通用材料是不存在的。只能具体工况具体选材，再辅以过流部件的科学设计并适当运用表面涂层来圆满解决。叶轮材料主要是根据泵液的理化特性、固相颗粒性质及叶轮转速高低等因素来确定。清水泵叶轮可用铸铁或工具钢制造，泵液若具有强腐蚀性时，需选用青铜、不锈钢、陶瓷或塑料等材料。

具体选材试验常采用一种旋转式腐蚀冲刷磨损试验机，可大致模拟离心泵的各项工艺参数。为比较工具钢与不锈钢的耐腐蚀冲刷磨损性能，拟定的试验条件如下：泵液组成是 [5% H_2SO_4（质量分数），15%75 目（0.19mm）石英砂（质量分数），余水]；泵液的酸碱度 pH = 1.5；试验温度波动于 20~70℃；冲蚀线速度定为 5m/s；冲刷攻角 $\theta = 0°$，是纯粹的微观切削磨损机制；试验周期 120min，以失重测定试样的腐蚀冲刷磨损率。H_2SO_4 是一种还原性酸，极容易破坏金属表面的钝化膜，并与膜下金属反应生成金属硫酸盐，这样的腐蚀产物与本底金属间毫无结合力，经液流轻轻一冲即被带走，腐蚀冲刷机制替代了微观切削的磨损机制。温度越高时腐蚀会越严重，在相同试验条件下只变动试验温度，所得到腐蚀磨损速率随温度的变化曲线如图 13-2 所示。图中 1 是 T8 工具钢；2 是

1Cr18Ni9Ti 不锈钢。在同一温度下工具钢的腐蚀磨损率就比不锈钢高很多，而当温度升高时工具钢腐蚀磨损率的增高幅度会比不锈钢高出更多。在这里化学与电化学的腐蚀机制占了主导，而机械的切削磨损机制只是辅助。所以硬度达到 HRC 51 的 T8 工具钢的耐磨性反而不如硬度只有 HRC 18 的 1Cr18Ni9Ti 不锈钢。这就是泵液具有强腐蚀性时不能用碳钢而只能选不锈钢的原因。

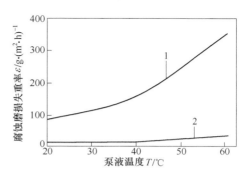

图 13-2　温度与腐蚀磨损率的关系曲线

如果不仅是腐蚀性强，而且固相颗粒的冲击浸蚀磨损也很强时，不锈钢显得太软，耐磨性不够要求，这时就需要真空熔结一层耐磨、耐蚀的合金涂层。涂层通常采用 Co 基与 Ni 基的自熔合金或表面硬化合金。一般 Ni 基自熔合金在 10% H_2SO_4（质量分数）溶液中的腐蚀速率约为 0.24 ~ 0.31g/（m^2 · h）；而 1Cr18Ni9Ti 不锈钢的腐蚀速率要高达 2.64g/（m^2 · h）。所以涂层合金的耐化学腐蚀性能都远优于不锈钢，无需再试。而耐固相颗粒的冲刷与冲击浸蚀性能则各有千秋，需进一步作对比试验。试验还是在旋转式冲蚀磨损试验机中进行，试验条件是[4]：泵液组成为［20% 40 ~ 70 目（0.21 ~ 0.42mm）石英砂（质量分数），80% 水（质量分数）］；泵液的酸碱度 pH = 7；试验温度是 20℃；冲蚀线速度定为 3 ~ 15m/s；冲蚀攻角 θ = 0° ~ 90°；试验周期用 0 ~ 120min，仍以失重测定试样的冲蚀磨损率。涂层试验材料用（Ni-60 + WC）表面硬化合金，具体配方是 Ni-60、［Ni-60 + 25% WC（质量分数）］和［Ni-60 + 40% WC（质量分数）］三种。

由于涂层试样的微观组织由表及里有些许不同，随着试验时间延长，冲蚀磨损显现出两种基本状态，一开始冲蚀磨损率较高，待把涂层的表皮层磨去之后，冲蚀磨损率逐步降低，当推进到涂层的内部组织后，冲蚀磨损率几乎不再变化，处于一个稳定数值。按照规定试验条件，只是把冲蚀线速度定为 6.34m/s，冲蚀攻角 θ = 10°，得到冲蚀磨损量随冲蚀时间的变化曲线如图 13-3 所示。曲线显示出两段趋势，其中以 3 号涂层的曲线尤为明显。初始阶段冲蚀磨损率较高，而后趋缓，并转入冲蚀磨损率稍低的稳态磨损阶段，此后冲蚀磨损率几乎不再变化。

造成两段磨损率的实质并不是因为时间，而是涂层由表及里的组织结构问题。真空熔结的涂层组织从总体来讲是非常均匀一致的，只是在深度方向有一定程度的不均匀性。在熔融凝结过程中，由于外表面所承受的温度急变要大大高于涂层内部，使得涂层的表皮组织不够致密，其层厚量级大概是 0.1 ~ 0.2mm。在试验之前应把表皮磨去，以求在涂层的正常组织上做试验。问题在于机械的磨削

与抛光过程确实去掉了涂层表皮的不均
匀组织，但也不可避免地要使涂层正常
组织的表层发生严重的塑性变形，并累
积起不小的残余应力。因此，磨削的结
果是在涂层试样表面又产生了一层新的
薄弱组织，而且这般结果并不会因试样
材质的不同而有所幸免。所以两段磨损
率是各种耐磨材料的普遍规律，好在初
始段的层厚量级不大，而且试样的表面
光洁度越高时层厚会越小。对此在正常

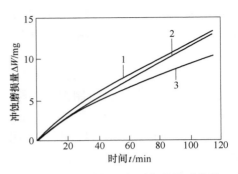

图 13-3　冲蚀磨损量与时间的关系曲线

使用时可忽略不计，但在测定各项冲蚀磨损率时，则应先行去掉表皮层，要以稳
态冲蚀磨损率为准。

　　固相颗粒的冲蚀速度是影响冲蚀磨损率的重要因素。固定所有试验条件，只
改变冲蚀线速度，在 [Ni-60+25%WC（质量分数）] 试样上测得冲蚀磨损率与冲
蚀速度的关系曲线如图 13-4 所示。实验表明冲蚀磨损率 ε 与冲蚀速度 v 之间呈指
数关系：

$$\varepsilon = kv^n$$

式中，k、n 均为常数。
两边取对数成直线方程：

$$\lg\varepsilon = \lg k + n\lg v$$

　　ε 与 v 之间是正比关系。按图中直
线计算出 $n = 2.72$，n 值相当高，但并
非定数。冲蚀速度与叶轮转速是一致
的，有些研究表明固液两相流对泵件
的冲蚀磨损率与叶轮的转速之间呈 3~
5 次方关系。冲蚀磨损率除了受到转

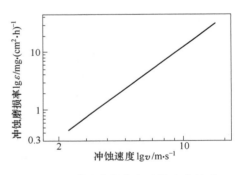

图 13-4　冲蚀磨损率与冲蚀速度关系

速的较大影响之外，其他的影响因素还很多，如颗粒浓度、颗粒密度、颗粒形状
及颗粒棱角的尖锐程度等。再就是固液两相流对冲蚀表面的攻角对不同材料也有
不同的影响。

　　固定所有试验条件，只改变冲蚀攻角，仍在 [Ni-60+25%WC（质量分数）]
试样上测得冲蚀磨损率与冲蚀攻角的关系曲线，如图 13-5 所示。曲线显示出有
两处磨损高峰，这表明试验材料（Ni-60+WC）是由软、硬两相组成。攻角较低
时，较软的黏结金属 Ni-60 容易遭到强势切削而磨损很快，造成了第一个磨损高
峰，这时的攻角约为 35°左右。此值大小主要与冲蚀液流中颗粒的坚硬程度及棱
角的尖锐程度有关，又坚又锐时峰值攻角偏低，反之则偏高。在有些实验中此值

会处在 40°~50° 之间。过此峰值后，攻角不大也不小，颗粒的微观切削与撞击疲劳作用均处于弱势，对软、硬两相均磨损不力，冲蚀磨损率曲线回落。到攻角接近 90° 时，对硬质相的疲劳磨损作用发作，曲线再次反弹，出现了第二个磨损高峰。

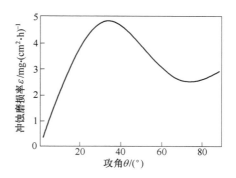

图 13-5　冲蚀磨损率与攻角的关系

13.1.3　应用真空熔结涂层

　　根据上节的试验分析，表明（Ni-60 +WC）型表面硬化合金涂层在叶轮泵上是合用的，其综合性能要比 T8 与 1Cr18Ni9Ti 等钢材优越得多，但具体配方与应用部位尚需推敲。叶轮、泵壳与泵盖等部件均遭受到固液两相液流的冲蚀磨损，但对于不同部位的磨损机制又有微观切削与撞击疲劳之区分。叶轮的中心部位主要是撞击疲劳磨损；叶轮周边区，尤其是叶片工作面与后盖板相交的棱缝处是以高流速、高浓度液流的微观切削磨损为主，叶轮其他部位都是比较轻微的切削磨损。泵壳内圆周表面遭受高速、密集的撞击疲劳磨损，而其余部位是比较轻微的切削磨损。泵盖内表面也是比较轻微的切削磨损。由此看来，叶轮的中心区与泵壳内圆周应采用硬度适中而韧性较好的 1 号或 2 号涂层。其余部位尤其是叶片工作面与后盖板相交的棱缝处应采用硬度很高的 3 号涂层。

　　图 13-3 所示的冲蚀磨损率曲线是在低攻角下的微观切削磨损曲线。1 号与 2 号涂层的磨损率较高，而且彼此相差无几。3 号涂层的磨损率要低得多，表现出较好的抗切削磨损性能。1 号涂层是纯 Ni-60，不含 WC。2 号涂层含有 25%WC（质量分数）。在固液两相液流微观切削磨损条件下，加 25%WC（质量分数）与没加 WC 差不多，这表明在 Ni-60 合金母体中所含 25%WC（质量分数）颗粒的分散密度太低，体现到磨蚀表面上 WC 的颗粒间距过大，裸露的 Ni-60 太多。液流中尖锐的石英颗粒把较软的合金母体迅速磨削掉，让坚硬的 WC 颗粒因失去支撑而随之脱落。把 WC 含量提高到 40%（质量分数）时，WC 颗粒间距已足够微小，裸露的 Ni-60 亦然很少，液流中的石英颗粒就很难切削到大量的合金母体，只能在很小的 WC 颗粒间距中一点一点地抠剔，从而延缓了磨削时间，也就延长了涂层的耐磨寿命。所有抗微观切削磨损的部件表面，都应选用［Ni-60+40% WC（质量分数）］涂层，叶轮的中心部位与泵壳的内圆周表面要抗撞击疲劳磨损，只好采用硬度适中而韧性较好的 "Ni-60+25%WC（质量分数）" 或是纯 Ni-60 涂层。

　　Ni-60 自熔合金粉的化学组成是（0.8C，16Cr，3.5B，4.5Si，15Fe，余

Ni），熔化温度 1050℃，合金涂层硬度为 HRC 55~58。用粉粒度宽泛，可波动于
60~325 目（0.044~0.25mm）之间。加 WC 时可用纯 WC 粉，更好是用 Co 包
WC 粉，Co 包 WC 粉的成分是（WC+12Co），粒度越小越好，通常为-325 目
（-0.044mm）。若用纯 WC 粉时粒度要更小，只有 50~70μm，最好是≤10μm。
合适的熔结制度是（3~1）×10⁻² mmHg❶，1060℃，熔结 5~15min。涂层厚度为
1.0~1.5mm。熔结温度应稍高于黏结合金的熔化温度，这样有利于把涂层熔结
得更为致密、坚硬；但温度也不能定得太高，最好别超过 1200℃，否则可能会引
起 WC 的高温分解。

　　在一定程度上，涂层的宏观硬度体现出整体涂层的耐磨性，对于颗粒冲刷性
磨料磨损尤为如此。在叶轮泵中相关材料的硬度及相对耐磨性列于表 13-1。所
有涂层的耐磨性均高于不锈钢 3 倍以上，尤其是"Ni-60+40% WC（质量分
数）"涂层的硬度已接近磨料硬度，得到了最高的抗固液两相流冲刷浸蚀磨损
寿命。在液流腐蚀性一般的场合，可采用全包覆涂层的 45 号钢基体来替代昂
贵的不锈钢。

表 13-1　叶轮泵中相关材料的硬度及相对耐磨性比较

材料类别	材料名称	硬度（HV）	相对耐磨性
基体材料	1Cr18Ni9	197	0.59
	45 号	441~497	—
	T8	526	—
涂层材料	Ni-60	596~655	—
	Ni-60+25% WC（质量分数）	795~850	1.84
	Ni-60+40% WC（质量分数）	909~≥1000	2.22
磨料	SiO₂（晶）	1400~1711	—

13.2　液压泵配件

　　液压泵是容积泵的一种，泵腔内工作容积的密封很好，柱塞在泵腔内作往复
运动，使密封容积不断地由小变大，再由大变小，也就是一会儿负压，一会儿正
压，周期性地反复变化，从而实施了吸液和压液过程，把机械能转换成为液压
能，常见于油压传动装置，亦用于吸排清水、污水或泥浆等。使泵腔容积发生周
期性变化的机件还有齿轮、叶片与蜗杆等，所以液压泵除了柱塞泵之外，还有齿

❶ 1mmHg=133.322Pa。

轮泵、叶片泵与蜗杆泵等。其中柱塞泵的容积效率最高，泄漏也小，可在较高压力下工作，可用于较大功率的液压系统；但是柱塞泵结构复杂，材料和加工精度要求高，对油料的清洁度要求也高，只有在其他液压泵满足不了要求时才采用柱塞泵。

13.2.1 柱塞泵的配油盘

柱塞泵在充分油润滑下工作，机件的磨损不算太严重；但由于结构复杂会带来其他问题，尤其在配流不当时，会诱发压力冲击与流量脉动，引起机件振动与结构噪声，甚至于造成配油盘的翘曲变形事故。振动与噪声问题可以从配流机构的优化设计来解决，而配油盘的翘曲变形问题需从选材与表面工程入手。图13-6所示是经过真空熔结的一种铜-钢复合配油盘。这是普遍采用的一种平面式配油盘，它紧贴于缸体端面，运行时彼此间相互旋转摩擦。因为缸体材质必须用钢，为减低摩擦并防止黏着磨损，配油盘就不能再用钢材，常识性选材当然是铜。通常配油盘就是用整块铜板经机加工制成，在油润滑下运行得很好；但问题在于当压力冲击发生时，软铜板因强度太低而翘曲变形，配流失效。解决办法是改用钢板配油盘，但与缸体相接触的摩擦表面要真空熔结一层 Cu 基合金涂层，这种铜-钢复合配油盘既解决了摩擦匹配问题，也解决了翘曲变形问题。如果配油盘的成品厚度是 6.0mm，则以 5.0mm 厚的钢板作为涂层基板，真空熔结 1.1~1.2mm 厚的 Cu 基合金涂层，然后以总厚 6.1~6.2mm 的铜-钢复合板坯加工出成品配油盘，包括最后对涂层表面的磨削精加工，使之达到 6.0mm 的成品厚度和所需的表面光洁度。Cu 基合金可采用 Cu-3 号 Cu 基自熔合金，其化学组成是（<2.5C，1.5~3Cr，<2B，4~6Si，<1.5Ni，余 Cu），熔化温度是 900~1060℃，合金涂层硬度为 HV151~231。用粉粒度 60~200 目（0.075~0.25mm）。合适的熔结制度是 $(6~4) \times 10^{-2}$ mmHg，1000℃，熔结 5~10min。由于熔融的 Cu 合金容易挥发，熔结时温度与真空度

图 13-6 铜-钢复合配油盘

都不宜过高，保温时间也不宜过长，以能够达成冶金结合为准。

13.2.2 液压泵的销轴

在矿山、油田等作业现场，泥沙污损液压系统，常见缸套、柱塞与销轴等部件因表面拉毛、划伤而密封不严，功率受损。为强化工件表面通常采用电镀硬质铬镀层；但硬铬镀层存在脱皮现象。图13-7所示是以 45 号钢制作的较大尺寸销轴，在销轴外表面真空熔结了一层厚 0.6mm，硬度为 HRC 62~66 的 Ni-10 号 Ni 基自熔合金涂层，以此可以完全取代电镀硬质铬镀层。熔结涂层不会脱落，使用

寿命可提高 3~5 倍。0.6mm 是经过精磨之后的成品涂层厚度，厚度虽薄，但用于取代电镀层已经足够了。图中下方是刚刚熔结出炉的涂层销轴实物照片，涂层致密、均匀、平整，磨削余量很小。图 13-7 中上方是经磨光之后的涂层销轴。

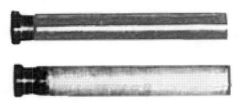

图 13-7　真空熔结涂层销轴

13.2.3　泥浆泵的缸套

　　泥浆泵常用于矿山、环保、陶瓷、炼油、石油、化工、农场与基建等领域。在打井作业中，泥浆泵是钻探机械设备的重要组成部分，它的作用是要在钻进时连续不断地将冲洗液随钻头注入井下，而后再压回地面。先是把地表的冲洗介质如清水、泥浆或聚合物等冲洗液通过高压软管经钻杆的中心孔直达钻头底部，清理并冷却钻头、再及时把钻下来的岩屑和泥浆不断地送至地表。常用泥浆泵是活塞式或柱塞式的，靠活塞或柱塞在缸套中的往复运动。在吸入和排出阀门的交替开关操作下，实现冲洗液的吸入和压送。运转时要密切注意泥沙浓度与沙粒大小，浓度偏高与粒度较大时就会加速磨损泥浆泵的易损件，必须调整工况并适当应用耐磨涂层，以提高部件的使用寿命。图 13-8 所示是泥浆泵缸套，摩擦副是橡胶活塞板，运行时磨损主要发生在缸套内壁，若电镀硬铬时也常常会发生脱皮。由此在内壁以更硬并与基体结合更牢固的真空熔结耐磨涂层来取代电镀硬质铬镀层。真空熔结涂层的技术参数与上节对销轴的涂层完全一样，使用寿命也可以比镀铬层提高 3~5 倍以上。

图 13-8　涂层缸套

13.3　莫诺泵配件

　　莫诺泵属于容积式泵，主要构件由转子与定子组成。转子是大导程的金属螺杆，用碳钢、不锈钢甚至用陶瓷制得；定子是具有双头螺旋线的弹性包套，一般用弹性橡胶或弹性塑料制成。转子与定子相配合时，于每一节都会形成互不相通的密封腔，如图 13-9 所示。当转子转动时，密封腔依次从泵的吸入端向排出端移动，泵液被一个个密封腔自一端吸入，至另一端排出。由于定子与转子间螺旋密封线对吸入腔（空腔）与排出腔（满腔）的隔断作用，使莫诺泵于进、排两端都不需要安装阀门，这样就减小了管道阻力，让系统运行更加平稳。莫诺泵的泵压较高，扬程可与柱塞泵相比，清水扬程可达 2000m 以上，可实施高程送水。莫诺泵可以输送干稠的泵液，这一点与齿轮泵相像。莫诺泵又与隔膜泵一样，可以输送含有固体颗粒、纤维、羽毛、气体混合物等的各种腐蚀性或中性泵液。泵液中所含固体颗粒不带尖棱利角，当转子直径越大时能输送的颗粒粒度也越大，转子直径为 10~200mm 时相应粒度能有 2~50mm。莫诺泵几乎兼具各类泵的优点，应用领域极广，但金属转子易于磨损是它的短板，尤其在腐蚀性介质与硬磨料磨损工况下，转子更易磨损，导致定子与转子间的弹性密封失效，造成泵腔内既无压力也无吸力，不能继续运作。在中性介质中转子一般用 45 号钢制成，热处理硬度不高，只有 HRC 28~32，使用寿命不长。为提高硬度与表面光洁度，以延长使用寿命，通常在转子表面电镀一层厚约 0.05~0.07mm 的硬质铬镀层。这样能有所改进，但由于镀层很薄且容易脱皮，效果并不理想。用一种如图 13-10 所示的真空熔结涂层转子取代镀层转子，效果很好。涂层厚度只需 0.1~0.2mm，而涂层硬度高达 HRC 68~70。转子在包套内旋转时基本上不存在冲击应力，其工况特点是高挤压应力下的强摩擦磨损，即包括硬颗粒在内的各种磨料，于高应力下，对工件表面作挤压与摩擦相对运动，造成对工件表面的磨损，应属于挤压擦伤型磨料磨损。在这样的磨损条件下转子的耐磨性应与转子的表面硬度呈正比线性关系，所以涂层选材当取硬度越高越好。

图 13-9　莫诺泵的密封腔示意图

图 13-10　真空熔结涂层转子

　　由于转子与定子的配合间隙很紧密，对于转子表面磨损所容许的厚度很薄，因此转子涂层不可能如一般螺旋挤压机的螺杆涂层那样以厚取胜。选材只能依靠硬度，更应以相对均质材料为好。而"Ni-60+WC"型的复相材料，即便其宏观硬度很高也并不理想，毕竟其中的软相组织难免要先行磨去，而硬相颗粒则随之不保。实际选材可选用高铬铸铁型的 Fe-12 号 Fe 基自熔合金（4.5~5C，45~50Cr，1.8~2.3B，0.8~1.4Si，余 Fe），HRC 66~72，T_m = 1200~1280℃。合适的熔结制度是（3~1）×10^{-2}mmHg，1230℃，到温停电，无需保温。因为基体与涂层双方都是 Fe 基，而且涂层很薄，故高温瞬时即可完成熔结，时间越短也越有利于保护好基体强度。熔结后涂层均匀、致密，没有微观裂纹，经仔细抛光后即可交付使用。这种涂层转子能体现出很长的使用寿命，决非镀铬转子可比。高铬铸铁型自熔合金涂层在常温下的抗氧化与耐腐蚀性都很好，涂层 45 号钢转子不仅耐磨，而且其耐蚀性完全可以取代不锈钢。不仅如此，涂层转子还可以在适当的高温泵液中使用，于 400~650℃范围内仍可保持住相当稳定的耐磨性。

14 真空熔结涂层风机叶轮

在热电厂、炼钢厂、烧结厂和水泥厂等许多昼夜进行热工作业的工厂，以及所有应用燃煤锅炉的地方，都有大量烟尘、粉尘要依赖离心风机来收集与排放。风机在高温、高速并含有固体颗粒的气流中昼夜不停地工作，负荷苛刻而繁重，有的气流中还掺杂有腐蚀性介质，更会引发严重的腐蚀磨损，使风机部件过早损坏，造成停电、停产事故。风机虽然不是生产主机，但绝对是保证连续生产所必需的关键设备。特别要关注蜗壳与叶轮等易损部件，一般以普通铸钢制造的风机叶轮，在没有任何防护措施的情况下，在燃煤热电站排烟系统中的使用寿命也就只有 4 个月左右。为延长风机寿命的技改途径很多，首先是考虑安装高效能除尘装置，使风机在净化的气流中工作。或是在容易磨损的部位安装前置的防磨隔挡，阻止局部快速磨损，力争均匀缓慢磨损。除改善外部条件之外也可以改进叶轮本身的气动设计，优选叶轮的流道形状，使叶片从进口至出口弧度的曲率半径自小而大，这样会有效减少固体颗粒与叶片的撞击几率。诸多方法虽有一定效果，但在实际应用中仍不理想。更有效的措施还是要直接从叶轮的材质入手，除了耐磨、耐蚀的选材之外，各种各样的表面防护涂层业已大显成效。

14.1 风机叶轮的冲蚀磨损问题

叶轮旋转时自轴向吸入气流，悬浮有固体微粒的高速气流以高攻角冲进叶轮中心部位的进气边，进入叶轮后气流沿着叶片正反两面的弧形流道前进，随着弧形流道曲率的变化气流的前进方向逐步由轴向转变为径向，此时含尘气流的攻角也逐渐由高向低转变，最后冲击气流以低攻角或零攻角沿叶片的排气边离开叶轮。按照定义"含有固体颗粒的流体，包括液体与气体，以一定速度和一定角度，与工件做相对运动，于工件表面所产生的磨损，称为磨料冲击浸蚀磨损"，无疑风机叶轮是在含有固体颗粒的高速气流中遭受到磨料的冲击浸蚀磨损。叶轮的耐磨寿命将取决于气流的理化特性、固体颗粒特性和叶轮自身的结构与材质这三项要素。

气流的理化特性包括速度、温度、腐蚀性以及颗粒物浓度等。热工作业的烟尘温度低可 $60 \sim 70 ℃$ ，高则 $400 \sim 600 ℃$ 。风速取决于叶轮的转速与风量，一般越小的风机转速越高，但风量并不大；反之越大的风机转速越慢，而风量却很大。风机转速低的只有 $700\sim800r/min$，而高时可有 $1200\sim4000r/min$。排风量随机型变化，大致波动于 $300\sim15000m^3/min$ 之间。飞灰浓度通常是 $0.5\sim5.0g/m^3$。具体数据如燃煤热电站的风机转速为 $3900r/min$，排风量达到 $300m^3/min$，飞灰浓度有 $5g/m^3$。在节能环保的要求之下，烟尘必需燃尽，应是偏氧化气氛；若燃烧不尽时，则会含有 CO_2 等还原气氛。在某些专业生产中，也难免会带有腐蚀性的气氛，如在烧结厂的烟尘中就夹带有微量的 SO_2 气体，这对钢铁叶轮的腐蚀磨损是十分严重的。

固体颗粒特性包括粒度、速度、硬度与锐利程度等。燃煤热电站的磨料颗粒多为红热的煤粉，粒径约 $120\sim160\mu m$，速度为 $20\sim80m/s$，炼钢厂、烧结厂烟尘中的铁矿石与焦炭颗粒是既硬又尖锐的磨料，粒径约 $\leqslant600\mu m$。

叶轮自身的结构和材质因素包括如叶型、叶片数、弧形流道曲率和叶轮基体与涂层的选材及制作工艺等。风机叶轮应尽量处于低转速以减小叶轮入口处的进风速度，从而减轻颗粒撞击对叶片的疲劳磨损。要科学设计叶轮流道的弧形曲率，使叶片自进口至出口的弧形流道曲率半径由小而大，以便减少叶轮内部气体流动的不均匀性，并有效降低固体颗粒对叶片各部位的撞击几率。这样在流道的出口区，固体颗粒对叶片的磨损形式就逐步由进口时的撞击疲劳转变成为以微观切削为主的浸蚀磨损。从叶轮损坏的实际情形来看，各种叶轮磨损的情况及部位不尽相同。无论如何精确设计叶型，也避免不了以上几种磨损形式，而且总要呈现出不均匀的局部磨损。诸多叶轮的磨损部位主要分布在叶片的进、排气边。磨损程度深浅不一，严重时会洞穿叶片，甚至磨豁排气边。正是由于磨损的不均匀性，使叶轮丧失了动平衡，引发转子激震，迫使风机停转。

14.2　风机叶轮的选材与涂层

抗磨料冲击浸蚀磨损的选材方向是既硬又韧，切削机制偏重处越硬越好，疲劳机制偏重处要硬而不脆。从强度方面要看叶轮大小和转速高低，几十公斤重的小叶轮可用普通铸钢或可锻铸铁做，数吨重的大叶轮至少要选用低合金结构钢，如 16Mn 和 15MnV 钢等。遇腐蚀性烟尘时可选用不锈钢，转速不高的叶轮可采用屈服强度较低的奥氏体不锈钢 1Cr18Ni9Ti，在还原性强的腐蚀气体中要选用 0Cr13 等不锈钢，遇强腐蚀性气氛且转速较高的叶轮应采用屈服强度较高的 0Cr17Ni4Cu4Nb 类马氏体沉淀硬化不锈钢。考虑了强度、耐磨性和腐蚀性等因素之外，再要注意的就是材料的可加工性与铸造性能。

以上所选材料从强度、耐蚀与可加工性方面都还可以，唯有不足是耐磨性离实际需求相差太远，在强腐蚀性介质中有时用不锈钢也顶不住。要延长叶轮的耐磨、耐蚀寿命还是离不开各色各样的涂层。

对于碳钢或铸铁叶轮的一般性防腐涂层，可喷焊一层不锈钢。不锈钢中的奥氏体不锈钢如 1Cr18Ni9Ti，在氧化性气氛和不太强的还原性气氛中均具有足够的化学稳定性，而且其喷焊的工艺性能也不错。在工作温度不太高的地方，有时也会应用橡胶或树脂性的防腐涂料。

既要防腐也要耐磨时，早先的涂层是电镀硬质 Cr 或化学镀非晶态 Ni-P 合金。这些镀层的表面硬度均能达到 HRC 60 以上，均有相当不错的耐磨、耐蚀性能。尤其是非晶态的 Ni-P 镀层，因为非晶态合金不存在晶界和位错，组织均匀无瑕，自钝化能力较强，化学稳定性很高，在力学性能方面非晶态合金的抗拉强度和表面硬度都比相应的晶态合金要高，断裂韧性也高。所以，非晶态合金的耐磨和耐蚀特性都比相似成分的晶态合金要高得很多。

在叶轮上应用更多、更广的耐磨、耐蚀涂层是以各种方法熔结的表面硬化合金涂层，包括堆焊高 Cr 铸铁或 CoCrW 合金，喷焊或真空熔结（NiCrBSi＋WC）型表面硬化合金。堆焊的问题是叶片的变形量较大，而且反复焊接使堆焊层难免会产生微裂纹，要注意堆焊层走向，使表面裂纹的方向与烟尘的流向相互垂直，以免把微裂纹冲蚀出沟槽。喷焊时在叶片曲面上不同部位的涂层厚度很难操控，再由于 WC 与 NiCrBSi 密度不同，WC 在焊层中会发生偏析，这些因素都将影响到涂层寿命的应有发挥，使喷焊涂层叶轮在燃煤热电站的一次性使用寿命也就只提高到 13~15 个月左右。

14.3　真空熔结涂层叶轮

用于叶轮的熔结涂层可考虑金属与玻璃陶瓷两类材料。若烟尘的腐蚀性很强，而烟尘中的固体颗粒很微小，冲击疲劳很轻时，可以应用玻璃陶瓷熔结涂层。若腐蚀性不强，而冲蚀磨损很强时，可考虑高 Cr 铸铁等 Fe 基金属涂层。若腐蚀与磨损条件都很强时，必须采用自熔合金或表面硬化合金涂层。这些合金的耐腐蚀性都没有问题，而耐磨性会有所区别。图 2-49 表明了在同一磨料磨损条件下，比较碳钢、铸铁、自熔合金和表面硬化合金这四种材料的耐磨性能，以表面硬化合金为最佳，自熔合金次之。似乎是材料越硬越耐磨，但要注意这里的磨料冲击浸蚀磨损试验条件是以低攻角的冲击凿削磨损为主；若以高攻角的冲击疲劳磨损为主时就不再是越硬越好，而应当是硬韧兼备才行。

表面硬化合金常采用（NCBS＋WC）型复相材料，其中的黏结金属 NCBS 常用 NiCrBSi 或 CoCrBSi 自熔合金，硬质相常用 WC。通常是硬质相越多时涂层的硬度越高，耐磨性也越好。但这一趋势要受到硬质相的颗粒大小与分布均匀性的制约，因为 WC 密度较大，几乎是黏结金属密度的 2 倍，因而在熔融凝结过程中，容易发生 WC 颗粒偏析。颗粒越大偏析越厉害，理论上认为只要采用小于 $10\mu m$ 的细颗粒，就有可能获得较小的颗粒间距且分布均匀的涂层结构，并且从图 2-93 所示的 $S = f(fp)$ 关系曲线上确定了含 9%（约合质量分数 16%）WC（体积分数）是最合适的配比。此时可使涂层得到较高的整体硬度与耐磨性，而强度与韧性的损失最小。但在实际生产中 <$10\mu m$ 的 WC 粉料难找。通常的 WC 原料如铸造 WC 的粒度约为 60～325 目（0.044～0.25mm），YG8 粉碎料 60～200 目（0.075～0.25mm），电解 WC 粉 ≤200 目（0.075mm），WC-12Co 的钴包碳化钨粉 ≤320 目（0.045mm），用还原法制的 WC 粉 150～400 目（0.037～0.1mm）。工业用 WC 粉最小也在 $20\mu m$ 以上，所以在熔融凝结过程中很难避免 WC 颗粒的沉降与偏析。要做到硬质颗粒在熔融合金中完全均匀分布是不现实的，但一定要在工艺上想办法，使所有颗粒在熔液中完全分散开，不要发生聚团，这样在一定范围内随着 WC 百分含量的提高，涂层的硬度与耐磨性也能随之提高。如表 2-81 所列（CoCrBSi＋WC）涂层的整体硬度就是随着 WC 质量分数的提高而提高，纯 CoCrBSi 涂层的硬度只有 HV381，当 WC 含量超过 16%（质量分数）达到 26.4%（质量分数）时，涂层硬度提高到 HV586，达到 39.6%（质量分数）时提高到 HV792，已是原有硬度的 2.08 倍。

当提高 WC 的质量分数超过了一定范围之后，WC 的颗粒间距已小到不能再小，高度分散再也无法继续维持，局部开始了颗粒聚团现象，在聚团的颗粒之间缺乏黏结金属，并存在许多微细的裂纹与孔隙，严重危害了整体涂层的强度、硬度与耐磨性。以（NiCrBSi＋WC）涂层的冲蚀磨损来试验验证。黏结金属用 Ni-9 号 Ni 基自熔合金，其化学组成是（0.5～1.0C，14～19Cr，3.0～4.5B，3.5～5.0Si，<8.0Fe，2.0～4.0Mo，2.0～4.0Cu，余 Ni），合金硬度 HRC 58～62，熔化温度 960～1040℃，粉料粒度 140～320 目（0.045～0.105mm）。另用 ≤320 目（0.045mm）的 WC-12Co 钴包碳化钨粉引入 WC。在高温煤粉冲蚀装置上进行冲蚀磨损试验，试验参数为：

气流温度：500℃；

煤粉粒度：100～150 目（0.1～0.15mm）；

燃气流量：$20m^3/min$；

煤粉冲击速度：36～98m/s；

飞灰浓度：$5g/m^3$。

不同 WC 质量分数的涂层配比及其相对耐磨性数据列于表 14-1。大致上在含 35%WC 之前，涂层的耐磨性是随着 WC 质量分数的提高而提高；而后随着 WC 质量分数继续提高，涂层的耐磨性反而下降。

表 14-1　　"Ni-9 号 Ni 基自熔合金+WC"涂层的配比与相对耐磨性

涂层配比	+0%WC	+15%WC	+35%WC	+55%WC	+75%WC
相对耐磨性	1	1.22	1.46	1.21	0.92

图 14-1 所示是一件真空熔结涂层的风机叶轮。基体是普通铸钢件，在燃煤热电站运转约 1440 天后，已破损不堪，经焊补修复后再加以熔结涂层，涂层配方是［Ni-9 号 Ni 基自熔合金+35%WC（质量分数）］，应在略高于黏结合金的熔点以上进行熔结，合适的熔结制度是（3～1）× 10^{-2} mmHg❶，1050℃，保温 20min。涂层厚度 0.8～1.0mm，涂层硬度

图 14-1　真空熔结涂层叶轮

HRC 68～69。各种材质叶轮在同一燃煤热电站的使用寿命列于表 14-2。真空熔结涂层叶轮的使用寿命要比无涂层的普通钢铁叶轮高出 5～8 倍，叶轮涂层的质量不仅取决于涂层配比，为防止硬质颗粒偏析，还需要采取两项有效的工艺措施。一是分层涂敷法，Ni-9 号粉料与 WC 粉不要预先混合，而是分开依次先涂一层 Ni-9 号粉，后涂一层 WC 粉，分次重叠多层，待烘干后再一次熔结而成。一次熔结不宜太厚，实际操作以 ≤0.35mm 为好，这样熔结的涂层，颗粒分布均匀，偏析很少。二是薄层多层熔结法，如果需要熔结较厚的比如 ≥1.0mm 的多相复合涂层时，尽量不要一次熔结而成，最好分做三次以上。因为熔融液层越厚时，高密度硬颗粒的偏析会越严重。由于任何合金层的重熔温度都比原始合金粉的熔化温度要高，当这一层在熔融时，前一层已经凝结的涂层是不会重新熔化的（除非保温时间过长），所以薄层多层熔结法对于减少偏析也很有效。

表 14-2　　各种材质风机叶轮的使用寿命对比

叶轮材质	普通铸钢	可锻铸铁	熔结涂层
使用寿命/天	1440	2160	11520

❶ 1mmHg = 133.322Pa。

15　各类真空熔结涂层阀门

阀门是在工业与民用领域涉及面极广的基础部件，凡是对流体进行吸入、输送或排放的机械、装置或管线均离不开阀门，包括大气、蒸汽、水剂、油料、燃气、烟尘以及各种化工介质等。既然是基础部件，那无论阀门大小，一旦出现故障，系统就会瘫痪，环境可能遭殃，甚至于引发灾难。在设计、选型正确的前提下，阀门的可靠性与耐久性基本上聚焦于密封面的精度与质量。为提高阀面的密封质量，大约在 20 世纪中叶即开始运用表面工程，最初是简单的焊条堆焊，其后又推广出等离子堆焊与喷焊阀门，至 20 世纪末又开始研制出更为先进的真熔结涂层阀门。

15.1　阀门的腐蚀与磨损问题

各类阀门的工作温度范围很宽，超低温阀门在 -100℃ 以下工作，常温与高温阀门的工作温度在室温 ~450℃ 以上。阀门的工作压力除了真空阀门之外，约从 ≤1.6MPa 至 ≥100MPa 不等。除温度与压力之外，流体介质本身的理化特性也十分复杂，如稀稠度、酸碱度、流速、流量、冲击速度与冲击频率、悬浮颗粒物的浓度、密度、粒度大小和固态颗粒的硬度等。在此各种不同的工作条件下，阀门密封面往往因遭受擦伤、冲蚀、磕碰、疲劳或腐蚀与氧化等作用而过早损坏。阀门常遇到的磨损类型有以下几种：

（1）挤压擦伤型磨料磨损。挤压擦伤型磨料磨损是包括流体中的硬质颗粒与密封面的硬突起等磨料，于高应力下，对密封表面作挤压与摩擦相对运动，造成密封面的磨损。如闸板阀的闸板密封面与阀座密封面高度紧密贴合，在频繁的开闭过程中，密封副在高应力下作挤压与摩擦相对运动，难免会发生这样的磨损。

（2）磨料冲击浸蚀磨损。含有固体颗粒的流体，包括液体与气体，以一定速度和一定角度，与工件做相对运动，于工件表面所产生的磨损，称为磨料冲击浸蚀磨损。当高速并携带硬质颗粒的流体，不断冲击着阀门中包括密封面在内的所有过流部位时，都会发生这样的磨损。尤其是过流表面上存在着裂纹、微坑或夹杂等缺陷时，都起到了冲蚀源的作用，都会诱发严重的冲蚀磨损。如果密封面关闭不严而留有微隙时，由于过隙流体的流速猛增，也会导致磨损加剧。

（3）腐蚀冲刷磨损。液态或气态的腐蚀介质，有时还携带有颗粒磨料，于一定温度下，以一定速度冲刷工件，在发生化学或电化学反应的情况下，造成工件表面的磨损，就是腐蚀冲刷磨损。这种情况对于球阀、隔膜阀和闸板阀等诸多阀门配件都会遇到。化学腐蚀是化学介质在阀件周围未产生电流时，介质对金属阀件起氧化、还原、置换或溶解等物理化学反应而腐蚀阀件表面。电化学腐蚀是密封副在化学介质中因诸多原因而产生电位差时，阳极一方的密封面会被腐蚀。腐蚀加上流体的冲刷是一种比较严重的腐蚀磨损形态。

（4）疲劳磨损。阀门配件也会发生疲劳磨损，因为许多阀门的密封副在反复开闭过程中，都承受着交变负荷，当开闭频率过高时可能导致密封面的表层疲劳，久而久之就会出现裂纹和剥落。

（5）黏着磨损。在阀门密封副紧密贴合，界面间距极小的情况下，界面的分子引力会促使双边原子互扩散而引发局部黏连，待到密封副滑动或转动时，黏连材料势必从薄弱一方撕下而黏着于另一方，这就造成了阀件密封面上的黏着磨损。高温、高压工况将提高原子的扩散系数，会使这种磨损形态发生得更早。旋塞阀的旋塞紧贴阀体，绕中心线来回转动以达到开闭目的。在高温、高压条件下，旋塞若长期不转，闭而不开或开而不闭时，则两密封面之间极容易发生黏连现象。另外密封面的加工精度也很重要，表面粗糙度越高时将越容易发生黏着。

15.2　阀门的选材与涂层

在室温至二三百度不太高的工作温度和工作压力低于 5.0MPa 的非腐蚀性介质中。可以采用灰铸铁或球墨铸铁等铸铁材料来制作阀门。在零下几十度至零上四百度左右的温度范围，工作压力也上升至 30~40MPa 时，需选用强度与韧性较好的碳素结构钢来制作非腐蚀性介质中的阀门。低合金钢的力学性能比碳素钢更高，可把阀门的使用温度提高到 600℃ 以上。

不锈钢阀门的工作压力不能太高，一般不会超过 6~7MPa。但不锈钢阀门可以耐酸、耐超低温，如 0Cr18Ni9 和 1Cr18Ni9Ti 等不锈钢阀门可以在 -200℃ 左右的液态介质中工作，不锈耐酸钢阀门可耐 200℃ 的硝酸与醋酸等腐蚀性介质。在 18-8 奥氏体不锈钢中加入 Nb 或 Mo 等强化元素时，不锈钢阀门可在 800℃ 高温下工作。

一般青铜与黄铜阀门的工作压力更低，比不锈钢阀门低得多，甚至超不过铸铁阀门。工作温度也只能从零下几十度至零上二三百度左右。若在铜合金中加入 Cr、Mo 等元素时，则可有效提高铜阀门的工作温度与工作压力。

在 1000℃ 以上工作的超高温阀门需用 Co 基或 Ni 基的高温合金来做，如一种含有 Cr、Mo 的 Ni 基合金阀门可在 1100℃ 下既耐还原性酸也抗氧化性酸的腐蚀。用结构金属来制造阀门时，耐高、低温度和耐腐蚀问题还比较容易解决，难就难在耐磨性能总不过关。

为提高碳素钢阀门的耐磨性，最简单的办法就是用 CrMn 系或 CrNiSi 系焊条在密封面上进行堆焊，其淬火硬度可达 HRC 60 以上，问题是当堆焊层硬度大约超过 HRC 40 时就会有很大的开裂倾向。需要既耐磨又耐腐蚀时可选用 CoCrW 焊条进行堆焊，当然成本要提高许多。若要全面性能更好、又节约合金用量时，可用粉末喷焊来取代焊条堆焊。常用的合金粉是自熔合金与表面硬化合金两大类。但喷焊工艺用于阀门也有三点不足：一是喷粉时的飞粉损失不小，许多粉粒落不到工件上，损耗大时高约 70% 的粉料都飞掉了；二是喷焊工艺的稀释问题，在实际表面工程中等离子喷焊涂层的稀释程度常会高出真空熔结涂层 20 多倍，这就大大限制了喷焊工艺在阀门上的应用，而且涂层设计厚度越薄时问题会越严重；三是喷焊工艺对阀门形状、结构与部位的适应性较差，尤其是对工件内孔、内腔的喷焊很困难。真空熔结工艺没有这些弊端，各种各样的真空熔结涂层阀门正在日益推广应用。

15.3　真空熔结涂层阀门

真空熔结涂层已广泛应用于各类高、精、尖阀门。除了在第 10 章中已做过详细阐述的，耐热腐蚀疲劳磨损的真空熔结涂层内燃机排气阀之外，还涉及抗挤压擦伤型磨料磨损的闸板阀、耐高温氧化腐蚀磨损的锁灰阀、在严重磨粒磨损条件下使用的泥浆泵止回阀、均质泵的阀头、阀座和各种调节管道流量的蝶阀，以及在化工腐蚀介质中使用的隔膜阀、球阀，包括阀体、阀芯、阀座和压圈螺母等各种阀门部件。

15.3.1　闸板阀

闸板阀是供水、石化、冶金、电力与能源等诸多工程装备或管线上操控介质运行的常见阀门。闸板阀的启闭件是闸板，闸板的两个密封面有的相互平行，而有的会形成 ≤5° 的楔形。闸阀关闭时，使闸板与阀座间密封面紧密贴合的作用力有两个，一是少数闸阀仅靠介质压力将闸板压紧阀座来保证密封，这是可靠性较低的自密封；二是大部分闸阀还是要采用强制性密封，即依靠足够的外力强行将闸板压紧阀座，以得到十分可靠的密封性。由此无论是平行的还是楔形的密封面都需在相当大的摩擦压力下做相对运动，再加上介质中的泥沙、铁屑等杂物，必然会造成对闸板阀密封面的挤压擦伤型磨料磨损。对于此类磨损需适当提高工作表面的材质硬度，才能有效延长工件的耐磨寿命。几种涂层闸板阀与 2Cr13 不锈钢闸板阀的表面工作硬度及相对耐磨性列于表 15-1。表中喷焊涂层所采用的涂层合金是 Fe-6 号 Fe 基自熔合金粉，其化学组成是（≤0.16C，16~21Cr，1.3~2.0B，3.5~4.3Si，12Ni，4.0Mo，0.9W，0.9V，余 Fe），合金硬度 HRC 36~40，熔化温度 1290~1330℃。喷焊层经磨削后所得成品涂层厚度为 0.8~1.0mm，成品涂层硬度略低于原料合金硬度是缘于喷焊过程的稀释机制。

表 15-1　涂层闸板阀与 2Cr13 不锈钢闸板阀的硬度及耐磨性对比

阀　材	2Cr13 不锈钢	Fe-6 号喷焊涂层	（Ni-9+10%WC，质量分数）熔结涂层
密封面硬度（HRC）	18	32~36	60~64
相对耐磨性	1.0	1.8~2.2	3.0~3.5

真空熔结涂层闸板的实物照片如图 15-1 所示。具体的涂层配方是 [Ni-9 号 Ni 基自熔合金+10%WC（质量分数）]，Ni-9 号自熔合金的化学组成是（0.5~1.0C，14~19Cr，3.0~4.5B，3.5~5.0Si，<8.0Fe，2.0~4.0Mo，2.0~4.0Cu，余 Ni），合金硬度 HRC 58~62，熔化温度 960~1040℃，粉料粒度用 140~320 目（0.045~0.105mm）。为提高涂层自身强度并减少 WC 的偏析，采用 ≤320 目（0.045mm）的 WC-12Co 钴包碳化钨粉来引入 WC。涂层合适的熔结制度是 $(3\sim1)\times10^{-2}$mmHg❶，990~1050℃，保温 10min。成品涂层厚度 0.8~1.0mm，涂层硬度 HRC 60~64。闸板的正、反两个密封面经涂敷并烘干之后，可以同时进行

熔结。将闸板立置于熔结炉内，装炉时要注意正、反密封面都能受热均匀。在立置熔结的情况下，为保证涂层质量，以薄层多次熔结为宜，总厚度 1.0mm 的涂层分作二次或三次来涂、熔效果较好。如果继续提高涂层配方中 WC 的百分含量（以质量分数 35% 为上限），则熔结涂层的耐磨性还可以进一步上升。真空熔结涂层不仅适用于闸板，对于阀座密封面、阀体流道内壁及阀杆等闸板阀其他部件的腐蚀与磨损部位均可适用，但要仔细注意每对摩擦副表面硬度的匹配问题。熔结涂层不仅适用于耐磨，也可适用于阀门的耐腐蚀、耐高温与抗氧化等各种防护需求。

图 15-1　熔结涂层闸板

15.3.2　蝶阀

蝶阀主要由阀体、阀轴、蝶板和密封圈等几个零件组成。在阀体内绕自身阀

---

❶ 1mmHg=133.322Pa。

轴旋转的圆盘形蝶板，使蝶阀在管道上起着切断和调节的作用。蝶阀适于在冷热煤气、天然气、液化石油气、冷热空气、高温烟气、化工、冶炼和发电、环保等工业管道的输送系统中，切断或调节各种各样的腐蚀性或非腐蚀性流体介质。由于蝶板相对于阀体的运动带有擦拭性，使大多数蝶阀可适用于带有悬浮固体颗粒的介质，包括泥浆，若密封件的强度许可时，还可用于粉状和颗粒状介质。

蝶板由轴杆带动转过 90°便能完成一次启闭。改变蝶板的偏转角度，当开启到 15°~70°之间时，就能进行灵敏的流量控制，因而蝶阀很适合在大口径的调节管线中应用。

蝶阀的密封形式可分为软密封和硬密封两种。软密封通常采用合成橡胶、聚四氟乙烯等有机材料环来密封，一般不适宜耐高温、高压及强力磨损等工况。硬密封是采用金属环密封，这是一种用多层不锈钢薄片夹进多层软密封材料组成的多层软硬叠式密封圈，适合于城市供热、供气、供水及煤气、油料、酸碱等输送管线，作为通、断与调节阀门之用。能满足耐高低温度、耐高压力、耐强腐蚀、耐强冲蚀和长寿命等工业需求。蝶阀能适应的工作压力从低于标准大气压的真空蝶阀，直至公称压力 PN>100MPa 的超高压蝶阀。蝶阀能适应的工作温度从低于 −100℃直至 600℃以上。

除密封圈之外，蝶阀的阀体、蝶板等都用普碳钢制造，受到流体介质的腐蚀浸蚀与冲蚀磨损都在所难免。蝶板开启一般都在 15°外使用，若因调节流量需要而开启到更大角度时，在蝶板的背面就极易发生汽蚀磨损。还有一种情况，当蝶板处于中等开启度时，蝶板两侧与阀体之间形成了完全不同状态的两个通道，蝶板一侧与阀体之间形成似喷嘴形开口，而另一侧则类似于节流孔形开口，喷嘴侧的流速比节流侧要快得很多，这会大大加速喷嘴侧过流表面的冲蚀磨损，而节流侧在蝶板下面会产生负压，往往会造成密封圈的脱落。

鉴于以上腐蚀与磨损工况的存在，对阀件的过流表面加以涂层保护是必需的。真空熔结涂层蝶阀的实物照片如图 15-2 所示。图中的阀体与蝶板均由普碳钢制成。在阀体内腔、两边的法兰、阀座的密封面和蝶板的正反面及周边所有裸露部位，均熔结上了厚 0.8~1.0mm 的 Ni 基表面硬化合金涂层。涂层十分均匀平整，无需磨削即可装配好密封圈交付使用。涂层的具体化学组成、用料情况、熔结制度与涂层硬度等参数，与保护闸板阀的

图 15-2　涂层蝶阀

真空熔结涂层基本相同，而在蝶阀工况下的保护效果相比闸板阀要略高一筹。

15.3.3　球阀

球阀被广泛应用于冶金、化工、炼油、制药、造纸、水利、电力、城建、环

保等工程部门的长输管线。球阀主要用来截断、接通或调节管路中输送的流体介质，是所有阀类中流体阻力最小的阀种。多通道球阀在管道上还可以灵活控制介质的合流、分流与流向切换。球阀体内通道平整光滑，可以输送黏性流体、浆液以及固体颗粒，尤其是硬密封 V 型球阀，因 V 型球芯与堆焊有硬质合金的阀座之间具有很强的剪切力，所以特别适用于含有纤维或微小固体颗粒的流体介质。

　　由于流体介质与环境的复杂多样，球阀工况苛刻，不仅要抵御高温、高压、腐蚀与磨损，有时还要承受冲击与振动载荷。球阀不仅要有足够的强度与可靠的密封性能，还需满足耐磨、耐腐蚀、抗高低温度和抗氧化等一系列技术要求。针对球阀的选材，原有三种类型：第一种是适合于某特定介质专用的合金材料。如适用于氧化性硝酸介质的 NiCr 不锈钢球阀，适用于醋酸类介质的 NiCrMo 不锈钢球阀，适用于盐酸类介质的蒙乃尔合金球阀及钛合金球阀等。为了适合于高低温范围，采用 18 - 8 等奥氏体不锈钢，降至很低的温度下也不会变脆，可以在 -200℃ 左右的腐蚀性介质中长时间工作，如用于输送天然气、沼气、氧气和氮气等介质的液化气体。在奥氏体不锈钢中加铌，可以使用到很高温度，如 18 - 10 - Nb 不锈钢的工作温度可以高达 800℃ 左右。专用合金球阀的确能满足在某类特定介质中耐腐蚀与耐高低温度的需求，但其适用面较窄，形不成批量，又因耐磨性较差，使用寿命不长，影响到工程造价与维修成本偏高。第二种是适合于常温低压条件下应用的工程塑料。如聚四氟乙烯球阀和玻璃钢球阀等。在防腐蚀工程中，塑料球阀比专用合金球阀的适应性更宽，工程造价也更低；但是在材料强度、耐高低温度、耐磨损和抗老化等方面塑料球阀问题百出，不堪大用。第三种是适合于耐高温、耐腐蚀又耐磨损的陶瓷材料。陶瓷球阀的使用性能极佳，若维护得当也能长寿；唯独疑虑的是在偶发冲击或振动载荷之下，极易导致脆性碎裂事故。陶瓷球阀造价不菲，再加上对其可靠性的疑虑，也难以普遍采用。三种材料的球阀各有长处，也各有不足。性能全面的理想球阀还须借助表面工程的复合技术。

　　适当从应用的广泛性与可靠性考虑，球阀还需用优质合金钢或不锈钢来制造。除能满足阀件强度与耐腐蚀、抗高低温度和抗氧化等诸多要求之外，对所有阀件的过流表面仍需真空熔结一层耐磨、耐腐蚀的 Ni 基表面硬化合金涂层。考虑涂层的耐磨、耐蚀性能和各阀件相互之间的配合间隙，大多数阀件涂层的适宜厚度是 $\delta = 0.3 \sim 1.0 mm$，再厚时有到 1.5mm。涂层硬度一般是 HRC 60~66，特殊处有到 HRC 69。涂层配方是 ［Ni-9 号 Ni 基自熔合金+0~35%WC（质量分数）］，应在略高于黏结合金的熔点以上进行熔结，合适的熔结制度是 $(3 \sim 1) \times 10^{-2} mmHg$，990~1050℃，保温时间 0~30min，视工件大小而定。经过细致的涂敷与熔结之后，涂层厚度与分布十分均匀，大多可以免除精磨而直接使用，效果良好。不锈钢阀与涂层阀之间的性能与价格之比列于表 15-2。喷焊司太立合金涂层球阀的耐磨性比普通不锈钢球阀大致高出 3 倍，而真空熔结 Ni 基表面硬化合金涂层球阀又比喷焊司太立合金球阀要高出 3 倍左右。

表 15-2 不锈钢阀与涂层阀之间性能与价格比较

阀件种类	阀材，表面涂层	相对耐磨性	涂层阀费用/元	性价比
6in（152.4mm）球阀阀芯	18-8 不锈钢	1.0	—	—
	喷焊司太立合金	2.8~3.1	2100	1
	真空熔结 Ni 基合金	8.4~9.3	1200	3.5

除了图 2-52 所示的分体球阀之外，其他球阀的各种真空熔结涂层阀件的实物照片如图 15-3 所示。图中列出四种阀件，图 15-3（a）是阀体，用 1Cr18Ni9Ti 不锈钢铸成，其内腔的过流表面上都有熔结涂层，涂层厚度是 0.7±1.0mm，涂层硬度为 HRC 66±0.5。图 15-3(b) 是阀芯，其中偏芯球阀的阀芯是用 1Cr18Ni9 或 0Cr18Ni12Mo2Ti 不锈钢铸成。其表面涂层较为复杂，在阀顶的球形密封面上设计有两种熔结涂层，一种是硬度为 HRC 66 左右，厚度 ≤1.5mm，精磨之后仍保持 ≤1.3mm；另一种是硬度接近 HRC 69，厚度 ≤0.9mm，精磨之后仍保持 ≤0.7mm。在密封面的背面和阀柄四周因磨损较轻只需熔结 0.4±0.1mm 厚的涂层，用以提高防腐蚀能力，熔结之后也无需精磨，涂层硬度为 HRC 61±0.5。而在阀柄根部的键套内孔表面和键套两侧端面都不能黏上一点涂层合金粉料，否则会影响到花键轴的装配，所以在熔结之前对键套内孔和两端必须涂上一层薄薄的陶瓷性阻涂剂，以便防止熔结时涂层合金浸润上去。0Cr18Ni12Mo2Ti 不锈钢偏芯球阀在磨料冲击浸蚀磨损工况下的使用寿命很低，如在燃煤电站的灰渣处理系统或在炼油厂的油渣处理系统中，使用寿命不足一个月。在阀芯密封面上喷焊 1.5mm 厚的 Stelitte No.6 合金涂层，通过精磨使表面光洁度达到 ∇7 以上，使用寿命可提高到三个月。在密封面上喷镀 0.1mm 厚的 WC-Co 硬质合金镀层时，使用寿命可延长至一年左右。但问题是密封不严，介质泄漏严重。因为硬质合金镀

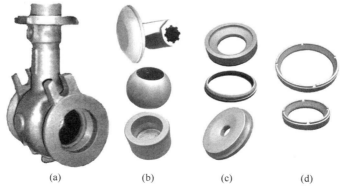

(a)　　　　　(b)　　　　　(c)　　　　　(d)

图 15-3 球阀的各种真空熔结涂层阀件实物照片

层又硬又脆，与基体之间的结合力又不强，无法精磨，在磨削加工应力作用下，镀层会爆裂脱落。只有精磨之后的真空熔结 Ni 基表面硬化合金涂层，可以把阀芯的使用寿命稳定提高到九个月以上，而且没有任何泄漏。其余两种阀芯可用 2Cr13 不锈钢铸造，内外表面都要熔结涂层，密封面涂层厚度≤1.0mm，精磨之后仍保持 0.7±0.1mm，硬度接近 HRC 69。其他部位涂层厚度是 0.4±0.1mm，硬度为 HRC 61±0.5。

图 15-3（c）是几种阀座，也是用 1Cr18Ni9Ti 或 0Cr18Ni12Mo2Ti 不锈钢铸成。阀座镶嵌于阀体之中，外表面与底面无需涂层；只有内表面与上表面暴露于流体之中，需要涂层。涂层厚度是 0.7±0.1mm，硬度比阀芯密封面的要低，一般在 HRC 66±0.5 即可。

图 15-3（d）是大小压圈螺母，也是用 1Cr18Ni9Ti 不锈钢铸成。除螺纹线之外，其他部位包括四个凹槽的表面，都需要熔结 0.7±1.0mm 厚的耐磨、耐蚀合金涂层，涂层硬度也是 HRC 66±0.5。螺纹线部位不能黏上涂层合金，也要用阻涂剂保护起来。

15.3.4　锁灰阀

锁灰阀是煤气化装置中关键的控制阀门。一般采用上下双阀串联控制，在保证系统密闭不漏气的前提下，完成卸灰作业。同样也可用于送进煤粉或排出炉渣的作业。双层锁灰阀是依靠传动机构使上下二阀的锥形阀芯组件轮流启闭，当上阀门开启时，下阀门关闭；上阀门关闭时，下阀门开启。实现了阀门卸灰控制与锁气的目的。大大改善了阀门的密封性能，也提高了除尘效果。若锁灰阀出现故障，煤粉输送不到气化炉中，或气化炉的灰渣不能及时排出，造成装置运行不正常，甚至停车。所以，锁灰阀的正常启闭是装置平稳、连续运行的保障。灰锁上阀头直径 ϕ510mm，在密封锥面上需要熔结 3.0~5.0mm 厚的耐磨、耐蚀合金涂层，如图 4-4 所示。涂层灰锁下阀头的实物照片如图 15-4 所示。有一定温度的炉灰磨损严重。阀头用 15CrMo 合金结构钢制造，在密封锥面上原先是堆焊 CoCrW 合金涂层，可以使用三个月左右。自从改用了真空熔结的 Ni 基自熔合金涂层之后，由于熔结涂层的高温硬度比堆焊的 CoCrW 涂层更高，使用寿命又可提高 2~3 倍。图 15-4 是灰锁下阀的真空熔结涂层阀头，尺寸为 ϕ390mm×80mm，在 45°斜锥密封面上先开出 54mm×4mm 的深槽，然后在槽内填满熔结合金涂层。涂层的宽度是 54mm，厚度是 4mm。图中照片是熔结涂层阀头原貌，槽内涂层均匀、致密、圆润，稍事精磨即可交付使用。由于灰

图 15-4　熔结涂层灰锁下阀头

锁下阀座上 45°斜锥密封带的宽度只有 1mm，因而当阀头落座密封时，密封接触线的宽度也只是 1mm。鉴此可预先设计好，在涂层阀头新件投产时，让密封接触线处在阀头涂层带的上沿，一直使用到磨损漏气时，重新研磨涂层，待把漏气的磨痕磨去之后，阀头又可以继续使用，此时密封接触线在阀头涂层带上向下移动了一小步。如此再漏气、再精磨、再下移，逐次使用，直至密封接触线移出涂层带时，也正好耗尽了涂层的 4mm 厚度。

由于锁灰阀需要的涂层太厚，为涂层选材必须小心避免涂层的热应力开裂问题，难以考虑表面硬化合金；而以采用线膨胀系数更接近基体的自熔合金为好，具体选用了常温硬度为 HRC 62~66 的 Ni-10 号 Ni 基自熔合金涂层，合适的熔结制度是（3~1）×10^{-2}mmHg，（960~1040）±2℃，保温 30min。工艺难点是因为涂层太厚，烧成收缩量太大，必需多次涂、熔才能完成。为减少涂、熔次数的有效应对措施是：把涂膏中所含松香黏结剂的百分含量从常规的 1%~3%（质量分数）减少到 0.3%（质量分数）左右。只要能维持涂层粉料在槽中不流出来，黏结剂越少越好，因为黏结剂用量越少则熔结时涂层的收缩量越小。

15.3.5　隔膜阀

隔膜阀是一种特殊结构形式的截断阀，结构比较简单，只由阀体、膜瓣与阀盖组件，共三个基础部件组成。它的启闭阀芯是一层柔韧性极好的隔膜，其材质一般为橡胶或聚四氟乙烯等。隔膜把阀体内腔与阀盖内腔及操纵机件隔开，通过操纵机构使膜瓣在隔腔内起伏按动，实施了隔膜阀的启闭与调节作用。阀体可用铸铁、铸钢，或不锈钢等制造，阀体与隔膜相接处可以是堰形，也可以是直通流道的管口。为提高阀体内腔的耐磨、耐蚀性能，有时要衬以各种耐腐蚀或耐磨损的衬里。由于隔膜把下部的阀体内腔与上部的阀盖组件完全隔开，使位于隔膜上方的所有组件都不可能受到介质浸蚀，这就省去了通常的填料密封结构，且不会发生介质外泄。

启闭操纵机构与介质通路隔开是隔膜阀的一大优点，不但保证了工作介质的纯净，同时也避免了管路中介质浸蚀操纵机构的可能性。隔膜阀中，由于工作介质接触的仅仅是隔膜和阀体，而阀体衬里与隔膜这二者的耐腐蚀性都很强，因此隔膜阀可用于多种工作介质，尤其适合腐蚀性较强或带有悬浮颗粒的介质。但隔膜材料也使隔膜阀的应用特性受到许多限制，通常只适用于低压和温度相对较低的场合，其工作温度范围约为-50~175℃。同是隔膜和衬里材料的限制，隔膜阀的耐压性能也较差，一般只适用于 1.6MPa 公称压力以下。

隔膜阀的膜瓣与阀盖组件都不需要涂层保护，腐蚀与磨损的重点部位是阀体内腔及与膜瓣相贴合的堰表及阀体口法兰的密封表面。特别是堰体的密封面，它是主要的过流表面，腐蚀磨损最为严重。堰表磨损后，不仅密封不严，还要加速

膜瓣的磨损与破裂。所以包括堰表与阀口法兰的密封表
面是最需要涂层保护的部位，如图 15-5 所示。无论是
铸铁、铸钢，还是不锈钢阀体，整个堰表与密封面上的
耐磨耐蚀保护涂层都是必需的。图 15-5 中堰表与密封
面上有一层厚度为 0.8～1.0mm 的真空熔结合金涂层。

图 15-5　涂层隔膜阀

所用涂层合金的具体配方是 ［Ni-9 号 Ni 基自熔合金+
20%～35%WC（质量分数）］，合适的熔结制度是（3～1）×10^{-2}mmHg，1020～
1050℃，保温 20min。涂层硬度为 HRC 66～69。涂层精磨之后的表面粗糙度达到
0.4～0.8μm。涂层后阀体的耐磨寿命将提高 5～6 倍以上，运行过程中只需适时
更换膜瓣，而阀体可以长期使用。隔膜阀熔结涂层的注意事项是法兰密封面上的
八个装配孔，熔结时熔融的涂层合金不能漫流进孔内，必须采取适当的阻涂
措施。

15.3.6　止回阀

　　止回阀是靠介质本身的流动而启、闭的一种阀门，也可称作单向阀、逆止阀
和背压阀等，全都属于自动阀门。如水泵吸水关的底阀就应属于止回阀类。止回
阀可分为升降式、旋启式和蝶式三种。止回阀能自动阻止流体介质倒流，阀瓣在
流体压力作用下自动开启，流体自进口侧向出口侧流去；若出口侧压力超过了进
口侧时，阀瓣会在倒流压差与本身重力等因素的作用下瞬时自动关闭，及时防止
介质倒流。这种避免介质倒流的功能，可以有效防范泵及驱动电动机的反转，杜
绝系统内介质外泄，在偶发超压的情况下能对进口侧系统起到可靠的安全保护作
用。止回阀常用球墨铸铁、碳钢、铬钼钢或不锈钢等材料制造，适用于水、汽、
油料和氧化性酸等多种流体介质。止回阀的压力等级≤320MPa，适用温度在
-190～580℃之间，公称通径处在 15～1500mm 范围。

　　图 15-6 所示是公称通径为 30mm 的升降式涂层止回阀，以对焊方式与管路连
接。先用普碳钢车出阀体，如图 15-6（a）所示。下半截是进口侧，内径为
15mm。上半截是出口侧，内径为 26mm。中腰是宽 5.5mm，呈 35°倾角的圆锥

（a）　　　　　　　　　（b）　　　　　　　　　（c）

图 15-6　真空熔结耐磨耐蚀合金涂层止回阀

面，也就是进口侧上端的密封表面。阀瓣是 $\phi18mm$ 的一粒钢球，置于进口侧上端的密封口上，如图 15-6（b）所示。带着钢球将出口侧圆筒旋压加工成收口的球形锥体，并在球形锥面上对称钻出六个等直径的泄流孔，至此就完成了止回阀的成品加工，如图 15-6（c）所示。钢球被裹在球锥体内跑不出来，但能上下自如活动，起到了自动启、闭的阀瓣作用。

问题在于碳钢的锈蚀与磨损，最严重部位就是进口侧上端的密封口，此处受到阀瓣钢球的反复撞击，锈蚀磨损推进很快，使进口侧的内径自密封口起不断扩大，直至进口侧内径自上而下全部扩大到超过了钢球的外径时，密封失效，钢球跑脱，止回阀报废。为了延长止回阀的使用寿命，必须对进口侧的内孔表面及密封圆锥面，涂上真空熔结的耐磨耐蚀合金涂层，图 15-6（a）即是已经熔结好的涂层阀体，在内孔表面与密封圆锥面上有一层厚约 0.8mm 的真空熔结合金涂层。涂层合金选用韧性相对较好，比较耐冲击的 Ni-9 号 Ni 基自熔合金（见表 2-35），合适的熔结制度是 $(3\sim1)\times10^{-2}mmHg$，$960\sim1040℃$，保温 5.0min。涂层硬度为 HRC 58~62。熔结后无需精磨，涂层的厚度均匀性与表面光洁度均能满足使用要求，钢球在涂层的密封口上落座后，基本上不会泄漏。止回阀熔结涂层的工艺要点是要保证涂层厚度的均匀性，只有精心施涂保证了内孔表面与密封圆锥面上涂层厚度的均匀性，才能得到圆度精确且十分平整的密封口，才能保证钢球落座后良好的密封性能。除了耐磨涂层之外，还有一种避免磨损的办法，采用裹了一层弹性极好的橡胶包皮的钢球作为阀瓣，不仅解缓磨损，而且密封更好，使用寿命则取决于橡胶的老化与开裂，另有一点不足是使用温度不能超过 80℃。

16　沸腾炉埋管的磨损机制与耐磨涂层

　　随着能源问题的日益紧迫，为了能有效利用大量弃置的煤矸石与石煤等劣质煤资源，许多国家都积极研究沸腾燃烧，即流态化燃烧。这是介于层燃和室燃之间的第三种燃烧方式。被助燃气流吹起的煤粒在火床上呈沸腾状态，煤粒能在沸腾区中滞留较长时间，并与助燃空气作十分剧烈的相对运动，于是就可以在低于1000℃的较低温度下引发强化燃烧，每千克劣质煤的发热值也能达到 7106 ~ 7942kJ/kg。由于这种强化燃烧造成火床上的热负荷太高，若不能把过高的热量及时引出床外，以此达成燃烧反应的热力学平衡，则很难维持正常燃烧。为此就必须在床内设置沉浸受热面，或称埋管，用以控制燃烧反应的稳定性。有了这样一种创新的燃烧方式，就驱动了把大量的劣质煤资源变废为宝，在原有燃烧设备中无法燃烧的劣质煤完全可以在沸腾炉中稳定燃烧。这不仅是拓展了煤炭资源，随着矿区堆积如山劣质煤的消失，也大大化解了采矿运行与环境保护的压力。

　　我国自 20 世纪 60 年代研制沸腾炉以来，已陆续建立起 15t/h、35t/h、以至于 130t/h 的各种等级工业用或电站用沸腾炉数千台套。这一能源应用新技术的成功开发及迅猛产业化，带来了极大的社会经济效益。以两台 130t/h 的沸腾炉为例，每年烧 57 万吨劣质煤，即相当于节省了 14 万吨优质煤，折算可节约矿井投资 1400 万元。但要实际应用劣质煤还需克服另一个技术障碍，由于埋管在沸腾区的工作条件十分苛刻，高温腐蚀与磨损都非常严重。弄清楚埋管的腐蚀磨损机制，并寻求出对症的解决办法是表面工程的一大命题。

16.1　埋管腐蚀磨损机制分析

　　图 16-1 所示是 130t/h 沸腾炉沉浸受热面的结构示意图。图中 A 是排列整齐的埋管，是 20G 钢锅炉管，每支埋管的尺寸为 $\phi42mm \times 5mm \times 7070mm$，在 $35.53m^2$ 面积的床面上总共埋置了 321 支埋管，埋管等距离排列，分上下三层，为防止管内水、汽分层，埋管需与水平方向成 15° 倾角。在下层埋管的迎风面上互隔

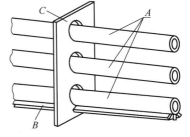

图 16-1　埋管结构示意图

35°角共焊有三排鳍片 B，鳍片材质是 16Mn 钢，每排鳍片是由多支鳍片条对接而成，鳍片条尺寸是 500mm×14mm×6mm。为使各层埋管的位置相对固定，沿埋管长度方向，每隔一定距离设置一紧固片 C，紧固片的材质是 Cr20Ni14Si2 耐热钢板，其尺寸为 280mm×90mm×9mm。紧固片上排列着大于埋管直径的圆孔，每支埋管穿过一孔，但埋管与紧固片之间并不焊接。

　　东北某矿沸腾炉用煤矸石粒子的化学组成及相关理化数据列于表 16-1。其中灰分特别高是劣质煤特征。沸腾炉应用这种煤矸石时测定出火床上的燃烧气氛是强氧化气氛，因为沸腾燃烧所需的总风量巨大，以 130t/h 的沸腾炉计算约为 23×$10^4 m^3/h$。推算出燃烧气氛的氧活度高达 $p_{O_2} = 4×10^{-2}$ atm❶；而硫活度较低只有 $p_{S_2} = 10^{-5}$ atm❶。风量巨大但在沸腾区的风速并不高，只有 3.5~4m/s 左右。检测燃气流中的灰烬浓度很高，约为 500~700kg/m^3。悬浮并跳动于沸腾区的固体物质中 90% 以上是燃尽的灰粒，灼热的灰粒坚硬而带有棱角，温度在 950~1000℃之间，其余不到 10% 是正在燃烧着的煤矸石粒子，其温度要在 1100℃ 以上。沸腾区的火床温度在 900~1000℃ 之间，平均达到 950℃ 上下。埋管里边走水，外壁温度在 300℃ 左右。鳍片外棱部的温度要高于埋管，能到 500℃ 上下。紧固片未与埋管焊接，得不到有效冷却，其温度已接近火床温度。

表 16-1　煤矸石的化学组成及相关理化数据

化学组成	C	H	O	N	S	灰分	水分	挥发物
%	19.65	1.51	2.63	0.23	0.11	71.74	4.13	35.33
理化特性	发热值/kJ·kg^{-1}		密度/g·cm^{-3}		普氏硬度		粒度/mm	
	7131.08		2.424		9~12		≤8	

　　归纳以上对沸腾炉燃烧工况的分析，可以初步确定沸腾炉埋管的磨损主因是遭受了高氧压、低硫压、高温燃气腐蚀与高温、低速、硬质大颗粒冲击疲劳磨损的联合破坏作用。在此作用下，35t/h 沸腾炉的下层埋管经累计使用 7000h 后的磨损状况，如图 16-2 所示。这是埋管的横截面实物照片，管壁磨损最重处已达 50%，三排鳍片的平均磨损量已超过 65%。每排鳍片的磨损略有不同，左排鳍片深度焊接，相比冷却程度较好，磨损量相比最小；右排鳍片明显漏焊，相比冷却程度较差，磨损量相比最大；而中排鳍片的漏焊与磨损情况居中。130t/h 沸腾炉的埋管经累计使用

图 16-2　埋管磨损图

5016h 后管壁的最大磨损量达到 55%。鳍片沿长度方向的磨损状况如图 16-3 所

---

❶ 1atm = 101325Pa。

示。全长鳍片的磨损状况极不均匀，除工况之
外唯一的影响因素是焊接质量，鳍片温度是
外棱部最高，故外棱边已普遍磨损，而漏焊
段温度更高，几乎已整段磨掉。据以上数据
测算，煤矸石沸腾炉埋管的磨损速率竟高达

图 16-3　鳍片磨损示意图

6.0~7.92mm/a 之多，新埋管的壁厚才 5mm，如不采取防磨措施，则使用寿命将
不足一年。

　　对一支运行了数千小时，表面已经严重磨损的埋管取样分析。样品外观乌黑
油亮，表面似乎没有覆盖什么腐蚀产物；但经扫描电子显微镜观测，表面疏松破
碎的腐蚀堆积物清晰可见，如图 16-4 所示。像煤渣样的腐蚀覆盖物明显不会有
任何保护作用，丝毫挡不住腐蚀介质透过覆盖物向基体侵入，腐蚀产物层将不断
向基体金属的深处推进，这可由图 16-5 得到印证，腐蚀介质与基体金属各部位
的接触几率是不均匀的，所以在图中显示的浸蚀深度也有浅有深。

图 16-4　埋管表面的腐蚀产物（×200）

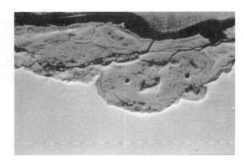

图 16-5　腐蚀产物层断面照片（×200）

　　应用能谱来分析腐蚀产物的元素组成，列于表 16-2。其中不包括 C 与 O 两
个轻元素。再用波谱分析腐蚀产物与基体金属中轻元素的计数，列于表 16-3。

表 16-2　能谱分析腐蚀产物的元素组成

组成元素	S	Si	Ca	Fe
元素含量/%	0.61	0.981	0.468	97.985

表 16-3　波谱分析腐蚀产物与基体金属中轻元素的计数

轻元素		C	O
分析样品	腐蚀产物	90, 102, 190	>200
	20G 锅炉钢	140	11, 13

　　由分析结果可知，腐蚀产物中最主要的组成元素是 Fe 与 O，其次是 Si。进
一步再用 Cr 靶对腐蚀产物进行 X-光衍射分析，得出其主要相组成，依次为：

α-Fe$_2$O$_3$，SiO$_2$和Fe$_3$O$_4$。

物相分析结果是清一色的氧化物，没有发现碳化物与硫化物的任何痕迹。综合全部分析结果与氧活度高而硫活度低的燃烧气氛是完全一致的，这说明煤矸石沸腾炉埋管所遭受的高温燃气腐蚀是一种非常剧烈的高温强氧化作用。

参考《腐蚀数据手册》，在500℃左右的氧化气氛中，碳钢的氧化速率为0.05~0.5mm/a，碳钢是抗氧化性能较差的材料，可是这个速率数据却比20G锅炉钢埋管的年浸蚀速率数据要小得多。可见高温氧化只是参与埋管磨损的一个重要环节，而并非控制埋管寿命的决定性因素。

埋管表面的腐蚀覆盖物实质上是Fe与Si的复合氧化膜，这种氧化膜并不致密，挡不住氧化介质连续快速侵入，膜层会迅速增厚并变得疏松，在高温、低速、硬质大颗粒的冲击疲劳作用下，膜层破碎脱落，这就是具体的氧化与冲击疲劳的联合破坏机制，不妨称之为"氧化、冲击磨损"机制。该机制的"氧化—增厚—冲击—脱落"过程是一个不间断的循环过程。由于燃烧气氛的氧活度很高，当增厚而疏松的氧化膜脱落时，初生态的氧化膜几乎又在同时生成，锅炉钢基体金属表面始终就没有裸露的机会，所以通常因磨料颗粒直接冲击金属表面，而造成塑性变形与微观切削的磨损机制在埋管这里是不存在的。

要确认埋管的氧化冲击磨损机制，还应论证煤矸石粒子的冲击能量够不够撞脱埋管表面的疏松氧化膜。这就要参考在燃煤气氛中对耐热钢所作冲蚀磨损的参比试验[5]，用粒径为15μm的Al$_2$O$_3$颗粒，以19~52m/s的不同速度冲击试样表面，当速度较低时氧化腐蚀是寿命的控制因素；而当冲击速度超过了30.5m/s临界值时，试样表面的氧化膜迅速破碎脱落，冲击磨损成了寿命的控制因素。由此找到了要破坏耐热钢表面氧化膜所必需的破膜冲击能量值C，即由Al$_2$O$_3$颗粒的质量与临界冲击速度就可以计算出冲量$C = 6.69 \times 10^{-11}$kg·m/s。以此为参照来计算煤矸石粒子的冲量，根据运动定律，冲量等于动量的增值，那么煤矸石粒子由运动而静止下来所产生的冲量"$F \cdot \Delta t$"可以计算如下：

$$F \cdot \Delta t = m \cdot \Delta V$$
$$= 1/6 D^3 \cdot \gamma \cdot (V - 0)$$
$$= 1/6 \times 0.8^3 \times 2.424 \times 4$$
$$= 0.828 \text{g} \cdot \text{m/s}$$
$$= 8.28 \times 10^{-4} \text{kg} \cdot \text{m/s}$$

式中，F为冲击作用力；Δt为冲击作用时间；m为煤矸石粒子质量；ΔV为速度变量；D为煤矸石粒径；γ为煤矸石密度。

虽然煤矸石粒子的运动速度较低，但因粒子的质量很大，由上式计算出来的煤矸石粒子的冲量值仍远远大于Al$_2$O$_3$颗粒的破膜冲量值C，所以煤矸石粒子有足够的冲击能量来破坏锅炉钢表面的氧化保护膜，由此可以肯定煤矸石沸腾炉埋管的磨损机制的确是氧化冲击磨损，而冲击能量是整个机制中的寿命控制因素。

16.2　煤矸石沸腾炉埋管的保护涂层

　　一看到埋管的磨损减薄，总先考虑到埋管迎风面的布局、煤粒与灰粒特性、及燃气流速等力学影响因素。但以上分析结果表明，也应充分注意燃气气氛的化学影响因素和埋管表面的高温化学稳定性。因为固体颗粒并非直接冲蚀埋管的金属表面，而是以击碎表面氧化膜的方式来磨损埋管的。就鳍片来说，漏焊部位比焊牢部位的磨损要快得多，全是因为漏焊部位冷却不良，温度偏高的缘故。在同一炉床上，温度较高的紧固片的磨损却又比温度较低的埋管与鳍片的磨损要轻，这是由于 Cr20Ni14Si2 耐热钢的高温化学稳定性要比 20G 锅炉钢与 16Mn 钢高得多的缘故。所以要解决埋管的磨损问题，一方面要着眼改善沸腾炉结构与工作参数，另一方面可适当运用表面技术以提高埋管的表面化学稳定性。《锅炉技术》杂志中 1973 年 4 卷 46 期介绍，为提高埋管使用寿命，在埋管的易磨损部位局部喷涂不锈钢、金属钨及工业氧化铝涂层，三种涂层埋管与无涂层埋管一起同炉使用运行 50 天后检测，所得相关的试验数据列于表 16-4。试验结果说明两点：一是工业氧化铝陶瓷涂层，因自身结构强度过于脆弱，与无涂层埋管表面的氧化保护膜一样，在煤矸石粒子高达 8.28×10^{-4} kg·m/s 冲量的冲击之下，将被全部打掉，无一幸免；二是自身强度较高的金属涂层都有一定保护作用，其中硬度不高而抗氧化性能较好的不锈钢涂层，反而比硬度很高而抗氧化性能较差的钨涂层更耐磨。这充分说明抗氧化冲击磨损，首先要求材料的抗氧化性能，其次才考虑材料的硬度。按此原则选材，并试制了真空熔结 Ni 基合金涂层埋管。

表 16-4　三种涂层埋管与无涂层埋管的使用考核结果

试　件	涂层厚度/mm	磨损量/mm	磨损速率/mm·月$^{-1}$
无涂层 20G 钢埋管	—	0.84~1.1	0.5~0.66
Cr17 涂层埋管	1.45	0.15	0.09
W 涂层埋管	0.7	0.35	0.21
Al$_2$O$_3$涂层埋管	0.45	涂层被全部打掉	

　　以 Ni 基自熔合金与不锈钢比，因 Ni 基自熔合金中基本无 Fe，抗氧化自然要比不锈钢好。再选 Ni 基自熔合金中含 Cr 较高者，则抗氧化性能会更好。选定以 Ni-81 号 Ni 基自熔合金作为埋管的涂层合金，其化学组成为（0.75C，25.35Cr，2.2B，3.2Si，1.98Fe，余 Ni），熔化温度为 1080~1130℃，硬度为 HRC 41~44。硬度虽不算高，但也有不锈钢的 2 倍左右。7m 长的埋管并非均匀磨损，经常是

局部遭受严重磨损后就会导致整支埋管报废。由此在磨损之前对易磨损部位作预涂层，或在磨损之后进行涂层修补都是可取的。截取 1m 长的埋管作涂层试验，若用下层埋管还需焊上三条鳍片。先喷砂除锈进行表面净化处理，砂粒应采用钢砂，而不能用石英砂或刚玉砂，因为陶瓷砂粒硬脆且多棱多角，喷砂后多半尖棱折断并嵌留在基体金属表面的微观尖坑深处，这种"嵌砂"所占的面积百分比有时竟高达 30% 左右，等于锈层没有除净。埋管涂层合适的熔结制度是 $(3\sim1)\times10^{-2}$ mmHg❶，$1070\sim1120℃$，保温 20min。成品涂层厚度是 $0.8\sim1.0$mm。找准易磨损的位置，把 1m 长的涂层埋管与两截裸管对焊成 7m 长的整支埋管，然后装 35t/h 沸腾炉与无涂层的整支埋管作对比使用考核，当累计运行 3000h 后检测对应部位的水平管径单边磨损量，对有涂层与无涂层埋管各检五支管的数据取有效平均值，涂层管的平均磨损量为 0.09mm，而裸管的平均磨损量为 1.07mm，二者相差有 11 倍多。按此推算壁厚 5mm 的裸管大概可用 14000h；而涂层厚度若按 0.9mm 计，亦可保护埋管抗氧化冲击磨损长达 30000h 之久。Ni-81 号 Ni 基自熔合金涂层也可以等离子喷焊于埋管表面，好处是可以免去对焊之累；弊端是因不可避免的"稀释"问题，若要得到同样的保护寿命，必须相应加大喷焊涂层的厚度。

---

❶ 1mmHg = 133.322Pa。

17 真空熔结涂层工模具

　　各种工模具使用寿命的提高和制作成本的降低，与所用材质及制造方法有很大关系。理想的工模具既要硬又要韧，既要耐磨又不会开裂，这在传统上依靠热处理的方法已不可能得到满意的解决。采用真空熔结表面新技术，在这方面已得到了大量的创新与应用。

　　金属耐磨的一般规律表明，除疲劳磨损之外，其他如摩擦磨损、冲刷磨损与挤压磨损等，其磨损速率 N 与法向载荷 P 成正比，与材料的硬度（或屈服极限）H 成反比，其规律可用下式表示：

$$N = kP/H$$

式中，k 为磨损系数，与产生接触的概率及摩擦副的材质等因素有关。为了减少磨损速率，延长使用寿命，若工况既定，则 P 不会改变，有效的办法只能是改变 k 和 H 这两个影响因素。k 值的大小往往与摩擦系数和润滑状态有关，这对工模具的使用来说也几乎是固定不变的因素。所以唯一具有改进潜力的影响因素只能是 H。一种用高锰钢经热处理制成的工模具，在磨料高速冲刷磨损的条件下，测得的磨损速率与表面硬度的相互关系曲线如图 2-48 所示。这明确证明了工模具的表面硬度与其耐磨性能之间是成正比关系。

　　传统热处理方法的弊端是：当提高工模具的热处理硬度时势必也会提高脆性，从而就带来了工模具开裂甚至脆断的危险。因此，各种工模具的标准热处理硬度往往都比较低。例如，用不锈耐酸钢制造的造粒机环模的热处理硬度为 HRC 58。在制作冲压模时，所用 40Cr 钢的热处理硬度仅为 HRC 51；而用 012Al 模具钢的热处理硬度只有 HRC 50。希望每一种工模具既要表面硬度高，又要结构脆性小，这对于传统的热处理方法来说的确不太可能，采用现代表面冶金技术，应可迎刃而解。

　　应用真空熔结方法制造工模具，一般采用具有一定结构强度的普碳钢，如 Q235 钢或 45 号钢等作为坯件。通过在真空条件下，使预先涂复在坯件磨损部位的表面硬化合金熔融凝结，从而把所需厚度的各种耐磨、耐腐蚀的表面硬化合金涂层与坯件牢固地冶金结合成一个整体。这样就可顺利制成既有很高表面硬度又有一定结构强度的复合工模具。真空熔结技术的应用特性远远优于传统的热处理方法及热喷涂和离子镀等其他表面技术。现将其应用于工模具的综合优势归纳如下：

（1）涂层厚度范围 0.1~6mm。

（2）涂层硬度范围 HRC 38~70。

（3）涂层与坯件间是牢固的冶金结合，不会脱落；互溶区宽度为 15~30μm，不存在"稀释"问题。

（4）对工模具的复杂形状及部位涂层不受限制，均能顺利熔结。

（5）涂层致密均匀，外观整齐，加工余量小，用料成本低。

（6）熔结处理时坯件不会开裂，变形量极小。

（7）既能制作新工模具，也能修复旧工模具，或以报废件为毛坯进行创新再制造。

已经试制成功并投产应用的涂层模具很多，如薄钢板的拉深模与冲压模，硅钢片的冲剪模，刹车盘，火车窗框与耐火砖的成型压模，颗粒饲料成型机的平模与环模，聚乙烯与聚丙烯造粒机的大模板，铝型材的挤压成型模和草饲料块挤压成型机的模块等。

17.1　冲压拉深模具

图 17-1 所示是几种冲压成型和拉深模具，这些模具都是用于薄壳成型。图 17-1（a）与图 17-1（b）是用 40Cr 钢制作的冲压模与拉深模，其热处理硬度只有 HRC 51，这么低的硬度，模具开裂损坏的可能性不大，实际使用中多半是由于在模口圆弧处及压边圈表面的拉伤或擦伤而报废。拉深过程是金属坯料薄板在凸模的强压下中部变形凸起，凸起部分被强行挤压进入凹模的模口，并不断向凹模深部推进，坯料与模口及压边圈表面相互挤压摩擦，由于坯料的塑性变形及坯料与模具表面的强力摩擦都有热能产生，尤其在那些塑性变形严重和剧烈摩擦的地方，模具和坯料表面的氧化膜和润滑膜均不复存在，双方金属表面局部裸露并无限贴近，此时因热能所产生的瞬时高温，就会促使摩擦副的双边原子发生互扩散，并引发黏着磨损。在巨大挤压应力与摩擦应力作用下，包括薄板塑性变形时的折皱、突起及由于黏着磨损而撕脱的碎颗粒在内的所有磨料，于高应力下，对模具表面作挤压与摩擦相对运动，造成模具表面拉伤、划伤或产生压痕等深浅不

(a)　　　　　　　　　　(b)

图 17-1　真空熔结涂层冲压模与拉深模

一的损伤，发生了典型的挤压擦伤型磨料磨损。黏着磨损与磨料磨损是拉深模具主要的失效形式，特别是黏着磨损在模口圆弧处尤为严重。

由于冲击挤压力量巨大，提高模具的整体硬度是不可取的，而只在模具的上表面与内侧面，特别是在模口的圆弧处，真空熔结一层 Co 基或 Ni 基表面硬化合金耐磨涂层，在一定程度上有效解决了模具的延寿与再制造问题。在冲击载荷之下，涂层硬度也不宜定得过高，只需略高于原有的热处理硬度，选取 HRC 55 即能有所改进。而涂层厚度需依据擦伤沟痕的深度来定，这要看产品的质量要求，如果当沟痕深度达到 0.3 ~ 0.5mm 即定为超差时，则涂层厚度需定在 0.5 ~ 0.7mm。超出 0.2mm 是为了确保涂层有效硬度层的厚度必须大于沟痕的深度。

对于涂层合金的选择除硬度与抗冲击性能之外，首先要从避免扩散、避免黏着上考虑，不能选用 Fe 基合金。Ni 基与 Co 基相比，Co 基自熔合金的显微组织比较均匀，硬质颗粒也比较弥散细小，位错活动区较小，屈服强度较高，再加上 Co 基固溶体还具有明显的形变硬化特性等原因，使得 Co 基自熔合金的冲击韧性要比 Ni 基自熔合金高出很多。所以选定 Co-9 号 Co 基自熔合金作为冲压模具的保护涂层，具体化学组成定为（0.5C，23Cr，2.5B，3.0Si，<3.0Fe，6.0W，余 Co），涂层硬度是 HRC 55。涂层熔化温度为 1000~1030℃。涂层合适的熔结制度是（3~1）×10^{-2}mmHg●，1020℃，保温 10min。

熔结涂层模具的使用寿命能比热处理模具高出 3~5 倍，这是缘于耐磨涂层不仅硬度较高，更在于不易与坯料发生黏着。所选 Co 基合金还具有较好的耐擦伤性能，而且一经擦伤超差之后，涂层还可以经过修复而重新使用，只要基体不开裂，模具可多次修复而不会报废。

17.2　冲压剪切模具

冲剪模具主要用于各种板材的剪切下料。冲剪时凸模对板坯施压，板坯中部变形凸起，并与凸、凹模具的刃口相接触，此时巨大的压应力与摩擦力均集中于模具刃口的狭窄区域。当剪切如硅钢片这样薄而脆硬的板坯时，模具承受的冲击载荷不算太大，正常情况下，由摩擦造成的刃口磨损应是模具失效的主要形式。当剪切如奥氏体不锈钢这样厚而强韧的板坯时，模具刃口承受到巨大的冲压应力与摩擦力，极易诱发黏着磨损。

模具刃口的摩擦磨损过程一般可分为初始、常态与终极三个阶段。刚开始，模具刃口与板坯的接触区域又窄又细，刃口承受到超高的压应力，锐利的刃口瞬

● 1mmHg = 133.322Pa。

间因发生塑性变形而磨损塌陷。塌陷后因接触面积增大，压应力骤减，再加上刃口材质的变形硬化，使系统转入常态磨损阶段。此段持续时间较长，摩擦磨损成为磨损的主要形式，磨损的发展比较缓慢，是长期稳定的服役阶段。反复冲剪作用于模具刃口，不仅是可以觉察的摩擦磨损过程，也蕴含着疲劳磨损的累积过程。当疲劳次数累积到模具材质所能够承受的极限时，从刃口开始萌生疲劳裂纹，此时常态磨损阶段结束，终极磨损阶段开始。此阶段自裂纹萌生、扩展至刃口疲劳剥落，发展极为迅速，根本无法正常操作。

在常态磨损阶段，随着服役时间的延长，模具刃口会从初始的锐利光滑逐渐变得圆钝粗糙，板坯切成品的边缘也相应从初始的光洁状态变得越来越毛刺。一般不会等到毛刺的增长程度超出了剪切成品的质量规范，就应对模具进行刃磨修复。也就是说，模具的正常使用是不让终极磨损阶段到来，就应送去返修。

如果发生了疲劳开裂与剥落，模具无法刃磨返修，则可以借助于真空熔结技术，对废模进行翻新再制造，如图 17-2 所示。这是电机厂用来冲剪硅钢片模具中的凸模。左图是再制造模具的实物照片，经熔结之后尚未精磨开刃。右图是熔结再制造的表面工程图。熔结再制造过程分三步走：第一步，要仔细检查废模刃口的破损程度，以便确定在刃部开槽的尺寸；第二步，待刃部开槽之后，紧贴槽外设置耐火护堤；第三步，在槽内填满涂层合金粉，进行真空熔结。旧模的模坯材质是 Cr12 合金工具钢，淬火硬度为 HRC 62。疲劳报废后，要检查刃口裂纹与剥落缺陷的尺寸大小，以确定原坯是否可以作为再制造的模坯来用。若缺陷尺寸不算太大，例如均在 3mm 以内，则车去裂纹与缺陷，在刃口部位开出"L"字形的双边槽，如图 17-2 右图所示。为保险起见，可适当扩大开槽尺寸，可定为 5mm×8mm，其中 5mm 是刃口涂层的厚度，8mm 是沿刃磨方向的深度。然后在开槽的外侧再设置耐火护堤，如图 17-2 中 1 处所示。有护堤围护"L"字形的双边槽就变成了"凵"字形的三边槽，如图 17-2 中 2 处所示。

熔结再制造模具的使用寿命与涂层合金的正确选择有极大关系，选择原则是涂层合金的抗疲劳磨损寿命应当略高于抗摩擦磨损寿命，使模具可以长期稳定在常态磨损阶段，直至剪切成品的毛刺超差时才去刃磨修复一次，这样就可以充分发挥8mm 刃磨深度的延寿作用；反之若未等毛刺超差就发生了疲劳剥落，则模具立即报废。据此，选用疲劳寿命较高的 Co 基合

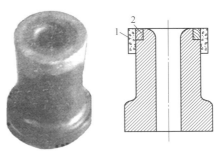

图 17-2　熔结再制造模具及工程图

金比较合适，而涂层合金的硬度可以高于 HRC 62，至于高出多少为好尚难敲定。有一则信息可以参考，用 YG20 钨钴硬质合金制作整体模具，硬度为 HRC 68～

70，一次使用寿命极高，缺点是加工制作费用太贵、又难以修复而不好推广。熔结再制造显然是经济有效的途径，选定［Co-2 号 Co 基自熔合金+40%WC（质量分数）］为涂层合金，Co-2 号自熔合金的化学组成是（$0.7 \sim 1.4C$，$28 \sim 32Cr$，$0.8B$，$1.5Si$，$<5.0Fe$，$4.0 \sim 6.0W$，余 Co），合金硬度是 HRC $40 \sim 48$。熔化温度约 1230℃。［Co-2 号+40%WC（质量分数）］表面硬化合金的硬度是 HRC $67 \sim 69$。把混合均匀的涂层合金粉填满图 17-2 中 2 处的"凵"字形三边槽，放入真空炉内进行熔结，合适的熔结制度是 $(3 \sim 1) \times 10^{-2}$mmHg，1235℃，保温 45min，保温时间较长是因为厚厚的耐火护堤挡住了对涂层粉料的辐射加热，需要保温一定的时间，通过热传导才能使料层达到熔结温度。在工件侧壁上熔结厚达 5mm 的 Co 基合金粉料，熔融漫流在所难免，为阻挡漫流耐火护堤不可或缺。熔结后拆掉护堤，精磨刃口，即得到再制造的全新涂层模具，其一次使用寿命与 YG20 硬质合金模具相当，而毛刺超差后可以反复多次刃磨再用，再制造模具的制作费用不及硬质合金模具的 1/10。

用上述再制造方法的具体选料与工艺参数也可以制造涂层新模，区别是不以 Cr12 钢废模为模坯，而改用新车的 45 号钢模坯，涂层新模的技术经济效益与再制造模具不相上下。

17.3　聚丙烯造粒机大模板

聚乙烯与聚丙烯等树脂聚合物是关乎现代工业与国计民生的重要化工原料。为便于后续加工成各式各样的聚合物制成品，首先要在挤压造粒机中把聚合物粉料，通过混合、挤压、造粒、分级等过程，制成合格的粒料，才能便于运输与后续工序的制造。

具体到聚丙烯的造粒过程，把聚丙烯粉料与添加剂混合之后，一起进入挤压机筒体，在 $210 \sim 250$℃的高温下熔融。同时在挤压螺杆的挤压推进作用下，混合物料离开机筒被挤入出料管，再往前被挤出前端板的成型孔，进到了水冷却切粒室内，被贴合在前端面上高速旋转的切刀切成颗粒，由 $60 \sim 70$℃的冷却水使刚刚切下的颗粒固化，再输送到离心干燥器中，脱水之后的颗粒进入分级筛选机，从而筛分出大颗粒料、正常颗粒和碎屑。在实际操作中会因为模板、切刀和操作参数的影响，而产生不规则的颗粒，颗粒大小不匀不仅影响到颗粒外观质量，而且会影响到分级筛选机的正常运行。

大模板是整台造粒机中，决定着聚合物颗粒产量与质量的关键配置。图 17-3 所示是聚丙烯造粒机大模板的照片，其两侧进出过热蒸汽的连通管道与法兰未包含在图内。大模板的外直径是 $\phi 660$mm，总厚度为 76mm，重量 120kg。模板被立

置于挤压机筒体的出料端，模板的前端面如图
17-3 中 1 即是切料端，是 $\phi264\sim325mm$ 的圆环，
在整个圆环上自内至外分三排按菱形间隔，均布
着 260 个 $\phi2.4mm$ 的挤出孔。模板是多材质、中
空的复杂结构，其剖面视图可参看图 3-13，此图
显示出过热蒸汽管道、环形加热空腔及腔内的三
排出料管。图 17-4 所示是位于前端板下的加热空
腔与腔内出料管剖视图。图中 1 是前端板；2 是
出料管，聚合物熔融体自 B 向入管，自 A 向出
管；3 是环形加热空腔，过热蒸汽或热油从一侧

图 17-3 聚丙烯造粒机大模板

进入空腔，从对侧离开。流经每一段空腔的加热介质都要做到流速稳定，以便保
证对每一支出料管加热均衡。空腔是密闭性很严的环形空间，试车时必须通过
$66kg/cm^2$ 的蒸汽试压才能投产。由于挤出孔在环形前端板上呈菱形间隔排列，故
图上只见到第一与第三排出料管的剖面，而第二排没剖着。出料管上细下粗，使
进管的聚合物越挤越密实。出料管的内径，最下端为 $\phi7mm$；最长的中段是
$\phi6mm$；最细的挤出段只有 $\phi2.4mm$，这与前端板上相衔接的成型孔的孔径是完
全一致的。

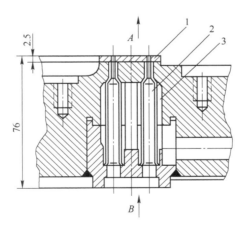

图 17-4 加热空腔与出料管剖视图

17.3.1 前端板的切削刮伤型磨料磨损

在实际生产中，聚丙烯在挤压机筒和出料管中都是 ≤250℃ 的熔融体，挤出
前端板的成型孔，就到了 $60\sim70℃$ 的水冷却切粒室，在此熔融体迅速凝固，并被
紧贴在前端面上高速旋转的四把切刀切成颗粒。这切刀与前端板就是决定着造粒
机大模板使用寿命的一对摩擦副。在机筒前端安装好大模板之后，要仔细对模板

和切刀盘进行对中与平行找正，即调整好模板与刀盘的对中度和平行度，或是调整好模板中心和刀盘中轴的对中度与二者之间的垂直度。对中度的偏差不大于0.02mm，垂直度的偏差一般应控制在 0.01mm 以内。平行度包括将每一把切刀都要调整到与模板表面相贴合，最大间隙应不大于 0.02mm。如果刀盘中轴的垂直度不符合要求，刀盘与模板的平行度无法保证，则刀片与前端面的间隙不会均衡，间隙过大时极易发生垫刀、缠刀和碎片颗粒增多等生产事故；间隙过小时刀刃与前端面硬接触，必定会造成切刀与前端板双方的异常磨损。间隙十分重要，理想的间隙应调整为大于 0mm 而不大于 0.02mm。不大于 0.02mm 可以保持正常生产，而大于 0mm 则切刀与前端面并未直接接触，双方均可采用极硬的材质，从而争取到很长的使用寿命。但在实际生产中让每一把切刀都不碰触前端面是很难办到的，所以实际选材时只能先保证前端板耐磨，而切刀硬度要稍低一点，因为更换模板比更换切刀要困难得多。

　　经解剖分析，大模板的主体材质是 3Cr13 马氏体不锈钢。厚约 2.5mm 的前端板是一种含 WC 的 Ni 基表面硬化合金，其硬度达到 HRC 60~65。四把薄片切刀都采用高速钢制成，刀刃硬度均略低于前端板硬度。一块进口的新模板，使用约 11 个月，即因前端板磨损致厚度超差，切刀无法贴合端面，而不能再用。在这 11 个月中，还因前端面磨损致表面光洁度超差，而多次停机研磨。前端面的磨损问题，严重影响到大模板的生产效率与使用寿命。

　　使用过程中，前端面的主要磨损形式是，本来平整光滑的表面，会出现大大小小的犁沟和划痕，而且越来越多，直至无论怎么调整切刀也无法切出粒度合格的产品。这是典型的切削刮伤型磨料磨损。只要刀刃呈一定倾角，或平行于摩擦表面，在一定的紧贴应力与移动速度下，做刮削与摩擦相对运动，对于摩擦副双方所造成的磨料磨损，都称之为切削刮伤型磨料磨损。对于这种磨损，除材质硬度之外，前端板的表面粗糙度与切刀刀刃的锋利程度都很重要，新模板前端面的表面粗糙度应达到 0.8μm 以下，切刀的锋利程度对颗粒的形状影响很大，切刀锋利则颗粒的断面平滑，反之则粗糙。刀刃与前端面不直接接触时，颗粒就是挤压并擦伤前端板的磨料，磨料越粗糙则磨损会越严重。

17.3.2　真空熔结涂层模板

　　应用真空熔结耐磨涂层技术可以制造新模板，也可以修复旧模板。制造新模板可以在 3Cr13 不锈钢基板上的前端面部位，用 Ni 基耐磨合金直接熔结出2.5mm 厚的前端板。修复旧模板是在残剩的（WC+NiCrBSi）前端板基础上，熔结 Ni 基耐磨合金涂层，用以恢复前端板原有的总厚度。修复旧模板的表面工程图如图 17-5 所示。因为前端板处于整个模板的最高处，需要熔结的涂层又相当厚，所以很难避免熔融的涂层合金会发生漫流，为此必需设置耐火护堤，图 17-5

中 2 是圆环形涂层区，在其内外两侧均设置了耐火护堤 3。在两条耐火护堤筑成的圆环形凹槽内，熔融的涂层合金无处可以漫流。耐火护堤的设置与运用，参看图 3-13，并详见第 1 篇的 3.2.5 节工件表面处理中上表面的耐火护堤。

图 17-5 中 1 是耐火的陶瓷插棒，平直度与表面光洁度极高，尺寸为 $\phi 2.4mm \times 35mm$。在整个前端板的 260 个成型孔中，每孔插入一支陶瓷棒，一直插进并塞满了出料管的挤出段。陶瓷插棒与成型孔及挤出段的内壁呈适当地紧密贴合，上面涂层合金熔融时，丝毫也不会流进孔内；而当熔结完成，熔融的涂层合金凝固之后，又能顺利拔出插棒。陶瓷插棒的材质比较讲究，普通的硅酸盐陶瓷不太合用，从强度、平直度、光洁度和适当的不可浸润性与经济性考虑，最后选用"石墨+黏土"材质，有点像一支铅笔芯。

在图 17-5 圆环形涂层区 2 内，撒满了涂层合金粉料。粉料下面是残剩的"WC+NiCrBSi"前端板。残剩前端板的厚度已不足 1.0mm。为补足到总厚度 2.5mm，熔结涂层厚度应不小于 1.5mm，由于铺撒干粉层在厚度方向的熔结收缩率为 51.2%，据此计算粉料层厚度应不小于 3.0mm。再考虑到涂层的磨削余量，粉料层厚度应增大为不小于 3.5mm。因为是修复，前端板硬度不必提高，粉料材质可选用 Ni-10

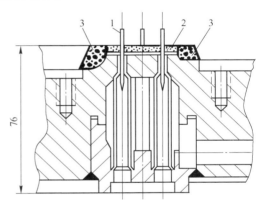

图 17-5　熔结修复旧模板的表面工程图

号 Ni 基自熔合金，熔结后涂层的常温硬度为 HRC 62~66，与下面残剩前端板的硬度基本一致。涂层合适的熔结制度是（3~1）$\times 10^{-2}$ mmHg，1040℃，保温 45min，随炉缓慢降温。涂层熔结后致密、均匀、平整，没有收缩裂缝和热应力裂纹。待涂层冷却后，260 支陶瓷插棒全数顺利拔出，留下了内壁光滑而且各层连续无隙的新生成型孔与出料管挤出段。

涂层后前端面的研磨是修复的最后工序。因前端板涂层的硬度较高，表面光洁度也要求很高，所以要用高密度的金刚石砂轮来研磨，直到将前端面磨平为止。研磨的前端面应当平整、光滑，成型孔口与前端面的交界线应呈现锐利的刃口，前端面本身的不平度应不大于 0.01mm，整块大模板上、下两表面的不平行度也需控制在不大于 0.01mm。经过如此修复的大模板完全可以作为新模板来使用。

如果想再制造一块创新的大模板，则旧模板只当作是一块不锈钢基板来用。不仅可以节省 100kg 左右不锈钢材，还可省去安装出料管与大量的焊接工序。关键是要提高前端板涂层的硬度，可选用（Ni-10 号 Ni 基自熔合金+WC）来取代纯 Ni-10 号合金，把硬度提高到 HRC 69~70 是可取的。前端板涂层硬度提高后，切刀硬度也可相应提高，二者之间的相互关系，应符合软磨料磨损法则，即刀刃如果碰触到前端板时，宁可牺牲切刀也要保全前端板，切刀刀刃的硬度绝对不要超过前端板的硬度。当然更好的办法是要精心调整好模板与刀盘的对中度与平行度，使刀片与前端面的间隙处于理想范围，即大于 0mm 而不大于 0.02mm。这样就可采用硬度更高的前端板与切刀，二者相对转动，有效切粒而互不触碰，必将成倍延长耐磨寿命。应用真空熔结涂层修复旧模板的技术经济效益十分可观。修复件的使用寿命要超过一块新板，而一块提高了前端板硬度的再制造件更可以顶几块进口模板来用。经济方面，进口一块聚丙烯造粒机大模板的费用是 24~26 万元；而真空熔结修复一块大模板的全部费用才 4 万元，仅为进口价的 1/6。

17.4　挤压成型模具

挤压成型技术的生产效率很高，产品质量上乘，而且原辅材料消耗较低，无论在技术上和经济上都有很高的实用价值；唯有瓶颈是模具消耗过快，例如耐火厂一套由六块模板组成的压砖模，通常生产一万块耐火砖即告报废，以年产 1000 万块砖计，每年就得耗用模具 1000 套，若每套模具价值 3000 元，则年需模具费就高达 300 万元。

一般来说，挤压模具的报废和失效，大多是由于磨料磨损、疲劳磨损和塑性变形等机制。在挤压成型过程中，磨损是影响模具寿命的决定性因素，特别是高温成型模具尤为如此。挤压成型模具的磨损类型与拉深模及冲剪模基本相同，但磨损部位不同，磨损部位并不都聚中在模具的刃口。由于模具结构的复杂性和挤压材料的多样性，决定了各种挤压模具的磨损部位各不相同，如耐火砖压模是在压应力最高的模板上大面积磨损，铝型材挤压模具的磨损部位是聚集在模芯工作带上，而制粒机环模的磨损部位是环模内表面。对具体模具作具体分析，才能对症下药。

17.4.1　耐火砖压模

耐火砖挤压成型模具的工作面积较大，承受的冲击应力不算太高，疲劳开裂的损坏模式并不多见。摩氏硬度高达 7~9 度的硬质颗粒状原材料，强力挤压并摩擦模板表面，造成模板大面积擦伤磨损而报废。这是典型的挤压擦伤型磨料磨损，包括颗粒与硬突起在内的磨料，于高应力下，对工件表面作挤压与摩擦相对运动，造成工件表面的磨损，称之为挤压擦伤型磨料磨损。

在此工况条件下，模具必须具有较高的强
度、硬度和适当的冲击韧性。一般采用合金工
具钢或轴承钢来制作模具，如 Cr12、Cr12Mo 和
Cr12MoV 钢等。前述每套生产一万块耐火砖的
模具是用 GCr15 和 Cr12MoV 钢制成的。图 17-6
是耐火砖模具中的一块边堵板，正面承压工作
面磨损后已经涂层修复。板坯材质是 Cr12MoV

图 17-6　涂层耐火砖压模

钢，热处理硬度为 HRC 61~63。生产约一万块砖后，因磨损 1.2mm 而超差报废。
修复材料选用韧性相对较好，硬度也比较合适的 Ni-9 号 Ni 基自熔合金，化学组
成定为（1.0C，19Cr，4.0B，4.5Si，<8Fe，3.0Cu，3.0Mo，余 Ni），熔化温度
≤1010℃。涂层合适的熔结制度是（3~1）×10^{-2} mmHg，1010℃，保温 15min。
熔结涂层硬度为 HRC 61~62，涂层厚度为 1.5mm。精磨后模板表面光洁、平整，
模板死角处涂有半径 2.0mm 的圆弧涂层。也可用（Co 基合金+WC）型表面硬化
合金来取代 Ni-9 号，对报废的模板进行再制造。涂层韧性够用，而硬度提高到
HRC 66~68，使用寿命也将数倍增长。

17.4.2　铝型材挤压成型模具

在铝型材生产装备中，热挤压成型模具是最重要的关键配置，模具的性能与
寿命决定着铝型材的质量、产量与生产成本。
图 17-7所示是带有真空熔结耐磨涂层的铝型材挤压
成型上模。底部上下左右四个椭圆形分流孔道是红
热可塑铝材挤入的通道，前突的白色涂层部位是矩
形模芯，支撑模芯的是四架分流桥。下模的模芯是
后缩的矩形通孔，上下模配对时，双边模芯相互扣
合，扣合间隙即是中空矩形铝型材的成型孔，间隙
宽度决定着铝型材成品的壁厚。上下模密合后在成
型孔与分流孔之间，也就是在分流桥四周的空间叫
做焊合室。

图 17-7　熔结涂层上模

预热到 500℃的可塑铝锭，在 700~1200MPa 挤压力的推挤之下，经分流孔分
成四股红热铝流进入焊合室。继而在焊合室的高温、高压和高真空条件下，又重
新融合并股而成整体坯料。因金属流不停地汇聚增压，铝坯最终升温至 550℃并
被挤出成型孔，再经快速冷却降温，即成为定型的铝型材制成品。

整套模具用热稳定性极好的 H13 热作模具钢制成，淬火硬度是 HRC 48~52，
模具有足够的高温强度，600℃下 $\sigma_b \approx 1117$MPa。模具不会开裂，但产量不高也
不够稳定，一副 H13 钢模具生产铝型材多则 15t，少则 5t 即告报废。产品质量也

不理想，合格的成品才 85% 左右，近 15% 是次品。原因在于上模的模芯磨损过快，构建成型孔的模芯工作带是全模服役条件最苛刻的地方，这里的工作温度与挤压应力最高，除了严重的挤压擦伤型磨料磨损之外，也极易发生高温黏着磨损。必须更换模芯工作带的材质，以 Co 基或 Ni 基合金取代 Fe 基模芯，才能彻底避免黏着磨损。只有提高工作带表面的高温硬度，才能有效提高模具的磨料磨损寿命。

从防止黏着磨损和耐磨料磨损两方面考虑，选定［Co-8 号 Co 基自熔合金+20%WC（质量分数）］为涂层合金。Co-8 号自熔合金的化学组成是（0.75C，22.8Cr，1.21B，3.72Si，2.49Fe，11.0Ni，8.73W，余 Co）。合金熔化温度为 1080~1130℃。［Co-8 号+20%WC（质量分数）］表面硬化合金的室温硬度高达 HRC 66.5，在 600℃ 下的高温硬度也有 HRC 56.4，两个硬度值都比 H13 钢基体的淬火硬度要高。在涂层之前，先要对上模模芯的刃口部位开出 "L" 字形的双边槽，槽口尺寸定为 4mm×4mm，抹上表面硬化合金涂膏，待烘干后进行真空熔结，涂层合适的熔结制度是（3~1）×10^{-2}mmHg，1135℃，保温 20min。由于模芯工作带的表面粗糙程度会影响到铝型材的表面质量，必须对熔结涂层进行精磨，使表面粗糙度达到 0.2μm 以下。涂层模具的使用寿命至少比钢模要高出 3~5 倍。

17.4.3　玻璃钢窗框拉挤成型模具

耐火砖与铝型材都是在成型机械的推挤作用下，于模内产生挤压力，而使松散的物料挤压成型，或使红热的铝流挤出成型。玻璃钢窗框是在成型机械的拉拔作用下，于模内产生挤压力，使玻璃纤维与树脂的混合物挤压并固化成型，再拉出模外。玻璃钢窗框的拉挤成型过程是由成型机械拉拔，使浸透了树脂胶液的玻璃纤维集束通过预成型模具，再进入加热的固化模具成型，最后拉出的是成一定规格的玻璃钢窗框型材，经过加工处理后，即可制作出成品玻璃钢窗框。

玻璃钢窗框以热固性不饱和聚酯树脂为基体，以玻璃纤维为增强材料。这种复合材料的质地很轻、强度很高、绝热保温性能良好、不翘不裂、不腐不锈、耐久又环保，其综合性能超过了所有传统的窗框材料，不仅胜过了木材、钢材和铝合金，而且弥补了塑钢窗的强度差、易老化等缺陷。玻璃钢窗框的确是一种既节能又环保的新型窗框，需求量与日俱增，但限制其大量高效生产的瓶颈是模具。玻璃钢窗框的成型模具是在一定的固化温度与挤压应力作用下，承受着树脂与玻璃纤维的摩擦磨损。虽然树脂和玻璃纤维不如压制耐火砖的物料坚硬，但不断拉拔移动的玻璃纤维浸渍树脂物料，在模具单位面积上于单位时间内的通过量相当大，也就是说摩擦磨损的概率较高，导致模具磨损仍然严重，使用寿命不长。

玻璃钢窗框模具的磨损特征不是刃口或局部快速缺损，而是全面积 "拉毛"。由于磨料中没有硬质颗粒，模具表面不会有很深的磨痕。作为磨料的玻璃纤维虽相对柔软但量多，造成模具表面密密麻麻的浅细划痕，使得拉出的窗框型材因失去了表面光泽而成为次品。这样模具并不是因尺寸超差而报废，只是由于表面"拉毛"而不能再继续使用。

　　玻璃钢窗框模具的结构一般由几块模具板条拼装组合而成。在拉拔过程中，窗框型材在模具中受热固化需经历一定的时间，加热的模具板条需有一定长度，太短则固化时间不够，太长则拉拔阻力太大，通常以 0.9m 为宜。模具板条的厚度一般是制品厚度的 2~3 倍。图 17-8 所示是经真空熔结涂层再造的一块分型面模具板条。这是拉挤玻璃钢火车窗框模具中的一块。涂层之前，其上表面即成型面已全面积拉毛，无法再用。拉挤模具所用钢材除了强度、耐热、耐磨与耐腐蚀等模具材料的普遍要求之外，还需注意热稳定性，因为模具板条又长又扁，受热时变形量要小，整条模板的尺寸稳定性十分重要。一般用 45 号优质碳素钢或 40Cr 合金结构钢均可制作拉挤模具，各项性能指标都能满足，唯耐磨寿命欠佳。有时用电镀 Cr 镀层来延长使用寿命并改善其脱模操作，但效果有限。

图 17-8　火车窗框的涂层压模板条

　　采用真空熔结合金涂层可以大幅度提高拉挤模具的使用性能。涂层的设计要点是：首先选择涂层合金的硬度要远高于基体钢材的热处理硬度，远高于 Cr 镀层的硬度，这样才能大幅度提高模具的耐磨寿命；其次应考虑涂层合金的线膨胀系数要尽量接近基体钢材的线膨胀系数，以避免模具板条发生热变形的可能；最后是涂层厚度要薄，一方面由于玻璃钢拉挤模具的报废形式是"拉毛"，涂层用不着厚，另一方面是因为涂层越厚时基体热变形的可能性会越大，不允许用厚涂层。根据以上几点选用 Fe-12 号 Fe 基自熔合金（4.5~5C，45~50Cr，1.8~2.3B，0.8~1.4Si，余 Fe）为涂层合金。其硬度高达 HRC 66~72，涂层合适的熔结制度是（3~1）×10^{-2}mmHg，1230℃，到温停电，不保温。涂层厚度只需 0.1~0.2mm，即可把"拉毛"全部覆盖。不保温可限制涂层与基体之间的互溶区宽度在 20μm 以内，确保有限厚度的涂层不受稀释，都是有效涂层。涂层经仔细抛光后即可交付使用。这种涂层压模板条体现出很长的使用寿命，决非热处理钢模或镀铬压模可比。

17.5　造粒机环模

　　平模与环模制粒机可适用于饲料、养殖、肥料、中草药、化工等厂，以粉状物料压制成颗粒之用。采用真空熔结技术既可以制造也可以修复各种平模与环模。如 φ230mm 的制粒机平模一般用 40Cr 钢制成，淬火硬度为 HRC 53～55，造价 288 元，使用寿命只有一年。而以真空熔结技术制造平模可用 Q235 钢作模坯，表面熔结 0.8mm 厚的表面硬化合金涂层，涂层硬度 HRC 61～62，造价只要 280 元，而使用寿命可达两年以上，如图 3-16 中（c）图所示。

用于生产颗粒饲料的环模是一种昂贵的易损件，图 17-9 所示是环模饲料制粒机的实物照片。图中机壳打开，环模立置于左侧机壳。环模内腔有一对压辊，图中被饲料糊住，看不清楚，压辊结构可参看图 3-15。在右侧机壳上附装有两把切刀，机壳合上后，要调整切刀位置，使刀刃正好贴合在环模出料口的外环表面上。环模、压辊与切刀是制粒机

图 17-9　环模饲料制粒机

的三种主要易损件，损坏形式均为快速磨损，后两种拆换容易，价值也低；要更换环模比较费事，而且价格昂贵。强化环模是提高制粒机技术经济效益的关键所在。

17.5.1　环模损坏机制

按饲料配方配制好的粉料先要经过调质罐的调质熟化处理之后才能送入环模压制室。调质后熟化粉料的温度达到 65～85℃，含水量达到 15% 左右。在压制室内两只平行靠拢的压辊紧贴着环模内壁的一边，三者之间的宽窄间隙构成了对粉料的预压缩区与强挤压区。压辊与环模虽然彼此贴紧靠拢，但并非真正碰触，工件之间金属对金属的摩擦磨损不会发生，所有的磨损后果都发生在工件与粉料之间。

由于喂料器的输送与转动环模的携带，调质好的粉状物料被带进环模与压辊之间的预压缩区。内部含有大量孔隙的松散物料在转动压辊的碾压之下，粉料颗粒不断移动，使粉粒之间由开始时的点接触发展为面接触，孔隙率逐步减少，物料的内压与密度随之增高。当内压与密度增高到一定值时，物料进到了空间更窄小的强挤压区，此时物料的变形特性从原来的弹性变形转变为塑性变形，并开始具备流动特性。由于物料从四周预压缩区源源不断地向强挤压区汇聚，强挤压区内物料的内压持续增高，当内压增高到足以克服在挤出通孔也就是成型孔内的流动阻力时，物料即经由环模内壁上的导料喇叭口源源不断地进入成型孔。成型孔有一定长度，物料在通过孔道的这段时间内保持着较高的内压，使得每颗粉粒增加啮合，再加上物料经调质后产生出黏结性的作用，导致物料在达到了必需的密度与强度指标之后，被源源不断地挤出成型孔。出了孔口则由紧贴在环模外壁的

切刀切成具有一定长度的颗粒饲料。切下来颗粒饲料的含水量一般都低于12%，便于后续的储存与运输。

图17-10所示是真空熔结涂层修复环模的实物照片与环模壁上挤出通孔的结构示意图。从压制成型到切割颗粒饲料的全过程中，三种易损件各自磨损的部位不同：切刀是刀口磨损最快；压辊是辊齿全长不均匀磨损，最后抓不住物料；环模的磨损部位是环模内壁的导料喇叭口，导料口磨坏后物料进不了成型孔，导致停机停产。挤出通孔的上部是导料喇叭口，喇叭口的上表面即是环模内壁表面，通孔的中段是持续挤压成型通道，通孔的下表面即是环模的外壁。图17-11所示是环模的磨损失效过程与涂层修复过程示意图。在制粒机环模的侧壁上均匀分布着几千或几万个如图17-11（a）所示的挤出通孔，通孔直径是指通孔中段挤压成型通道的直径，从ϕ2mm至ϕ6mm不等，但在同一环模上所有挤出通孔的孔径是相同的。图17-11（b）表示环模内壁已遭受严重磨损，环模内径因磨损而扩大，经测定，一只通孔直径为ϕ3.2mm的新环模，每制粒570t，环模内径即要扩大2.0mm，也就是环模内表面平均磨损1.0mm。磨损后环模内壁表面高低不平，导料喇叭口已被磨去一大截，甚至有些通孔的导料喇叭口已经不复存在，无法继续制粒。

图17-10 涂层环模实物照片和挤出通孔的结构示意图

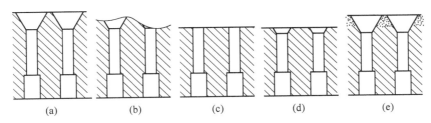

图17-11 环模的磨损失效过程与涂层修复过程示意图

环模通常采用45Cr等合金结构钢或不锈耐酸钢制造，热处理时为避免环模整体开裂，工作面的淬火硬度只有HRC 50～58，耐磨性能较差，使用寿命很低；若淬火硬度提高到HRC 58～62时，耐磨性能有所改善，但环模极易开裂，即便是出厂时未开裂，到使用时在工作挤压力的作用下，仍会于开工后的短期之内开裂报废。这些使用情况说明，环模不仅受到挤压物料的磨料磨损与腐蚀磨损，而且挤压应力也相当之大。环模整体开裂是新购热处理环模的损坏机制之一，而且一旦发生后，无法修复，只能换模。生产颗粒饲料的主要原料是柔软的谷物与某些水生动物下脚料，按说对环模的磨损不应如此严重。常态谷物所含水分为11.75%左右。所含灰分更少，只有 1.5%~3.7%，呈极细小微粒游离状分布于谷物的皮层内。水分与灰分都不至于影响到磨损量的大小。应当考虑的是，在加工过程中谷物表面，尤其是水生动物下脚料，都难免会黏附上不少泥沙掺杂物。外来泥沙的基本化学组成是 $Al_2O_3 \cdot 2SiO_2$，是非常典型的研磨材料。这些泥沙掺杂物对环模磨损量的影响是不可忽视的。再有物料经调质之后，需要经过一道除铁除杂工序，才能送入环模。但实际上是除杂不尽，人们在检修环模时常常发现有少数几个通孔会被小石子甚至是铁钉堵塞而成了死孔，这也是物料掺杂而成为磨料的有力旁证。有极高的挤压应力，又有了典型的磨料，在此工况条件下，环模必定会发生挤压擦伤型磨料磨损。另外，有些物料与添加剂还具有一定的酸性腐蚀，多少会带给环模一定的腐蚀磨损。至于首先磨损的部位应是挤压应力最高，同时也是物料受挤压变形量最大的地方，这部位就是环模内壁上的导料喇叭口，而喇叭口上最薄弱的地方是相邻两喇叭口之间的鼻梁，鼻梁最窄处仅为 1mm 左右。在磨粒磨损及腐蚀磨损作用下，环模内壁逐步显现磨损形迹，首先从各喇叭口之间的鼻梁处开始，狭窄的鼻梁很快就被磨秃甚至磨豁，当磨损至工作面高低不平和喇叭口消失（如图 17-11（b）所示）的情况时，挤出孔不再出料，环模报废，这是环模最普遍也是最主要的失效机制。

17.5.2　以真空熔结技术再制造环模

对磨损不太严重，导料喇叭口还基本存在，尚未报废的旧环模，可采用喷丸强化处理方法进行修复。将已经磨损的内壁表面先车削平整，再用 60°高速钢钻头对不匀的导料喇叭口予以整形，然后对整个内壁表面所有的喇叭口进行喷丸强化处理，这样可以延长环模的使用寿命。而真空熔结技术可使已经完全报废的环模起死回生，其作用不只是单纯的修复，借助于熔融涂层合金的黏滞特性与表面张力作用，真空熔结可以重塑出环模工作面的有效尺寸和挤出孔所必需的完整喇叭口，制造出使用性能与使用寿命均超过原模的复合金属新环模，具有更新环模的再制造作用。

报废环模的更新再制造过程是一项十分细致的表面工程，要通过清理、车削、清洗、配料和涂敷、烘干再精整、熔结与最后精加工等七道工序。报废环模的状态如图 17-11 （b） 所示，环模内径已经扩大，内壁表面高低不平，导料喇叭口已被磨去一大截，有些通孔的导料喇叭口已被全部磨掉。

报废环模的所有通孔都是堵死的，绝大多数是被未及挤出的物料堵住，但也有少数通孔是为混杂于物料中的石子或铁屑所堵。第一道清理工序就是要一个孔挨一个孔地清除这些堵塞物，清除的方向是从切料口向喇叭口清，清除出堵塞的物料好办，而清除堵塞的石子或铁屑相当费事，有时甚至要动用钻床。

堵塞物除尽之后要进行第二道车削工序，首先把高低不平的内壁表面重新车成齐整的圆环面，如图 17-11（c）所示，此时所有残缺不全的喇叭口已全部车去，环模的内壁表面已经扩大到挤压成型通道的孔口，所以千万不能多车，以内壁表面刚刚达到齐整为限。车好后要用 70°高速钢钻头给每一个通孔钻出基础喇叭口，如图 17-11（d）所示。基础喇叭口的深度至少要比正常喇叭口深度小1.0mm，而且必须做到所有通孔精确一致。小 1.0mm 是留给下一步涂层增厚的余地。

第三道清洗工序是要彻底洗净环模所有表面的油污及一切黏附物质，包括可能存在的铁锈。

第四道配料与涂敷工序首先要选对涂层合金，从耐磨、耐蚀、经济与工艺角度圈定 Ni 基自熔合金，从硬度要比热处理模具稍高但又不能很脆角度考虑选定 Ni-10 号 Ni 基自熔合金，其化学组成是（0.7～1.0C，18～20Cr，4.0～5.0B，4.5～5.5Si，<15Fe，余 Ni）。该合金硬度高达 NRC 64～66，熔化温度为 960～1010℃比较低，而熔结特性较好。这些特点有利于恢复喇叭口与鼻梁造型，也有利于在不损害基体强度的前提下提高环模的耐磨寿命。用 200～325 目（0.044～0.075mm）的合金粉料加入 2.5%（质量分数）松香油调成可涂浆料。在筛孔般密布的狭窄鼻梁上涂敷是个细活，只能用毛笔蘸上浆料耐心往鼻梁上描涂，描涂时要防止浆料流进挤压成型孔内，所以每次要少涂，待前一次涂上的料晾干之后再描涂下一次，像这样多涂几次直到满足尺寸要求，如图 17-11（e）所示。

第五道烘干再精整工序是在 80℃下把涂上浆料的环模烘干，待冷却之后料层即有一定强度，并与基体黏结牢固，可用 60°的高速钢钻头对造型不规范的涂料喇叭口作精细的修整，以便在熔结之后能得到造型规范的喇叭口。精修之后还必须用压缩空气喷吹每一个通孔，把黏附在孔壁的粉粒或纤维之类的一切杂物清理干净。

第六道工序是真空熔结，涂层环模合适的熔结制度是（3～1）×10^{-2}mmHg，（960～1010）±2℃，保温 45min。在真空炉内是环模的外壁接受热辐射，而需要熔结的料层是在内壁，所以熔结的保温时间要略为长些。在涂层环模内壁熔结好的导料喇叭口如图 17-12 所示。借助于熔融涂层合金的黏滞特性，熔融合金大部分堆聚于鼻梁之上，使鼻梁上的涂层最厚。再借助于熔融涂层合金的浸润性与表面张力的作用，有一小部分涂层合金逐步向喇叭口内延伸，开始稍厚而越向深处越薄，这样就正好回归了喇叭口内 60°的导料锥度。涂层喇叭口恢复了导料喇叭口的深度与造型，也恢复了环模内壁完整的工作表面。

第七道工序是对涂层环模作最后的精加工。先
用 60°的硬质合金钻头对熔结好的涂层喇叭口作最
后的造型精整，并确保口内的表面光洁度。如果在
个别或少数挤压成型通道内黏上了什么物料，则应
用钻头清除干净，并且也要保证通道应有的表面光
洁度，喇叭口与通道的表面光洁度都应达到 ▽5
以上。

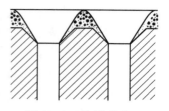

图 17-12　涂层喇叭口

　　把报废环模通过以上工序，熔结再制造成涂层新模的技术经济效益十分显
著。以 CPM20in[❶]的进口环模为例，其挤出孔径为 $\phi3.2mm$，制粒效率为 $6\sim7t/h$，
使用接近 6000h 即告报废。该型报废环模经熔结再制造成为涂层新模后，挤出孔
径不变，制粒效率提高到 $8\sim9t/h$，使用寿命超过 6000h，而且熔结再制造的费用
远比进口费用要低。把二者的性能价格比列于表 17-1。

表 17-1　粒径 $\phi3.2mm$ 进口环模与熔结再制造涂层环模的性能价格比

型号	环模材质	制粒效率/t · h⁻¹	使用寿命/h	价格/元	性价比
CPM20in	进口热处理	$6\sim7$	约 6000	26000	1
	熔结再制造	$8\sim9$	>6000	3200	>8

　　结果表明，熔结再制造环模的性能指标全面超过了进口环模，性价比要超出
8 倍还多。

17.5.3　与环模配套使用的涂层压辊

　　颗粒饲料制粒机单靠环模是挤不出颗粒的，必须依靠压辊与之相配合。一对
压辊在环模腔内与环模相对滚动碾压，才能顺利把配合饲料挤出环模周壁的挤压
成型通孔。在实际生产中压辊同样受到被挤压物料的磨料磨损与腐蚀磨损，其磨
损程度比环模还要严重。为稳定颗粒饲料制粒机的正常运转，延长压辊的使用寿
命比强化环模更有必要。

　　由于压辊结构比较简单，对压辊基体材料的强度要求也不如环模高，所以长
寿命涂层压辊不一定要利用废辊来进行再制造，而完全可以采用 Q235 或 45 号钢
等廉价的普碳钢基材直接进行创新制造，而且造价还只及合金钢热处理压辊的
3/4 左右。关于制作涂层压辊的性能要求、基体及涂层的材质、熔结工艺的设计
与制度和涂层压辊优异的技术经济指标等全面资料，在第 1 篇的 5.2 节中已作过
详细介绍。关于辊齿的涂敷问题可以参看图 3-15 的具体描述。涂层压辊可与环
模、平模等多种制粒机配套使用。有关的配置情况列于表 17-2。

---

❶ 1in＝0.0254m。

表 17-2　涂层压辊规格、用材及配用压模的规格型号

编号	辊径/mm	辊坯钢材	辊齿涂层材料	配用压模规格
1	100	Q235		ϕ231mm 平模
2	150		84%Ni8+16%WC	CPM12in，ϕ305mm 环模
3	180	45 号		ϕ308mm 平模
4	206		76%Ni8+24%WC	CPM16in，ϕ407mm 环模
5	220			CPM20in，ϕ507mm 环模

　　表中 Ni8 是指 Ni-8 号自熔合金，也可以采用 Ni-2 号或 Ni-60 号等自熔合金。压辊的辊径越大时，所选辊坯材料的强度要越高，所配制涂层合金的硬度也越硬。

18　真空熔结涂层喷嘴

在喷气、喷液、喷雾、喷砂与喷浆等喷吹工艺的装备中，最为关键的配置是喷枪与喷嘴。喷嘴结构多样，有空芯、实芯，有圆形、方形或扁平，有单孔、多孔或环孔等。无论结构如何变化，都要经受高速流体的冲刷。摩擦学定义认为：当含有固体颗粒的流体，包括液体与气体，以一定速度和一定角度，与工件做相对运动，于工件表面所产生的磨损，称为磨料冲击浸蚀磨损。这种冲蚀磨损是各种喷嘴最常见、最主要的磨损形式，如图 3-17 所示的陶瓷粉喷嘴，就是遭受到冲蚀磨损的典型实例。这是有六个椭圆形喷孔一字排开的扁平喷嘴，经冲蚀磨损后，喷孔扩大，鼻梁磨薄并已缺损，喷嘴前沿已不再完整而出现了几处豁口。除冲蚀磨损之外，随着喷嘴结构与工况的不同，喷嘴也会出现疲劳开裂、氧化剥落、过熔烧蚀、腐蚀磨损、甚至是孔眼堵塞等损坏形式，如图 10-1 所示的内燃机预燃室喷嘴，是一种五孔喷嘴，在冷热疲劳应力与燃气腐蚀的联合作用下，喷孔部位自内及外多处开裂，甚至会沿着喷孔圈环周裂断。

喷嘴材质依喷嘴结构和工况而定。常温单相介质而且喷吹动能较低时，可采用铝合金、铜合金、甚至塑料来制作喷嘴，喷吹动能较高时宜用钢质喷嘴。若介质多相，所含固相颗粒硬而尖锐，且喷吹动能较高时，需用高合金钢、工模具钢、硬质合金或刚玉陶瓷来制作喷嘴。在高温氧化或腐蚀介质条件下，可对应选用塑料、不锈钢、耐热钢或陶瓷等材料。以上材料中硬质合金和刚玉陶瓷喷嘴都能有很长的耐磨寿命，但鉴于制作工艺的限制只能做结构比较简单的喷嘴，因而工业上大量应用的喷嘴还是钢质喷嘴。为提高钢质喷嘴的耐高温、抗氧化、耐腐蚀与耐磨损等使用性能，采用合金或陶瓷涂层对喷嘴进行表面防护，具有重大的实际意义。

18.1　煤粉喷嘴的耐磨涂层

把煤粉喷燃技术应用于高炉炼铁和火力发电等高能耗行业，带来了节能降耗与高效率、低污染的重大革新效果。喷煤粉炼铁可以大幅度降低焦比，煤粉用量越大时焦比会降得越多。为充分发挥煤粉的高效燃烧，要尽量提高直吹管内的热风温度与氧分压，热风温度会达到 $\leqslant 1200℃$，风量也会达到 $\leqslant 150 m^3/s$。置于直吹管前端的喷煤枪把冷煤粉喷入直吹管，经过约 0.5m 距离即进到炉内，在高温富氧的直吹管中冷煤粉于数毫秒内突发爆燃，燃烧温度高达 2000℃ 左右。在如此高温辐射和冲刷磨损与燃气腐蚀的恶劣环境下喷枪极易损坏，尤其在喷枪最前端作为喷枪头的煤粉喷嘴，是承受热负荷与冲刷负荷最为严重的部位。

在如此高温下工作，金属喷枪前端约 0.5m 长度内，尤其是喷嘴，极易发生熔毁或软化变形。正常工况下枪管内用冷风送粉，风冷作用使枪管壁与喷嘴壁能够维持工作强度，不至于熔毁或变形；但在炉况发生故障或操作有误时，如高炉风口结焦、送风系统堵塞或间歇性送风、偶发热风倒灌或漏风等故障，以及插枪位置不当，停喷时又未能及时补风并及时退枪等操作失误，则损坏在所难免。为确保喷枪在工况正常或异常情况下都不至于过热损坏，应加上强制水冷系统。

在不会发生过热损坏的情况下，喷枪通常的损坏失效形式是外表面氧化剥落与喷孔内壁遭受磨料冲击浸蚀磨损，即冲蚀磨损。当枪管内壁有砂眼、焊缝或微裂纹等局部缺陷时，很可能自内而外，局部发生磨蚀穿孔。若没有这些局部缺陷时，冲蚀磨损最严重的部位，是在喷嘴的喷孔内壁最前端长约 7cm 的一段，随着孔口的不断磨损孔径亦逐步扩大。

喷枪是否能长时间稳定操作，与之直接相关的三个要素是：喷粉工况、喷枪结构与喷枪材质。喷粉工况包括直吹管中的高温富氧氛围与煤粉物性及喷吹的能级大小等诸多运作参数。当这些参数越高时，喷燃煤粉的热工效果会越好；而喷枪的氧化、腐蚀与冲蚀磨损状况却越糟。所以，欲减轻氧化与磨损只能从喷枪结构与喷枪材质上想办法。喷枪结构分单管喷枪与套筒喷枪两种。单管喷枪通常在运作参数较低的一般工况下使用；工况较高时必须采用风冷或水冷的套筒喷枪。尤以水冷的防护效果更为保险。对于金属表面无论是氧化速率或磨损速率均与温度的高低成指数关系，所以在高温工况下抗氧化与抗磨损的首要措施是千方百计地降低工件的表面温度，其次再从提高材质的耐磨与耐蚀性能上入手。图 18-1 所示是一种水冷式煤粉喷嘴的结构简图。喷嘴水套分前后两仓，压力 ≤800kPa 的冷却水注入后，先在前仓循环，以便强制冷却喷嘴的最前端。离开前仓的冷却水进入后仓循环，最后从后仓末端的排水孔排出。喷嘴内膛略大，口子收小为 ϕ114mm，被安装到喷枪头上，略为上翘约 8°，这

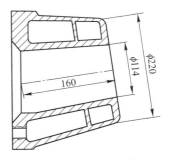

图 18-1　煤粉喷嘴

样会把煤粉喷得更匀、更远。水套壁厚只有 12mm，在近 2000℃ 的高温辐射条件下，强制水冷使喷嘴外表面的表皮温度有可能平衡在 600℃ 以下，这就大大减轻了解决抗氧化与耐磨损问题的难度。

在运作参数较低的一般工况下，可采用普通不锈钢制作的单管喷枪。喷煤量

加大，喷吹能级增高时，可考虑采用高温硬度较好的 Ni 基或 Co 基高温合金做枪。喷粉工况再提高时，高温合金也扛不住，则必须采用风冷或水冷的套筒喷枪。若工况极高，采取了冷却措施也经不住磨损时，只有借助于表面工程，采用防护涂层来提高喷枪的抗氧化与耐磨损性能。

煤粉喷嘴的喷孔内壁所遭受磨料冲蚀磨损的微观机制，主要是低攻角的微观切削磨损。选择防护涂层应采用硬度较高的均质材料。若采用自熔合金或表面硬化合金这些多相复合的涂层材料时，应考虑硬质颗粒相的粒度要大于磨料颗粒的微观切削深度，而硬质颗粒相的分布间隙要窄于磨料颗粒的微观切削宽度，也就是硬质颗粒相的含量百分比要适当高一些，在收窄硬质颗粒分布间隙的同时，使整体涂层的宏观硬度相应提高。硬度较高的涂层材料当选表面硬化合金，如（自熔合金+MC）型表面硬化合金。自熔合金常用 NiCrBSi 或 CoCrBSi，而碳化物常用 WC。MC 的含量百分比越高时，硬质颗粒分布间隙越窄，整个涂层合金的宏观硬度越高，涂层的耐磨性也随之越高。随着 WC 含量百分比提高时，涂层的硬度与耐磨性都相应提高；但是当 WC 的质量分数提高到一定数值时，硬质颗粒的分布似乎达到了"饱和"状态，若再继续提高 WC 的质量分数时，涂层的硬度与耐磨性不升反降。（NiCrBSi +WC）型表面硬化合金涂层中，WC 质量分数的饱和值 SAT（WC）≈35% ~ 40%。例如，在（Ni-9 号 Ni 基自熔合金+WC）涂层中，当 $w[\text{WC}] = 35\%$ 时涂层的相对耐磨性升高到 $\varepsilon = 1.46$；当 $w[\text{WC}] = 55\%$ 时涂层的相对耐磨性不升反降到 $\varepsilon = 1.21$；$w[\text{WC}] = 75\%$ 时 $\varepsilon = 0.92$。在饱和值之前，WC 加得越多涂层的耐磨性越高；在饱和值之后，WC 越多耐磨性反而越小。原因是过了饱和值之后，WC 的颗粒间距已小到不能再小，在涂层组织中局部开始了颗粒聚团现象，在聚团的颗粒之间缺乏黏结金属，出现了许多微细的缝隙与沙眼，严重损害了整体涂层的强度、硬度与耐磨性。

硬质颗粒质量分数的饱和值的大小，与黏结金属对硬质颗粒浸润性的好坏直接相关。若黏结金属对硬质颗粒的浸润性很高时，很难有浸润不到的缝隙与沙眼存在，聚团现象就不容易发生。由于 Co 基金属对 WC 的浸润性要比 Ni 基金属高许多，所以在 Co 基黏结金属中加入 WC 颗粒时，其质量分数的饱和值会高得多。例如表 2-81 所列的（CoCrBSi +WC）型表面硬化合金涂层，其中硬质颗粒的质量分数从原始的零可以一直增加到 52.8%，与之相应的涂层硬度从原始的 HV 381一直增加到 HV 1118，而涂层的耐磨性也整整提高了 2 倍。

具体到煤粉喷嘴的选材与涂层设计，还是要从技术与经济指标来综合考虑。一支 1Cr18Ni9Ti 不锈钢的高炉煤粉喷枪，在正常操作情况下的平均使用寿命也就是 30 多天，除了外表面氧化剥落之外，于喷孔内壁会出现多条很深的冲蚀磨损沟缝。以真空熔结 1.0mm 厚的 ［Ni-60 自熔合金+40% WC（质量分数）］ 表面硬化合金涂层来保护喷孔内壁，使相对耐磨性比原来的不锈钢提高了 3.76 倍以上，这样一次涂层的耐磨寿命就可以提高到 120 多天。

考虑到喷枪在高炉的喷煤孔内插进抽出，喷枪外壁与炉墙磕磕碰碰在所难免，因此在喷枪外壁搞一次性的抗氧化预置涂层并不适宜。喷枪前端约 0.5m 长度内的温度由高而低很不均匀，因此喷枪外壁涂层必须在高低不同的温度下都能有效地抗氧化，而且涂层工艺要简便易行，涂层碰坏之后应随时可以修补。能够满足如此要求的抗氧化涂层唯有采用高温漆比较合适，高温漆用到高温时实质上成了一种玻璃陶瓷涂层，其基本化学组成是复合氧化物。这种涂层的特征是，其常温性状类似油漆，制备涂层只需像油漆一样经涂刷、烘干之后即可使用，在燃烧气氛中，从室温至高温对金属基体均能有效保护。涂层中的玻璃陶瓷组分无需在施涂过程中熔结，而可以在高温使用时自行熔结。高温漆的基本组成是（有机硅漆+填充物料）。保护高炉煤粉喷嘴需选用 800℃ 的高温漆，具体配方是（50.3%K-56 有机硅漆 + 49.7%填充物料）。填充物料的具体配比是（16%Cr_2O_3，1.1%Fe_2O_3，0.3%MnO_2，37%110 号玻璃，37%113 号玻璃，8.6%黏土），详见2.6.2.4 节。

先对煤粉喷枪的喷孔内壁真空熔结好表面硬化合金的耐磨涂层，然后再对喷枪前端约 0.5m 长的外表面进行喷涂或刷涂一层 20~30μm 厚的高温漆，经200℃ 烘干之后即可交付使用。以这种 800℃ 的高温漆来保护喷枪抗氧化，可以长时间从室温一直保护到 850℃ 的高温。在 ≤500N·cm 冲击力的碰撞之下涂层不会损坏，若遭受更大冲击力损伤之后，只要待喷枪冷却下来即可补涂修复，烘干之后可以照样使用。无论对耐磨涂层还是抗氧化涂层的使用寿命，温度都是主控因素，所以在努力改进涂层品级的同时，也要充分注意对喷枪、喷嘴的冷却效果。

18.2 原油喷嘴的耐磨涂层

从油田采集来的新鲜原油经预热后与回炼的油浆混合，再一起加热至 300℃ 左右，被输送到催化裂化提升管反应器下部的原油喷枪内，用蒸汽把枪中的混合油浆雾化之后，经由枪端的原油喷嘴喷入提升管内。在提升管中与来自再生器的温度高达 700℃ 左右的催化粉剂相接触，油雾瞬即汽化并发生催化裂化反应而成为混合油气。油气从底部进入分馏塔，先要冷却过热的油气使之达到饱和状态，并除去夹带的粉剂，然后进到分馏段分馏出几个中间产品，塔顶是富气及汽油，中部是轻柴油、重柴油和回炼油，沉降到塔底的是高密度油浆。轻柴油与重柴油分别再经过汽提，换热，并冷却之后离开分馏装置。

　　图 18-2 所示是中科院力学所设计的一款原油喷枪，A 部是涂层喷嘴，B 部是枪腔。混合油浆自内管进入枪腔，蒸汽自外套进入夹层，再经腔壁的四个进气孔喷入枪腔，蒸汽在腔内把油浆雾化后经由枪端的喷嘴喷入提升管反应器。因油浆夹带泥沙，喷嘴的喷孔内壁遭受着严重的磨料冲击浸蚀磨损。当油浆的密度越大时，夹带的泥沙会越多，则磨损也会越严重。又因喷嘴的工作温度高达 600℃ 左右，在这种高温氧化和冲击浸蚀磨损的联合作用下，一般钢材和铸铁均难以承受。从抗氧化与热强度而言，只有选用耐热钢，原油喷枪的枪身可以用普通不锈钢，而喷嘴必须选用耐热钢，如 1Cr5Mo 热强钢，或耐高温、抗氧化性能更好的 1Cr25Ni20Si2 奥氏体抗氧化钢。从高温磨损的角度，耐热钢的高温硬度与高温耐磨性仍嫌不够，还需要再加上一层高温硬度更高的耐磨涂层才能解决问题。

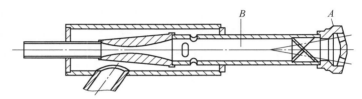

图 18-2　原油喷枪

　　图 2-50 中的右图展示出一种方孔的单孔涂层喷嘴。这里的图 18-3 是一种双圆孔涂层喷嘴的实物照片。无论是方孔或圆孔喷嘴都需要耐磨涂层，而且要用较厚的涂层，才能满足使用需求。喷孔外口大，喉部小。同类喷嘴也有大有小，圆孔喷嘴的外口直径从 $\phi46mm$ 至 $\phi62mm$ 不等，相应的喉部直径从 $\phi27mm$ 至 $\phi36mm$，喉深从 15～38mm。无论孔径大小，所需的涂层厚度均为 2.5～3.0mm，孔内涂层从照片上清晰可见。

图 18-3　双圆孔涂层喷嘴

　　这么厚的内孔涂层基本上只采用了两种工艺，一种是堆焊的司太立合金涂层，另一种是真空熔结的 Ni 基自熔合金和 Ni 基表面硬化合金涂层。堆焊涂层选用司太立合金中高温硬度较好的 Stellite No.1 合金，其化学组成为（2.5C，30Cr，12W，余 Co），熔化温度为 1255～12900℃，室温硬度 HRC 56.3，600℃ 高温硬度 HRC 42。由于涂层厚度较大，堆焊过程中极易发生开裂并产生气孔，成品率较低，使得堆焊成本过高。真空熔结工艺要顺利得多，成品率高，成本较低。熔结涂层选用 Ni-10 号 Ni 基自熔合金，其化学组成为（0.5～1.C，16～20Cr，3～5B，3.5～5.5Si，<15Fe，余 Ni），熔化温度为 960～1040℃，室温硬度 HRC 62～66，600℃ 高温硬度达到 HRC 58.6。两种涂层喷嘴的使用结果列于表 18-1。

表 18-1　不同涂层喷嘴的使用寿命

喷嘴涂层	涂层厚度	600℃涂层硬度（HRC）	油浆密度	使用寿命
堆焊司太立合金涂层	≥3.0mm	42	0.89	约1年
			0.92	<1年
真空熔结Ni基自熔合金涂层	2.5~3.0mm	58.6	0.89	约4年
			0.92	约2年

　　在相同工况条件下真空熔结 Ni 基自熔合金涂层喷嘴的使用寿命相当于堆焊司太立合金涂层喷嘴寿命的 4 倍左右。若在 Ni 基自熔合金中再加入 WC 构成表面硬化合金涂层，如真空熔结（Ni-10 号+15% WC）的表面硬化合金涂层，可把喷嘴使用寿命从 4 年进一步提高到 6 年左右。油浆的密度不同表明油浆所携带泥沙的含量不同，这一指标稍有变动即会给喷嘴的使用寿命带来成倍之差。涂层喷嘴熔结完成后，需精磨喷孔内壁，使内壁涂层的表面粗糙度达到 1.6 以下。

19　真空熔结涂层镶刃刀具

传统的工业刀具普遍采用 W18Cr14V 高速钢来制造，为提高刃口硬度，必须经过适当的热处理。一般高速钢的热处理工艺与力学性能列于表 19-1。经热处理之后，硬度越高，则冲击韧性越低，在工业生产中这种高速钢切刀常常因脆性断裂或崩刃而早期失效。在单一的高速钢刀具上要兼顾硬度与冲击韧性这两项技术指标，单靠热处理是很难办到的。

表 19-1　一般高速钢的热处理制度与力学性能

热处理制度	硬度（HRC）	冲击韧性 $a_K/J \cdot cm^{-2}$
1150℃淬火，560℃回火	59	29.5
1180℃淬火，560℃回火	60.5	23.5
1280℃淬火，560℃回火	65	14

自 20 世纪中叶，随着涂层刀具的出现，给既硬又韧的工业刀具带来了重大的技术创新。涂层刀具大致形成两大类型：一类是以化学气相沉积或物理气相沉积方法制备的金属间化合物镀层，如典型的 TiN 镀层，这类镀层硬度极高通常达到 HV2100 以上，而厚度极薄一般不会超过 10μm，把这类镀层应用到金工刀具上，效果极佳；一类是以各种熔融凝结方法制备的合金涂层，如堆焊、喷焊与真空熔结等方法，合金可采用各种自熔合金或表面硬化合金，涂层硬度范围较宽，处在 HRC50～70 之间。涂层厚度不限，一般切削薄钢板、铝箔、纸张、布匹、橡胶、塑料、颗粒饲料和颗粒肥料等所用的工业刀具，是在碳钢刀体上以合金涂层镶刃，镶刃涂层的厚度为 0.5～2.0mm。对于粮食、饲料、药材以至于矿石等所用的粉碎刀具，也是用碳钢为刀体，所复合的涂层面积较大，涂层厚度会厚达 5.0～8.0mm。

19.1　颗粒饲料制粒机的镶刃切刀

图 17-9 所示是生产颗粒饲料的 CPM20 in❶环模制粒机实物照片，图中机壳打

---

❶ 1in＝0.0254m。

开，环模立置于左侧机壳。右侧机壳上附装有两把切刀，机壳合上后，只要调整附装切刀的伸缩柄，即可把刀刃正好贴合在环模挤出孔的外环表面上。待环模旋转工作时结实的饲料呈面条状源源不断地从挤出孔涌出，正好被两把切刀切成一段段大小均匀的颗粒饲料。

从挤出孔涌出的饲料条十分密实，饲料成分并不是百分之百的粮食和海产品，通常会掺有千分之几的泥沙，除杂不尽时还会有微小的石子、碎蚌壳、甚至于铁屑。切刀的刀刃几乎呈 90°垂直方向切向密排分布的饲料条，在一定的摩擦力与移动速度下，做剪切与摩擦相对运动，这时对刀刃所造成的磨料磨损，也应是切削刮伤型磨料磨损。选用切刀的刀刃硬度应当越硬越好，但是在饲料条中偶遇掺杂的石子或铁屑时，脆硬的刃口必然会崩刃无疑，所以刀刃材质应在具有一定冲击韧性的前提下才是越硬越好。实践选材时，高速钢不敷应用，总的来说是冲击韧性太差，冲击韧性提高一点时硬度又降得太低。科学的选材，还是要借助于表面工程，以 Q235 或 45 号钢等普碳钢为刀体，刀体不可能崩裂，因为其冲击韧性可达 $100J/cm^2$ 以上，再镶上冲击韧性与硬度俱佳的合金刀刃，其刃口硬度拟在 HRC 62~71 范围内按需选定。切削开始时，切刀新开的刃口与饲料条的接触区域极为窄小，刀锋上承受的压强极高，若刃口硬度不够时，则锐利的刃口很快就会发生塑性变形或磨损塌陷，切刀失掉了锋利刃口即失去了切削功能。钝刀口不会切断饲料条，而只能撞碎饲料条，撞下的不再是等长度的饲料颗粒，而是饲料碎屑，此时制粒机必须停产换刀，或停产磨刃，方可继续开动。由此可见，刀刃在具有一定冲击韧性的前提下还必须具备足够的硬度，才能避免在具体剪切工况下塑性变形的发生，这样摩擦磨损就主要体现在刀锋两侧。虽然刃口线仍会因磨损而徐徐后退，可是刃口的锋利程度却得以长时间保持，只要能保持住锋利的刃口也就维持了切刀的使用寿命。

颗粒饲料的涂层切刀基本上有堆焊、喷焊与真空熔结三种。堆焊、喷焊采用高 Cr 铸铁焊条或 Co 包 WC 合金粉。由于工艺的稀释问题，使得焊刃的冲击韧性有余而硬度不足。真空熔结也以高 Cr 铸铁型的 Fe-12 号 Fe 基自熔合金为主要原材料，其化学组成为（4.5~5.0C，45~50Cr，1.8~2.3B，0.8~1.4Si，余 Fe），其室温硬度高达 HRC 68~72，熔化温度范围是 1200~1280℃。Fe-12 号的硬度很高，脆性也大，因为真空熔结工艺没有稀释过程，所以不能指望由工艺稀释来提高涂层的冲击韧性。因此要引入冲击韧性较好的 Co 基自熔合金作为辅料来改善涂层的脆性，所用 Co 基自熔合金的化学组成为（0.6~0.9C，23~28Cr，2.5~3.5B，2.5~3.0Si，3.0~5.0Fe，1.0~1.2Ni，9.0~11W，余 Co），硬度 HRC 41~47，熔化温度为 1160~1220℃。生产适用的具体配比是（88%~96% Fe 基主料+4.0%~12% Co 基辅料）。与百分之百的 Fe-12 号相比，配料经真空熔结后所得涂层的冲击韧性相对提高，而硬度要略为下降至 HRC 67~69。

　　CPM20in 环模制粒机所用真空熔结镶刃切刀的结构图如图 19-1 所示。普碳钢刀体尺寸为 155mm×90mm×6mm，在刀体的刃口部位开出 "L" 字形的双边槽，在槽内镶钎合金条刀刃，如图上深色部位所示。在开刃之前，刀刃合金条的尺寸是 155mm×6mm×2mm。刃宽 6mm，让切刀使钝之后有足够的刃磨余量，可以争取到很长的累计使用寿命。镶钎合金条刀刃，采用二步真空熔结法，首先将主、

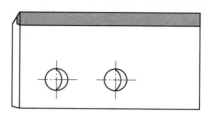

辅合金粉料按规定配比进行配料、混合，混好后加入少量约 1.0% 的松香油黏结剂调和成可塑泥料，放入矩形压模中压制成合金粉坯条，坯条尺寸应考虑烘干收缩量及烧成收缩量予以适当放大，坯条经 200℃烘干后放入真空熔结炉，按照与粉料配比相适应的熔结制度 $(3\sim1)\times10^{-2}$mmHg[1]，1190~1230℃，保

图 19-1　真空熔结切刀结构图

温 5.0min，熔结成平整、致密而坚硬的合金条。第二步是除油、清洗刀体，用钎-1号合金粉加适量黏结剂调成的料浆，把合金条镶黏在刃槽内，经 200℃烘干后放入真空炉内进行熔结，钎-1 号钎接合金的化学组成为（0.65~0.75C，13~16Cr，3.5~4.2B，3.5~4.2Si，2.5~4.5Fe，2.5~4.0Mo，2.0~3.0Cu，余 Ni），硬度 HRC 54~60，熔化温度 980~1050℃。镶刃切刀合适的熔结制度是 $(3\sim1)\times10^{-2}$ mmHg，1050℃，保温 10min，熔结后合金条刀刃与钢板刀体双方牢固地冶金结合成一个整体，镶钎的接缝很窄，约 20μm 左右。最后对矩形合金条进行磨削开刃之后，切刀即可交付使用。在相同的制粒工况条件下，对于堆焊、喷焊与真空熔结这三种镶刃切刀作使用考核对比，结果列于表 19-2。三种镶刃切刀使用考核之后的磨损状况如图 19-2 所示。

表 19-2　堆焊、喷焊与真空熔结三种镶刃切刀的使用考核结果

切刀型号	切削物料	切削效率/t·h⁻¹	镶刃工艺	使用寿命/h	刀价/元·把⁻¹	性价比
CPM20in 制粒机切刀	颗粒饲料	5.0	堆焊	175	130	1
			喷焊	1220	150	6.04
			真空熔结	>6000	120	37.1

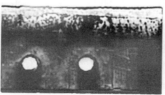

图 19-2　真空熔结与喷焊、堆焊三种镶刃切刀经使用考核之后的实物对比照片

---

❶ 1mmHg = 133.322Pa。

图中左图是切削了 6000t 颗粒饲料之后的真空熔结镶刃切刀，左侧刀锋刚刚开始有点磨钝，整条刃口线尚未后退，切刀仍可继续使用，这种状况说明真空熔结镶刃切刀的刀刃特性，包括冲击韧性和硬度都很适合于颗粒饲料的剪切工况。中图是切削了 1220t 颗粒饲料之后的喷焊镶刃切刀，刀锋已全线磨钝，整条刃口线已明显后退，不能再正常切削颗粒，撞下的饲料都成碎屑，切刀必须刃磨之后才能重新使用。这种状况说明喷焊的稀释问题还是比较明显，影响到刃口硬度不足，耐磨寿命有限。右图是只切削了 175t 颗粒饲料之后的堆焊镶刃切刀，刀锋太软已被饲料条磨成锯齿，刃口线已后退到刃宽的一半还多，切刀基本报废。堆焊工艺的稀释程度太大，而饲料制粒机切刀的厚度又有限，故此处堆焊层的硬度无法提高，所以堆焊方法用于镶刃切刀不太合适。

鉴于真空熔结镶刃切刀比其他镶刃切刀有高出数倍乃至数十倍的性价比，又因镶刃切刀的制备方法与涂层锤片相似，故以"二步真空熔结法复合金属耐磨锤片与切刀"的名称申请了发明专利，专利公开号是 CN1052271A。

19.2 刮刀卸料离心分离机用的镶刃刮刀

刮刀是工业刀具的一大门类，用途广泛，品种繁多。如纸制品厂用的涂布刮刀、印刷厂用的油墨刮刀、木材加工用的木工刮刀，机加工用的钳工刮刀、感光鼓上的清洁刮刀以及分离机配用的卸料刮刀等。刮刀的功能决不限于刮削，还可用来涂布纸浆或油墨、刨光并找准木质器具的外表与尺寸、刮平并推挤、压光各种金属件的加工表面、清除黏附在器物表面的各种杂物和刮除经过过滤的松散物料等。刮刀的使用工况五花八门，其损坏机制也不尽相同，常见有以下三种磨损机制：（1）切削刮伤型磨料磨损。起刮削作用的刮刀，如木工刮刀与钳工刮刀等，其刀刃以一定的倾角，或平行于摩擦表面，在一定的紧贴应力与移动速度下，作刮削与摩擦相对运动，对于工件表面与刮刀双方都造成了切削刮伤型磨料磨损。（2）挤压擦伤型磨料磨损。如涂布刮刀、清洁刮刀与卸料刮刀等，其刀刃对工件表面不起刮削作用，而只是在工件表面上涂布或刮除流动性或松散性的物料，此时在物料中所包含的固体颗粒及工件表面的微硬突起都成为磨料，于高应力下，对刮刀刃部做挤压与摩擦相对运动，对于工件表面与刮刀双方都造成了挤压擦伤型磨料磨损。（3）腐蚀磨损。若被刮物料具有腐蚀性时，必然会造成对刮刀与工件表面的腐蚀磨损。

对于切削刮伤型磨料磨损，自然要采用既硬又韧的材料做刮刀。如钳工刮刀通常都采用 T12A 优质碳素工具钢或耐热性更好的 GCr15 滚珠轴承钢，其刃口部位的热处理硬度一般只掌控在 HRC 60 左右，如果进一步提高淬硬程度时，刃口显得太脆而容易崩刃。改进的办法可在原有热处理的基础上，借助于 P. V. D. 方法，在刃口部位镀上一薄层 TiN 镀层，这可在保持切刀韧性的前提下使刃口硬度提高到 HRC 70 以上，使原刀的一次性使用寿命能有 10 倍的提高，美中不足是镀层太薄，只有几个微米，切刀使钝之后没有刃磨余量。

　　卸料刮刀常常遭受到腐蚀磨损。刮刀卸料离心机应用于液固两相悬浮液的分离，其分离过程常会接触到化工、轻工、食品与制药等生产系统的硫酸镍、氯化钾与硫酸钾等盐类，淀粉与食盐等食品原料，及重碱、烧碱、硼酸与尿素等化工物质。图 19-3 所示是一种真空熔结镶刃的涂层刮刀，配用于一种生产氯化钾的刮刀卸料离心机，机内的转鼓高速旋转，带动转鼓内的氯化钾混合液在旋转离心力的作用下，使密度不同且互不相溶的液、固两相分离，分离出的氯化钾固体颗粒经过过滤之后，由控制运转的卸料刮刀刮聚收集。在氯化钾刮聚物内含有 ≤ 15%HCl，刮刀的运转线速度达到 80m/s，环境虽为室温，但刀刃却因快速摩擦而生热，所以刮刀刃部承受着高温酸性腐蚀磨损机制。刮刀刀体若仍用碳素工具钢时，刃口的热处理硬度尚可，但整体耐腐蚀性太差。必须选用如 1Cr18Ni9Ti 这样的奥氏体不锈耐酸钢，这使整个刀体都可以耐酸性腐蚀；只是刃部的热处理硬度尚难满足要求。应采用既耐热又耐腐蚀与磨损的表面硬化合金镶刃，才能既有效又经济地解决问题。

　　图 19-3 所示离心机卸料刮刀的形式是"凸"字形长方体，其轮廓尺寸为 586mm×100mm×15mm，刀锋刃角是 25°，要求刀板两面平行度的尺寸公差 ≤ 0.15mm。在不锈钢刀

图 19-3　真空熔结镶刃的涂层刮刀

体的刃口部位开出"L"字形的双边槽，在槽内镶钎合金条刀刃，如图上浅色部位所示。在开刃之前，刀刃合金条的尺寸是 586mm×10mm×2mm。刃宽 10mm，让刮刀使钝之后有足够的刃磨余量，可以争取到很长的累计使用寿命。镶钎合金条刀刃，采用二步真空熔结法。首先按尺寸制备出高硬度合金条，考虑到过滤之后的氯化钾都是细小颗粒，不可能混入过大、过硬的掺杂物，刮刀运转时不会遇到很大的冲击负荷，所以合金条选材主要是耐腐蚀与高硬度而不必顾虑韧性，一般的（NiCrBSi+WC）表面硬化合金完全可用。具体配料用［Ni-60+40%WC（质量分数）］，Ni-60 自熔合金粉的化学组成是（0.8C，16Cr，3.5B，4.5Si，15Fe，余 Ni），熔化温度 1050℃。表面硬化合金条的硬度达到 HRC 68 以上，合金条的熔结制度是（3~1）×10⁻²mmHg，1060℃，保温15min。第二步对开槽后的刀体先进行除油、清洗处理，再用钎-1 号合金粉与松香油所配的料浆，把合金条镶黏在刀体的刃槽内，烘干后入真空炉。钎-1 号钎接合金的化学组成为（0.65~0.75C，13~16Cr，3.5~4.2B，3.5~4.2Si，2.5~4.5Fe，2.5~4.0Mo，2.0~3.0Cu，余 Ni），硬度 HRC 54~60，熔化温度 980~1050℃。镶刃刮刀合适的熔结制度是

（3~1）×10⁻²mmHg，1050℃，保温20min，熔结后合金条刀刃与不锈钢刀体双方牢固地冶金结合成一个整体，镶钎的接缝很窄，20μm左右。最后对矩形合金条进行磨削开刃之后，刮刀即可交付使用。

由于对刀板两面平行度所允许的尺寸公差很小，限制了几种局部加热方式诸如堆焊与喷焊等方法在镶刃工艺上的应用。再由于镶刃厚度较薄只有2mm左右，这也限制着堆焊与喷焊的应用，因为焊层没有足够的纵深来抵御稀释作用，焊层表面的高硬度与耐蚀性无法保证。卸料刮刀又偏又长，采用真空熔结工艺时也需谨慎注意刀体变形问题，在真空炉中熔结镶刃刮刀不宜平躺装炉，而应侧立于炉内，且要设置好让刀体两侧同时、均匀受热。熔结镶刃的高硬度与耐蚀性由合金条保证，熔结过程无稀释之虑。真空熔结［Ni-60+40%WC（质量分数）］，镶刃刮刀的刀刃硬度是不锈钢硬度的4.5倍左右，镶刃刮刀的使用寿命约是不锈钢刮刀的3.7倍以上。

19.3　往复式割草机用的镶刃动刀

收割牧草用往复式割草机的切割器上，安装有互做相对剪切运动的动刀和定刀。以偏心轮把电动机的旋转运动转变成往复运动，并携带动刀来回往复，与定刀构成剪切运动而切割牧草。割草机边行进边割草，由于行进中的颠簸振动，限制了刀片的运作速度，动刀的往复速度一般不会超过3m/s，割草机的行进速度通常也就是7km/h左右。除了机器的振动之外，刀片在不停地揽割牧草的同时，也常会碰到场地上蹦起的树棍和石子等坚硬杂物，在这种工况条件下割草机刀片的磨损机制，不仅是切削刮伤型磨料磨损，还会有更严重的撞击疲劳磨损。如果采用W18Cr14V高速钢来制造动刀时，实际考核出其刃口的热处理硬度不得超过HRC 45~52，否则整刀的冲击韧性太差，作业时极易崩刃，甚至断刀；若保持较低的刃口硬度时，则刀刃又会很快磨钝，割草寿命太低。

由此看刀片的性能设计应该是既硬又韧，两方面都不可偏废。刀片的选材方向仍应是能够兼顾两者的镶刃碳钢切刀，如图19-4所示。这张实物照片是真空熔结镶刃的涂层动刀。该图是往复式割草机用的一种双刃动刀，刀体以普

图19-4　真空熔结镶刃的涂层动刀

碳钢制成，在底面两侧刃边都镶有合金刀刃。长方形刀体的横截面是上窄下宽的棱台形，两底边的浅色窄条即是所镶合金刀刃的刃锋部位。因为动刀与定刀并不是全长度相交剪，所以镶刃合金条的长度可以略短于刀体的长度。当工作边的刀

刃磨钝时，只需松开四颗紧固螺丝，180°转置刀片，使锋利的另一边刀刃朝前，重新紧固好刀体，即可继续正常作业，这就是双刃刀片的好用之处。

镶刃动刀的详细结构如图 19-5 所示。刀片轮廓尺寸为 195mm×64mm×11mm。碳钢刀体的坯板尺寸是 195mm×58.04mm×9mm。刀刃合金条在刃磨之前的原始尺寸是 150mm×8mm×2.5mm。在碳钢刀体两边的刃口部位开出"L"字形的双边槽，槽深 0.5mm，按照图示部位在槽内镶钎刀刃合金条，上边刃条镶在刀体左侧，下边刃条镶在刀体右侧。镶好刃条的涂层动刀需磨削开刃，刀锋刃角应为 40°±0.5°，刃口光洁度达到▽6。经开刃磨削之后，刀体的上宽缩小为 48mm，而下宽仍保持在 58.04mm。磨后的刀刃宽度仍保持有 8mm，这让动刀在使钝之后能有足够的刃磨余量，可以争取到很长的累计使用寿命。

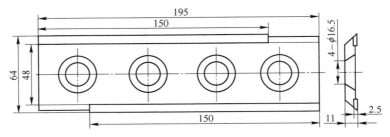

图 19-5 真空熔结镶刃动刀结构

镶钎刀刃合金条的合金选材先考虑几种自熔合金，Fe 基自熔合金的冲击韧性比较差，在硬度相当的情况下，Fe 基自熔合金的冲击韧性总是比 Co 基与 Ni 基自熔合金的要低。又因为 Fe 基与 Ni 基自熔合金中硬质相的颗粒尺寸偏大，分布也不够均匀，遇到疲劳撞击时，相当容易萌生裂纹；而 Co 基自熔合金的显微组织比较均匀，硬质颗粒相也比较细小弥散，由此合金的位错活动区必定微小，材料的屈服强度亦随之提高，从而能承受得起较高的撞击疲劳，再加上 Co 基自熔合金中以 Co-Cr 为主的 γ-固溶体还具有明显的形变硬化特征，这些都使得 Co 基自熔合金能够具有独到的疲劳磨损抗力。具体选用 Co 基自熔合金粉的化学组成是（1.3C，19Cr，2B，3Si，3Fe，13Ni，13W，余 Co），熔化温度为 1100℃，硬度为 HRC 40，所用粉末粒度为 −140～+400 目（−0.105～+0.037mm）。与高速钢相比，Co 基自熔合金的冲击韧性毫无问题，而硬度未见优势，为此可加入 WC 构成更强硬的表面硬化合金，具体配方是 [Co 基自熔合金+34 %WC（质量分数）]，冲击韧性仍处在可使用范围，而硬度提高到 HRC 60，所用 WC 原料是成分为 WC-12Co 的钴包碳化钨粉，粒度为 ≤320 目（0.045mm）。

镶刃动刀需采用二步真空熔结法，先要按照尺寸制备出 [Co 基自熔合金+34%WC（质量分数）] 的合金条，通过配料、调料、成型与烘干之后，进真空熔结炉按照与配料相适应的熔结制度：$(3\sim1)\times10^{-2}$mmHg，1110℃，保温10min，熔结成平整、致密而坚硬的合金条。第二步是除油、清洗碳钢刀体，用成分为（0.65~0.75C，13~16Cr，3.5~4.2B，3.5~4.2Si，2.5~4.5Fe，2.5~4.0Mo，2.0~3.0Cu，余 Ni）的钎-1 号合金粉加黏结剂调成钎料料浆，把合金条镶黏于刀体两侧的刃槽内，烘干后第二次再进真空炉，按照（3~1）×10^{-2} mmHg，1050℃，保温 15min 的制度，熔结成牢固冶金结合的镶刃动刀。出炉冷却后再对两侧合金条按 40°的刃角进行磨削开刃，动刀即可交付使用。镶刃动刀的耐磨寿命至少应比高速钢动刀要高出 3~5 倍，极少崩刃，而且绝无断刀之虑。

19.4　圆盘剪切机的镶刃圆盘刀

圆盘式剪切机以单片或对置的双片圆盘刀构成无终端剪刃，用于剪断钢坯、管坯、成束的小直径钢棒或电线电缆等，而更多是用于各种板材的裁切，包括钢板、铝箔、纸板、塑胶、皮革、化纤及牛羊肉片等。裁切可以是分段横切，而更多是用于分条纵切。刀片材质依据所切板材的不同可以选取高速钢、钨钢、65Mn

高锰钢、9SiCr 量具刃具钢、6CrW2Si 耐冲击工具钢、Cr12MoV 冷作模具钢、H13 热作模具钢或 304 不锈钢等来制作。裁剪钢板的圆盘刀常采用 9SiCr 合金工具钢制造，要求硬度掌控在 HRC 50 左右，其热处理工艺十分复杂，过程相当繁琐，制造成本偏高。既经济又耐用的刀片还是要借助于表面工程的镀层刀片和镶刃刀片。图 19-6 所示是在 45 号钢刀体的刃口部位，以真空

图 19-6　真空熔结涂层圆盘刀

熔结工艺镶刃的一种复合圆盘刀。此刀的具体结构如图 19-7 所示。刀体的轮廓尺寸为 ϕ135mm×19mm，镶刃合金圈的几何尺寸为 ϕ(125~135)mm×2mm，刀口的刃磨余量能有 5mm。此刀用于裁切厚度在 1.0mm 以下的薄钢板，刀口刃角约为 81°。裁切厚钢板时圆盘刀的刃角应是正 90°。当被切材料越软越薄时，所需的刀口刃角越小，例如裁切纸板所用的分条刀片，常以 T10 工具钢制成，其刃口的热处理硬度≤HRC55，刀口的常规刃角仅为 37°左右。

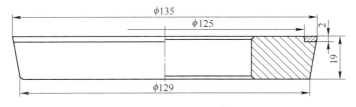

图 19-7　镶刃圆盘刀结构图

借助于气相沉积工艺来强化刃口的镀层刀具已有广泛应用，镀层如 TiC、TiN 和 Al$_2$O$_3$ 等。镀层的硬度极高，非金属性很强。当刃口因切削作业而升温时，镀层能有效阻挡介质对刀体的腐蚀与氧化。能有效阻止金属元素热扩散，避免发生黏着。能有效延迟热传导，使刃口在更长时间内保持高硬度。这些因素都能延长刀具的使用寿命，唯因镀层太薄，使镀层刀具的使用寿命与原刀相比也就只提高了 1~3 倍。真空熔结镶刃刀具是真正意义上的复合刀具，是高韧性、高强度普碳钢基体与高硬度、高化学稳定性合金刀刃的统一。不仅以较好的高温硬度与化学稳定性来取得比原用钢刀要高得多的一次性使用寿命，更有赖足够大的刃磨余量来争取到高于原刀数倍甚至数十倍的累计使用寿命。

圆盘刀不一定要靠犀利的刃锋来裁切板材，刃角 90°时尤为如此。对置的两片圆盘刀之间存在微隙，刀片交错时双方刃口互不接触，在刀片与刀片之间没有相互的摩擦磨损，磨损只发生在刀刃与工件之间。裁切过程经历着压入金属、金属滑移和裂纹萌生、扩展直至断裂三个步骤。裁切初始，圆盘刀以刀刃的外圆面压入钢板，金属开始弹性变形，作用到板材剪切面上的剪切力急剧增大。待持续变形超出了弹性极限时，金属转为塑性变形，在剪切面上表现为金属滑移，此时的剪切力增大趋缓。待变形量增大到塑性耗竭时，金属萌生裂纹并沿着剪切面不断扩展，剪切力迅速减低，待上下裂纹沿着剪切面扩展、对进至相遇而合时，板材受剪处被彻底切开。对置的圆盘刀继续滚动前进，板材沿着滚动前进的直线方向被连续切开。细研刃口前端的弧形刃面与刃口侧面的平整刃面，各承受着不同的摩擦应力，且磨损机制也大有区别。用对置的圆盘刀裁切带钢时，圆盘刀的弧形刃面与带钢的正反面作滚动与短距离滑动等间歇性摩擦接触，而圆盘刀的侧刃面是与带钢的切分断面作挤压与摩擦相对运动。接触形式不同则磨损后果不同。弧形刃面主要是承受着 0→σ 同方向"压—压"重复应力的接触疲劳磨损。侧刃面主要表现为挤压擦伤型磨料磨损和刃口摩擦升温时因摩擦界面分子引力所导致双边材料的局部黏连而诱发的黏着磨损。

根据磨损机制来选择刃口材料，硬度偏低或偏高时材料的抗接触疲劳性能都差，只有硬度适中时才能有较高的抗接触疲劳磨损性能。圆盘刀的刃口硬度一般掌控在 HRC 50 左右，但是这样的中等硬度对于侧刃面抗挤压擦伤型磨料磨损肯定不够，这是刃口选材的一大矛盾。权衡之下还是首先要满足抗接触疲劳的需求，再尽量兼顾抗磨料磨损，选材的硬度指标定在 HRC 50~60 区间。至于抗黏着磨损只需尽量减少刃口材料中的含铁量，注意刃口表面氧化膜的理化稳定性即可。由于 Co 基合金的组织均匀细腻，并具有形变硬化特征，是抗接触疲劳的首选材料。拟采用化学组成为（0.75C，25Cr，3.0B，2.75Si，1.0Fe，10W，11Ni，余 Co）的 Co 基自熔合金作为合金母体，加入 WC 构成［Co 基自熔合金+0~10%WC（质量分数）］的表面硬化合金来作为圆盘刀的镶刃合金。所用 WC

是粒度≤320目（0.045mm）超细的钴包碳化钨粉。不加 WC 时，纯 Co 基镶刃合金的硬度为 HRC 54~57，加入≤10%WC（质量分数）后镶刃合金的最高硬度会提高到 HRC 60 以上。至于镶刃合金的抗接触疲劳性能可以参考表 2-92，加入 WC 越多，合金的抗接触疲劳性能越差，据表中的测试结果，纯 Co 基镶刃合金的抗接触疲劳性能要高出加20%WC(质量分数) 镶刃合金的6.7倍还多。当裁切的钢板越薄时，接触疲劳应力越小，在镶刃合金中可以多加些 WC；钢板越厚时，应当少加甚至不加 WC。

制作镶刃圆盘刀采用一步法真空熔结工艺。先把 45 号钢板按图 19-7 所示加工出 ϕ135mm×19mm 的刀坯，再于上表面外圆周开出 ϕ(125~135)mm×2mm 的刀刃口。除油清洗之后，沿刃口外围筑上耐火护堤，使所开刃口变成圆环形刃槽。烘干后，把预先按比例配好的 Co 基自熔合金和钴包碳化钨超细粉料灌满刃槽，并适当堆高。把带粉刀坯水平放置在真空炉内，按照与配料比相一致的熔结制度，一次性熔结成镶刃圆盘切刀。出炉后，除去耐火护堤，按成品尺寸加工成高精度圆盘刀，并按规定的刃角精确开刃，光洁度达到▽5 以上。

19.5 真空熔结涂层复合粉碎刀

粉碎刀是粮食、饲料、药材以至于矿石等所用粉碎机的易损件，一般也是用碳钢作为刀体，并复合上面积大、厚度也大的耐磨合金层。形式上已不再是只镶嵌一窄条的镶刃刀具，而是真正意义上把两种金属冶金结合在一起的复合刀具。当复层的厚度小于刀板基体的厚度时，可以称作涂层刀具；若复层的厚度与基体厚度相当，甚至还要大时，就只能称作复合刀具了。这类刀具在习惯上叫做粉碎刀，而其实际功能与粉碎机的锤片和冲击柱等基本相同。

19.5.1 一种饲料超细粉碎机的粉碎刀

图 19-8 所示是国产 WFS-600 型超细粉碎机用的一种真空熔结涂层粉碎刀。

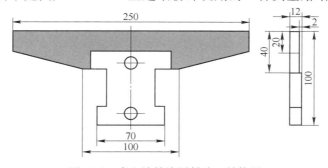

图 19-8 真空熔结涂层粉碎刀结构图

刀体的轮廓尺寸为 250mm×100mm×12mm。灰色区是粉碎刀旋转时迎面击碎物料的主要作业面，也是最严重的磨损部位，该处全面积复有耐磨合金涂层。超细粉碎机用于对掺杂有一定泥沙的大豆、玉米等常态谷物进行二次粉碎。经锤片式粉碎机的一次粉碎后，谷物粒度已被粉碎至 3～4mm，再由超细粉碎机作二次粉碎至 1.25～2mm 的成品粒度。粉碎刀的磨损机制与锤片类同，但磨损程度不同。二者都是遭受着磨料的冲击浸蚀磨损，但因磨料粒度的不同，无论从微观的凿削磨损机制或疲劳磨损机制，粉碎刀所遭受的冲击载荷都要比锤片小得多。在改进粉碎刀的材质，提高粉碎刀的表面硬度时，容许粉碎刀的表面硬度比锤片的可用硬度要高得多，从而带来更长的使用寿命。

选择粉碎刀的涂层合金需注重两项性能指标：一是合金硬度，这可参照进口的 M-8 型齿爪式超细粉碎机，粉碎刀的涂层合金也可以选用与冲击柱一样的高硬度自熔合金或表面硬化合金，合金硬度可达 HRC 65～67、甚至更高；二是合金的膨胀系数，当涂层合金与基体钢材的膨胀系数相差较大时，涂层与基体间界面的内应力过大，会造成基体变形或涂层开裂，甚至崩落。内应力对于冲击柱问题不大，因为冲击柱体形短粗，而涂层面积也比较小。内应力问题对于粉碎刀却很重要，因为粉碎刀的刀体很薄，涂层面积又很大，界面稍有内应力就很容易导致基板变形。所以为粉碎刀选择涂层合金不仅要有高硬度，而且要精心匹配好涂层与基体的线膨胀系数。

普碳钢刀体的线膨胀系数 $\alpha = (10.6～12.2)×10^{-6}/℃$。大多数自熔合金的线膨胀系数都比碳钢的要高，Fe 基与 Ni 基自熔合金的线膨胀系数约为 $\alpha = (13.5～14)×10^{-6}/℃$，这就是在钢铁基体上熔结自熔合金涂层时，涂层容易开裂或是基板向外歪曲变形的主要原因。但在熔结 Co 基自熔合金涂层时，Co 基涂层的开裂倾向比 Fe 基和 Ni 基涂层要小，因为 Co 基自熔合金含有较多的 W、Cr 元素，其线膨胀系数比 Fe 基和 Ni 基自熔合金的要小，比较接近甚至会小于碳钢的线膨胀系数。前述冲击柱的涂层合金条采用 Fe 基加 Co 基的自熔合金配料就已经考虑了线膨胀系数的调配问题，所用 Co 基自熔合的线膨胀系数只有 $9.3×10^{-6}℃^{-1}$ 左右。涂层合金的具体配方是 [85%（4.5～5C，45～50Cr，0.8～1.4Si，1.8～2.3B，余 Fe）+15%（0.6～0.9 C，23～28 Cr，2.5～3.0 Si，2.5～3.5B，3～5 Fe，10～12 Ni，9～11 W，余 Co）]。由于 Fe 基自熔合金的线膨胀系数偏大，加入 15%Co 基自熔合金后就把整个涂层合金的线膨胀系数调整到与碳钢基体相当。

仍应用二步法真空熔结技术来制作涂层粉碎刀，刀体也采用 45 号中碳钢。合金条的制作方法都与制作锤片合金条的方法相同，只是熔结制度有所区别。经配料、调料、成型、烘干之后，在 $(9～6)×10^{-2}$ mmHg，1232℃ 下熔结 5.0min。然后把粉碎刀的待涂表面除锈、除油并清洗干净，仍采用钎-1 号钎结合金粉料浆，把合金条镶贴于粉碎刀的灰色区即涂敷面上，烘干后在 $(3～1)×10^{-2}$ mmHg

真空度下，于 1050℃保温 20min。经过在这样的制度下充分地熔结钎接之后，拼接的合金条与钎结合金扩散互溶形成了连续完整的表面合金涂层，并与基体牢固地冶金结合在一起，成为一个既硬又韧的，整体的涂层粉碎刀。熔结好的涂层粉碎刀从总体上看是平整的，符合使用要求。但从微观上看每条拼接合金条的钎缝都显得略高于合金条的表面，这不会影响粉碎作业，多少还有利于粉碎效率。每台粉碎机要配用一副计 24 把粉碎刀，为保证刀体旋转时的动平衡，要求在任意两把涂层粉碎刀之间的质量之差必须小于 3g。所以对熔结好的每一副涂层粉碎刀，都要进行精心配重，配重是比较细致的打磨与称量工作，打磨时别影响粉碎刀的涂层面积，只对涂层表面上钎缝的凸起部分进行打磨即可。涂层粉碎刀的使用效果当然与相应的涂层冲击柱同样优异。

19.5.2 一种矿石粉碎机用的粉碎刀

矿石粉碎机也需配用粉碎刀。与谷物粉碎刀相比，矿石粉碎刀面积小，而厚度大。矿石粉碎刀的磨损机制也是磨料冲击浸蚀磨损。但与上节谷物粉碎刀相比，无论从微观的凿削磨损机制或疲劳磨损机制来看，矿石粉碎刀所遭受的冲击载荷都要大很多。因为要把粒度为 15~30mm 的成块矿石直接打成 0.02~1.5mm 的矿粉，要求粉碎刀必须具备足够的硬度和极高的冲击韧性。这样的结构材料实在难找，只好采用金属复合材料。图 19-9 所示是 ZYF 型冲旋式制粉机所用粉碎刀的一种，是真空熔结金属复合粉碎刀的结构示意图。白色基板是 Q235 钢刀体，灰色区是熔结复合的钢结硬质合金层，合金层厚度与基板厚度相等，都是 10mm。通常用来打造硅石粉，硅石的摩氏硬度达到 7 度，仅次于刚玉，相当于 HRC 60。硬质硅石的冲击疲劳磨损与硅砂的冲刷浸蚀磨损造成了十分严酷的粉碎工况。耐如此严酷工况的长寿命粉碎刀，需采用极硬又极韧的材

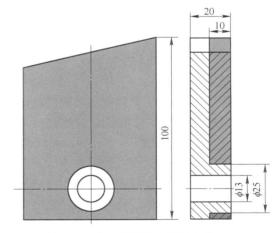

图 19-9 真空熔结的金属复合粉碎刀

料，这在现实中几乎是无处可寻，包括结构材料与涂层材料在内。

从经济实用的观点，对这种粉碎刀只能提出三点设计预期：一是把镶钎的硬质合金复层设计成蜂窝状的软包硬网格结构，让每一颗高硬度的硬质合金块，都处在强韧的钎接合金薄膜包裹之中。这种软包硬结构的好处是可以选用硬度偏高而韧性偏低一点的合金块，具有较高的抗冲刷浸蚀磨损能力，可以争取到较长的耐冲刷浸蚀磨损寿命。而韧性偏低肯定是不扛撞击，合金块容易开裂，但因有钎

接合金薄膜的包裹与护持，合金块虽已开裂但不会马上剥落，这样又为合金复层争取到了较长的抗冲击疲劳磨损寿命。软包硬结构对于较薄的，例如 $\delta \leqslant 2 \sim 3mm$，由合金片拼砌的涂层来说并没有多大用处，而对于用厚达 10mm 的合金块所拼砌的复层还是十分显效的。二是对于合金复层的性能指标，要通过设计与使用考核相结合，来找出硬度与韧性的最佳平衡点。合金复层的硬度至少要高于磨料硅石的硬度才能有耐磨效果，但硬度越高时必定是冲击韧性越低，二者不可兼得，需要仔细权衡。在使用考核中，若冲刷浸蚀磨损很快而绝少疲劳开裂时，说明合金复层偏软，应该进一步提高热处理硬度；反之，若基本上冲刷不动而大面积发生开裂剥落时，则应降低热处理硬度，提高冲击韧性。找到了最佳的平衡点后，抗冲击与抗冲刷都相对合适，即能得到尽可能长的一次性使用寿命。三是要发挥熔结修复功能的优势。每一把金属复合粉碎刀都不宜用废，只用到局部的合金复层磨尽并露出基板为限。把换下的旧刀退火，将磨损部位车削整齐后，补充镶钎硬质合金块，重新淬硬即可恢复使用。只要做到以上三条，即可为金属复合粉碎刀创出最优化的性价比。

选用的复层金属是 GW50 型钢结硬质合金，具体化学组成为 [50%（0.3C，1.0Cr，1.0Mo，余 Fe）+50%WC]。其热处理硬度能高达 HRC 67 ~ 70，而冲击韧性值在最佳时能够达到 $a_K \geqslant 12J/cm^2$。以二步法真空熔结技术来制作复合粉碎刀。先要借助于传统的粉末冶金方法制得 10mm 厚的 GW50 型钢结硬质合金坯板，于退火状态下把坯板全部铣切成厚度均为 $10^{-0.1}mm$ 的合金块，绝大多数合金块是边长为 $10^{-0.1}mm$ 的立方体。只把很少数合金块的横截面铣成梯形或矩形，备作合金复层的镶边之用。用钎-1 号合金粉料浆把合金块拼砌黏结在 Q235 钢基板的灰色区，拼好后于基板圆形装配孔的四周必定会留下拼砌不到的空隙，可用粉料浆调和上 1 ~ 5mm 粒度的合金块碎粒填满。烘干后在 $(3 \sim 1) \times 10^{-2}mmHg$ 真空度下，于 1050℃保温 30 ~ 50min，保温时间较长是为了保证在所有的钎接界面上都能够充分地扩散互溶。经过在这样的制度下充分地熔结钎接之后，拼接的合金块与钎结合金扩散互溶形成了连续完整的硬质合金复层，并与基体牢固地冶金结合成一个整体的金属复合粉碎刀。熔结出炉后粉碎刀尚不能交付使用，还必须通过适当的热处理，把合金层淬硬之后方为成品。至于淬火程度，要按照硬度与冲击韧性的最佳平衡点来决定。

以往为粉碎刀所勉强可用的结构材料有含 Cr10% 的铸铁，硬度与硅石相当，也是 HRC 60，一副刀板曾打出 1t 硅石粉。若用含 Cr20% 的铸铁时，硬度提高到 HRC ≥ 63，一副刀板可打出 2t 硅石粉。如果采用一般的弹簧钢或轴承钢时，无论如何热处理，不是硬度太低，就是冲击韧性不足，使用寿命总及不上含 Cr 铸铁。采用碳钢与钢结硬质合金的复合刀板后，硬度与冲击韧性均大大超过了含 Cr 铸铁，一副复合刀板可打出十多吨乃至几十吨的硅石粉。

20 真空熔结的冶金备件

冶金工况对于备件用材相对严酷，不仅是高温、高压、重负荷与高摩擦，而且普遍存在着很高的冷热疲劳应力、冲击疲劳应力与接触疲劳应力，以及氧化与腐蚀等化学浸蚀。在炼铁、炼钢、轧钢与矿山等各个生产环节中，均堆放着大量的易损备件。冶金备件的预强化、减摩、减负荷以及修复、再制造等，都是十分必要且具有重大经济价值的表面工程，如冶炼设备中的煤粉输送螺杆与煤粉喷嘴，风机叶轮与热风阀门，连铸结晶器与钢坯输送辊，轧钢设备中的各型轧辊与导卫板、导卫辊及轧钢机滑道，穿轧无缝钢管的顶头与拉拔内模，以及剪板机的飞剪与圆盘刀，矿山机械的钻头与轴瓦等。其中有关螺杆、喷嘴、叶轮、阀门、钻头、圆盘刀与星形轧辊等在以前章节中已曾提及。本章仅就线材轧辊、导卫板、导卫辊、滑道、顶头与碳化钨轧辊等冶金备件的创新设计、制造与修复等表面工程问题来展开讨论。

20.1 真空熔结涂层线材轧辊

线材生产主要采用连续式线材轧机和摩根式高速轧机。后者通常配用 WC-Co 硬质合金轧辊，常规线速度达到 $50 \sim 55 \mathrm{m/s}$ 以上，高速轧制时能达到 $80 \sim 120 \mathrm{m/s}$。而前者一般配用高合金冷硬铸铁轧辊，常规线速度较低约为 $35 \mathrm{m/s}$。如果采用低合金冷硬铸铁轧辊时，轧制线速度会降得更低，只有 $15 \sim 20 \mathrm{m/s}$，这种轧辊极容易磨损，而且轧制速度越高时则磨损越快。

20.1.1 线材轧辊损坏机理分析

损坏机理的分析研究，应从磨损最快的低合金冷硬铸铁轧辊着手。选取在早先的复二重式线材轧机中，寿命最短的精轧机组中的最后一道，低合金冷硬铸铁成品辊来着手分析。这样比较容易弄清楚轧辊磨损的原因，并为轧辊的设计改进和合理选材找到科学依据。

20.1.1.1 成品辊的材质、工况与损坏形式

低合金冷硬铸铁线材轧辊的化学组成为（$3.2 \sim 3.4 \mathrm{C}$，$0.2 \mathrm{Cr}$，$1.5 \sim 2.5 \mathrm{Ni}$，$0.4 \sim 1.0 \mathrm{Mo}$，$0.5 \sim 0.8 \mathrm{Si}$，$0.3 \sim 0.7 \mathrm{Mn}$，$\leqslant 0.55 \mathrm{P}$，$\leqslant 0.14 \mathrm{S}$，余 Fe）。轧辊由表

及里的组织构造与相应的硬度指标是分布不匀的。图 20-1 所示是新轧辊的组织性能沿半径方向分层分布的剖析示意图。其中外缘白口层的主要组成是渗碳体，硬度达到 HS 80 以上。芯部是以珠光体为基础的灰口组织，硬度最低，低到 HS 30 以下。在白口层和灰口层之间是过渡的麻口层，硬度也从

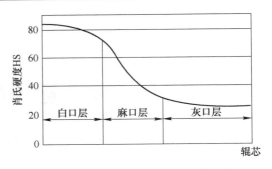

图 20-1　铸铁辊组织性能分层分布图

HS 80 以上向 HS 30 以下连续过渡。图 20-2 所示是成品辊的横断面金相组织照片。图中左图未经浸蚀，呈现出石墨的分布形态；右图经过了硝酸酒精溶液的浸蚀，呈现为渗碳体（HV 1400~1700）和珠光体（HV 400~600）的混合组织。测定出其中渗碳体的数量只占到全面积的 40%~50%，由此可知金相试样的取样部位已不在白口层，而在麻口层。因为白口层中的碳都是以化合物的形态存在，而不可能有石墨出现。再从宏观硬度来看，测得轧槽表面的平均硬度只有 HRC 54，这也说明了取样轧辊最硬的外缘白口层已被磨掉，所取试样已处在麻口层的范围之内。

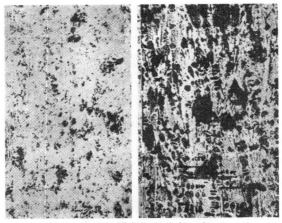

图 20-2　成品辊横断面的金相组织（×50）

　　成品辊的工作条件是相当苛刻的，轧材于 860℃ 左右进入精轧机组，轧制线速度会逐架提升，当进入最后机架时线速度达到了 16.5m/s 的高峰。由于速度较高产生的变形热很大，轧材自身的温度也不断升高，至离开机架时轧材温度已升高到 1100~1150℃ 左右。根据计算，轧辊所受的轧制压力是 78.4N/mm²。所以线材轧辊是在高温、高速和一定的轧制压力下，承受着严重的摩擦磨损。其次，在轧制过程中轧辊自始至终还受到 19.6N/cm² 水压的明水冷却，这能对轧辊降温；但对轧辊外缘又添加了一定程度的冷热疲劳作用。

轧辊在高温、高速、一定轧制压力和冷热疲劳应力的联合作用下连续滚轧，使摩擦接触面也就是轧辊槽面的摩擦磨损极为严重，工作寿命很短，一道辊槽仅使用了一个班次（即 8h）以后，就因直径扩大超过 1mm 而失效。这种磨损超差是轧辊最普遍的损坏形式。除此之外，因工况的变化，或材质的缺陷等原因，也偶发如龟裂、开裂或黏钢等其他损坏形式。

用立体显微镜、金相显微镜和扫描电镜，对历经磨削过 7 次，使用了 8 个周期，已经彻底报废的成品辊，取样进行观察分析。首先发现槽面呈明显的"犁皱"形貌，如图 20-3 所示。由图中上下两侧可看到沿受力方向的密密麻麻的短距离擦伤条痕。这说明在滚轧过程中，除了有滚动摩擦之外，还存在着短距离的相对滑动摩擦。进一步观察上下两侧（系辊槽的侧壁），因受表面接触切应力

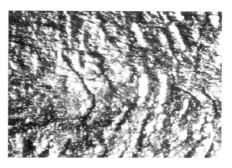

图 20-3 辊槽表面的"犁皱"形貌（×13）

较小，表面金属基本上保持原位。图横向中区是辊槽的底部，由于受表面接触切应力较大，产生了沿受力方向的塑性变形，变形的幅度约有 3.5mm，这说明在轧制过程中，冷硬铸铁表现出非常好的塑性。这些塑性变形又层层叠加而形成了细微致密的波纹，也就是照片上的"犁皱"。铸铁能呈现如此好的塑性，说明辊槽在轧制加热与明水冷却的共同作用下，所处的平衡温度至少已达到 600~700℃ 左右。图 20-4 所示是用蔡司双管显微镜对"犁皱"波形进行了具体的测定。图中左图是"犁皱"波纹的波形示意图，波纹峰高的平均值 $H_{j(cp)} = 19.81\mu m$，波间距的平均值为 $E_{a(cp)} = 249.9\mu m$；右图是"犁皱"波纹的分布示意图，"犁皱"表现的最大塑性变形距离平均值为 $E_{d(cp)} = 3.5mm$，槽面宽度 $D = 9mm$。为便于形象说明问题，图中左图的放大倍数要比右图更大一些。

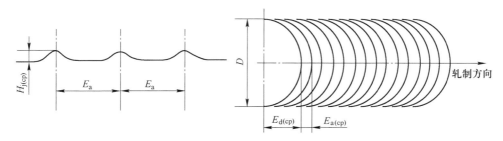

图 20-4 "犁皱"条纹波形示意图

再用扫描电子显微镜对成品辊轧槽底部的磨损形貌进行仔细观察。由图 20-5 可以看到，辊槽底部表面呈现出明显的高低不平磨损图像。图中硬相凸起，软相

低洼，硬相与软相都顺着一定的走向，它们与轧辊滚动摩擦的方向是一致的。从图中还可看到表面有大量的，平均大小约为 $1\sim3\mu m$ 的白色碎块附着物。经电子探针分析，大部分碎块的含氧量不高，而铁、碳含量与辊体基本相同，只有少数碎块是含氧高而含碳低。图 20-6 所示是辊槽底部另一位置的形貌照片。除了与图 20-5 一样，亦显坑洼不平，并黏附有白色碎块之外；它的塑性流变条痕显得更为清晰，并顺着流变方向看到有明显的大小变形舌多处。变形舌的舌尖部与本底金属明显脱开，在照片上方有一处变形舌的舌尖已经断裂脱落，只见到留下的舌根与明显的断口。再取第三块试样，并用稀盐酸清洗后再进行观察，除坑洼不平外，也观察到变形舌和塑性流变条痕，进一步仔细观察时，发现有大量纵横交错的显微龟裂纹，如图 20-7 所示。把一处龟裂纹放大后如图 20-8 所示。发现裂纹主要发生在凸起的硬质相上，只有少数尾纹延伸到软相中去。

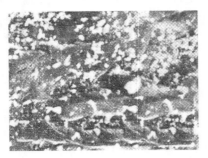

图 20-5　辊槽底表磨损形貌（×640）

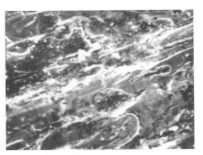

图 20-6　塑性流变及变形舌（×160）

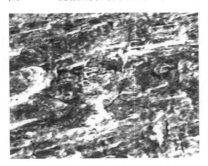

图 20-7　显微龟裂纹（×80）

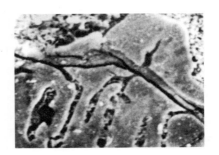

图 20-8　放大的龟裂纹（×1250）

20.1.1.2　成品辊的磨损机理

"犁皱"和塑性流变的存在，说明工作时槽面温度很高，硬度下降。冷硬铸铁具有硬度较高的渗碳体组织，在室温下它的宏观硬度达到 HRC 62 左右。轧辊的轧制压力只有 $78.4N/mm^2$。在这样低的轧制压力下，高硬度的轧辊所以会有这样好的塑性，主要是因为轧辊工作时槽面温度升高，硬度下降所致。当轧辊对 1100℃ 左右的轧材不断作高速滚轧时，辊子本身也难免要有一定的温升，而接触表面的温升则较轧辊心部更高。用高温硬度计测定出成品辊硬度和温度的关系曲线如图20-9所示，由图可知硬度随温度的升高而急速下降。当表面温度升到500℃时，表面硬度将下降到不足原来的1/2。而硬度的急剧下降使接触面的黏着力快速提升，因而使摩擦力也随着增加。在强摩擦力作用下就形成了图20-6中长长的变形舌。轧出的变形舌经加工硬化后比基体材料还硬，而且会压入基体材料，断头后在表面留下压痕，同时也会从表面层上挤压出剥落物。

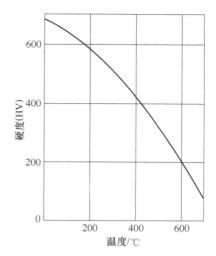

图 20-9　低合金冷硬铸铁轧辊的高温硬度曲线

对于一般的摩擦磨损来说，材料的体积磨损量与滑动距离、法向载荷成正比，而与材料的硬度成反比。其规律可定性地用下式来表示：

$$W_v = KNL/\mathrm{HV}$$

式中　W_v——体积磨损量；

　　　L——滑动距离；

　　　N——作用在摩擦副的法向载荷；

　　HV——材料的维氏硬度；

　　　K——磨损系数。

可以看出材料的硬度HV越低时，磨损量W_v越高。由于成品辊的表面温度升高而使槽面的硬度很快下降，必然导致辊槽摩擦磨损量的迅速增加。

线材轧辊的轧制压力虽然不是很高，但辊槽表面除了摩擦磨损之外，还承受着无休止循环的压-压疲劳磨损。表面疲劳磨损的必要条件是：在表面有摩擦存在的情况下，同时又承受交变接触压应力，使表面产生裂纹并不断发展而造成剥落。一点点微小的疲劳应力就足以让凸起的高硬度渗碳体和变形舌脆硬的舌尖部遭受到疲劳磨损，发生疲劳开裂和疲劳脱落，脱落物迅速被碾轧成辊面的碎块附着物。而且从材质方面来看，疲劳磨损本应是冷硬铸铁最容易出现的磨损形式之一。因为在铸铁组织中存在有先天的疏松和树枝状结晶，这些薄弱环节都很容易在循环应力作用下首先形成裂纹。裂纹一旦产生，在循环应力的继续作用下，必然要不断延伸并交叉扩展，导致剥落。几张电镜照片，尤其是图20-8所示的裂纹照片，充分体现了线材轧辊的确是遭受到了疲劳磨损。

图20-5中，辊槽表面大量的白色附着碎块经用稀盐酸清洗后依然存在，说明碎块不是临时黏附的尘埃。碎块中大部分含氧量不高，而铁、碳含量又与辊体

基材相同，说明这部分碎块很可能是前一道轧辊表面磨损的脱落物。脱落物经辊轧而碎化，继而由轧材带到后一道辊子的辊槽中，成为磨损后一道辊子的磨料。碎块中少数含氧高而含碳低的组分，可能是一般被轧碳钢钢条的表面氧化皮，这些氧化皮碎化后也会成为磨料。因轧辊和被轧钢条之间没有长距离的滑动摩擦，所以图 20-3 中于辊槽两侧密密麻麻的短距离擦伤条痕，就是线材轧辊遭受到磨料磨损的痕迹。

在高温载荷的作用下，真实接触点上的温度与接触应力都很高，以至于产生塑性变形。在接触点产生塑性变形时，如果没有表面氧化膜的阻隔，接触双方会扩散、互溶并再结晶，最终导致接触面相互黏着。当接触表面承受法向载荷的同时又做切向运动时，即使原来有表面氧化膜，也会在切向运动中，被压破、碎裂，从而任由新生的表面直接接触而产生黏着。轧辊和轧材的接触表面在受到法向载荷的同时也有切向运动，因此，这种工况也满足了产生黏着磨损的条件，尤其在辊体表面的温升达到一定程度时，强度与硬度下降，接触表面之间的摩擦力与黏着力都有提高的情况下，辊体表面的黏着磨损在所难免。线材轧辊存在有黏着磨损的必要条件，但在电镜观测中，暂未发现黏着撕裂的痕迹，有待进一步探测、研究。

由以上的分析可知，轧辊表面磨损至少存在有摩擦磨损、磨料磨损与疲劳磨损三种类型。这三种磨损类型随工况的变化，可能会同时出现也可能在某个瞬间只突出一种或两种磨损类型。但不管是哪种磨损形式，都会随着表面温度的提高与硬度的下降而加剧。由图 20-3 可知，磨料磨损主要在辊槽侧壁的下方留有磨损痕迹。从图 20-3 和图 20-6 看到，由摩擦磨损造成的塑性流变与"犁皱"形貌遍布全槽，变形程度聚积于辊槽底部，而两侧较轻。从图 20-7 和图 20-8 看到明显的疲劳磨损裂纹，疲劳开裂都聚中于槽底。所以会如此分布的原因，是由于辊槽侧壁和辊槽底部的受力情况有所不同。归纳起来，轧辊报废的主要原因是：在辊槽温度升高而硬度下降的情况下，摩擦、磨料与疲劳三种磨损形式三管齐下，造成辊槽直径因磨损而严重超差的结果。另外，为轧辊设计、选材时，还需防范有另一种磨损类型即黏着磨损的可能性。

20.1.2　线材轧辊的科学选材

以上分析的损坏形式与磨损机理是轧辊选材的唯一依据。先要据此评估原用辊材的优劣，保持优点，也要弄清楚不足之处以利改进。要突破原用辊材的条条框框，进行广泛而有依据的科学选材，并要尽量运用与选材相适应的创新工艺。

为线材轧辊选材的首要原则是必须具有足够的高温硬度，仅这一条就否定了各种钢材和铸铁材料。其次要有足够的冲击韧性。最后再考虑设计、工艺与制作成本。近代高速线材轧机多采用粉末冶金的 WC-Co 硬质合金轧辊，这种轧辊充分发挥了高温硬度的优势，耐磨性很好，但在使用中还有几点不足：

（1）加工精度要求极高，辊环安装必须十分仔细。

（2）冲击韧性尚显不够，在疲劳载荷作用下，疲劳裂纹扩展迅速，表面剥落甚至断环，碎辊的事常有发生。

（3）耐腐蚀性欠佳，对冷却水的 pH 值要求严格。

为保留高耐磨性的优点，而避免上述三项不足，拟采用几种新型的表面硬化合金材料。适于作线材轧辊的表面硬化合金有 Ni 基与 Co 基两大系列，尤其是 Co 基系列更适合于在疲劳工况下应用，见表 20-1。这些表面硬化合金与硬质合金的根本区别是：表面硬化合金中的黏结金属组分不是单一金属而是多元的优质合金，而且硬质化合物与黏结金属的百分比也不同，在硬质合金中黏结金属<30%，而在表面硬化合金中黏结金属>50%。这就决定了表面硬化合金的冲击韧性和耐腐蚀性均优于硬质合金，而二者的高温硬度却不相上下，见表 20-2。

表 20-1 Co 基系列表面硬化合金的化学组成

合金编号	合金的化学组成/%		室温硬度（HRC）
	合金母体	硬质化合物	
CWC-16	84（0.75C，25Cr，3.0B，2.75Si，1.0Fe，10W，11Ni，余Co）	16WC	64.3
CWC-20	80（0.75C，25Cr，3.0B，2.75Si，1.0Fe，10W，11Ni，余Co）	20WC	67.4

表 20-2 表面硬化合金与硬质合金的高温硬度

合金种类	合金编号	高温硬度（HV）			
		200℃	400℃	600℃	700℃
表面硬化合金	CWC-16	672	571	560	447
	CWC-20	810	795	623	475
硬质合金	YG15	880	720	550	460
	YG20	760	645	500	400

表面硬化合金的常温硬度要比 WC-Co 硬质合金低得多，所以表面硬化合金的室温耐磨性能远不如硬质合金；但是在高温硬度方面，硬质合金的硬度随温度升高而下降的速度要比表面硬化合金快得多，表 20-2 中所列数据表明，在 400℃之前，各表面硬化合金的高温硬度都比相应硬质合金的要低；待温度升高到 600℃以上，各表面硬化合金的高温硬度反而都超过了相应的硬质合金。这一事实开启了一项十分重要的选材理念：表面硬化合金在常温磨损条件下虽然不如硬质合金；但是在 600℃以上的高温条件下，例如在线材的热轧工况下，表面硬化

合金的高温耐磨性能会反超硬质合金。因为在此高温下表面硬化合金的硬度已经超过了硬质合金，而且 CWC-20 表面硬化合金在 147.5MPa 的接触疲劳应力作用下，能有 1.4×10^5 次循环寿命（见表 2-92），而钨钴硬质合金绝没有这么好的耐疲劳磨损性能。

20.1.3　线材轧辊的创新理念

　　线材轧辊的选材、设计、制造与修复均需注入创新理念。选材是基础环节，现在除了原用的合金铸铁与 WC-Co 硬质合金之外，又论证了具有更好冲击韧性与高温硬度的 Co 基表面硬化合金。设计是轧辊与辊环的结构问题，以高强钢为辊轴，套上硬质合金辊环，装配成线材组合轧辊，取代以往的整体轧辊，业已取得明显的技术、经济效果，更大大缓解了废旧轧辊在厂区堆积如山的困局。仅此还嫌不够，因破损、开裂或正常的磨削超差而报废的硬质合金辊环依然量大，也很可惜。只因磨损致辊槽的尺寸超差，整个硬质合金辊环就要报废，这对于贵重钨钴材料的运用上，仍很浪费。创新的设计理念是"好钢用在刀刃上"，贵重的高温耐磨材料只需一小点，只用在辊槽内，而整个辊环材质是廉价的普碳钢。待磨损至辊槽超差后，借助于真空熔结技术对旧辊进行再制造，恢复辊槽原尺寸，超差的旧辊又成了新辊。这种如图 20-10 所示新型的熔结涂层复合辊环，在实践中无限次反复使用，几乎可以永不报废，彻底消除了轧辊的报废宿命。这种真空熔结涂层复合辊环所用的辊坯材料是 45 号钢。图中左图是在辊槽内熔结好耐磨合金的涂层辊环实物照片；右图是涂层辊环的横断面切片，辊槽内的合金涂层清晰可见，涂层经电解磨削至成品尺寸后，于槽底部涂层最厚处约为 3.0mm 左右。这种真空熔结涂层辊环无论在储运、安装和轧制的各个环节都不会发生断辊或碎辊问题，在耐腐蚀和耐疲劳方面亦有明显优势，而且制造成

图 20-10　熔结涂层复合辊环

本极低，不及同类硬质合金辊环成本的 1/5。硬质合金辊环的辊槽报废后无法返修，而真空熔结涂层辊环的辊槽超差之后可依照原尺寸恢复，反复使用，无须报废。

　　用一步法真空熔结技术来制造涂层复合辊环。辊坯材料用 45 号钢，涂层合金用表 20-1 中的 CWC-20 号 Co 基表面硬化合金。涂层合金的具体配比是（80Co-基自熔合金 + 20% WC），其中 Co 基自熔合金的化学组成是（0.75C，25Cr，3.0B，2.75Si，1.0Fe，10W，11Ni，余 Co），硬度是 HRC 54~57，熔化温度是 1100~1120℃。所用 WC 原料是成分为 WC-12Co 的钴包碳化钨粉，用粉粒度均为 ≤320 目（0.045mm）。加入临时黏结剂，把合金粉配料调和成可塑性涂膏。把

涂膏涂敷在 45 号钢辊坯的辊槽内，再在辊槽口外的辊坯侧表面上制作耐火护堤。耐火护堤的具体制作过程可以参看图 3-14，在第 1 篇的第 3 章中已有过详细记述。待涂膏层与耐火护堤一起烘干后，把涂膏辊坯平置于熔结炉中，在（3~1）×10^{-2}mmHg[❶]，1130℃下熔结 20min，熔结过程随涂膏与制作护堤一样，也要有正、反两次。熔结后槽内底部涂层厚达 4~5mm，而两侧较薄。出炉后，涂层需经电解磨削至辊槽的成品尺寸，即槽圆的直径要与所生产线材的直径相一致，而辊槽底部涂层的厚度至少还要留足 3.0mm。

20.2　以真空熔结技术修复的几种冶金备件

无论在常温或高温的各类摩擦磨损与磨料磨损工况下，用表面硬化合金涂层来修复冶金备件均能收到良好效果。但在各类疲劳磨损工况下，一般只有在热轧条件下可以顺利应用表面硬化合金涂层，而在冷轧条件下由于轧制应力过高，大大超出了表面硬化合金涂层自身的结构强度、剪切强度与疲劳强度的承受范围，从而很难得以应用。

采用自熔合金和表面硬化合金，以真空熔结技术已成功修复过许多门类的冶金备件。如冷拔钢丝用的拉丝机卷筒与塔轮，都承受着高应力的摩擦磨损。如热轧机组的各种线材轧辊、圆钢轧辊和型钢轧辊等，都在一定程度上承受着压—压型接触疲劳磨损。

20.2.1　熔结涂层修复拉丝机备件

拉丝机用于金属丝材生产，塔轮与卷筒是拉丝机的两大易磨损备件，一般用高铬铸铁或工模具钢制造。塔轮上每一级拔丝槽的表面都会受到金属丝材高应力高速度的摩擦磨损，而且拉磨位置相对固定，很容易被磨出深深的沟槽，塔轮由此报废。卷筒外壁受到的摩擦应力与摩擦速度虽然小些，但磨损也很快，也会起沟槽。为从根本上解决问题，可选用普碳钢作备件基材，在易磨损部位复合上耐磨合金涂层，不仅延长了一次性使用寿命，而且可以反复修复，重复使用。图 20-11 所示即是真空熔结的涂层拉丝机卷筒。基体材料是 45 号钢，线膨胀系数 $\alpha=13.2\times10^{-6}/℃$，表面不用淬火，只需作调质处理即可。涂层材料应该选择其硬度比基体的热处理硬度要高，而线膨胀系数比基体略低的材料。这样才能比基体更耐磨，而且在熔结之后涂层会适当受到一点压应力而不至于开裂。具体选用的涂层合金是 ［75%（1C，19Cr，2B，3.5Si，8W，13Ni，余 Co）+25%WC］表

[❶] 1mmHg=133.322Pa。

面硬化合金，合金硬度是 HRC 58～62，合金线膨胀系数 $\alpha =$ 10.09×10^{-6}/℃，合金的熔结温度是 1150℃。在卷筒的整个外壁都熔结有合金涂层，涂层厚度为 0.6～0.8mm。涂层卷筒的耐磨寿命与高铬铸铁或工模具钢卷筒相当，或略高一点。但当涂层卷筒外表面磨出沟槽或磨损超差时，可以清洗后对磨损部位重新涂层，予以修复。修复卷筒的使用寿命与新卷筒是一样的。这样一只廉价的 45 号钢卷筒，通过涂层修复，可以无限次重复使用。

图 20-11　涂层卷筒

　　涂层塔轮的基体材料不用高铬铸铁或工模具钢，也可以选用 45 号钢。但表面涂层的硬度应比卷筒涂层要高得多，甚至于要接近碳化钨或陶瓷的硬度与耐磨性能。具体选用的表面硬化合金是 ［50%（0.4C，19Cr，2.6B，4.2Si，6Mo，27Ni，余 Co）+50%WC］，合金硬度达到 HFC 70～71，合金线膨胀系数 $\alpha = 8.57×$ 10^{-6}/℃。由于涂层合金与基体之间的线膨胀系数相差太大，把此合金直接复合于基体表面是不成的。熔结时对于形成较高的界面结合力来说没有问题，但关键是如何才能消弥因线膨胀系数之差而引发涂层的巨大内应力？解决之道是需要借助于多层的阶梯形涂层设计，即在此合金涂层与基体之间要增加几层过渡性涂层，让每层涂层的熔结温度与线膨胀系数由内向外逐层降低，而硬度却逐层增高。在第 1 篇第 5 章中的图 5-3 已展示了这种真空熔结的多层阶梯形涂层塔轮。精磨之后涂层的总厚度有 1.5mm。这种涂层塔轮的优点是涂层不会开裂，也不会脱落，整个塔轮经得起磕碰，不可能开裂破碎。涂层塔轮的使用寿命能达到整体硬质合金塔轮的 0.6～0.8 倍。当表层涂层磨损超差之后，可以换下来再经熔结修复之后重新使用，轻易不会报废。

20.2.2　以真空熔结技术修复几种热轧辊

　　图 20-12 所示是 WC-Co 硬质合金轧辊因冲击韧性不足而经不起磕碰的典型例证。图中左辊是因安装不慎而造成整个横截面裂开；右辊是在作业时受到重物撞击而破损，破损的缺口较大，长约 5～6cm，最深处约有 2cm。这么大的缺口要尽量采用与辊体同类的材质进行修复，具体的修复细节请参看图 5-4，在第 1 篇的5.1.3.3 节中已有详尽叙述。左辊的裂缝很窄，只 0.1mm 左右。需选用对 WC 浸润性极好的 Co 基自熔合金来填补裂缝，并恢复接合强度。具体选用 Co 基自熔合金的化学组成是（0.4C，19Cr，2.6B，4.2Si，6Mo，27Ni，余 Co），熔化温度为1110℃。利用 Co 基合金在熔融状态下对 WC 的良好浸润性与毛细作用，可以顺利进行熔结修复。修复工艺要注意三个要点：一是对破辊裂缝的清洗工作不同于一般工件的表面清洗，最好要上超声波清洗机，彻底清除缝隙污垢；二是对窄缝表面的全面积进行涂敷有很大难度，办法是把破辊侧立起来，断缝朝上并垂直于

地面，涂抹合金粉料的涂膏把裂缝两侧及底部的三面裂口封死，从裂缝上口向缝隙内灌注≤325目（0.044mm）的超细合金粉，灌满后再用合金粉料涂膏沿裂缝上口涂抹封口，并适当多抹堆高，堆高是考虑到在熔结时能有足够的熔融合金补充到缝隙中去；三是熔结制度宜采用Ⅱ-型真空熔结工艺曲线，要缓慢升温、降温，适当延长保温时间，确保裂缝全面积都能到达熔结温度，也避免硬质合金基体遭遇热应力开裂。合适的真空熔结制度是：当真空度达到（3~1）×10^{-2}mmHg时开始升温，经2h炉温升至1120℃，保温熔结1.5h，控制缓慢降温1.5h并降至600℃，最后断电随炉降温，大约又经过1.5h降至室温。

图20-13是以一步法真空熔结技术封孔修复的WC-Co硬质合金线材轧辊的辊坯。以粉末冶金方法烧结出硬质合金辊坯后，于磨削加工过程中，在辊坯上表面和内表面发现多处点状分布的开口缺陷，开口尺度为2~3mm，而缺陷深度有5~6mm，是一种很深的钉子形表面缺陷。这种半成品上的开口缺陷在压制和烧结过程中都在所难免，是粉末冶金制品成本偏高的一大原因。所幸缺陷都未在外表工作面，修复还比较容易。图中右辊只有一处缺陷，而左辊有六处缺陷。无论缺陷多少，都可借助于真空熔结技术的封孔功能予以一次性解决。先上超声波清洗机把辊坯清洗干净，还是用（0.4C，19Cr，2.6B，4.2Si，6Mo，27Ni，余Co）的Co基自熔合金，把合金粉灌满每一处缺陷的深孔，再以合金粉调制的涂膏涂抹孔口并略微堆高，烘干后进真空炉熔结封孔，即能修补好所有的缺陷如图20-13所示，然后再送去进一步磨削加工。

图20-12　熔结修复硬质合金线材轧辊　　　　图20-13　熔结封孔的硬质合金辊坯

图20-14所示是直径ϕ400mm左右大型的WC-Co硬质合金轧辊，造价颇高。经热等静压烧结成型后发现，在轧辊一侧表面上有长约600~700mm的环形裂口，裂口宽3~4mm，深约7~8mm。缺陷很深很长，但开口并不很宽，缺陷的位置也不在轧制的工作面上，修复不算很难。修复用料与修复程序与图20-13的线材轧辊辊坯基本一样。平放轧辊让缺陷朝上，向裂口内灌满合金粉后，再用合金粉涂膏涂抹孔口并略微堆高，烘干后进真空炉熔结封口，即能修补好全部缺陷，如图20-14所示。唯熔结制度更要延长时间，注意缓升缓降。

图20-15所示是以一步法真空熔结技术修复的型钢轧辊。轧辊用工模具钢制造，因高温硬度欠佳，于辊面两侧很快磨出沟槽，槽宽约1.2cm，槽深有5mm

左右。鉴于是高温热轧，需要有较高的高温硬度。又因是压—压型接触疲劳磨损，需要有较好的耐疲劳性能。由此，修补的选材应采用 Co 基表面硬化合金。要修补的沟槽上宽下窄，形状不太规则，只好用一步法真空熔结技术来填补。又因沟槽较深，必须分多层多次才能补齐。这样，最好采用线膨胀系数递减，高温硬度递增的阶梯形涂层设计。具体可采用表 5-3 为塔轮设计的多层阶梯形涂层方案。三层结构，每层的化学配方依旧，但每层的厚度与配料，结合沟槽情况要有所改动：第一层也就是沟底层，所用涂层的线膨胀系数与基体接近，可以涂得厚些，一次涂、熔约 3mm 或 5mm。为避免烧成时的收缩开裂倾向，配料中的硬质相可考虑粗细颗粒搭配。涂层虽厚，但沟底较窄，好熔结，不至于漫流。底层填好后，沟槽已基本铺平，余下的深度还剩 1.5mm。第二层也就是中间层，需用超细粉末配料，可涂、熔 0.8 ~ 1.0mm 厚。第三层即外表层也要用超细粉末配料，只需补齐余下的 0.5 ~ 0.7mm 即可。

图 20-14　熔结修复大型的 WC–Co 硬质合金轧辊　　　图 20-15　真空熔结修补型钢轧辊

20.3　真空熔结涂层导卫板与导卫辊

　　导卫系列也是冶金备件中易损件的一大门类，包括导卫板、导卫管、导卫辊和起到导卫作用的盒体等等。在轧钢生产线上，靠导卫系列来定向、安全地输送轧件，并让每一根轧件准确、平稳地进出轧槽。任何一节导卫出问题，磨损超差或开裂，都会引起轧件跳钢或出轨，造成停产或事故。导卫件虽不起眼，但也关系着轧钢的安危与生产效率。

　　轧件自加热炉中出炉时，是温度高达 1050 ~ 1150℃ 的红钢。即使在明水冷却的条件下，导卫件与红钢接触区的表面温度也会达到 1000℃ 左右。导卫件的工作介质是相当严酷的高温氧化与腐蚀性氛围，因为冷却水也有一定的酸碱度而不是中性水，这就要求导卫件材质首先必须具备优良的化学稳定性与抗高温氧化性能。红钢在导卫件上通过时，相对的移动速度会达到 ≤90m/s，导卫件表面在一定摩擦应力下承受着高温、高速的摩擦磨损，与轧件上微凸起及表面脱屑的磨料磨损，这就要求导卫件更需具备足够的高温硬度。红钢在导卫件上是一根接一根地间歇性通过，必然存在着一定的冲击和 $0 \to \sigma$ 的压—压型接触疲劳磨损。尤其是导卫辊所承受的还是一种频率很高的接触疲劳磨损，这种疲劳负荷又要求导卫件还需要具有足够的疲劳强度与冲击韧性。

由于高温氧化与腐蚀磨损，高温、高速的摩擦磨损与磨料磨损和高频率的接触疲劳磨损同时作用到导卫件上，使导卫件难以选材，很难在某一结构材料上同时满足高温抗氧化与耐腐蚀性、高温硬度和冲击韧性这几项互不相容的特性。传统上的导卫件只能采用一些偏特性材料：如高铬铸铁，抗氧化与高硬度尚可，而抗冲击不足，容易断裂。高镍铬合金钢，抗氧化与耐冲击尚可，但耐磨性不足。有些精轧机组的导卫件甚至采用 304 不锈钢，抗氧化与耐冲击性当然不错，但耐磨性能差得很远。为增强耐磨性也有采用整体的硬质合金做导卫件，高温硬度与耐磨性都很好，但抗氧化与耐腐蚀性欠佳，在冲击应力、压—压型接触疲劳应力及冷热疲劳应力的交替作用下，破碎与断裂在所难免。

科学选材还是应当采用复合金属来制备导卫件。以普碳钢或低合金钢作为导卫件的基体，只需在与红钢接触的部位复合上足够厚度的耐磨、耐蚀合金涂层。基体具有良好的韧性和强度，高硬度表面涂层具有极好的高温抗氧化、耐腐蚀与耐磨损性能。在使用中无论如何冲击与疲劳，这样的导卫件不可能断裂，而耐磨寿命却会有大幅度提高。

比较恰当的复合方法是堆焊或喷焊，如喷焊（Co 基自熔合金+35%WC）表面硬化合金涂层。Co 基自熔合金的化学组成是（1.3C，19Cr，2B，3Si，13W，13Ni，3Fe，余 Co）。WC 是采用 WC-12Co 的钴包碳化钨粉。焊层厚度为 1.8～2.0mm，其中靠近基体一侧的内部稀释层较软，外表只有约 1.0mm 的厚度是高硬度表层，硬度达到 HRC 60～63。这种喷焊导卫板的使用寿命能比高镍铬合金钢导卫板高出 2 倍多。

有时复合导卫板也可用负压铸渗的方法来制造。有一种［高铬铸铁+（Ni+WC）］表面硬化合金涂层，以 Ni 粉来调节配比，使 WC 在涂层中所占百分比为 40%（质量分数）左右。先用有机黏结剂调配好（Ni+WC）粉料涂膏，抹涂在导卫板的工作部位，再用耐火防焊剂涂覆好其余部位，或把非涂覆部位埋置于铺垫的耐火泥料中。等干燥之后，在负压条件下，将铸铁水注入型腔。高热铁水在负压及毛细管力的作用下渗入粉末间隙，涂膏层中所有的有机黏结剂瞬即气化挥发，全部 Ni 粉与极少量 WC 粉溶入铁水。与此同时，铸铁水也与基体表面进行了扩散互溶。待冷凝后，即在导卫板的工作部位形成了一层铸渗的表面硬化合金涂层，而且在涂层与基体之间已经形成了牢固的冶金结合。铸渗涂层的厚度为 0.8～1.5mm，硬度达到 HRC 64～66。这样的铸渗涂层抗氧化与耐腐蚀都没有问题，韧性差些，但涂层较薄，尚可稳定使用。因涂层硬度较高，使用寿命超过了前述的喷焊涂层。

图 20-16 所示是真空熔结涂层导卫板的实物
照片，中部与红钢接触部位的耐磨涂层很厚；而
其余部位只是为了抗氧化与耐腐蚀的涂层很薄，
只有 0.3mm 左右。真空熔结涂层导卫板以普碳
钢为基体，小导卫板可用 Q235 钢，大导卫板是
45 号钢。所用 ZJ-68 号表面硬化合金涂层的具体

图 20-16　熔结涂层导卫板

配方是（Ni 基自熔合金+15%WC），配料中所用
Ni 基自熔合金粉的化学组成是（0.65~0.75C，13~16Cr，3.5~4.2B，3.5~
4.2Si，2.5~4.0Mo，≤10Fe，余 Ni）。WC 采用 WC-12Co 的钴包碳化钨粉。导卫
板工作部位的熔结涂层既硬又厚，硬度 HRC 65~68，厚度 2.5~3.0mm。只要正
确掌控好熔结工艺，可以做到基本上没有稀释，这样使得全厚度涂层的宏观硬度
都能保持住高硬度。这种熔结涂层导卫板的使用寿命要比高镍铬合金钢导卫板高
出 5~7 倍，比负压铸渗涂层也要高出 2 倍。现将几种涂层导卫板与高镍铬合金钢
导卫板的性能比较列于表 20-3。

表 20-3　几种涂层复合导卫板与高镍铬合金钢导卫板的性能比较

导卫板品种	涂层材料	涂层厚度/mm	涂层硬度（HRC）	使用寿命/h
高镍铬合金钢	—	—	—	30
喷焊涂层	Co 基自熔合金+35%WC	1.8~2.0	55~63	70
负压铸渗涂层	高铬铸铁+（Ni+WC）	0.8~1.5	64~66	约 90
真空熔结涂层	Ni 基自熔合金+15%WC	2.5~3.0	65~68	约 180

导卫辊也称托辊。在高速线材轧机生产线上，如各种起套辊、侧套辊与导辊
等，都是导卫辊，都起到导卫和输送热轧线材的作用。高速轧制过程中线材本身
的温度一般达到 1100℃上下，而轧制速度会高达 120m/s 左右。这使导卫辊在工
作过程中，遭受着高温高速的摩擦磨损与磨料磨损，以及高周次接触疲劳磨损与
冷热疲劳磨损的联合破坏作用。造成导卫辊使用寿命过短，严重制约生产。

导卫辊材质早先采用高铬铸铁、工具钢或高强钢等结构材料。但由于这些材
料经热处理之后，红硬性与冲击韧性值不可能同时提高，不是辊面磨损过快，就
是极易疲劳开裂或疲劳剥落，甚至于断辊。这类导卫辊的工作寿命很低，一般只
有 3~4 天，过钢量也就 2300t 左右，辊子更换频繁，生产效率低下。

改进途径也要采用涂层复合导卫辊，以普碳钢作辊体，于辊面堆焊一层 FeC
合金或司太立合金。堆焊导卫辊无论是红硬性和冲击韧性都比原先的钢辊有所提
高，而且做到了两种互不相容的性能在同一个复合辊上同时提高；只可惜，由于
堆焊的稀释机理使焊层的红硬性提高有限。堆焊导卫辊的工作寿命能提高到 6~7
天，过钢量提升到 4000t 左右。因用普碳钢作辊体断辊问题不再发生，但新的问

题是堆焊层组织不均匀，造成焊层硬度不均匀，导致辊面磨损不均匀，结果引起跳钢，过钢不稳定。

真空熔结涂层复合导卫辊以 20 号、45 号乃至 Q235 钢作辊体均可，无需担心辊子开裂，可以大幅降低制辊成本。图 20-17 所示是真空熔结涂层导卫辊的两种辊体。左辊的"V"形表面

图 20-17 两种真空熔结涂层导卫辊的辊体

是过钢工作面，右辊的"J"形表面是过钢工作面。在涂层之前，先要对工作面开槽，如图 20-18 所示，该图是在槽内已经填入了合金粉涂膏的示意图，这样显示槽型更为清楚。开槽的深度，也就是熔结涂层的厚度，应依据导卫辊的磨损工况来确定。观测全钢导卫辊的磨损过程，一开始就磨损得很快，磨损还比较均匀。但因在整个过钢工作面上的过钢几率不匀，磨损面迅速显现出高低不平，发生过钢跳动，且越跳越烈，发展迅速，以至于过钢不稳。直到磨损约 2.5～3.0mm 时，工作面已严重坑洼不平，过钢完全失衡，轧制无法继续，必须停机换辊。观测堆焊复合导卫辊时，由于堆焊层的组织结构与硬度分布不均匀，使工作面磨损不匀而跳钢的现象来得更早。但因焊层的耐磨性较好使跳钢烈度的发展并不是很快，争取了较长的使用寿命。大致上要磨损到2.5～3.0mm 时，才可能完全失衡而需要换辊。依据以上观测，确定真空熔结涂层的厚度，即辊面的开槽深度，也定为 2.5～3.0mm 是合适的。

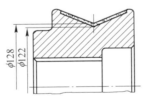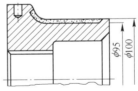

图 20-18 涂层前对辊坯工作面开槽示意图

导卫辊虽然承受疲劳负荷，但疲劳应力并不大，从冲击韧性考虑，所选表面硬化合金涂层中的合金母体，无需使用比较昂贵的 Co 基自熔合金，而可采用 Ni 基自熔合金。涂层的具体配方与导卫板一样也是 ZJ-68 号表面硬化合金，即（Ni 基自熔合金+15%WC）。配料中所用的 Ni 基自熔合金粉与 WC 粉也与导卫板完全相同。ZJ-68 号表面硬化合金具有足够的高温抗氧化与耐磨、耐蚀性能，尤其是红硬性很好，与其他几种辊材就高温硬度数据的比较列于表 20-4。

表 20-4　几种导卫辊材料的高温硬度性能比较

辊 材	高温硬度（HRC）		
	300℃	600℃	700℃
高铬铸铁	58.6	18	—
堆焊司太立合金	51	42	33
熔结 ZJ-68 号	67.4	58.6	46.2

制作真空熔结涂层导卫辊的工艺流程如下：

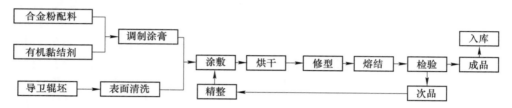

按这套工艺流程来生产，投产的辊坯百分之百都能制成涂层导卫辊入库，检验时偶有次品，也只需稍事返工，即可补正。配制 ZJ-68 号表面硬化合金的所有粉料要用 120 目（0.125mm）筛网过筛，两种粉料按比例配好后，要充分混合，一般情况下加入 5%~6% 有机黏结剂，再充分湿混，调制成涂膏。将膏料抹涂在洁净辊坯过钢工作面的预置涂槽内，一次抹涂的厚度掌控在 1.2~1.5mm。涂好的辊坯在 120℃ 烘箱内彻底烘干，烘干与否的检查方法是：待辊坯冷却后用小刀刮削涂膏层，若轻轻一刮就有粉粒刮下来，说明已经彻底烘干；若料层发黏、撕裂、翘起，而刮不下粉粒，则说明尚未干透。由于抹涂的效果不太规整，对已经烘干的涂膏层要进行修型处理。用手工旋修刀架，最好是用比较精密的工具车床，对辊坯上已经烘干的涂膏层进行旋转修整。去除高低不平和多余的涂料，使涂膏层整齐光洁，在全圆周与全面积留够 1.2~1.5mm 均匀厚度的涂膏层。修整后若涂膏层厚度均匀、完整无缺，则送去下一道工序熔结；若发现有细小缺陷或局部尺寸不到位时，需适当补涂后重新烘干再送去熔结。

导卫辊熔结制度的一大要点是必须缓慢加热，因为导卫辊不是等轴结构，从图 20-18 上导卫辊的剖面图可以看出，沿槽各部位的热容量不同，在均衡受热情况下，各部位的升温速度也不会相同。加热过快时，势必造成各部位涂层生熟不匀。比较合适的熔结制度是：当真空度达到 $(3~1) \times 10^{-2}$ mmHg 时开始升温，经 40min 炉温自室温升至 400℃，再经 100min 升至 1060℃，保温 30min，断电随炉降温。一般情况下厚 1.2~1.5mm 的涂膏层，熔结成致密合金涂层的厚度能达到 ≥1.0mm。这是真空熔结合金涂层的常态厚度，一次性熔结这么厚的涂层，容易保证涂层质量，能做到涂层致密、无砂眼、无收缩裂缝、无应力裂纹，而且无漫流。鉴于涂层导卫辊的成品涂层厚度要 2.5~3.0mm，总共需涂、熔三次才能完成。在第一层也就是打底层熔结时，即已完成了涂层与基体之间牢固的冶金结合，准确掌控好熔结制度，使涂层与基体之间互溶区的宽度在 15μm 左右。由于合金涂层的重熔温度必定比合金粉料的熔结温度要高，所以在第二与第三层熔结时，已经形成的互溶区宽度基本上不再变化。成品检验主要是外观检查和尺寸检查，有无砂眼和裂缝，有无足够的磨削余量。偶有缺陷或不足时，需要精整加工后再重新涂、熔，直至合格。精磨好的涂层导卫辊如图 20-19 所示。涂层的表面光洁度达到∇6~∇7。

表 20-5 列出几种导卫辊的使用寿命。真空熔结涂层导卫辊的使用寿命普遍达到 30 天以上，过钢量达到 3 万吨以上，最高时能达到 70 天，而且磨损均匀，过钢稳定，振动很小，过钢速度高，同样时间的过钢量也会比其他辊子高。熔结涂层导卫辊使用寿命较长的根本原因：一是 ZJ-68 号表面硬化合金本身的性能优越，红硬性很高；二是熔结工艺没有稀释问题，可使涂层性能与涂层合金原材料的性能基本上保持一致。而堆焊工艺存

图 20-19　精磨好的
涂层导卫辊

在严重的稀释问题，使得焊层的性能要大大低于堆焊所用司太立合金的原有性能。采用真空熔结涂层导卫辊明显减少了换辊次数与换辊时间，大大减轻了劳动强度，有效提高了劳动生产率，备件消耗量也大幅度降低，取得了很高的技术经济效益。

表 20-5　几种导卫辊的使用寿命对比

辊　材	使用寿命/天	过钢量/t
高铬铸铁	3~4	约 2300
堆焊司太立合金	6~7	约 4000
熔结 ZJ-68 号	≥30	≥30000

20.4　真空熔结涂组顶头

真空熔结涂层组合材料穿管机顶头，简称"涂组顶头"。穿管机顶头是无缝钢管生产中消耗量最大的冶金备件之一。当顶头穿入管坯时，顶头与红热管坯内壁紧密接触，相互之间做反向的摩擦转动和轴向的穿管移动，顶头承受着巨大的轴向、径向与切向等诸多应力和变形摩擦力的叠加作用。因为红热管坯对顶头外表面摩擦加热，而高压水从顶头内腔强制冷却，使顶头身部承受到巨大的内外温差热应力。在一支接一支的穿管过程中，顶头从管坯中穿进穿出，顶头还承受着

接触疲劳应力与冷热疲劳应力的叠加作用。如此严酷的穿管工况使得顶头的穿管寿命很短，穿管效果也不理想，直接制约着无缝钢管产量与质量的提高。

在穿轧普碳钢管与低合金钢管时，国内外的顶头选材基本相同，国外一般选用热作模具钢或低碳高速钢，以及 Ni-Cr 结构钢。我国的 76 机组与 100 机组大多采用 3Cr2W8V 钢，而 140 机组与 400 机组采用 20CrNi3 钢。穿轧不锈钢管与合金钢管时，国外多采用 Mo 基顶头。20 世纪 60 年代中期，我国也开始研制铸造钼顶头，至 1975 年又开始研制强度更高的粉冶钼顶头。用 Mo 基顶头穿轧不锈钢管效果很好，但因价格昂贵并不完全适合于穿轧合金钢管。20 世纪 80 年代在解剖分析了西欧某国的顶头之后，曾有人认为影响顶头寿命的主要因素并不取决于顶头材质，而在于对顶头热处理时能否使顶头鼻尖部的外表面形成一层致密牢固的氧化皮。上海有些钢管厂在生产普碳钢管时，由于普碳钢管的穿轧应力相对较低，顶头鼻尖部因高温氧化而形成的氧化皮得以逐步留存下来，把其中氧化皮比较光滑完整的顶头替换出来留作他用。这种在普碳钢管生产线上炼出了氧化皮的顶头有一个合意的名称，叫做"老顶头"，它有能力对付穿轧应力更高的钢种。用老顶头穿轧合金钢管时，的确比新顶头好用，顶头黏钢的现象少了许多，但顶头"塌鼻"和开裂的问题还是解决不了。

为了降低成本和提高顶头使用寿命，特别是提高穿轧合金钢管顶头的寿命，有必要在钢质顶头，铸造、粉冶和粉冶加锻造的钼基顶头之外，再研发一种适用性更广、性价比更高的新型顶头。这需要从解剖分析钢质顶头的损坏机制入手，我们在 76 机组所用的 3Cr2W8V 钢顶头中取样分析，运用现代摩擦学原理，搞清楚了钢质顶头的几种损坏形式及其成因机理。并在此基础上，借助于真空熔结技术的表面冶金原理，成功研制出完全创新的"TZ 型涂组顶头"。为穿轧合金钢管提供了普遍适用而且长寿的顶头，并迅速在国内主要钢管厂推广应用，顺利适用于 Π-11、钢-102、15CrMo、GCr15、12Cr1MoV 和 35MnMoVTi 等各个不同品种合金钢管的生产，无一例外地都能有效提高穿管寿命。

20.4.1　钢质穿管机顶头的损坏机理分析

图 20-20 所示是二辊斜轧穿管机的工作示意图。二辊斜轧的作用是碾轧着管坯旋转，并让管坯沿着右侧箭头方向前进。顶头处在碾轧中心位置，不移动，但随着顶杆对管坯做反方向转动，并受到顶杆内高压冷却水的强制冷却。顶头所受的力学载荷十分严酷，参考王大经编写的《提高自动机组轧管工具的寿命》一文，以穿轧 $\phi102mm \times 4mm$ 普碳钢管为例，列出了顶头所承受的力学负荷如下：

径向力：17.35t；

轴向力：4.7t；

压应力：1.33MPa；

拉应力：0.44MPa；

表面摩擦力：8.67t。

除了力学载荷之外，顶头所受的热负荷也相当严酷。以76机组的顶头为例，从鼻尖部到尾部，顶头外表面温度的分布曲线如图20-21所示。管坯的预热温度是1130~1160℃，穿轧时再因摩擦加热，使整支管坯全部穿成荒管时的终轧温度升至1140~1190℃。终轧时实测顶头鼻尖部的温度要比管子的终轧温度再高出100~150℃，大约会达到1300℃左右，如图20-21中曲线所示。套装于顶杆管腔内部的专用水管输送着20个大气压的冷却水，冲向顶头内腔，直达顶头肩部，然后顺着水管与顶头内壁及顶杆内壁之间的空隙返回。就冷却效果而言，肩部最佳，而鼻部最差，尾部次之。所以曲线显示：鼻部温度最高达到1100~1300℃，尾部温度次高为1050~1100℃，肩部温度在1000℃左右。

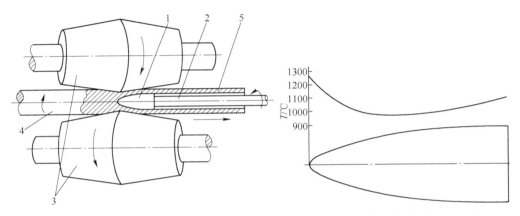

图 20-20　热轧穿管工作示意图　　　　图 20-21　顶头表面温度分布曲线

1—顶头；2—顶杆；3—轧辊；4—红热管坯；5—荒管

除了力学载荷与热负荷之外，顶头还要承受 $0 \rightarrow \sigma$ 的接触疲劳与冷热疲劳破坏作用。决定着这些疲劳作用大小的相关参数如下：

续穿时间：7~10s/支；

穿管频率：4支/min（4m碳素钢管）；

　　　　　3.5支/min（4m锅炉钢管）；

穿管后水冷时间：4~5s；

管坯转速：900r/min；

荒管前进速度：500mm/s。

在顶头穿轧管坯的7~10s内，顶头通身变红，迅速升温到1000℃以上，并承受着高达数吨至十数吨的穿轧作用力；而当顶头穿出荒管时穿轧作用力瞬即回零，再经过4~5s的冷却，顶头又降温变黑。如此高频次大幅度的疲劳作用，使得无论是结构钢或模具钢顶头均难以承受。

　　在实际生产中，3Cr2W8V、20CrNi3 和 35CrMo 等，用于 76 机组或 100 机组的钢质顶头，常见有塌鼻、黏钢与开裂三种损坏形式。最普遍的首先损毁形式是塌鼻，其次才是黏钢。若只发生了局部塌陷，并未完全损毁，而且也未及黏钢的情况下，则顶头表现为肩部轧制带的纵向开裂，甚至是通身开裂。若穿轧工况不正常，如果轧制作用力过大，或冷却水压力不到位时，在顶头轧制带的表面会发生起皱现象。如果管坯温度过低，或顶头温升过高时，则会发生顶头穿不出管坯而被咬死的现象。这些起皱或咬死的现象不会经常发生，偶有出现时，可注意调整穿轧工况予以解决。而塌鼻、黏钢与开裂这三种损坏形式主要与顶头的材质相关，不是靠调整工况就可以解决的。

20.4.1.1　钢质顶头的"塌鼻"现象及其磨损机制

　　在穿轧过程中，顶头的尖锥形鼻部局部塌陷成钝圆形，或全部塌陷而失去鼻部的情况，就是常见的塌鼻现象，如图 20-22 所示。图中左图是塌鼻顶头的实物照片，右图是塌鼻部位的剖面示意图，虚线标出了塌鼻之前顶头鼻尖部的原貌，自顶尖至鼻腔内水冷内孔的距离是 15mm，这 15mm 就是对顺利穿孔至关重要的鼻尖部。塌鼻现象一般都是均匀塌陷，若顶头内腔的中心线偏离了顶头外轮廓的几何中心线时，也会发生偏塌现象。塌陷的程度一般都是随着穿管支数的增加而逐步加深。至于说塌陷到何时为止，在正常工况下即如右图所示，塌陷到因水冷却

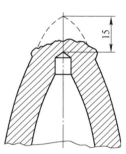

图 20-22　顶头塌鼻现象

而能维持住有效热强度的地方为止；若穿轧应力过高，或水冷效果太差时，即会发生仅穿轧了一、二支钢管就迅速一塌到底，甚至于露出了水冷内孔的惨相。

　　鼻尖部的重要性就在于，靠它来保持住整个顶头如炮弹一样的流线型外形，这种流线型是保证以最小的穿轧应力让顶头能顺利穿出荒管内腔所必需的外形结构。一旦因塌鼻而失去这种流线型时，穿轧应力会急剧上升，迫使顶头疲劳开裂而报废。即使暂未开裂而继续勉强穿管时，荒管内壁质量不保，造成壁厚不匀，且极易产生内翘皮。

　　用 3Cr2W8V 热作模具钢顶头来穿轧普碳钢管时，由于穿轧应力较小，塌鼻进程缓慢。顶头进入管坯穿轧出荒管，管坯逐渐缩短而荒管不断延长，荒管内腔氧压较低，在此弱氧化气氛中，顶头鼻尖部及肩部轧制带的外表面会逐步生成一层黑色氧化皮，其主要化学组成是氧化亚铁 FeO，随着穿管支数的加多氧化皮会逐渐增厚，大约穿轧到 20 多支钢管时，顶尖部的氧化皮会增厚到 1.0mm 左右，氧化皮从尖顶向肩部延伸，厚度逐渐减薄，直至几乎为零，如图 20-23 所示。整

个鼻尖部在氧化皮的包裹之下，表面越来越光滑，摩擦系数越来越小，这样就有效减低了管坯作用于顶头的穿轧应力，再由于鼻尖部塌陷到一定程度至水冷却已能够维持住塌剩部分的有效热强度时，鼻部不再继续塌陷，此时的鼻部厚度尚剩余约 8.0mm。这种顶着氧化皮厚甲的顶头就是前面已经提过的所谓"老顶头"。老顶头塌掉了大约 7.0mm 的尖锥部，却得到了致密、光滑的氧化皮，流线型虽不如原先完整，但基本上还有所保持。这种老顶头不仅可以继续使用，而且可以用来穿合金钢管，用它穿轧 Π-11 高压锅炉钢管

图 20-23　老顶头剖示图

时，穿管寿命能达到 40 支左右；若采用 3Cr2W8V 钢新顶头来穿轧 Π-11 时，只能穿 1~2 支，最多也超不过 10 支，鼻尖部就会彻底塌掉。

归纳出塌鼻现象的两个必要条件是：

（1）顶头的鼻尖部遭受到巨大的轴向压应力。

（2）鼻尖部热负荷过高而冷却效果较差，使得鼻部材质的高温强度不够。

在红热管坯及摩擦的双重加热与腔内高压水的强制冷却作用之下，总共 15mm 长的鼻尖部存在着巨大的温差，尖头的最高温度会达到 1300℃ 左右，已经接近了钢材的熔化温度。围绕着水冷内孔周边大约 7.0~8.0mm 的厚度，是有效冷却区，即可以保持足够的热强度来抵御穿轧应力；但超出此厚度的区外部分则因冷却无效而处于钢材的软化温度以上。这部分软化的钢材即是塌鼻子塌掉的部分。能够抵御塌鼻的高温强度应该是多少呢？请看图 20-24 的分析。这是一幅高温强度曲线图，记录着 3Cr2W8V 钢与粉冶 TZM 钼合金（0.03~0.3C，0.5~1.27Ti，0.08~0.29Zr，余 Mo）的两条 $\sigma_b = f(T)$ 曲线。Mo 基顶头的损坏形式只是开裂或断裂，看不到塌鼻与黏钢现象。钼合金的高温强度在 1100℃ 时 $\sigma_b = 32.4MPa$，在 1300℃ 时 $\sigma_b = 23MPa$。由此可见，保证顶头不塌鼻的高温强度应是 ≤23MPa。图上曲线表明 3Cr2W8V 钢顶头必须在温度低于 700℃ 时才有可能满足这一要求。无论穿轧工况是否正常，顶头鼻尖部中只要高于此温度的部位都会塌陷。

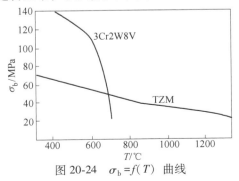

图 20-24　$\sigma_b = f(T)$ 曲线

从金属材料表面摩擦学的原理来解释这种塌鼻现象，应当符合"热磨损"（Thermal Wear）的基本概念，即材料在滑动或滚动摩擦过程中，由于软化、熔化乃至蒸发而被磨损的现象叫做"热磨损"。所以无缝钢管穿管机顶头最普遍的损坏形式——塌鼻现象的本质是金属部件遭受到了热磨损。

20.4.1.2　钢质顶头的"黏钢"现象及其磨损机制

图 20-25　顶头黏钢现象

穿管过程中，钢质顶头鼻部或在其他某一局部位置都有可能发生黏钢现象。图 20-25 所示是用 3Cr2W8V 钢顶头穿轧 12CrMo 锅炉钢管时，在顶头鼻部发生黏钢的实物照片。黏钢现象明显是管坯与顶头这一对摩擦副发生了黏着磨损的结果。在高温环境下，由于摩擦界面的黏着作用，使材料自摩擦副的一方转移至另一方的磨损，称之为黏着磨损。摩擦界面的分子引力，会引发双边材料互扩散而局部黏连，在摩擦副滑动或滚动的过程中，黏着材料从一方撕下而黏留于另一方。黏着严重时，摩擦副会咬死。在穿管过程中发生咬死现象，叫做"轧卡"。

若管坯与顶头都是钢材，在高温下一方面是界面两边原子容易互扩散而发生黏着；但另一方面是顶头表面又会因高温氧化而生成氧化皮，氧化皮会阻碍界面原子互扩散，从而避免黏着。但在具体穿轧过程中，顶头氧化皮能否顺利生成并保留得住还取决于另一个重要的决定因素。黏着磨损理论进一步指出，只单纯遭受法向载荷时氧化皮容易保留，黏着无从发生；若同时还存在切向应力时表面氧化皮会被压碎破裂，待到界面两边的新生金属表面直接相接触时，黏着磨损又会发生。切向应力的大小与穿轧应力的大小直接相关，也就是与穿轧的钢种相关，穿普碳钢管时切向应力较小，顶头氧化皮容易保住，不易黏钢；穿合金钢管时切向应力较大，顶头氧化皮很难保留，容易黏钢。切向应力大小还要与摩擦力大小成互为影响的正比关系，穿碳钢管时切向应力较小，顶头容易生成氧化皮并逐步增厚而成为老顶头，老顶头十分光滑使摩擦力减小，切向应力也随之减小。巧用这一机制，可取老顶头穿轧合金钢管。但老顶头毕竟还不能根本解决问题，顶头光滑是会使切向应力减小；但随着氧化皮的不断增厚，穿进穿出时的疲劳应力却也要随之增大，因为氧化皮内的疲劳应力是与氧化皮厚度的平方根成正比。待穿轧到一定的管数后，最终氧化皮虽未破碎于切向应力，却是逃不过疲劳应力的破坏。

对黏钢现象的影响因素除了温度、穿轧应力与表面摩擦力之外，还须重视摩擦副本身材质的影响。众所周知，用钢基顶头穿轧无缝钢管时，黏钢现象时有发生；而用钼基顶头穿轧无缝钢管时，黏钢现象从不发生。其缘由除了工况参数之外，顶头的材质不同是决定性因素。黏钢的微观实质是界面双边原子的扩散互溶，Fe 与 Fe 之间的互溶度为 100%，而 Fe 与 Mo 之间的互溶度只有 34%。摩擦副双边材质的晶格类型和晶格间距相近或完全一致时，就很容易黏钢，反之则不黏。钢与钢及钢与钼之间的区别就在于此。

20.4.1.3 钢质顶头的"开裂"现象与微观分析

在塌鼻与黏钢均未发生的情况下，顶头必以开裂形式告终。开裂是顶头的第三种损坏形式，是循环作业的疲劳载荷所致。与钼顶头易于横向断裂不同，钢顶头的疲劳损坏多表现为纵向开裂，如图 20-26 所示。顶头的疲劳开裂倾向主要取决于顶头所受交变应力 σ_r 和顶头材料屈服强度 $\sigma_{0.2}$ 之间的相对关系：

（1）当 $\sigma_r \gg \sigma_{0.2}$ 时，仅穿轧一、二支钢管顶头就要开裂。

（2）当 $\sigma_r < 1/10\sigma_{0.2}$ 时，顶头几乎永不开裂。

（3）当 $\sigma_r \ll \sigma_{0.2}$ 时，顶头材质不会发生任何宏观屈服与塑性

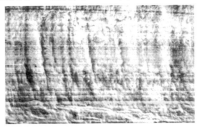

图 20-26 顶头开裂现象

变形，细微疲劳裂纹的扩展被限制在材料只发生弹性变形的应力范畴之内进行，这种类型疲劳开裂的循环次数极高，一般都在 10^4 次以上。

在实际生产中，顶头的开裂现象明显不属于上述三种情况，因为从图 20-27 所示的断口分析照片上看到，在顶头的疲劳开裂断口上有十分明显的塑性变形条纹，这是材料发生了应变疲劳所留下的特征。由此说明顶头实际所受交变应力的大小，与顶头材质的屈服强度水平相当，即 $\sigma_r \geqslant \sigma_{0.2}$。在此交变应力作用下，材料发生了宏观屈服与塑性变

图 20-27 顶头疲劳断口照片

形，疲劳裂纹的扩展是在塑性变形的应力范畴之内进行，每一次循环作业中材料都会产生一定量值的应变，于此情况下循环加载的频率不可能太高，所以这种塑性疲劳破坏也可叫做低周疲劳。这里的低周疲劳是穿轧工况使然，除了轧制应力之外冷热疲劳应力也属于此，由于温度分布不匀，容易造成冷热疲劳的应力集中，并达到相当于 $\sigma_{0.2}$ 的水平，从而产生塑性变形，所以冷热疲劳破坏也是塑性变形累积损伤的结果，也属于低周疲劳范畴。

20.4.2 钢基顶头的几种延寿措施

归纳起来，穿管机钢基顶头的损坏形式主要是塌鼻、黏钢和开裂三种。塌鼻与黏钢是金属材料表面的摩擦磨损问题，而疲劳开裂是疲劳磨损的结果。实际上除了穿轧工况与顶头造型之外，这三种损坏形式均与顶头材料的化学组成和结构强度密切相关。钢基与钼基顶头都是单一材质顶头，这两种顶头各有各的用处，也各有各的不足，钢基顶头的薄弱环节是鼻部容易塌陷，而钼基顶头的薄弱环节是身部容易断裂，都希望得以改进。为延长顶头寿命，从工况与造型入手，改进

有限；从材质与顶头的表里结构设计着眼，尚有巨大的改进空间。不要守成于单一材质，借助于现代表面技术，不同部位可以采用不同的材质。水冷钢基顶头的身部强度够用，比钼基顶头更强而且便宜，故顶头基体仍选用钢，而鼻尖部与外表皮另选其他合适材料，构成材尽其用的组合材料顶头。

20.4.2.1　换鼻

塌鼻是钢基顶头鼻尖部的热强性不足，更换鼻尖部材质是很自然的改进措施。最直观的改进办法就是把图 20-22 中，水冷内孔前端 15mm 的鼻尖部全部换掉。日本专利昭 60—137511 中，把 Si_3N_4、SiC 和 ZrO_2 等陶瓷材料预制成蘑菇形鼻锥来取代钢基顶头的鼻尖部。图 20-28 所示是陶瓷鼻锥的两种蘑菇形造型，其中蘑菇头的形状完全与钢鼻一致，

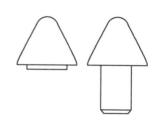

图 20-28　蘑菇形陶瓷鼻锥

而区别在于蘑菇柄，一种短粗如左图；另一种细长见右图。陶瓷鼻锥与钢基顶头的身部无法焊接。一种办法是应用 ZrO_3 系列的高温陶瓷黏合剂，把左图造型的陶瓷鼻锥黏合在钢基顶头身部的前端。另一种办法是把右图造型的陶瓷鼻锥热装配于钢基顶头身部的前端孔内，先去掉冷却水加热钢基顶头身部，使前端孔受热扩张，把陶瓷鼻锥的柄部以全长紧配合插入孔内，待冷却之后鼻锥与身部即牢固地组合成一个完整的顶头。用这两种办法制成的组合顶头均可顺利穿轧普碳钢管及低合金钢管，穿管寿命能上升到 100 支左右，而且荒管内壁质量很好。这种组合顶头不会发生塌鼻与黏钢现象，其薄弱环节在于陶瓷鼻锥的耐疲劳性能不足，一是在黏合界面上的陶瓷黏合剂本身就脆，疲劳达一定次数时黏合层开裂，陶瓷鼻锥脱落；二是陶瓷鼻锥自身的耐疲劳性能也差，在蘑菇头与蘑菇柄的交接处容易应力集中，尤其脆弱，几经疲劳就会断裂，陶瓷蘑菇头随即脱落。

这种陶瓷鼻钢组合顶头，不塌鼻、不黏钢，流线型保持得很好。但是还有三处必须改进：一是陶瓷材料太脆，不是鼻锥的理想材料；二是蘑菇头大而蘑菇柄相对太细，交接处应力集中容易断裂，鼻形的设计有待改进；三是用陶瓷黏合剂的黏合界面过于脆弱，黏合办法必须改进，最好要实施冶金结合。

20.4.2.2　加涂层

在顶头鼻尖部与轧制带外表面施加涂层的目的是降低表面摩擦力，有效减轻轧制应力，并提高荒管内壁质量。适用的涂层大致可分三类：一是金属涂镀层，如电镀 Cr 或堆焊、喷焊一层其他金属；二是受到老顶头的启发，给新顶头预制一层氧化皮，穿管时光滑的固态氧化皮会有效降低表面摩擦力，氧化皮可借热处理形成，也可以热喷涂一层氧化物涂层；三是在穿轧过程中，给顶头表面涂敷一层熔融的玻璃表面膜，其作用是高温轧制润滑剂，也能有效降低表面摩擦力。方法很简单，只需待顶头退出荒管时，趁红热在玻璃粉盒中滚一下，使顶头全身都

黏上玻璃粉，到穿下一支管坯时自会形成黏稠的玻璃润滑膜。当然此膜是一次性的，需穿一次黏一次玻璃粉。

（1）镀Cr顶头。在3Cr2W8V钢质水冷顶头的外表面电镀一层亮白色金属Cr镀层，镀层光亮致密，一般镀Cr层的硬度只有HRC 28左右。上机穿管只一、二道次即告报废，镀层消失，而且鼻尖部已经黏钢。这足以说明在顶头的高温穿轧工况下，单一的金属镀层是无效的。若在镀Cr之后不马上穿管，而先进行适当的热处理，在（1020±10）℃下加热35min，然后把鼻尖部水淬22s，再利用自身的余热进行回火。处理后使镀层与基体的界面上因W、Cr两元素相对互扩散而形成一层过渡带，完成了镀层与基体之间牢固的冶金结合，并在镀层外表面初步生成一层Cr_2O_3保护氧化膜。再拿去穿管时少则几十支，多则也能获得200多道次的好成绩。这多与少就要看顶头的二次氧化皮能否顺利形成。经热处理之后去穿管时，镀Cr顶头在荒管内腔的弱氧化气氛中，又要经历二次氧化而形成光滑坚硬的灰黑色氧化皮，测定此氧化皮的硬度较高，并分析出含有FeO。氧化皮中的Fe元素显然是来自管坯，比较坚硬是因为有二价与三价的氧化物在一起，形成了在高温下十分稳定的尖晶石硬质相所致。

（2）以热处理预制氧化皮的顶头。受老顶头氧化皮有利穿轧的启发，试着以热处理方法在新顶头上预制有用的氧化皮。钢研总院与包钢合作，对400穿管机组的20CrNi3钢质顶头进行过试验。加热到950℃保温20min，在这样较低的热处理条件下，顶头表面能够生成一层薄薄的氧化皮，但是只能穿轧1~2个道次。提高热处理制度，在1030℃下保温40min，顶头上形成了较厚的多层氧化皮，外层氧化皮容易脱落，不起作用；而内层氧化皮呈绒毛状、还闪着亮星星，这种内层氧化皮很起作用，穿管寿命会上升到几十道、甚至上百道次。若再提高热处理制度，加热温度更高、保温时间更长时，生成的氧化皮太厚，穿轧时氧化皮整体剥落，没有内层可留，穿管寿命也很短。热处理制度除了加热温度与保温时间之外，炉内气氛也十分重要，生成绒毛状、闪亮星氧化皮的环境必须是弱氧化气氛，炉内保持强氧化气氛或还原气氛都不行。

处理好了能形成内层氧化皮的顶头，大幅度提高了穿管寿命，其吨钢顶头消耗量可以降低5倍左右，大大缓解了在穿轧生产线上顶头供不应求的紧急场面。为弄清楚氧化皮对顶头起保护作用的内在原因，对老顶头和正确热处理顶头取样作系统的解剖分析。首先对两种顶头的表皮结构做金相观察，经1030℃保温40min热处理顶头的表皮结构大致上分为三层：最外面的第一层氧化皮出炉时经不住急冷，当即碎裂脱落，无法保留；靠里的第二层也是氧化皮，经得起急冷急热，可以保留观察，该层氧化皮厚约200~300μm，在镜观下又可分为内、外两层，外层发亮，内层发灰并散布着许多黑点；再往里的第三层是氧化物与基体金属相互交织的网络结构，显然是氧化皮与基体金属之间的啮合带。在已经穿管上百道次的老顶头上，有一层厚约≤1.0mm 的二次氧化皮，金相观察出是一种二层结构：表层是闪着亮点的氧化皮，里层也是氧化皮与基体金属之间的啮合带。对于顶头表皮各层与摩擦磨损相关的物理特性，可以测定出各层的显微硬度来作相对比较。为进一步解释清楚顶头表皮各层的结构与特性，还必须用电子探针来测定各层的元素分布，并用 X-光粉末照相法对氧化皮做出具体的相分析。把以上各项分析测试的平均结果列于表 20-6。

表 20-6　20CrNi3 钢质顶头由表及里各层次的分析测试结果

顶　　头	分析层次		显微硬度（HV）	金属元素含量分析/%			氧化皮相分析	
				Fe	Cr	Ni	主相	次相
热处理顶头	第二层氧化皮	外层	525	74	微	微	FeO	Fe_3O_4
		内层	515	51	5	0.2	FeO	$FeO \cdot Cr_2O_3$
	啮合带		≤280	63~80	1.5~5	16~25	—	
	基体		256	94.5	1.5	3.2	—	
老顶头	氧化皮		366	80	0.2	微	FeO	
	啮合带		272	80	0.4~2.1	3.5~11.6	—	
	基体		366	94.5	1.5	3.2	—	

热处理顶头的第一层氧化皮在出炉时已经脱落，主要组成是 Fe_3O_4 和少量 Fe_2O_3，未列入表内。从显微硬度来看，热处理顶头氧化皮的硬度是基体硬度的 2 倍还多，光滑而高硬度的氧化皮像为顶头披了一件铠甲，有效提高了穿管寿命。老顶头氧化皮的硬度也有原基体硬度的 1.4 倍多，所以也能提高穿管寿命，至于老顶头的基体硬度也有所提高则是顶头用过之后的普遍现象，是高热顶头从荒管退出时受水激冷，使部分组织转变为马氏体的结果。氧化皮硬度取决于氧化皮的组成，老顶头氧化皮的基本组成是 FeO，硬度为 HV366。热处理顶头第二层氧化皮的基本组成也是 FeO，但其中散布着更硬的化合物，内层散布着 $FeO \cdot Cr_2O_3$ 尖晶石，外层散布着 Fe_3O_4 磁铁矿，是这些硬质相使氧化皮硬度提高到 HV515 以上。依据热处理炉内的弱氧化气氛、20CrNi3 钢的化学组成，金属氧化动力学的相关原理，再参照表中的测定数据，可以把热处理顶头氧化皮的形成过程描述如下。由于在荒管内腔中是绝对的弱氧化气氛，所以老顶头的氧化皮是低价氧化铁 FeO；而热处理炉中是氧活度稍高的弱氧化气氛，所以热处理顶头表面的第一层氧化皮是高价的磁性氧化铁 Fe_3O_4 和少量 Fe_2O_3，这一层是顶头最外表的氧化皮，膜层不厚，膜质也比较疏松，但里面的金属原子绝无可能透过此膜再到外表面来接受氧化，而是外面的氧透过此膜进到里面与金属相接触并继续氧化。隔着一层膜，氧活度有所下降，所以第二层氧化皮是以低价氧化铁 FeO 为主，按 1200℃下金属氧化物的生成自由能来比，$\Delta G_{Cr_2O_3} = -271.64 kJ/mol$，$\Delta G_{FeO}$

=−183.55kJ/mol，当 Fe 与 Cr 存在于同一金属时，理应 Cr 氧化在先而 Fe 随其次，问题是 Cr 的含量太低，只有 1.5%，氧化后在第一层氧化皮及第二层的外层氧化皮中只显示出一个微量。直到在第二层的内层氧化皮中，由于 Fe 的大量消耗而使 Cr 含量上升到 5.0% 时，才测定出有 $FeO \cdot Cr_2O_3$ 的散布存在，整个第二层的内外层加在一起相当厚实，是顶头氧化皮的中坚。基体中金属 Ni 的氧化物生成自由能比 Cr 与 Fe 要大得多，顶头表皮的氧化反应始终轮不到 Ni，当第一、第二层氧化皮消耗了大量的 Fe、Cr 之后，氧化皮下的 Ni 含量积聚到 16%~25%，并且是以金属 Ni 的形态与周围的氧化物啮合在一起，构成了犬牙交错的啮合带，在结构与性能上起到了很好的过渡作用，使顶头的高硬度氧化皮与钢质基体之间有了一定的结合强度，有利于胜任穿轧工况。

热处理顶头表面氧化皮的总厚度约为 0.3~0.5mm，在穿管过程中还会继续增厚。穿轧普碳钢管时的穿管寿命为 57~240 道次。穿管寿命有大幅提高，但并不稳定，这是在接触疲劳与冷热疲劳工况下厚层氧化物涂层的通病。

20.4.2.3　换基体

顶头的疲劳开裂是在高温环境下塑性变形累积损伤的结果，是一种低周疲劳破坏现象，是顶头实际所受交变应力，包括接触疲劳应力与冷热疲劳应力，超过了顶头材质的屈服强度，即 $\sigma_r \geqslant \sigma_{0.2}$。换鼻在这里不起什么作用。加涂层从降低表面摩擦力的角度，多少能间接地降低轧制应力水平，能够起到一点减负的作用，但也解决不了根本问题。疲劳开裂是顶头基材的疲劳强度问题，必须在基体选材和相应的热处理制度上下功夫。抵御交变应力必须考虑钢材的屈服强度与冲击韧性，抵御热应力则应选择较小的线膨胀系数与较高的热导率。常用的 3Cr2W8V 钢热强性很好而冲击韧性较差，当塌鼻与黏钢问题解决后，从疲劳开裂的角度 3Cr2W8V 钢并不是顶头的理想材料。

表 20-7 列出几种顶头用钢的特性数据以作相对比较。就顶头的疲劳工况而言，顶头用钢的冲击韧性值 a_K 至少要 $\geqslant 40J/cm^2$ 才能有起码的穿管寿命。在表列几种钢材中就数 3Cr2W8V 钢的冲击韧性最差，而热强性却最好，热处理时要特别注意避免回火脆性区，当回火温度提高到大约 550~650℃ 之间时冲击韧性值再降低，而且淬火温度越高时回火脆性区的冲击韧性值会越低，1150℃ 淬火时脆性区的 $a_K = 25J/cm^2$，提高到 1200℃ 淬火时脆性区的 $a_K = 18J/cm^2$，根本无法再作顶头之用。同为热作模具钢的 4Cr5MoSiV1，热强性比 3Cr2W8V 差，而冲击韧性要好得多，但也要注意回火温度，若低于 600℃ 回火时 a_K 值也不理想。当温差相同时，热应力的大小主要取决于材料的线膨胀系数与弹性模量等参数，诸多模具钢的弹性模量相差无几，而线膨胀系数会有较大差异，4Cr5MoSiV1 钢于 700℃ 下的线膨胀系数为 $12.5 \times 10^{-6}/℃$；而 3Cr2W8V 钢的线膨胀系数要高得多 $\alpha_{700℃} = 15 \times 10^{-6}/℃$。所以总体来说 4Cr5MoSiV1 钢的耐疲劳性能要比 3Cr2W8V 钢

优越许多。若需冲击韧性更好的材料可以改用合金结构钢，当然必须采用可靠的涂层或氧化皮来弥补热强性的不足，对 20CrNi3 钢质顶头的使用就是如此。

表 20-7　几种顶头用钢的特性数据

钢种	牌号	热处理温度/℃		屈服强度 $\sigma_{0.2}$ /MPa	冲击韧性 a_K /J·cm^{-2}	线膨胀系数 α /℃$^{-1}$
		淬火	回火			
热作模具钢	3Cr2W8V	1150	300	137	48	15×10^{-6}
	4Cr5MoSiV1	1100	650	约 105	69	12.5×10^{-6}
合金结构钢	35CrMo	850	550	85	80	—
	20CrNi3	830	480	75	100	—

20.4.3　TZ-76 型涂层组合材料穿管机顶头

前述几种延寿措施都有一定效果，虽仍显不足，但已揭示出进一步的改进方向。首先换鼻措施对于不塌鼻、不黏钢是有效的；问题在于鼻材的选择、鼻形的设计与黏结剂的改进。其次是涂层措施对于降低穿轧应力、提高荒管内壁质量并延缓顶头身部的疲劳开裂也都是有好处的。无论是金属涂层或氧化物涂层，能使顶头延寿的实质都在于表面氧化皮的减摩效果；然而应当注意的是氧化皮不能太厚，否则在疲劳工况下容易破裂脱落，再者氧化皮本身的组成与结构特性也有待改进。至于顶头基体钢材的选择，当然是要创造条件以选用冲击韧性较高的结构合金钢为好。根据以上探讨，提出了"真空熔结涂层组合材料穿管机顶头"如下的设计理念：

（1）用难熔金属制成的钼合金鼻来取代陶瓷鼻，以圆柱鼻形来取代蘑菇鼻形，在钼鼻与钢质基体之间用钎接合金形成牢固的冶金结合以取代陶瓷黏合剂的黏接。

（2）以在高温强、弱氧化气氛中都能形成致密、稳定的 RO·R$_2$O$_3$ 型尖晶石保护膜的合金涂层来取代镀 Cr 层和热处理氧化皮。

（3）采用了上述钼鼻与合金涂层后，再配用合金结构钢作顶头基体，定能取得理想结果；但为了对比验证钼鼻与合金涂层的改进作用，仍选用 3Cr2W8V 钢作为试验顶头的基材。

涂组顶头选定在普遍的 76 机组上进行试验，图 20-29 所示是 TZ-76 型涂层组合材料穿管机顶头，图中左图是涂组顶头的实物照片，右图是鼻尖部的工程剖面图。该顶头的基体材质是 3Cr2W8V 热作模具钢。在顶头鼻尖部与轧制带的外表面覆有一层合金涂层。在鼻尖部的中心镶嵌了一支 TZM 钼合金鼻芯，鼻芯与钢质基体之间是一层与外壁合金涂层相一致的钎接合金层，使钼鼻与钢质基体牢固地冶金结合成一个整体顶头。

图 20-24 表明 TZM 钼合金有足够的高温强度，用以取代陶瓷不仅不会塌鼻，而且还解决了陶瓷鼻的疲劳脆裂问题，再由于钼合金的导热性很高，对于降低鼻尖部的穿轧温度会十分有利。钼鼻的鼻形设计不用蘑菇形而是圆柱形，这在旋转扭矩的作用下，完全避免了蘑菇柄的扭断问题。钼鼻只是一支直径很小的鼻芯，其轮廓尺寸为 $\phi12mm\times15mm$，但在穿轧过程中它的高温强度保证了钼鼻长度始终不变，这就意味着顶头的顶尖部始终不会后退，塌鼻也就不可能发生。顶尖不塌时鼻芯周围的钢质基体也不会塌陷，因为轴向的穿轧应力主要作用于顶

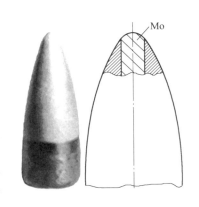

图 20-29　涂组顶头

尖部，而鼻锥部与顶头肩部轧制带所受的穿轧应力主要是切向应力和较小的轴向分力。所以给顶头采取换鼻措施时，只需更换鼻芯，而没有必要更换成蘑菇头。钼鼻与钢质基体之间的黏结当然不能采用高温陶瓷黏结剂，可以考虑热装配，但更为保险还是采取合金钎接的方法。钎接合金可以选用适当的 Co 基或 Ni 基自熔合金，具体牌号与化学组成选定了表 1-1 中所列的 Ni-81 号与 Co-8 号。

自熔合金中的 B、Si 二元素有很强的还原作用，能够还原合金熔体中的氧化夹杂物以及钢质基体表面上的氧化皮，使合金熔体能充分浸润钢质基体及钼鼻，顺利进行界面元素互扩散，冷凝后以金属键形成牢固的冶金结合。用 Co-8 号自熔合金钎接钼鼻的剖面金相照片如图 20-30 所示。图上自左至右清楚地排列着三种不同的材质，左边是 TZM 钼合金鼻芯，中间是宽约 0.2mm 的 Co-8 号自熔合金钎接缝，右边是 3Cr2W8V 钢质顶头基体。在相邻两层之间都有一薄层明显的互溶区，这是在三者之间已经形成了牢固冶金结合的金相证明。为了进一步证实冶金结合的形成，对同一试样作俄歇能谱（AES）分析，结果如图 20-31 所示。图中横坐标是横越钎缝的扫描距离。纵坐标是能谱强度，可以间接表达元素含量。图上清楚表明了 Co、Mo、Fe 三元素在钎缝处的扩散轨迹，并扫描出各元素的分布曲线。对照图 20-30 的相对位置可以看出：钎缝中的 Co 明显向两边扩散，Co 元素的分布曲线表明，Co 向钢质基体中扩散较多而向钼鼻中扩散较少，这是由于晶格参数的差异。钎缝中本来没有 Mo，是钼鼻中的 Mo 大量地进入了钎缝，但 Mo 基本上未及时扩散到钢质基体中去。钎缝原始组分中含 Fe 极少，只因基体中 Fe 的不断扩散，致使钎缝中也有了相当高的含 Fe 量，但是 Fe 元素未能越过钎缝扩散到钼鼻中去。由于在 Co-Mo 与 Co-Fe 之间都发生了元素互扩散，彼此以金属键相连接形成了过渡带，即互溶区。反映到金相照片上，于钎缝两侧已不再是两条线，而是两条窄带。这两个互溶区的宽度，在钼鼻一侧约为 30μm，在钢基一

侧约为 25μm。互溶区把三种金属冶金结合成一个整体，赋予顶头以组合材料的含义。冶金结合的牢固性毋庸置疑，无论是多高的穿轧应力或顶头内腔几十个大气压的冷却水压，都不可能让钼鼻脱落。

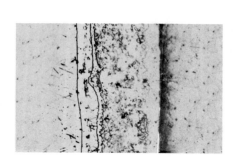

图 20-30　钼鼻钎缝金相照片（×80）

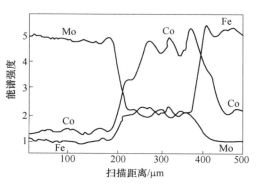

图 20-31　钼鼻钎缝俄歇能谱（AES）

在图 20-29 中左图上显示的合金涂层，是对于降低穿轧应力、提高荒管内壁质量并延缓顶头身部疲劳开裂所必需的。为简化熔结工艺步骤，设计时应把涂层合金与钎接合金两者合二为一，这样就把顶头外表面合金涂层的熔结涂敷工序与鼻芯部钼鼻的熔结钎接工序合并成为一道工序。Ni-81 号与 Co-8 号两种自熔合金的钎接作用已经分析清楚，其实把这两种合金的涂层功能应用到顶头上也很合适。制作 TZ-76 型涂层组合材料穿管机顶头的工艺过程，首先对 3Cr2W8V 钢质顶头的鼻尖部开出 ϕ12.4mm×15mm 的深孔。然后除油、除锈并清洗钢质顶头和钼质鼻芯，对钼芯的圆柱形表面及外端面涂敷 Ni-81 号或 Co-8 号合金粉涂膏并嵌入顶头鼻尖部的深孔中。再对顶头鼻尖部及肩部轧制带的外表面涂敷同一种合金粉涂膏。整体烘干后放入真空炉内进行一次性熔结处理，合适的熔结制度是 $(3\sim1)\times10^{-2}$mmHg，升温至 1130℃，保温 30min，断电随炉降温或停泵后充氩快冷。升温时间的长短取决于顶头装炉量的多少，装得越多时间越长，若只装1~2支顶头时，升约 20min 即可到温。

熔结后钼芯与钢质基体已钎接成一个整体，与此同时外表面的涂层也达到了充分熔结，致密无孔且表面润滑光洁。涂层严密覆盖住钼鼻的外端面、钎接缝和顶头外表面的一切微观缺陷，起到了保护钼鼻抗氧化和使顶头鼻部及轧制带降低表面摩擦系数并减小轧制应力的绝佳作用。涂层厚度由顶端及身部是递减的，顶尖部涂层最厚，约为 0.5mm，越往身部越薄，直至为零。这两种合金涂层本身的硬度都不算高，均不大于 HRC51，从耐磨角度起不了多大作用；涂层抗氧化与减摩作用的实质并不在于涂层合金自身，而在于涂层表面的一薄层氧化膜。在真空炉内熔结时形成的是纯合金涂层，无论在室温或高温下当这两种合金涂层一旦接触到大气时，即会自动形成一层表面氧化膜，由于所选这两种合金涂层的 Cr 含量都很高，而（ΣB+C）含量相对较低，决定了必能形成致密、稳定、又非常纤薄的氧化膜，而且此膜在遭受损伤时具有极强的自愈合性能。

对涂层部位横截面进行电子探针线扫描与 X-光衍射分析得知，Co-8 号合金涂层的表面氧化膜是 $CoO \cdot Cr_2O_3$ 尖晶石氧化膜，Ni-81 号合金涂层的表面氧化膜也是以尖晶石为主的 $NiO \cdot Cr_2O_3 + Cr_2O_3$ 氧化膜。这两种氧化膜的厚度只有 25～30μm。能经受住摩擦磨损与疲劳应力破坏的氧化保护膜必须是纤薄、致密、坚韧，并具有自愈能力的氧化膜，顶头所用两种合金涂层的氧化膜均满足了这些要求，与钼鼻相配合，有效地延长了穿管寿命。

以 3Cr2W8V 钢为顶头基体，在同一机组上，把涂组顶头与纯钢新顶头、带有氧化皮的老顶头、镀 Cr 顶头等各种改进顶头以及和钼基顶头相比较，结果列于表 20-8。涂组顶头的穿管寿命及性价比超过了所有改进顶头，甚至还超过了钼基顶头。表中所用新顶头均未达到 3Cr2W8V 钢的疲劳极限，多因塌鼻与黏钢而早早损坏；涂组顶头与之相反，无一塌鼻与黏钢，而是一直用到疲劳开裂为止，如图 20-32 所示。此图是两种顶头穿轧普碳钢管的结果，左图是 3Cr2W8V 钢质新顶头，严重塌鼻，有点黏钢，轧制带已明显镦粗变形；右图是涂组顶头，较好地保持住漂亮的流线型，丝毫没有塌鼻与黏钢，只是轧制带已出现疲劳裂纹。表内的对比数据表明，越是难穿的合金钢管，应用涂组顶头的性价比越高，例如穿轧 12Cr3MoVSiTiB 锅炉钢管时，穿轧应力特别大，新顶头只穿不到 10 支，而用涂组顶头可穿 100 多支，性价比高达 8 倍左右。钼基顶头大多用于穿轧不锈钢管、耐热钢管和轴承钢管。尤其是不锈钢管特别黏，穿轧摩擦应力较大，必须用

表 20-8 涂组顶头与各种改进顶头及钼基顶头的比较

钢管钢种	顶头类别	穿管寿命/支・只$^{-1}$	顶头价格/元・只$^{-1}$	性价比
20 号、45 号普碳钢	新顶头	110	27	1
	涂组顶头	560	48	2.85
35MnMoVTi	新顶头	150	27	1
	涂组顶头	>500	48	1.88
12CrMoV	新顶头	45	27	1
	老顶头	85	30	1.7
	涂组顶头	300	48	3.75
12Cr3MoVSiTiB	新顶头	<10	27	1
	涂组顶头	140	48	7.87
GCr15	镀 Cr 顶头	50	27	1
	涂组顶头	250	48	2.81
15CrMo	新顶头	60	27	1
	钼基顶头	105	600	0.08
	涂组顶头	224	48	2.1

钼基顶头，在高温下钼基顶头不仅有很高强度，而且其表皮的液态三氧化钼起到了很好的润滑作用，粉冶钼基顶头可穿300支以上不锈钢管，用粉冶加锻造的钼基顶头更可超出600支。但钼基顶头的低温塑性较差，遇较大穿轧应力时，横向断裂的现象于头部、身部或尾部都有发生，甚至于整个顶头会彻底碎掉。所以在穿轧合金钢管的生产中，有时钼基顶头反而不及涂组顶头，例如在穿轧15CrMo合金钢管时，粉末冶金的TZM钼合金顶头只穿105支即告断裂，而涂组顶头可穿224支，性价比达到26倍之多。

图20-32　废顶头照片

在无缝钢管生产线上应用涂组顶头的显著效果如下：

（1）使用涂组顶头能延长穿管寿命，减少停机时间，提高生产效率，增加钢管产量。

（2）由于涂组顶头不塌鼻，能较好地保持流线型，从而大大减少了荒管内壁产生内翘皮的可能性。不塌鼻还能有效地保持准确的穿孔中心度，从而保证了荒管的壁厚精度。由于涂组顶头不黏钢，保证不会划伤管壁，也杜绝了"咬死"现象。以上几点大幅度提高了钢管质量，提升了生产成品率。

（3）应用涂组顶头可以大幅度降低顶头加工量与消耗量，并节约热作模具钢或合金结构钢，显著降低穿管成本。

（4）应用涂组顶头减少了换顶头次数，杜绝了"咬死"故障，让工人降低了劳动强度。制造涂组顶头的真空熔结工艺无毒、无污染，非电镀或热处理工艺可比，具有巨大的经济与社会效益。

76机组的穿管速率是每分钟穿管4支，每更换一次顶头需停机3min，每班由作业率所决定的穿管工时是6.5h。据此以穿轧12CrMoV合金钢管为例，每台76机组每年因采用涂组顶头而增长的经济效益测算如下：

（1）原用3Cr2W8V钢质顶头的生产指标：

每班停机时间　$T_1 = [(6.5 \times 60)/(45 \div 4) + 3] \times 3 = 82.1$　　　（分）

每班钢管产量　$Q_1 = (6.5 \times 60 - 82.1) \times 4 = 1231.6$　　　（支/班）

所产钢管吨数　$Q_1 = 1231.6 \div 30$（支/吨）$= 41$　　　（吨/班）

每班顶头消耗量　$W_1 = 1231.6 \div 45 = 27.4$　　　（只/班）

（2）TZ-76型涂组顶头的生产指标：

每班停机时间　$T_2 = [(6.5 \times 60)/(300 \div 4) + 3] \times 3 = 15$　　　（分）

每班钢管产量　$Q_2 = (6.5 \times 60 - 15) \times 4 = 1500$　　　（支/班）

所产钢管吨数　$Q_2 = 1500 \div 30$（支/吨）$= 50$　　　（吨/班）

每班顶头消耗量　$W_2 = 1500 \div 300 = 5$　　　（只/班）

（3）以 TZ-76 型涂组顶头取代 3Cr2W8V 钢质顶头所增长的经济效益：

因钢管增产所增效益　　$S_1 = (Q_2 - Q_1) \times 3 \times 300 \times 5600$　　　　（元/吨钢管）

$$= (50 - 41) \times 3 \times 300 \times 5600$$

$$= 4536 \qquad （万元/年）$$

因节约顶头消耗量所增效益　$S_2 = (27W_1 - 48W_2) \times 3 \times 300$

$$= (27 \times 27.4 - 48 \times 5) \times 900$$

$$= 44.98 \qquad （万元/年）$$

增产、节约总增益　　$S = S_1 + S_2 = 4536 + 44.98$

$$= 4580.98 \qquad （万元/年）$$

增益幅度　$\eta > 22\%$

1986 年，在冶金工业部组织并审核通过的（86）冶科钢字第 282 号"技术鉴定证书"上，鉴定认为涂组顶头是属于新型工模具研究，有重大技术经济价值。其主要解决了顶头的塌鼻难题，延长使用寿命 2~5 倍，提高了机组的穿轧效率，并相应改进了钢管质量。TZ-76 型涂组顶头是应用表面冶金新技术进行涂层复合的一种新型结构顶头，属于国内首创，并达到了国内外先进水平。涂层组合材料穿管机顶头作为一项发明成果，于 1988 年在"北京国际发明展览会"上荣获银奖，获奖证书编号为 830091。TZ-76 型涂层组合材料穿管机顶头于 1986 年通过鉴定之后，已成功设厂投产。

参 考 文 献

［1］唐廼泳，刘秀瀛. 金属材料汽蚀破坏中的疲劳问题［C］//中国机械工程学会. 中国机械
　　工程学会第一届年会论文集. 1986：267～273.

［2］Johnson D M，Whittle D P，Stringer J. Mechanisms of Na_2SO_4 induced accelerated oxidation
　　［J］. Corrosion Science，1975（15）：721.

［3］刘国宇，鲍崇高，张安峰. 不锈钢与碳钢的液固两相流冲刷腐蚀磨损研究［J］. 材料工
　　程，2004（11）：37～40.

［4］陈强，尤清照，等. 真空熔结镍基复合涂层的冲蚀磨损特性研究［J］. 中国表面工程，
　　1999（12）：22～24.